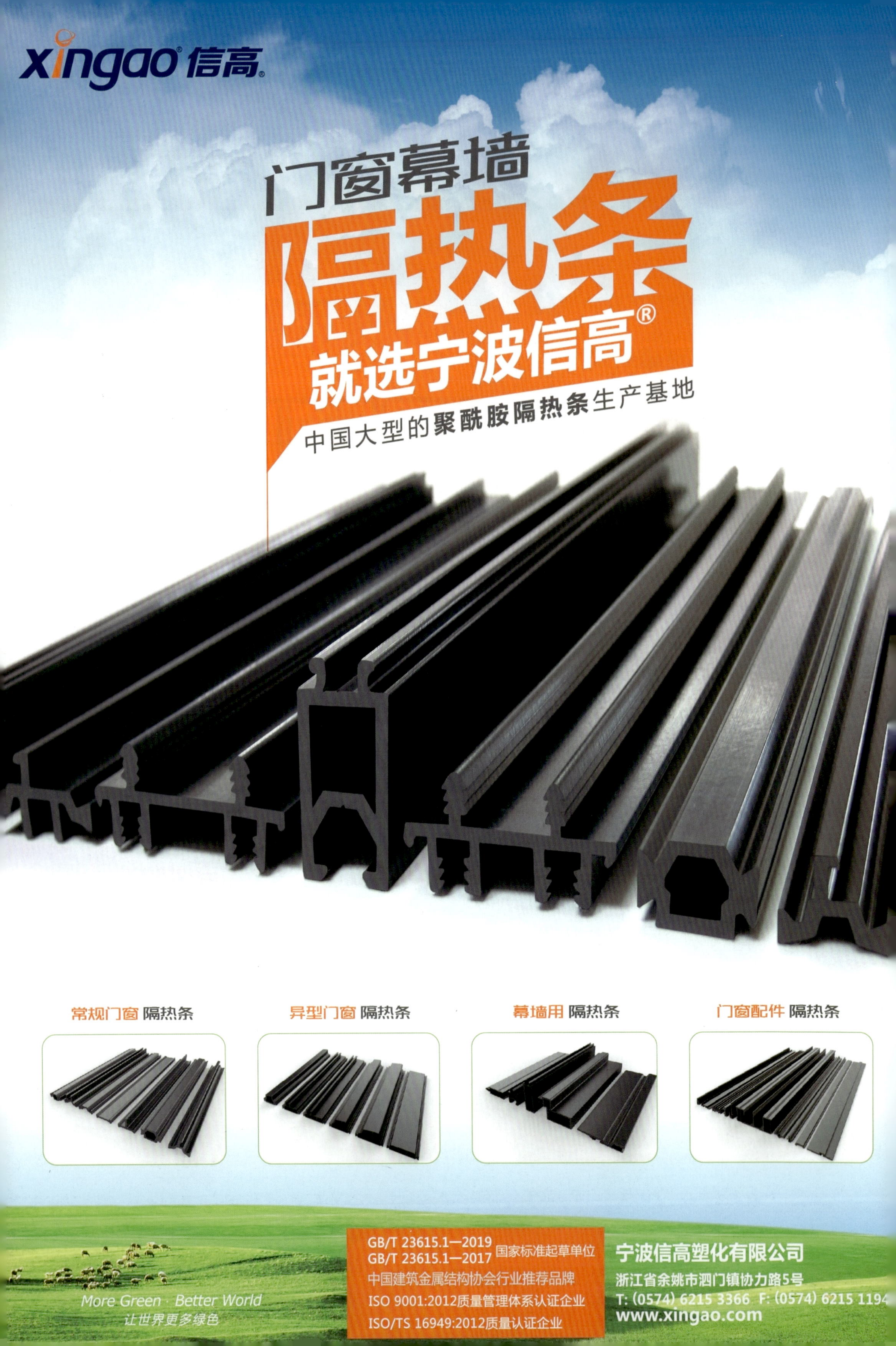

PPG涂料（天津）有限公司

PPG工业公司始建于1883年，总部位于美国宾西法尼亚州匹兹堡市，是世界领先的涂料和特殊材料供应商，全球大型涂料供应商。于纽约市证券交易所上市，自1955年至今，连续名列美国财富500强企业。目前在全球70多个国家设有150多个生产基地及附属机构，共有42000名员工。PPG工业公司的愿景是通过一如既往地为客户提供值得信赖的优质创新型可持续解决方案，保护和美化他们的产品和环境，进而成为全球领先的涂料公司。

PPG 是世界上较早为建筑铝材表面提供氟碳涂料的供应商之一。在1965年，PPG是第一代获得KYNAR500®（较早和著名的氟碳树脂品牌）认证的涂料公司之一；今天，PPG是第一代认证中硕果仅存的一家涂料公司。PPG公司在氟碳涂料行业钻研了50年，也坚持了50年，积累了超过50年生产氟碳涂料的经验。从1965年至今，DURANAR® 高性能卷材和铝型材涂料可以满足业界严格的产品标准要求，包括AAMA 2605标准，这是得益于产品配方中超过30%的原料采用PPG独有的树脂颜料及技术。氟碳涂料经受了全世界各个露天工业环境和各种气候条件下的考验，PPG氟碳涂料已经成为全球业内认可的高品质的代称。

PPG自1965年开发了DURANAR®涂料，一直为业界公认为氟碳涂料科技的领先者。PPG是较早将铝型材及铝板氟碳涂料引进中国的公司，提供全中国建筑物一个全新面貌及创新设计的发展空间。PPG氟碳涂料产品激发建筑设计师的灵感，DURANAR®提供无限的颜色选择及金属效果，给予建筑师及建筑外观无限的想象空间。众多国内知名建筑，皆指定选用DURANAR®涂料。在中国地区使用DURANAR®氟碳涂料保护的建筑物（香港汇丰银行）已经屹立超过了30年。

PPG建筑金属建材涂料事业部门有着完善的销售体系和完备的技术服务支持，严格的授权许可证制度，使涂料的优异性能得以充分的保证。

姓名：苏智慧
职务：高级市场发展经理
地址：PPG涂料（天津）有限公司
天津经济技术开发区黄海路192号

联系方式：+86 18622181136
公司电话：022-6620 6200
邮箱：esu@ppg.com
网址：www.ppgmetalcoatings.com

建筑幕墙标准汇编

下册

（第三版）

中国标准出版社　编

中国标准出版社
北　京

图书在版编目(CIP)数据

建筑幕墙标准汇编. 下册/中国标准出版社编. —3版. —北京:中国标准出版社,2019.8

ISBN 978-7-5066-9440-7

Ⅰ.①建… Ⅱ.①中… Ⅲ.①幕墙—建筑工程—标准—汇编—中国 Ⅳ.①TU227-65

中国版本图书馆 CIP 数据核字(2019)第 145635 号

中国标准出版社出版发行

北京市朝阳区和平里西街甲 2 号(100029)

北京市西城区三里河北街 16 号(100045)

网址 www.spc.net.cn

总编室:(010)68533533 发行中心:(010)51780238

读者服务部:(010)68523946

中国标准出版社秦皇岛印刷厂印刷

各地新华书店经销

*

开本 880×1230 1/16 印张 44.75 字数 1 342 千字

2019 年 8 月第三版 2019 年 8 月第三次印刷

*

定价 249.00 元

前　言

近年来，中国建筑业的蓬勃发展为建筑幕墙行业提供了前所未有的商机，满足不同建筑结构设计需求的幕墙产品在工程实践中成功应用，说明建筑幕墙是迄今为止最理想的大型公共建筑外围护结构。目前，中国已经能够独立开发具有自主知识产权的产品，在重大幕墙工程招标中已显露出企业独特的设计思路，在施工组织方案设计中则更加体现了企业管理和企业文化，中国建筑幕墙行业开始走向成熟发展阶段。为了使建筑幕墙行业的科研、设计、建设和运行工作者们更好地了解、使用、贯彻我国已建立起的建筑幕墙国家标准和行业标准体系，加强建筑幕墙行业的市场监督管理，我们组织出版这套《建筑幕墙标准汇编》。本套汇编共分为上、下两册：

——上册。包含2部分标准内容：(1)基础标准，收录国家标准8项，行业标准5项；(2)检测方法标准，收录国家标准17项。

——下册。包含4部分标准内容：(1)金属型材标准，收录国家标准12项，行业标准2项；(2)玻璃标准，收录国家标准11项；(3)石材标准，收录国家标准2项，行业标准2项；(4)密封胶标准，收录国家标准6项，行业标准5项。

本汇编收录了截至2019年6月底国家相关部门批准发布的各类建筑幕墙国家标准和行业标准。由于汇编中的标准出版年代不同，其格式、计量单位乃至技术术语不尽相同。这次汇编时只对原标准中技术内容上的错误以及其他明显不妥之处做了更正。

编　者

2019年6月

目　　录

一、金属型材标准

二、玻璃标准

三、石材标准

四、密封胶标准

一、金属型材标准

ICS 77.150.10
H 61

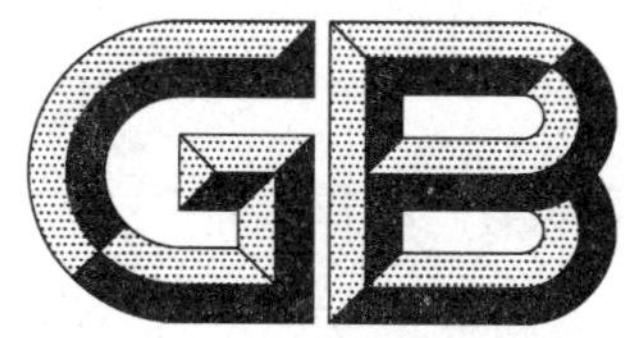

中华人民共和国国家标准

GB/T 5237.1—2017
代替 GB/T 5237.1—2008

铝合金建筑型材 第1部分:基材

Aluminium alloy extruded profiles for architecture—Part 1:Mill finish profiles

2017-10-14 发布 2018-07-01 实施

中华人民共和国国家质量监督检验检疫总局
中国国家标准化管理委员会 发布

前　言

GB/T 5237《铝合金建筑型材》分为六个部分：

——第 1 部分：基材；

——第 2 部分：阳极氧化型材；

——第 3 部分：电泳涂漆型材；

——第 4 部分：喷粉型材；

——第 5 部分：喷漆型材；

——第 6 部分：隔热型材。

本部分为 GB/T 5237 的第 1 部分。

本部分按照 GB/T 1.1—2009 给出的规则起草。

本部分代替 GB 5237.1—2008《铝合金建筑型材　第 1 部分：基材》。本部分与 GB 5237.1—2008 相比，除编辑性修改外主要技术变化如下：

——删除了前言中“本部分 4.3、4.4.1.1.2 是强制性的，表 3 中公称壁厚为≤1.50 mm 的型材壁厚偏差要求和 4.5 的拉伸性能要求是强制性的，其余内容是推荐性的”的陈述（见 2008 年版的前言）；

——删除了前言中“设计单位和使用单位使用本部分订购建筑门、窗型材时，应根据其门、窗所在地建筑技术需要和技术规范，正确选择型材壁厚尺寸”的陈述（见 2008 年版的前言）；

——删除了前言中“本部分未包括的铝及铝合金型材，可执行 GB/T 6892—2006《一般工业用铝及铝合金挤压型材》” 的陈述（见 2008 年版的前言）；

——修改了本部分的适用“范围”（见第 1 章，2008 年版的第 1 章）；

——修改了规范性引用文件的引导语（见第 2 章，2008 年版的第 2 章）；

——删除了规范性引用文件 GB/T 228—2002（见 2008 年版的第 2 章和 5.2）；

——删除了规范性引用文件 YS/T 436（见 2008 年版的第 2 章和 4.1.2）；

——增加了规范性引用文件 GB/T 7999（见第 2 章和 5.1.1）；

——增加了规范性引用文件 GB/T 8005.1（见第 2 章和第 3 章）；

——增加了规范性引用文件 GB/T 8170（见第 2 章和 5.1.3）；

——增加了术语和定义的引导语（见第 3 章）；

——删除了“基材”的术语和定义（见 2008 年版的 3.1）；

——修改了“装饰面”的定义（见 3.1，2008 年版的 3.2）；

——修改了牌号、状态的规定（见 4.1.1，2008 年版的 4.1.1）；

——修改了尺寸规格要求（见 4.1.2，2008 年版的 4.1.2）；

——将标题“铸锭”修改为“质量保证”（见 4.2，2008 年版的 4.2）；

——删除了 6463、6463A 合金牌号的化学成分规定（见 2008 年版的 4.3）；

——删除了型材最小公称壁厚的规定（见 2008 年版的 4.4.1.1.2）；

——修改了壁厚偏差的选择要求（见 4.4.1.1.2，2008 年版的 4.4.1.1.3、4.4.1.1.4 和 4.4.1.1.5）；

——在壁厚允许偏差的规定中，公称壁厚栏的“≤1.5 mm” 修改为“1.20 mm～2.00 mm”，“>1.5 mm～3 mm” 修改为“>2.00 mm～3.00 mm”（见 4.4.1.1.2，2008 年版的 4.4.1.1.3）；

——修改了非壁厚尺寸允许偏差规定（见 4.4.1.2.1，2008 年版的 4.4.1.2.1）；

——修改了倒角（或过渡圆角）半径尺寸最大允许值（见 4.4.1.4.2，见 2008 年版的 4.4.1.4.2）；

——修改了圆角半径允许偏差(见 4.4.1.4.3,2008 年版的 4.4.1.4.3);

——基材长度单位由“m”统一修改为“ mm”,并对数值作相应修改(见 4.4.2、4.4.3 和 4.4.4,2008 年版的 4.4.2、4.4.3 和 4.4.4.1);

——修改了公称宽度>25.00 mm~100.00 mm 的基材普通级和高精级的平面间隙规定(见 4.4.2,2008 年版的 4.4.1.6);

——修改了外接圆直径≤38 mm、最小壁厚≤2.40 mm 的基材,任意 300 mm 长度上的普通级和高精级弯曲度规定(见 4.4.3,2008 年版的 4.4.2);

——修改了超高精级扭拧度的规定(见 4.4.4,2008 年版的 4.4.3);

——在“力学性能”要求中增加了 6060T66 和 6063T66 基材的力学性能规定(见 4.5.1,2008 年版的 4.5.1);

——修改化学成分分析方法要求(见 5.1,2008 年版的 5.1);

——修改了拉伸试验方法要求(见 5.3,2008 年版的 5.2);

——修改了检查和验收规定(见 6.1,2008 年版的 6.1);

——修改了取样规定(见 6.4,2008 年版的 6.4);

——修改了检验结果的判定要求(见 6.5,2008 年版的 6.5);

——修改了标志的规定(见 7.1,2008 年版的 7.1);

——修改了质量证明书的内容要求(见 7.4,2008 年版的 7.4);

——修改了订货单(或合同)内容要求(见第 8 章,2008 年版的第 8 章)。

本部分由中国有色金属工业协会提出。

本部分由全国有色金属标准化技术委员会(SAC/TC 243)归口。

本部分起草单位:广东坚美铝型材厂(集团)有限公司、福建省南平铝业股份有限公司、有色金属技术经济研究院、四川三星新材料科技股份有限公司、广东新合铝业新兴有限公司、国家有色金属质量监督检验中心、广东省工业分析检测中心、广东凤铝铝业有限公司、福建省闽发铝业股份有限公司、广东兴发铝业有限公司、广亚铝业有限公司、广东华昌铝厂有限公司。

本部分主要起草人:戴悦星、吴世文、葛立新、王争、冯凯、何耀祖、唐维学、陈慧、黄长远、陈文泗、潘学著、唐性宇。

本部分所代替标准的历次版本发布情况为:

——GB/T 5237—1985(未经表面处理的型材部分)、GB/T 5237—1993(未经表面处理的型材部分);

——GB/T 5237.1—2000、GB 5237.1—2004、GB 5237.1—2008。

铝合金建筑型材 第1部分:基材

1 范围

GB/T 5237的本部分规定了铝合金建筑型材用基材的术语和定义、要求、试验方法、检验规则、标志、包装、运输、贮存、质量证明书及订货单(或合同)内容。

本部分适用于门、窗、幕墙、护栏等建筑用的、未经表面处理的铝合金热挤压型材(以下简称基材)。

用途相同的热挤压管也可参照执行本部分。

2 规范性引用文件

下列文件对于本文件的应用是必不可少的。凡是注日期的引用文件,仅注日期的版本适用于本文件。凡是不注日期的引用文件,其最新版本(包括所有的修改单)适用于本文件。

GB/T 3190 变形铝及铝合金化学成分

GB/T 3199 铝及铝合金加工产品包装、标志、运输、贮存

GB/T 4340.1 金属材料 维氏硬度试验 第1部分:试验方法

GB/T 7999 铝及铝合金光电直读发射光谱分析方法

GB/T 8005.1 铝及铝合金术语 第1部分:产品及加工处理工艺

GB/T 8170 数值修约规则与极限数值的表示和判定

GB/T 16865 变形铝、镁及其合金加工制品拉伸试验用试样及方法

GB/T 17432 变形铝及铝合金化学成分分析取样方法

GB/T 20975(所有部分) 铝及铝合金化学分析方法

YS/T 67 变形铝及铝合金圆铸锭

YS/T 420 铝合金韦氏硬度试验方法

3 术语和定义

GB/T 8005.1界定的以及下列术语和定义适用于本文件。

3.1

装饰面 exposed surfaces

经加工、组装成制品并安装在建筑物上的型材,目视可见部位对应的基材表面(包括处于开启或关闭状态)。

3.2

外接圆 circumscribing circle

能够将基材横截面完全包围的最小的圆。如图1所示。

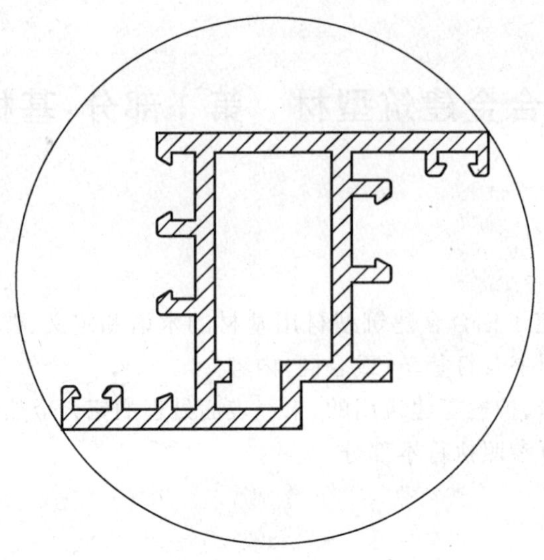

图 1 外接圆示意图

4 要求

4.1 产品分类

4.1.1 牌号、状态

牌号及状态应符合表 1 的规定。订购其他牌号或状态时，应供需双方商定，并在订货单(或合同)中注明。

表 1 牌号及状态

牌号[a]	状态[a]
6060、6063	T5、T6、T66[b]
6005、6063A、6463、6463A	T5、T6
6061	T4、T6

[a] 如果同一建筑制品同时选用 6005、6060、6061、6063 等不同牌号(或同一牌号不同状态)，采用同一工艺进行阳极氧化，将难以获得颜色一致的阳极氧化表面，建议选用牌号和状态时，充分考虑颜色不一致性对建筑结构的影响。

[b] 固溶热处理后人工时效，通过工艺控制使力学性能达到本部分要求的特殊状态。

4.1.2 尺寸规格

横截面尺寸应符合供需双方签订的图样规定。长度应供需双方商定，并在订货单(或合同)中注明。

4.1.3 标记及示例

基材标记按产品名称、本部分编号、牌号、状态、截面代号及长度的顺序表示。标记示例如下：

6063 牌号，T5 状态，截面代号为 421001、定尺长度为 6 000 mm 的基材，标记为：

基材 GB/T 5237.1-6063T5-421001×6 000

4.2 质量保证

基材用的铸锭质量应符合 YS/T 67 的规定。

4.3 化学成分

化学成分应符合 GB/T 3190 的规定。

4.4 尺寸偏差

4.4.1 横截面尺寸

4.4.1.1 壁厚尺寸

4.4.1.1.1 壁厚尺寸分为 A、B、C 三组，如图 2 所示。

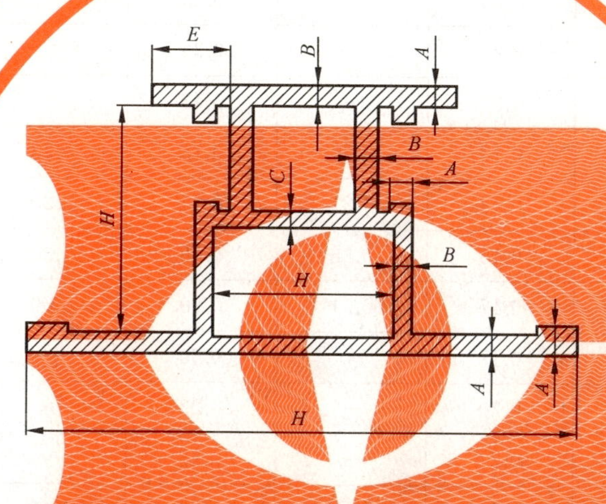

说明：

A ——翅壁壁厚；

B ——封闭空腔周壁壁厚；

C ——两个封闭空腔间的隔断壁厚；

H——非壁厚尺寸；

E ——对开口部位的 H 尺寸偏差有重要影响的基准尺寸。

图 2 横截面尺寸标示示意图

4.4.1.1.2 壁厚允许偏差分为普通级、高精级和超高精级，如表 2 所示。壁厚允许偏差应按实际装配或搭接要求选择，并在图样中注明。图样中未注明偏差且可以直接测量的壁厚，其允许偏差按普通级执行，但有装配关系的 6060T5、6063T5、6063AT5、6463T5、6463AT5 基材的壁厚允许偏差，应选用表 2 中的高精级或超高精级、或严于超高精级的偏差要求。

表 2　壁厚允许偏差

级别	公称壁厚 mm	对应于下列外接圆直径的基材壁厚尺寸允许偏差[a,b,c,d]，± mm					
		≤100		>100～250		>250～350	
		A	*B*、*C*	*A*	*B*、*C*	*A*	*B*、*C*
普通级	1.20～2.00	0.15	0.23	0.20	0.30	0.38	0.45
	>2.00～3.00	0.15	0.25	0.23	0.38	0.54	0.57
	>3.00～6.00	0.18	0.30	0.27	0.45	0.57	0.60
	>6.00～10.00	0.20	0.60	0.30	0.90	0.62	1.20
	>10.00～15.00	0.20	—	0.30	—	0.62	—
	>15.00～20.00	0.23	—	0.35	—	0.65	—
	>20.00～30.00	0.25	—	0.38	—	0.69	—
	>30.00～40.00	0.30	—	0.45	—	0.72	—
高精级	1.20～2.00	0.13	0.20	0.15	0.23	0.20	0.30
	>2.00～3.00	0.13	0.21	0.15	0.25	0.25	0.38
	>3.00～6.00	0.15	0.26	0.18	0.30	0.38	0.45
	>6.00～10.00	0.17	0.51	0.20	0.60	0.41	0.90
	>10.00～15.00	0.17	—	0.20	—	0.41	—
	>15.00～20.00	0.20	—	0.23	—	0.43	—
	>20.00～30.00	0.21	—	0.25	—	0.46	—
	>30.00～40.00	0.26	—	0.30	—	0.48	—
超高精级	1.20～2.00	0.09	0.10	0.10	0.12	0.15	0.25
	>2.00～3.00	0.09	0.13	0.10	0.15	0.15	0.25
	>3.00～6.00	0.10	0.21	0.12	0.25	0.18	0.35
	>6.00～10.00	0.11	0.34	0.13	0.40	0.20	0.70
	>10.00～15.00	0.12	—	0.14	—	0.22	—
	>15.00～20.00	0.13	—	0.15	—	0.23	—
	>20.00～30.00	0.15	—	0.17	—	0.25	—
	>30.00～40.00	0.17	—	0.20	—	0.30	—

[a] 表中无数值处表示允许偏差不要求。

[b] 含封闭空腔的空心基材(如图 3～图 5 所示基材)，或含不完全封闭空腔、但所包围空腔截面积不小于豁口尺寸平方的 2 倍的空心基材(如图 6、图 7 所示基材，$S \geqslant 2H_1^2$)，当空腔某一边的壁厚大于或等于其对边壁厚的 3 倍时，其壁厚允许偏差应供需双方商定；当空腔对边壁厚不相等，且厚边壁厚小于其对边壁厚的 3 倍时，其任一边壁厚的允许偏差均应采用两对边平均壁厚对应的允许偏差值。

[c] 图 6、图 7 所示的基材，当基材所包围的空腔截面积 S 不小于 70 mm^2，且大于等于豁口尺寸 H_1 平方的 2 倍时(如图 6，$S \geqslant 2H_1^2$)，未封闭的空腔周壁壁厚允许偏差采用 *B* 组壁厚允许偏差。

[d] 含封闭空腔的空心基材(如图 3～图 5 所示基材)，所包围的空腔截面积 S 小于 70 mm^2 时，其空腔周壁壁厚允许偏差采用 *A* 组壁厚允许偏差。

4.4.1.1.3 壁厚公称尺寸及允许偏差相同的各个面的壁厚差应不大于相应的壁厚公差之半。

4.4.1.2 非壁厚尺寸

4.4.1.2.1 非壁厚尺寸(如图 3～图 14 所示基材的 H、H_1、H_2 等 H 尺寸)允许偏差分为普通级、高精级和超高精级,如表 3、表 4、表 5 所示。非壁厚尺寸允许偏差应按实际装配或搭接要求选择,并在图样中注明。图样中未注明允许偏差且可以直接测量的非壁厚尺寸,其允许偏差按普通级执行,但有装配关系的 6060T5、6063T5、6063AT5、6463T5、6463AT5 基材的非壁厚允许偏差,应选用表 4 中的高精级,需要超高精级或严于超高精级的偏差要求时,应供需双方商定,并在图样及订货单(或合同)中注明。

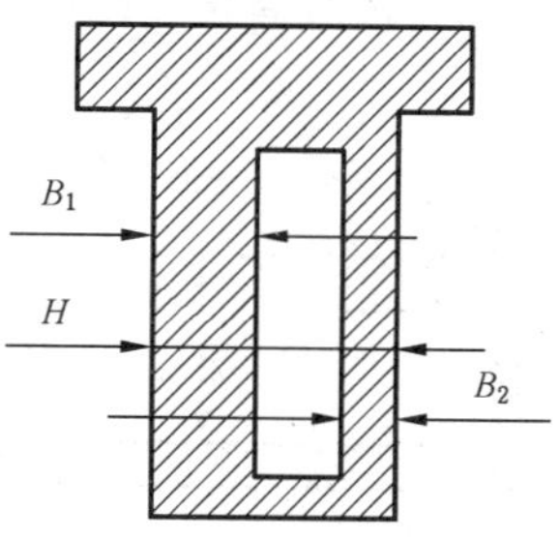

图 3 横截面尺寸图示 1

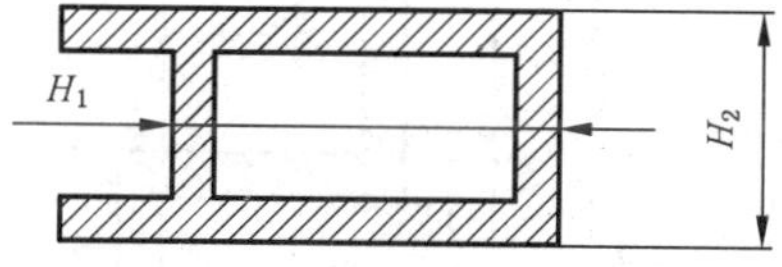

图 4 横截面尺寸图示 2

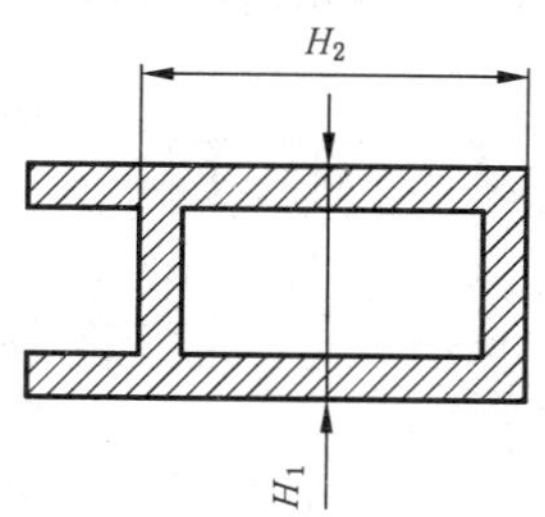

图 5 横截面尺寸图示 3

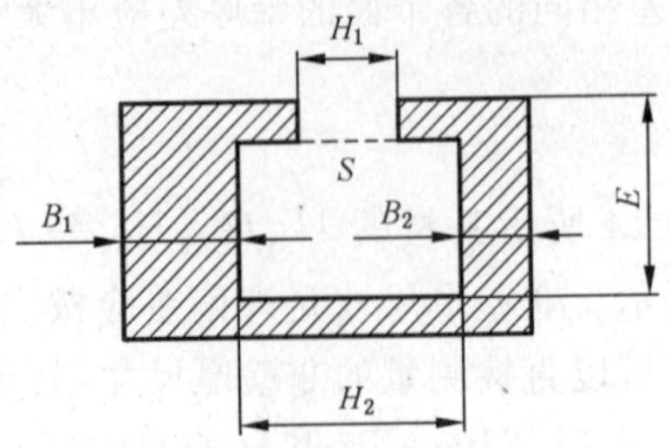

图 6　横截面尺寸图示 4

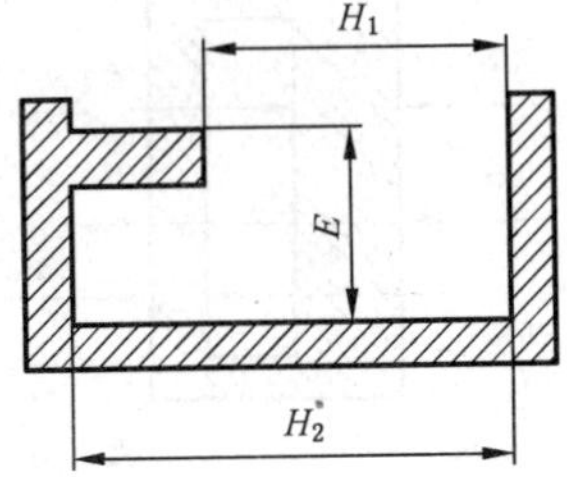

图 7　横截面尺寸图示 5

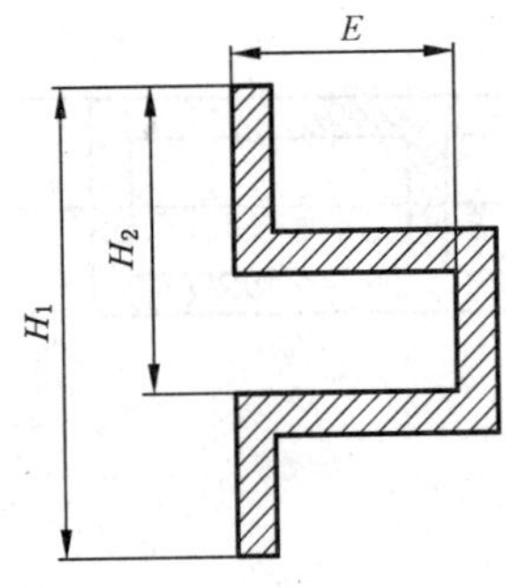

图 8　横截面尺寸图示 6

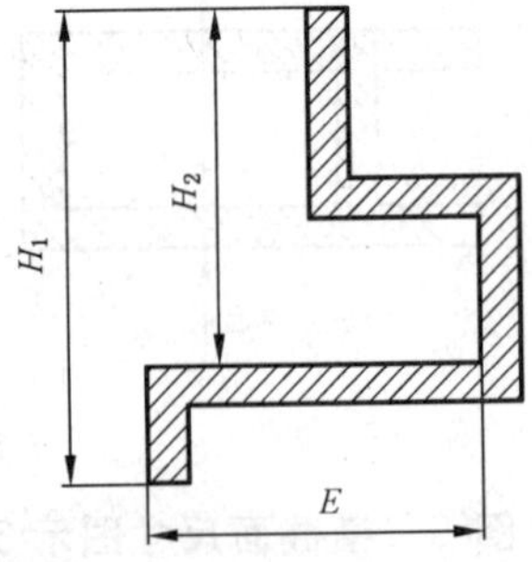

图 9　横截面尺寸图示 7

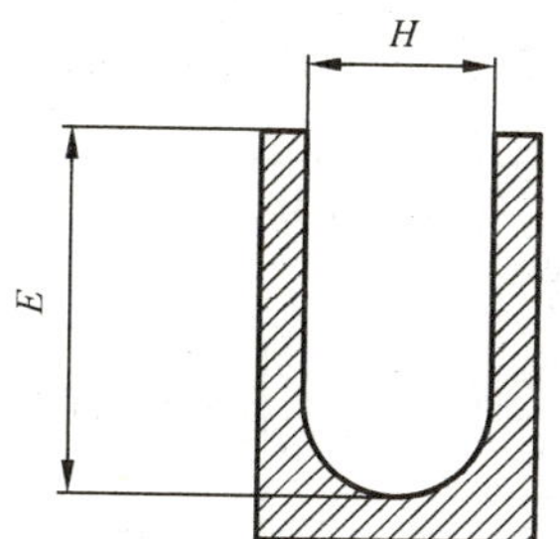

图 10　横截面尺寸图示 8

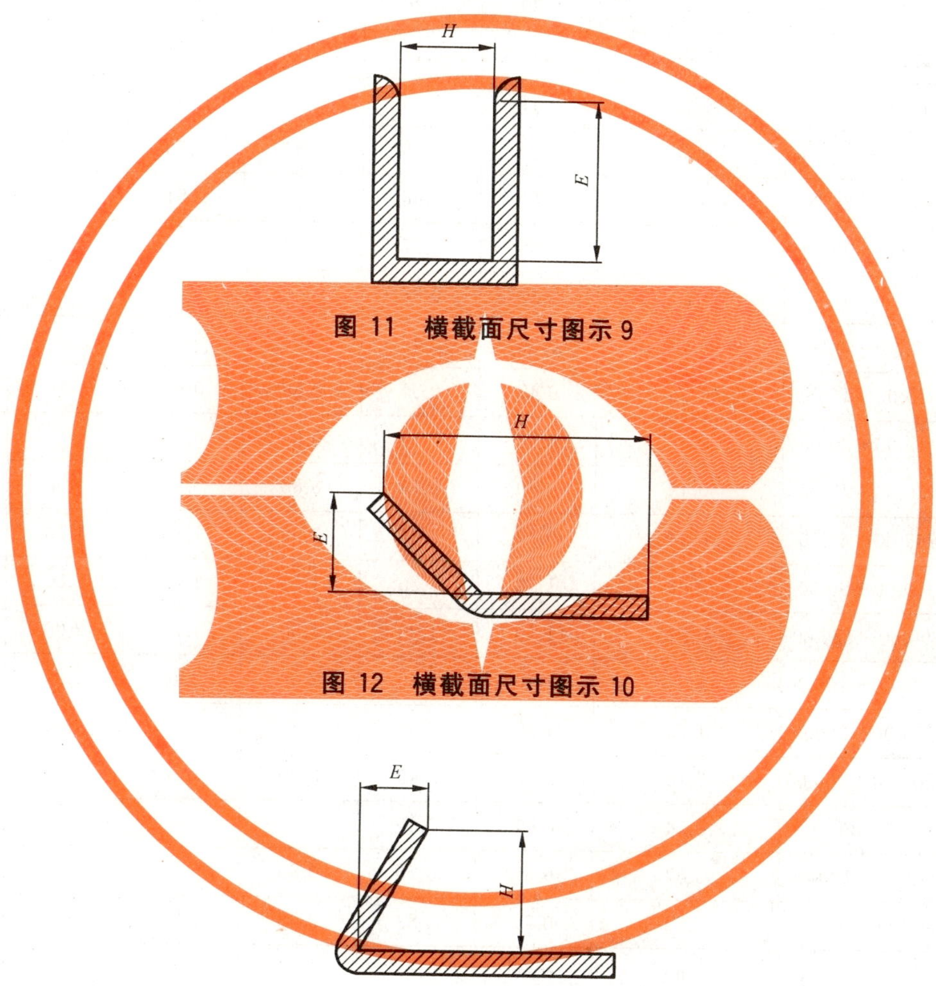

图 11　横截面尺寸图示 9

图 12　横截面尺寸图示 10

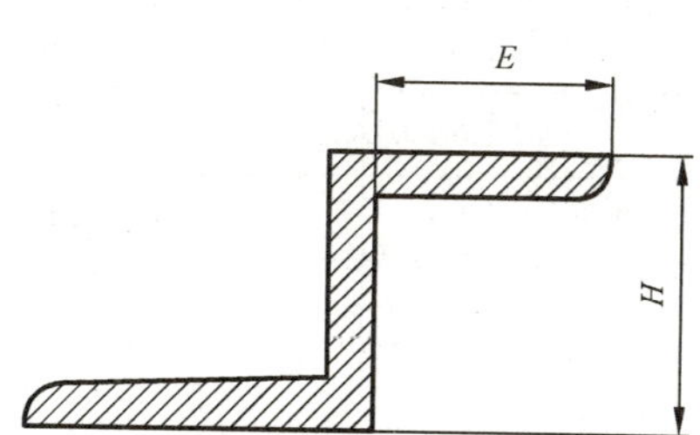

图 13　横截面尺寸图示 11

图 14　横截面尺寸图示 12

表3 非壁厚尺寸 H 允许偏差(普通级)

单位为毫米

外接圆直径	H 尺寸	实体金属部分不小于75%的 H 尺寸的允许偏差[a,f,g,h,i]，±	实体金属部分小于75%的 H 尺寸对应于下列 E 尺寸的允许偏差[a,b,c,d,e,f,h,i]，±					
			＞6～15	＞15～30	＞30～60	＞60～100	＞100～150	＞150～200
	1栏	2栏	3栏	4栏	5栏	6栏	7栏	8栏
≤100	≤3.00	0.15	0.25	0.30	—	—	—	—
	＞3.00～10.00	0.18	0.30	0.36	0.41	—	—	—
	＞10.00～15.00	0.20	0.36	0.41	0.46	0.51	—	—
	＞15.00～30.00	0.23	0.41	0.46	0.51	0.56	—	—
	＞30.00～45.00	0.30	0.53	0.58	0.66	0.76	—	—
	＞45.00～60.00	0.36	0.61	0.66	0.79	0.91	—	—
	＞60.00～100.00	0.61	0.86	0.97	1.22	1.45	—	—
＞100～250	≤3.00	0.23	0.33	0.38	—	—	—	—
	＞3.00～10.00	0.27	0.39	0.45	0.51	—	—	—
	＞10.00～15.00	0.30	0.47	0.51	0.58	0.61	—	—
	＞15.00～30.00	0.35	0.53	0.58	0.64	0.67	—	—
	＞30.00～45.00	0.45	0.69	0.73	0.83	0.91	1.00	—
	＞45.00～60.00	0.54	0.79	0.83	0.99	1.10	1.20	1.40
	＞60.00～90.00	0.92	1.10	1.20	1.50	1.70	2.00	2.30
	＞90.00～120.00	0.92	1.10	1.20	1.50	1.70	2.00	2.30
	＞120.00～150.00	1.30	1.50	1.60	2.00	2.40	2.80	3.20
	＞150.00～200.00	1.70	1.80	2.00	2.60	3.00	3.60	4.10
	＞200.00～250.00	2.10	2.10	2.40	3.20	3.70	4.30	4.90
＞250～350	≤3.00	0.54	0.64	0.69	—	—	—	—
	＞3.00～10.00	0.57	0.67	0.76	0.89	—	—	—
	＞10.00～15.00	0.62	0.71	0.82	0.95	1.50	—	—
	＞15.00～30.00	0.65	0.78	0.93	1.30	1.70	—	—
	＞30.00～45.00	0.72	0.85	1.20	1.90	2.30	3.00	—
	＞45.00～60.00	0.92	1.20	1.50	2.20	2.60	3.30	4.60
	＞60.00～90.00	1.30	1.60	1.80	2.50	2.90	3.60	4.90
	＞90.00～120.00	1.30	1.60	1.80	2.50	2.90	3.60	4.90
	＞120.00～150.00	1.70	1.90	2.20	2.90	3.20	3.80	5.20
	＞150.00～200.00	2.10	2.30	2.50	3.20	3.50	4.10	5.40
	＞200.00～250.00	2.40	2.60	2.90	3.50	3.80	4.40	5.70

表 3（续）

单位为毫米

外接圆直径	H 尺寸	实体金属部分不小于 75%的 H 尺寸的允许偏差[a,f,g,h,i]，±	实体金属部分小于 75%的 H 尺寸对应于下列 E 尺寸的允许偏差[a,b,c,d,e,f,h,i]，±					
			>6～15	>15～30	>30～60	>60～100	>100～150	>150～200
	1 栏	2 栏	3 栏	4 栏	5 栏	6 栏	7 栏	8 栏
>250～350	>250.00～300.00	2.80	3.00	3.20	3.80	4.10	4.70	6.00
	>300.00～350.00	3.20	3.30	3.60	4.10	4.40	5.00	6.20

[a] 当允许偏差不采用对称的正、负允许偏差时，则正、负允许偏差的绝对值之和应为表中对应数值的两倍。

[b] 表中无数值处表示允许偏差不要求。

[c] 图 8～图 14 所示基材，尺寸 H(或 H_1 或 H_2)采用其对应 E 尺寸的允许偏差值(3 栏～8 栏)。

[d] 图 6～图 7 所示基材，尺寸 H_1 采用以尺寸 H_2 作为 H 尺寸，对应 E 尺寸的允许偏差值(3 栏～8 栏)。

[e] 图 3 所示基材，H 尺寸的实体金属部分小于 H 的 75%时，采用对应 3 栏的允许偏差值。

[f] 图 4、图 5 所示基材，尺寸 H_1 采用尺寸 H_2 对应 3 栏的允许偏差值，若此允许偏差值小于 H_1 对应 2 栏的允许偏差值时，则采用 H_1 对应 2 栏的允许偏差值。

[g] 图 3 所示基材，H 尺寸的实体金属部分不小于 H 的 75%时，采用其对应 2 栏的允许偏差值。

[h] 图 8、图 9 所示基材，即使尺寸 H_1、H_2 包含的实体金属部分不小于 75%，也不采用其对应 2 栏的允许偏差，而是采用其对应 E 尺寸的允许偏差(3 栏～8 栏)。

[i] 当 E 等于或小于 6 mm 时，按 2 栏确定其允许偏差。

表 4　非壁厚尺寸 H 允许偏差(高精级)

单位为毫米

外接圆直径	H 尺寸	实体金属部分不小于 75%的 H 尺寸的允许偏差[a,f,g,h,i]，±	实体金属部分小于 75%的 H 尺寸对应于下列 E 尺寸的允许偏差[a,b,c,d,e,f,h,i]，±					
			>6～15	>15～30	>30～60	>60～100	>100～150	>150～200
	1 栏	2 栏	3 栏	4 栏	5 栏	6 栏	7 栏	8 栏
≤100	≤3.00	0.13	0.21	0.25	—	—	—	—
	>3.00～10.00	0.15	0.26	0.31	0.35	—	—	—
	>10.00～15.00	0.17	0.31	0.35	0.39	0.43	—	—
	>15.00～30.00	0.21	0.35	0.39	0.43	0.48	—	—
	>30.00～45.00	0.26	0.45	0.49	0.56	0.65	—	—
	>45.00～60.00	0.31	0.52	0.56	0.67	0.77	—	—
	>60.00～100.00	0.52	0.73	0.82	1.04	1.23	—	—
>100～250	≤3.00	0.15	0.25	0.30	—	—	—	—
	>3.00～10.00	0.18	0.30	0.36	0.41	—	—	—
	>10.00～15.00	0.20	0.36	0.41	0.46	0.50	—	—
	>15.00～30.00	0.23	0.41	0.46	0.50	0.56	—	—
	>30.00～45.00	0.30	0.53	0.58	0.66	0.76	0.88	—

表 4（续）

单位为毫米

外接圆直径	H 尺寸	实体金属部分不小于 75%的 H 尺寸的允许偏差[a,f,g,h,i]，±	实体金属部分小于 75%的 H 尺寸对应于下列 E 尺寸的允许偏差[a,b,c,d,e,f,h,i]，±					
			>6～15	>15～30	>30～60	>60～100	>100～150	>150～200
	1 栏	2 栏	3 栏	4 栏	5 栏	6 栏	7 栏	8 栏
>100～250	>45.00～60.00	0.36	0.60	0.66	0.78	0.91	1.05	1.25
	>60.00～90.00	0.60	0.86	0.96	1.20	1.45	1.70	2.03
	>90.00～120.00	0.60	0.86	0.96	1.20	1.45	1.70	2.03
	>120.00～150.00	0.86	1.10	1.25	1.63	1.98	2.39	2.79
	>150.00～200.00	1.10	1.35	1.55	2.08	2.50	3.05	3.55
	>200.00～250.00	1.35	1.63	1.88	2.50	3.05	3.68	4.30
>250～350	≤3.00	0.36	0.46	0.50	—	—	—	—
	>3.00～10.00	0.38	0.48	0.56	0.71	—	—	—
	>10.00～15.00	0.41	0.50	0.60	0.76	1.25	—	—
	>15.00～30.00	0.43	0.56	0.69	1.00	1.50	—	—
	>30.00～45.00	0.48	0.60	0.86	1.50	2.03	2.54	—
	>45.00～60.00	0.60	0.86	1.10	1.78	2.29	2.79	4.30
	>60.00～90.00	0.86	1.10	1.35	2.03	2.54	3.05	4.55
	>90.00～120.00	0.86	1.10	1.35	2.03	2.54	3.05	4.55
	>120.00～150.00	1.10	1.35	1.63	2.29	2.79	3.30	4.83
	>150.00～200.00	1.35	1.63	1.88	2.54	3.05	3.55	5.08
	>200.00～250.00	1.63	1.88	2.13	2.79	3.30	3.80	5.33
	>250.00～300.00	1.88	2.13	2.39	3.05	3.55	4.05	5.59
	>300.00～350.00	2.13	2.39	2.64	3.30	3.80	4.30	5.84

[a] 当允许偏差不采用对称的正、负允许偏差时，则正、负允许偏差的绝对值之和应为表中对应数值的两倍。

[b] 表中无数值处表示允许偏差不要求。

[c] 图 8～图 14 所示基材，尺寸 H（或 H_1 或 H_2）采用其对应 E 尺寸的允许偏差值（3 栏～8 栏）。

[d] 图 6～图 7 所示基材，尺寸 H_1 采用以尺寸 H_2 作为 H 尺寸，对应 E 尺寸的允许偏差值（3 栏～8 栏）。

[e] 图 3 所示基材，H 尺寸的实体金属部分小于 H 的 75%时，采用对应 3 栏的允许偏差值。

[f] 图 4、图 5 所示基材，尺寸 H_1 采用尺寸 H_2 对应 3 栏的允许偏差值，若此允许偏差值小于 H_1 对应 2 栏的允许偏差值时，则采用 H_1 对应 2 栏的允许偏差值。

[g] 图 3 所示基材，H 尺寸的实体金属部分不小于 H 的 75%时，采用其对应 2 栏的允许偏差值。

[h] 图 8、图 9 所示基材，即使尺寸 H_1、H_2 包含的实体金属部分不小于 75%，也不采用其对应 2 栏的允许偏差，而是采用其对应 E 尺寸的允许偏差（3 栏～8 栏）。

[i] 当 E 等于或小于 6 mm 时，按 2 栏确定其允许偏差。

表 5　非壁厚尺寸 H 允许偏差(超高精级)

单位为毫米

外接圆直径	H 尺寸	实体金属部分不小于 75%的 H 尺寸的允许偏差[a,f,g,h,i],±	实体金属部分小于 75%的 H 尺寸对应于下列 E 尺寸的允许偏差[a,b,c,d,e,f,h,i],±		
			>6～15	>15～60	>60～120
	1 栏	2 栏	3 栏	4 栏	5 栏
≤100	≤3.00	0.10	0.14	0.14	—
	>3.00～10.00	0.11	0.14	0.14	—
	>10.00～15.00	0.13	0.18	0.18	—
	>15.00～30.00	0.15	0.22	0.22	—
	>30.00～45.00	0.18	0.27	0.27	0.41
	>45.00～60.00	0.27	0.36	0.36	0.50
	>60.00～100.00	0.37	0.41	0.41	0.59
>100～350	≤3.00	0.10	0.15	0.15	—
	>3.00～10.00	0.12	0.15	0.15	—
	>10.00～15.00	0.13	0.20	0.20	—
	>15.00～30.00	0.15	0.25	0.25	—
	>30.00～45.00	0.20	0.30	0.30	0.45
	>45.00～60.00	0.24	0.40	0.40	0.55
	>60.00～90.00	0.40	0.45	0.45	0.65
	>90.00～120.00	0.45	0.57	0.60	0.80
	>120.00～150.00	0.57	0.73	0.80	1.00
	>150.00～200.00	0.75	0.89	1.00	1.30
	>200.00～250.00	0.91	1.09	1.20	1.50
	>250.00～300.00	1.25	1.42	1.50	1.80
	>300.00～350.00	1.42	1.58	1.73	2.16

[a] 当允许偏差不采用对称的正、负允许偏差时,则正、负允许偏差的绝对值之和应为表中对应数值的两倍。

[b] 表中无数值处表示允许偏差不要求。

[c] 图 8～图 14 所示基材,尺寸 H(或 H_1 或 H_2)采用其对应 E 尺寸的允许偏差值(3 栏～5 栏)。

[d] 图 6～图 7 所示基材,尺寸 H_1 采用以尺寸 H_2 作为 H 尺寸,对应 E 尺寸的允许偏差值(3 栏～5 栏)。

[e] 图 3 所示基材,H 尺寸的实体金属部分小于 H 的 75%时,采用对应 3 栏的允许偏差值。

[f] 图 4、图 5 所示基材,尺寸 H_1 采用尺寸 H_2 对应 3 栏的允许偏差值,若此允许偏差值小于 H_1 对应 2 栏的允许偏差值时,则采用 H_1 对应 2 栏的允许偏差值。

[g] 图 3 所示基材,H 尺寸的实体金属部分不小于 H 的 75%时,采用其对应 2 栏的允许偏差值。

[h] 图 8、图 9 所示基材,即使尺寸 H_1、H_2 包含的实体金属部分不小于 75%,也不采用其对应 2 栏的允许偏差,而是采用其对应 E 尺寸的允许偏差(3 栏～5 栏)。

[i] 当 E 等于或小于 6 mm 时,按 2 栏确定其允许偏差。

4.4.1.2.2　由 2 个以上的分尺寸组成 1 个尺寸时,该尺寸的允许偏差为各分尺寸允许偏差之和。

4.4.1.3 角度

图样上有标注，且能直接测量的角度，其角度允许偏差应符合表6的规定，精度等级需在图样或订货单(或合同)中注明，未注明时，6060T5、6063T5、6063AT5、6463T5、6463AT5基材角度允许偏差按高精级执行，其他基材角度允许偏差按普通级执行。不采用对称的正、负允许偏差时，正、负允许偏差的绝对值之和应为表中对应数值的两倍。

表6 角度允许偏差

级别	角度允许偏差
普通级	±1.5°
高精级	±1.0°
超高精级	±0.5°

4.4.1.4 倒角(或过渡圆角)半径 r 及圆角半径 R

4.4.1.4.1 倒角(或过渡圆角)半径 r 及圆角半径 R 如图15所示。

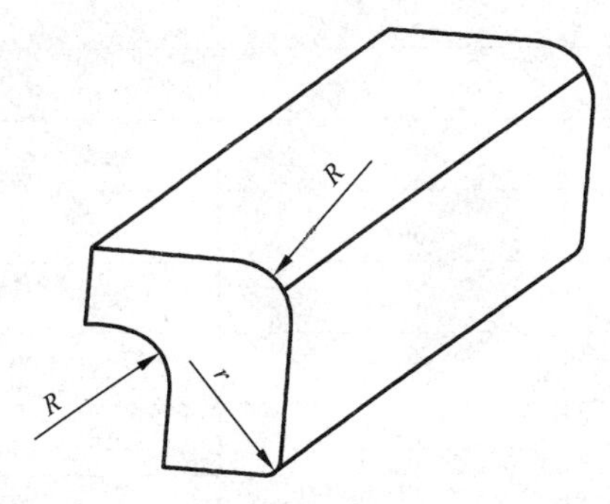

图15 倒角(或过渡圆角)半径 r 及圆角半径 R 示意图

4.4.1.4.2 图样上标注有倒角(或过渡圆角)半径“r”字样时，倒角(或过渡圆角)半径 r 应符合表7的规定。要求倒角(或过渡圆角)半径为其他数值时，应将该数值标注在图样上。

表7 倒角(或过渡圆角)半径

单位为毫米

夹角边公称壁厚[a]	倒角(或过渡圆角)半径最大允许值
≤3.00	0.5
>3.00～6.00	0.6
>6.00～10.00	0.8
>10.00～20.00	1.0
>20.00～40.00	1.5

[a] 夹角边公称壁厚尺寸不相等时，倒角(或过渡圆角)半径的最大允许值应按其中较大的公称壁厚尺寸来确定。

4.4.1.4.3 图样上标注有圆角半径 R 值时，圆角半径 R 的允许偏差应符合表8的规定。不同于表8规定时，应将允许偏差值标注在图样上。不采用对称的正、负允许偏差时，正、负允许偏差的绝对值之和应为表中对应数值的两倍。

表 8　圆角半径允许偏差

单位为毫米

圆角半径 R	圆角半径的允许偏差
≤1.0	±0.3
>1.0～5.0	±0.5
>5.0	±0.1R

4.4.1.5　曲面间隙

对曲面间隙有要求时，应供需双方商定曲面弧样板。任意 25 mm 弦长上的圆弧曲面间隙不超过 0.13 mm。当横截面圆弧部分的圆心角不大于 90°时，曲面间隙不超过 0.13×弦长/25 mm，弦长不足 25 mm时，按 25 mm 计算；当横截面圆弧部分的圆心角大于 90°时，基材的曲面间隙不超过：0.13×(90°圆心角对应弦长＋其余数圆心角对应弦长)/25 mm，弦长不足 25 mm 时，按 25 mm 计算。

4.4.2　平面间隙

平面间隙应符合表 9 的规定，精度等级需在图样或订货单(或合同)中注明。未注明时，6060T5、6063T5、6063AT5、6463T5、6463AT5 基材平面间隙按高精级执行，其他基材按普通级执行。

表 9　平面间隙

单位为毫米

公称宽度 W	平面间隙，不大于		
	普通级	高精级	超高精级
≤25.00	0.20	0.15	0.10
>25.00～100.00	0.70%×W	0.50%×W	0.40%×W
>100.00～350.00	0.80%×W	0.60%×W	0.33%×W
任意 25.00 mm 宽度上	0.20	0.15	0.10

4.4.3　弯曲度

弯曲度应符合表 10 的规定。精度等级需在图样或订货单(或合同)中注明，未注明时，6060T5、6063T5、6063AT5、6463T5、6463AT5 基材按高精级执行，其他基材按普通级执行。

表 10　弯曲度

单位为毫米

外接圆直径	最小壁厚	下列长度上的弯曲度，不大于					
		普通级		高精级		超高精级	
		任意 300 mm	全长 L	任意 300 mm	全长 L	任意 300 mm	全长 L
≤38	≤2.40	1.3	0.004×L	1.0	0.003×L	0.3	0.000 6×L
	>2.40	0.5	0.002×L	0.3	0.001×L	0.3	0.000 6×L
>38	—	0.5	0.001 5×L	0.3	0.000 8×L	0.3	0.000 5×L

4.4.4 扭拧度

公称长度小于或等于 7 000 mm 的基材，扭拧度应符合表 11 规定。扭拧度精度等级需在图样或订货单(或合同)中注明，未注明精度等级时，6060T5、6063T5、6063AT5、6463T5、6463AT5 基材按高精级执行，其他基材按普通级执行。公称长度大于 7 000 mm 时，基材扭拧度应供需双方商定，并在图样或订货单(或合同)中注明。

表 11 扭拧度

精度等级	公称宽度 W mm	下列长度 L 上的扭拧度/mm					
		≤1 000 mm	>1 000 mm~2 000 mm	>2 000 mm~3 000 mm	>3 000 mm~4 000 mm	>4 000 mm~5 000 mm	>5 000 mm~7 000 mm
		不大于					
普通级	≤25.00	1.30	2.00	2.30	3.10	3.30	3.90
	>25.00~50.00	1.80	2.60	3.90	4.20	4.70	5.50
	>50.00~75.00	2.10	3.40	5.20	5.80	6.30	6.80
	>75.00~100.00	2.30	3.50	6.20	6.60	7.00	7.40
	>100.00~125.00	3.00	4.50	7.80	8.20	8.40	8.60
	>125.00~150.00	3.60	5.50	9.80	9.90	10.10	10.30
	>150.00~200.00	4.40	6.60	11.70	11.90	12.10	12.30
	>200.00~350.00	5.50	8.20	15.60	15.80	16.00	16.20
高精级	≤25.00	1.20	1.80	2.10	2.60	2.60	3.00
	>25.00~50.00	1.30	2.00	2.60	3.20	3.70	3.90
	>50.00~75.00	1.60	2.30	3.90	4.10	4.30	4.70
	>75.00~100.00	1.70	2.60	4.00	4.40	4.70	5.20
	>100.00~125.00	2.00	2.90	5.10	5.50	5.70	6.00
	>125.00~150.00	2.40	3.60	6.40	6.70	7.00	7.20
	>150.00~200.00	2.90	4.30	7.60	7.90	8.10	8.30
	>200.00~350.00	3.60	5.40	10.20	10.40	10.70	10.90
超高精级	≤25.00	1.00	1.20	1.50	1.80	2.00	2.00
	>25.00~50.00	1.00	1.20	1.50	1.80	2.00	2.00
	>50.00~75.00	1.00	1.20	1.50	1.80	2.00	2.00
	>75.00~100.00	1.00	1.20	1.50	2.00	2.20	2.50
	>100.00~125.00	1.00	1.50	1.80	2.20	2.50	3.00
	>125.00~150.00	1.20	1.50	1.80	2.20	2.50	3.00
	>150.00~200.00	1.50	1.80	2.20	2.60	3.00	3.50
	>200.00~350.00	1.80	2.50	3.00	3.50	4.00	4.50

4.4.5 长度

4.4.5.1 要求定尺时，应在订货单（或合同）中注明，公称长度小于或等于 6 000 mm 时，允许偏差为$^{+15}_{0}$ mm；长度大于 6 000 mm 时，允许偏差应供需双方商定，并在订货单（或合同）中注明。

4.4.5.2 以倍尺交货的基材，其长度允许偏差为$^{+20}_{0}$ mm，需要加锯口余量时，应在订货单（或合同）中注明。

4.4.6 端头切斜度

端头切斜度不应超过 2°。

4.5 力学性能

室温纵向拉伸试验结果应符合表 12 的规定，硬度参见表 12。

表 12 力学性能

牌号	状态		壁厚 mm	室温纵向拉伸试验结果				硬度		
				抗拉强度 R_m N/mm²	规定非比例延伸强度 $R_{p0.2}$ N/mm²	断后伸长率 %		试样厚度 mm	维氏硬度 HV	韦氏硬度 HW
						A	$A_{50\,mm}$			
				不小于						
6005	T5		≤6.30	260	240	—	8	—	—	—
	T6	实心基材	≤5.00	270	225	—	6	—	—	—
			>5.00～10.00	260	215	—	6	—	—	—
			>10.00～25.00	250	200	8	6	—	—	—
		空心基材	≤5.00	255	215	—	6	—	—	—
			>5.00～15.00	250	200	8	6	—	—	—
6060	T5		≤5.00	160	120	—	6	—	—	—
			>5.00～25.00	140	100	8	6	—	—	—
	T6		≤3.00	190	150	—	6	—	—	—
			>3.00～25.00	170	140	8	6	—	—	—
	T66		≤3.00	215	160	—	6	—	—	—
			>3.00～25.00	195	150	8	6	—	—	—
6061	T4		所有	180	110	16	16	—	—	—
	T6		所有	265	245	8	8	—	—	—
6063	T5		所有	160	110	8	8	0.8	58	8
	T6		所有	205	180	8	8	—	—	—
	T66		≤10.00	245	200	—	6	—	—	—
			>10.00～25.00	225	180	8	6	—	—	—

表 12（续）

牌号	状态	壁厚 mm	室温纵向拉伸试验结果				硬度		
			抗拉强度 R_m N/mm^2	规定非比例延伸强度 $R_{p0.2}$ N/mm^2	断后伸长率 %		试样厚度 mm	维氏硬度 HV	韦氏硬度 HW
					A	$A_{50\ mm}$			
			不小于						
6063A	T5	≤10.00	200	160	—	5	0.8	65	10
		>10.00	190	150	5	5	0.8	65	10
	T6	≤10.00	230	190	—	5	—	—	—
		>10.00	220	180	4	4	—	—	—
6463	T5	≤50.00	150	110	8	6	—	—	—
	T6	≤50.00	195	160	10	8	—	—	—
6463A	T5	≤12.00	150	110	—	6	—	—	—
	T6	≤3.00	205	170	—	6	—	—	—
		>3.00～12.00	205	170	—	8	—	—	—

4.6 外观质量

4.6.1 基材表面应整洁，不允许有裂纹、起皮、腐蚀和气泡等缺陷存在。

4.6.2 基材表面上允许有轻微的压坑、碰伤、擦伤存在，其允许深度见表 13；模具挤压痕的深度见表 14。装饰面应在图样中注明，未注明时按非装饰面执行。

表 13 基材表面缺陷允许深度

状态	缺陷允许深度 mm	
	装饰面	非装饰面
T5	≤0.03	≤0.07
T4、T6、T66	≤0.06	≤0.10

表 14 模具挤压痕的允许深度

牌号	模具挤压痕深度 mm
6005、6061	≤0.06
6060、6063、6063A、6463、6463A	≤0.03

4.6.3 基材端头允许有因锯切产生的局部变形，其纵向长度不应超过 10 mm。

5 试验方法

5.1 化学成分

5.1.1 化学成分分析方法应符合 GB/T 20975 或 GB/T 7999 的规定，仲裁分析应采用 GB/T 20975 规定的方法。

5.1.2 仅对 GB/T 3190 中相应牌号的“Al”及“其他”栏之外有数值规定的元素进行常规化学分析。当怀疑非常规分析元素的质量分数超出了本标准的限定值时，生产者应对这些元素进行分析。

5.1.3 分析数值的判定采用修约比较法，数值修约规则按 GB/T 8170 的有关规定进行，修约数位应与 GB/T 3190 规定的极限数位一致。

5.2 尺寸偏差

5.2.1 壁厚、非壁厚尺寸、角度、倒角(或过渡圆角)半径及圆角半径

采用相应精度的卡尺、千分尺、R 规等测量工具或专用仪器测量。

5.2.2 曲面间隙

如图 16 所示，将标准弧样板紧贴在基材的曲面上，测量基材曲面与标准弧样板之间的最大间隙值 X，该值(X)即为基材的曲面间隙。

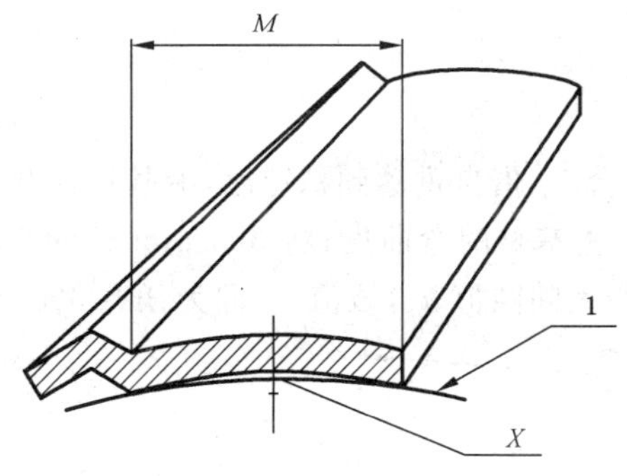

说明：
1 ——标准弧样板；
M——弦长；
X——曲面间隙。

图 16 曲面间隙的测量示意图

5.2.3 平面间隙

测量基材平面间隙时，先将基材放在平台上，当基材借自重达到稳定时，用 25 mm 长的直尺（或刀平尺）沿宽度方向测量基材平面与直尺间的最大间隙值 F_1，如图 17 所示，该值 F_1 即为基材任意25 mm 宽度上的平面间隙；将长度大于基材宽度的直尺(或刀平尺)沿宽度方向靠在基材的凹面上，测量直尺与基材之间的最大间隙值 F，或将基材的凹面置于平台上，沿宽度方向测量基材与平台之间的最大间隙值 F，如图 17 所示，该值 F 即为基材在其整个宽度上的平面间隙。

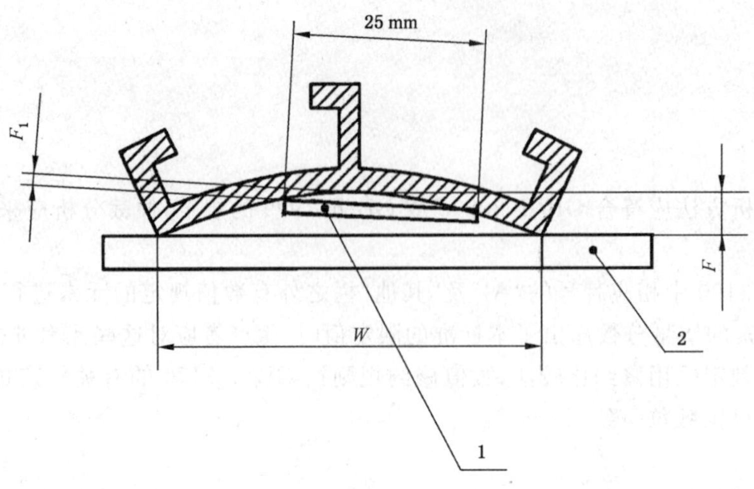

说明：

1 ——直尺或刀平尺；

2 ——平台或直尺或刀平尺；

W ——公称宽度；

F_1 ——25 mm 宽度上的平面间隙；

F ——整个宽度上的平面间隙。

图 17 平面间隙测量示意图

5.2.4 弯曲度

如图 18 所示，将基材放在平台上，借自重达到稳定时，沿基材长度方向测量基材底面与平台间的最大间隙值 h_t，该值 h_t 即为全长 L 上基材的弯曲度；将 300 mm 长的直尺，沿基材长度方向靠在基材的表面上，测量基材与直尺之间的最大间隙值 h_s，该值 h_s 即为任意 300 mm 长度上基材的弯曲度。

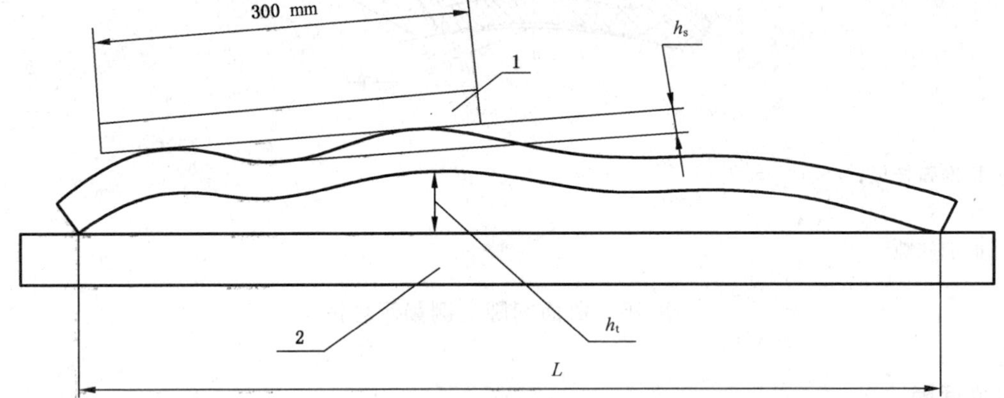

说明：

1 ——直尺；

2 ——平台；

L ——全长；

h_s ——任意 300 mm 长度上的弯曲度；

h_t ——全长 L 上的弯曲度。

图 18 弯曲度的测量示意图

5.2.5 扭拧度

将基材置于平台上，并使其一端紧贴平台。基材借自重达到稳定时，测量基材翘起端的两侧端点与平台间的间隙值 T_1 和 T_2，如图 19 所示，T_2 与 T_1 的差值即为基材的扭拧度。

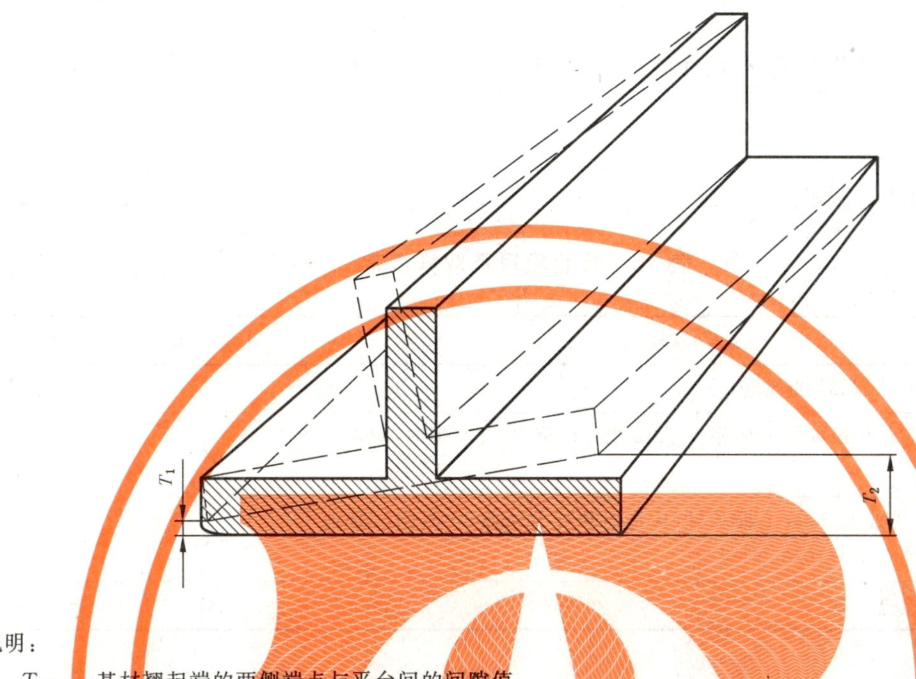

说明：

T_1、T_2——基材翘起端的两侧端点与平台间的间隙值。

图 19 扭拧度的测量示意图

5.2.6 长度、切斜度

采用相应精度的测量工具或专用仪器测量。

5.3 力学性能

室温纵向拉伸试验方法按 GB/T 16865 的规定进行；维氏硬度试验方法按 GB/T 4340.1 的规定进行；韦氏硬度试验方法按 YS/T 420 的规定进行。

5.4 外观质量

在自然散射光下，以正常视力(不使用放大器)检查基材外观。对缺陷深度不能确定时，可采用打磨法测量。

6 检验规则

6.1 检查和验收

6.1.1 产品应由供方进行检验，保证产品质量符合本部分或订货单(或合同)要求，并填写质量证明书。

6.1.2 需方可对收到的产品按本部分的规定进行检验，当检验结果与本部分或订货单(或合同)的规定不符，应以书面形式向供方提出，由供需双方协商解决。属于外观质量及尺寸偏差的异议，应在收到基材之日起十五天内提出，属于其他性能的异议，可在收到基材之日起一个月内提出。如需仲裁，可委托供需双方认可的单位进行，仲裁取样在需方，由供需双方共同进行。

6.2 组批

基材应成批提交验收，每批应由同一牌号、状态、尺寸规格的基材组成，批重不限。

6.3 检验项目

每批基材均应进行化学成分、尺寸偏差、力学性能、外观质量的检查。

6.4 取样

取样应符合表15的规定。

表15 检验项目及取样规定

检验项目	取样规定	要求的章条号	检验的章条号
化学成分	按GB/T 17432的规定	4.3	5.1
尺寸偏差	每批取基材根数的1%，不少于10根。批量少于10根时，应逐根检查	4.4	5.2
力学性能	每批(热处理炉)取2根基材，从每根基材上切取1个试样，其他要求按GB/T 16865的规定	4.5	5.3
外观质量	逐根检查	4.6	5.4

6.5 检验结果的判定

6.5.1 任一试样的化学成分不合格时，基材能区分熔次时，则判该试样代表的熔次不合格，其他熔次依次检验，合格者交货。不能区分熔次时，则判该批不合格。

6.5.2 任一试样的尺寸偏差不合格时，判该批不合格。但允许逐根检验，合格者交货。

6.5.3 任一试样的力学性能不合格时，应从该批基材中另取双倍数量的试样进行重复试验，重复试验结果全部合格，则判该批基材合格。若重复试验结果仍有试样性能不合格，则判该批基材不合格。经供需双方商定允许供方逐根检验，合格者交货。

6.5.4 任一试样的外观质量不合格时，判该根不合格。

7 标志、包装、运输、贮存和质量证明书

7.1 标志

7.1.1 产品标志

在检验合格的基材上，应有如下内容的标识(或贴含有如下内容的标签)：

a) 供方名称和地址；

b) 产品名称和尺寸规格(或截面代号)；

c) 供方质检部门的检印(或质检人员的签名或印章)；

d) 牌号和状态；

e) 产品批号或生产日期；

f) 本部分编号；

g) 生产许可证编号和QS标识。

7.1.2 包装箱标志

基材包装箱标志应符合 GB/T 3199 的规定。

7.2 包装

基材不涂油，包装应符合 GB/T 3199 的规定。包装方式应在订货单(或合同)中注明。

7.3 运输和贮存

基材的运输和贮存应符合 GB/T 3199 的规定。

7.4 质量证明书

每批基材均应附有产品质量证明书，其上注明：

a) 供方名称；
b) 产品名称；
c) 牌号、状态、尺寸规格(截面代号)；
d) 产品批号或生产日期；
e) 重量或件数；
f) 本部分编号；
g) 各项分析检验结果和供方质检部门检印；
h) 生产许可证的编号及有效期。

8 订货单(或合同)内容

订购本部分所列基材的订货单(或合同)应包括下列内容：

a) 供方名称；
b) 产品名称；
c) 牌号、状态、尺寸规格(或截面代号)；
d) 重量或件数；
e) 需方的特殊要求：
——特殊的尺寸偏差要求；
——其他特殊要求；
f) 本部分编号。

ICS 77.150.10
H 61

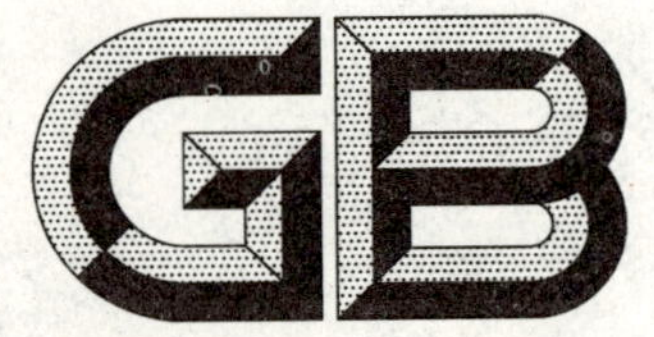

中华人民共和国国家标准

GB/T 5237.2—2017
代替 GB/T 5237.2—2008

铝合金建筑型材
第2部分：阳极氧化型材

**Wrought aluminium alloy extruded profiles for architecture—
Part 2：Anodized profiles**

2017-10-14 发布　　2018-07-01 实施

中华人民共和国国家质量监督检验检疫总局
中国国家标准化管理委员会　发布

前　言

GB/T 5237《铝合金建筑型材》分为六个部分：

——第1部分：基材；

——第2部分：阳极氧化型材；

——第3部分：电泳涂漆型材；

——第4部分：喷粉型材；

——第5部分：喷漆型材；

——第6部分：隔热型材。

本部分为GB/T 5237的第2部分。

本部分按照GB/T 1.1—2009给出的规则起草。

本部分代替GB 5237.2—2008《铝合金建筑型材　第2部分：阳极氧化型材》。本部分与GB 5237.2—2008相比，除编辑性修改外主要技术变化如下：

——删除了前言中“本部分4.4.1、4.4.2是强制性的，其余条款是推荐性的”的陈述(见2008年版的前言)；

——删除了前言中“本部分参考JIS H 8601—1999《铝及铝合金阳极氧化膜》进行修订的”的陈述(见2008年版的前言)；

——修改了本部分的适用“范围”(见第1章，2008年版的第1章)；

——删除了规范性引用文件GB/T 228—2002(见2008年版的第2章和5.2)；

——删除了规范性引用文件GB/T 1766(见2008年版的第2章和5.4.6.1)；

——删除了规范性引用文件GB/T 8753.2(见2008年版的第2章和5.4.2)；

——删除了规范性引用文件GB/T 14952.3(见2008年版的第2章、5.4.3.3、5.5和6.4)；

——删除了规范性引用文件GB/T 20975(所有部分)(见2008年版的第2章和5.1)；

——增加了规范性引用文件GB/T 3199(见第2章、7.1.2、7.2和7.3)；

——增加了规范性引用文件GB/T 8005.3(见第2章和第3章)；

——增加了规范性引用文件GB/T 8753.1(见第2章和5.4.3)；

——增加了规范性引用文件GB/T 12967.6 (见第2章、5.4.2和5.5)；

——将规范性引用文件GB/T 8013.1—2007修改为不带年代号的规范性引用文件(见第2章、4.6.7、5.4.7和6.5，2008年版的第2章、4.4.7、5.4.7和6.4)；

——修改了术语和定义的引导语(见第3章，2008年版的第3章)；

——修改了“装饰面”的定义(见3.1，2008年版的3.1)；

——删除了“局部膜厚”和“平均膜厚”的定义(见2008年版的3.2和3.3)；

——在产品分类中增加了“型材表面纹理类型及特点”(见4.1.2)；

——删除了产品分类中的“典型用途”(见2008年版的4.1.2)；

——在产品分类中增加了“膜层颜色”(见4.1.3)；

——修改了产品分类中的“表面处理方式”内容(见4.1.3，2008年版的4.1.2)；

——修改了产品分类中的标记及示例的规定(见4.1.4，2008年版的4.1.3)；

——增加了“质量保证”的内容(见4.2)；

——膜层性能项目“颜色和色差”修改为“色差”(见4.6.2，5.4.2和第6章，2008年版的4.4.3，5.4.3和第6章)；

——修改了耐磨性的落砂试验要求(见4.6.4,2008年版的4.4.5);
——增加了耐磨性的喷磨试验要求(见4.6.4);
——删除了耐候性中“加速耐候性”的规定及试验方法要求(见2008年版的4.4.6.1和5.4.6.1);
——增加了耐候性中“耐紫外光性”的规定及试验方法要求(见4.6.6.1和5.4.6.1);
——修改了化学成分和力学性能的试验方法要求(见5.1和5.2,2008年版的5.1和5.2);
——修改了色差的检验方法要求(见5.4.2,2008年版的5.4.3);
——修改了封孔质量的试验方法要求(见5.4.3,2008年版5.4.2);
——修改了耐磨性的试验方法要求(见5.4.4,2008年版5.4.5);
——自然耐候性试验方法中的注修改为“许多国家选用佛罗里达大气腐蚀试验站进行自然耐候试验。中国大气腐蚀试验站中,大气条件与佛罗里达比较接近的是海南省琼海大气腐蚀试验站,但海南省琼海大气腐蚀试验站的试验结果与佛罗里达的试验结果会存在差异。”(见5.4.6.2,2008年版5.4.6.2);
——修改了外观质量的检查方法要求(见5.5,2008年版的5.5);
——修改了组批的方法要求(见6.2,2008年版的6.2);
——增加了检验分类(见6.3);
——修改了检验项目的规定(见6.4,2008年版的6.3);
——修改了取样规定(见6.5,2008年版的6.4);
——修改了检验结果的判定要求(见6.6,2008年版的6.5);
——修改了标志的规定(见7.1.1,2008年版的7.4);
——修改了包装的规定(见7.2,2008年版的7.3);
——修改了质量证明书的内容要求(见7.4,2008年版的7.2);
——修改了订货单(或合同)的内容要求(见第8章,2008年版的第8章);
——增加了质量保证的内容要求(见附录A);
——修改了型材在运输和使用过程中的保护措施(见附录B,2008年版的附录B);
——增加了参考文献(见参考文献)。

本部分由中国有色金属工业协会提出。

本部分由全国有色金属标准化技术委员会(SAC/TC 243)归口。

本部分起草单位:广东兴发铝业有限公司、佛山市南海华豪铝型材有限公司、有色金属技术经济研究院、福建省闽发铝业股份有限公司、山东南山铝业股份有限公司、国家有色金属质量监督检验中心、广东省工业分析检测中心、福建省南平铝业股份有限公司、广东凤铝铝业有限公司、广东坚美铝型材厂(集团)有限公司、四川三星新材料科技股份有限公司、广亚铝业有限公司。

本部分主要起草人:夏秀群、葛立新、陈文泗、朱水明、叶细发、李喆、樊志罡、罗顺、冯东升、陈慧、戴悦星、牟泳涛、潘学著。

本部分所代替标准的历次版本发布情况为:
——GB/T 5237—1985、GB/T 5237—1993(阳极氧化、着色型材部分);
——GB/T 5237.2—2000、GB 5237.2—2004、GB 5237.2—2008。

铝合金建筑型材
第2部分:阳极氧化型材

1 范围

GB/T 5237 的本部分规定了阳极氧化型材的术语和定义、要求、试验方法、检验规则、标志、包装、运输、贮存与质量证明书及订货单(或合同)内容。

本部分适用于表面经阳极氧化、电解着色或染色的建筑用铝合金热挤压型材(以下简称型材)。

用途和表面处理方式相同的其他铝合金加工材也可参照执行本部分。

2 规范性引用文件

下列文件对于本文件的应用是必不可少的。凡是注日期的引用文件,仅注日期的版本适用于本文件。凡是不注日期的引用文件,其最新版本(包括所有的修改单)适用于本文件。

GB/T 3199 铝及铝合金加工产品 包装、标志、运输、贮存

GB/T 4957 非磁性基体金属上非导电覆盖层 覆盖层厚度测量 涡流法

GB/T 5237.1 铝合金建筑型材 第1部分:基材

GB/T 6461 金属基体上金属和其他无机覆盖层 经腐蚀试验后的试样和试件的评级

GB/T 6462 金属和氧化物覆盖层 厚度测量 显微镜法

GB/T 8005.3 铝及铝合金术语 第3部分:表面处理

GB/T 8013.1 铝及铝合金阳极氧化膜与有机聚合物膜 第1部分:阳极氧化膜

GB/T 8014.1 铝及铝合金阳极氧化 氧化膜厚度的测量方法 第1部分:测量原则

GB/T 8753.1 铝及铝合金阳极氧化 氧化膜封孔质量的评定方法 第1部分:无硝酸预浸的磷铬酸法

GB/T 9276 涂层自然气候曝露试验方法

GB/T 12967.3 铝及铝合金阳极氧化膜检测方法 第3部分:铜加速乙酸盐雾试验(CASS 试验)

GB/T 12967.4 铝及铝合金阳极氧化膜检测方法 第4部分:着色阳极氧化膜耐紫外光性能的测定

GB/T 12967.6 铝及铝合金阳极氧化膜检测方法 第6部分:目视观察法检验着色阳极氧化膜色差和外观质量

3 术语和定义

GB/T 8005.3 界定的以及下列术语和定义适用于本文件。

3.1

装饰面 exposed surfaces

经加工、组装成制品并安装在建筑物上的型材,目视可见的表面(包括处于开启或关闭状态)。

4 要求

4.1 产品分类

4.1.1 牌号、状态和尺寸规格

牌号、状态和尺寸规格应符合 GB/T 5237.1 的规定。

4.1.2 表面纹理类型及特点

表面纹理类型及特点见表 1。

表 1 型材表面纹理类型及特点

纹理类型	纹理特点
光面	保持与基材基本一样的表面纹理外观
砂面	通过对基材表面采用喷砂、抛丸或碱蚀等方法获得的表面纹理外观
抛光面	使用布轮、羊毛轮和砂纸等磨削基材表面获得的平滑且光亮的表面纹理外观
拉丝面	采用机械摩擦的方法加工基材表面获得的直线、乱纹、螺纹、波纹、旋纹型等表面纹理外观

4.1.3 膜层的膜厚级别、膜层颜色及表面处理方式

膜层的膜厚级别、膜层颜色及表面处理方式见表 2。

表 2 膜层的膜厚级别、膜层颜色及表面处理方式

膜厚级别[a,b]	膜层颜色	表面处理方式[a]
AA10、AA15、AA20、AA25	银白	阳极氧化＋封孔
	古铜色、黑色、金色等	阳极氧化＋电解着色[c]＋封孔
		阳极氧化＋染色[d]＋封孔

[a] 膜厚级别、着色和封孔工艺对膜层性能影响很大。
[b] 通常情况，膜层膜厚越厚，其耐盐雾腐蚀性能越好。
[c] 电解着色只能满足客户对一定范围内的颜色需求。
[d] 染色膜层的耐紫外光性能一般比电解着色的差。

4.1.4 标记及示例

型材标记按产品名称、本部分编号、牌号、状态、截面代号及长度、颜色(或色号)、表面纹理类型、膜厚级别的顺序表示。标记示例如下：

古铜色、砂面、膜厚级别为 AA15、6063 牌号、T5 状态、型材截面代号为 421001，定尺长度为 3 000 mm 的型材，标记为：

阳极氧化型材 GB/T 5237.2-6063T5-421001×3000 古铜色砂面 AA15

4.2 质量保证

4.2.1 工艺

工艺保证参见 A.1。

4.2.2 原材料

基材质量、阳极氧化表面处理用化学药剂和添加剂的质量参见 A.2。

4.3 化学成分

化学成分应符合 GB/T 5237.1 的规定。

4.4 力学性能

力学性能应符合 GB/T 5237.1 的规定。

4.5 尺寸偏差

尺寸偏差(包括膜层在内)应符合 GB/T 5237.1 的规定。

4.6 膜层性能

4.6.1 膜厚

膜层的平均膜厚、局部膜厚应符合表 3 的规定。膜厚级别应在订货单(或合同)中注明，未注明时，按 AA10 供货。

表 3 膜厚要求

膜厚级别	平均膜厚 μm	局部膜厚 μm
AA10	≥10	≥8
AA15	≥15	≥12
AA20	≥20	≥16
AA25	≥25	≥20

4.6.2 色差

颜色应与供需双方商定的色板基本一致，或处在供需双方商定的上、下限色标所限定的颜色范围之内。当采用仪器法测定时，允许色差值应供需双方商定，并在订货单(或合同)中注明。

4.6.3 封孔质量

经封孔质量试验后，质量损失值应不大于 30 mg/dm^2。

4.6.4 耐磨性

耐磨性可采用落砂试验或喷磨试验。采用落砂试验时，磨损每微米膜厚的平均耗砂量不小于 330 g；采用喷磨试验时，磨损每微米膜厚的平均耗时不小于 3.5 s。耐磨性采用的试验方法应供需双方商定，并在订货单(或合同)中注明，未注明时，按落砂试验进行。

4.6.5 耐盐雾腐蚀性

膜层的耐盐雾腐蚀性应符合表 4 的规定。

表 4 耐盐雾腐蚀性

膜厚级别	试验时间 h	保护等级
AA10	16	≥9 级
AA15	24	
AA20	48	
AA25	48	

4.6.6 耐候性

4.6.6.1 耐紫外光性

经耐紫外光性试验后，目视试样表面颜色变化应不大于供需双方商定的变色程度。

4.6.6.2 自然耐候性

需方对自然耐候性有要求时，试验条件和验收标准应供需双方商定，并在订货单(或合同)中注明。

4.6.7 其他

需方对其他性能有要求时，应供需双方参照 GB/T 8013.1 具体商定，并在订货单(或合同)中注明。

4.7 外观质量

型材表面不准许有电灼伤、膜层脱落等影响使用的缺陷，但距型材端头 80 mm 以内允许局部无膜。

5 试验方法

5.1 化学成分

化学成分分析方法按 GB/T 5237.1 的规定进行。试验前应去除试样表面膜层。

5.2 力学性能

力学性能试验方法按 GB/T 5237.1 的规定进行。

5.3 尺寸偏差

尺寸偏差检测方法按 GB/T 5237.1 的规定进行。

5.4 膜层性能

5.4.1 膜厚

按 GB/T 8014.1 中规定的测量原则，采用 GB/T 4957 中的涡流法或 GB/T 6462 中的显微镜法进行测量。仲裁试验按 GB/T 6462 规定的显微镜法进行。

5.4.2 色差

按 GB/T 12967.6 的规定进行。

5.4.3 封孔质量

按 GB/T 8753.1 的规定进行。

5.4.4 耐磨性

按 GB/T 8013.1 的规定进行。

5.4.5 耐盐雾腐蚀性

按 GB/T 12967.3 的规定进行 CASS 试验，至表 4 规定的试验时间后，按 GB/T 6461 的规定评定试验结果，不同缺陷面积比率相对应的保护等级见表 5。

表 5 不同缺陷面积比率相对应的保护等级

试验后缺陷面积比率 %	保护等级	试验后缺陷面积比率 %	保护等级
无	10 级	>0.05～0.07	9.3 级
≤0.02	9.8 级	>0.07～0.10	9 级
>0.02～0.05	9.5 级	>0.10～0.25	8 级

5.4.6 耐候性

5.4.6.1 耐紫外光性

按 GB/T 12967.4 的规定进行，试验时间为 300 h。

5.4.6.2 自然耐候性

按 GB/T 9276 的规定进行。

注：许多国家选用佛罗里达大气腐蚀试验站进行自然耐候试验。中国大气腐蚀试验站中，大气条件与佛罗里达比较接近的是海南省琼海大气腐蚀试验站，但海南省琼海大气腐蚀试验站的试验结果与佛罗里达的试验结果会存在差异。

5.4.7 其他

其他性能的检验按 GB/T 8013.1 或供需双方商定的方法进行。

5.5 外观质量

外观质量按 GB/T 12967.6 的规定进行。

6 检验规则

6.1 检查和验收

6.1.1 型材应由供方进行检验，保证型材质量符合本部分或订货单(或合同)的规定，并填写质量证明书。

6.1.2 需方可对收到的型材按本部分的规定进行检验。检验结果与本部分或订货单(或合同)的规定不符时，应以书面形式向供方提出，由供需双方协商解决。属于外观质量及尺寸偏差的异议，应在收到型材之日起一个月内提出，属于其他性能的异议，应在收到型材之日起六个月内提出。如需仲裁，可委托供需双方认可的单位进行，仲裁取样应在需方，由供需双方共同进行。

6.2 组批

型材应成批提交验收，每批应由同一牌号、状态、尺寸规格(或截面代号)、表面纹理类型、膜厚级别、膜层颜色和相同表面处理方式与工艺的型材组成，批重不限。

6.3 检验分类

产品检验分为出厂检验、定期检验。

6.4 检验项目及工艺保证项目

6.4.1 出厂检验项目、定期检验项目和工艺保证项目应符合表6的规定。

表6 检验项目及工艺保证项目

检验项目		出厂检验项目	定期检验项目	工艺保证项目
化学成分		√	—	—
力学性能		√	—	—
尺寸偏差		√	—	—
膜厚		√	—	—
色差		√	—	—
封孔质量		√	—	—
耐磨性		[a]	√	√
耐盐雾腐蚀性		[a]	√	√
耐候性	耐紫外光性	[a]	√	√
	自然耐候性	[a]	—	√
其他		[a]	—	—
外观质量		√	—	—
注：“√”表示必须检验的项目或工艺保证项目，“—”表示不检验项目或非工艺保证项目。				
[a] 订货单(或合同)注明检验时，该项目列为必须检验项目。未注明时不检验。				

6.4.2 供方每三年至少应进行一次定期检验。

6.5 取样

型材的取样应符合表 7 的规定。

表 7 取样

<table>
<tr><th colspan="2">检验项目</th><th>取样规定</th><th>要求的章条号</th><th>试验方法的章条号</th></tr>
<tr><td colspan="2">化学成分</td><td>按 GB/T 5237.1 的规定</td><td>4.3</td><td>5.1</td></tr>
<tr><td colspan="2">力学性能</td><td>按 GB/T 5237.1 的规定</td><td>4.4</td><td>5.2</td></tr>
<tr><td colspan="2">尺寸偏差</td><td>逐根检查</td><td>4.5</td><td>5.3</td></tr>
<tr><td colspan="2">膜厚</td><td>取样数量按表 8 规定</td><td>4.6.1</td><td>5.4.1</td></tr>
<tr><td colspan="2">色差</td><td>逐根检查</td><td>4.6.2</td><td>5.4.2</td></tr>
<tr><td colspan="2">封孔质量</td><td rowspan="4">在型材封孔完毕 120 h 后，每批抽取 2 根型材/检验项目，从抽取的每根型材上切取 1 个试样</td><td>4.6.3</td><td>5.4.3</td></tr>
<tr><td colspan="2">耐磨性</td><td>4.6.4</td><td>5.4.4</td></tr>
<tr><td colspan="2">耐盐雾腐蚀性</td><td>4.6.5</td><td>5.4.5</td></tr>
<tr><td rowspan="2">耐候性</td><td>耐紫外光性</td><td>4.6.6.1</td><td>5.4.6.1</td></tr>
<tr><td>自然耐候性</td><td>从该批中任取 3 根型材，在选取的每根型材上切取 1 个试样。若需方同意，供方可制作膜厚级别、膜层颜色及表面处理方式和工艺均与该批型材相同的 3 块试板代替型材试样。试样（或试板）膜层有效面尺寸（长×宽）宜为 250 mm×150 mm</td><td>4.6.6.2</td><td>5.4.6.2</td></tr>
<tr><td colspan="2">其他膜层性能</td><td>按 GB/T 8013.1 或供需双方商定的方法取样</td><td>4.6.7</td><td>5.4.7</td></tr>
<tr><td colspan="2">外观质量</td><td>逐根检查</td><td>4.7</td><td>5.5</td></tr>
</table>

表 8 膜厚取样数量及不合格品数上限数量表

单位为根

批量范围	抽取数量	不合格品数上限
1～10	全部	0
11～200	10	1
201～300	15	1
301～500	20	2
501～800	30	3
800 以上	40	4

6.6 检验结果的判定

6.6.1 任一试样的化学成分不合格时，型材能区分熔次时，则判该试样代表的熔次不合格，其他熔次依次检验，合格者交货。不能区分熔次时，则判该批不合格。

6.6.2 任一试样的力学性能不合格时，应从该批型材中另取双倍数量的试样进行重复试验，重复试验结果全部合格，则判该批型材合格。若重复试验结果仍有试样不合格，则判该批型材不合格。经供需双方商定允许供方逐根检验，合格者交货。

6.6.3 任一试样的尺寸偏差不合格时,判该批不合格。但允许供方逐根检验,合格者交货。

6.6.4 膜厚的不合格品数量超出表8规定的不合格品数上限时,应另取双倍数量的型材进行重复试验。重复试验的不合格品数量不超过表8规定的不合格品数上限的双倍数量时,判该批合格,否则判该批不合格。经供需双方商定允许供方逐根检验,合格者交货。

6.6.5 任一试样的色差不合格时,判该根不合格。

6.6.6 任一试样的封孔质量不合格时,判该批不合格。

6.6.7 任一试样的耐磨性不合格时,判该批不合格。

6.6.8 任一试样的耐盐雾腐蚀性不合格时,判该批不合格。

6.6.9 任一试样的耐候性不合格时,判该批不合格。

6.6.10 任一试样的其他膜层性能不合格时,判该批不合格。

6.6.11 任一试样的外观质量不合格时,判该根不合格。

6.6.12 定期检验结果不合格时,供方应对基材质量、阳极氧化表面处理用化学药剂和添加剂质量、工艺等进行重新评估确认,并进行重新检验,直至合格。

7 标志、包装、运输、贮存与质量证明书

7.1 标志

7.1.1 产品标志

在检验合格的型材上,应有如下内容的标识(或贴含有如下内容的标签):

a) 供方名称和地址;
b) 产品的名称;
c) 供方质检部门的检印(或质检人员的签名或印章);
d) 牌号、状态和尺寸规格(或截面代号);
e) 型材表面纹理类型、膜厚级别、颜色(或色号)及表面处理方式;
f) 产品批号或生产日期;
g) 本部分编号;
h) 生产许可证编号和QS标识。

7.1.2 包装箱标志

型材的包装箱标志应符合GB/T 3199的规定。

7.2 包装

型材的装饰面应用纸、泡沫塑料等材料加以保护,其他包装应符合GB/T 3199的规定。

7.3 运输和贮存

型材的运输和贮存应符合GB/T 3199的规定。型材在运输和使用过程中的保护措施参见附录B。

7.4 质量证明书

每批型材应附有产品质量证明书,其上注明:

a) 供方名称;
b) 产品名称;
c) 牌号、状态、尺寸规格(或截面代号);

d) 型材表面纹理类型、膜厚级别、颜色(或色号)及表面处理方式;
e) 批号或生产日期;
f) 重量或件数;
g) 各项分析检验结果和供方质检部门的检印;
h) 本部分编号;
i) 生产许可证编号。

8 订货单(或合同)内容

订购本部分所列型材的订货单(或合同)应包括下列内容:
a) 供方名称;
b) 产品名称;
c) 牌号、状态和尺寸规格(或截面代号);
d) 尺寸偏差、精度等级;
e) 型材表面纹理类型、膜厚级别、颜色(或色号)及表面处理方式;
f) 重量或件数;
g) 需方的特殊要求:
——耐盐雾腐蚀性测试要求;
——特殊的耐磨性能要求;
——耐紫外光性测试要求;
——自然耐候性测试要求;
——特殊的膜厚要求;
——特殊的色差要求;
——特殊的包装要求;
——其他特殊要求;
h) 本部分编号。

附 录 A
（资料性附录）
质 量 保 证

A.1 工艺保证

A.1.1 阳极氧化膜的生产工艺宜执行 GB/T 23612 的规定。

A.1.2 不同的着色、封孔工艺对阳极氧化膜的性能和环境有着直接影响。推荐使用有镍回收处理装置的单镍盐着色工艺，鼓励采用无镍无氟封孔工艺。

A.1.3 砂面铝型材表面凹凸不平，会对阳极氧化膜的耐腐蚀性能和耐磨性能产生不利影响，应注意相关工艺控制。

A.2 原材料质量保证

A.2.1 基材

基材质量应符合 GB/T 5237.1 的规定。

A.2.2 阳极氧化表面处理用化学药剂和添加剂

A.2.2.1 有害物质限量

阳极氧化表面处理用化学药剂和添加剂中有害物质限量参见表 A.1 的规定。

表 A.1 阳极氧化表面处理用化学药剂和添加剂中有害物质限量

有害物质	质量分数
多溴联苯 PBB	≤0.1%
多溴二苯醚 PBDE	≤0.1%
邻苯二甲酸二辛酯 DEHP	≤0.1%
邻苯二甲酸丁酯苯甲酯 BBP	≤0.1%
邻苯二甲酸二丁酯 DBP	≤0.1%
邻苯二甲酸二异丁酯 DIBP	≤0.1%
可溶性铅 Pb	≤90 mg/kg
可溶性镉 Cd	≤75 mg/kg
可溶性铬 Cr	≤60 mg/kg
可溶性汞 Hg	≤60 mg/kg

A.2.2.2 安全技术说明书

阳极氧化表面处理用化学药剂和添加剂的供应商应提供阳极氧化表面处理用化学药剂和添加剂的安全技术说明书（MSDS）。

A.2.2.3　产品使用和贮存说明书及售后技术服务协议

为保证阳极氧化表面处理用化学药剂和添加剂的正确使用和贮存，供应商应提供“产品使用和贮存说明书”。为保证阳极氧化表面处理用化学药剂和添加剂的质量可靠性，型材厂家与供应商应签订经双方协商后的“售后技术服务协议”。

A.2.2.4　产品标志

在检验合格的产品上，应有如下内容的标识(或贴含有如下内容的标签)：

a)　产品名称及级别；

b)　外观形态；

c)　用途；

d)　净重；

e)　批号；

f)　保质期；

g)　生产单位及联系电话。

A.2.2.5　质量证明书

为保证阳极氧化表面处理用化学药剂和添加剂的质量可靠性，铝型材生产企业应与阳极氧化表面处理用化学药剂和添加剂厂商商定质量证明书内容，质量证明书内容至少包括：

a)　供方名称；

b)　产品名称及级别；

c)　产品标准及要求；

d)　批号或生产日期；

e)　主要组分含量和杂质含量分析结果，主要性能指标试验结果；

f)　有害物质含量分析结果；

g)　分析检验结论；

h)　供方质检部门的检印；

i)　生产许可证编号。

附 录 B
（资料性附录）
型材在运输和使用过程中的保护措施

B.1 为了避免膜层的损坏，铝合金建筑型材运输和安装过程中应避免相互摩擦、滑动、挤压、扭曲变形。

B.2 为防止污水、冷凝物、水泥等接触型材表面而造成腐蚀。铝合金建筑型材在运输、存贮和堆放过程中，应使用适当的盛装物有效地保护，也可以采用某种清漆或易除去的蜡膜、塑料膜进行保护。

B.3 建议将铝合金建筑型材的安装安排在建筑施工的后期进行，并尽可能在交付给工地的建筑型材的包装件上贴上这样的标签："为了避免型材表面膜层的损坏，在搬运过程中应特别小心。在存放和堆积时，不准许接触水泥，灰浆等污染物，否则会造成膜层的损坏"。

B.4 为更好确保型材表面膜层的外观与性能符合要求，型材表面的保护膜应在规定的时间内妥善剥离，注意不得划伤、乱花型材表面。

B.5 为避免建筑用砂中氯离子等腐蚀物质对铝型材的腐蚀，应注意选用符合 GB/T 14684 的建设用砂。由于海砂中氯离子含量一般比较高，因此在铝合金型材的安装使用中不准许使用海砂。

B.6 表面尘垢沉积，膜层吸收水分，会导致膜层腐蚀，尤其当空气中含有硫化物时，膜层更易腐蚀。所以建筑型材在长期使用时必须按时把膜层表面清理干净，以延长使用寿命。

B.7 膜层定期清理的周期一般为半年。相隔时间可根据使用环境的污染程度而定。清理时注意既要清理表面污垢，又要不损坏膜层。

B.8 膜层清理的方法可根据膜层可能发生被破坏的程度和规模而定。对于小型的工件通常用棉布进行轻轻擦拭，对于大型工件，就要求设法将黏滞的沉积物溶解掉。清理污垢一般采用含有适当润滑剂或中性的皂液的热水来清洗，也可使用纤维刷来除去附着的灰尘。不准许使用砂纸、钢丝刷或其他摩擦物，也不准许用酸或碱进行清理，以免破坏膜层。在清洁处理后要用清水洗净，特别是有裂隙、污垢的地方，还要用软布沾上酒精来擦洗，最后用优质的蜡对膜层作上光处理。

B.9 铝合金建筑型材的运输和使用过程中的其他保护措施应严格执行建筑规范的相关要求。

参 考 文 献

［1］ GB/T 14684 建设用砂

［2］ GB/T 23612 铝合金建筑型材阳极氧化与阳极氧化电泳涂漆工艺技术规范

ICS 77.150.10
H 61

中华人民共和国国家标准

GB/T 5237.3—2017
代替 GB/T 5237.3—2008

铝合金建筑型材
第3部分：电泳涂漆型材

Wrought aluminium alloy extruded profiles for architecture—
Part 3: Electrodeposition coating profiles

2017-10-14 发布　　　　2018-07-01 实施

中华人民共和国国家质量监督检验检疫总局
中国国家标准化管理委员会　发布

前　言

GB/T 5237《铝合金建筑型材》分为6个部分：

——第1部分：基材；

——第2部分：阳极氧化型材；

——第3部分：电泳涂漆型材；

——第4部分：喷粉型材；

——第5部分：喷漆型材；

——第6部分：隔热型材。

本部分为GB/T 5237的第3部分。

本部分按照GB/T 1.1—2009给出的规则起草。

本部分代替GB 5237.3—2008《铝合金建筑型材　第3部分：电泳涂漆型材》。本部分与GB 5237.3—2008相比，除编辑性修改外主要技术变化如下：

——删除了前言中“本部分4.4.4和表2中的复合膜局部膜厚要求是强制性的，其余内容是推荐性的”的陈述(见2008年版的前言)；

——修改了本部分的适用“范围”(见第1章，2008年版的第1章)；

——删除了规范性引用文件GB/T 228—2002(见2008年版的第2章和5.2)；

——删除了规范性引用文件GB/T 8013.1(见2008年版的第2章和5.4.6)；

——删除了规范性引用文件GB/T 9761(见2008年版的第2章和5.5)；

——删除了规范性引用文件GB/T 9789(见2008年版的第2章)；

——删除了规范性引用文件GB/T 14952.3(见2008年版的第2章和5.4.1)；

——删除了规范性引用文件GB/T 20975(见2008年版的第2章和5.1)；

——删除了规范性引用文件JC/T 480(见2008年版的第2章和5.4.9)；

——增加了规范性引用文件GB/T 8005.3(见第2章和第3章)；

——增加了规范性引用文件GB/T 12967.6(见第2章、5.4.2和5.5)；

——增加了规范性引用文件GB/T 14684(见第2章和5.4.9)；

——增加了规范性引用文件JC/T 479(见第2章和5.4.9)；

——修改了术语和定义的引导语(见第3章，2008年版的第3章)；

——修改了“装饰面”的定义(见3.1，2008年版的3.1)；

——删除了“局部膜厚”的定义(见2008年版的3.2)；

——增加了“漆膜类型及漆膜特点”的规定(见4.1.2)；

——在产品分类中，各膜厚级别典型用途的内容修改为膜厚级别的备注说明，并对膜层代号进行了规定(见4.1.3，见2008年版的4.1.2)；

——在产品分类中，增加了“复合膜性能级别及对应型材的适用环境”内容(见4.1.4)；

——增加了“质量保证”的内容(见4.2)；

——在膜厚要求中，增加了内角、凹槽等型材表面膜厚的规定(见4.6.1，见2008年版的4.4.2)；

——修改了S级漆膜硬度的要求(见4.6.3，2008年版的4.4.3)；

——修改了耐沸水性要求(见4.6.5，2008年版的4.4.5)；

——修改了耐磨性要求(见4.6.6，2008年版的4.4.6)；

——修改了耐溶剂性要求(见 4.6.10,2008 年版的 4.4.10);
——修改了耐盐雾腐蚀性要求(见 4.6.13,2008 年版的 4.4.12);
——增加了紫外盐雾联合试验结果的性能要求(见 4.6.14);
——在加速耐候性试验结果的规定中,修改了光泽保持率要求(见 4.6.15.1,2008 年版的 4.4.14.1);
——在加速耐候性试验结果的规定中,“变色程度≤1 级”修改为“色差值 ΔE^{*}_{ab}≤3.0”(见 4.6.15.1,2008 年版的 4.4.14.1);
——修改了“其他”膜层性能要求(见 4.6.16,2008 年版的 4.4.15);
——修改了化学成分试验方法要求(见 5.1,2008 年版的 5.1);
——修改了力学性能试验方法要求(见 5.2,2008 年版的 5.2);
——修改了耐沸水性试验方法要求(见 5.4.5,2008 年版的 5.4.5);
——修改了耐磨性试验方法要求(见 5.4.6,2008 年版的 5.4.6);
——耐盐酸性试验方法中,将“化学纯盐酸”修改为“分析纯盐酸”(见 5.4.7,2008 年版的 5.4.7);
——耐砂浆性试验方法中,将石灰粉修改为 JC/T 479 规定的建筑生石灰,将标准砂修改为 GB/T 14684规定的建设用砂(见 5.4.9,2008 年版 5.4.9);
——修改了耐溶剂性试验方法要求(见 5.4.10,2008 年版 5.4.10);
——增加了紫外盐雾联合试验方法要求(见 5.4.14);
——修改了加速耐候性试验方法要求(见 5.4.15.1,2008 年版的 5.4.14.1);
——自然耐候性试验方法中的注修改为“许多国家选用佛罗里达大气腐蚀试验站进行自然耐候试验。中国大气腐蚀试验站中,大气条件与佛罗里达比较接近的是海南省琼海大气腐蚀试验站,但海南省琼海大气腐蚀试验站的试验结果与佛罗里达的试验结果会存在差异。”(见 5.4.15.2,2008 年版 5.4.14.2);
——修改了外观质量检验方法要求(见 5.5,2008 年版的 5.5);
——修改了检查和验收的规定要求(见 6.1,2008 年版的 6.1);
——修改了组批的方法要求(见 6.2,2008 年版的 6.2);
——修改了检验项目的规定(见 6.4,2008 年版的 6.3);
——修改了取样规定(见 6.5,2008 年版的 6.4);
——修改了检验结果的判定要求(见 6.6,2008 年版的 6.5);
——修改了标志的规定(见 7.1.1,2008 年版的 7.1);
——修改了包装的规定(见 7.2,2008 年版的 7.3);
——修改了运输和贮存的规定(见 7.3,2008 年版的 7.4);
——修改了质量证明书的内容要求(见 7.4,2008 年版的 7.5);
——修改了订货单(或合同)的内容要求(见第 8 章,2008 年版的第 8 章);
——增加了原材料质量保证的内容(见附录 A);
——增加了参考文献的内容(见参考文献)。

本部分由中国有色金属工业协会提出。

本部分由全国有色金属标准化技术委员会(SAC/TC 243)归口。

本部分起草单位:广东坚美铝型材厂(集团)有限公司、广亚铝业有限公司、广东凤铝铝业有限公司、有色金属技术经济研究院、广东华昌铝厂有限公司、国家有色金属质量监督检验中心、广东省工业分析检测中心、四川三星新材料科技股份有限公司、江阴恒兴涂料有限公司、天津开发区艾隆化工科技有限公司、福建省南平铝业股份有限公司、广东兴发铝业有限公司、福建省闽发铝业股份有限公司、山东南山铝业股份有限公司。

本部分主要起草人：戴悦星、潘学著、陈慧、葛立新、唐性宇、樊志罡、刘英坤、王争、林乾隆、史宏伟、谢志军、梁金鹏、黄赐为、李喆。

本部分所代替标准的历次版本发布情况为：

——GB/T 5237.3—2000、GB 5237.3—2004、GB 5237.3—2008。

铝合金建筑型材
第3部分：电泳涂漆型材

1 范围

GB/T 5237的本部分规定了电泳涂漆型材的术语和定义、要求、试验方法、检验规则、包装、标志、运输、贮存、质量证明书及订货单(或合同)内容。

本部分适用于表面经阳极氧化、着色和电泳涂漆(水溶性清漆或色漆)复合处理的建筑用铝合金热挤压型材(以下简称型材)。

用途和表面处理方式相同的其他铝合金加工材也可参照执行本部分。

2 规范性引用文件

下列文件对于本文件的应用是必不可少的。凡是注日期的引用文件，仅注日期的版本适用于本文件。凡是不注日期的引用文件，其最新版本(包括所有的修改单)适用于本文件。

GB/T 629 化学试剂 氢氧化钠

GB/T 1740 漆膜耐湿热测定法

GB/T 1766 色漆和清漆 涂层老化的评级方法

GB/T 1865—2009 色漆和清漆 人工气候老化和人工辐射曝露 滤过的氙弧辐射

GB/T 3199 铝及铝合金加工产品 包装、标志、运输、贮存

GB/T 4957 非磁性基体金属上非导电覆盖层 覆盖层厚度测量 涡流法

GB/T 5237.1 铝合金建筑型材 第1部分：基材

GB/T 5237.2 铝合金建筑型材 第2部分：阳极氧化型材

GB/T 6461 金属基体上金属和其他无机覆盖层 经腐蚀试验后的试样和试件的评级

GB/T 6462 金属和氧化物覆盖层 厚度测量 显微镜法

GB/T 6682 分析实验室用水规格和试验方法

GB/T 6739 色漆和清漆 铅笔法测定漆膜硬度

GB/T 8005.3 铝及铝合金术语 第3部分：表面处理

GB/T 8013.2 铝及铝合金阳极氧化膜与有机聚合物膜 第2部分：阳极氧化复合膜

GB/T 8014.1 铝及铝合金阳极氧化 氧化膜厚度的测量方法 第1部分：测量原则

GB/T 9276 涂层自然气候曝露试验方法

GB/T 9286 色漆和清漆 漆膜的划格试验

GB/T 9754 色漆和清漆 不含金属颜料的色漆漆膜的20°、60°和85°镜面光泽的测定

GB/T 10125 人造气氛腐蚀试验 盐雾试验

GB/T 11186.2 涂膜颜色的测量方法 第二部分：颜色测量

GB/T 11186.3 涂膜颜色的测量方法 第三部分：色差计算

GB/T 12967.6 铝及铝合金阳极氧化膜检测方法 第6部分：目视观察法检验着色阳极氧化膜色差和外观质量

GB/T 14684 建设用砂

GB/T 16585 硫化橡胶人工气候老化(荧光紫外灯)试验方法

JC/T 479　建筑生石灰

3　术语和定义

GB/T 8005.3 界定的以及下列术语和定义适用于本文件。

3.1

装饰面　exposed surfaces

经加工、组装成制品并安装在建筑物上的型材，目视可见的表面(包括处于开启或关闭状态)。

4　要求

4.1　产品分类

4.1.1　牌号、状态和尺寸规格

牌号、状态和尺寸规格应符合 GB/T 5237.1 的规定。

4.1.2　漆膜类型及漆膜特点

漆膜类型及漆膜特点见表 1。

表 1　漆膜类型及漆膜特点

漆膜类型		漆膜特点
按漆膜光泽分类	有光漆膜	漆膜表面光亮，镜面反射率较高
	消光漆膜	漆膜表面光泽柔和，镜面反射率较低
按漆膜颜色分类	透明漆膜	漆膜无色透明，所用的电泳涂料未添加颜料
	有色漆膜	漆膜颜色多样，但因受到所用颜料的性能影响，耐候性、耐蚀性与透明漆膜有一定的区别

4.1.3　膜厚级别

膜厚级别见表 2。

表 2　复合膜膜厚级别

膜厚级别	膜层代号	漆膜类型	备注
A	EA21	有光或消光透明漆膜	复合膜膜厚级别分为 3 类：A、B 和 S，该分类是按膜厚和电泳涂料的颜色种类进行划分，而不是根据性能划分。对于同一厂家同型号电泳涂料采用相同生产工艺所形成的复合膜，漆膜膜厚高的比漆膜膜厚低的耐候性和耐腐蚀性通常会好些
B	EB16		
S	ES21	有光或消光有色漆膜	

4.1.4　复合膜性能级别及对应型材的适用环境

复合膜性能级别按耐盐雾腐蚀性、加速耐候性、紫外盐雾联合试验结果分为Ⅱ级、Ⅲ级、Ⅳ级。性能级别应供需双方商定，并在订货单(或合同)中注明，未注明时，按Ⅱ级供货。复合膜性能级别对应型材的适用环境参见表 3。

表 3 复合膜性能级别对应型材的适用环境

复合膜性能级别	型材的适用环境
Ⅳ级	太阳光辐射强烈，大气腐蚀严重的环境
Ⅲ级	太阳光辐射较强，大气腐蚀严重的环境
Ⅱ级	太阳光辐射强度一般，大气腐蚀轻微的环境

4.1.5 标记及示例

型材标记按产品名称、本部分编号、牌号、状态、截面代号及长度、颜色、复合膜性能级别、膜层代号的顺序表示。标记示例如下：

示例 1：

6063 牌号、T5 状态、截面代号为 421001、定尺长度为 6 000 mm 的古铜色、膜层代号为 EA21、Ⅱ级性能电泳涂漆型材，标记为：

电泳型材 GB/T 5237.3-6063T5-421001×6000 古铜Ⅱ级 EA21

示例 2：

6063 牌号、T5 状态、截面代号为 421001、定尺长度为 6 000 mm 的白色、膜层代号为 ES21、Ⅱ级性能电泳涂漆型材，标记为：

电泳型材 GB/T 5237.3-6063T5-421001×6000 白Ⅱ级 ES21

4.2 质量保证

4.2.1 工艺

工艺保证参见 A.1。

4.2.2 原材料

基材质量、阳极氧化表面处理用化学试剂和添加剂质量、电泳涂料质量参见 A.2。

4.3 化学成分

化学成分应符合 GB/T 5237.1 的规定。

4.4 力学性能

力学性能应符合 GB/T 5237.1 的规定。

4.5 尺寸偏差

尺寸偏差(含复合膜)应符合 GB/T 5237.1 的规定。

4.6 膜层性能

4.6.1 膜厚

装饰面上的膜厚要求应符合表 4 的规定。膜厚级别应在订货单(或合同)中注明，未注明膜厚级别时，对于漆膜类型为透明漆膜的型材按 B 级供货。

表 4 复合膜膜厚要求

膜厚级别	膜厚[a] μm		
	阳极氧化膜局部膜厚	漆膜局部膜厚	复合膜局部膜厚
A	≥9	≥12	≥21
B	≥9	≥7	≥16
S	≥6	≥15	≥21
[a] 由于型材横截面形状的复杂性,致使型材某些表面(如内角、凹槽等)的局部膜厚低于规定值是允许的。			

4.6.2 色差

颜色应与供需双方商定的色板基本一致,或处在供需双方商定的上、下限色标所限定的颜色范围之内。若需方要求采用仪器法测定时,允许色差值应供需双方商定。

4.6.3 漆膜硬度

经铅笔划痕试验,漆膜硬度应不小于 3H。

4.6.4 漆膜附着性

漆膜干附着性和湿附着性应达到 0 级。

4.6.5 耐沸水性

经耐沸水浸渍试验后,漆膜表面应无皱纹、裂纹、气泡,并无脱落或变色现象,附着性应达到 0 级。

4.6.6 耐磨性

耐磨性可采用落砂试验或喷磨试验。采用落砂试验时,落砂量应不小于 3 300 g;采用喷磨试验时,喷磨时间应不小于 35 s。耐磨性采用的试验方法应供需双方商定,并在订货单(或合同)中注明,未注明时,按落砂试验进行。

4.6.7 耐盐酸性

经耐盐酸性试验后,复合膜表面应无气泡或其他明显变化。

4.6.8 耐碱性

经耐碱性试验后,保护等级应不小于 9.5 级。

4.6.9 耐砂浆性

经耐砂浆性试验后,复合膜表面应无脱落或其他明显变化。

4.6.10 耐溶剂性

经耐溶剂性试验后,型材表面不露出阳极氧化膜。

4.6.11 耐洗涤剂性

经耐洗涤剂性试验后，复合膜表面应无起泡、脱落或其他明显变化。

4.6.12 耐湿热性

经耐湿热性试验后，复合膜表面的综合破坏等级应达到1级。

4.6.13 耐盐雾腐蚀性

铜加速乙酸盐雾(CASS)试验结果和乙酸盐雾(AASS)试验结果应符合表5的规定。耐盐雾腐蚀性采用的试验方法应供需双方商定，并在订货单(或合同)中注明，未注明时，按铜加速乙酸盐雾试验进行。当需方有要求时，也可按中性盐雾(NSS)试验进行，中性盐雾试验时间及试验结果应供需双方按GB/T 8013.2商定。

表5 耐盐雾腐蚀性、加速耐候性及紫外盐雾联合试验结果

<table>
<tr><th rowspan="4">复合膜性能级别</th><th colspan="4">耐盐雾腐蚀性</th><th colspan="2">加速耐候性</th><th colspan="6">紫外盐雾联合试验结果</th></tr>
<tr><th colspan="2" rowspan="2">AASS 试验</th><th colspan="2" rowspan="2">CASS 试验</th><th colspan="2" rowspan="2">氙灯照射人工加速老化试验</th><th colspan="3">方法 A</th><th colspan="3">方法 B</th></tr>
<tr><th>荧光紫外灯辐射试验</th><th>CASS 试验</th><th rowspan="2">保护等级</th><th>荧光紫外灯辐射试验</th><th>AASS 试验</th><th rowspan="2">保护等级</th></tr>
<tr><th>试验时间 h</th><th>保护等级</th><th>试验时间 h</th><th>保护等级</th><th>试验时间 h</th><th>试验结果</th><th>试验时间 h</th><th>试验时间 h</th><th>试验时间 h</th><th>试验时间 h</th></tr>
<tr><td>Ⅳ级</td><td>1 500</td><td>≥9.5 级</td><td>120</td><td>≥9.5 级</td><td>4 000</td><td rowspan="3">粉化等级达到0级，光泽保持率[a]≥75%，色差值 $\Delta E^*_{ab} \leqslant 3.0$</td><td>240</td><td>120</td><td>≥9 级</td><td>240</td><td>1 500</td><td>≥9 级</td></tr>
<tr><td>Ⅲ级</td><td>1 500</td><td>≥9.5 级</td><td>120</td><td>≥9.5 级</td><td>2 000</td><td>240</td><td>120</td><td>≥9 级</td><td>240</td><td>1 500</td><td>≥9 级</td></tr>
<tr><td>Ⅱ级</td><td>1 000</td><td>≥9.5 级</td><td>72</td><td>≥9.5 级</td><td>1 000</td><td>240</td><td>72</td><td>≥9 级</td><td>240</td><td>1 000</td><td>≥9 级</td></tr>
<tr><td colspan="13">[a] 光泽保持率为漆膜试验后的光泽值相对于其试验前的光泽值的百分比。</td></tr>
</table>

4.6.14 紫外盐雾联合试验结果

紫外盐雾联合试验结果应符合表5的规定。紫外盐雾联合试验应供需双方商定采用表5中规定的方法A或方法B进行，并在订货单(或合同)中注明，未注明时，按表5中规定的方法A进行。

4.6.15 耐候性

4.6.15.1 加速耐候性

复合膜的加速耐候性应符合表5的规定。

4.6.15.2 自然耐候性

需方对自然耐候性有要求时，试验条件和验收标准应供需双方商定，并在订货单(或合同)中注明。

4.6.16 其他

需方对其他性能有要求时，应供需双方参照 GB/T 8013.2 具体商定，并在订货单(或合同)中注明。

4.7 外观质量

涂漆前型材的外观质量应符合 GB/T 5237.2 的有关规定。涂漆后的漆膜应均匀、整洁、不准许有皱纹、裂纹、气泡、流痕、夹杂物、发粘和漆膜脱落等影响使用的缺陷。但在型材端头 80 mm 范围内允许局部无膜。

5 试验方法

5.1 化学成分

化学成分分析方法按 GB/T 5237.1 的规定进行。试验前应去除试样表面的复合膜。

5.2 力学性能

力学性能试验方法按 GB/T 5237.1 的规定进行。

5.3 尺寸偏差

尺寸偏差检测方法按 GB/T 5237.1 的规定进行。

5.4 膜层性能

5.4.1 膜厚

5.4.1.1 阳极氧化膜、复合膜局部膜厚

按 GB/T 8014.1 中规定的测量原则，采用 GB/T 4957 中的涡流测厚法或 GB/T 6462 中的显微镜法进行测量。仲裁试验按 GB/T 6462 规定的显微镜法进行。

5.4.1.2 漆膜局部膜厚

按 GB/T 8014.1 中规定的测量原则，采用 GB/T 4957 中的涡流测厚法或 GB/T 6462 中的显微镜法进行测量。仲裁试验按 GB/T 6462 规定的显微镜法进行。采用涡流测厚法时，可按下述任一顺序进行：

a) 测出复合膜局部膜厚，然后减去按 5.4.1.1 测得的阳极氧化膜局部膜厚即为漆膜局部膜厚；

b) 测出复合膜局部膜厚，然后用剥离剂或有关器具除去表面漆膜，再测出阳极氧化膜局部膜厚，两者之差即为漆膜局部膜厚。

5.4.2 色差

5.4.2.1 目视测定法

按 GB/T 12967.6 的规定进行。

5.4.2.2 仪器测定法

按 GB/T 11186.2、GB/T 11186.3 的规定进行。

5.4.3 漆膜硬度

按 GB/T 6739 进行铅笔硬度试验,试验结果按表面漆膜刮破情况评定。

5.4.4 漆膜附着性

5.4.4.1 干附着性

5.4.4.1.1 按 GB/T 9286 的规定划格,划格间距为 1 mm。

5.4.4.1.2 将黏着力大于 10 N/25 mm 的粘胶带[1)]覆盖在划格的漆膜上,压紧以排去粘胶带下的空气,以垂直于漆膜表面的角度快速拉起粘胶带,然后按 GB/T 9286 的规定进行评级。

5.4.4.2 湿附着性

将试样按 5.4.4.1.1 的规定划格后,置于 38 ℃±5 ℃、GB/T 6682 规定的三级水中浸泡 24 h,取出并擦干试样,在 5 min 内按 5.4.4.1.2 进行试验并评级。

5.4.5 耐沸水性

采用沸水浸渍试验,在烧杯中注入 GB/T 6682 规定的三级水至约 80 mm 深处,并在烧杯中放入 2~3 粒清洁的碎瓷片。在烧杯底部加热至水沸腾。将试样悬立于沸水中煮 5 h。试样应在水面10 mm 以下,但不能接触容器底部。在试验过程中保持水温不低于 95 ℃,并随时向杯中补充煮沸的 GB/T 6682规定的三级水,以保持水面高度不小于 80 mm。取出并擦干试样,目视检查沸水浸渍试验后的漆膜表面(试样周边部分除外),并取出试样在 5 min 内按 5.4.4.1 进行附着性试验并评级。

5.4.6 耐磨性

按 GB/T 8013.2 的规定进行。

5.4.7 耐盐酸性

用分析纯盐酸(ρ=1.19 g/mL)和 GB/T 6682 规定的三级水配成盐酸试验溶液(1+9)。在试样的漆膜表面滴上 10 滴盐酸试验溶液,用表面皿盖住,在 18 ℃~27 ℃环境下放置 15 min 后,用自来水洗净、晾干。目视检查试验后的漆膜表面。

5.4.8 耐碱性

5.4.8.1 用酒精轻轻擦掉试样表面的污物,在有效面上用凡士林或石蜡把内径 32 mm、高 30 mm 的玻璃(或合成树脂)环固定,并密封其外周。

5.4.8.2 用 GB/T 629 规定的氢氧化钠和 GB/T 6682 规定的三级水配成浓度为 5 g/L 的氢氧化钠试验溶液。

5.4.8.3 试样保持水平,在 20 ℃±2 ℃的试验温度下,将氢氧化钠试验溶液注入到环高的 1/2 处,用玻璃板或合成树脂板盖住。试验 24 h 后,取走玻璃环,用水轻轻洗净试样,在室内放置 1 h 后,在试样上画一个与环同心,直径为 30 mm 的圆。用 10 倍~15 倍放大镜观察圆圈内腐蚀情况,按 GB/T 6461 的规定评级,不同总缺陷面积比率相对应的保护等级见表 6 中相应的规定。

1) Scotch 610 粘胶带或 Permacel 99 粘胶带是适合的市售产品的实例。给出这一信息是为了方便本部分的使用者,并不表示对这些产品的认可。

表6 不同总缺陷面积比率相对应的保护等级

试验后缺陷面积比率 %	保护等级	试验后缺陷面积比率 %	保护等级
无	10级	＞0.05～0.07	9.3级
≤0.02	9.8级	＞0.07～0.10	9级
＞0.02～0.05	9.5级	＞0.10～0.25	8级

5.4.9 耐砂浆性

5.4.9.1 取JC/T 479规定的建筑生石灰75 g和GB/T 14684规定的建设用砂225 g，再加入大约100 g GB/T 6682规定的三级水混合为糊状砂浆。

5.4.9.2 将糊状砂浆置于试样表面，堆成直径为15 mm、厚度为6 mm的圆柱形。在38 ℃±3 ℃、相对湿度95%±5%的环境中放置24 h。

5.4.9.3 用湿布抹掉砂浆，并擦干净表面残渣，晾干。目视检查试验后的漆膜表面。

5.4.10 耐溶剂性

在室温环境下，用至少六层医用纱布包裹1 kg的重锤锤头（锤头与试样表面接触面积约为150 mm^2），吸饱二甲苯后在试样表面上沿同一直线路径，以每秒钟1次往返的速率，来回擦拭100次（擦拭一个来回计为1次）。试验过程中应保持纱布湿润。试验结束后，目视检查试验后的漆膜表面。

5.4.11 耐洗涤剂性

5.4.11.1 用洗涤剂（组分见表7）和GB/T 6682规定的三级水配置成浓度为30 g/L的洗涤剂试验溶液。将试样置于38 ℃±1 ℃的试验溶液中保持72 h，取出并擦干试样。

表7 洗涤剂组分

组分	质量分数 %
无水焦磷酸（四）钠（Tetrasodium Pyrophosphate）	53
无水硫酸钠（Sodium Sulphate Anhydrous）	19
十二烷基苯磺酸钠（Sodium linear alkylarylsulfonate）	20
水合硅酸钠（Sodium Metasilicate Hydrated）	7
无水碳酸钠（Sodium Carbonate Anhydrous）	1
总计	100

5.4.11.2 立即将黏着力大于10 N/25 mm的粘胶带覆盖在试验后的漆膜表面上，压紧以排去粘胶带下的空气，以垂直于漆膜表面的角度快速拉起粘胶带，目视检查试验后的漆膜表面。

5.4.12 耐湿热性

按GB/T 1740的规定进行。试验温度为47 ℃±1 ℃，试验时间为4 000 h。

5.4.13 耐盐雾腐蚀性

按GB/T 10125的规定进行盐雾试验，至规定的试验时间后，按GB/T 6461的规定评定试验结果，不同总缺陷面积比率相对应的保护等级见表 6。

5.4.14 紫外盐雾联合试验结果

紫外盐雾联合试验采用荧光紫外灯辐射试验然后再进行盐雾腐蚀试验，荧光紫外灯辐射试验方法按表 8 的参数进行设定，其他试验规定按 GB/T 16585 的规定进行，盐雾腐蚀试验按 GB/T 10125 的规定进行，至规定的试验时间后，按 GB/T 6461 的规定评定试验结果，不同总缺陷面积比率相对应的保护等级见表 6。

表 8 荧光紫外灯辐射试验条件

项目	试验条件
光源类型	UVB-313
光照周期	4 h
冷凝周期	4 h
辐照度	30 W/m^2
光照周期的黑板温度	60 ℃±3 ℃
冷凝周期的黑板温度	50 ℃±3 ℃

5.4.15 耐候性

5.4.15.1 加速耐候性

按 GB/T 1865—2009 中方法 1 的循环 A 规定进行氙灯加速耐候试验。按 GB/T 9754 测量光泽值，按 GB/T 11186.2、GB/T 11186.3 的规定测量试验前后的色差值，按 GB/T 1766 评定粉化程度。

5.4.15.2 自然耐候性

按 GB/T 9276 的规定进行试验。

注：许多国家选用佛罗里达大气腐蚀试验站进行自然耐候试验。中国大气腐蚀试验站中，大气条件与佛罗里达比较接近的是海南省琼海大气腐蚀试验站，但海南省琼海大气腐蚀试验站的试验结果与佛罗里达的试验结果会存在差异。

5.4.16 其他

其他性能的检验按 GB/T 8013.2 或供需双方商定的方法进行。

5.5 外观质量

外观质量的检验按 GB/T 12967.6 的规定进行。

6 检验规则

6.1 检查和验收

6.1.1 型材应由供方进行检验，保证型材质量符合本部分或订货单(或合同)的规定，并填写质量证明书。

6.1.2 需方可对收到的型材按本部分的规定进行检验，如检验结果与本部分或订货单(或合同)的规定不符，应以书面形式向供方提出，应供需双方协商解决。属于外观质量及尺寸偏差的异议，应在收到型材之日起一个月内提出，属于其他性能的异议，可在收到型材之日起六个月内提出。如需仲裁，可委托供需双方认可的单位进行，仲裁取样应在需方，由供需双方共同进行。

6.2 组批

型材应成批提交验收，每批应由同一牌号、状态、尺寸规格（或截面代号）、颜色、漆膜类型、膜厚级别、复合膜性能级别及相同表面处理工艺的型材组成，批重不限。

6.3 检验分类

产品检验分为出厂检验、定期检验。

6.4 检验项目及工艺保证项目

6.4.1 出厂检验项目、定期检验项目和工艺保证项目应符合表9的规定。

表9 检验项目及工艺保证项目

检验项目		出厂检验项目	定期检验项目	工艺保证项目
化学成分		√	—	—
力学性能		√	—	—
尺寸偏差		√	—	—
膜厚		√	—	—
色差		√	—	—
漆膜硬度		√	—	—
漆膜附着性		√	—	—
耐沸水性		√	—	—
耐磨性		[a]	√	√
耐盐酸性		√	—	—
耐碱性		√	—	—
耐砂浆性		√	—	—
耐溶剂性		[a]	√	√
耐洗涤剂性		[a]	√	√
耐湿热性		[a]	√	√
耐盐雾腐蚀性		[a]	√	√
紫外盐雾联合试验结果		[a]	√	√
耐候性	加速耐候性	[a]	√	√
	自然耐候性	[a]	—	√
其他膜层性能		[a]	—	—
外观质量		√	—	—
注：“√”表示必须检验的项目，或工艺保证项目；“—”表示不检验的项目，或非工艺保证项目。				
[a] 订货单（或合同）中注明检验时，该项目列为必须检验项目。				

6.4.2 供方每三年至少应进行一次定期检验。

6.5 取样

取样应符合表10的规定。

表10 检验项目及取样规定

<table>
<tr><th colspan="2">检验项目</th><th>取样规定</th><th>要求的章条号</th><th>试验方法的章条号</th></tr>
<tr><td colspan="2">化学成分</td><td rowspan="3">按GB/T 5237.1的规定</td><td>4.3</td><td>5.1</td></tr>
<tr><td colspan="2">力学性能</td><td>4.4</td><td>5.2</td></tr>
<tr><td colspan="2">尺寸偏差</td><td>4.5</td><td>5.3</td></tr>
<tr><td colspan="2">膜厚</td><td>取样数量按表11规定。在抽取的每根型材上切取1个试样</td><td>4.6.1</td><td>5.4.1</td></tr>
<tr><td colspan="2">色差</td><td>逐根检查</td><td>4.6.2</td><td>5.4.2</td></tr>
<tr><td colspan="2">漆膜硬度</td><td rowspan="4">每批抽取2根型材/检验项目，在膜层固化并放置24 h以后，从每根型材上切取1个试样</td><td>4.6.3</td><td>5.4.3</td></tr>
<tr><td rowspan="2">漆膜附着性</td><td>干附着性</td><td rowspan="2">4.6.4</td><td rowspan="2">5.4.4</td></tr>
<tr><td>湿附着性</td></tr>
<tr><td colspan="2">耐沸水性</td><td>4.6.5</td><td>5.4.5</td></tr>
<tr><td colspan="2">耐磨性</td><td>每批抽取2根型材，在膜层固化并放置24 h以后，从每根型材上切取1个试样</td><td>4.6.6</td><td>5.4.6</td></tr>
<tr><td colspan="2">耐盐酸性</td><td rowspan="3">每批抽取2根型材/检验项目，在膜层固化并放置24 h以后，从每根型材上切取1个试样</td><td>4.6.7</td><td>5.4.7</td></tr>
<tr><td colspan="2">耐碱性</td><td>4.6.8</td><td>5.4.8</td></tr>
<tr><td colspan="2">耐砂浆性</td><td>4.6.9</td><td>5.4.9</td></tr>
<tr><td colspan="2">耐溶剂性</td><td rowspan="6">每批抽取2根型材/检验项目，在膜层固化并放置24 h以后，从每根型材上切取1个试样</td><td>4.6.10</td><td>5.4.10</td></tr>
<tr><td colspan="2">耐洗涤剂性</td><td>4.6.11</td><td>5.4.11</td></tr>
<tr><td colspan="2">耐湿热性</td><td>4.6.12</td><td>5.4.12</td></tr>
<tr><td colspan="2">耐盐雾腐蚀性</td><td>4.6.13</td><td>5.4.13</td></tr>
<tr><td colspan="2">紫外盐雾联合试验结果</td><td>4.6.14</td><td>5.4.14</td></tr>
<tr><td rowspan="2">耐候性</td><td>加速耐候性</td><td>4.6.15.1</td><td>5.4.15.1</td></tr>
<tr><td>自然耐候性</td><td>从该批中任取3根型材，在选取的每根型材上切取个1个试样。若需方同意，供方可制作颜色、漆膜类型、膜厚级别、复合膜性能级别及表面处理工艺均与该批型材相同的3块试板代替型材试样。试样(或试板)膜层有效面尺寸(长×宽)宜为250 mm×150 mm</td><td>4.6.15.2</td><td>5.4.15.2</td></tr>
<tr><td colspan="2">其他膜层性能</td><td>按GB/T 8013.3或供需双方商定的方法取样</td><td>4.6.16</td><td>5.4.16</td></tr>
<tr><td colspan="2">外观质量</td><td>逐根检查</td><td>4.7</td><td>5.5</td></tr>
</table>

表 11 膜厚取样数量及不合格品数上限数量表

单位为根

批量范围	随机取样数	不合格品数上限
1～10	全部	0
11～200	10	1
201～300	15	1
301～500	20	2
501～800	30	3
800 以上	40	4

6.6 检验结果的判定

6.6.1 任一试样的化学成分不合格时，型材能区分熔次时，则判该试样代表的熔次不合格，其他熔次依次检验，合格者交货。不能区分熔次时，则判该批不合格。

6.6.2 任一试样的力学性能不合格时，应从该批型材中重新取双倍数量的试样进行重复试验，重复试验结果全部合格，则判该批型材合格。若重复试验结果仍有试样不合格，则判该批型材不合格。经供需双方商定允许供方逐根检验，合格者交货。

6.6.3 任一试样的尺寸偏差不合格时，判该批不合格。但允许供方逐根检验，合格者交货。

6.6.4 膜厚的不合格品数量超出表 11 规定的不合格品数上限时，应另取双倍数量的型材进行重复试验。重复试验的不合格品数量不超过表 11 规定的不合格品数上限的双倍数量时，判该批合格，否则判该批不合格。经供需双方商定允许供方逐根检验，合格者交货。

6.6.5 任一试样的色差不合格时，判该根不合格。

6.6.6 任一试样的漆膜硬度不合格时，判该批不合格。

6.6.7 任一试样的漆膜附着性不合格时，判该批不合格。

6.6.8 任一试样的耐沸水性不合格时，判该批不合格。

6.6.9 任一试样的耐磨性不合格时，判该批不合格。

6.6.10 任一试样的耐盐酸性不合格时，判该批不合格。

6.6.11 任一试样的耐碱性不合格时，判该批不合格。

6.6.12 任一试样的耐砂浆性不合格时，判该批不合格。

6.6.13 任一试样的耐溶剂性不合格时，判该批不合格。

6.6.14 任一试样的耐洗涤剂性不合格时，判该批不合格。

6.6.15 任一试样的耐湿热性不合格时，判该批不合格。

6.6.16 任一试样的耐盐雾腐蚀性不合格时，判该批不合格。

6.6.17 任一试样的紫外盐雾联合试验结果不合格时，判该批不合格。

6.6.18 任一试样的耐候性不合格时，判该批不合格。

6.6.19 任一试样的其他膜层性能不合格时，判该批不合格。

6.6.20 任一试样的外观质量不合格时，判该根不合格。

6.6.21 定期检验结果不合格时，供方应对基材质量、电泳涂料质量、工艺等进行重新评估确认，并进行重新检验，直至合格。

7 标志、包装、运输、贮存和质量证明书

7.1 标志

7.1.1 产品标志

在检验合格的型材上,应有如下内容的标识(或贴含有如下内容的标签):

a) 供方名称和地址;

b) 产品名称;

c) 供方质检部门的检印(或质检人员的签名或印章);

d) 牌号、状态、尺寸规格(或截面代号);

e) 性能级别、膜层代号、颜色;

f) 产品批号或生产日期;

g) 本部分编号;

h) 生产许可证编号和 QS 标识。

7.1.2 包装箱标志

型材的包装箱标志应符合 GB/T 3199 的规定。

7.2 包装

型材的装饰面应用纸、泡沫塑料等加以保护,其他包装应符合 GB/T 3199 的规定。

7.3 运输和贮存

型材的运输和贮存应符合 GB/T 3199 的规定。型材在运输和使用过程中的保护措施参见 GB/T 5237.2。

7.4 质量证明书

每批型材应附有产品质量证明书,其上注明:

a) 供方名称;

b) 产品名称;

c) 牌号、状态、尺寸规格(或截面代号);

d) 性能级别、膜层代号、颜色;

e) 批号或生产日期;

f) 重量或件数;

g) 各项分析检验结果和供方质检部门的检印;

h) 本部分编号;

i) 生产许可证的编号。

8 订货单(或合同)内容

订购本部分所列型材的订货单(或合同)应包括下列内容:

a) 供方名称;

b) 产品名称;

c) 牌号、状态、尺寸规格(或截面代号)；
d) 尺寸偏差、精度等级；
e) 性能级别、膜层代号、颜色；
f) 重量或件数；
g) 需方特殊的要求：
——膜厚要求；
——耐磨性能的测试要求；
——耐洗涤剂性测试要求；
——耐湿热性测试要求；
——特殊的耐盐雾腐蚀性能要求；
——特殊的紫外盐雾联合试验性能要求；
——耐候性测试要求；
——特殊的其他膜层性能要求；
——其他特殊要求；
h) 本部分编号。

附 录 A
（资料性附录）
质量保证

A.1 工艺保证

阳极氧化电泳涂漆工艺对复合膜性能有很大影响，为保证复合膜质量，阳极氧化电泳涂漆工艺宜按GB/T 23612的规定执行。

A.2 原材料质量保证

A.2.1 基材

基材质量应符合GB/T 5237.1的规定。

A.2.2 阳极氧化表面处理用化学试剂和添加剂

阳极氧化表面处理用化学试剂和添加剂质量应符合GB/T 5237.2的规定。

A.2.3 电泳涂料

A.2.3.1 电泳涂料类型和特点

电泳涂料是形成型材复合膜的主要原材料，其质量对复合膜的性能有重要影响，电泳涂料应符合YS/T 728的规定。YS/T 728中将电泳涂料划分为4个等级，4个等级的电泳涂料均可用于复合膜性能级别为Ⅱ级的型材产品，除一级以外的电泳涂料可用于复合膜性能级别为Ⅲ级的型材产品，四级电泳涂料可用于复合膜性能级别为Ⅳ级的型材产品。通常电泳涂料的性能级别越高，其耐候性越好。电泳涂料的类型和特点见表A.1。

表A.1 电泳涂料的类型和特点

涂料类型		涂料特点
按涂料状态分类	溶液型涂料	即YS/T 728中的溶剂型涂料，是聚合合成的丙烯酸树脂与氨基树脂为主成分组成的电泳涂料。溶液型涂料固体份通常不大于70%
	乳液型涂料	是将溶液型电泳涂料经乳化处理后生成的电泳涂料。乳液型涂料固体份通常不大于40%

A.2.3.2 电泳涂料的组分、特点与控制要求

电泳涂料的组分、特点与控制要求见表A.2。

表 A.2 电泳涂料的组分、特点与控制要求

主要组分	特点	控制要求
丙烯酸树脂	丙烯酸树脂由多种丙烯酸单体聚合而成，是主要成膜物质，对漆膜的性能起关键性作用	分子量是决定丙烯酸树脂的主要因素之一，制造涂料用聚丙烯酸树脂时，应根据不同涂料从固体含量、物理性能及施工要求等各方面来考虑选择一个最适宜的分子量。通常选用分子量为 20 000～40 000 左右的树脂，如考虑生产高固体分漆时，则分子量可能降至 10 000 以下。从制造涂料的要求来看，分子量分布愈窄愈好，这样的聚合物分子量均匀，性能稳定
氨基树脂	氨基树脂是多官能团的聚合物，在固化过程中起交联作用。氨基树脂品种的选择、丙烯酸树脂与氨基树脂的比例等对交联固化效果影响很大，从而影响漆膜性能	根据涂料特性要求及丙烯酸树脂的特性配置相适应的氨基树脂种类及比例。一般溶液型电泳涂料选用甲醚化/丁醚化比例相对高一些的混合醚化的氨基树脂，而乳液型电泳涂料选用甲醚化/丁醚化比例相对低一些的混合醚化的氨基树脂。氨基树脂占总树脂的比例一般为 17%～45%
有机溶剂	通常是醇类和醚类亲水性有机溶剂。有机溶剂的作用是使水性漆与水相接的界面稳定，有些有机溶剂也参与反应。选择不同种类的有机溶剂，既可能影响的性能，还会影响到型材生产过程中的挥发性有机化合物的总体排放量	溶液型原漆的有机溶剂含量一般为 11%～40%，乳液型原漆的溶剂含量一般为 10%～20%

A.2.3.3 有害物质

有害物质限量可参见 YS/T 728 及表 A.3 的规定。

表 A.3 电泳涂料中有害物质限量

有害物质	质量分数 %
多溴联苯 PBB	≤0.1
多溴二苯醚 PBDE	≤0.1
邻苯二甲酸二辛酯 DEHP	≤0.1
邻苯二甲酸丁酯苯甲酯 BBP	≤0.1
邻苯二甲酸二丁酯 DBP	≤0.1
邻苯二甲酸二异丁酯 DIBP	≤0.1

A.2.3.4 安全技术说明书

电泳涂料供应商提供电泳涂料的安全技术说明书(MSDS)。

A.2.3.5 电泳涂料质量证明书

电泳涂料的质量对复合膜性能(尤其是耐候性和耐腐蚀性)起关键作用，所以型材生产企业应与电

泳涂料供应商商定质量证明书内容，质量证明书内容至少包括：

a) 电泳涂料中的有害物质含量；
b) 电泳涂料中的固体分；
c) 电泳涂料的黏度；
d) 电泳涂料的密度；
e) 电泳涂料的挥发性有机化合物含量；
f) 电泳涂料的性能等级；
g) 自然曝晒试验结果(应包括色差值、光泽保持率、粉化程度)。

参 考 文 献

［1］ GB/T 23612 铝合金建筑型材阳极氧化与阳极氧化电泳涂漆工艺技术规范
［2］ YS/T 728 铝合金建筑型材用丙烯酸电泳涂料

ICS 77.150.10
H 61

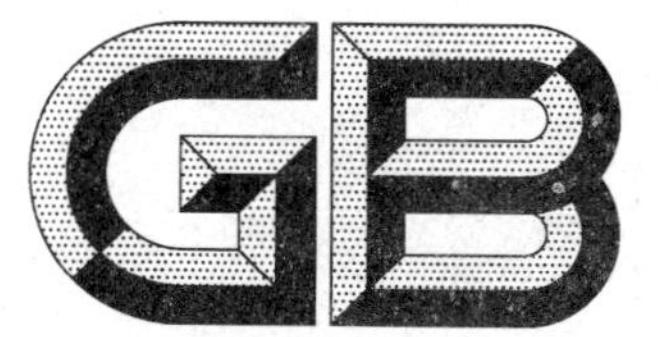

中华人民共和国国家标准

GB/T 5237.4—2017
代替 GB/T 5237.4—2008

铝合金建筑型材 第4部分:喷粉型材

Wrought aluminium alloy extruded profiles for architecture—
Part 4:Powder coating profiles

2017-10-14 发布　　2018-05-01 实施

中华人民共和国国家质量监督检验检疫总局
中国国家标准化管理委员会　发布

前　言

GB/T 5237《铝合金建筑型材》分为 6 个部分：

——第 1 部分：基材；

——第 2 部分：阳极氧化型材；

——第 3 部分：电泳涂漆型材；

——第 4 部分：喷粉型材；

——第 5 部分：喷漆型材；

——第 6 部分：隔热型材。

本部分为 GB/T 5237 的第 4 部分。

本部分按照 GB/T 1.1—2009 给出的规则起草。

本部分代替 GB 5237.4—2008《铝合金建筑型材　第 4 部分：粉末喷涂型材》。本部分与 GB 5237.4—2008 相比，除编辑性修改外主要技术变化如下：

——修改了标准名称(见封面，2008 年版的封面)；

——删除了前言中“本部分 4.5.3.1、4.5.5 是强制性的，其余条款是推荐性的”的陈述(见 2008 年版的前言)；

——修改了本部分的适用“范围”(见第 1 章，2008 年版的第 1 章)；

——删除了规范性引用文件 GB/T 228—2002(见 2008 年版的第 2 章和 5.2)；

——删除了规范性引用文件 JC/T 480(见 2008 年版的第 2 章和 5.4.12)；

——删除了规范性引用文件 GB/T 16585(见 2008 年版的第 2 章)；

——增加了规范性引用文件 GB/T 5237.2(见第 2 章和 7.3)；

——增加了规范性引用文件 GB/T 8005.3(见第 2 章和第 3 章)；

——增加了规范性引用文件 GB/T 14684 (见第 2 章和 5.4.12)；

——增加了规范性引用文件 JC/T 479(见第 2 章和 5.4.12)；

——增加了规范性引用文件 YS/T 680—2016(见第 2 章和附录 A)；

——将规范性引用文件 GB/T 1865—1997 修改为 GB/T 1865—2009(见第 2 章和 5.4.18.1，2008 年版的 2 和 5.4.17.1)；

——将规范性引用文件 GB/T 8013.3—2007 修改为不带年代号的规范性引用文件(见第 2 章、4.6.19、5.4.10、5.4.13、5.4.19 和 6.5，2008 年版的第 2 章、3、4.2、4.5.18、5.4.18 和 6.4)；

——增加了规范性引用文件 GB/T 26323(见第 2 章和 5.4.16)；

——修改了术语和定义的引导语(见第 3 章，2008 年版的第 3 章)；

——修改了“装饰面”的定义(见 3.1，2008 年版的 3.2)；

——删除了“涂层”的定义(见 2008 年版的 3.1)；

——删除了“局部膜厚”的定义(见 2008 年版的 3.3)；

——删除了“最小局部膜厚”的定义(见 2008 年版的 3.4)；

——在产品分类中增加了“膜层类型及膜层特点” 的内容(见 4.1.2)；

——在产品分类中增加了“膜层外观效果” 的内容(见 4.1.3)；

——在产品分类增加了“膜层性能级别对应型材的适用环境” 的内容(见 4.1.4)；

——增加了“质量保证” 的内容(见 4.2)；

——修改了耐沸水性的规定及试验方法要求(见 4.6.6 和 5.4.6，2008 年版的 4.5.10 和 5.4.10)；

——修改了耐冲击性的规定及试验方法要求(见4.6.7和5.4.7,2008年版的4.5.6和5.4.6);
——修改了抗杯突性的规定及试验方法要求(见4.6.8和5.4.8,2008年版的4.5.7和5.4.7);
——修改了抗弯曲性的规定及试验方法要求(见4.6.9和5.4.9,2008年版的4.5.8和5.4.8);
——修改了耐盐雾腐蚀性的规定(见4.6.15,2008年版的4.5.15);
——增加了耐丝状腐蚀性的规定和试验方法要求(见4.6.16、5.4.16);
——修改了耐湿热性的规定(见4.6.17,2008年版的4.5.16);
——修改了加速耐候性的规定(见4.6.18.1,2008年版的4.5.17.1);
——修改了自然耐候性的规定(见4.6.18.2,2008年版的4.5.17.2);
——修改了化学成分试验方法要求(见5.1,2008年版的5.1);
——修改了力学性能试验方法要求(见5.2,2008年版的5.2);
——修改了耐磨性试验方法要求(见5.4.10,2008年版的5.4.9);
——修改了耐溶剂性试验方法要求(见5.4.13,2008年版的5.4.13);
——耐盐雾腐蚀性试验方法中增加了"划线宽度为1 mm"的要求(见5.4.15,2008年版的5.4.15);
——修改了组批的方法(见6.2,2008年版的6.2);
——增加了检验分类的规定(见6.3);
——修改了检验项目的规定(见6.4,2008年版的6.3);
——增加了工艺保证项目(见6.4);
——修改了取样规定(见6.5,2008年版的6.4);
——修改了检验结果的判定要求(见6.6,2008年版的6.5);
——修改了标志的规定(见7.1,2008年版的7.1);
——修改了质量证明书的内容要求(见7.4,2008年版的7.5);
——修改了订货单(或合同)的内容要求(见第8章,2008年版的第8章);
——删除了落砂试验方法的附录(见2008年版的附录A);
——删除了耐溶剂性试验方法的附录(见2008年版的附录B);
——增加了质量保证的资料性附录(见附录A);
——增加了参考文献的内容(见参考文献)。

本部分由中国有色金属工业协会提出。

本部分由全国有色金属标准化技术委员会(SAC/TC 243)归口。

本部分起草单位:福建省闽发铝业股份有限公司、广亚铝业有限公司、有色金属技术经济研究院、四川三星新材料科技股份有限公司、佛山市南海华豪铝型材有限公司、国家有色金属质量监督检验中心、广东省工业分析检测中心、广东豪美铝业股份有限公司、广东兴发铝业有限公司、广东坚美铝型材厂(集团)有限公司、广东凤铝铝业有限公司、福建省南平铝业股份有限公司、山东华建铝业集团有限公司、关西圣联达粉末涂料有限公司、佛山市顺德区德福生金属粉末有限公司。

本部分主要起草人:朱耀辉、潘学著、黄长远、葛立新、王争、朱水明、郝雪龙、詹浩、项胜前、陈文泗、戴悦星、陈慧、徐晓红、张洪亮、赵仕达、吴庆松。

本部分所代替标准的历次版本发布情况为:

——GB/T 5237.4—2000、GB 5237.4—2004、GB 5237.4—2008。

铝合金建筑型材 第4部分:喷粉型材

1 范围

GB/T 5237的本部分规定了喷粉型材的术语和定义、要求、试验方法、检验规则、标志、包装、运输、贮存、质量证明书与订货单(或合同)内容。

本部分适用于以热固性聚酯、聚氨酯、三氟氯乙烯-乙烯基醚(简称FEVE)粉末和热塑性聚偏二氟乙烯(简称PVDF)粉末等作涂料的建筑用静电喷粉型材(以下简称型材)。

用途和表面处理方式相同的其他铝合金加工材也可参照执行本部分。

2 规范性引用文件

下列文件对于本文件的应用是必不可少的。凡是注日期的引用文件,仅注日期的版本适用于本文件。凡是不注日期的引用文件,其最新版本(包括所有的修改单)适用于本文件。

GB/T 1732 漆膜耐冲击性测定法

GB/T 1740 漆膜耐湿热测定法

GB/T 1865—2009 色漆和清漆 人工气候老化和人工辐射曝露 滤过的氙弧辐射

GB/T 3199 铝及铝合金加工产品包装、标志、运输、贮存

GB/T 4957 非磁性基体金属上非导电覆盖层 覆盖层厚度测量 涡流法

GB/T 5237.1 铝合金建筑型材 第1部分:基材

GB/T 5237.2 铝合金建筑型材 第2部分:阳极氧化型材

GB/T 6682 分析实验室用水规格和试验方法

GB/T 6742 色漆和清漆 弯曲试验(圆柱轴)

GB/T 8005.3 铝及铝合金术语 第3部分:表面处理

GB/T 8013.3 铝及铝合金阳极氧化膜与有机聚合物膜 第3部分:有机聚合物喷涂膜

GB/T 9275 色漆和清漆 巴克霍尔兹压痕试验

GB/T 9276 涂层自然气候曝露试验方法

GB/T 9286 色漆和清漆 漆膜的划格试验

GB/T 9753 色漆和清漆 杯突试验

GB/T 9754 色漆和清漆 不含金属颜料的色漆漆膜的20°、60°和85°镜面光泽的测定

GB/T 9761 色漆和清漆 色漆的目视比色

GB/T 10125 人造气氛腐蚀试验 盐雾试验

GB/T 11186.2 涂膜颜色的测量方法 第二部分:颜色测定

GB/T 11186.3 涂膜颜色的测量方法 第三部分:色差计算

GB/T 14684 建设用砂

GB/T 17671 水泥胶砂强度检验方法(ISO法)

GB/T 26323 色漆和清漆 铝及铝合金表面涂膜的耐丝状腐蚀试验

JC/T 479 建筑生石灰

YS/T 680—2016 铝合金建筑型材用粉末涂料

3 术语和定义

GB/T 8005.3 界定的以及下列术语和定义适用于本文件。

3.1

装饰面 exposed surfaces

经加工、组装成制品并安装在建筑物上的型材,目视可见的表面(包括处于开启或关闭状态)。

4 要求

4.1 产品分类

4.1.1 牌号、状态和尺寸规格

牌号、状态和尺寸规格应符合 GB/T 5237.1的规定。

4.1.2 膜层类型及膜层特点

膜层类型及膜层特点见表1。

表1 膜层类型及特点

膜层类型	膜层代号[a]	膜层特点
聚酯类粉末膜层	GA40	膜层由饱和羧基聚酯为主成分的粉末涂料喷涂固化而成,具有较好的防腐性能及耐候性能
聚氨酯类粉末膜层	GU40	膜层由饱和羟基聚酯为主成分的粉末涂料喷涂固化而成,具有高耐磨性能,且膜层光滑,质感细腻。用于热转印时,油墨渗透性优于聚酯膜层
氟碳类粉末膜层	GF40	膜层由热固性FEVE树脂为主成分的粉末涂料喷涂固化而成,或者由热塑性的PVDF树脂为主成分的粉末涂料喷涂形成。具有更优良的耐候性能,适用于腐蚀气氛严重、太阳辐射强的环境
其他粉末膜层	GO40	见 YS/T 680—2016

[a] 膜层代号中的第一位英文字母表示喷粉处理;第二位英文字母表示粉末类型,其中A表示聚酯类粉末,U表示聚氨酯类粉末,F表示氟碳类粉末,O表示其他粉末;字母后面的阿拉伯数字表示最小局部膜厚限定值。

4.1.3 膜层外观效果

膜层的外观效果见表2。

表2 膜层外观效果

膜层外观效果	备注
平面效果	具有低光、平光及高光多种光泽膜层,膜层表面光滑,颜色丰富

表 2（续）

膜层外观效果		备注
纹理效果	砂纹	膜层表面具有立体效果。适用于大多数铝门窗型材，膜层光泽不宜低于 5 个光泽单位。膜层光泽低于 5 时的膜层性能难以保证
	木纹	包括热转印木纹及二次喷涂木纹，具有树木纹理的外观效果。热转印木纹膜层目前主要适用于污染小和紫外线辐射较弱的环境及室内，当应用于室外时要更注重粉末质量、油墨质量及工艺的严格控制。二次喷涂木纹具有立体效果，可应用于户外
	锤纹、皱纹、大理石纹、立体彩雕	膜层表面呈现各种良好的立体或美术效果。但该类膜层的耐候性、耐酸碱性稍差，目前主要用于室内
金属效果		膜层表面突显金属质感或金属闪烁的效果。但颜料的品种、用量选择有一定局限性，加铝颜料的膜层耐碱性稍差

4.1.4 膜层性能级别及对应型材的适用环境

膜层性能级别按加速耐候性的试验结果分为Ⅰ级、Ⅱ级、Ⅲ级。膜层性能级别应供需双方商定，并在订货单(或合同)中注明，未注明时按Ⅰ级供货。膜层性能级别对应型材的适用环境参见表 3。

表 3 膜层性能级别对应型材的适用环境

膜层性能级别	型材适用环境
Ⅲ级	优异的耐候性能，适合于太阳辐射强烈的环境
Ⅱ级	良好的耐候性能，适合于太阳辐射较强的环境
Ⅰ级	一般的耐候性能，适合于太阳辐射强度一般的环境

4.1.5 标记及示例

型材标记按产品名称、本部分编号、牌号、状态、截面代号及长度、颜色(或色号)、膜层性能级别、膜层代号的顺序表示。标记示例如下：

6063 牌号、T5 状态、截面代号为 421001，定尺长度为 6 000 mm，3 003 色，Ⅰ级膜层性能、膜层代号为 GU40 的喷粉型材，标记为：

喷粉型材 GB/T 5237.4-6063T5-421001×6000 色 3003Ⅰ级 GU40

4.2 质量保证

4.2.1 工艺

工艺保证参见 A.1。

4.2.2 原材料

基材质量、预处理试剂和粉末涂料质量参见 A.2。

4.3 化学成分

化学成分应符合 GB/T 5237.1 的规定。

4.4 力学性能

力学性能应符合 GB/T 5237.1 的规定。

4.5 尺寸偏差

型材去掉膜层后，尺寸偏差应符合 GB/T 5237.1 的规定。型材因膜层引起的尺寸变化应不影响其装配和使用。

4.6 膜层性能

4.6.1 膜厚

4.6.1.1 装饰面上的膜层局部厚度应不小于 40 μm，平均膜厚宜控制在 60 μm～120 μm。由于型材横截面形状的复杂性，致使型材某些表面（如内角、凹槽等）的膜层厚度低于规定值是允许的。对膜厚有其他特殊要求时，可由供需双方商定，并在订货单（或合同）中注明。

注：膜厚过厚时会导致膜层柔韧性降低。

4.6.1.2 非装饰面如有膜厚要求，应供需双方商定，并在订货单（或合同）中注明。

4.6.2 光泽

膜层的光泽值及允许偏差应符合表 4 的规定。

表 4 光泽值及允许偏差

单位为光泽单位

光泽值范围	光泽值允许偏差
3～30	±5
31～70	±7
71～100	±10

4.6.3 色差

膜层颜色应与供需双方商定的样板基本一致。当采用仪器法测定时，单色膜层与样板间的色差 $\Delta E_{ab}^{*} \leqslant 1.5$，同一批（指交货批）型材之间的色差 $\Delta E_{ab}^{*} \leqslant 1.5$。

4.6.4 压痕硬度

经压痕硬度试验，膜层抗压痕性应不小于 80。

4.6.5 附着性

膜层的干附着性、湿附着性和沸水附着性应达到 0 级。

4.6.6 耐沸水性

经高压水浸渍试验后，膜层表面应无脱落、起皱等现象，但允许目视可见的、极分散的非常微小的气泡存在，附着性应达到 0 级。

4.6.7 耐冲击性

4.6.7.1 Ⅰ级膜层性能的试板膜层经冲击试验后，膜层应无开裂或脱落现象。

4.6.7.2 Ⅱ级膜层性能和Ⅲ级膜层性能的试板膜层经冲击试验后允许有轻微开裂现象，但采用黏着力大于 10 N/25 mm 的粘胶带[1)]进一步检验时，膜层表面应无粘落现象。

注：阳极氧化预处理的喷粉膜层不适用做耐冲击性能测试。

4.6.8 抗杯突性

4.6.8.1 Ⅰ级膜层性能的试板膜层经抗杯突试验后，应无开裂或脱落现象；

4.6.8.2 Ⅱ级膜层性能和Ⅲ级膜层性能的试板膜层经抗杯突试验后允许有轻微开裂现象，但采用黏着力大于 10 N/25 mm 的粘胶带进一步检验时，膜层表面应无粘落现象。

注：阳极氧化预处理的喷粉膜层不适用做抗杯突性能测试。

4.6.9 抗弯曲性

4.6.9.1 Ⅰ级膜层性能的试板膜层经抗弯曲试验，应无开裂或脱落现象；

4.6.9.2 Ⅱ级膜层性能和Ⅲ级膜层性能的试板膜层经抗弯曲试验后允许有轻微开裂现象，但采用黏着力大于 10 N/25 mm 的粘胶带进一步检验时，膜层表面应无粘落现象。

注：阳极氧化预处理的喷粉膜层不适用做抗弯曲性能测试。

4.6.10 耐磨性

经落砂试验后，磨耗系数应不小于 0.8 L/μm。

4.6.11 耐盐酸性

经耐盐酸性试验后，膜层表面应无气泡或其他明显变化。

4.6.12 耐砂浆性

经耐砂浆性试验后，膜层表面应无脱落或其他明显变化。

4.6.13 耐溶剂性

膜层经耐溶剂性试验的结果宜为 3 级或 4 级。

4.6.14 耐洗涤剂性

经耐洗涤剂性试验后，膜层表面应无起泡、脱落或其他明显变化。

4.6.15 耐盐雾腐蚀性

经盐雾腐蚀试验后，划线两侧膜下单边渗透腐蚀宽度应不超过 4 mm，划线两侧 4 mm 以外部分的膜层表面应无起泡、脱落或其他明显变化。

4.6.16 耐丝状腐蚀性

需方对耐丝状腐蚀性有要求时，应供需双方商定，并在订货单(或合同)中注明。膜层经耐丝状腐蚀试验后的丝状腐蚀系数 f_S 不宜大于 0.3，腐蚀丝长度不宜大于 2 mm。

4.6.17 耐湿热性

经耐湿热性试验后，膜层表面的综合破坏等级应达到 1 级。

---

1) Scotch 610 粘胶带或 Permacel 99 粘胶带是适合的市售产品的实例。给出这一信息是为了方便本部分的使用者，并不表示对这些产品的认可。

4.6.18 耐候性

4.6.18.1 加速耐候性

膜层的加速耐候性能应符合表5中的规定。

表5 加速耐候性

膜层性能级别	加速耐候性		
	试验时间 h	试验结果	
		光泽保持率[a]	色差值
Ⅲ级	4 000	≥75%	$\Delta E_{ab}^*\leqslant 3$
Ⅱ级	1 000	≥90%	ΔE_{ab}^*不应大于 YS/T 680—2016 附录D中规定值的50%
Ⅰ级	1 000	≥50%	ΔE_{ab}^*不应大于 YS/T 680—2016 附录D中规定值

[a] 光泽保持率为膜层试验后的光泽值相对于其试验前光泽值的百分比。

4.6.18.2 自然耐候性

需方对自然耐候性有要求时，宜按照表6规定选择相应自然耐候性级别并商定试验条件，并在订货单(或合同)中注明。

表6 自然耐候性试验结果

自然耐候性等级	试验时间[a]	自然耐候试验结果	
		光泽保持率	色差值
Ⅲ级	5年	≥50%	ΔE_{ab}^*不应大于 YS/T 680—2016 附录D中规定值
Ⅱ级	3年	≥50%	ΔE_{ab}^*不应大于 YS/T 680—2016 附录D中规定值
Ⅰ级	1年	≥50%	ΔE_{ab}^*不应大于 YS/T 680—2016 附录D中规定值

[a] 可针对不同的大气腐蚀试验站设定不同的试验时间，但不得少于表中规定时间。

4.6.19 其他

需方对其他性能有要求时，应供需双方参照 GB/T 8013.3 具体商定，并在订货单(或合同)中注明。

4.7 外观质量

型材装饰面上的膜层应平滑、均匀，允许有轻微的桔皮现象，不准许有皱纹、流痕、鼓泡、裂纹等影响使用的缺陷。

5 试验方法

5.1 化学成分

化学成分分析方法按 GB/T 5237.1 的规定进行。试验前应去除试样表面的膜层。

5.2 力学性能

力学性能试验方法按 GB/T 5237.1 的规定进行,试验前应去除试样表面的膜层。

5.3 尺寸偏差

尺寸偏差检测方法按 GB/T 5237.1 的规定进行。检测前应去除试样表面的膜层。

5.4 膜层性能

5.4.1 膜厚

膜层厚度检测方法按 GB/T 4957 的规定进行。

5.4.2 光泽

按 GB/T 9754 的规定进行,采用 60°入射角测定。

5.4.3 色差

色差的测定通常采用目视法和仪器法,目视法按 GB/T 9761 的规定进行。仪器法按 GB/T 11186.2、GB/T 11186.3 的规定进行。单色膜层仲裁试验采用仪器法。

5.4.4 压痕硬度

按 GB/T 9275 的规定进行。

5.4.5 附着性

5.4.5.1 干附着性

5.4.5.1.1 按 GB/T 9286 的规定划格,划格间距为 2 mm。

5.4.5.1.2 将黏着力大于 10 N/25 mm 的粘胶带覆盖在划格的膜层上,压紧以排去粘胶带下的空气,以垂直于膜层表面的角度快速拉起粘胶带,按 GB/T 9286 的规定进行评级。

5.4.5.2 湿附着性

将试样按 5.4.5.1.1 的规定划格后,置于 38 ℃±5 ℃,GB/T 6682 规定的三级水中浸泡 24 h,取出并擦干试样,在 5 min 内按 5.4.5.1.2 进行试验并评级。

5.4.5.3 沸水附着性

5.4.5.3.1 将试样按 5.4.5.1.1 的规定划格。

5.4.5.3.2 将 GB/T 6682 规定的三级水注入烧杯至约 80 mm 深处,并在烧杯中放入 2 粒～3 粒清洁的碎瓷片。在烧杯底部加热至水沸腾。

5.4.5.3.3 将试样悬立于沸水中煮 20 min。试样应在水面 10 mm 以下,但不能接触容器底部。在试验过程中保持水温不低于 95 ℃,并随时向杯中补充煮沸的 GB/T 6682 规定的三级水,以保持水面高度不小于 80 mm。

5.4.5.3.4 取出并擦干试样,在 5 min 内按 5.4.5.1.2 进行试验并评级。

5.4.6 耐沸水性

在压力锅中注入 GB/T 6682 规定的三级水至约 80 mm 深处,将约 50 mm 长的试样垂直置于水中，试样应在水面 10 mm 以下，但不能接触容器底部，加热至压力达 0.1 MPa±0.01 MPa，并保持恒压 1 h后，取出并擦干试样，目视检查试验后膜层表面的变化情况，并在取出试样 5 min 内按 5.4.5.1 进行附着性试验并评级。

5.4.7 耐冲击性

5.4.7.1 制备标准试板：选取尺寸为 150 mm×75 mm×1.0 mm、状态为 H24 或 H14 的纯铝板，同该批型材采用同一工艺、在同一生产线上喷涂（膜厚宜保持在 40 μm～80 μm 的范围）、固化，随后放置 24 h。

5.4.7.2 采用直径为 16 mm±0.3 mm 的冲头，参照 GB/T 1732 规定的方法进行冲击试验：将重锤（1 000 g±5 g）置于适当的高度自由落下直接冲击标准试板的膜层表面（正冲），冲出深度为 2.5 mm±0.3 mm 的凹坑，目视观察凹坑及周边的膜层变化情况。

5.4.7.3 对Ⅱ级膜层性能和Ⅲ级膜层性能的标准试板，立即将粘着力大于 10 N/25 mm 的粘胶带覆盖在冲击试验后的膜层表面上，压紧以排去粘胶带下的空气，然后以垂直于膜层表面的角度快速拉起粘胶带，目视检查膜层表面有无粘落现象。

5.4.8 抗杯突性

5.4.8.1 按 GB/T 9753 规定的方法，采用标准试板（见 5.4.7.1）进行试验，压陷深度为 5 mm。目视观察凸起部位及周边的膜层变化情况。

5.4.8.2 对Ⅱ级膜层性能和Ⅲ级膜层性能的标准试板，立即将粘着力大于 10 N/25 mm 的粘胶带覆盖在杯突试验后的膜层表面上，压紧以排去粘胶带下的空气，然后以垂直于膜层表面的角度快速拉起粘胶带，目视检查膜层表面有无粘落现象。

5.4.9 抗弯曲性

5.4.9.1 按 GB/T 6742 规定的方法，采用标准试板（见 5.4.7.1）进行试验，曲率半径为 3 mm。目视观察弯曲部位的膜层变化情况。

5.4.9.2 对Ⅱ级膜层性能和Ⅲ级膜层性能的标准试板，立即将粘着力大于 10 N/25 mm 的粘胶带覆盖在弯曲试验后的膜层表面上，压紧以排去粘胶带下的空气，然后以垂直于膜层表面的角度快速拉起粘胶带，目视检查膜层表面有无粘落现象。

5.4.10 耐磨性

按 GB/T 8013.3 中的落砂试验法的规定进行，磨料应符合 GB/T 17671 规定的标准砂。

5.4.11 耐盐酸性

用分析纯盐酸（ρ=1.19 g/mL）和 GB/T 6682 规定的三级水配成盐酸试验溶液（1+9）。在试样的膜层表面滴上 10 滴盐酸试验溶液，用表面皿盖住，在 18 ℃～27 ℃环境下放置 15 min 后，用自来水洗净、晾干。目视检查试验后的膜层表面。

5.4.12 耐砂浆性

5.4.12.1 取 JC/T 479 规定的建筑生石灰 75 g 和 GB/T 14684 规定的建设用砂 225 g，再加入大约 100 g GB/T 6682规定的三级水混合为糊状砂浆。

5.4.12.2 将糊状砂浆置于试样表面，堆成直径为 15 mm、厚度为 6 mm 的圆柱形。在 38 ℃±3 ℃、相对湿度 95%±5%的环境中放置 24 h。

5.4.12.3 用湿布抹掉砂浆，并擦干净表面残渣，晾干。目视检查试验后的膜层表面。

5.4.13 耐溶剂性

按 GB/T 8013.3 中擦拭法的规定进行。

5.4.14 耐洗涤剂性

5.4.14.1 用洗涤剂(组分见表 7)和 GB/T 6682 规定的三级水配置成浓度为 30 g/L 的洗涤剂试验溶液。将试样置于 38 ℃±1 ℃的试验液中保持 72 h,取出并擦干试样。

表 7 洗涤剂组分

组分	质量分数 %
无水焦磷酸(四)钠(Tetrasodium Pyrophosphate)	53
无水硫酸钠(Sodium Sulphate Anhydyous)	19
十二烷基苯磺酸钠(Sodium linear alkylarylsulfonate)	20
水合硅酸钠(Sodium Metasilicate Hydrated)	7
无水碳酸钠(Sodium Carbonate Anhydrous)	1
总计	100

5.4.14.2 立即将黏着力大于 10 N/25 mm 的粘胶带覆盖在试验后的膜层表面上,压紧以排去粘胶带下的空气,然后以垂直于膜层表面的角度快速拉起粘胶带,目视检查试验后的膜层表面。

5.4.15 耐盐雾腐蚀性

沿对角线的方向在试样上划两条深至基材的交叉线,划线宽度为 1 mm,线段不贯穿试样对角,线段各端点与相应对角成等距离,然后按 GB/T 10125 的规定进行乙酸盐雾试验,Ⅰ级膜层性能、Ⅱ级膜层性能试样的试验时间为 1 000 h,Ⅲ级膜层性能试样的试验时间为 2 000 h。至规定的试验时间后,测量划线两侧膜下单边渗透腐蚀宽度,并目视检查划线两侧各 4 mm 以外部分的膜层表面。

5.4.16 耐丝状腐蚀性

按 GB/T 26323 的规定进行试验,按式(1)计算腐蚀丝频率 E_S ,按式(2)计算丝状腐蚀系数 f_S

$$E_S = \frac{n}{l} \qquad \cdots\cdots(1)$$

式中:

E_S ——腐蚀丝频率,单位为条每毫米(条/mm);

n ——腐蚀丝数量,单位为条;

l ——划痕长度,单位为毫米(mm)。

$$f_S = \bar{a} \times E_S \qquad \cdots\cdots(2)$$

式中:

f_S ——丝状腐蚀系数;

$\bar{a}$ ——腐蚀丝的平均长度,单位为毫米每条(mm/条)。

5.4.17 耐湿热性

按 GB/T 1740 的规定进行。试验温度为 47 ℃±1 ℃,Ⅰ级膜层性能、Ⅱ级膜层性能试样的试验时间为 1 000 h，Ⅲ级膜层性能试样的试验时间为 4 000 h。

5.4.18 耐候性

5.4.18.1 加速耐候性

按 GB/T 1865—2009 中方法 1 的循环 A 规定进行氙灯加速耐候试验。按 GB/T 9754 测量光泽值，按 GB/T 11186.2、GB/T 11186.3 的规定测量试验前后色差值。

5.4.18.2 自然耐候性

按 GB/T 9276 的规定进行试验。按 GB/T 9754 测量光泽值，按 GB/T 11186.2、GB/T 11186.3 的规定测量试验前后色差值。

注：许多国家选用佛罗里达大气腐蚀试验站进行自然耐候试验。中国大气腐蚀试验站中，大气条件与佛罗里达比较接近的是海南省琼海大气腐蚀试验站，但海南省琼海大气腐蚀试验站的试验结果与佛罗里达的试验结果会存在差异。

5.4.19 其他

其他性能的检验按 GB/T 8013.3 或供需双方商定的方法进行。

5.5 外观质量

外观质量的检验应在漫射日光(指日出 3 h 后和日落 3 h 前的日光)下，按 GB/T 9761 进行。人工照明时的照度要求在 1 000 lx 以上，光源为 D65 标准光源。背景要求无光泽的黑色、灰色，不得用彩色背景。观察距离为 3 m，观察角度为 90°。

6 检验规则

6.1 检查和验收

6.1.1 型材应由供方进行检验，保证型材质量符合本部分或订货单(或合同)的规定，并填写质量证明书。

6.1.2 需方可对收到的型材按本部分的规定进行检验。检验结果与本部分或订货单(或合同)的规定不符时，应以书面形式向供方提出，由供需双方协商解决。属于外观质量及尺寸偏差的异议，应在收到型材之日起一个月内提出，属于其他性能的异议，应在收到型材之日起六个月内提出。如需仲裁，可委托供需双方认可的单位进行，仲裁取样应在需方，由供需双方共同进行。

6.2 组批

型材应成批提交验收，每批应由同一牌号、状态、尺寸规格、颜色(或色号)、外观效果、膜层性能级别及相同涂料类型与组分质量分数、相同表面处理工艺的型材组成，批重不限。

6.3 检验分类

型材检验分为出厂检验、定期检验。

6.4 检验项目及工艺保证项目

6.4.1 出厂检验项目、定期检验项目和工艺保证项目应符合表 8 的规定。

表 8　检验项目及工艺保证项目

<table>
<tr><th colspan="2">检验项目</th><th>出厂检验项目</th><th>定期检验项目</th><th>工艺保证项目</th></tr>
<tr><td colspan="2">化学成分</td><td>√</td><td>—</td><td>—</td></tr>
<tr><td colspan="2">力学性能</td><td>√</td><td>—</td><td>—</td></tr>
<tr><td colspan="2">尺寸偏差</td><td>√</td><td>—</td><td>—</td></tr>
<tr><td colspan="2">膜厚</td><td>√</td><td>—</td><td>—</td></tr>
<tr><td colspan="2">光泽</td><td>√</td><td>—</td><td>—</td></tr>
<tr><td colspan="2">色差</td><td>√</td><td>—</td><td>—</td></tr>
<tr><td colspan="2">压痕硬度</td><td>√</td><td>—</td><td>—</td></tr>
<tr><td colspan="2">附着性</td><td>√</td><td>—</td><td>—</td></tr>
<tr><td colspan="2">耐沸水性</td><td>√</td><td>—</td><td>—</td></tr>
<tr><td colspan="2">耐冲击性</td><td>√</td><td>—</td><td>—</td></tr>
<tr><td colspan="2">抗杯突性</td><td>[a]</td><td>√</td><td>√</td></tr>
<tr><td colspan="2">抗弯曲性</td><td>[a]</td><td>√</td><td>√</td></tr>
<tr><td colspan="2">耐磨性</td><td>[a]</td><td>√</td><td>√</td></tr>
<tr><td colspan="2">耐盐酸性</td><td>√</td><td>—</td><td>—</td></tr>
<tr><td colspan="2">耐砂浆性</td><td>√</td><td>—</td><td>—</td></tr>
<tr><td colspan="2">耐溶剂性</td><td>[a]</td><td>√</td><td>√</td></tr>
<tr><td colspan="2">耐洗涤剂性</td><td>[a]</td><td>√</td><td>√</td></tr>
<tr><td colspan="2">耐盐雾腐蚀性</td><td>[a]</td><td>√</td><td>√</td></tr>
<tr><td colspan="2">耐丝状腐蚀性</td><td>[a]</td><td>√</td><td>√</td></tr>
<tr><td colspan="2">耐湿热性</td><td>[a]</td><td>√</td><td>√</td></tr>
<tr><td rowspan="2">耐候性</td><td>加速耐候性</td><td>[a]</td><td>√</td><td>√</td></tr>
<tr><td>自然耐候性</td><td>[a]</td><td>—</td><td>√</td></tr>
<tr><td colspan="2">其他膜层性能</td><td>[a]</td><td>—</td><td>—</td></tr>
<tr><td colspan="2">外观质量</td><td>√</td><td>—</td><td>—</td></tr>
<tr><td colspan="5">注：“√”表示必须检验项目，或工艺保证项目；“—”表示不检验项目，或非工艺保证项目。</td></tr>
<tr><td colspan="5">[a] 订货单(或合同)中注明检验时，该项目列为必须检验项目。</td></tr>
</table>

6.4.2　供方每三年至少应进行一次定期检验。

6.5　取样

型材的取样应符合表 9 的规定。

表 9 取样

<table>
<tr><th colspan="2">检验项目</th><th>取样规定</th><th>要求的章条号</th><th>试验方法的章条号</th></tr>
<tr><td colspan="2">化学成分</td><td>按 GB/T 5237.1 的规定</td><td>4.3</td><td>5.1</td></tr>
<tr><td colspan="2">力学性能</td><td>按 GB/T 5237.1 的规定</td><td>4.4</td><td>5.2</td></tr>
<tr><td colspan="2">尺寸偏差</td><td>逐根检查</td><td>4.5</td><td>5.3</td></tr>
<tr><td colspan="2">膜厚</td><td>取样数量按表 10 规定</td><td>4.6.1</td><td>5.4.1</td></tr>
<tr><td colspan="2">光泽</td><td>每批抽取 2 根型材，在膜层固化并放置 24 h 以后，从每根型材上切取 1 个试样</td><td>4.6.2</td><td>5.4.2</td></tr>
<tr><td colspan="2">色差</td><td>逐根检查</td><td>4.6.3</td><td>5.4.3</td></tr>
<tr><td colspan="2">压痕硬度</td><td rowspan="4">每批抽取 2 根型材/检验项目，在膜层固化并放置 24 h 以后，从每根型材上切取 1 个试样</td><td>4.6.4</td><td>5.4.4</td></tr>
<tr><td rowspan="3">附着性</td><td>干附着性</td><td rowspan="3">4.6.5</td><td rowspan="3">5.4.5</td></tr>
<tr><td>湿附着性</td></tr>
<tr><td>沸水附着性</td></tr>
<tr><td colspan="2">耐沸水性</td><td>每批抽取 2 根型材，在膜层固化并放置 24 h 以后，从每根型材上切取 1 个试样</td><td>4.6.6</td><td>5.4.6</td></tr>
<tr><td colspan="2">耐冲击性</td><td>制取 2 个标准试板</td><td>4.6.7</td><td>5.4.7</td></tr>
<tr><td colspan="2">抗杯突性</td><td rowspan="2">每个检验项目制取 2 个标准试板</td><td>4.6.8</td><td>5.4.8</td></tr>
<tr><td colspan="2">抗弯曲性</td><td>4.6.9</td><td>5.4.9</td></tr>
<tr><td colspan="2">耐磨性</td><td>每批抽取 2 根型材，在膜层固化并放置 24 h 以后，从每根型材上切取 1 个试样</td><td>4.6.10</td><td>5.4.10</td></tr>
<tr><td colspan="2">耐盐酸性</td><td rowspan="2">每批抽取 2 根型材/检验项目，在膜层固化并放置 24 h 以后，从每根型材上切取 1 个试样</td><td>4.6.11</td><td>5.4.11</td></tr>
<tr><td colspan="2">耐砂浆性</td><td>4.6.12</td><td>5.4.12</td></tr>
<tr><td colspan="2">耐溶剂性</td><td rowspan="6">每批抽取 2 根型材/检验项目，在膜层固化并放置 24 h 以后，从每根型材上切取 1 个试样</td><td>4.6.13</td><td>5.4.13</td></tr>
<tr><td colspan="2">耐洗涤剂性</td><td>4.6.14</td><td>5.4.14</td></tr>
<tr><td colspan="2">耐盐雾腐蚀性</td><td>4.6.15</td><td>5.4.15</td></tr>
<tr><td colspan="2">耐丝状腐蚀性</td><td>4.6.16</td><td>5.4.16</td></tr>
<tr><td colspan="2">耐湿热性</td><td>4.6.17</td><td>5.4.17</td></tr>
<tr><td rowspan="2">耐候性</td><td>加速耐候性</td><td>4.6.18.1</td><td>5.4.18.1</td></tr>
<tr><td>自然耐候性</td><td>从该批中任取 3 根型材，在选取的每根型材上切取个 1 个试样。若需方同意，供方可制作膜层颜色、外观效果、膜层性能级别、涂料类型与组分质量分数、表面处理工艺均与该批型材相同的 3 块试板代替型材试样。试样（或试板）膜层有效面尺寸（长×宽）宜为 250 mm×150 mm</td><td>4.6.18.2</td><td>5.4.18.2</td></tr>
<tr><td colspan="2">其他膜层性能</td><td>按 GB/T 8013.3 或供需双方商定的方法取样</td><td>4.6.19</td><td>5.4.19</td></tr>
<tr><td colspan="2">外观质量</td><td>逐根检查</td><td>4.7</td><td>5.5</td></tr>
</table>

表 10　膜厚取样数量及不合格品上限数量表

单位为根

批量范围	随机取样数量	不合格品数上限
1～10	全部	0
11～200	10	1
201～300	15	1
301～500	20	2
501～800	30	3
＞800	40	4

6.6　检验结果的判定

6.6.1　任一试样的化学成分不合格时，型材能区分熔次时，则判该试样代表的熔次不合格，其他熔次依次检验，合格者交货。不能区分熔次时，则判该批不合格。

6.6.2　任一试样的力学性能不合格时，应从该批型材中另取双倍数量的试样进行重复试验，重复试验结果全部合格，则判该批型材合格。若重复试验结果中仍有试样性能不合格时，则判该批型材不合格。经供需双方商定允许供方逐根检验，合格者交货。

6.6.3　任一试样的尺寸偏差不合格时，判该批不合格。但允许供方逐根检验，合格者交货。

6.6.4　膜厚的不合格品数量超出表 10 规定的不合格品数上限时，应另取双倍数量的型材进行重复试验。重复试验的不合格品数量不超过表 10 规定的不合格品数双倍数量时，判该批合格，否则判该批不合格。经供需双方商定允许供方逐根检验，合格者交货。

6.6.5　任一试样的光泽不合格时，判该批不合格。

6.6.6　任一试样的色差不合格时，判该根不合格。

6.6.7　任一试样的压痕硬度不合格时，判该批不合格。

6.6.8　任一试样的附着性不合格时，判该批不合格。

6.6.9　任一试样的耐沸水性不合格时，判该批不合格。

6.6.10　任一试样的耐冲击性不合格时，判该批不合格。

6.6.11　任一试样的抗杯突性不合格时，判该批不合格。

6.6.12　任一试样的抗弯曲性不合格时，判该批不合格。

6.6.13　任一试样的耐磨性不合格时，判该批不合格。

6.6.14　任一试样的耐盐酸性不合格时，判该批不合格。

6.6.15　任一试样的耐砂浆性不合格时，判该批不合格。

6.6.16　耐溶剂性试验结果仅供参考，不作为膜层质量是否合格的评判依据。

6.6.17　任一试样的耐洗涤剂性不合格时，判该批不合格。

6.6.18　任一试样的耐盐雾腐蚀性不合格时，判该批不合格。

6.6.19　任一试样的耐丝状腐蚀性不合格时，判该批不合格。

6.6.20　任一试样的耐湿热性不合格时，判该批不合格。

6.6.21　任一试样的耐候性不合格时，判该批不合格。

6.6.22　任一试样的其他膜层性能不合格时，判该批不合格。

6.6.23　任一试样的外观质量不合格时，判该根不合格。

6.6.24　定期检验结果不合格时，供方应对基材质量、粉末涂料质量、工艺等进行重新评估确认，并进行重新检验，直至合格。

7 标志、包装、运输、贮存、质量证明书

7.1 标志

7.1.1 产品标志

在检验合格的型材上，应有如下内容的标识(或贴含有如下内容的标签)：

a) 供方名称和地址；

b) 产品名称；

c) 供方质检部门的检印(或质检人员的签名或印章)；

d) 牌号、状态、尺寸规格(或截面代号)；

e) 膜层性能级别、膜层代号、颜色(或色号)；

f) 产品批号或生产日期；

g) 本部分编号；

h) 生产许可证编号和 QS 标识。

7.1.2 包装箱标志

型材的包装箱标志应符合 GB/T 3199 的规定。

7.2 包装

型材的装饰面应用纸、泡沫塑料等材料加以保护，其他包装应符合 GB/T 3199 的规定。

7.3 运输和贮存

型材的运输和贮存应符合 GB/T 3199 的规定，型材在运输和使用过程中的保护措施参见 GB/T 5237.2。

7.4 质量证明书

每批型材应附有产品质量证明书，其上注明：

a) 供方名称；

b) 产品名称；

c) 牌号、状态、尺寸规格(或截面代号)；

d) 膜层性能级别、膜层代号、颜色(或色号)；

e) 批号或生产日期；

f) 重量或件数；

g) 各项分析检验结果和供方质检部门的检印；

h) 本部分编号；

i) 生产许可证的编号。

8 订货单(或合同)内容

订购本部分所列型材的订货单(或合同)应包括下列内容：

a) 供方名称；

b) 产品名称；

c) 牌号、状态、尺寸规格(或截面代号);
d) 尺寸偏差、精度等级;
e) 膜层性能级别、膜层代号、颜色(或色号);
f) 重量或件数;
g) 需方的特殊要求:
——特殊的膜厚要求;
——抗杯突性测试要求;
——抗弯曲性测试要求;
——耐磨性测试要求;
——耐溶剂性测试要求;
——耐洗涤剂性测试要求;
——耐盐雾腐蚀测试要求;
——耐丝状腐蚀性测试要求;
——耐湿热性测试要求;
——加速耐候性测试要求;
——特殊的自然耐候性能要求;
——特殊的其他膜层性能要求;
——其他特殊要求;
h) 本部分编号。

附　录　A
（资料性附录）
质量保证

A.1　工艺保证

喷涂工艺对膜层性能有很大影响，为保证膜层质量，喷涂工艺宜按 YS/T 714 的规定执行。无铬化学预处理膜的质量应符合 YS/T 1189 的规定，其工艺应符合 YS/T 1189 的规定。

A.2　原材料质量保证

A.2.1　基材质量应符合 GB/T 5237.1 的规定。

A.2.2　无铬化学预处理试剂应符合 YS/T 1189 的规定。

A.2.3　粉末涂料种类、组分及特性与要求见表 A.1。粉末涂料的其他要求参见 YS/T 680—2016。

表 A.1　粉末涂料种类、组分及特性与要求

粉末涂料种类	粉末涂料主要组分	粉末涂料特性与要求
聚酯型、聚氨酯型	树脂	聚酯型粉末涂料中的树脂酸值或聚氨酯粉末涂料中的树脂羟值决定固化剂的用量，黏度和反应活性是影响表面流平的主要因素，玻璃化温度影响粉末贮存稳定性。酸值或羟值、黏度、玻璃化温度及颜色反映树脂的物理和化学特征批次稳定性。 合成聚酯的多元醇通常以新戊二醇为主，也可以使用其他不含 β 氢的多元醇，应注意多元醇的纯度。新戊二醇宜以加氢法生产，不准许使用乙二醇、二乙二醇、丙二醇。 提升树脂中间苯二甲酸（或耐候性优于间苯二甲酸的其他二元酸）与对苯二甲酸的质量分数比值，利于提高粉末耐候性。为保证粉末膜层的耐候性，间苯二甲酸（或耐候性优于间苯二甲酸的其他二元酸）在树脂中的质量分数宜大于 15%，但鼓励在提高耐候性的前提下，使用创新的配方和工艺体系。 为了保证膜层的耐候性及其他相关性能，粉末中的树脂与固化剂质量分数总和应不小于 60%。粉末涂料厂商应使用被实际案例证明质量长期稳定的树脂，并要求树脂厂提供自然曝晒耐候试验报告和荧光紫外耐候试验报告。 在保证性能要求和质量的前提下低温固化树脂也可被使用
	固化剂	聚酯型粉末的固化剂包括 HAA 和 TGIC 两种体系。HAA 体系相对环保，粉末涂料贮存稳定性好，但固化成膜时会有小量水分子产生；TGIC 体系的膜层不易产生针孔，但人体接触 TGIC 会出现刺激性反应。 聚氨酯粉末涂料中的固化剂分为外封闭型脂肪族异氟尔酮二异氰酸酯或自封闭型的异氰酸酯。该体系膜层具有良好的耐候性及耐化学品性，应用在木纹转印型材中有良好的油墨浸透性。外封闭型脂肪族异氟尔酮二异氰酸酯在膜层烘烤时会释放封闭剂已内酰胺
	颜料	颜料分有机颜料和无机颜料，有机颜料比无机颜料耐候性差，在户外用粉末涂料的配方中使用有机颜料应先行评估、谨慎使用。 钛白粉应采用包覆金红石型
	填充料	应使用沉淀硫酸钡或天然硫酸钡作填充料，不准许掺入碳酸钙、氧化锌、滑石粉
	助剂	助剂包括流平剂、砂纹剂、抗氧化剂、紫外吸收剂、脱气剂、增光剂、增硬剂、抗划伤剂等，使用的助剂应不影响膜层性能及喷涂生产工艺

表 A.1（续）

粉末涂料种类	粉末涂料主要组分	粉末涂料特性与要求
氟碳型	树脂	氟碳型粉末涂料树脂分为聚偏二氟乙烯（简称 PVDF，理论上其氟含量为 59.3%）和三氟氯乙烯—乙烯基醚（简称 FEVE，理论上其氟含量为 27%～29%），PVDF 型氟碳树脂涂料需要加 30%左右的丙烯酸树脂，膜层烘烤温度高。 氟碳型粉末涂料树脂的耐候性优于聚酯型粉末涂料树脂，但附着性低于聚酯型粉末涂料树脂，膜层生产时对前处理要求高，膜层厚度一般不宜超过 80 μm
	固化剂	FEVE 型氟碳涂料为热固性粉末涂料，固化剂应为外封闭型脂肪族异氟尔酮二异氰酸酯或自封闭型异氰酸酯，外封闭型脂肪族异氟尔酮二异氰酸酯在膜层烘烤时会释放封闭剂已内酰胺；PVDF 型氟碳涂料为热塑性粉末涂料，无需使用固化剂
	颜料	颜料分有机颜料和无机颜料，氟碳粉末涂料不准许使用有机颜料，所以颜色种类有限。 钛白粉应采用包覆金红石型
	填充料	应使用沉淀硫酸钡或天然硫酸钡作填充料，不准许掺入碳酸钙、氧化锌、滑石粉
	助剂	助剂包括流平剂、砂纹剂、抗氧化剂、紫外吸收剂、脱气剂、增光剂、增硬剂、抗划伤剂等，使用的助剂应不影响膜层性能及喷涂生产工艺

A.2.4 应根据需求参照 YS/T 680—2016 选择具有对应 1 年、3 年、5 年、10 年自然耐候质量等级的粉末涂料。

A.2.5 为保证膜层性能，型材厂应根据需方要求的外观效果，参照表 A.2 选择适宜的粉末涂料。

表 A.2 粉末膜层外观效果及粉末涂料控制要求

外观效果		粉末涂料控制要求
平面效果	低光	羧基聚酯对羟值（以 KOH 计）应控制在≤6 mg/g，树脂酸值偏差控制在±2 mg/g； 羟基聚酯对酸值（以 KOH 计）应控制在≤6 mg/g，树脂羟值偏差控制在±3 mg/g； 黏度偏差控制在±10%以内（用锥板黏度仪测得）； 树脂玻璃化温度通常为 52 ℃～70 ℃； 树脂数均分子量在 2 000～8 000 之间； 为达到低光效果适宜使用双组分消光树脂
	中光	
	高光	
纹理效果	砂纹	羧基聚酯对羟值（以 KOH 计）应控制在≤6 mg/g，树脂酸值偏差控制在±2 mg/g； 羟基聚酯对酸值（以 KOH 计）应控制在≤6 mg/g，树脂羟值偏差控制在±3 mg/g； 黏度偏差控制在±10%以内（用锥板黏度仪测得）； 树脂玻璃化温度通常为 52 ℃～70 ℃； 树脂数均分子量在 2 000～8 000 之间； 应选择黏度高及胶化时间短的树脂，树脂的耐候性和力学性能应与平面粉树脂性能一致
	锤纹、皱纹、大理石纹、立体彩雕等其他纹理	根据不同的表面要求选择树脂胶化时间、树脂黏度、树脂玻璃化温度

表 A.2（续）

<table>
<tr><th colspan="2">外观效果</th><th>粉末涂料控制要求</th></tr>
<tr><td rowspan="2">特殊效果</td><td>木纹效果</td><td>羧基聚酯对羟值(以 KOH 计)应控制在≤6 mg/g,树脂酸值偏差控制在±2 mg/g;
羟基聚酯对酸值(以 KOH 计)应控制在≤6 mg/g,树脂羟值偏差控制在±3 mg/g;
黏度偏差控制在±10%以内(用锥板黏度仪测得);
树脂玻璃化温度通常为 52 ℃～70 ℃;
树脂数均分子量在 2 000～8 000 之间;
转印木纹树脂应选用交联密度高的树脂,树脂的耐候性和力学性能宜与平面粉树脂性能一致。
二次喷涂木纹树脂的耐候性和力学性能应与平面粉树脂性能一致</td></tr>
<tr><td>金属效果</td><td>树脂应与平面粉末所用的树脂相同。
干混法生产的金属粉容易造成金属颗粒和树脂分离,固化后在膜层表面会出现金属颗粒分布不均匀,造成色差。建议采用邦定(Bonding)法生产的金属粉</td></tr>
</table>

A.2.6　粉末涂料有害物质限量可参见 YS/T 680—2016 及表 A.3 的规定。

表 A.3　粉末涂料中有害物质限量

有害物质	质量分数 %
多溴联苯 PBB	≤0.1
多溴二苯醚 PBDE	≤0.1
邻苯二甲酸二辛酯 DEHP	≤0.1
邻苯二甲酸丁酯苯甲酯 BBP	≤0.1
邻苯二甲酸二丁酯 DBP	≤0.1
邻苯二甲酸二异丁酯 DIBP	≤0.1

A.2.7　粉末涂料供应商应提供粉末涂料的安全技术说明书(MSDS)。

A.3　粉末涂料质量证明书

为保证粉末涂料的质量(尤其是耐候性和耐腐蚀性)可靠性,铝型材厂应与粉末涂料厂商商定质保书内容,质保书内容至少包括:

a)　施工工艺,包括固化温度、固化时间;

b)　粉末涂料的密度;

c)　固化剂体系;

d)　粉末涂料中颜料的种类;

e)　粉末涂料耐候等级、乙酸盐雾试验结果、无铬化学预处理(阳极氧化预处理除外)的喷粉试板的耐冲击(反冲)性试验结果;

f)　粉末涂料中树脂的含量、酸值(或羟值)、黏度、胶化时间(表征反应活性)、玻璃化温度、分子量分布、颜色;

g) 粉末涂料的自然曝晒试验结果(按配方组分提供,应包括色差值、光泽值);

h) 树脂厂商名称、树脂批号和型号及自然曝晒场试验结果(应包括色差值、光泽值);

i) 树脂按标准配方制备的黑色、白色标准板及标准板的 QUV、高压水浸渍测试报告;

j) 树脂制备黑色、白色标准板的标准配方。

参 考 文 献

[1] YS/T 714 铝合金建筑型材有机聚合物喷涂工艺技术规范

[2] YS/T 1189 铝及铝合金无铬化学预处理膜

ICS 77.150.10
H 61

中华人民共和国国家标准

GB/T 5237.5—2017
代替 GB/T 5237.5—2008

铝合金建筑型材 第5部分:喷漆型材

Wrought aluminium alloy extruded profiles for architecture—Part 5: Paint coating profiles

2017-10-14 发布　　2018-07-01 实施

中华人民共和国国家质量监督检验检疫总局
中国国家标准化管理委员会　发布

前　　言

GB/T 5237《铝合金建筑型材》分为6个部分：

——第1部分：基材；

——第2部分：阳极氧化型材；

——第3部分：电泳涂漆型材；

——第4部分：喷粉型材；

——第5部分：喷漆型材；

——第6部分：隔热型材。

本部分为GB/T 5237的第5部分。

本部分按照GB/T 1.1—2009给出的规则起草。

本部分代替GB 5237.5—2008《铝合金建筑型材　第5部分：氟碳漆喷涂型材》。本部分与GB 5237.5—2008相比，除编辑性修改外主要技术变化如下：

——修改了标准名称(见封面，2008年版的封面)；

——删除了前言中“本部分4.5.3.1、4.5.5是强制性的，其余条款是推荐性的”的陈述(见2008年版的前言)；

——删除了前言中“本部分参考AAMA 2605—2005《铝挤压材和板材的超高性能有机涂层性能要求和试验方法》进行修订的”的陈述(见2008年版的前言)；

——修改了本部分的适用“范围”(见第1章，2008年版的第1章)；

——修改了规范性引用文件的引导语(见第2章，2008年版的第2章)；

——删除了规范性引用文件GB/T 228—2002(见2008年版的第2章和5.2)；

——删除了规范性引用文件GB 5237.4—2008(见2008年版的第2章和5.4.7)；

——删除了规范性引用文件GB/T 6461(见2008年版的第2章)；

——删除了规范性引用文件GB/T 16585(见2008年版的第2章)；

——删除了规范性引用文件GB/T 20975(见2008年版的第2章和5.1)；

——删除了规范性引用文件JC/T 480(见2008年版的第2章和5.4.10)；

——增加了规范性引用文件GB/T 5237.2(见第2章和7.3)；

——增加了规范性引用文件GB/T 8005.3(见第2章和第3章)；

——增加了规范性引用文件GB/T 14684 (见第2章和5.4.11.1)；

——增加了规范性引用文件GB/T 17671 (见第2章和5.4.8)；

——增加了规范性引用文件JC/T 479(见第2章和5.4.11.1)；

——将规范性引用文件中的GB/T 1865—1997修改为GB/T 1865—2009(见第2章和5.4.16.1，2008年版的第2章和5.4.15.1)；

——将规范性引用文件GB/T 8013.3—2007修改为不带年代号的规范性引用文件(见第2章、4.6.17、5.4.8、5.4.17和6.4，2008年版的第2章、第3章、4.2、4.5.16.1、4.5.16.2和5.4.16)；

——修改了术语和定义的引导语(见第3章，2008年版的第3章)；

——修改了“装饰面”的定义(见3.1，2008年版的3.2)；

——删除了“漆膜”“膜厚”“局部膜厚”“最小局部膜厚”和“平均膜厚”的定义(见2008年版的3.1、3.3、3.4、3.5和3.6)；

——在产品分类中增加了“膜层类型、膜层代号、膜层组成、膜层特点及对应型材的适用环境”的内

容(见 4.1.2);

——修改了产品分类中的标记及示例规定(见 4.1.3,2008 年版的 4.1.2);

——增加了“质量保证”的内容(见 4.2);

——膜层性能项目“颜色和色差”修改为“色差”(见 4.6.3 ,5.4.3 和 6,2008 年版的 4.5.2,5.4.2 和第 6 章);

——增加了耐沸水性的规定及试验方法要求(见 4.6.6 和 5.4.6);

——修改了耐溶剂性的规定及试验要求(见 4.6.12 和 5.4.12,2008 年版的 4.5.11 和 5.4.11);

——将耐湿热性要求修改为“膜层表面的综合破坏等级应达到 1 级”(见 4.6.15,2008 年版的 4.5.14);

——修改了加速耐候性的规定及试验方法要求(见 4.6.16.1 和 5.4.16.1,2008 年版的 4.5.15.1 和 5.4.15.1);

——修改了自然耐候性的规定及试验方法要求(见 4.6.16.2 和 5.4.16.2,2008 年版的 4.5.15.2 和 5.4.15.2);

——修改了化学成分和力学性能的试验方法要求(见 5.1 和 5.2,2008 年版的 5.1 和 5.2);

——修改了膜厚的试验方法要求(见 5.4.1,2008 年版的 5.4.3);

——修改了耐冲击性试验方法中重锤质量的公差要求(见 5.4.7,2008 年版的 5.4.6);

——修改了耐磨性试验方法要求(见 5.4.8,2008 年版的 5.4.7);

——耐盐酸性试验方法中,“化学纯盐酸”修改为“分析纯盐酸”(见 5.4.9,2008 年版的 5.4.8);

——修改了耐硝酸性试验方法中试验温度和湿度的要求(见 5.4.10,2008 年版的 5.4.9);

——耐砂浆性试验方法中,将石灰粉修改为 JC/T 479 规定的建筑生石灰,将标准砂修改为 GB/T 14684中规定的标准砂(见 5.4.11.1,2008 年版的 5.4.10);

——在耐盐雾腐蚀性试验方法中增加“划线宽度为 1 mm”的要求(见 5.4.14);

——修改了组批方法(见 6.2,2008 年版的 6.2);

——增加检验分类(见 6.3);

——修改了检验项目的规定(见 6.4,2008 年版的 6.3);

——修改了取样规定(见 6.5,2008 年版的 6.4);

——修改了检验结果的判定要求(见 6.6,2008 年版的 6.5);

——修改了标志的规定(见 7.1.1,2008 年版的 7.1);

——修改了质量证明书的内容要求(见 7.4,2008 年版的 7.5);

——修改了订货单(或合同)的内容要求(见第 8 章,2008 年版的第 8 章);

——增加了质量保证的内容(见附录 A);

——增加了参考文献(见参考文献)。

本部分由中国有色金属工业协会提出。

本部分由全国有色金属标准化技术委员会(SAC/TC 243)归口。

本部分负责起草单位:广东兴发铝业有限公司、广东凤铝铝业有限公司、有色金属技术经济研究院、福建省南平铝业股份有限公司、广东坚美铝型材厂(集团)有限公司、国家有色金属质量监督检验中心、广东省工业分析检测中心、广亚铝业有限公司、四川三星新材料科技股份有限公司、福建省闽发铝业股份有限公司、广东新合铝业新兴有限公司。

本部分主要起草人:陈文泗、葛立新、夏秀群、陈慧、冯东升、戴悦星、孙凤仙、詹浩、潘学著、王争、朱耀辉、超晓辉。

本部分所代替标准的历次版本发布情况为:

——GB/T 5237.5—2000、GB 5237.5—2004、GB 5237.5—2008。

铝合金建筑型材
第5部分:喷漆型材

1 范围

GB/T 5237 的本部分规定了喷漆型材的术语和定义、要求、试验方法、检验规则、标志、包装、运输、贮存、质量证明书以及订货单(或合同)内容。

本部分适用于有机溶剂型或水性溶剂型聚偏二氟乙烯(PVDF)漆作膜层的建筑用静电喷涂铝合金热挤压型材(以下简称型材)。

用途和表面处理方式相同的其他铝合金加工材也可参照执行本部分。

2 规范性引用文件

下列文件对于本文件的应用是必不可少的。凡是注日期的引用文件,仅注日期的版本适用于本文件。凡是不注日期的引用文件,其最新版本(包括所有的修改单)适用于本文件。

GB/T 1732　漆膜耐冲击测定法

GB/T 1740　漆膜耐湿热测定法

GB/T 1766　色漆和清漆　涂层老化的评级方法

GB/T 1865—2009　色漆和清漆　人工气候老化和人工辐射曝露　滤过的氙弧辐射

GB/T 3199　铝及铝合金加工产品　包装、标志、运输、贮存

GB/T 4957　非磁性基体金属上非导电覆盖层　覆盖层厚度测量　涡流法

GB/T 5237.1　铝合金建筑型材　第1部分:基材

GB/T 5237.2　铝合金建筑型材　第2部分:阳极氧化型材

GB/T 6682　分析实验室用水规格和试验方法

GB/T 6739　色漆和清漆　铅笔法测定漆膜硬度

GB/T 8005.3　铝及铝合金术语　第3部分:表面处理

GB/T 8013.3　铝及铝合金阳极氧化膜与有机聚合物膜　第3部分:有机聚合物喷涂膜

GB/T 9276　涂层自然气候曝露试验方法

GB/T 9286　色漆和清漆　漆膜的划格试验

GB/T 9754　色漆和清漆　不含金属颜料的色漆漆膜的20°、60°和85°镜面光泽的测定

GB/T 9761　色漆和清漆　色漆的目视比色

GB/T 10125　人造气氛腐蚀试验　盐雾试验

GB/T 11186.2　涂膜颜色的测量方法　第二部分:颜色测量

GB/T 11186.3　涂膜颜色的测量方法　第三部分:色差计算

GB/T 14684　建设用砂

GB/T 17671　水泥胶砂强度检验方法(ISO法)

JC/T 479　建筑生石灰

3 术语和定义

GB/T 8005.3 界定的以及下列术语和定义适用于本文件。

3.1

装饰面 exposed surfaces

经加工、组装成制品并安装在建筑物上的型材，目视可见的表面(包括处于开启或关闭状态)。

4 要求

4.1 产品分类

4.1.1 牌号、状态和尺寸规格

牌号、状态和尺寸规格应符合 GB/T 5237.1 的规定。

4.1.2 膜层类型、膜层代号、膜层组成、膜层特点及对应型材的适用环境

膜层类型、膜层代号、膜层组成、膜层特点及对应型材的适用环境见表 1。

表 1 膜层类型、膜层代号、膜层组成、膜层特点及对应型材的适用环境

膜层类型	膜层代号[a]	膜层组成	膜层特点及对应型材的适用环境
二涂层	LF2-25	底漆加面漆	二涂层一般为单色或珠光云母闪烁效果膜层，不需要额外的清漆保护。二涂层适用于太阳辐射较强、大气腐蚀较强的环境
三涂层	LF3-34	底漆、面漆加清漆	三涂层一般为金属效果的膜层，该膜层面漆中使用球磨铝粉以获得金属质感效果，其金属质感不同于二涂层的珠光云母膜层，因铝粉易氧化或剥落，膜层表面需要清漆保护，以保证膜层的综合性能。金属铝粉漆一般不做二涂层。三涂层适用于太阳辐射较强、大气腐蚀较强的环境
四涂层	LF4-55	底漆、阻挡漆、面漆加清漆	四涂层一般为性能要求更高的金属效果膜层，该膜层在三涂层的基础上，增加阻隔紫外线的阻挡漆膜层，提高了耐紫外光能力。四涂层适用于太阳辐射极强、大气腐蚀极强的环境
注：底漆、阻挡漆、面漆、清漆的膜层特点、涂料特性及要求见表 A.2。			
[a] 膜层代号中的“LF”表示喷漆处理，“LF”后的第一位阿拉伯数字表示膜层种类，“-”后面的阿拉伯数表示膜层的最小局部膜厚。			

4.1.3 标记及示例

型材标记按产品名称、本部分编号、牌号、状态、截面代号及长度、颜色(或色号)、膜层代号的顺序表示。标记示例如下：

示例 1：

色号为 2345、膜层类型为四涂层、6063 牌号、T5 状态、截面代号为 YST10002、长度为 4 000 mm 的喷漆型材，标记为：

喷漆型材 GB/T 5237.5-6063T5- YST10002×4 000 色 2345LF4-55

示例 2：

颜色为红色、膜层类型为二涂层、6063 牌号、T5 状态、截面代号为 YST10002、长度为 4 000 mm 的喷漆型材，标记为：

喷漆型材 GB/T 5237.5-6063T5- YST10002×4 000 红色 LF2-25

4.2 质量保证

4.2.1 工艺

工艺保证参见 A.1。

4.2.2 原材料

基材质量、预处理试剂和氟碳漆涂料的质量参见 A.2。

4.3 化学成分

化学成分应符合 GB/T 5237.1 的规定。

4.4 力学性能

力学性能应符合 GB/T 5237.1 的规定。

4.5 尺寸偏差

型材去掉膜层后，尺寸偏差应符合 GB/T 5237.1 的规定。型材因膜层引起的尺寸变化应不影响其装配和使用。

4.6 膜层性能

4.6.1 膜厚

4.6.1.1 装饰面上的膜厚应符合表 2 的规定。

表 2 膜厚

膜层类型	平均膜厚 μm	局部膜厚[a] μm
二涂层	≥30	≥25
三涂层	≥40	≥34
四涂层	≥65	≥55

[a] 由于型材横截面形状的复杂性，在型材某些表面(如内角、凹槽等)的局部膜厚允许低于表 2 的规定值，但不准许出现露底现象。

4.6.1.2 非装饰面如有膜厚要求，应供需双方商定，并在订货单(或合同)中注明。

4.6.2 光泽

膜层的光泽值应与订货单(或合同)规定一致，其允许偏差为±5 个光泽单位。

4.6.3 色差

膜层颜色应与供需双方商定的样板基本一致。当采用仪器法测定时，单色膜层与样板间的色差值 $\Delta E_{ab}^{*} \leqslant 1.5$，同一批(指交货批)型材之间的色差值 $\Delta E_{ab}^{*} \leqslant 1.5$。

4.6.4 硬度

经铅笔划痕试验，膜层硬度应不小于 1H。

4.6.5 附着性

膜层的干附着性、湿附着性和沸水附着性应达到 0 级。

4.6.6 耐沸水性

经高压水浸渍试验后，膜层表面应无脱落、起皱、起泡、失光、变色等现象，附着性应达到 0 级。

4.6.7 耐冲击性

经耐冲击性试验后，膜层允许有微小裂纹，但粘胶带上不准许有粘落的膜层。

4.6.8 耐磨性

经落砂试验后，磨耗系数应不小于 1.6 L/μm。

4.6.9 耐盐酸性

经耐盐酸性试验后，膜层表面应无气泡或其他明显变化。

4.6.10 耐硝酸性

经耐硝酸性试验后，单色膜层的色差值 $\Delta E^{*}_{ab} \leqslant 5.0$。

4.6.11 耐砂浆性

经耐砂浆性试验后，膜层表面应无脱落或其他明显变化。

4.6.12 耐溶剂性

经耐溶剂性试验后，型材表面不露出基材。

4.6.13 耐洗涤剂性

经耐洗涤剂性试验后，膜层表面应无起泡、脱落或其他明显变化。

4.6.14 耐盐雾腐蚀性

经盐雾腐蚀性试验后，划线两侧膜下单边渗透腐蚀宽度应不超过 2.0 mm，划线两侧 2.0 mm 以外部分的膜层不应有腐蚀现象。

4.6.15 耐湿热性

经耐湿热性试验后，膜层表面的综合破坏等级应达到 1 级。

4.6.16 耐候性

4.6.16.1 加速耐候性

经加速耐候性试验后，膜层的光泽保持率(膜层试验后的光泽值相对于其试验前的光泽值的百分比)应不小于 75%，色差值 $\Delta E^{*}_{ab} \leqslant 3.0$，粉化等级达到 0 级。

4.6.16.2 自然耐候性

需方对自然耐候性有要求时，应供需双方商定，并在订货单(或合同)中注明，其膜层经10年自然耐候性试验(可针对不同的大气腐蚀试验站设定不同的试验时间，但不得少于10年)后，膜层光泽保持率(膜层试验后的光泽值相对于其试验前的光泽值的百分比)应不小于50%；色差值 $\Delta E^{*}_{ab} \leqslant 5.0$；膜厚损失率应不大于10%。

4.6.17 其他

需方对其他性能有要求时，应供需双方参照GB/T 8013.3具体商定，并在订货单(或合同)中注明。

4.7 外观质量

型材装饰面上的膜层应平滑、均匀，不准许有流痕、皱纹、气泡、脱落及其他影响使用的缺陷。

5 试验方法

5.1 化学成分

化学成分分析方法按GB/T 5237.1的规定进行。试验前应去除试样表面的膜层。

5.2 力学性能

力学性能试验方法按GB/T 5237.1的规定进行。试验前应去除试样表面的膜层。

5.3 尺寸偏差

尺寸偏差检测方法按GB/T 5237.1的规定进行。检测前应去除试样表面的膜层。

5.4 膜层性能

5.4.1 膜厚

按GB/T 4957的规定进行，5个局部膜厚的平均值记为待测膜层的平均膜厚。

5.4.2 光泽

按GB/T 9754的规定进行，采用60°入射角测定。

5.4.3 色差

5.4.3.1 目视测定法

按GB/T 9761的规定进行。

5.4.3.2 仪器测定法

仲裁试验采用色差仪，按GB/T 11186.2、GB/T 11186.3的规定进行。

5.4.4 硬度

按GB/T 6739进行铅笔硬度试验，试验结果按表面膜层擦伤情况评定。

5.4.5 附着性

5.4.5.1 干附着性

5.4.5.1.1 按 GB/T 9286 的规定划格，划格间距为 1 mm。

5.4.5.1.2 将黏着力大于 10 N/25 mm 的粘胶带[1]覆盖在划格的膜层上，压紧以排去粘胶带下的空气，以垂直于膜层表面的角度快速拉起粘胶带，按 GB/T 9286 的规定进行评级。

5.4.5.2 湿附着性

将试样按 5.4.5.1.1 的规定划格后，置于 38 ℃±5 ℃、GB/T 6682 规定的三级水中浸泡 24 h，取出并擦干试样，在 5 min 内按 5.4.5.1.2 进行试验并评级。

5.4.5.3 沸水附着性

5.4.5.3.1 将试样按 5.4.5.1.1 的规定划格。

5.4.5.3.2 将 GB/T 6682 规定的三级水注入烧杯至约 80 mm 深处，并在烧杯中放入 2～3 粒清洁的碎瓷片。在烧杯底部加热至水沸腾。

5.4.5.3.3 将试样悬立于沸水中煮 20 min。试样应在水面 10 mm 以下，但不能接触容器底部。在试验过程中保持水温不低于 95 ℃，并随时向杯中补充煮沸的 GB/T 6682 规定的三级水，以保持水面高度不小于 80 mm。

5.4.5.3.4 取出并擦干试样，在 5 min 内按 5.4.5.1.2 进行试验并评级。

5.4.6 耐沸水性

在压力锅中注入 GB/T 6682 规定的三级水至约 80 mm 深处，将约 50 mm 长的试样垂直置于水中，试样应在水面 10 mm 以下，但不能接触容器底部，加热至压力达 0.1 MPa±0.01 MPa，并保持恒压 1 h后，取出并擦干试样，目视检查试验后膜层表面的变化情况，并在取出试样 5 min 内按 5.4.5.1 进行附着性试验并评级。

5.4.7 耐冲击性

5.4.7.1 制备标准试板：选取尺寸为 150 mm×75 mm×1.0 mm、状态为 H24 或 H14 的纯铝板，同该批型材采用同一工艺、在同一生产线上喷涂、固化，随后放置 24 h。

5.4.7.2 采用直径为 16 mm±0.3 mm 的冲头，参照 GB/T 1732 规定的方法进行冲击试验：将重锤(1 000 g±5 g)置于适当的高度自由落下直接冲击标准试板的膜层表面(正冲)，冲出深度为 2.5 mm±0.3 mm 的凹坑，立即将黏着力大于 10 N/25 mm 的粘胶带覆盖在冲击试验后的膜层表面上，压紧以排去粘胶带下的空气，然后以垂直于膜层表面的角度快速拉起粘胶带，目视观察凹坑及周边的膜层变化情况。

5.4.8 耐磨性

按 GB/T 8013.3 的规定进行落砂试验，磨料应符合 GB/T 17671 规定的标准砂。

5.4.9 耐盐酸性

用分析纯盐酸(ρ=1.19 g/mL)和 GB/T 6682 规定的三级水配成盐酸试验溶液(1+9)。在试样的

---

1) Scotch 610 粘胶带或 Permacel 99 粘胶带是适合的市售产品的实例。给出这一信息是为了方便本部分的使用者，并不表示对这些产品的认可。

膜层表面滴上10滴盐酸试验溶液，用表面皿盖住，在18 ℃～27 ℃环境下放置15 min后，用自来水洗净、晾干。目视检查试验后的膜层表面。

5.4.10 耐硝酸性

将100 mL分析纯硝酸(ρ=1.40 g/mL)注入一个200 mL的大口瓶中，将试样膜层面朝下盖在瓶口上，保持30 min后取下试样，用自来水冲洗干净并擦干，放置1 h后检查试验后的膜层表面。试验在温度为18 ℃～27 ℃，湿度小于50%的环境下进行。

5.4.11 耐砂浆性

5.4.11.1 取JC/T 479规定的建筑生石灰75 g和GB/T 14684规定的建设用砂225 g，再加入大约100 g，GB/T 6682规定的三级水，混合为糊状砂浆。

5.4.11.2 将糊状砂浆置于试样表面，堆成直径为15 mm、厚度为6 mm的圆柱形。在38 ℃±3 ℃、相对湿度为95%±5%的环境中放置24 h。

5.4.11.3 用湿布抹掉砂浆，并擦干净表面残渣，晾干。目视检查试验后的膜层表面。

5.4.12 耐溶剂性

在室温环境下，用至少六层医用纱布包裹1 kg的重锤锤头(锤头与试样表面接触面积约为150 mm²)，吸饱丁酮后在试样表面上沿同一直线路径，以每秒钟1次往返的速率，擦拭100次(擦拭一个来回计为1次)。试验过程中应保持纱布湿润。试验结束后，目视检查试验后的膜层表面。

5.4.13 耐洗涤剂性

5.4.13.1 用洗涤剂(组分见表3)和GB/T 6682规定的三级水配置成浓度为30 g/L的洗涤剂试验溶液。将试样置于38 ℃±1 ℃的试验溶液中保持72 h，取出并擦干试样。

表3 洗涤剂组分

组分	质量分数 %
无水焦磷酸(四)钠(Tetrasodium Pyrophosphate)	53
无水硫酸钠(Sodium Sulphate Anhydyous)	19
十二烷基苯磺酸钠(Sodium linear alkylarylsulfonate)	20
水合硅酸钠(Sodium Metasilicate Hydrated)	7
无水碳酸钠(Sodium Carbonate Anhydrous)	1
总计	100

5.4.13.2 立即将黏着力大于10 N/25 mm的粘胶带覆盖在试验后的膜层表面上，压紧以排去粘胶带下的空气，以垂直于膜层表面的角度快速拉起粘胶带，目视检查试验后的膜层表面。

5.4.14 耐盐雾腐蚀性

5.4.14.1 沿对角线的方向在试样上，划两条深至金属基材的交叉线，划线宽度为1 mm，线段不贯穿对角，线段各端点与相应对角成等距离。然后按GB/T 10125的规定进行4 000 h中性盐雾试验。

5.4.14.2 测量划线两侧膜下单边渗透腐蚀宽度，并检查划线两侧各2.0 mm以外部分的膜层表面的腐蚀情况。

5.4.15 耐湿热性

按 GB/T 1740 的规定进行。试验温度为 47 ℃±1 ℃,试验时间为 4 000 h。

5.4.16 耐候性

5.4.16.1 加速耐候性

按 GB/T 1865—2009 中方法 1 的循环 A 规定进行 4 000 h 氙灯加速耐候试验后,按 GB/T 9754 测量光泽值,按 GB/T 11186.2、GB/T 11186.3 的规定测量试验前后的色差值,按 GB/T 1766 评定粉化等级。

5.4.16.2 自然耐候性

按 GB/T 9276 的规定进行 10 年自然耐候试验,按 5.4.16.1 的规定测量光泽值和色差值。按 5.4.1 的规定分别测试试验前膜层平均膜厚和试验后膜层平均膜厚,并按式(1)计算膜厚损失率。

注:许多国家选用佛罗里达大气腐蚀试验站进行自然耐候试验。中国大气腐蚀试验站中,大气条件与佛罗里达比较接近的是海南省琼海大气腐蚀试验站,但海南省琼海大气腐蚀试验站的试验结果与佛罗里达的试验结果会存在差异。

$$\Delta\delta = (\delta_1 - \delta_2)/\delta_1 \times 100 \qquad \cdots\cdots(1)$$

式中:

$\Delta\delta$ ——膜厚损失率,%;

δ_1 ——试验前膜层平均膜厚,单位为微米(μm);

δ_2 ——试验后膜层平均膜厚,单位为微米(μm)。

5.4.17 其他

其他性能检验按 GB/T 8013.3 或供需双方商定的方法进行。

5.5 外观质量

外观质量的检验应在漫射日光(指日出 3 h 后和日落 3 h 前的日光)下,按 GB/T 9761 进行。人工照明时的照度要求在 1 000 lx 以上,光源为 D65 标准光源。背景要求无光泽的黑色、灰色,不得用彩色背景。观察距离为 3 m,观察角度为 90°。

6 检验规则

6.1 检查和验收

6.1.1 型材由供方进行检验,保证型材质量符合本部分或订货单(或合同)的规定,并填写质量证明书。

6.1.2 需方可对收到的型材按本部分的规定进行检验。当检验结果与本部分或订货单(或合同)的规定不符时,应以书面形式向供方提出,由供需双方协商解决。属于外观质量及尺寸偏差的异议,应在收到型材之日起一个月内提出,属于其他性能的异议,可在收到型材之日起六个月内提出。如需仲裁,可委托供需双方认可的单位进行,仲裁取样应在需方,由供需双方共同进行。

6.2 组批

型材应成批提交验收,每批应由同一牌号、状态、尺寸规格(或截面代号)、膜层颜色、膜层类型及相同涂料类型与组分质量分数、相同表面处理工艺的型材组成，批重不限。

6.3 检验分类

产品检验分为出厂检验、定期检验。

6.4 检验项目及工艺保证项目

6.4.1 出厂检验项目、定期检验项目和工艺保证项目应符合表 4 的规定。

表 4 检验项目及工艺保证项目

检验项目		出厂检验项目	定期检验项目	工艺保证项目
化学成分		√	—	—
力学性能		√	—	—
尺寸偏差		√	—	—
膜厚		√	—	—
光泽		√	—	—
色差		√	—	—
硬度		√	—	—
附着性		√	—	—
耐沸水性		√	—	—
耐冲击性		√	—	—
耐磨性		[a]	√	√
耐盐酸性		√	—	—
耐硝酸性		[a]	√	√
耐砂浆性		√	—	—
耐溶剂性		[a]	√	√
耐洗涤剂性		[a]	√	√
耐盐雾腐蚀性		[a]	√	√
耐湿热性		[a]	√	√
耐候性	加速耐候性	[a]	√	√
	自然耐候性	[a]	—	√
其他膜层性能		[a]	—	—
外观质量		√	—	—
注：“√”表示必须检验的项目，或工艺保证项目；“—”表示不检验项目，或非工艺保证项目。				
[a] 订货单(或合同)注明检验时，该项目列为必须检验项目。未注明时不检验。				

6.4.2 供方每三年至少应进行一次定期检验。

6.5 取样

型材取样应符合表5的规定。

表5 取样

检验项目		取样规定	要求的章条号	试验方法的章条号
化学成分		按 GB/T 5237.1 的规定	4.3	5.1
力学性能			4.4	5.2
尺寸偏差		逐根检查	4.5	5.3
膜厚		按表6取样	4.6.1	5.4.1
光泽		每批取2根型材,在膜层固化并放置24 h以后,从每根型材上切取1个试样	4.6.2	5.4.2
色差		逐根检查	4.6.3	5.4.3
硬度		每批取2根型材/检验项目,在膜层固化并放置24 h以后,从每根型材上切取1个试样	4.6.4	5.4.4
附着性	干附着性		4.6.5	5.4.5
	湿附着性			
	沸水附着性			
耐沸水性			4.6.6	5.4.6
耐冲击性		制取2个标准试板	4.6.7	5.4.7
耐磨性		每批取2根型材/检验项目,在膜层固化并放置24 h以后,从每根型材上切取1个试样	4.6.8	5.4.8
耐盐酸性		每批取2根型材/检验项目,在膜层固化并放置24 h以后,从每根型材上切取1个试样	4.6.9	5.4.9
耐硝酸性		每批取2根型材/检验项目,在膜层固化并放置24 h以后,从每根型材上切取1个试样	4.6.10	5.4.10
耐砂浆性		每批取2根型材/检验项目,在膜层固化并放置24 h以后,从每根型材上切取1个试样	4.6.11	5.4.11
耐溶剂性		每批取2根型材/检验项目,在膜层固化并放置24 h以后,从每根型材上切取1个试样	4.6.12	5.4.12
耐洗涤剂性			4.6.13	5.4.13
耐盐雾腐蚀性			4.6.14	5.4.14
耐湿热性			4.6.15	5.4.15
耐候性	加速耐候性		4.6.16.1	5.4.16.1
	自然耐候性	从该批中任取3根型材,在选取的每根型材上切取个1个试样。若需方同意,供方可制作膜层颜色、膜层类型、涂料类型与组分质量分数、表面处理工艺均与该批型材相同的3块试板代替型材试样。试样(或试板)膜层有效面尺寸(长×宽)宜为250 mm×150mm	4.6.16.2	5.4.16.2
其他膜层性能		按 GB/T 8013.3 或供需双方商定的方法取样	4.6.17	5.4.17
外观质量		逐根检查	4.7	5.5

表 6　膜厚取样数量及不合格品数上限数量表

单位为根

批量范围	随机取样数	不合格品数上限
1～10	全部	0
11～200	10	1
201～300	15	1
301～500	20	2
501～800	30	3
800 以上	40	4

6.6 检验结果的判定

6.6.1　任一试样的化学成分不合格时，型材能区分熔次时，则判该试样代表的熔次不合格，其他熔次依次检验，合格者交货。不能区分熔次时，则判该批不合格。

6.6.2　任一试样的力学性能不合格时，应从该批型材中另取双倍数量的试样进行重复试验，重复试验结果全部合格，则判该批型材合格。若重复试验结果仍有试样不合格，则判该批型材不合格。经供需双方商定允许供方逐根检验，合格者交货。

6.6.3　任一试样的尺寸偏差不合格时，判该批不合格。但允许供方逐根检验，合格者交货。

6.6.4　膜厚的不合格品数量超过表 6 规定的不合格品数上限时，应另取双倍数量的型材进行重复试验。重复试验的不合格品数量不超过表 6 规定的不合格品数上限的双倍数量时，判该批合格，否则判该批不合格。经供需双方商定允许供方逐根检验，合格者交货。

6.6.5　任一试样的光泽不合格时，判该批不合格。

6.6.6　任一试样的色差不合格时，判该根不合格。

6.6.7　任一试样的硬度不合格时，判该批不合格。

6.6.8　任一试样的附着性不合格时，判该批不合格。

6.6.9　任一试样的耐沸水性不合格时，判该批不合格。

6.6.10　任一试样的耐冲击性不合格时，判该批不合格。

6.6.11　任一试样的耐磨性不合格时，判该批不合格。

6.6.12　任一试样的耐盐酸性不合格时，判该批不合格。

6.6.13　任一试样的耐硝酸性不合格时，判该批不合格。

6.6.14　任一试样的耐砂浆性不合格时，判该批不合格。

6.6.15　任一试样的耐溶剂性不合格时，判该批不合格。

6.6.16　任一试样的耐洗涤剂性不合格时，判该批不合格。

6.6.17　任一试样的耐盐雾腐蚀性不合格时，判该批不合格。

6.6.18　任一试样的耐湿热性不合格时，判该批不合格。

6.6.19　任一试样的耐候性不合格时，判该批不合格。

6.6.20　任一试样的其他膜层性能不合格时，判该批不合格。

6.6.21　任一试样的外观质量不合格时，判该根不合格。

6.6.22　定期检验结果不合格时，供方应对基材质量、氟碳漆涂料质量、工艺等进行重新评估确认，并进行重新检验，直至合格。

7 标志、包装、运输、贮存与质量证明书

7.1 标志

7.1.1 产品标志

在检验合格的型材上，应有如下内容的标识(或贴含有如下内容的标签)：

a) 供方名称和地址；
b) 产品名称；
c) 供方质检部门的检印(或质检人员的签名或印章)；
d) 牌号、状态和尺寸规格(或截面代号)；
e) 膜层代号和颜色(或色号)；
f) 产品批号或生产日期；
g) 本部分编号；
h) 生产许可证编号和 QS 标识。

7.1.2 包装箱标志

型材的包装箱标志应符合 GB/T 3199 的规定。

7.2 包装

型材的装饰面应用纸、泡沫塑料等材料加以保护，其他包装应符合 GB/T 3199 的规定。

7.3 运输和贮存

型材的运输和贮存应符合 GB/T 3199 的规定。型材在运输和使用过程中的保护措施参见 GB/T 5237.2。

7.4 质量证明书

每批型材应附有产品质量证明书，其上注明：

a) 供方名称；
b) 产品名称；
c) 牌号、状态和尺寸规格(或截面代号)；
d) 膜层代号和颜色(或色号)；
e) 批号或生产日期；
f) 重量或件数；
g) 各项分析检验结果和供方质检部门的检印；
h) 本部分编号；
i) 生产许可证编号。

8 订货单(或合同)内容

订购本部分所列型材的订货单(或合同)应包括下列内容：

a) 供方名称；
b) 产品名称；

c) 牌号、状态和尺寸规格(或截面代号);
d) 尺寸偏差、精度等级;
e) 膜层光泽值、膜层代号和颜色(或色号);
f) 重量或件数;
g) 需方的特殊要求:
——耐磨性测试要求;
——耐盐酸性测试要求;
——耐硝酸性测试要求;
——耐砂浆性测试要求;
——耐溶剂性测试要求;
——耐洗涤剂性测试要求;
——耐盐雾腐蚀性测试要求;
——耐湿热性测试要求;
——加速耐候性测试要求;
——自然耐候性测试要求;
——膜厚的特殊要求;
——包装的特殊要求;
——其他特殊要求。
h) 本部分编号。

附 录 A
（资料性附录）
质量保证

A.1 工艺保证

喷涂工艺对膜层性能有很大影响，为保证膜层质量，喷涂工艺宜按 YS/T 714 的规定执行。无铬化学预处理膜的质量应符合 YS/T 1189 的规定，其工艺应符合 YS/T 1189 的规定。

A.2 原材料质量保证

A.2.1 基材

基材质量应符合 GB/T 5237.1 的规定。

A.2.2 无铬化学预处理试剂

无铬化学预处理试剂应符合 YS/T 1189 的规定。

A.2.3 氟碳漆涂料

A.2.3.1 氟碳漆涂料类型、主要组分及特性与要求

氟碳漆涂料的类型、主要组分及特性与要求见表 A.1。

表 A.1 氟碳漆涂料类型、主要组分及特性与要求

涂料类型	主要组分		特性及要求
有机溶剂型和水性溶剂型	树脂	聚偏二氟乙烯树脂（简称 PVDF 树脂）	氟碳漆涂料是以 PVDF 树脂为主要成膜物质的涂料。PVDF 树脂是以偏二氟乙烯（VDF）单体聚合得到的树脂，聚偏二氟乙烯（PVDF）树脂中氟含量为 59.3%，因为分子结构中 C-F 键的化学键能比较高，所以 PVDF 树脂具有优异的耐候性和化学稳定性。 FEVE 树脂是另外一种热固型氟碳树脂，其氟含量为 27%～29%，热固化温度为 160 ℃，不属于本标准的树脂选择范围
		丙烯酸树脂	丙烯酸树脂有助于改善膜层所需的光泽、硬度、附着性等
		环氧树脂	环氧树脂有助于改善膜层的附着性
	颜料		应采用无机矿物质、球磨铝粉、珠光云母等作为颜料。有机颜料的耐候性能差，不宜使用有机颜料
	溶剂	有机溶剂	有机溶剂型氟碳漆在生产涂装时需要应用一定量的有机溶剂；而水性溶剂型氟碳漆以水作为主要溶剂，有机溶剂含量较少，因此大大改善喷涂生产环境
		水	

A.2.3.2 氟碳漆涂料用途、膜层特点与涂料特性及控制要求

氟碳漆涂料用途、膜层特点与涂料特性及控制要求见表 A.2。

表 A.2 涂料用途、膜层特点、涂料特性及控制要求

涂料用途	膜层特点	涂料特性及要求
底漆	底漆主要用于增强氟碳漆膜层与铝基材之间的附着性，因此要求底漆与铝基材及面漆漆膜均有良好的附着性。底漆膜层厚度一般控制为 5 μm～8 μm	底漆的树脂一般由 PVDF 树脂、丙烯酸树脂、环氧树脂等组成，其中，PVDF 树脂约占总树脂质量分数的 30%，丙烯酸树脂占总树脂 68%～70%，环氧树脂占总树脂 1%～2%。底漆通常有白色底漆和灰色底漆等
阻挡漆	阻挡漆的主要作用是减少底漆中环氧树脂的粉化，进一步提高膜层的附着性。阻挡漆层厚度一般不小于 25 μm	阻挡漆一般采用白色面漆，其成分结构等同于面漆
面漆	氟碳漆膜层的装饰效果和耐候性主要由面漆决定。面漆能确保面漆与底漆或面漆与阻挡漆、面漆与清漆之间的附着性。面漆层厚度一般不小于 25 μm	面漆通常有单色面漆和金属色面漆，金属色面漆一般含有铝粉或珠光粉，铝粉更为常用。铝粉宜选用氮气雾化制作的球磨铝粉。通过对铝粉或珠光粉作相应的表面包覆处理(一般采用二氧化硅包覆或树脂包覆处理)可提高膜层的耐酸、耐碱性能。水性氟碳漆使用的铝粉还需要考虑防水处理。在总树脂组分中，PVDF 树脂约占 70%，丙烯酸树脂约占 30%，该比例膜层综合性能最佳
清漆	清漆对面漆提供保护作用，可提高膜层的耐候性和抗污染能力。清漆层厚度一般为 10 μm～13 μm	清漆也叫罩光清漆。清漆中 PVDF 树脂约占总树脂质量分数的 70%，丙烯酸约占总树脂 30%

A.2.3.3 有害物质限量

氟碳漆涂料(特殊鲜艳颜色除外)中有害物质限量可参见表 A.3 的规定。

表 A.3 氟碳漆涂料中有害物质限量

有害物质	质量分数
多溴联苯 PBB	≤0.1%
多溴二苯醚 PBDE	≤0.1%
邻苯二甲酸二辛酯 DEHP	≤0.1%
邻苯二甲酸丁酯苯甲酯 BBP	≤0.1%
邻苯二甲酸二丁酯 DBP	≤0.1%
邻苯二甲酸二异丁酯 DIBP	≤0.1%
可溶性铅 Pb	≤90 mg/kg
可溶性镉 Cd	≤75 mg/kg
可溶性铬 Cr	≤60 mg/kg
可溶性汞 Hg	≤60 mg/kg

A.2.3.4 氟碳漆涂料安全技术说明书

氟碳漆涂料供应商提供氟碳漆涂料的安全技术说明书(MSDS)。

A.2.3.5 氟碳漆涂料质量证明书

为保证氟碳漆涂料的质量(尤其是耐候性和耐腐蚀性)可靠性，铝型材生产企业应与氟碳漆涂料厂商商定质量证明书内容，质量证明书内容至少包括：

a) 涂料的密度；
b) 涂料的细度；
c) 涂料的黏度；
d) 涂料的固体分；
e) 颜料种类；
f) 树脂中 PVDF 树脂的质量分数；
g) 涂料的挥发性有机化合物含量；
h) 涂料中性盐雾试验结果、耐冲击性试验结果；
i) 树脂厂商名称、树脂批号和型号；
j) 树脂按标准配方制备的单色膜层和金属色膜层的自然暴晒试验结果(应包括色差值、光泽保持率、粉化程度)。

参 考 文 献

［1］ YS/T 714 铝合金建筑型材有机聚合物喷涂工艺技术规范
［2］ YS/T 1189 铝及铝合金无铬化学预处理膜

ICS 77.150.10
H 61

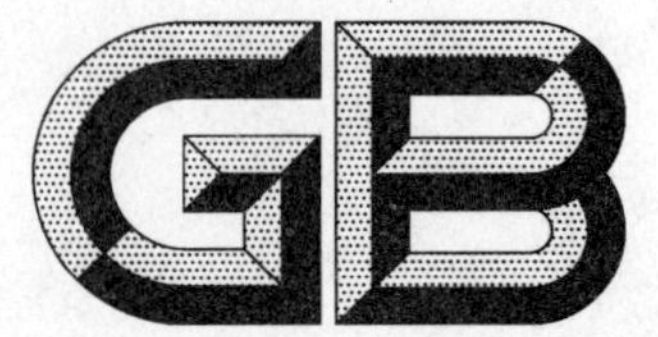

中华人民共和国国家标准

GB/T 5237.6—2017
代替 GB/T 5237.6—2012

铝合金建筑型材 第6部分:隔热型材

Wrought aluminium alloy extruded profiles for architecture—Part 6:Thermal barrier profiles

2017-10-14 发布 2018-07-01 实施

中华人民共和国国家质量监督检验检疫总局
中国国家标准化管理委员会 发布

前　言

GB/T 5237《铝合金建筑型材》分为六个部分：

——第 1 部分：基材；

——第 2 部分：型材；

——第 3 部分：电泳涂漆型材；

——第 4 部分：喷粉型材；

——第 5 部分：喷漆型材；

——第 6 部分：隔热型材。

本部分为 GB/T 5237 的第 6 部分。

本部分按照 GB/T 1.1—2009 给出的规则起草。

本部分代替 GB 5237.6—2012《铝合金建筑型材　第 6 部分：隔热型材》。本部分与 GB 5237.6—2012 相比，除编辑性修改外主要技术变化如下：

——删除了前言中"本部分的第 4.5.1.2、第 4.5.2.2 是强制性的，其余条款是推荐性的"陈述(见 2012 年版的前言)；

——增加了规范性引用文件 GB/T 2411(见第 2 章和 6.5)；

——删除了规范性引用文件 GB/T 6682(见 2012 年版的第 2 章和 A.3.1)；

——删除了规范性引用文件 YS/T 436(见 2012 年版的第 2 章和 4.1.3)；

——增加了规范性引用文件 GB/T 34482(见第 2 章和 5.4)；

——在产品分类中增加了铝合金型材表面处理类别、膜层外观效果、膜层代号、膜层性能级别及推荐的适用环境的规定(见 4.1.2)；

——修改了隔热型材复合方式分类的内容(见 4.1.3，2012 年版的 4.1.2)；

——在产品分类中增加了隔热型材剪切失效类型的分类(见 4.1.4)；

——在产品分类中增加了隔热型材的传热系数级别及推荐的适用环境、聚酰胺型材高度、浇注型材槽口型号的内容(见 4.1.5)；

——修改了隔热型材截面图样的规定(见 4.1.6，2012 年版的 4.1.3)；

——修改了标记及示例的规定(见 4.1.7，2012 年版的 4.1.4)；

——增加了质量保证的内容(见 4.2)；

——修改了铝合金型材的要求(见 4.3，2012 年版的 4.2)；

——修改了隔热材料的要求(见 4.4，2012 年版的 4.3)；

——修改了隔热型材尺寸偏差的规定(见 4.5，2012 年版的 4.4)；

——增加了隔热型材传热系数要求(见 4.6)；

——在穿条型材的纵向抗剪特征值要求中，增加了"O 类隔热型材除外"的规定(见 4.7.1.1，2012 年版的 4.5.1)；

——修改了穿条型材低温性能试验温度的规定(见 4.7.1.1、4.7.1.3、5.5.1.1、5.5.1.3、5.5.1.4 和 5.5.1.6，2012 年版的 4.5.1)；

——修改了穿条型材弹性系数要求(见 4.7.1.4，2012 年版的 4.5.1.3)；

——将抗扭性能修改为抗弯性能，并修改了相应的性能要求(见 4.7.1.6 和 4.7.2.4，2012 年版的 4.5.1.3、4.5.2.1)；

——增加了穿条型材热循环疲劳性能要求(见 4.7.1.7)；

——修改了浇注型材高温横向抗拉特征值规定(见 4.7.2.2,2012 年版 4.5.2.1);

——修改了隔热材料性能的试验方法要求(见 5.2,2012 年版的 5.2);

——修改了隔热型材尺寸偏差的检测方法要求(见 5.3,2012 年版的 5.3);

——增加了隔热型材传热系数的试验方法(见 5.4);

——修改了隔热型材复合性能的试验方法要求(见 5.5,2012 年版的 5.4);

——修改了外观质量的检验方法要求(见 5.6,2012 年版的 5.5);

——修改了组批方法(见 6.2,2012 年版的 6.2);

——增加了检验分类的规定(见 6.3);

——修改了检验项目的规定(见 6.4,2012 年版的 6.3);

——修改了取样规定(见 6.5,2012 年版的 6.4);

——修改了检验结果的判定要求(见 6.6,2012 年版的 6.5);

——修改了标志的规定(见 7.1,2012 年版的 7.1);

——修改了包装的规定(见 7.2,2012 年版的 7.2);

——修改了运输、贮存的规定(见 7.3,2012 年版的 7.2)

——修改了质量证明书的内容要求(见 7.4,2012 年版的 7.3);

——修改了订货单(或合同)的内容要求(见 8,2012 年版的 8);

——删除了附录 A(见 2012 年版的附录 A);

——增加了质量保证的资料性附录(见附录 A);

——在隔热型材槽口设计的内容中,增加了 6 个典型槽口及尺寸(FF、GG、HH、II、JJ、KK)(见 C.2.1, 2012 年版的 C.2);

——增加了单槽口和多槽口的选择内容(见 C.2.2 和 C.2.3);

——增加了参考文献(见参考文献)。

本部分由中国有色金属工业协会提出。

本部分由全国有色金属标准化技术委员会(SAC/TC 243)归口。

本部分起草单位:福建省南平铝业股份有限公司、有色金属技术经济研究院、广东省工业分析检测中心、泰诺风保泰节能科技(深圳)有限公司、广东坚美铝型材厂(集团)有限公司、广东兴发铝业有限公司、四川广汉三星铝业有限公司、广东豪美铝业股份有限公司、广东凤铝铝业有限公司、国家有色金属质量监督检验中心、福建省闽发铝业股份有限公司、亚松聚氨酯(上海)有限公司、广亚铝业有限公司、山东华建铝业集团有限公司。

本部分主要起草人:李翔、葛立新、冯东升、詹浩、黄日勇、戴悦星、夏秀群、王争、周春荣、陈慧、颜广炅、朱耀辉、何振程、谢国安、郭峰。

本部分所代替标准的历次版本发布情况为:

——GB 5237.6—2004、GB 5237.6—2012。

铝合金建筑型材
第6部分:隔热型材

1 范围

GB/T 5237 的本部分规定了隔热型材(亦称断热型材)的要求、试验方法、检验规则、标志、包装、运输、贮存、质量证明书以及订货单(或合同)内容。

本部分适用于穿条式隔热铝合金建筑型材(以下简称穿条型材)或浇注式隔热铝合金建筑型材(以下简称浇注型材)。

其他行业用的隔热铝合金型材也可参照执行本部分。

2 规范性引用文件

下列文件对于本文件的应用是必不可少的。凡是注日期的引用文件,仅注日期的版本适用于本文件。凡是不注日期的引用文件,其最新版本(包括所有的修改单)适用于本文件。

GB/T 2411 塑料和硬橡胶 使用硬度计测定压痕硬度(邵氏硬度)

GB/T 3199 铝及铝合金加工产品 包装、标志、运输、贮存

GB/T 5237.1 铝合金建筑型材 第1部分:基材

GB/T 5237.2 铝合金建筑型材 第2部分:阳极氧化型材

GB/T 5237.3 铝合金建筑型材 第3部分:电泳涂漆型材

GB/T 5237.4 铝合金建筑型材 第4部分:喷粉型材

GB/T 5237.5 铝合金建筑型材 第5部分:喷漆型材

GB/T 23615.1 铝合金建筑型材用隔热材料 第1部分:聚酰胺型材

GB/T 23615.2 铝合金建筑型材用隔热材料 第2部分:聚氨酯隔热胶

GB/T 28289 铝合金隔热型材复合性能试验方法

GB/T 34482 建筑用铝合金隔热型材传热系数测定方法

YS/T 437 铝型材截面几何参数算法及计算机程序要求

3 术语和定义

下列术语和定义适用于本文件。

3.1

隔热材料 thermal barrier material

用于连接铝合金型材的低热导率的非金属材料。

3.2

穿条式 insertion methodology

通过开齿、穿条、滚压,将聚酰胺型材穿入铝合金型材穿条槽口内,并使之被铝合金型材咬合[如图1a)]的复合方式。

3.3

浇注式　poured and debridged methodology

把液态隔热材料注入铝合金型材浇注槽内并固化，切除铝合金型材浇注槽内的连接桥使之断开金属连接，通过隔热材料将铝合金型材断开的两部分结合在一起[如图 1b)]的复合方式。

3.4

隔热型材　thermal barrier profile

以隔热材料连接铝合金型材而制成的具有隔热功能的复合型材。

3.5

特征值　characteristic value

服从对数正态分布，按 95％的保证概率、75％置信度确定并计算的性能值。

4　要求

4.1　产品分类

4.1.1　铝合金型材牌号、状态和尺寸规格

铝合金型材的牌号、状态和尺寸规格应符合 GB/T 5237.1 的规定。

4.1.2　铝合金型材表面处理类别、膜层外观效果、膜层代号、膜层性能级别及推荐的适用环境

铝合金型材表面处理类别、膜层外观效果、膜层代号、膜层性能级别及推荐的适用环境见表 1。

表 1　铝合金型材表面处理类别、膜层外观效果、膜层代号、膜层性能级别及推荐的适用环境

<table>
<tr><th>铝合金型材表面处理类别</th><th colspan="2">膜层外观效果</th><th>膜层代号</th><th>膜层性能级别[a]</th><th>推荐的适用环境</th></tr>
<tr><td>阳极氧化</td><td colspan="2">光面、砂面、抛光面、拉丝面</td><td>AA10、AA15、AA20、AA25</td><td>—</td><td>阳极氧化膜适用于强紫外光辐射的环境。污染较重或潮湿的环境宜选用 AA20 或 AA25 的阳极氧化膜。海洋环境慎用</td></tr>
<tr><td rowspan="2">电泳涂漆</td><td colspan="2">有光或消光透明漆膜</td><td>EA21、EB16</td><td rowspan="2">Ⅳ、Ⅲ、Ⅱ</td><td rowspan="2">复合膜适用于大多数环境，热带海洋性环境宜选用Ⅲ级或Ⅳ级复合膜</td></tr>
<tr><td colspan="2">有光或消光有色漆膜</td><td>ES21</td></tr>
<tr><td rowspan="2">喷粉</td><td colspan="2">平面效果</td><td rowspan="2">GA40、GU40、GF40、GO40</td><td rowspan="2">Ⅲ、Ⅱ、Ⅰ</td><td rowspan="2">粉末喷涂膜适用于大多数环境，潮湿的热带海洋环境宜选用Ⅱ级或Ⅲ级喷涂膜</td></tr>
<tr><td>纹理效果</td><td>砂纹、木纹、大理石纹、立体彩雕、金属效果</td></tr>
<tr><td rowspan="2">喷漆</td><td colspan="2">单色或珠光云母闪烁效果</td><td>LF2-25</td><td rowspan="2">—</td><td rowspan="2">氟碳漆膜适用于绝大多数太阳辐射较强、大气腐蚀较强的环境，特别是靠近海岸的热带海洋环境</td></tr>
<tr><td colspan="2">金属效果</td><td>LF3-34、LF4-55</td></tr>
<tr><td colspan="6">[a] 电泳涂漆膜层性能级别符合 GB/T 5237.3 的规定；喷粉膜层性能级别符合 GB/T 5237.4 的规定。</td></tr>
</table>

4.1.3　隔热型材复合方式

隔热型材复合方式分为穿条式[如图 1a)]和浇注式[如图 1b)]两类，对应的隔热型材特性见表 2。

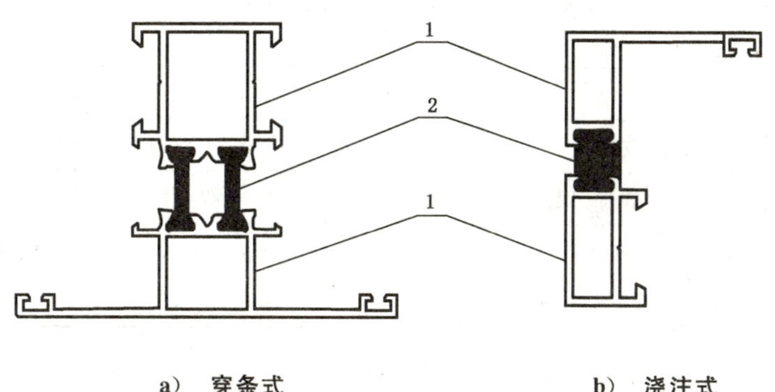

a) 穿条式　　b) 浇注式

说明：

1——铝合金型材；

2——隔热材料。

图 1 隔热型材的复合方式示意图

表 2 隔热型材的复合方式及其特性

复合方式[a]	隔热型材特性[b,c]
穿条式	穿条型材所使用的聚酰胺型材线膨胀系数与铝合金型材的线膨胀系数接近，不会因为热胀冷缩而在复合部位产生较大应力、滑移错位、脱落等现象。穿条型材具有良好的耐高温性能，可选择的截面类型多，对隔热型材生产加工环境没有特殊要求，但开齿、滚压等工序的生产工艺控制不当时，会对产品性能造成严重影响(如聚酰胺型材与铝合金型材在使用中分离)。 可通过采用非Ⅰ型复杂形状聚酰胺型材，降低穿条型材的传热系数，提升穿条型材的隔热效果。但采用非Ⅰ型复杂形状聚酰胺型材的穿条型材，横向抗拉性能不及采用Ⅰ型聚酰胺型材的穿条型材，其在使用前若未进行力学可靠性校核或模拟荷载试验考核，可能导致使用中的意外开裂。 采用单支聚酰胺型材的穿条型材，复合性能可能达不到本部分的要求。对于结构件用穿条型材，宜采用双支聚酰胺型材
浇注式	浇注型材所使用的隔热胶的线膨胀系数与铝合金型材的线膨胀系数虽不一致，但其有效粘结膜层表面时，足以确保浇注型材复合部位不产生滑移错位、脱落等现象。浇注型材具有良好的抗冲击性能与延展性，但若浇注工序生产环境控制不当，会对产品性能造成严重影响(如低温断裂)。 采用Ⅰ级隔热胶的浇注型材，在 70 ℃以上使用时，复合性能衰减，导致承载能力下降。 当铝合金型材的表面处理方式导致隔热胶无法有效粘结膜层表面时，不适宜采用浇注式复合方式制作隔热型材

[a] 同时存在穿条和浇注复合方式的隔热型材，其性能须同时满足穿条型材和浇注型材的性能要求。

[b] 隔热型材用于某些结构件时，可能承受重力荷载、风荷载、地震作用、温度作用等各种荷载和作用产生的效应，需方宜根据隔热型材使用环境和设计要求，以最不利的效应组合作为荷载组合，对该荷载组合下的隔热型材，可能承受的弯曲变形量、抗弯强度、纵向抗剪强度、横向抗拉强度等受力指标进行计算或分析，从而选择适宜的隔热型材。

[c] 隔热型材等效惯性矩计算方法见 YS/T 437。

4.1.4 隔热型材剪切失效类型

隔热型材按剪切失效类型分为 A、B、O 三类，见表 3。

表 3　隔热型材剪切失效类型

剪切失效类型	说明
A	复合部位剪切失效后不影响横向抗拉性能的隔热型材，一般为穿条型材。见图 2a)
B	复合部位剪切失效将引起横向抗拉失效的隔热型材，一般为浇注型材。见图 2b)
O	因特殊要求(如为解决门扇的热拱现象)而有意设计的无纵向抗剪性能或纵向抗剪性能较低的穿条型材。见图 2c)

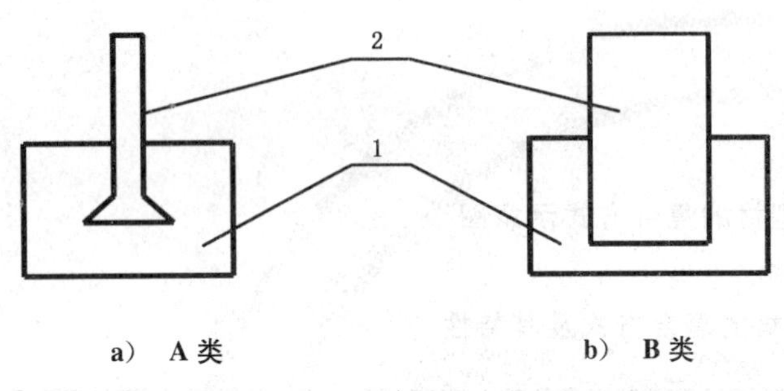

a)　A 类　　b)　B 类

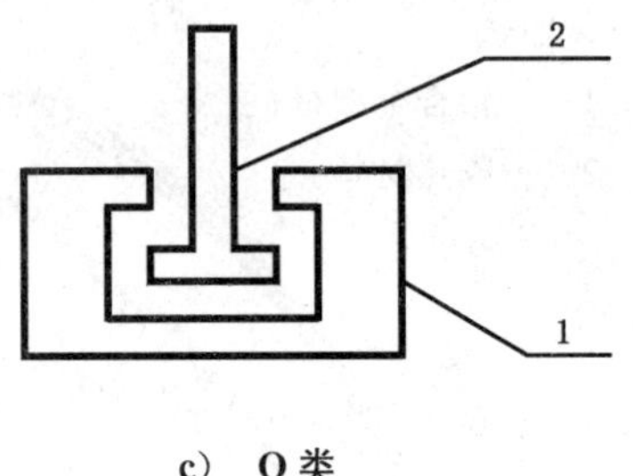

c)　O 类

说明：

1——铝合金型材；

2——隔热材料。

图 2　隔热型材的剪切失效类型

4.1.5　隔热型材的传热系数级别及推荐的适用环境、聚酰胺型材高度、浇注型材槽口型号

隔热型材的传热系数按隔热效果分为Ⅰ级、Ⅱ级、Ⅲ级和Ⅳ级，推荐的各级别适用环境、聚酰胺型材高度、浇注型材槽口型号见表 4。

表 4　传热系数级别及推荐的适用环境、聚酰胺型材高度、浇注型材槽口型号

传热系数级别	推荐的适用环境	推荐的聚酰胺型材高度 mm	推荐的浇注型材槽口型号[a]
Ⅰ	温和地区或对产品隔热性能要求不高的环境(如昆明)	≤12	AA
Ⅱ	夏热冬暖地区(如广州、厦门)	＞12～14.8	BB
Ⅲ	夏热冬冷地区(如上海、重庆)	＞14.8～24	CC
Ⅳ	严寒和寒冷地区(如哈尔滨、北京)	＞24	CC 以上

[a] 浇注型材槽口型号参见表 C.1。

4.1.6　隔热型材截面图样

隔热型材横截面图样应供需双方商定。槽口的形状和尺寸对隔热型材质量至关重要，其设计参见附录 C。

4.1.7 标记及示例

隔热型材标记按产品名称或隔热型材复合方式类别、本部分编号、铝合金型材牌号和状态、铝合金型材膜层代号与性能级别(内、外侧的铝合金型材膜层代号与性能级别不相同时,按内侧/外侧分别标识)、隔热型材剪切失效类型、隔热型材传热系数(合同中注明时标示)和截面代号及定尺长度、隔热材料高度、材质代号及性能等级的顺序表示。

示例 1:

铝合金型材牌号为6063、状态为T5,内侧铝合金型材膜层代号为EA21、膜层性能级别为Ⅲ级,外侧铝合金型材膜层代号为GA40、膜层性能级别为Ⅲ级,隔热型材剪切失效类型为A、传热系数为Ⅰ级、截面代号为561001、定尺长度为6 000 mm,隔热材料的高度为14.8 mm、材质代号为PA66GF25的隔热型材标记为:

穿条型材 GB/T 5237.6-6063T5EA21Ⅲ/GA40Ⅲ- A(Ⅰ)561001×6000-14.8PA66GF25

示例 2:

铝合金型材牌号为6063、状态为T5,内、外侧铝合金型材膜层代号均为AA20,隔热型材剪切失效类型为B、传热系数Ⅱ级、截面代号为561001、定尺长度为6 000 mm,隔热材料的高度为9.53 mm、隔热胶的代号为PU、性能等级为Ⅰ级的隔热型材标记为:

浇注型材 GB/T 5237.6-6063T5AA20- B(Ⅱ)561001×6000-9.53PUⅠ

4.2 质量保证

4.2.1 工艺保证

工艺保证参见A.1的规定。

4.2.2 铝合金型材

铝合金型材质量保证应符合GB/T 5237.1～GB/T 5237.5中相应规定。

4.2.3 隔热材料

隔热材料质量保证参见A.2.2的规定。

4.3 铝合金型材

铝合金型材的化学成分、力学性能应符合GB/T 5237.1的规定。铝合金型材膜层性能应符合GB/T 5237.2～GB/T 5237.5的相应规定。

4.4 隔热材料

穿条型材中的聚酰胺型材应符合GB/T 23615.1的规定。浇注型材中的聚氨酯隔热胶应符合GB/T 23615.2的规定。

4.5 隔热型材尺寸偏差

隔热型材尺寸(除隔热材料壁厚及空腔尺寸外)偏差应符合GB/T 5237.1规定,隔热材料视同金属实体。

4.6 隔热型材传热系数

需方对隔热型材的传热系数有要求时,应按表5商定传热系数级别,并在订货单(或合同)中注明。

表 5 传热系数要求

传热系数级别	传热系数 W/(m²·K)
Ⅰ	>4.0
Ⅱ	>3.2~4.0
Ⅲ	2.5~3.2
Ⅳ	<2.5

4.7 隔热型材复合性能

4.7.1 穿条型材

4.7.1.1 纵向抗剪特征值

纵向抗剪特征值应符合表 6 规定(O 类隔热型材除外)。

表 6 纵向抗剪特征值

性能项目	试验温度 ℃	纵向剪切试验结果[a] N/mm
室温纵向抗剪特征值	23±2	≥24
低温纵向抗剪特征值	−30±2	
高温纵向抗剪特征值	80±2	
[a] 经供需双方商定,允许采用相似隔热型材进行纵向剪切试验,推断纵向抗剪特征值(参见附录 B),但相似隔热型材的纵向剪切试验结果应符合表中规定。		

4.7.1.2 室温横向抗拉特征值

室温横向抗拉特征值应符合表 7 规定。

表 7 室温横向抗拉特征值

性能项目	试验温度 ℃	横向拉伸试验结果[a] N/mm
室温横向抗拉特征值	23±2	≥24
[a] 经供需双方商定,允许采用相似隔热型材进行横向拉伸试验,推断室温横向抗拉特征值(参见附录 B),但相似隔热型材的横向拉伸试验结果应符合表中规定。		

4.7.1.3 高温持久荷载性能

高温持久荷载性能应符合表 8 规定。

表 8　高温持久荷载性能

<table>
<tr><td colspan="3">高温持久荷载拉伸试验结果[a]</td></tr>
<tr><td rowspan="2">隔热型材变形量平均值
mm</td><td colspan="2">横向抗拉特征值
N/mm</td></tr>
<tr><td>低温(−30 ℃±2 ℃)</td><td>高温(80 ℃±2 ℃)</td></tr>
<tr><td>≤0.6</td><td colspan="2">≥24</td></tr>
<tr><td colspan="3">[a] 经供需双方商定，允许采用相似隔热型材进行高温持久荷载拉伸试验，推断高温持久荷载性能(参见附录 B)，但相似隔热型材的高温持久荷载拉伸试验结果应符合表中规定。</td></tr>
</table>

4.7.1.4　弹性系数

需方对弹性系数有要求时，应供需双方商定，并在订货单(或合同)中注明，供方应提供实测结果。

4.7.1.5　蠕变系数

需方对蠕变系数(A_2)有要求时，应供需双方商定，并在订货单(或合同)中注明。

4.7.1.6　抗弯性能

需方对抗弯性能有要求时，应供需双方商定，并在订货单(或合同)中注明，供方应提供实测结果。

注：穿条型材的抗弯性能随着聚酰胺型材高度的增加而下降。

4.7.1.7　热循环疲劳性能

需方对热循环疲劳性能有要求时，应供需双方商定，并在订货单(或合同)中注明。

4.7.2　浇注型材

4.7.2.1　纵向抗剪特征值

纵向抗剪特征值应符合表 9 规定。

表 9　纵向抗剪特征值

<table>
<tr><td>性能项目</td><td>试验温度
℃</td><td>纵向剪切试验结果[a]
N/mm</td></tr>
<tr><td>室温纵向抗剪特征值</td><td>23±2</td><td rowspan="3">≥24</td></tr>
<tr><td>低温纵向抗剪特征值</td><td>−30±2</td></tr>
<tr><td>高温纵向抗剪特征值</td><td>70±2</td></tr>
<tr><td colspan="3">[a] 经供需双方商定，允许采用相似隔热型材进行纵向剪切试验，推断纵向抗剪特征值(参见附录 B)，但相似隔热型材的纵向剪切试验结果应符合表中规定。</td></tr>
</table>

4.7.2.2　横向抗拉特征值

横向抗拉特征值应符合表 10 规定。

表 10 横向抗拉特征值

性能项目	试验温度 ℃	横向拉伸试验结果[a] N/mm
室温横向抗拉特征值	23±2	≥24
低温横向抗拉特征值	−30±2	
高温横向抗拉特征值	70±2	

[a] 经供需双方商定，允许采用相似隔热型材进行横向拉伸试验，推断室温横向抗拉特征值(参见附录 B)，但相似隔热型材的横向拉伸试验结果应符合表中规定。

4.7.2.3 热循环变形性能

热循环变形性能应符合表 11 规定。

表 11 热循环变形性能

热循环试验结果[a,b]	
隔热材料变形量平均值 mm	室温(23 ℃±2 ℃)纵向抗剪特征值 N/mm
≤0.6	≥24

[a] 经供需双方商定，允许采用相似隔热型材进行热循环试验，推断热循环变形性能(参见附录 B)，但相似隔热型材的热循环试验结果应符合表中规定。

[b] Ⅰ级原胶浇注的隔热型材进行 60 次热循环；Ⅱ级原胶浇注的隔热型材进行 90 次热循环。

4.7.2.4 抗弯性能

需方对浇注型材的抗弯性能有要求时，应供需双方商定，并在订货单(或合同)中注明，供方应提供实测结果。

注：浇注型材的抗弯性能随着聚氨酯隔热胶高度的增加而下降。

4.8 外观质量

4.8.1 铝合金型材表面质量应符合 GB/T 5237.1～GB/T 5237.5 中相应规定。

4.8.2 穿条型材复合部位的铝合金型材膜层允许有轻微裂纹，但不允许铝基材有裂纹。

4.8.3 浇注型材的隔热材料表面应光滑、色泽均匀，金属连接桥切口处应规则、平整。

5 试验方法

5.1 铝合金型材

5.1.1 化学成分

化学成分分析方法按 GB/T 5237.1 的规定进行。试验前应去除试样的表面处理膜层。

5.1.2 力学性能

力学性能试验方法按 GB/T 5237.1 的规定进行。力学性能试验前,喷粉型材和喷漆型材应去除膜层后进行。

5.1.3 膜层性能

膜层性能试验方法按 GB/T 5237.2～GB/T 5237.5 的规定进行。

5.2 隔热材料性能

聚酰胺型材的性能试验方法按 GB/T 23615.1 的规定进行。聚氨酯隔热胶的性能试验方法按 GB/T 23615.2 的规定进行。

5.3 隔热型材尺寸偏差

尺寸偏差检测方法按 GB/T 5237.1 的规定进行。测量时,阳极氧化型材和电泳涂漆型材的尺寸应包含膜层厚度,喷粉型材和喷漆型材的尺寸应去除膜层后测量。

5.4 隔热型材传热系数

传热系数试验方法按 GB/T 34482 的规定进行。

5.5 隔热型材复合性能

5.5.1 穿条型材

5.5.1.1 纵向抗剪特征值

纵向剪切试验方法按 GB/T 28289 的规定进行。低温纵向剪切试验温度为−30 ℃±2 ℃。

5.5.1.2 室温横向抗拉特征值

室温横向拉伸试验方法按 GB/T 28289 的规定进行。

5.5.1.3 高温持久荷载性能

高温持久荷载横向拉伸试验方法按 GB/T 28289 的规定进行。高温持久荷载横向拉伸试验的低温横向拉伸试验温度为−30 ℃±2 ℃。

5.5.1.4 弹性系数

弹性系数的试验方法按 GB/T 28289 的规定进行。低温弹性系数试验温度为−30 ℃±2 ℃。

5.5.1.5 蠕变系数

蠕变系数 A_2 的试验方法按 GB/T 28289 的规定进行。

5.5.1.6 抗弯性能

抗弯性能(俗称抗扭性能)的试验方法按 GB/T 28289 的规定进行。低温抗弯性能试验温度为−30 ℃±2 ℃。

5.5.1.7 热循环疲劳性能

穿条型材的热循环疲劳性能试验按 GB/T 28289 或供需双方商定的方法进行。

5.5.2 浇注型材

5.5.2.1 纵向抗剪特征值

纵向剪切试验方法按 GB/T 28289 的规定进行。

5.5.2.2 横向抗拉特征值

横向拉伸试验方法按 GB/T 28289 的规定进行。

5.5.2.3 热循环变形性能

热循环试验方法按 GB/T 28289 的规定进行。

5.5.2.4 抗弯性能

抗弯性能(俗称抗扭性能)的试验方法按 GB/T 28289 的规定进行。

5.6 外观质量

铝合金型材外观质量检验按 GB/T 5237.1～GB/T 5237.5 的规定进行。复合部位的外观质量在自然散射光条件下,以正常视力目视检查。

6 检验规则

6.1 检查和验收

6.1.1 隔热型材应由供方进行检验,保证产品质量符合本部分及订货单(或合同)的规定,并填写质量证明书。

6.1.2 需方可对收到的隔热型材按本部分的规定进行检验。检验结果与本部分或订货单(或合同)的规定不符时,应以书面形式向供方提出,由供需双方协商解决。属于外观质量及尺寸偏差的异议,应在收到产品之日起一个月内提出,属于其他性能的异议,应在收到产品之日起六个月内提出。如需仲裁,可委托供需双方认可的单位进行,仲裁取样应在需方,由供需双方共同进行。

6.2 组批

隔热型材应成批提交验收,每批应由同一牌号、状态、表面处理方式(同侧型材的成膜材料种类与组分、表面处理工艺、膜层代号及膜层性能级别相同)的铝合金型材,与同种类隔热材料(聚酰胺型材成分和尺寸规格相同,原胶成分相同)通过同一种复合工艺制作成的、具有相同剪切失效类型和横截面规格的隔热型材组成,批重不限。

6.3 检验分类

产品检验分为出厂检验和定期检验两类。

6.4 检验项目及工艺保证项目

6.4.1 出厂检验项目、定期检验项目和工艺保证项目应符合表 12 的规定。

表 12 检验项目及工艺保证项目

检验项目				出厂检验项目	定期检验项目	工艺保证项目
铝合金型材化学成分				√	—	—
铝合金型材力学性能				√	—	—
铝合金型材膜层性能				按 GB/T 5237.2～GB/T 5237.5 的规定		
隔热材料性能	聚酰胺型材	高温横向抗拉特征值		√	—	—
		玻璃纤维含量		√	—	—
		灰分		√	—	—
		显微组织		a	√	√
		DSC 熔融峰温		a	√	√
		铝合金型材复合适应性试验——水中浸泡试验		a	√	√
		其他		—	—	√
	聚氨酯隔热胶	原胶含水率		√	—	—
		原胶黏度		a	√	√
		低温悬臂梁缺口冲击强度		a	√	√
		负荷变形温度		a	√	√
		邵氏硬度		a	√	√
		其他		—	—	√
隔热型材尺寸偏差				√	—	—
隔热型材传热系数				a	√	√
隔热型材复合性能	穿条型材	纵向抗剪特征值	室温	a	√	√
			低温	a	√	√
			高温	√	—	—
		室温横向抗拉特征值		a	√	√
		高温持久荷载性能		a	√	√
		弹性系数		a	√	√
		蠕变系数		a	√	√
		抗弯性能		a	√	√
		热循环疲劳性能		a	—	—
	浇注型材	纵向抗剪特征值	室温	a	√	√
			低温	a	√	√
			高温	√	—	—
		横向抗拉特征值	室温	a	√	√
			低温	a	√	√
			高温	a	√	√
		热循环变形性能		a	√	√
		抗弯性能		a	√	√
外观质量				√	—	—

注：“√”表示必需检验项目或工艺保证项目，“—”表示不检验项目或非工艺保证项目。

[a] 订货单(或合同)中注明检验时，该项目列为必需检验项目。

6.4.2 供方每三年至少应进行一次定期检验。

6.5 取样

隔热型材(包括隔热材料)取样应符合表 13 的规定。

表 13 取样规定

<table>
<tr><th colspan="3">检验项目</th><th>取样规定</th><th>要求的章条号</th><th>试验方法的章条号</th></tr>
<tr><td colspan="3">铝合金型材化学成分</td><td>按 GB/T 5237.1 的规定</td><td>4.3</td><td>5.1.1</td></tr>
<tr><td colspan="3">铝合金型材力学性能</td><td>按 GB/T 5237.1 的规定</td><td>4.3</td><td>5.1.2</td></tr>
<tr><td colspan="3">铝合金型材膜层性能</td><td>按 GB/T 5237.2～GB/T 5237.5 的规定</td><td>4.3</td><td>5.1.3</td></tr>
<tr><td rowspan="11">隔热材料性能</td><td rowspan="6">聚酰胺型材</td><td>高温横向抗拉特征值</td><td>每批任取 2 根聚酰胺型材,在抽取的每根于一端切取 3 个试样,另一端切取 2 个试样,试样长 35 mm±1 mm</td><td rowspan="11">4.4</td><td rowspan="11">5.2</td></tr>
<tr><td>玻璃纤维含量</td><td rowspan="3">每批任取 1 根聚酰胺型材或隔热型材,对抽取的隔热型材应去除铝合金部分。在其上任意部位切取 3 个试样,试样长 35 mm±1 mm</td></tr>
<tr><td>灰分</td></tr>
<tr><td>显微组织</td></tr>
<tr><td>DSC 熔融峰温</td><td>每批任取 1 根聚酰胺型材或隔热型材,对抽取的隔热型材应去除铝合金部分。在其上任意部位切取 1 个试样,试样长度不小于 30 mm</td></tr>
<tr><td>铝合金型材复合适应性——水中浸泡试验</td><td>每批抽取 2 根隔热型材,在抽取的每根隔热型材两端各切取 7 个试样,中部切取 6 个试样,并做标识(共 40 个)。将试样均分 4 份(每份至少包括 3 个中部试样),试样长 100 mm±2 mm,试样最短允许缩至 18 mm(仲裁时,试样长 100 mm±2 mm)</td></tr>
<tr><td rowspan="5">聚氨酯隔热胶</td><td>原胶含水率</td><td rowspan="2">在原胶桶中取样,按 GB/T 23615.2 的规定</td></tr>
<tr><td>原胶黏度</td></tr>
<tr><td>低温悬臂梁缺口冲击强度</td><td rowspan="2">在隔热胶样板上取样,按 GB/T 23615.2 的规定</td></tr>
<tr><td>负荷变形温度</td></tr>
<tr><td>邵氏硬度</td><td>每批从隔热胶样板或隔热型材上取 1 个试样,对抽取的隔热型材应去除铝合金部分。试样应符合 GB/T 2411 的规定</td></tr>
<tr><td colspan="3">隔热型材尺寸偏差</td><td>按 GB/T 5237.1 中基材的规定</td><td>4.5</td><td>5.3</td></tr>
<tr><td colspan="3">隔热型材传热系数</td><td>供需双方协商,并在订货单(或合同)中注明</td><td>4.6</td><td>5.4</td></tr>
<tr><td rowspan="2">隔热型材复合性能</td><td rowspan="2">穿条型材</td><td>纵向抗剪特征值</td><td>每批抽取 2 根隔热型材,在抽取的每根隔热型材中部和两端各切取 5 个试样,并做标识(共 30 个)。将试样均分三份(每份至少包括 3 个中部试样),分别用于低温、室温、高温试验。试样长 100 mm±2 mm</td><td>4.7.1.1</td><td>5.5.1.1</td></tr>
<tr><td>室温横向抗拉特征值[a]</td><td>每批抽取 2 根隔热型材,在抽取的每根隔热型材中部切取 1 个试样,于两端分别切取 2 个试样。试样长 100 mm±2 mm,试样最短允许缩至 18 mm(仲裁时,试样长为 100 mm±2 mm)</td><td>4.7.1.2</td><td>5.5.1.2</td></tr>
</table>

表 13（续）

检验项目			取样规定	要求的章条号	试验方法的章条号
隔热型材复合性能	穿条型材	高温持久荷载性能[a]	每批抽取 2 根隔热型材，在抽取的每根隔热型材中部切取 2 个试样，于两端分别切取 4 个试样（共 20 个），将试样均分两份（每份至少包括 2 个中部试样），分别用于高温持久荷载后的低温、高温横向拉伸试验。试样长 100 mm±2 mm，试样最短允许缩至 18 mm（仲裁时，试样长为 100 mm±2 mm）	4.7.1.3	5.5.1.3
		弹性系数	每批抽取 2 根隔热型材，在抽取的每根隔热型材中部和两端各切取 5 个试样，并做标识（共 30 个）。将试样均分三份（每份至少包括 3 个中部试样），分别用于低温、室温、高温试验。试样长 100 mm±2 mm	4.7.1.4	5.5.1.4
		蠕变系数	每批抽取 2 根隔热型材，在抽取的每根隔热型材中部和两端各切取 5 个试样，并做标识（共 30 个）。将试样均分三份（每份至少包括 3 个中部试样），分别用于试验前的室温、高温纵向剪切试验以及高温持久荷载纵向剪切试验后的室温试验，试样长 100 mm±2 mm	4.7.1.5	5.5.1.5
		抗弯性能	每批抽取 2 根隔热型材，在抽取的每根隔热型材中部和两端各切取 5 个试样，并做标识（共 30 个）。将试样均分三份（每份至少包括 3 个中部试样），分别用于低温、室温、高温试验。试样长 100 mm±2 mm	4.7.1.6	5.5.1.6
		热循环疲劳性能	按 GB/T 28289 的规定或供需双方商定	4.7.1.7	5.5.1.7
	浇注型材	纵向抗剪特征值	每批抽取 2 根隔热型材，在抽取的每根隔热型材中部和两端各切取 5 个试样，并做标识（共 30 个）。将试样均分三份（每份至少包括 3 个中部试样），分别用于低温、室温、高温试验。试样长 100 mm±2 mm	4.7.2.1	5.5.2.1
		横向抗拉特征值	每批抽取 2 根隔热型材，在抽取的每根隔热型材中部和两端各切取 5 个试样，并做标识（共 30 个）。将试样均分三份（每份至少包括 3 个中部试样），分别用于低温、室温、高温试验。试样长 100 mm±2 mm，试样最短允许缩至 18mm（仲裁时，试样长为 100 mm±2 mm）	4.7.2.2	5.5.2.2
		热循环变形性能	每批抽取 2 根隔热型材，在抽取的每根隔热型材中部切取 1 个试样，于两端分别切取 2 个试样，并做标识（共 10 个），试样长 305 mm±2 mm	4.7.2.3	5.5.2.3
		抗弯性能	每批抽取 2 根隔热型材，在抽取的每根隔热型材中部和两端各切取 5 个试样，并做标识（共 30 个）。将试样均分三份（每份至少包括 3 个中部试样），分别用于低温、室温、高温试验。试样长 100 mm±2 mm	4.7.2.4	5.5.2.4
外观质量			逐根检查	4.8	5.6
[a] 可采用室温纵向剪切试验失效的试样。					

6.6 检验结果的判定

6.6.1 任一试样的铝合金型材化学成分不合格时，铝合金型材能区分熔次时，则判该试样代表的熔次不合格，其他熔次依次检验，合格者交货。不能区分熔次时，则判该批不合格。

6.6.2 任一试样的铝合金型材力学性能不合格时，应从该批隔热型材中另取双倍数量的试样进行重复试验。重复试验结果全部合格，则判该批隔热型材合格。若重复试验结果中仍有试样不合格，则判该批隔热型材不合格。经供需双方商定允许供方逐根检验，合格者交货。

6.6.3 铝合金型材膜层性能检验结果的判定按 GB/T 5237.2～GB/T 5237.5 的规定进行。

6.6.4 任一组试样的聚酰胺型材高温横向抗拉特征值不合格时，应从该批聚酰胺型材中另取双倍数量的试样进行重复试验。重复试验结果全部合格，则判该批隔热型材合格。重复试验结果中若有任一组试样不合格，则判该批隔热型材不合格。

6.6.5 任一试样的聚酰胺型材玻璃纤维含量不合格时，应从该批聚酰胺型材或隔热型材中另取双倍数量的试样进行重复试验。重复试验结果全部合格，则判该批隔热型材合格。若重复试验结果中仍有试样不合格，则判该批隔热型材不合格。

6.6.6 任一试样的聚酰胺型材灰分不合格时，判该批隔热型材不合格。

6.6.7 任一试样的聚酰胺型材显微组织不合格时，判该批隔热型材不合格。

6.6.8 任一试样的聚酰胺型材 DSC 熔融峰温不合格时，应从该批聚酰胺型材或隔热型材中另取双倍数量的试样进行重复试验。重复试验结果全部合格，则判该批隔热型材合格。若重复试验结果中仍有试样不合格，则判该批隔热型材不合格。

6.6.9 任一组试样的铝合金型材复合适应性不合格时，判该批隔热型材不合格。

6.6.10 任一试样的原胶含水率不合格时，应从该批原胶中另取双倍数量的试样进行重复试验。重复试验结果全部合格，则判该批隔热型材合格。若重复试验结果中仍有试样不合格，则判该批隔热型材不合格。

6.6.11 任一试样的原胶黏度不合格时，应从该批原胶中另取双倍数量的试样进行重复试验。重复试验结果全部合格，则判该批隔热型材合格。若重复试验结果中仍有试样不合格，则判该批隔热型材不合格。

6.6.12 任一组试样的隔热胶低温悬臂梁缺口冲击强度不合格时，应从该批隔热胶样板中另取双倍数量的试样进行重复试验。重复试验结果全部合格，则判该批隔热型材合格。重复试验结果中若有任一组试样不合格，则判该批隔热型材不合格。

6.6.13 任一试样的隔热胶负荷变形温度不合格时，应从该批隔热胶样板中另取双倍数量的试样进行重复试验。重复试验结果全部合格，则判该批隔热型材合格。若重复试验结果中仍有试样不合格，则判该批隔热型材不合格。

6.6.14 任一组试样的隔热胶邵氏硬度不合格时，应从该批隔热胶样板或隔热型材中另取双倍数量的试样进行重复试验。重复试验结果全部合格，则判该批隔热型材合格。重复试验结果中若有任一组试样性能不合格，则判该批隔热型材不合格。

6.6.15 任一试样的隔热型材尺寸偏差不合格时，判该批隔热型材不合格。经供需双方商定允许供方逐根检验，合格者交货。

6.6.16 任一组试样的隔热型材传热系数不合格时，判该批隔热型材不合格。

6.6.17 任一组试样的纵向抗剪特征值不合格时，应从该批隔热型材中另取双倍数量的试样进行重复试验。重复试验结果全部合格，则判该批隔热型材合格。重复试验结果中若有任一组试样不合格，则判该批隔热型材不合格。

6.6.18 任一组试样的横向抗拉特征值不合格时，应从该批隔热型材中另取双倍数量的试样进行重复试验。重复试验结果全部合格，则判该批隔热型材合格。重复试验结果中若有任一组试样不合格，则判该批隔热型材不合格。

6.6.19 任一组试样高温持久荷载性能不合格时，判该批隔热型材不合格。

6.6.20 任一组试样的弹性系数不合格时，应从该批隔热型材中另取双倍数量的试样进行重复试验。重复试验结果全部合格，则判该批隔热型材合格。重复试验结果中若有任一组试样不合格，则判该批隔热型材不合格。

6.6.21 任一组试样的蠕变系数不合格时，判该批隔热型材不合格。

6.6.22 任一组试样热循环变形性能不合格时，判该批隔热型材不合格。

6.6.23 任一组试样的抗弯性能不合格时，应从该批隔热型材中另取双倍数量的试样进行重复试验。重复试验结果全部合格，则判该批隔热型材合格。重复试验结果中若有任一组试样不合格，则判该批隔热型材不合格。

6.6.24 任一组试样热循环疲劳性能不合格时，判该批隔热型材不合格。

6.6.25 任一试样的外观质量不合格时，判该根不合格。

7 标志、包装、运输、贮存及质量证明书

7.1 标志

7.1.1 产品标志

7.1.1.1 需方对在检验合格的隔热型材上应有如下内容的标签(或合格证)：

a) 供方名称和地址；
b) 产品名称和尺寸规格(或隔热型材截面代号)；
c) 供方质检部门的检印(或质检人员的签名或印章)；
d) 牌号和状态；
e) 隔热材料代号、原胶级别；
f) 铝合金型材的颜色(或色号)、外观效果、膜层代号及膜层性能级别；
g) 产品批号或生产日期；
h) 本部分编号；
i) 生产许可证编号。

7.1.1.2 穿条型材用聚酰胺型材的标志应符合 GB/T 23615.1 的规定，聚酰胺型材宜打上隔热型材生产厂的标志。浇注型材用聚氨酯隔热胶的标志应符合 GB/T 23615.2 的规定。

7.1.2 包装箱标志

隔热型材的包装箱标志应符合 GB/T 3199 的规定。

7.2 包装

隔热型材的装饰面应用纸、泡沫塑料等材料加以保护，其他包装应符合 GB/T 3199 的规定。

7.3 运输、贮存

隔热型材的运输和贮存应符合 GB/T 3199 的规定。型材在运输和使用过程中的保护措施参见 GB/T 5237.2。

7.4 质量证明书

每批隔热型材应附有质量证明书，其上注明：

a) 供方名称和地址；
b) 产品名称；
c) 牌号、状态、尺寸规格(或隔热型材截面代号)；
d) 隔热材料代号、原胶级别；
e) 铝合金型材的颜色(或色号)、外观效果、膜层代号及膜层性能级别；
f) 产品批号或生产日期；
g) 重量或件数；
h) 本部分编号；
i) 各项分析检验结果和供方质检部门检印；
j) 生产许可证的编号；

8 订货单(或合同)内容

订购本部分所列隔热型材的订货单(或合同)应包括下列内容：
a) 供方名称；
b) 产品名称；
c) 产品类别；
d) 牌号、状态、尺寸规格(或隔热型材截面代号)；
e) 尺寸偏差、精度等级；
f) 隔热材料代号、原胶级别；
g) 铝合金型材的颜色(或色号)、外观效果、膜层代号及膜层性能级别；
h) 重量或件数；
i) 需方的特殊要求：
——对传热系数级别和取样方法、弹性系数、抗弯性能、蠕变系数的要求；
——其他特殊要求；
j) 本部分编号。

附 录 A
（资料性附录）
质 量 保 证

A.1 工艺保证

A.1.1 隔热型材复合工艺对复合性能有很大影响，为保证隔热型材质量，其生产工艺宜按照 YS/T 844 的规定进行。

A.1.2 隔热型材生产厂应要求隔热材料的供方提供隔热材料全项检测报告，并按表 12 的规定对隔热材料进行检验，以保证使用质量合格的隔热材料。

A.1.3 隔热型材预期在低于－30 ℃环境下使用时，应注意考查隔热材料的低温性能，低温性能试验结果应符合本部分的规定。

A.1.4 浇注型材生产厂选择隔热胶时，应注意考查隔热胶是否适用其被浇注的铝合金型材的表面处理方式，未知是否适用时，应按 GB/T 23615.2 规定的方法进行铝合金型材表面处理的适应性检验，应确保检验中得到的纵向抗剪特征值符合表 9 规定。

A.1.5 浇注型材生产时应保证现场环境温度和型材温度，温度偏低会导致聚氨酯隔热材料熟化不完全，造成隔热材料脆裂。

A.1.6 单支聚酰胺型材复合的穿条型材应采用带空腔结构的聚酰胺型材，铝合金型材槽口设计应与聚酰胺型材的端头配合良好，且开齿时，齿峰宽度宜控制在 0.15 mm 以内，以保证穿条型材符合本部分的规定。

A.2 原材料质量保证

A.2.1 铝合金型材

铝合金型材质量应符合 GB/T 5237.1～GB/T 5237.5 中相应规定。

A.2.2 隔热材料

A.2.2.1 隔热材料性能

隔热材料是隔热型材的主要原材料，其性能对隔热型材的质量有重要影响，隔热材料应符合 GB/T 23615.1 或 GB/T 23615.2 的规定。

A.2.2.2 隔热材料的组分及特点

隔热材料的组分及特点见表 A.1。

表 A.1 隔热材料的组分及特点

主要组分		特点	控制要求
聚酰胺型材	聚酰胺 66	聚酰胺型材中聚酰胺 66 是主要原材料，决定聚酰胺型材的 DSC 熔融峰温、横向抗拉特征值、纵向抗拉特征值等各项性能，长期稳定性好	聚酰胺 66 应采用新料，不准许使用回收料；不准许使用聚酰胺 6、PVC、ABS 等材料
	玻璃纤维	玻璃纤维是聚酰胺型材的增强剂，影响聚酰胺型材的横向抗拉特征值、纵向抗拉特征值、线膨胀系数等各项性能	玻璃纤维应使用无碱玻璃纤维，不准许使用有碱玻璃纤维
	添加剂	聚酰胺型材中含有颜料、热稳定剂、增韧剂和挤压助剂等添加剂，主要是提高聚酰胺型材的冲击、热老化性、水老化等性能	使用的添加剂应有利于聚酰胺型材的各项性能，不准许使用水溶性添加剂及碳酸钙、滑石粉等添加剂
聚氨酯隔热胶	异氰酸酯组合料（I 胶）	I 胶是聚氨酯分子链的硬端组成部分，直接影响聚氨酯的强度与硬度	异氰酸酯应使用二苯基甲烷二异氰酸酯（MDI），不准许使用甲苯二异氰酸酯（TDI）
	多元醇组合料（P 胶）	P 胶是聚氨酯分子链的软端组成部分，直接影响聚氨酯的韧性与抗冲击性能	多元醇应使用聚醚型多元醇，不准许使用聚酯型多元醇
	添加剂	聚氨酯隔热胶中含有催化剂、抗老化剂和颜料等添加剂，一般混合于 P 胶中，其作用是控制 I 胶和 P 胶的化学反应速度，增强隔热胶的耐候性和装饰性	催化剂应使用环保型胺类催化剂和金属催化剂，不准许使用含有重金属的催化剂；颜料宜使用有机色浆，不宜使用无机色粉

A.2.2.3 隔热材料的关键指标和控制要求

隔热材料的关键指标和控制要求见表 A.2。

表 A.2 隔热材料的关键指标和控制要求

隔热材料	关键指标	控制要求
聚酰胺型材	高温横向抗拉特征值	横向抗拉强度是聚酰胺型材最重要的力学指标，如果使用聚酰胺 66 回收料或 PVC、ABS 等不良材料，将直接影响横向抗拉强度，特别是高温环境下影响更明显。如 I14.8 的聚酰胺型材高温横向抗拉特征值宜不小于 60 MPa，可基本排除使用上述不良材料。聚酰胺型材随宽度增加，其高温横向抗拉特征值会稍有下降。当高温横向抗拉特征值小于 60 MPa 时，存在添加回收料的可能，需进一步验证
	玻璃纤维含量与形貌	玻璃纤维含量应控制在 22.5%～27.5%，聚酰胺型材煅烧后的燃烧残余应为透明、细长的玻璃纤维，其长径比宜为 40 左右。燃烧残余不允许有夹杂、短碎等缺陷，否则会严重影响聚酰胺型材的各项性能
	显微组织	在聚酰胺型材的内部组织上，玻璃纤维的内部排列应为三维网状结构，且在聚酰胺型材的三个方向上都比较均匀的排列，也不允许有气泡、夹杂物等缺陷，否则会严重影响聚酰胺型材的各项性能
	DSC 熔融峰温	聚酰胺型材的熔点选择使用 DSC 熔融峰温来表述，通常是鉴别是否使用聚酰胺 66 新料的一种便捷方法，回收料添加量较少时或经过少次加工的回收料难以鉴别。宜选择 DSC 熔融峰温不小于 258 ℃的聚酰胺型材，可基本排除使用聚酰胺 6、PVC 和 ABS 等不良材料

表 A.2（续）

隔热材料	关键指标	控制要求
聚氨酯隔热胶	原胶含水率	原胶含水率对聚氨酯隔热胶的性能有重大影响，尤其是 P 胶，含水率宜控制在 0.05%以下，否则隔热胶中易产生气泡，降低隔热胶强度和粘接强度，直接影响浇注型材的抗拉强度和抗剪切强度
	原胶黏度	原胶黏度可反映原胶生产的工艺稳定性，波动范围小的其相对分子质量较为稳定。原胶进厂验收时应注意控制每批原胶的黏度波动范围，P 胶宜控制在 700 mPa·s±100 mPa·s
	负荷变形温度	负荷变形温度反映聚氨酯隔热胶的耐高温性能，宜选用负荷变形温度不小于 70 ℃的Ⅰ级隔热胶和负荷变形温度不小于 85 ℃的Ⅱ级隔热胶。由于Ⅱ级隔热胶使用了更多含有刚性链段结构的多元醇，提高了隔热胶的刚性和负荷变形温度，也可以此鉴别隔热胶的等级
	低温悬臂梁缺口冲击强度	隔热胶在低温下容易变脆，易出现断裂的现象。低温悬臂梁缺口冲击试验可反映材料的低温脆性性能，是隔热胶的重要性能参数，宜选用低温悬臂梁缺口冲击强度不小于 65 J/m 的隔热胶

A.2.2.4 有害物质

有害物质限量可参见表 A.3 的规定。

表 A.3 隔热材料中有害物质限量

有害物质	质量分数
多溴联苯(PBB)	≤0.1%
多溴二苯醚(PBDE)	≤0.1%
邻苯二甲酸二辛酯(DEHP)	≤0.1%
邻苯二甲酸丁酯苯甲酯(BBP)	≤0.1%
邻苯二甲酸二丁酯(DBP)	≤0.1%
邻苯二甲酸二异丁酯(DIBP)	≤0.1%
可溶性铅(Pb)	≤90 mg/kg
可溶性镉(Cd)	≤75 mg/kg
可溶性铬(Cr)	≤60 mg/kg
可溶性汞(Hg)	≤60 mg/kg

A.2.2.5 安全技术说明书

隔热胶供应商应提供隔热胶的安全技术说明书(MSDS)。

A.2.2.6 隔热材料质量证明书

A.2.2.6.1 聚酰胺型材

聚酰胺型材的质量对穿条型材性能起关键作用，所以穿条型材生产企业应与聚酰胺型材供应商商

定质量证明书内容,质量证明书内容至少包括:

a) 聚酰胺型材中的有害物质含量;
b) 聚酰胺型材的主要成分和组织;
c) 聚酰胺型材的密度;
d) 聚酰胺型材的 DSC 熔融峰温;
e) 聚酰胺型材的室温纵向抗拉特征值和弹性模量;
f) 聚酰胺型材的高温和低温横向抗拉特征值;
g) 聚酰胺型材的热老化试验结果;
h) 质保年限。

A.2.2.6.2 聚氨酯隔热胶

聚氨酯隔热胶的质量对浇注型材性能起关键作用,所以浇注型材生产企业应与聚氨酯隔热胶供应商商定质量证明书内容,质量证明书内容至少包括:

a) 隔热胶性能等级;
b) 隔热胶中的有害物质含量;
c) 原胶的含水率和黏度;
d) 隔热胶手动凝固时间;
e) 隔热胶的密度;
f) 隔热胶的负荷变形温度;
g) 隔热胶悬臂梁缺口冲击强度以及高温和低温抗拉强度;
h) 质保年限。

附　录　B
（资料性附录）
隔热型材性能的推断

隔热型材性能(抗剪特征值、抗拉特征值、剪切弹性系数特性值以及蠕变系数)，允许用满足下列要求的相似隔热型材性能推断。

——隔热材料的材质及力学性能应相近，并符合 GB/T 23615.1、GB/T 23615.2 相应的规定；

——铝合金型材的合金牌号、状态、力学性能符合 GB/T 5237.1 规定，并且表面处理方式相同；

——复合工艺相同；

——隔热型材连接界面处的几何特征相同；

——连接处铝合金型材的壁厚 t_m 及隔热材料厚度 t_b(如图 B.1 所示)相同。

——隔热材料的有效高度 h(如图 B.1 所示)应相同。

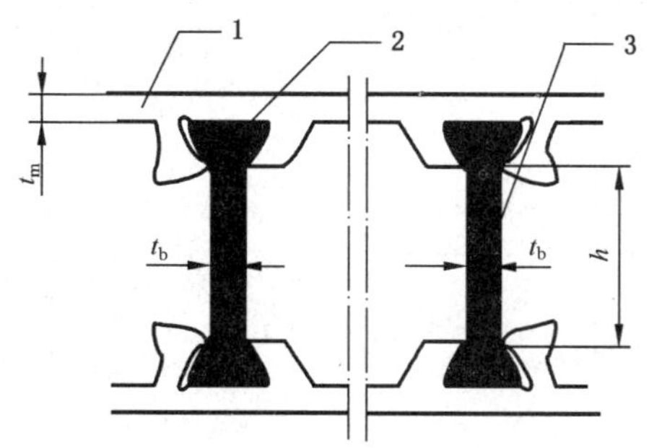

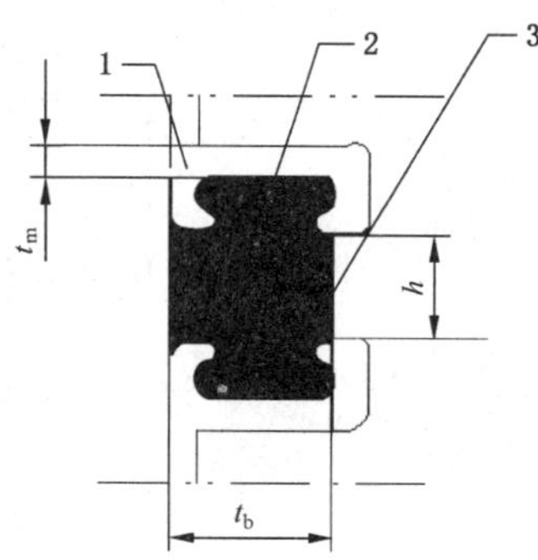

说明：

1——铝合金型材；

2——连接表面；

3——隔热材料。

图 B.1　铝合金型材与隔热材料连接示意图

附 录 C
（资料性附录）
隔热型材槽口设计

C.1 穿条型材

穿条型材槽口的设计应考虑槽口与聚酰胺型材端头的配合关系、穿条型材复合工艺等因素的影响。穿条型材槽口设计参见图 C.1。

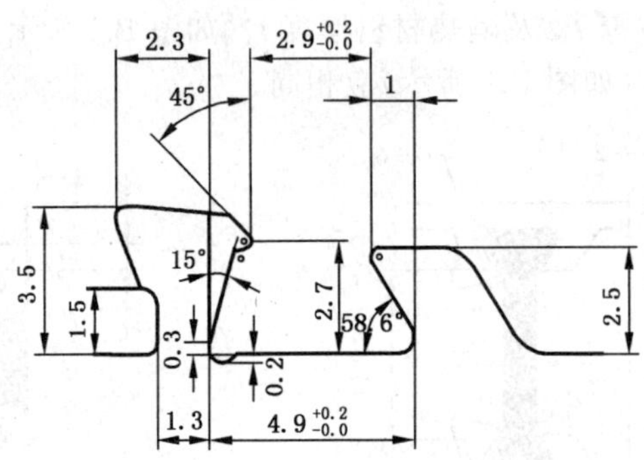

图 C.1 穿条型材槽口示意图

C.2 浇注型材

C.2.1 典型槽口及尺寸

浇注型材槽口的设计应考虑浇注型材的受力种类(抗拉、抗剪切、抗弯等)、隔热效果、使用环境的温度变化范围等因素的影响。浇注型材典型槽口示意图见图 C.2，典型尺寸见表 C.1。

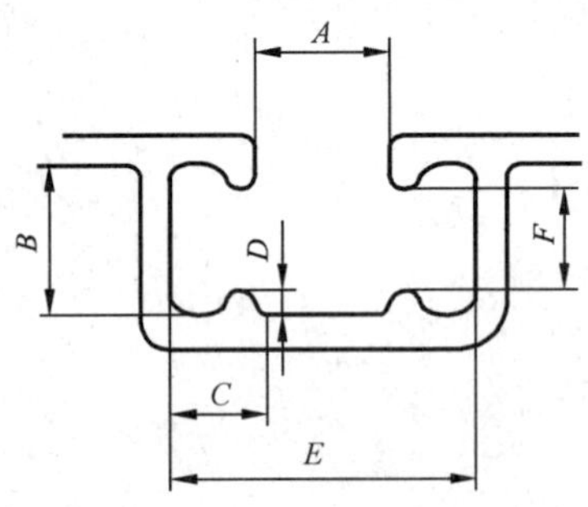

图 C.2 浇注型材槽口示意图

表 C.1 浇注型材槽口典型尺寸

槽口型号	*A* mm	*B* mm	*C* mm	*D* mm	*E* mm	*F* mm	面积 mm^2	体积 mm^3/m
AA	5.18	6.86	2.79	1.02	10.77	4.83	71.0	71 000.0
BB	6.35	7.14	4.06	1.14	14.48	4.85	100.7	100 700.0
CC	6.35	7.92	4.78	1.27	15.90	5.38	123.3	123 300.0
DD	7.92	8.89	5.49	1.57	18.90	5.74	165.9	165 900.0
EE	9.53	9.53	5.74	1.57	21.01	6.38	199.4	199 400.0
FF	11.10	11.10	6.68	1.85	24.49	7.39	279.35	279 350.0
GG	11.54	11.54	6.93	1.91	25.40	7.67	299.35	299 350.0
HH	12.70	9.53	5.74	1.57	24.18	6.35	240.00	240 000.0
II	12.70	12.70	7.65	2.11	28.00	8.48	364.51	364 510.0
JJ	19.05	19.05	11.48	3.18	41.99	12.70	820.64	820 640.0
KK	25.40	25.40	15.29	4.24	56.00	16.94	1 458.71	1 458 710.0

C.2.2 单槽口的选择

单槽口浇注型材槽口的选择及典型应用见表 C.2。

表 C.2 单槽口浇注型材槽口的选择及典型应用

槽口型号	浇注型材宽度 mm	浇注型材壁厚 mm	典型应用
AA	45～50	1.4	窗的框、扇、梃
BB	55～65	1.4～2.0	
CC	80～90	2.0～2.5	落地平开窗(2.5 m～3.0 m)的框、梃
DD	—	2.5～3.0	幕墙的框、梃等
EE	—	3.0～3.5	
FF、GG、HH、II、JJ 和 KK	—	>3.5	幕墙的隔热杆件

C.2.3 多槽口的选择

并列多槽口设计与单槽口设计相比可提高浇注型材的隔热性能，如双槽口设计比单槽口设计的隔热性能约提升 20%～30%，满足相同隔热性能的双槽口设计的成本比单槽口设计低，但是多槽口设计的浇注型材抗弯强度会有所降低。

参考文献

［1］ YS/T 844　铝合金建筑用隔热型材生产工艺技术规范

ICS 91.100.99
Q 18

中华人民共和国国家标准

GB/T 17748—2016
代替 GB/T 17748—2008

建筑幕墙用铝塑复合板

Aluminium-plastic composite panel for curtain wall

2016-10-13 发布　　2017-09-01 实施

中华人民共和国国家质量监督检验检疫总局
中国国家标准化管理委员会　发布

前言

本标准按照 GB/T 1.1—2009 给出的规则起草。

本标准代替 GB/T 17748—2008《建筑幕墙用铝塑复合板》。

本标准与 GB/T 17748—2008 相比，除编辑性修改外主要技术内容变化如下：

——增加了高分子粘结膜的术语和定义(见 3.6)；

——修改了分类和代号(见 4.1,2008 年版的 4.1、4.3.1)；

——增加了原材料涂层中 PVDF 树脂含量的要求和试验方法(见 5.2,2008 版的 5.2)；

——删除了原材料芯材的要求(见 2008 版的 5.3)；

——修改了原材料高分子粘接膜的技术要求(见 5.3 和附录 A,2008 版的 5.3 和附录 A)；

——修改了滚筒剥离强度的技术要求(见 6.5,2008 版的 6.4)；

——修改了燃烧性能的技术要求和试验方法(见 6.6 和 7.8,2008 版的 6.4 和 7.7.21)；

——修改了试件数量(见 7.2,2008 版的 7.2)；

——修改了耐硝酸性的试验方法(见 7.6.11,2008 版的 7.7.9)；

——修改了耐人工气候老化性的试验条件和方法(见 7.6.14,2008 版的 7.7.12)；

——修改了型式检验的检验条件(见 8.2.2,2008 版的 8.2)；

——删除了参考文献。

本标准由中国建筑材料联合会提出。

本标准由全国轻质与装饰装修建筑材料标准化技术委员会(SAC/TC 195)归口。

本标准负责起草单位：中国建材检验认证集团股份有限公司、公安部四川消防研究所。

本标准参加起草单位：江西泓泰企业集团有限公司、上海华源复合新材料有限公司、思瑞安复合材料(中国)有限公司、浙江墙煌建材有限公司、东阿蓝天七色建材有限公司、东莞华尔泰装饰材料有限公司、湖南华天铝业有限公司、江阴利泰装饰材料有限公司、方大新材料(江西)有限公司、张家港飞腾铝塑板股份有限公司、广东高丽铝业有限公司、广州市未来之窗新材料股份有限公司、江阴华泓建材工业有限公司、雅泰实业集团有限公司、江阴天虹板业有限公司、宁波红杉高新板业有限公司、佛山市雅丽达装饰材料有限公司、吉祥集团有限公司、上海吉祥科技(集团)有限公司、广州市啊啦棒高分子材料有限公司、常州双欧板业有限公司、湖南科天新材料有限公司、上海吉祥建材集团有限公司、江苏标榜装饰新材料股份有限公司、上海科悦高分子材料有限公司、广州市吉鑫祥装饰建材有限公司、山东吉祥装饰建材有限公司、临沂兴达铝塑装饰材料有限公司、佛山市顺德区红岛实业有限公司、红岛实业(英德)有限公司、江苏协诚科技发展有限公司、大连亚泰科技新材料股份有限公司、山东乐化铝塑制品有限公司、浙江德钜铝业有限公司、成都中美吉祥金言装饰建材有限公司、张家港市弘扬石化设备有限公司、上海邦中高分子材料有限公司、广州鹿山新材料股份有限公司、浙江吉利装璜材料有限公司、泰州台阳涂料工业有限公司、PPG 涂料(天津)有限公司、广东宝丽雅金属建材有限公司、江苏省苏中建设集团股份有限公司、中国建筑材料联合会金属复合材料分会。

本标准主要起草人：蒋荃、马丽萍、胡云林、刘婷婷、刘玉军、赵成刚、郑雪颖、刘顺利、孙飞龙、王啸、何磊、李戈、王小红、张伟、王邦国。

本标准所代替标准的历次版本发布情况为：

——GB/T 17748—1999、GB/T 17748—2008。

建筑幕墙用铝塑复合板

1 范围

本标准规定了建筑幕墙用铝塑复合板(以下简称幕墙板)的术语和定义、分类、规格和标记、原材料、要求、试验方法、检验规则、标志、包装、运输、贮存和随行文件。

本标准适用于建筑幕墙用的铝塑复合板,其他用途的铝塑复合板可参照本标准。

2 规范性引用文件

下列文件对于本文件的应用是必不可少的。凡是注日期的引用文件,仅注日期的版本适用于本文件。凡是不注日期的引用文件,其最新版本(包括所有的修改单)适用于本文件。

GB/T 191 包装储运图示标志

GB/T 1457 夹层结构滚筒剥离强度试验方法

GB/T 1634.2 塑料 负荷变形温度的测定 第2部分:塑料、硬橡胶和长纤维增强复合材料

GB/T 1720 漆膜附着力测定法

GB/T 1732 漆膜耐冲击性测定法

GB/T 1740 漆膜耐湿热测定法

GB/T 1766 色漆和清漆 涂层老化的评级方法

GB/T 1771 色漆和清漆 耐中性盐雾性能的测定

GB/T 2918 塑料试样状态调节和试验的标准环境

GB/T 3880.2 一般工业用铝及铝合金板、带材 第2部分:力学性能

GB/T 4957 非磁性金属基体上非导电覆盖层 覆盖层厚度测量 涡流方法

GB/T 6388 运输包装收发货标志

GB/T 6739 色漆和清漆 铅笔法测定漆膜硬度

GB 8624—2012 建筑材料及制品燃烧性能分级

GB/T 9286 色漆和清漆 漆膜的划格试验

GB/T 9754 色漆和清漆 不含金属颜料的色漆漆膜之20°、60°和80°镜面光泽的测定

GB/T 9780—2013 建筑涂料涂层耐沾污性试验方法

GB/T 11942 彩色建筑材料色度测量方法

GB/T 14402 建筑材料及制品的燃烧性能 燃烧热值的测定

GB/T 16259—2008 建筑材料人工气候加速老化试验方法

GB/T 30794 热熔型氟树脂涂层(干膜)中聚偏二氟乙烯(PVDF)含量测定 熔融温度下降法

3 术语和定义

下列术语和定义适用于本文件。

3.1

铝塑复合板 aluminium-plastic composite panel

以普通塑料或经阻燃处理的塑料为芯材、两面为铝材的三层复合板材,并在产品表面覆以装饰性和

保护性的涂层或薄膜(若无特别注明则通称为涂层)作为产品的装饰面,简称铝塑板。

3.2

建筑幕墙用铝塑复合板 aluminium-plastic composite panel for curtain wall

采用经阻燃处理的塑料为芯材,并用作建筑幕墙材料的铝塑复合板。

3.3

波纹 wave

产品装饰面上非装饰性的波浪形纹路或凹凸。

3.4

疵点 spot

产品装饰面层的局部缺陷。

3.5

鼓泡 bubble

产品铝材或装饰面层的局部凸起。

3.6

高分子粘结膜 adhesive film

在铝塑复合板生产过程中用于芯材和铝材之间起粘结作用的、由功能性高分子材料(简称粘结料)和聚乙烯共挤而成的复合膜。

4 分类、规格和标记

4.1 分类

按燃烧性能分为:

——阻燃型,代号为 FR;

——高阻燃型,代号为 HFR。

4.2 规格

幕墙板的常见规格见表 1,其他规格可由供需双方商定。

表 1 常见规格

单位为毫米

项 目	规 格
长度	2 000、2 440、3 000、3 200
宽度	1 220、1 250、1 500
最小厚度	4

4.3 标记

按产品名称、类型、规格、铝材厚度,以及标准号的顺序进行标记。

示例:规格为 2 440 mm×1 220 mm×4 mm、铝材厚为 0.50 mm 的高阻燃型幕墙板,其标记为:

建筑幕墙用铝塑复合板 HFR 2 440×1 220×40.50 GB/T 17748—2016

5 原材料

5.1 铝材

幕墙板所用铝材应为符合 GB/T 3880.2 要求的 3×××系列、5×××系列或耐腐蚀性及力学性能更好的其他系列铝合金。

5.2 涂层

幕墙板表面宜选用氟碳树脂涂层，也可采用其他性能相当或更优异的涂层。当采用聚偏二氟乙烯(PVDF)树脂涂层时，按照 GB/T 30794 检测聚偏二氟乙烯树脂含量不应低于涂层中树脂总量的 70%。

5.3 高分子粘结膜

幕墙板用高分子粘结膜的厚度不应小于 0.05 mm，粘结料含量不应低于 60%，其他要求可参见附录 A。

6 要求

6.1 铝材厚度

幕墙板所用铝材的平均厚度不应小于 0.50 mm，最小厚度不应小于 0.48 mm。

6.2 外观

幕墙板外观应整洁，非装饰面无影响产品使用的损伤，装饰面外观应符合表 2 的要求。

表 2 外观

缺陷名称[a]	技术要求
压痕	不准许
印痕	不准许
凹凸	不准许
正反面塑料外露	不准许
漏涂	不准许
波纹	不准许
鼓泡	不准许
疵点	最大尺寸≤3 mm，数量≤3 个/m^2
划伤	不准许
擦伤	不准许
色差[b]	目测不明显，争议时色差 ΔE≤2

[a] 对于表中未涉及的表面缺陷，由供需双方商定。

[b] 装饰性的花纹和色彩除外。

6.3 尺寸允许偏差

幕墙板的尺寸允许偏差应符合表 3 的要求，特殊规格的尺寸允许偏差可由供需双方商定。

表3　尺寸允许偏差

项　　目	技术要求
长度/mm	±3
宽度/mm	±2
厚度/mm	±0.2
对角线差/mm	≤5
边直度/(mm/m)	≤1
翘曲度/(mm/m)	≤5

6.4　涂层厚度和性能

幕墙板的涂层厚度和性能应符合表4的要求。

表4　涂层厚度和性能

项　　目			技术要求
涂层厚度/μm	二涂	平均值	≥25
		最小值	≥23
	三涂	平均值	≥32
		最小值	≥30
表面铅笔硬度			≥HB
光泽度偏差			≤10
柔韧性/T			≤2
附着力[a]/级	划圈法		1
	划格法		0
耐冲击性/(kg·cm)			≥50
耐磨耗性/(L/μm)			≥5
耐盐酸性			无变化
耐油性			无变化
耐碱性			无鼓泡、凸起、粉化等异常，色差 ΔE≤2
耐硝酸性			无鼓泡、凸起、粉化等异常，色差 ΔE≤5
耐溶剂性			不露底
耐沾污性/%			≤5
耐人工气候老化性	外观		无开胶
	色差 ΔE		≤4.0
	失光率/级		≤2
	其他老化性能/级		0
耐盐雾性	外观		无开胶
	耐盐雾性等级/级		≤1

[a] 划圈法或划格法可任选一种，仲裁时采用划圈法。

6.5 物理力学性能

幕墙板的物理力学性能应符合表 5 的要求。

表 5 物理力学性能

项目			技术要求
弯曲强度/MPa			≥100
弯曲弹性模量/MPa			≥2.0×10^{4}
贯穿阻力/kN			≥7.0
剪切强度/MPa			≥22.0
滚筒剥离强度/[(N·mm)/mm]	平均值		≥110
	最小值		≥100
耐温差性	滚筒剥离强度下降率/%		≤10
	涂层附着力[a]/级	划圈法	1
		划格法	0
	外观		无变化
热膨胀系数/℃$^{-1}$			≤4.00×10^{-5}
热变形温度/℃			≥95
耐热水性			无变化

[a] 划圈法或划格法可任选一种，仲裁时采用划圈法。

6.6 燃烧性能

幕墙板的燃烧性能应符合表 6 的要求。

表 6 燃烧性能

项目		技术要求	
		阻燃型	高阻燃型
芯材燃烧热值/(MJ/kg)		≤15	≤12
板材燃烧性能等级/级		B_1(B)	
板材燃烧性能附加信息/级	产烟特性等级	s1	
	燃烧滴落物/微粒等级	d0	
	烟气毒性等级	t0	

7 试验方法

7.1 试验环境

试验前，试样应在 GB/T 2918 规定的标准环境下放置 24 h。除特殊规定外，试验也应在该条件下进行。

7.2 试件制备

制备试件时应考虑到产品装饰面性能在纵、横方向上要求具有一致性，除装饰面性能外产品在纵、横方向和正背面上的其他要求也具有一致性。制取试件时，试件边部距产品边部距离应大于 50 mm，试件的尺寸及数量见表 7。

表 7 试件尺寸及数量

试验项目		试件尺寸/mm		试件数量/块
		纵向	横向	
铝材厚度		100×100		3
外观		整张板		3
尺寸允许偏差		整张板		3
涂层厚度		500×500		3
表面铅笔硬度		50×75		3
光泽度偏差		500×500		3
柔韧性		25	200	3
		200	25	3
附着力	划圈法	50×75		3
	划格法	50×75		3
耐冲击性		50×75		3
耐磨耗性		100×200		3
耐盐酸性		100×100		3
耐油性		100×100		3
耐碱性		100×100		3
耐硝酸性		100×100		3
耐溶剂性		100×430		2
耐沾污性		100×200		3
耐人工气候老化性		100×100		3
耐盐雾性		100×100		3
弯曲强度		50	200	6
		200	50	6
弯曲弹性模量		50	200	6
		200	50	6
贯穿阻力		50×50		3
剪切强度		50×50		3
滚筒剥离强度		25	350	6
		350	25	6

表 7（续）

<table>
<tr><th rowspan="2">试验项目</th><th colspan="2">试件尺寸/mm</th><th rowspan="2">试件数量/块</th></tr>
<tr><th>纵向</th><th>横向</th></tr>
<tr><td>耐温差性</td><td colspan="2">350×350</td><td>4</td></tr>
<tr><td>热膨胀系数</td><td colspan="2">200×200</td><td>3</td></tr>
<tr><td rowspan="2">热变形温度</td><td>25</td><td>120</td><td>6</td></tr>
<tr><td>120</td><td>25</td><td>6</td></tr>
<tr><td>耐热水性</td><td colspan="2">200×200</td><td>3</td></tr>
<tr><td>芯材燃烧热值</td><td colspan="2">350×35</td><td>3</td></tr>
<tr><td rowspan="2">幕墙板燃烧性能</td><td colspan="2">1 500×1 000</td><td>5</td></tr>
<tr><td colspan="2">1 500×500</td><td>5</td></tr>
</table>

7.3 铝材厚度

从试样上剥下铝材作为试件。用最小分度值为 0.01 mm 的测量器具测量铝材的厚度(不应包含涂层等的厚度)。测量点至少包含四角和中心共 5 个部位。以全部测量值的算术平均值和最小值作为检验结果。

7.4 外观

在非阳光直射的自然光下，将板按同一生产方向并排侧立拼成一面，板与水平面夹角为 70°±10°，距拼成的板面中心 3 m 处目测。对目测到的各种缺陷，用最小分度值为 1 mm 的直尺测量其最大尺寸。抽取和摆放试样者不应参与目测试验。

当对目测色差结果有争议时，应按照 GB/T 11942 的规定进行色差仲裁试验，试验中应保持试件生产方向的一致性。

7.5 尺寸允许偏差

7.5.1 长度和宽度

用最小分度值为 1 mm 的钢卷尺测量长度或宽度。以长度或宽度的全部测量值与标称值之间的最大差值作为检验结果。

7.5.2 厚度

用最小分度值为 0.01 mm 的测量器具，测量从板边向内至少 20 mm 处的厚度。测量点至少包含四角和四边中点等部位。以全部测量值与标称值之间的最大差值作为检验结果。

7.5.3 对角线差

用最小分度值为 1 mm 的钢卷尺测量并计算同一张板上两对角线长度之差值。以测得的全部差值中的最大值作为检验结果。

7.5.4 边直度

将板平放于平台上，用 1 000 mm 长的钢直尺的侧边与板边相靠，再用塞尺测量板的边沿与钢直尺的侧边之间的最大间隙。以各边全部测量值中的最大值作为检验结果。

7.5.5 翘曲度

将板凹面向上平放于水平台上，用 1 000 mm 长的钢直尺侧立于板上面，再用一最小分度值为 0.5 mm 的直尺测量钢直尺与板之间的最大缝隙高度。以全部测量值中的最大值作为检验结果。

7.6 涂层性能

7.6.1 涂层厚度

按照 GB/T 4957 的规定进行，测量点应至少包括四角和中心共 5 个部位，以全部测量值中的最小值和算术平均值作为检验结果。

7.6.2 表面铅笔硬度

按照 GB/T 6739 的规定进行，试验后试件表面应无犁沟和划伤。取全部测量值中的最小值作为检验结果。

7.6.3 光泽度偏差

按照 GB/T 9754 的规定进行，测量点应至少包括四角和中心共 5 个部位。试验中应保持试件生产方向的一致性。以全部测量值中的最大值与最小值之差值作为检验结果。

7.6.4 柔韧性

将从试样上取下的涂层铝材作为试件，留出 13 mm～20 mm 的夹持段，将铝材的涂层面朝外弯曲超过 90°，再用带有光滑钳口套的台钳夹紧使铝材自身紧贴成 180°，称为 0T。通过 5 倍～10 倍的放大镜观察涂层有无开裂或脱落，如有，继续紧贴铝材前次所裹卷部分再夹紧弯曲 180°，称为 1T，再次观察涂层有无开裂或脱落。如此进行 2T、3T……，直到涂层首次不产生开裂或脱落等破坏现象为止。T 弯过程如图 1 所示。取全部试验值中的最大 T 值作为检验结果。

单位为毫米

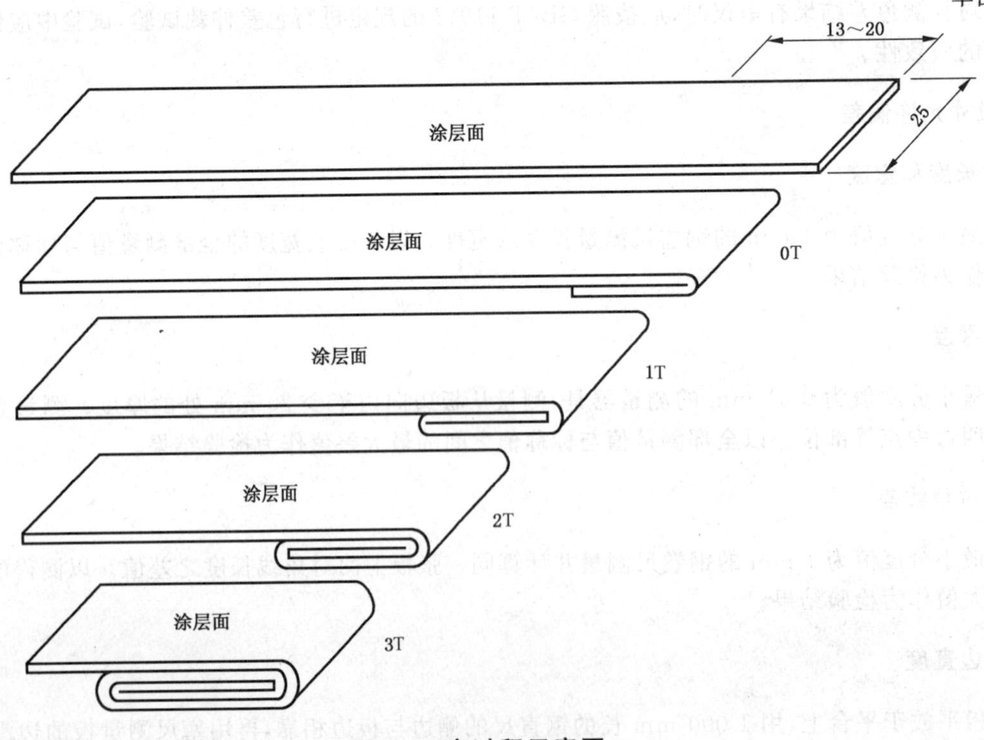

图 1 T 弯过程示意图

7.6.5 **附着力**

划格法试验按照 GB/T 9286 的规定进行;划圈法试验按照 GB/T 1720 的规定进行。以全部试验值中的最大值作为检验结果。

7.6.6 **耐冲击性**

按照 GB/T 1732 的规定进行试验,冲击锤的重量为 1 kg,冲头直径为 12.7 mm,试件装饰面朝上,通过调节不同的冲击高度,测量冲击后试件涂层既无开裂或脱落、正反面铝材也无明显裂纹的最大冲击高度,以该高度值与冲锤重量的乘积作为试验值。以全部试验值中的最小值作为检验结果。

7.6.7 **耐磨耗性**

7.6.7.1 **方法概述**

采用落砂冲刷磨损涂层的方法检验涂层的耐磨耗性能。通过导管将符合规定要求的试验用砂从规定的高度落到试件涂层上冲刷涂层,直至磨穿涂层并露出规定大小尺寸的铝材为止。以磨掉单位涂层厚度所用砂量作为该涂层的耐磨耗性。

7.6.7.2 **试验用砂**

应采用符合表 8 级配要求的石英砂。

表 8 石英砂级配

方孔筛孔径/mm	累计筛余量/%
0.65	<3
0.40	40±5
0.25	>94

7.6.7.3 **仪器**

仪器结构示意图如图 2 所示。导管内径 19 mm,长 914 mm,竖直放稳。试件与导管成 45°角,管口到试件表面的最近点距离为 25 mm。落砂流量为 7 L/min±0.5 L/min。

单位为毫米

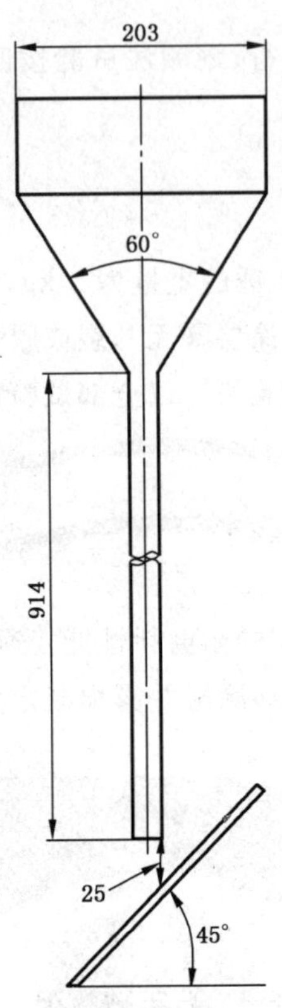

图2 耐磨耗性仪器示意图

7.6.7.4 试验过程

在每个试件表面划出3个有足够间距、直径约25 mm的圆形区域作为待试验部位,按照GB/T 4957在每个区域内多次(至少3次)测量涂层厚度并求出算术平均值作为该区域的涂层厚度。

将试件安放到耐磨耗试验机上,使其中一个圆形区域的中心正好位于导管的正下方。在漏斗中不断加入试验用砂,通过导管中的落砂连续冲刷试件表面涂层,直至磨到露出直径为4 mm圆点的铝材为止,并计算总的用砂量。依次冲刷其余圆形区域且避免冲刷中各圆形区之间产生相互影响。

7.6.7.5 计算

耐磨耗性按式(1)计算:

$$A = \frac{V}{T} \qquad \cdots\cdots(1)$$

式中:

A ——耐磨耗性,单位为升每微米(L/μm);

V ——总的用砂量,单位为升(L);

T ——圆形区域内的涂层厚度,单位为微米(μm)。

取全部耐磨耗性试验值的算术平均值作为检验结果。

7.6.8 耐盐酸性

将内径不小于50 mm的玻璃管的一端用凡士林粘结在试验涂层面的中心部位,使接触密封良好,倒入体积分数为5%的盐酸溶液，使试剂液面高度为20 mm±5 mm，盖住玻璃管上端，静置24 h后取下试件，洗净擦干，目测试验处涂层有无变色、凸起、起泡、粉化等异常现象，以全部试件中性能最差者作为检验结果。

7.6.9 耐油性

按7.6.8的试验方法，化学试剂采用20#机油，以全部试件中性能最差者作为检验结果。

7.6.10 耐碱性

按7.6.8的试验方法，化学试剂采用质量分数为5%的氢氧化钠溶液，目测涂层有无鼓泡、凸起、粉化等异常现象，以全部试件中性能最差者作为外观检验结果。按照GB/T 11942的规定测量试件相同位置相同方向经耐碱试验前后的色差值，取全部色差试验值的最大值作为色差检验结果。

7.6.11 耐硝酸性

将200 mL的广口瓶中装入100 mL分析纯硝酸，把试件涂层面向下扣在瓶口上30 min后，取下试件在流水中冲洗1 min，用纱布吸干表面的水分放置1 h后，目测涂层有无鼓泡、凸起、粉化等异常现象，以全部试件中性能最差者作为检验结果。并按照GB/T 11942的规定测量试件相同位置相同方向经耐硝酸试验前后的色差值，取全部色差试验值的最大值作为色差检验结果。

7.6.12 耐溶剂性

用一柔性擦头裹四层医用纱布，吸饱丁酮溶剂后在试件涂层表面同一地方以1 000 g±10 g的压力来回擦拭200次，目测擦拭处有无露底(即显露内层涂层或铝材)现象。擦拭行程100 mm，频率为100次/min，擦头与试件的接触面积为2 cm^2，擦拭过程中应使纱布保持丁酮浸润。以全部试件中性能最差者作为检验结果。

7.6.13 耐沾污性

按照GB/T 9780—2013中5.1～5.4的规定进行，取全部试件测试值的算术平均值作为检验结果。

7.6.14 耐人工气候老化性

老化试验时间为4 000 h。按照GB/T 16259—2008中A法的规定进行，其中黑标准温度为65 ℃±3 ℃，相对湿度为65%±5%。目测试验后试件有无开胶现象。按照GB/T 11942、GB/T 9754和GB/T 1766测量试件相同位置相同方向涂层老化前后的色差、失光等级及其他老化性能。色差和失光等级以全部试件试验值的算术平均值作为检验结果，其他老化性能以全部试件中性能最差者作为检验结果。

7.6.15 耐盐雾性

耐盐雾试验时间为4 000 h。按照GB/T 1771的规定进行，目测试验后试件有无开胶现象，并按照GB/T 1740的规定进行评级，以全部试件中性能最差值作为检验结果。

7.7 物理力学性能

7.7.1 弯曲强度、弯曲弹性模量

7.7.1.1 材料试验机

试验机能以恒定速率加载，示值相对误差不大于±1%，试验的最大荷载应在试验机示值的15%～

90%之间。

7.7.1.2 试验步骤

用游标卡尺测量试件中部的宽度和厚度,将试件居中放在图3所示的3点弯曲装置上,跨距为170 mm,压辊及支辊的直径为10 mm。以7 mm/min的速度匀速施加试验载荷直至最大值,同时记录载荷-挠度曲线。

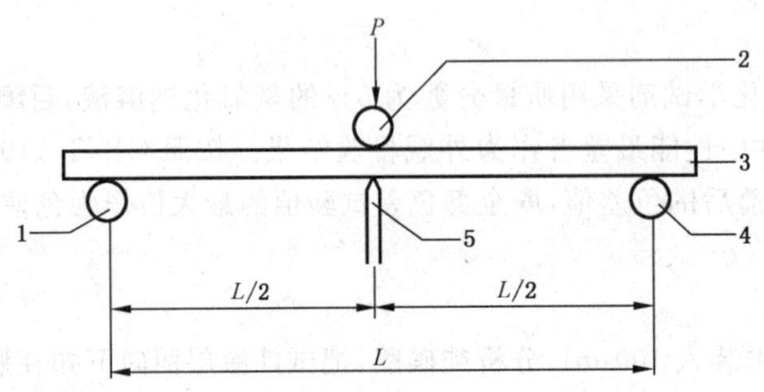

说明:

1——下支辊;

2——上压辊;

3——试件;

4——下支辊;

5——挠度测量装置;

P——试验载荷;

L——跨距。

图3 弯曲装置及试验示意图

7.7.1.3 结果计算

分别按式(2)、式(3)计算弯曲强度和弯曲弹性模量:

$$\sigma = 1.5 \times \frac{P_{max} L}{bh^2} \qquad \cdots\cdots (2)$$

$$E = 0.25 \times \frac{L^3 \Delta P}{bh^3 \Delta L} \qquad \cdots\cdots (3)$$

式中:

σ ——弯曲强度,单位为兆帕(MPa);

E ——弯曲弹性模量,单位为兆帕(MPa);

P_{max}——最大弯曲载荷,单位为牛顿(N);

L ——跨距,单位为毫米(mm);

b ——试件中部宽度,单位为毫米(mm);

h ——试件中部厚度,单位为毫米(mm);

ΔP ——载荷-挠度曲线上弹性段选定两点的载荷差值,单位为牛顿(N);

ΔL ——载荷-挠度曲线上与ΔP对应的挠度差值,单位为毫米(mm)。

以3个试件为一组,分别测量正面向上纵向、正面向上横向、背面向上纵向、背面向上横向各组试件的弯曲强度和弯曲弹性模量,分别以各组试件测量值的算术平均值作为该组的检验结果。

7.7.2 贯穿阻力、剪切强度

7.7.2.1 试验器具

材料试验机:能以恒定速率加载,示值相对误差不大于±1%,试验的最大荷载应在试验机示值的

15%～90%之间。

剪切夹具：主要由安装试件的可动冲头组件与用于夹紧试件和对冲头组件进行定位导向的两个固定组件构成，如图 4 所示。

单位为毫米

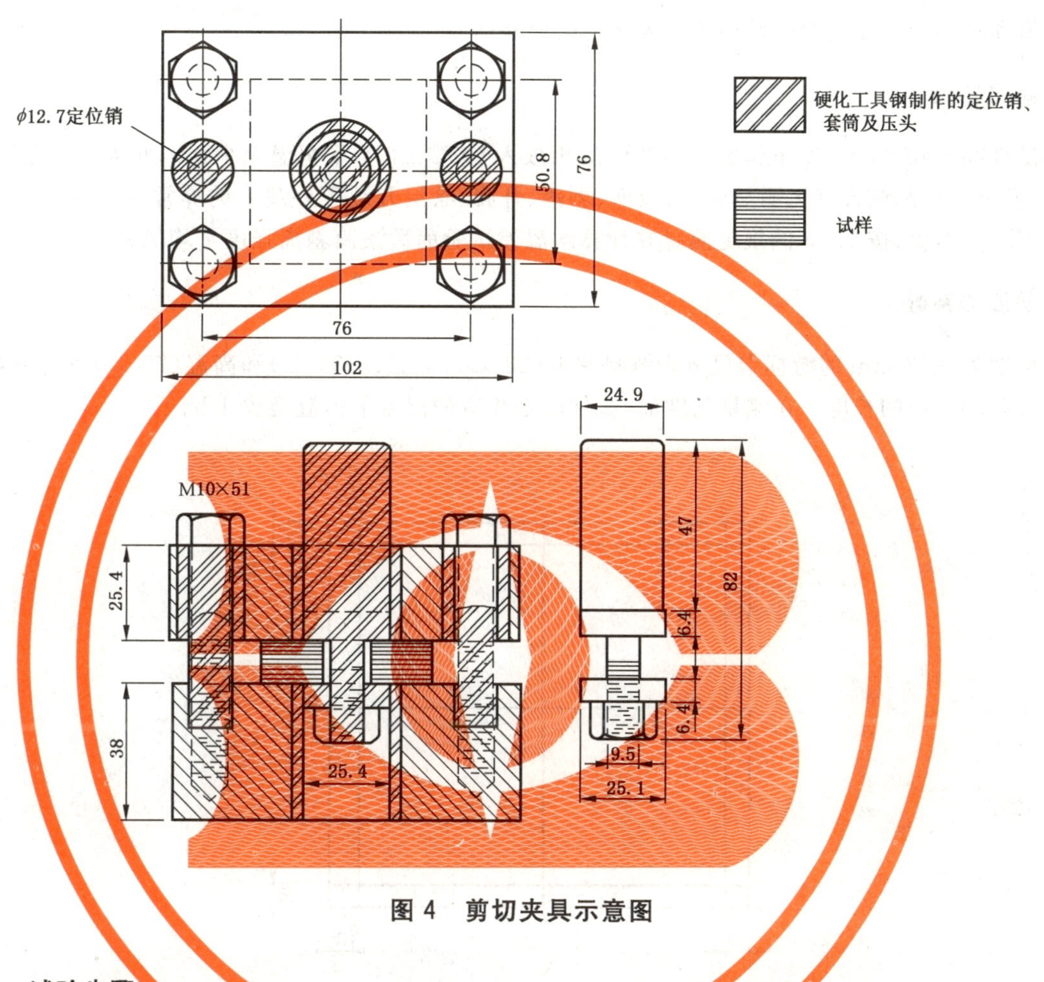

图 4 剪切夹具示意图

7.7.2.2 试验步骤

用千分尺在离试件中心 13 mm 对称的四个点处测量试件的厚度并计算其算术平均值作为该试件的厚度。在试件中心钻一直径为 11 mm 的装配孔，将试件安装固紧在冲头组件上，然后将冲头组件与冲孔对中并卡紧在两块固定组件之间，在冲头上以 1.25 mm/min 的速度匀速加载，记录试件所承受的最大载荷。

7.7.2.3 结果计算

最大载荷即为该试件的贯穿阻力。剪切强度按式(4)计算。

$$R=\frac{P}{\pi hd} \qquad \cdots\cdots\cdots\cdots (4)$$

式中：

R ——剪切强度，单位为兆帕(MPa)；

P ——最大载荷，单位为牛顿(N)；

h ——试件厚度，单位为毫米(mm)；

d ——冲孔直径，单位为毫米(mm)。

以全部试件测量值的算术平均值作为检验结果。

7.7.3 滚筒剥离强度

按照 GB/T 1457 的规定进行。以 3 个试件为一组，分别测量正面纵向、正面横向、背面纵向、背面横向各组试件中每个试件的平均剥离强度和最小剥离强度。分别以各组 3 个试件的平均剥离强度的算术平均值和最小剥离强度中的最小值作为该组的检验结果。

7.7.4 耐温差性

将试件在 −40 ℃±2 ℃下恒温至少 2 h，取出放入 80 ℃±2 ℃下恒温至少 2 h，此为一个循环，共进行 50 次循环。目测试件有无明显变形、鼓泡、剥落、开胶、涂层开裂等外观上的异常变化，按 7.6.5 的规定进行附着力试验；按 7.7.3 的规定测量并计算耐温差试验前后滚筒剥离强度平均值的下降率。

7.7.5 热膨胀系数

用精度为 0.02 mm 的游标卡尺分别测量室温(23 ℃)、低温(−30 ℃)和高温(70 ℃)下试件各测量位置(如图 5 所示)的长度。在测量长度前，试件应在相应的温度下恒温至少 1 h。

单位为毫米

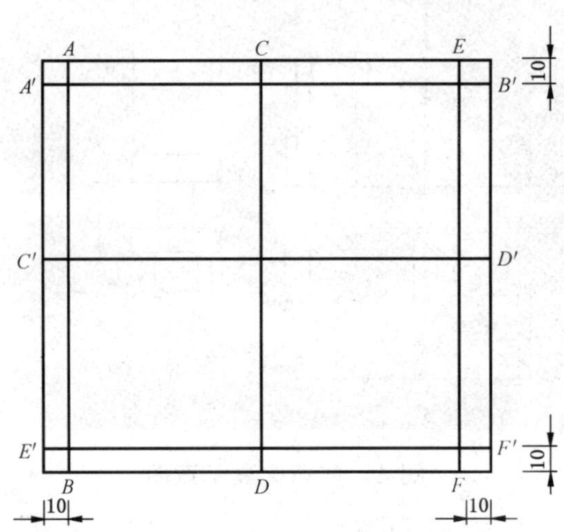

图 5 热膨胀系数测量位置示意图

按式(5)分别计算各测量位置的热膨胀系数：

$$\alpha = \frac{L_2 - L_1}{L_0 \cdot (T_2 - T_1)} \quad \cdots\cdots(5)$$

式中：

α ——热膨胀系数，单位为每摄氏度(℃$^{-1}$)；

L_0——室温下试件长度，单位为毫米(mm)；

L_1——低温下试件长度，单位为毫米(mm)；

L_2——高温下试件长度，单位为毫米(mm)；

T_1——低温温度，单位为摄氏度(℃)；

T_2——高温温度，单位为摄氏度(℃)。

取全部测量值的算术平均值作为检验结果。

7.7.6 热变形温度

按照 GB/T 1634.2 的规定进行。试验时试件平放，所加载荷应使试件的最大弯曲正应力达到 1.82 MPa，其计算方法按式(6)进行。以加热前后试件中点挠度的相对变化量达到 0.25 mm 时的温度作为试件的热变形温度。

$$P = 1.213 \times \frac{bh^2}{L} \qquad \cdots\cdots(6)$$

式中：

P ——试验载荷，单位为牛顿(N)；

L ——跨距，单位为毫米(mm)；

b ——试件中部宽度，单位为毫米(mm)；

h ——试件中部厚度，单位为毫米(mm)。

以 3 个试件为一组。分别测量正面向上纵向、正面向上横向、背面向上纵向、背面向上横向各组试件的热变形温度，分别以各组试件测量值的算术平均值作为该组的检验结果。

7.7.7 耐热水性

将试件浸没在 98 ℃±2 ℃蒸馏水中恒温 2 h，应避免试验过程中试件相互接触和窜动。然后让试件在该蒸馏水中自然冷却到室温，取出试件擦干，目测试件有无鼓泡、开胶、剥落、开裂及涂层变色等外观上的异常变化；按 7.6.5 的规定进行附着力试验，以全部试件中性能最差值作为检验结果。距离试件边缘不超过 10 mm 内的铝材与芯材的开胶不计。

7.8 燃烧性能

芯材燃烧热值按照 GB/T 14402 的规定进行，芯材试件可从幕墙板上剥离获得，表面不应有高分子粘结膜。取全部试件测试值的算术平均值作为检验结果。

幕墙板燃烧性能等级按照 GB 8624—2012 中 5.1.1 的规定进行，其附加信息按照 GB 8624—2012 中附录 B 的规定进行。

8 检验规则

8.1 检验类别

产品检验分出厂检验和型式检验两种。

8.2 检验条件与检验项目

8.2.1 每批产品均应进行出厂检验。出厂检验项目包括外观、尺寸允许偏差、涂层厚度、表面铅笔硬度、光泽度偏差、柔韧性、附着力、耐冲击性、耐盐酸性、耐碱性、耐硝酸性、耐溶剂性、滚筒剥离强度、耐热水性。

8.2.2 型式检验检验项目应包括第 6 章规定的全部要求。有下列情形之一者，应进行型式检验：

a) 新产品的试制定型鉴定；

b) 产品的原材料、工艺有较大变化，可能影响产品性能时；

c) 产品停产半年以上，恢复生产时；

d) 出厂检验结果与上次型式检验有较大差异时；

e) 正常生产时，每年进行一次型式检验。其中耐人工气候老化性、耐盐雾性、燃烧性能的检验可每两年进行一次。

8.3 组批与抽样

8.3.1 组批

以连续生产的同一品种、同一规格、同一颜色的产品 3 000 m^2 为一批，不足 3 000 m^2 的按一批计算。

8.3.2 抽样

8.3.2.1 出厂检验

按所检验项目的尺寸和数量要求随机抽取。

8.3.2.2 型式检验

从出厂检验合格批中随机抽取 3 张板进行。

8.4 判定规则

检验结果全部符合标准的指标要求时，判该批产品合格。若有不合格项，可再从该批产品中抽取双倍样品对不合格的项目进行复检，复检结果全部达到标准要求时判定该批产品合格，否则判定该批产品不合格。

9 标志、包装、运输、贮存和随行文件

9.1 标志

9.1.1 每张产品均应标明产品标记、生产或安装方向、厂名厂址、商标、颜色、批号、生产日期、执行标准及质量检验合格标志。

9.1.2 产品包装标志应符合 GB/T 191 及 GB/T 6388 的规定。在包装的明显部位应有下列标志：

a) 企业名称；

b) 产品标记和颜色；

c) 生产批号或生产日期；

d) 内装数量；

e) 产品规格；

f) 执行标准。

9.2 包装

9.2.1 产品装饰面应覆有保护膜，保护膜的要求可参考附录 B。

9.2.2 包装箱应有足够的强度和刚度，避免产品在箱中移动。

9.3 运输

运输和搬运时应轻拿轻放，不应摔扔，防止产品损伤。

9.4 贮存

产品应按品种、规格、颜色分别堆放贮存于干燥通风处，避免高温及日晒雨淋，防止表面划伤。

9.5 随行文件

9.5.1 供方应向需方提供指导正确使用产品的应用指南，应用指南可参考附录C。

9.5.2 供方应向需方提供产品合格证，合格证应含有如下内容：

a) 企业名称；

b) 检验结果和检验合格标记；

c) 产品颜色和规格；

d) 产品批号或生产日期。

9.5.3 供方宜向需方提供装箱单，装箱单宜含有如下内容：

a) 企业名称；

b) 产品标记、颜色；

c) 产品批号或生产日期；

d) 产品数量；

e) 包装日期。

附 录 A
（资料性附录）
高分子粘结膜

A.1 范围

本附录适用于建筑幕墙用铝塑复合板生产复合用高分子粘结膜。

A.2 技术要求

A.2.1 外观

高分子粘结膜一般为缠绕在管芯上成卷供应，膜卷的长度、宽度和厚度规格由供需双方商定，但长度不应为负偏差，膜卷端面错位不大于 2 mm，管芯两端与膜卷端面基本相平，与铝材粘结面的标记明显。其余外观要求见表 A.1。

表 A.1 外观

项目		技术要求
“水纹”和“云雾”状缺陷		不影响使用
条纹		不影响使用
气泡，针孔及破裂		无
表面划痕及污染		无
“鱼眼”和“僵块”	＞1 mm	无
	0.5 mm～1 mm/(个/m^2)	≤20
	分散度/(个/dm^2)	≤8
杂质	＞0.5 mm	无
	0.3 mm～0.5 mm/(个/m^2)	≤5
	分散度/(个/dm^2)	≤3
平整度		表面无明显皱褶
暴筋		轻微
卷芯端部		无径向凹陷，缺口轻微

A.2.2 尺寸偏差

宽度及厚度尺寸偏差要求见表 A.2。

表 A.2 宽度及厚度尺寸偏差

单位为毫米

项目	技术要求
宽度	±5
厚度	±0.005

A.2.3 物理力学性能

物理力学性能要求见表 A.3。

表 A.3 物理力学性能

项目		技术要求
拉伸强度/MPa	纵向	≥10
	横向	
断裂伸长率/%	纵向	≥250
	横向	≥300
直角撕裂强度/(N/mm)	纵向	≥35
	横向	
滚筒剥离强度/[(N·mm)/mm]	平均值	≥110
	最小值	≥100

A.3 试验方法

A.3.1 取样

至少去掉膜卷表面 3 层,再裁取 2 m 作为试验样品。

A.3.2 试验环境

试验前,试样应在 GB/T 2918 规定的标准环境下放置 24 h。除特殊规定外,试验也应在该条件下进行。

A.3.3 外观

膜卷端面错位采用最小分度值为 1 mm 的量具进行测量。其余外观质量的试验在非阳光直射的自然光条件下目测,对目测到的缺陷用最小分度值为 0.02 mm 的量具测量其最大尺寸。

A.3.4 尺寸偏差

A.3.4.1 宽度

按照 GB/T 6673 的规定进行。

A.3.4.2 厚度

按照 GB/T 6672 的规定进行。

A.3.5 物理力学性能

A.3.5.1 拉伸强度及断裂伸长率

按照 GB/T 13022 的规定进行。

A.3.5.2 直角撕裂强度

按照 GB/T 11999 的规定进行。

A.3.5.3 滚筒剥离强度

A.3.5.3.1 材料

待检薄膜：尺寸 350 mm×350 mm，数量 2 块；

铝材：尺寸 350 mm×350 mm，厚度及材质与铝塑板生产实际采用的铝材相同，数量 2 块，表面平整无氧化层，用丙酮洗净；

芯材：尺寸 350 mm×350 mm×3 mm，数量 1 块，压延法制造，表面平整，用丙酮洗净。

A.3.5.3.2 制样

将上述材料按铝塑板生产的结构方式正确叠合放置，热压 3 min，同时保持压缩后的厚度为 3 mm 加两层铝材的厚度，然后用 50 N/cm^2 的压力定型冷却至室温。

A.3.5.3.3 试验

按照 GB/T 1457 的规定进行。

附 录 B
（资料性附录）
保护膜

B.1 范围

本附录适用于在铝塑复合板产品表面覆盖的一层压敏粘性的起保护作用的膜。

B.2 技术要求

保护膜的性能要求见表 B.1。

表 B.1 保护膜性能

项目		技术要求
厚度/mm	建筑幕墙板用	≥0.08
	普通装饰板用	由供需双方商定
剥离强度/(N/mm)		0.15～0.50
拉伸强度/MPa		≥10
直角撕裂强度/(N/mm)		≥35
遗胶性/%		≤5
耐老化性[a]	外观	无异常
	色差 ΔE	≤2
	剥离强度/(N/mm)	0.15～0.50
	遗胶性/%	≤5
耐低温性	外观	无异常
	剥离强度/(N/mm)	0.15～0.50
	遗胶性/%	≤5
耐高温性	外观	无异常
	剥离强度/(N/mm)	0.15～0.50
	遗胶性/%	≤5
[a] 仅针对幕墙板及室外用铝塑板所用的保护膜。		

B.3 试验方法

B.3.1 厚度

按照 GB/T 6672 的规定进行。

B.3.2 剥离强度

取 1 块尺寸为 350 mm×350 mm 的实际要保护的铝塑板，用丙酮洗净，加热到(80±5)℃，以 10 N/cm 的压力用橡胶辊将 1 块同样尺寸的保护膜碾压贴到铝塑板表面，自然冷却到室温，然后按照 GB/T 2790 的规定进行 180°剥离强度的试验，剥离中保护膜应无断裂。

B.3.3 拉伸强度

按照 GB/T 13022 的规定进行。

B.3.4 直角撕裂强度

按照 GB/T 11999 的规定进行。

B.3.5 遗胶性

取 4 块尺寸为 100 mm×200 mm 的实际要保护的铝塑板，一块留作参照板，其余 3 块按 B.3.2 粘贴好保护膜后自然冷却到室温，撕去保护膜，对比参照板按照 GB/T 9780—2013 中 5.4 的规定进行贴保护膜前后铝塑板的耐沾污性对比，按式(B.1)计算遗胶性，结果以百分数表示。

$$R=\frac{f_0-f_1}{f_0}\times 100 \qquad \text{(B.1)}$$

式中：

R ——遗胶性，%；

f_0——未贴保护膜部分的反射系数；

f_1——贴过保护膜部分的反射系数。

取 3 块试件测试值的算术平均值作为试验结果。

B.3.6 耐老化性

取 4 块尺寸为 100 mm×100 mm 的实际要保护的铝塑板，一块留作参照板，其余 3 块按 B.3.2 的方法粘贴好保护膜进行老化试验。将贴保护膜的一面朝向紫外线光源，按 7.6.14 的方法进行 168 h 的老化试验。取出自然放置到室温，观察距离板边 10 mm 以里的保护膜有无鼓泡、剥落、脱落等异常；按照 GB/T 2790 的规定测量剥离强度，剥离中保护膜应无断裂；撕去保护膜后对比参照板测量经老化试验前后铝塑板的色差及遗胶性，色差测量按照 GB/T 11942 进行；遗胶性测量按 B.3.5 的方法进行。

B.3.7 耐低温性

取 4 块尺寸为 300 mm×300 mm 的实际要保护的铝塑板，一块留作参照板，其余 3 块按 B3.2 的方法粘贴好保护膜，放置在－35 ℃±2 ℃下恒温 168 h。取出自然放置到室温，观察距离板边 10 mm 以里的保护膜有无鼓泡、剥落、脱落等异常；按照 GB/T 2790 的规定测量剥离强度，剥离中保护膜应无断裂；撕去保护膜后按 B.3.5 的方法测量遗胶性。

B.3.8 耐高温性

取 4 块尺寸为 300 mm×300 mm 的实际要保护的铝塑板，一块留作参照板，其余 3 块按 B.3.2 的方法粘贴好保护膜，放置在 70 ℃±2 ℃下恒温 168 h，取出自然放置到室温。观察距离板边 10 mm 以里的保护膜有无鼓泡、剥落、脱落等异常；按照 GB/T 2790 的规定测量剥离强度，剥离中保护膜应无断裂；撕去保护膜后按 B.3.5 的方法测量遗胶性。

附　录　C
（资料性附录）
铝塑复合板应用指南

C.1　开槽

铝塑板在折边施工时，应在折边处开槽，根据折边要求，一般可开 V 型槽、U 型槽等，几种典型的开槽方式如图 C.1 所示。应使用铝塑板专用开槽机械，保证开槽深度不伤及对面铝材，并留有 0.3 mm 厚的塑料层。在开槽处可根据需要采用加边肋等加固措施。

单位为毫米

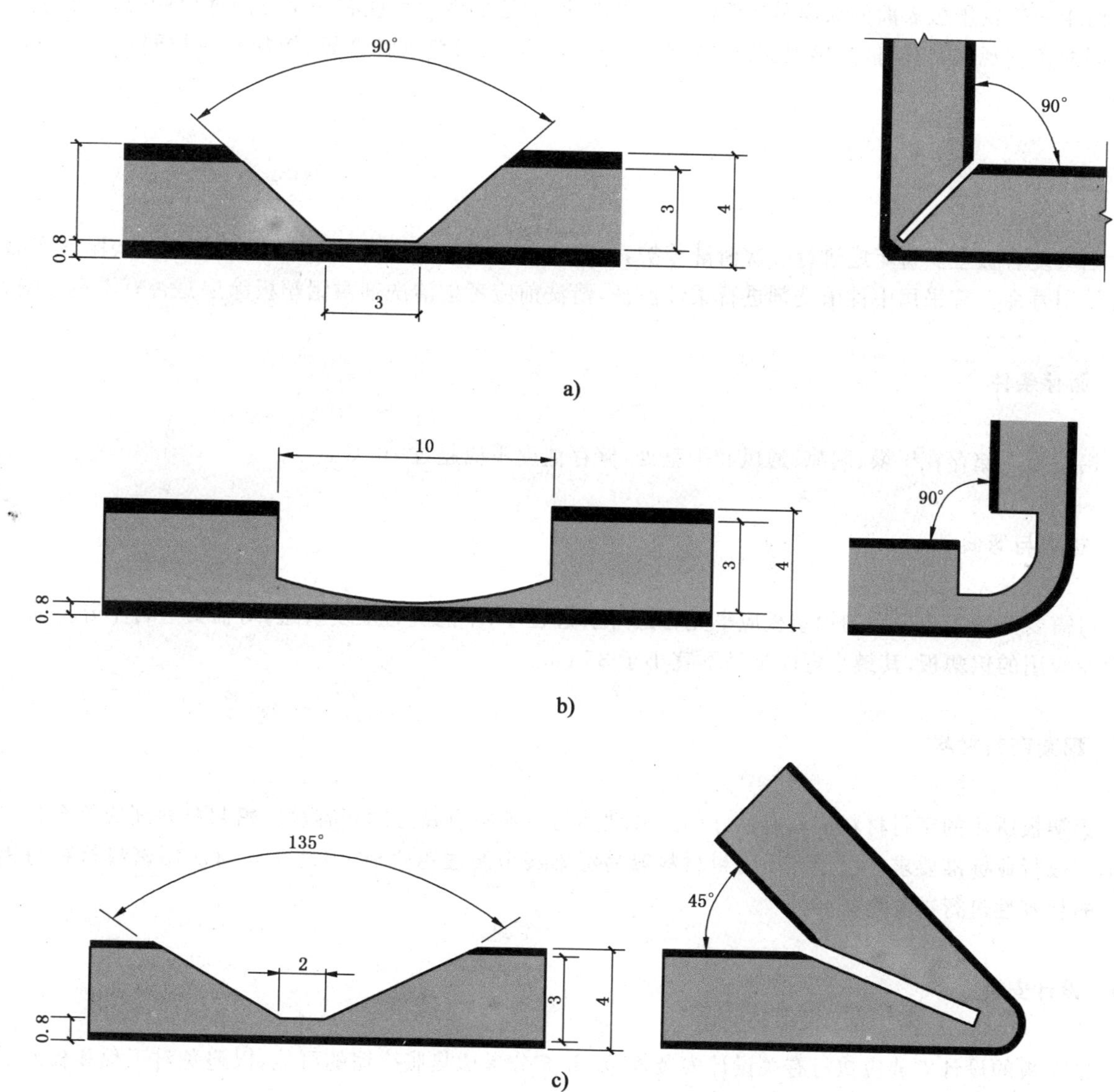

图 C.1　几种典型的加工开槽示意图

C.2 撕膜

铝塑板安装完毕后应及时撕掉保护膜，以减小因保护膜的老化而造成撕膜困难、严重遗胶或严重污染铝塑板表面等的可能性。

C.3 表面漆膜的保护

应避免损伤表面漆膜。

C.4 安装方向

由于一般铝塑板表面的漆膜是用滚涂工艺生产的，涂层的颜色可能有一定方向性(特别是金属色)，从不同的角度观察，铝塑板的感观颜色可能会有一定差异，为避免这种差异，铝塑板应按同一生产方向安装。

C.5 清洗养护

铝塑复合板至少每年应进行一次清洗养护，去除表面污渍和有害物质，以保持板面整洁、保证产品正常使用寿命。宜采用中性清洗剂进行柔性清洗，清洗前应考虑清洗剂对铝塑板涂层是否有不良影响。

C.6 储存条件

铝塑板应储存在干燥、阴凉、通风和平整处，储存温度不应超过 70 ℃。

C.7 折边与弯曲

对需要开槽折边应用的铝塑板应事先考虑好折边程序，不能进行反复折边；对需要进行不开槽而直接弯曲应用的铝塑板，其最小弯曲半径不宜小于 35 cm。

C.8 配套密封材料

铝塑板所用的密封材料应具有良好的耐候性并与铝塑板有良好的相容性。密封材料还应符合相应的国家或行业标准要求。由于劣质密封材料容易污染甚至腐蚀铝塑板，因此事先对所用密封材料与铝塑板的相容性进行试验是必要的。

C.9 设计安装

铝塑板的设计安装应执行有关设计安装规范，并充分考虑热胀冷缩的可能，以避免对工程和板面平整度产生不良的影响。

C.10 运输

铝塑板在搬运和运输过程中应码放平整、整齐、稳固，避免窜动、拖拉、划伤表面、冲撞及局部压伤。

ICS 91.060
Q 73

中华人民共和国国家标准

GB/T 23443—2009

建筑装饰用铝单板

Aluminium panels for building decoration

2009-03-28 发布　　2010-01-01 实施

中华人民共和国国家质量监督检验检疫总局
中 国 国 家 标 准 化 管 理 委 员 会　发布

前 言

本标准与美国建筑制造业协会标准 AAMA 2603—2002《铝挤压材、板材的有机聚合物涂层的性能要求与试验方法》、AAMA 2604—2005《铝挤压材、板材的高性能有机聚合物涂层的性能要求与试验方法》和 AAMA 2605—2005《铝挤压材、板材的超高性能有机聚合物涂层的性能要求与试验方法》的一致性程度为非等效。

本标准的附录 B 和附录 C 为规范性附录，附录 A 和附录 D 为资料性附录。

本标准由中国建筑材料联合会提出。

本标准由全国轻质与装饰装修建筑材料标准化技术委员会(SAC/TC 195)归口。

本标准负责起草单位：中国建筑材料检验认证中心、国家建筑材料测试中心。

本标准参加起草单位：东阿蓝天七色建材有限公司、江阴利泰装饰材料有限公司、香港成功国际(集团)有限公司、佛山市中茂金属建材有限公司、方大新材料(江西)有限公司、浙江墙煌建材有限公司、浙江列高铝业有限公司、苏威(上海)有限公司、PPG 涂料(天津)有限公司、常州通用铝板材料制造有限公司、东莞方中五金喷涂有限公司、东莞华尔泰装饰材料有限公司、广东泛铝远东铝业有限公司、佛山市三英铝业有限公司、佛山市顺德区高士达建筑装饰材料有限公司、上海阿鲁考装饰材料有限公司、吉祥集团有限公司、江苏美亚新型饰材有限公司、常州新刚高丽化工有限公司、天津金邦建材有限公司、金筑铝业(北京)有限公司、辉旭微粉技术(上海)有限公司、立邦涂料(天津)有限公司、上海金力泰化工股份公司、无锡万博涂料化工有限公司、肇庆金三力机械建材有限公司、北京富邦装饰铝板有限公司、常州西莱秘克板业有限公司。

本标准主要起草人：蒋荃、刘婷婷、徐晓鹏、刘翼、刘玉军、赵春芝、马丽萍。

本标准为首次发布。

建筑装饰用铝单板

1 范围

本标准规定了建筑装饰用铝单板的术语和定义、分类、代号及标记、原材料、要求、试验方法、检验规则、标志、包装、运输、贮存及随行文件等内容。

本标准适用于建筑装饰用铝单板。其他用途的铝单板也可参照本标准。

2 规范性引用文件

下列文件中的条款通过本标准的引用而成为本标准的条款。凡是注日期的引用文件，其随后所有的修改单(不包括勘误的内容)或修订版均不适用于本标准，然而，鼓励根据本标准达成协议的各方研究是否可使用这些文件的最新版本。凡是不注日期的引用文件，其最新版本适用于本标准。

GB/T 191 包装储运图示标志(GB/T 191—2008,ISO 780:1997,MOD)

GB/T 1732 漆膜耐冲击性测定法

GB/T 1740 漆膜耐湿热测定法

GB/T 1766 色漆和清漆 涂层老化的评级方法(GB/T 1766—2008,ISO 4628-1:2003,NEQ)

GB/T 3190 变形铝及铝合金化学成分

GB/T 3880.2 一般工业用铝及铝合金板、带材 第2部分:力学性能

GB/T 3880.3 一般工业用铝及铝合金板、带材 第3部分:尺寸偏差

GB/T 4957 非磁性基体金属上非导电覆盖层 覆盖层厚度测量 涡流法(GB/T 4957—2003,ISO 2360:1982,IDT)

GB/T 6388 运输包装收发货标志

GB/T 6461 金属基体上金属和其他无机覆盖层 经腐蚀试验后的试样和试件的评级(GB/T 6461—2002,ISO 10289:1999,IDT)

GB/T 6739 色漆和清漆 铅笔法测定漆膜硬度(GB/T 6739—2006,ISO 15184:1998 ,IDT)

GB/T 8753.2 铝及铝合金阳极氧化 氧化膜封孔质量的评定方法 第2部分:硝酸预浸的磷铬酸法

GB/T 9286 色漆和清漆 漆膜的划格试验(GB/T 9286—1998,eqv ISO 2409:1992)

GB/T 9754 色漆和清漆 不含金属颜料的色漆漆膜的20°、60°和85°镜面光泽的测定(GB/T 9754—2007,ISO 2813:1994,IDT)

GB/T 9761 色漆和清漆 色漆的目视比色(GB/T 9761—2008,ISO 3668:1998,IDT)

GB/T 10125 人造气氛腐蚀试验 盐雾试验(GB/T 10125—1997,eqv ISO 9227:1990)

GB/T 11186.2 漆膜颜色的测量方法 第二部分:颜色测量(GB/T 11186.2—1989,eqv ISO 7724.2:1984)

GB/T 11186.3 漆膜颜色的测量方法 第三部分:色差计算(GB/T 11186.3—1989,eqv ISO 7724.3:1984)

GB/T 16259—2008 建筑材料人工气候加速老化试验方法

GB/T 16474 变形铝及铝合金牌号表示方法

JC/T 480 建筑生石灰粉

3 术语和定义

下列术语和定义适用于本标准。

3.1

铝单板 aluminium panel

以铝或铝合金板(带)为基材,经加工成型且装饰表面具有保护性和装饰性涂层或阳极氧化膜的建筑装饰用单层板。

注:本标准中将涂层与阳极氧化膜通称为膜。

3.2

氟碳涂层 fluorocarbon coating

以氟碳树脂为主的液体或粉末涂料在金属表面经固化而成的涂层。

3.3

聚酯涂层 polyester coating

以聚酯树脂为主的液体或粉末涂料在金属表面经固化而成的涂层。

3.4

丙烯酸涂层 acrylic coating

以丙烯酸树脂为主的涂料在金属表面经固化而成的涂层。

3.5

陶瓷涂层 ceramic coating

由颜料化的无机树脂经烘烤形成的涂层,其无机树脂是由金属氧化物的溶胶与水解性金属醇盐经化学反应形成。

3.6

阳极氧化膜 anodized film

通过阳极氧化处理在铝及铝合金表面形成的氧化物保护膜。

3.7

装饰面 exposed surface

指铝单板完成安装后,仍可看得见的表面。

3.8

局部膜厚 local film thickness

在铝单板装饰面上某个面积不大于 1 cm^2 的考察面内作若干次(不少于三次)膜厚测量所得的测量值的算术平均值。

3.9

平均膜厚 average film thickness

在铝单板装饰面上测出的若干个(不少于五处)局部膜厚值的算术平均值。

3.10

最小局部膜厚 min film thickness

在铝单板装饰面上测出的若干个局部膜厚值中的最小值。

3.11

自然气候曝露 exposure to natural weathering

铝单板置于自然环境中经受各种气候因素综合作用,观测其性能随时间而发生变化的试验。

3.12

开放式曝露 open style exposure

铝单板置于通风的大气中,充分经受大气因素作用的一种曝露形式。

4 分类、代号及标记

4.1 分类、代号

4.1.1 按膜的材质分

a) 氟碳涂层:代号为 FC;

b) 聚酯涂层:代号为 PET;

c) 丙烯酸涂层:代号为 AC;

d) 陶瓷涂层:代号为 CC;

e) 阳极氧化膜:代号为 AF。

4.1.2 按成膜工艺分

a) 辊涂:代号为 GT;

b) 液体喷涂:代号为 YPT;

c) 粉末喷涂:代号为 FPT;

d) 阳极氧化:代号为 YH。

4.1.3 按使用环境分

a) 室外用:代号为 W;

b) 室内用:代号为 N。

4.2 标记

4.2.1 标记方法

按铝单板的产品名称、使用环境、膜材质、成膜工艺、基材厚度和铝材牌号以及执行标准编号顺序进行标记。其中铝材牌号标记按 GB/T 16474 的规定进行。

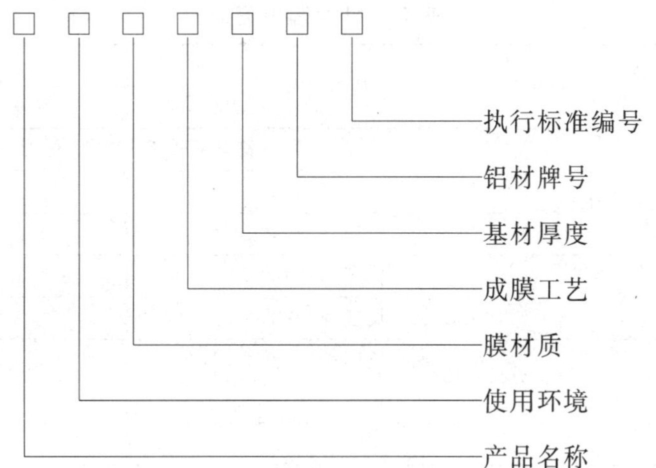

4.2.2 标记示例

示例:表面氟碳辊涂,厚为 3.0 mm,铝材牌号为 3003 的室外建筑装饰用铝单板,其标记为:

建筑装饰用铝单板 W FC GT 3.0 3003 GB/T 23443—2009

5 原材料

5.1 基材

5.1.1 化学成分及力学性能

铝单板所用铝及铝合金的化学成分应符合 GB/T 3190 的要求,力学性能应符合 GB/T 3880.2 的要求。室外用铝单板宜采用 3××× 系列或 5××× 系列铝合金。

5.1.2 铝板基材厚度

室外用铝单板基材公称厚度(不包括涂层)宜不小于 2.0 mm,室内用铝单板基材公称厚度(不包括涂层)由供需双方商定。

5.2 室外用铝单板表面

室外用铝单板表面宜采用耐候性能优异的氟碳涂层。当采用聚偏二氟乙烯氟碳树脂(PVDF)时,PVDF 树脂占树脂原料的质量比不应低于 70%,其检测方法参见附录 A。

6 要求

6.1 外观质量

板材边部应切齐，无毛刺、裂边。板材不允许有开焊等。外观应整洁，图案清晰、色泽基本一致，无明显划伤。装饰面不得有明显压痕、印痕和凹凸等残迹。无明显色差，仲裁时 ΔE 不大于 2.0。装饰面外观质量还应符合表 1 的要求。

表 1 装饰面外观质量要求

分类	要求
辊涂	不得有漏涂、波纹、鼓泡或穿透涂层的损伤。
液体喷涂	涂层应无流痕、裂纹、气泡、夹杂物或其他表面缺陷。
粉末喷涂	涂层应平滑、均匀，不允许有皱纹、流痕、鼓泡、裂纹、发粘。
陶瓷	表面无裂纹，颗粒和缩孔≤2 个/m^2。
阳极氧化	不允许有电灼伤、氧化膜脱落及开裂等影响使用的缺陷。

6.2 尺寸偏差

铝单板的尺寸允许偏差应符合表 2 的要求。有特殊规定时，偏差由供需双方商定。

表 2 尺寸偏差要求

项目	基本尺寸	允许偏差	
		室外用	室内用
基材厚度/mm	符合 GB/T 3880.3 的要求		
边长/mm	边长≤2 000	±2.0	−1.5～0
	边长>2 000	±2.5	−2.0～0
对角线/mm	长度≤2 000	≤2.5	≤2.0
	长度>2 000	≤3.0	≤2.5
对边尺寸/mm	长度≤2 000	≤2.5	≤1.5
	长度>2 000	≤3.0	≤2.5
面板平整度/(mm/m)	—	≤2	
折边角度/(°)	—	±1	
折边高度/mm	—	≤1.0	
注：以上规定适用于外形为矩形的铝单板，外形为其他形状时，由供需双方商定。			

6.3 膜厚

铝单板膜厚应符合表 3 的要求。

表 3 膜厚要求

单位为微米

表面种类		膜厚要求	
辊涂	氟碳	二涂	平均膜厚≥25，最小局部膜厚≥23
		三涂	平均膜厚≥32，最小局部膜厚≥30
	聚酯、丙烯酸	平均膜厚≥16，最小局部膜厚≥14	
液体喷涂	氟碳	二涂	平均膜厚≥30，最小局部膜厚≥25
		三涂	平均膜厚≥40，最小局部膜厚≥34
		四涂	平均膜厚≥65，最小局部膜厚≥55
	聚酯、丙烯酸	平均膜厚≥25，最小局部膜厚≥20	

表 3（续）

单位为微米

表面种类			膜厚要求
粉末喷涂		氟碳	最小局部膜厚≥30
		聚酯	最小局部膜厚≥40
陶瓷			25～40
阳极氧化	室内用	AA5[a]	平均膜厚≥5，最小局部膜厚≥4
		AA10	平均膜厚≥10，最小局部膜厚≥8
	室外用	AA15	平均膜厚≥15，最小局部膜厚≥12
		AA20	平均膜厚≥20，最小局部膜厚≥16
		AA25	平均膜厚≥25，最小局部膜厚≥20
[a] AA 为阳极氧化膜厚度级别的代号。			

6.4 膜性能

铝单板膜性能应符合表 4 的要求。

表 4 膜性能要求

项目			膜性能要求			
			氟碳	聚酯、丙烯酸	陶瓷	阳极氧化
光泽度偏差	光泽度<30		±5			—
	30≤光泽度<70		±7			
	光泽度≥70		±10			
附着力	干式		划格法 0 级			
	湿式		划格法 0 级			
	沸水煮		划格法 0 级			
铅笔硬度			≥1H		≥4H	
耐化学腐蚀性	耐酸性	耐盐酸	无变化			
		耐硝酸	无起泡等变化，$\Delta E \leqslant 5.0$			
	耐砂浆性		无变化			—
	耐溶剂性[a]		丁酮，无漏底	二甲苯，擦拭法无漏底或静置法涂层无发暗，划痕试验应无明显划痕	丁酮，无漏底	—
封孔质量			—			≤30 mg/dm²
耐磨性			≥5 L/μm	—	≥5 L/μm	≥300 g/μm
[a] 聚酯粉末涂层采用静置法，其他涂层均采用擦拭法。						

6.5 耐冲击性

经 50 kg·cm 冲击后，正反面铝材应无裂纹，涂层应无脱落，氟碳、聚酯和丙烯酸涂层应无开裂，陶瓷涂层允许有轻微开裂，阳极氧化膜不做要求。

6.6 耐候性

6.6.1 加速耐候性

用于建筑外装饰的铝单板的加速耐候性能应符合表 5 的要求。

表 5　加速耐候性能要求

项　目			试验时间	性能要求
耐盐雾性	铜加速盐雾(CASS)试验[a]	AA15	24 h	≥9 级
		AA20	48 h	
		AA25	48 h	
	中性盐雾[b]		4 000 h	不次于 1 级
耐人工候加速老化			4 000 h	色差≤3.0
				光泽保持率≥70%
				其他老化性能不次于 0 级
耐湿热性			4 000 h	不次于 1 级

[a] 适用于阳极氧化铝单板。

[b] 适用于除阳极氧化外的其他涂层铝单板。

6.6.2　自然气候耐候性

需方如有自然气候曝露等特殊耐候性要求，应符合表 6 的要求。

表 6　自然气候曝露性能要求

级　别	试验时间	性能要求
Ⅰ级	10 年	色差≤5.0
		光泽保持率≥50%
		粉化不次于 4 级，其中白色不次于 3 级
		涂层无开裂和剥落
Ⅱ级	5 年	色差≤5.0
		光泽保持率≥30%
		粉化不次于 4 级
		涂层无开裂和剥落
Ⅲ级	1 年	涂层无变色、开裂和剥落，仅有轻微粉化、失光和褪色

6.7　焊钉连接

焊接应牢固，无虚焊。

7　试验方法

7.1　试样的制备

试样的制取位置应在距产品边部大于 50 mm 的区域内，试样的尺寸及数量见表 7。

表 7　试样尺寸及数量

试验项目	试样尺寸/mm	试样数量/块
外观质量	整板	至少 2(总面积不小于 1 m^2)
尺寸偏差	整板	3
膜厚		
光泽度偏差		

表 7（续）

试验项目		试样尺寸/mm	试样数量/块
附着力		50×75	3
漆膜硬度		50×75	3
耐化学腐蚀性	耐酸性	100×100	6
	耐砂浆性	100×100	3
	耐溶剂性	100×430	3
封孔质量		200×200	3
耐磨性		100×150	3
耐冲击性		75×150	3
加速耐候性	耐盐雾性	100×150	4
	耐人工候加速老化	100×150	4
	耐湿热性	150×100	4
焊钉连接		整板	3

7.2 外观质量

按照 GB/T 9761 的规定，在非阳光直射的自然光条件下进行试验。随机取同一批至少两个试样（总面积不小于 1 m^2）按同一生产方向并排侧立拼成一面，距拼成的板面中心 3 m 处垂直目测。试验中应保持试样生产方向的一致性。抽取和摆放试样者不参与目测试验。

单色产品按 GB/T 11186.2 和 GB/T 11186.3 的规定进行色差评价，金属漆和阳极氧化膜以目视观察为准。

7.3 尺寸偏差

7.3.1 基材厚度

基材厚度的测量应至少在整件试样的四角和中心五个位置。用最小分度值为 0.001 mm 的厚度测量器具测量某点的总厚度，然后按照 GB/T 4957 的规定测量该点的局部膜厚，以总厚度与局部膜厚的差值为该点的基材厚度。以全部测量值与标称值之间的极限偏差作为试验结果。

7.3.2 长度、宽度

用最小分度值为 1 mm 的钢卷尺在距离端部 100 mm 的位置测量，每件试样上至少测量三个位置，以长度（宽度）的测量值与标称值之间的极限偏差作为试验结果。

7.3.3 对角线

用最小分度值为 1 mm 的钢卷尺测量并计算同一试样上两对角线长度之差值。以三件试样中测得的最大差值作为试验结果。

7.3.4 对边尺寸

用最小分度值为 1 mm 的钢卷尺测量并计算同一试样上两条对边长度之差值。以三件试样中测量的最大差值作为试验结果。

7.3.5 面板平整度

将试样垂直放于水平台上，用 1 000 mm 长的钢直尺垂直靠于板面上，钢直尺面与板面垂直，用塞尺测量钢直尺与板面之间的最大缝隙。以全部测量值中的最大值作为试验结果。

7.3.6 折边角度

用万能角度尺在距离端部至少 100 mm 的位置测量，每条边上至少测量三个位置。以全部测量值与标称值之间的极限偏差作为试验结果。

7.3.7 折边高度

用最小分度值为 0.02 mm 游标卡尺在距离端部至少 100 mm 的位置测量，每条边上至少测量三个位置。以全部测量值的差值作为试验结果。

7.4 膜厚

按照 GB/T 4957 的规定进行测量，每件试样上至少要测量四角和中心五个位置的局部膜厚。

7.5 光泽度

按照 GB/T 9754 规定，采用 60°入射角进行测量，每件试样上至少要测量四角和中心五个位置。试验中应保持试样生产方向的一致性。以全部试验值与标称值的极限偏差作为试验结果。

7.6 涂层附着力

7.6.1 干式附着力

按 GB/T 9286 的规定进行划格法试验，其中陶瓷涂层划格间距 2 mm，其他涂层划格间距按 GB/T 9286 的要求。

将宽度 25 mm，粘结力(10±1)N/25 mm 的胶带覆盖在划格的涂层上，赶去胶带下的空气，迅速垂直拉开胶带，按 GB/T 9286 评级，以全部试验值中的最差值作为试验结果。

7.6.2 湿式附着力

按 7.6.1 在试板上划好格，把试样在 38 ℃±5 ℃的蒸馏水中浸泡 24 h 后取出并擦干试样，即刻在 5 min 内按 7.6.1 试验、评级。以全部试验值中的最差值作为试验结果。

7.6.3 沸水煮附着力

按 7.6.1 在试板上划好格，把试样放在≥95 ℃的蒸馏水或去离子水中煮 20 min(试验期间保持水沸腾)，立即取出试样擦干，在 5 min 内按 7.6.1 试验、评级。以全部试验值中的最差值作为试验结果。

7.7 铅笔硬度

按照 GB/T 6739 的规定进行。取全部铅笔硬度(划破)中的最差值作为试验结果。

7.8 耐化学腐蚀性

7.8.1 耐酸性

7.8.1.1 耐盐酸

将内径不小于 50 mm 的玻璃管的一端用凡士林粘接在试验涂层面的中心部位，使接触密封良好，倒入体积分数为 2%(室内用)或 5%(室外用)的盐酸(HCl)溶液，使液面高度为 20 mm±2 mm，用玻璃片将管盖严，静置 24 h 后取下试样，洗净擦干，目测试验处有无起泡、变色、剥落等异常现象，以三块试样中性能最差者为试验结果。

7.8.1.2 耐硝酸

把 100 mL 质量分数为 60%～68%的分析纯硝酸倒入容量为 200 mL～250 mL 的大口瓶中，把试样盖在瓶口，涂层朝下保持 30 min 后，冲洗干净并擦干，放置 1 h 后立即观察颜色变化，对比酸暴露和未暴露表面层颜色，用色差仪测量。

7.8.2 耐砂浆性

用 75 g 符合 JC/T 480 的建筑生石灰粉和细砂按 1∶3 比例混合后，用孔径为 0.84 mm 的过滤网过滤，加上适当水配成灰浆，涂在漆膜表面。涂成 50 mm×25 mm 大小，约 13 mm 厚，把试样放在38 ℃±3 ℃、相对湿度 95%±5%环境中 24 h 后，去掉灰浆，并用湿布擦去残灰。去不掉的残灰可用 10%盐酸溶液去掉，干燥后目视检查外观。

7.8.3 耐溶剂性

7.8.3.1 擦拭法

用一柔性擦头裹四层医用纱布，吸饱溶剂后立即在试样涂层表面同一地方以 1 000 g±100 g 的力来回擦洗 100 次，目测擦洗处是否有显露内层现象。擦洗行程约 100 mm，频率约为 100 次/min。擦头与试样接触面积为 2 cm^2。试验过程中应使纱布保持浸润。以三块试样中性能最差者为试验结果。

7.8.3.2 **静置法**

将一药棉条加于二甲苯溶液中，使其饱和后，置于试样上，并保持 30 s，然后取掉棉条，将试样用自来水冲洗干净、抹干，在室温下放置 2 h 后，用手指甲作划痕试验。

7.9 **封孔质量**

按照 GB/T 8753.2 规定的方法进行试验，取三块试样试验值的算术平均值作为试验结果。

7.10 **耐磨性**

采用落砂法，试验方法见附录 B。

7.11 **耐冲击性**

按 GB/T 1732 的规定进行试验，冲击锤的重量为 1 000 g±1 g，冲头直径为 15.9 mm±0.3 mm，试样装饰面朝上，冲击高度为 500 mm，冲击后观察试样表面。取全部试样中的最差试验值作为试验结果。

7.12 **耐候性**

7.12.1 **耐盐雾性**

按照 GB/T 10125 的规定进行试验。

铜加速盐雾试验(CASS)按照 GB/T 6461 评级，中性盐雾试验按照 GB/T 1740 评级。

三块试样中有两块通过即为合格。

7.12.2 **耐人工候加速老化**

采用氙灯老化试验，黑板温度为 65 ℃±3 ℃，相对湿度为 65%±5%。其余按 GB/T 16259—2008 的中 A 法的规定进行。到达规定的时间后，按 GB/T 9754 评定光泽保持率，按 GB/T 1766 评定粉化程度和变色程度，三块试样中有两块通过即为合格。

7.12.3 **耐湿热性**

按照 GB/T 1740 的规定进行试验和评级，三块试样中有两块通过即为合格。

7.12.4 **自然气候曝晒**

自然气候曝晒试验方法见附录 C。

注：中国大气腐蚀试验站中，大气条件与国际标准规定的地点佛罗里达比较接近的是海南省琼海大气腐蚀试验站。

7.13 **焊钉连接**

目测有无虚焊，用橡胶锤轻敲焊钉观察其有无脱落。

8 检验规则

产品检验分出厂检验和型式检验两种。

8.1 **出厂检验**

每批产品均应进行出厂检验。

8.1.1 **检验项目**

出厂检验项目包括：外观质量、尺寸偏差、膜厚、光泽度偏差、附着力、耐酸性、耐砂浆性、耐溶剂性、封孔质量、耐冲击性、焊钉连接。

8.1.2 **组批规则**

出厂检验以同一品种、同一颜色、同一生产批次(连续生产)、实际交货量每 3 000 m^2 组成一个检验批。交货量不足 3 000 m^2 时，仍按一个检验批计算。

8.1.3 **抽样方案**

a) 外观质量、焊钉连接应逐件检查；

b) 尺寸偏差、膜厚、光泽度偏差检验的取样按表 8 的规定进行；

表 8 检验样品随机抽取取样数量表

单位为件

批量范围	随机取样数	不合格品上限
1～10	全部	0
11～200	10	1
201～300	15	1
301～500	20	2
501～800	30	3
800 以上	40	4

c) 附着力、耐酸性、耐砂浆性、耐溶剂性、封孔质量、耐冲击性性能检验每批抽取 2 件产品进行检验。其中破坏性检验项目，根据需要按表 7 规定的试样规格随炉进行小样制备。

8.1.4 判定与复验规则

a) 外观质量不合格时为单件不合格。

b) 尺寸偏差、膜厚、光泽度偏差检验超过表 8 中规定的不合格品上限时，判定该批不合格。但允许供方逐块检验，合格者交货。

c) 其他性能检验结果有某一项或一项以上性能不合格时，应从该批中加倍抽样进行复检，复检结果仍有试样某一项或一项以上性能不合格，则判定该批不合格。

8.2 型式检验

当遇到下列情况之一时，应进行型式检验：

a) 新产品或老产品转厂生产的实验定型鉴定；

b) 正式生产后，如结构、材料、工艺有较大改变，可能影响产品性能时；

c) 产品停产半年以上，恢复生产时；

d) 正常生产每年检验一次，其中耐中性盐雾、耐人工候加速老化和耐湿热性每两年检验一次；

e) 出厂检验结果与上次型式检验有较大差异时。

8.2.1 检验项目

型式检验项目应包括第 6 章除 6.6.2 外的全部项目。

8.2.2 组批规则

型式检验以同一品种、同一颜色、同一生产批次（连续生产）、实际交货量每 3 000 m^2 组成一个检验批。交货量不足 3 000 m^2 时，仍按一个检验批计算。

8.2.3 抽样方案

性能检验的抽样按表 7 的规定。

8.2.4 判定与复验规则

型式检验检验结果中耐酸性、耐砂浆性有一项不合格，则判定该批产品不合格。其他项目如有一项不合格，可对不合格品加倍抽样复检。复检结果全部达到标准要求时判定该批产品合格，否则判定该批产品不合格。

9 标志、包装、运输、贮存及随行文件

9.1 标志

每个包装单元产品，其包装标志应符合 GB/T 191 及 GB/T 6388 的规定，应有如下标志：

a) 公司名称；

b) 产品标记；

c) 生产批号或生产日期；

d） 颜色；

e） 商标；

f） 有方向要求的应注明生产或安装方向；

g） 数量；

h） 质量检验合格标志。

9.2 包装

9.2.1 产品应单独包装。每块板的装饰面应覆有保护膜，保护膜的要求及检测方法可参见附录D。

9.2.2 包装箱应有足够的强度，以保证运输、搬运及堆垛过程中不会损坏，产品在箱中应无窜动。

9.2.3 包装箱内应有产品合格证及装箱单。

——合格证上应有如下内容：

a） 公司名称；

b） 生产批号；

c） 检验结果；

d） 检验部门或人员代号；

e） 检验日期。

——装箱单应有如下内容：

a） 公司名称；

b） 产品名称、颜色、工程名称；

c） 产品标记；

d） 生产批号；

e） 产品数量；

f） 包装日期。

9.3 运输

运输和搬运时应轻拿轻放，严禁摔扔，防止产品损伤。

9.4 贮存

产品应贮存在干燥通风处，避免高温及日晒雨淋，应按品种、规格、颜色分别堆放，并防止表面损伤。

9.5 随行文件

随行文件宜包括：应用指南。

附　录　A
（资料性附录）
氟碳涂层树脂中 PVDF 含量检测方法

A.1　范围

本方法适用于热熔型氟碳涂层树脂中 PVDF 含量的测定。

A.2　方法提要

热熔型氟碳涂层体系熔点随 PVDF 含量减少而下降。基于该原理，对不同已知 PVDF 含量的涂层进行 DSC 测试，确定其熔点，得到熔点下降—PVDF 含量标准曲线。通过测定样品（热熔型氟碳涂层）的熔点，就可在标准曲线上得出相应的 PVDF 含量。

A.3　药品试剂

a）涂料用 PVDF 树脂。

b）丙烯酸树脂（推荐用 B44）。

c）异佛尔酮：95%。

d）分散液配方：树脂（PVDF+B44）/异佛尔酮＝7/10（质量比）；
PVDF 与 B44 的质量比分别为 5/5，6/4，7/3，8/2，9/1。

A.4　仪器设备

a）叶轮搅拌机：0～3 000 r/min。

b）线棒：规格 44 μm。

c）鼓风烘箱：≥255 ℃。

d）示差扫描量热仪（DSC）。

e）分析天平：精确到 0.01 mg。

f）温度计：0～100 ℃

A.5　试验步骤

A.5.1　制备分散液

a）按配方称取好药品。

b）将异佛尔酮置于容器中，安装好搅拌设备，开启搅拌，转速 1 500 r/min。

c）缓缓加入 B44，搅拌 24 h，使之完全溶解。

d）将转速升至 2 000 r/min，缓缓加入 PVDF，加料完毕后搅拌 30 min，此过程中控制分散液温度≤37 ℃。

A.5.2　制备涂层

a）将表面洁净的薄铝板用夹子固定在平台上，线棒搁置在薄铝板的一端，与铝板的纵向正交。

b）烘箱升温至 245 ℃。

c）用一次性滴管吸取足量分散液，均匀滴加在线棒刮下方向一侧与薄铝板的间隙处，双手各持线棒的一端，迅速刮下形成厚度均匀的液膜。

d）将薄铝板放入烘箱中烘 12 min，取出迅速在常温去离子水中淬火。

A.5.3 DSC 测试

用单面刀片小心的将涂层刮下，严禁带入铝屑。称取约 5 mg 样品进行测试。

从室温按 10 ℃/min 升至 220 ℃，恒温 5 min，然后按 10 ℃/min 降至 40 ℃，恒温 5 min，再按 10 ℃/min 升至 220 ℃。对 PVDF 纯样及各不同配比试样进行测试，每种测五次平行样，以五次平行样的算术平均值作为各个配比试样的熔点，要求误差不超过 0.2 ℃。

A.5.4 绘制标准曲线

以 PVDF 占树脂质量为横坐标，各配比熔点与 PVDF 纯样熔点之差为纵坐标作图，得到熔点下降—PVDF 含量标准曲线。

A.5.5 样品检测

a) 用单面刀片小心的将样品涂层的面漆刮下，严禁带入底漆。按上述 DSC 测试方法测试熔点。

b) 求得试样与纯 PVDF 树脂熔点之差，在熔点下降—PVDF 含量标准曲线上得出相应的 PVDF 含量。

附 录 B
（规范性附录）
落砂试验方法

B.1 范围

本附录规定了采用落砂试验测定氟碳涂层、陶瓷涂层和阳极氧化膜耐磨性的方法。

B.2 方法提要

用规定的磨料在一定高度自由落下，冲刷试样表面的膜，直至磨穿膜层并露出规定大小尺寸的铝材为止，用落下磨料的体积或质量评定耐磨性能。

B.3 试验用磨料及仪器

B.3.1 试验用磨料

对于氟碳涂层和陶瓷涂层采用 SiO_2 含量大于 96%，烧失量不超过 0.40%，含泥量不超过 0.20%，粒度 0.65 mm 筛余量小于 3%，粒度 0.40 mm 筛余量 40%±5%，粒度 0.25 mm 筛余量大于 94%的标准砂。

阳极氧化膜采用符合 GB/T 2480 标准规定的 80 号黑碳化硅（每次使用之前应在 105 ℃温度下烘干）。

B.3.2 试验用仪器

氟碳涂层和陶瓷涂层耐磨耗性试验仪器如图 B.1 所示，落砂流量为 7 L/min±0.5 L/min。

阳极氧化膜耐磨耗性试验仪器如图 B.2 所示，落砂流量为 320 g/min。

单位为毫米

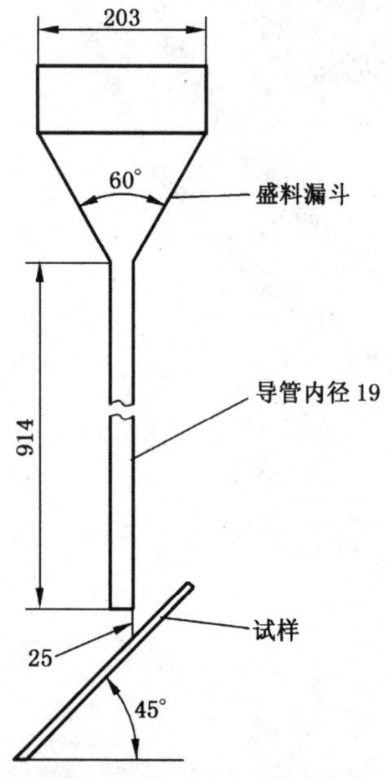

图 B.1 氟碳涂层和陶瓷涂层落砂试验仪器结构示意图

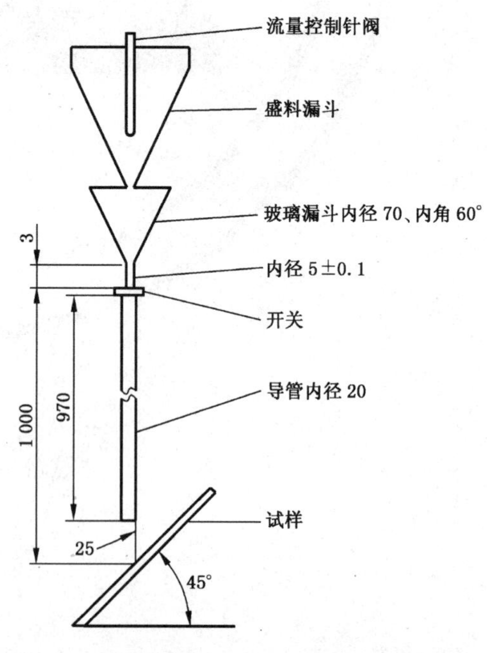

图 B.2 阳极氧化膜落砂试验仪器结构示意图

B.4 试样准备

试样在铝单板的装饰面上截取。试样的尺寸为 150 mm×200 mm。

B.5 试验环境

试验应在相对湿度不大于 80%的环境下进行。

B.6 试验步骤

在每个试样表面划出 3 个直径 25 mm 的圆形区域作为待试验部位，按照 GB/T 4957 在每个区域内多次(至少三次)测量膜厚并求出算术平均值 T 作为该区域的膜厚值。

将试样安放到仪器上，使其中一个圆形区域的中心正好位于导管的正下方。在漏斗中不断加入试验用砂，通过导管中的落砂连续冲刷试样表面。

氟碳涂层和陶瓷涂层磨到露出直径为 4 mm 圆点的铝材为止时计算总的用砂量；

阳极氧化膜试样受检面上出现一个小黑点，并逐渐扩大至 2 mm 左右时计算总的用砂量。

B.7 试验结果计算

氟碳涂层和陶瓷涂层耐磨性按(B.1)式计算：

$$A = \frac{V}{T} \qquad \cdots\cdots(\text{B.1})$$

式中：

A——耐磨性，单位为升每微米(L/μm)；

V——总的用砂量，单位为升(L)；

T——圆形区域内的膜厚，单位为微米(μm)。

阳极氧化膜耐磨性按(B.2)式计算：

$$f = \frac{m}{T} \qquad \cdots\cdots(\text{B.2})$$

式中：

f——耐磨性，单位为克每微米(g/μm)；

m——所消耗磨料的质量，单位为克(g)；

T——圆形区域内的膜厚，单位为微米(μm)。

取全部耐磨耗性试验值的平均值作为试验结果。

附　录　C
（规范性附录）
铝单板自然气候曝露试验方法

C.1　范围

本附录规定了铝单板自然气候曝露试验方法的曝露场地、试验架、试验样板及试验步骤。

本附录适用于开放式自然气候曝露试验，用于评价铝单板在室外自然条件下的曝露时的耐候性。

C.2　曝露试验场

曝露试验场应符合下列要求：

a)　曝露试验场应选在能代表气候类型的典型地区或在受试产品实际使用环境条件下建立。

b)　曝露场地应平坦、空旷、不集水、草高不超过 0.3 m。

c)　曝露场附近应无工厂烟筒和能散发大量腐蚀性气体的设施，避免局部严重污染的影响。

d)　曝露试验场内要设置气象观测仪器，位于气象站附近的曝露场，可以直接利用该站观测资料。气象资料主要包括：气温、湿度、日照时数、太阳辐射量、降雨量、风速、风向等。

C.3　曝露试验架

曝露架应符合下列要求：

a)　曝露架是摆设在曝露场内用于曝露试样的支架，应由不影响试验结果的惰性材料，如木材、钢筋混凝土、铝合金或经涂刷防腐涂料的钢材制成。结构力求坚固，经得起当地最大风力的吹刮。

b)　曝露架内的样板应与金属绝缘，并尽可能不与木材或多孔材料接触。推荐使用瓷绝缘子来固定样板。

c)　曝露架的摆放应保证架子间自由通风，避免互相遮挡阳光和便于工作，行距一般不小于 1 m。

d)　曝露架的底端离地面不小于 0.5 m。

e)　曝露架面向赤道，并与地平线成 45°角曝露样板。为使样板表面接受最大的太阳辐射量，宜把曝露架面与地平线成当地纬度角摆放。

C.4　试验样板

自然气候曝露试验的试样尺寸规定为 300 mm×300 mm，同时制备三块曝露样板和一块对照用标准样板，切取时距板边距离不得少于 50 mm。标准样板保存在室内通风、干燥、不受光照的地方。

C.5　试验步骤

试验步骤如下：

a)　观测涂膜外观，如光泽、颜色，并作好原始记录，主要包括：试样生产厂家名称、原始光泽、膜厚、表面状态以及投试日期等。

b)　曝露试验的结果会随投试季节的不同而改变，但这种影响会随曝露时间的延长而减少。曝露投试季节一般规定在每年春末夏初。

c)　以年和月作为曝露试验的时间单位。如无特殊规定，投试一年内，每月检查一次；超过一年后，每三个月检查一次。也可使用样板表面接受太阳辐射量作为曝露周期。当天气骤变时，应随时检查，如有异常现象应做记录或拍照。

d) 样板曝露到规定时间后按 GB/T 9754、GB/T 11186.2 和 GB/T 11186.3 测量光泽和颜色，按 GB/T 1766 评价涂膜的其他老化性能。

C.6 试验报告

试验报告应包括下列内容：

a) 受试产品的名称；

b) 曝露场地及曝露角度；

c) 曝露起始和终止时间；

d) 试验结果。

附 录 D
（资料性附录）
保 护 膜

D.1 技术要求

保护膜的性能由表 D.1 所示：

表 D.1 保护膜性能

项 目	技术要求
厚度	≥0.05 mm 或由供需双方商定
剥离强度/(N/mm)	0.15～0.50
拉伸强度/MPa	≥10
直角撕裂强度/(N/mm)	≥35
遗胶性/%	≤5
耐老化性[a]	外观无异常 色差 $\Delta E \leq 2$ 剥离强度 0.15 N/mm～0.50 N/mm 遗胶性≤5%
耐低温性/%	外观无异常 剥离强度 0.15 N/mm～0.50 N/mm 遗胶性≤5%
耐高温性/%	外观无异常 剥离强度 0.15 N/mm～0.50 N/mm 遗胶性≤5%
[a] 仅针对有老化要求铝单板所用的保护膜。	

D.2 试验方法

D.2.1 厚度

按 GB/T 6672 的规定进行。

D.2.2 剥离强度

取一块尺寸为 300 mm×300 mm(规格尺寸小于 300 mm 的按实际尺寸选取)的实际要保护的铝单板，用丙酮洗净，加热到(80±5)℃，以 10 N/cm 的压力用橡胶辊将一块同样尺寸的保护膜碾压贴到铝单板表面，自然冷却到室温，然后按 GB/T 2790 的规定进行 180°剥离强度的试验，剥离中保护膜应无断裂。

D.2.3 拉伸强度

按 GB/T 1040.3 的规定进行。

D.2.4 直角撕裂强度

按 GB/T 11999 的规定进行。

D.2.5 遗胶性

取四块尺寸为 100 mm×200 mm 的实际要保护的铝单板，一块留作参照板，其余三块按 D.2.2 粘贴好保护膜后自然冷却到室温，撕去保护膜，对比参照板按 GB/T 9780 的规定进行贴保护膜前后铝单板的耐沾污性的对比，按公式(D.1)计算遗胶性。

$$R = 100 \times \frac{f_0 - f_1}{f_0} \qquad \cdots\cdots\cdots\cdots (\text{D.1})$$

式中：

R——遗胶性，%；

f_0——未贴保护膜部分的反射系数；

f_1——贴过保护膜部分的反射系数。

取三块试样测试值的算术平均值作为试验结果。

D.2.6　耐老化性

取四块尺寸为 100 mm×100 mm 的实际要保护的铝单板，一块留作参照板，其余三块按 D.2.2 的方法粘贴好保护膜进行老化试验。将贴保护膜的一面朝向光源，按 7.12.2 的方法进行 168 h 的老化试验。取出自然放置到室温，观察距离板边 10 mm 以里的保护膜有无鼓泡、剥落、脱落等异常；按 GB/T 2790 的规定测量剥离强度，剥离中保护膜应无断裂；撕去保护膜后对比参照板测量经老化试验前后铝单板的色差及遗胶性，色差测量按 GB/T 11186.2、GB/T 11186.3 进行；遗胶性测量按 D.2.5 的方法进行。

D.2.7　耐低温性

取四块尺寸为 300 mm×300 mm(规格尺寸小于 300 mm 的按实际尺寸选取)的实际要保护的铝单板，一块留作参照板，其余三块按 D.2.2 的方法粘贴好保护膜，放置在(−35±2)℃下恒温 168 h。取出自然放置到室温，观察距离板边 10 mm 以里的保护膜有无鼓泡、剥落、脱落等异常；按 GB/T 2790 的规定测量剥离强度，剥离中保护膜应无断裂；撕去保护膜后按 D.2.5 的方法测量遗胶性。

D.2.8　耐高温性

取四块尺寸为 300 mm×300 mm(规格尺寸小于 300 mm 的按实际尺寸选取)的实际要保护的铝单板，一块留作参照板，其余三块按 D.2.2 的方法粘贴好保护膜，放置在(70±2)℃下恒温 168 h，取出自然放置到室温。观察距离板边 10 mm 以里的保护膜有无鼓泡、剥落、脱落等异常；按 GB/T 2790 的规定测量剥离强度，剥离中保护膜应无断裂；撕去保护膜后按 D.2.5 的方法测量遗胶性。

参 考 文 献

[1] GB/T 1040.3—2006 塑料 拉伸性能的测定 第3部分:薄膜和薄片的试验条件

[2] GB/T 2480—2008 普通磨料 碳化硅

[3] GB/T 2790—1995 胶粘剂180°剥离强度试验方法 挠性材料对刚性材料

[4] GB/T 6672—2001 塑料薄膜和薄片厚度测定 机械测量法

[5] GB/T 6673—2001 塑料薄膜和薄片长度和宽度的测定

[6] GB/T 11999—1989 塑料薄膜和薄片耐撕裂性能试验方法 埃莱门多夫法

ICS 91.100.60
H 30

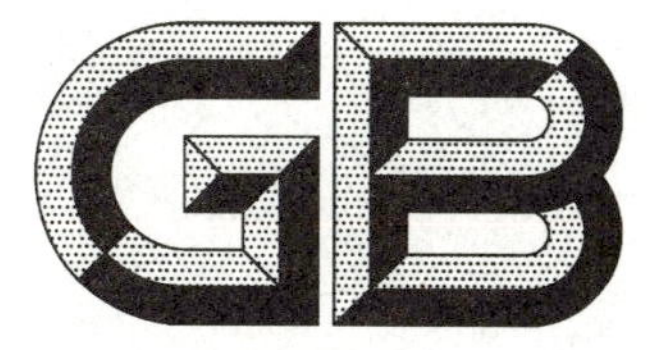

中华人民共和国国家标准

GB/T 23615.1—2017
代替 GB/T 23615.1—2009

铝合金建筑型材用隔热材料 第1部分：聚酰胺型材

Thermal barrier materials for architecture aluminium alloy extruded profiles—Part 1: Polyamide profiles

2017-10-14 发布

2018-05-01 实施

中华人民共和国国家质量监督检验检疫总局
中国国家标准化管理委员会 发布

前　言

GB/T 23615《铝合金建筑型材用隔热材料》分为两个部分：

——第 1 部分：聚酰胺型材；

——第 2 部分：聚氨酯隔热胶。

本部分为 GB/T 23615 的第 1 部分。

本部分按照 GB/T 1.1—2009 给出的规则起草。

本部分代替 GB/T 23615.1—2009《铝合金建筑型材用辅助材料　第 1 部分：聚酰胺隔热条》。本部分与 GB/T 23615.1—2009 相比，除编辑性修改外主要技术变化如下：

——修改了标准名称(见封面，2009 年版的封面)；

——删除了规范性引用文件 GB/T 1036(见 2009 年版的第 2 章和 5.5)；

——删除了规范性引用文件 GB/T 1633—2000(见 2009 年版的第 2 章和 5.6)；

——删除了规范性引用文件 GB/T 1634.1—2004(见 2009 年版的第 2 章和 5.7)；

——增加了规范性引用文件 GB/T 2035(见第 2 章和第 3 章)；

——增加了规范性引用文件 GB/T 16825.1—2008(见第 2 章、D.2.1 和 E.2.1)；

——增加了规范性引用文件 GB/T 28289—2012(见第 2 章、E.2.2、F.3.1.3 和 F.3.2.3)；

——修改了术语和定义的引导语(见第 3 章，2009 年版的第 3 章)；

——删除了特征值的定义(见 2009 年版的 3.2)；

——修改了产品分类(见 4.1，2009 年版的 4.1.1)；

——修改了标记及示例(见 4.2，2009 年版的 4.1.2)；

——修改了组分的要求(见 4.3，2009 年版的 4.2.1)；

——修改了灰分的要求(见 4.4，2009 年版的 4.2.1)；

——修改了显微组织的要求(见 4.5，2009 年版的 4.2.2)；

——增加了断口形貌的要求(见 4.6)；

——修改了尺寸偏差的要求(见 4.7，2009 年版的 4.3)；

——删除了维卡软化温度的要求(见 2009 年版的 4.4)；

——删除了负荷(0.45 MPa)变形温度的要求(见 2009 年版的 4.4)；

——增加了 DSC 熔融峰温的要求(见 4.8)；

——增加了非Ⅰ型聚酰胺型材的力学性能指标(见 4.8)；

——修改了Ⅰ型聚酰胺型材的力学性能指标(见 4.8，2009 年版的 4.4)；

——增加了型材复合适应性规定(见 4.9)；

——删除了其他要求(见 2009 年版的 4.6)；

——增加了试样预处理规定(见 5.2)；

——增加了试验温度要求(见 5.3)；

——修改了组分试验方法要求(见 5.4，2009 年版的 5.2.1)；

——修改了灰分试验方法要求(见 5.5，2009 年版的 5.2.1)；

——修改了显微组织试验方法要求(见 5.6，2009 年版的 5.2.2)；

——增加了断口形貌试验方法(见 5.7)；

——删除了线膨胀系数试验方法(见 2009 年版的 5.5)；

——删除了维卡软化温度试验方法(见 2009 年版的 5.6)；

——删除了负荷变形温度试验方法(见 2009 年版的 5.7);

——增加了 DSC 熔融峰温试验方法(见 5.9.2);

——修改了邵氏硬度试验方法要求(见 5.9.4,2009 年版的 5.9);

——修改了低温无缺口冲击强度试验方法要求(见 5.9.5,2009 年版的 5.10);

——修改了耐水性能试验方法要求(见 5.9.8,2009 年版的 5.13);

——修改了热老化性能试验方法要求(见 5.9.9,见 2009 年版的 5.14);

——修改了外观质量检验方法要求(见 5.10,见 2009 年版的 5.15);

——增加了铝合金型材复合适应性试验方法(见 5.11);

——修改了检验分类(见 6.3 和 6.4,2009 年版的 6.3 和 6.4);

——修改了检验项目(见 6.4,2009 年版的 6.3);

——增加了工艺保证项目(见 6.4);

——修改了取样规定(见 6.5,2009 年版 6.5);

——修改了检查结果的判定要求(见 6.6,2009 年版的 6.6);

——修改了订货单(或合同)内容要求(见第 8 章,2009 年版的第 8 章);

——增加了聚酰胺型材典型缺陷术语与定义(见附录 A);

——增加了显微组织试验方法(见附录 B);

——在轴钉应力开裂性能试验方法中增加了洗涤剂组分要求(见 C.4.5);

——增加了铝合金型材复合适应性试验方法(见附录 F)。

本部分由中国有色金属工业协会提出。

本部分由全国有色金属标准化技术委员会(SAC/TC 243)归口。

本部分起草单位:泰诺风保泰节能科技(深圳)有限公司、广东省工业分析检测中心、国家有色金属质量监督检验中心、广东兴发铝业有限公司、福建省闽发铝业股份有限公司、广东凤铝铝业有限公司、国家化学建筑材料测试中心、芜湖精塑实业有限公司、佛山市南海易乐工程塑料有限公司、宁波信高塑化有限公司、上海优泰装饰材料有限公司、武汉市源发新材料有限公司、江阴市良友节能材料有限公司、佛山市澳思科塑料实业有限公司、三河和平铝材厂有限公司。

本部分主要起草人:黄日勇、李扬、刘淑凤、陈文泗、姜晓伟、朱耀辉、陈慧、刘玉春、薛浩栋、梁勇、徐积清、周章龙、徐小超、沈琴、沈兢业、付忠良。

本部分所代替标准的历次版本发布情况为:

——GB/T 23615.1—2009。

铝合金建筑型材用隔热材料 第1部分:聚酰胺型材

1 范围

GB/T 23615的本部分规定了聚酰胺型材的术语和定义、要求、试验方法、检验规则、标志、包装、运输、贮存、质量证明书以及订货单(或合同)内容。

本部分适用于铝合金建筑型材用隔热材料——聚酰胺型材。

以挤出成型的其他类型隔热材料可参照执行本部分。

2 规范性引用文件

下列文件对于本文件的应用是必不可少的。凡是注日期的引用文件,仅注日期的版本适用于本文件。凡是不注日期的引用文件,其最新版本(包括所有的修改单)适用于本文件。

GB/T 1033.1—2008 塑料 非泡沫塑料密度的测定 第1部分:浸渍法、液体比重瓶法和滴定法

GB/T 1040.1 塑料 拉伸性能的测定 第1部分:总则

GB/T 1043.1 塑料 简支梁冲击性能的测定 第1部分:非仪器化冲击试验

GB/T 2035 塑料术语及其定义

GB/T 2411 塑料和硬橡胶 使用硬度计测定压痕硬度(邵氏硬度)

GB/T 5237.1—2017 铝合金建筑型材 第1部分:基材

GB/T 6682 分析实验室用水规格和试验方法

GB/T 9345.1—2008 塑料 灰分的测定 第1部分:通用方法

GB/T 16825.1—2008 静力单轴试验机的检验 第1部分:拉力和(或)压力试验机 测力系统的检验与校准

GB/T 19466.3 塑料 差示扫描量热法(DSC)第3部分:熔融和结晶温度及热焓的测定

GB/T 28289—2012 铝合金隔热型材复合性能试验方法

3 术语和定义

GB/T 2035界定的以及下列术语和定义适用于本文件。

3.1

聚酰胺型材 polyamide profiles

以聚酰胺66和玻璃纤维为主要原料,用在铝合金隔热型材中起结构连接作用并减少传热效果的热挤压型材。

4 要求

4.1 产品分类

聚酰胺型材根据截面结构分为Ⅰ型和非Ⅰ型两类,截面典型示例见图1和图2。

a) 示例 1　　b) 示例 2

图 1　Ⅰ型聚酰胺型材截面典型示例

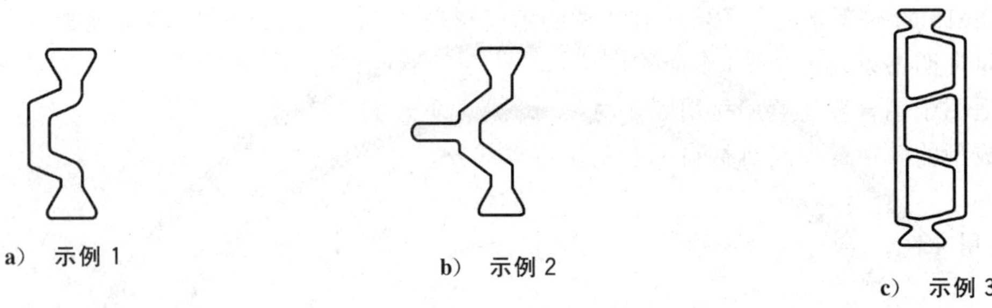

a) 示例 1　　b) 示例 2　　c) 示例 3

图 2　非Ⅰ型聚酰胺型材截面典型示例

4.2　标记及示例

产品标记按产品名称、本部分编号、材质代号、尺寸规格(产品代码×长度×截面高度)、产品类别(非Ⅰ型不标记)的顺序表示。标记示例如下：

示例 1：

材质代号为 PA66GF25(聚酰胺 66 加 25%玻璃纤维)、产品代码为 00001、长度为 6 000 mm、截面高度为 14.8 mm 的Ⅰ型聚酰胺型材，标记为：

聚酰胺型材　GB/T 23615.1-PA66GF25-00001×6 000×14.8 Ⅰ

示例 2：

材质代号为 PA66GF25(聚酰胺 66 加 25%玻璃纤维)、产品代码为 00002、长度为 6 000 mm、截面高度为 20 mm 的非Ⅰ型聚酰胺型材，标记为：

聚酰胺型材　GB/T 23615.1-PA66GF25-00002×6 000×20

4.3　组分

聚酰胺型材的主要组分为聚酰胺 66 和玻璃纤维，余量为颜料、热稳定剂、增韧剂、挤压助剂等添加剂。聚酰胺型材组分质量分数应符合表 1 的规定。聚酰胺 66 应采用新料，不准许使用回收料。

表 1　组分质量分数

组分	质量分数 %
聚酰胺 66	≥65
玻璃纤维	25±2.5
添加剂[a]	余量

[a] 添加剂为颜料、热稳定剂、增韧剂、挤压助剂等。

4.4 灰分

聚酰胺型材煅烧试验后灰分应为玻璃纤维，目视观察玻璃纤维颜色，应呈白色，显微镜下观察玻璃纤维形态，应透明、细长，如图3所示。玻璃纤维不应有夹杂(如图A.1所示)、短碎(如图A.2所示)等缺陷。

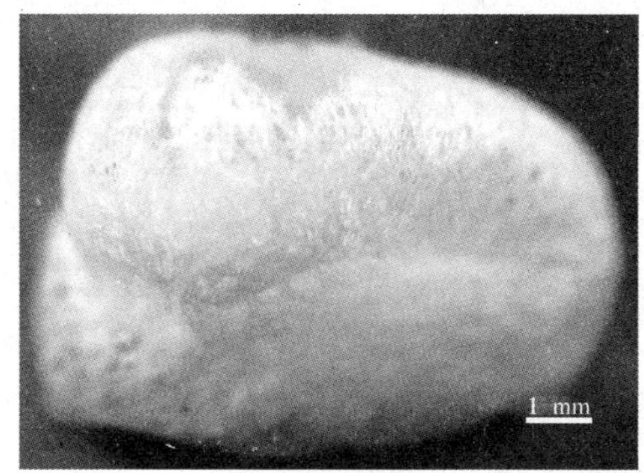

a) 目视形貌

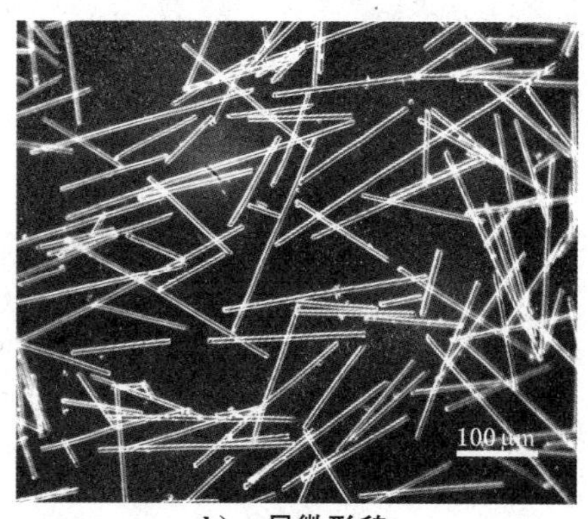

b) 显微形貌

图3 合格的玻璃纤维典型图示

4.5 显微组织

金相显微镜下观察，聚酰胺型材的玻璃纤维应均匀分布，其典型分布如图4所示。不应有气泡(如图A.3所示)、明显夹杂物(如图A.4所示)等缺陷。

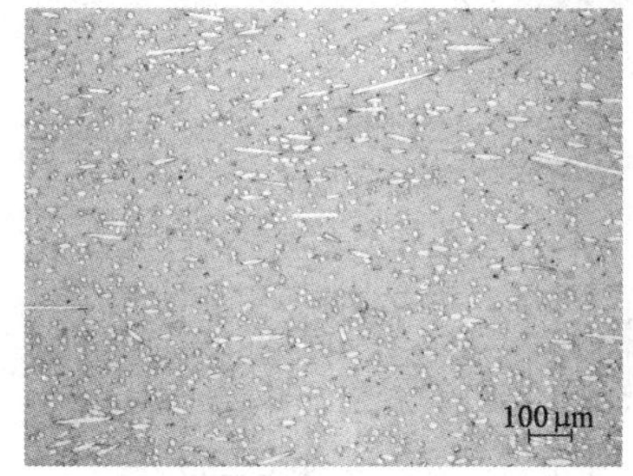

a) 横向玻璃纤维

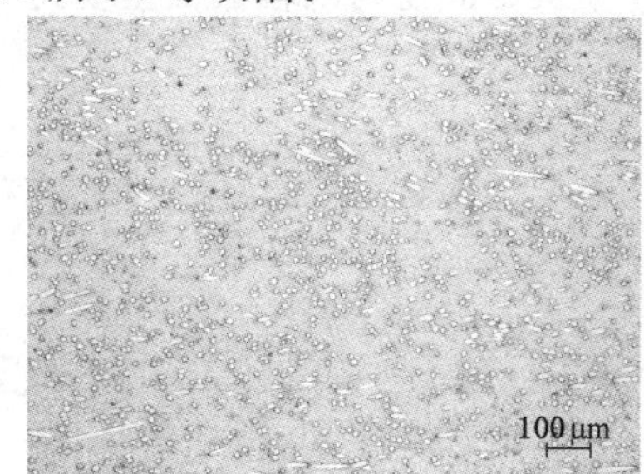

b) 纵向玻璃纤维

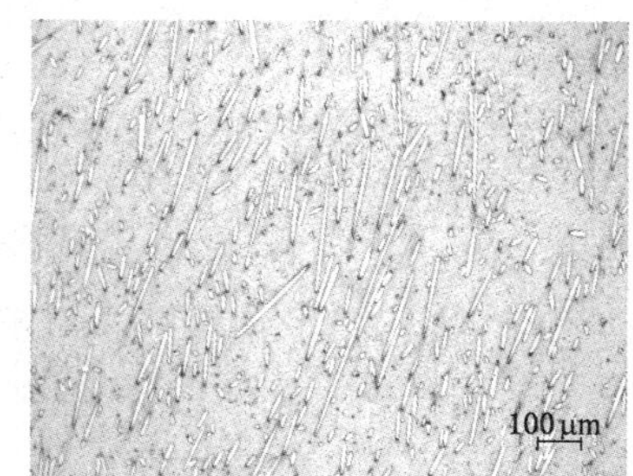

c) 法向玻璃纤维

图4 均匀分布的玻璃纤维典型图示

4.6 断口形貌

扫描电子显微镜下观察到的聚酰胺型材断口形貌应致密(如图5所示)，不应有气泡(如图A.3所示)、明显夹杂物(如图A.5所示)、裂纹(如图A.6所示)等缺陷。

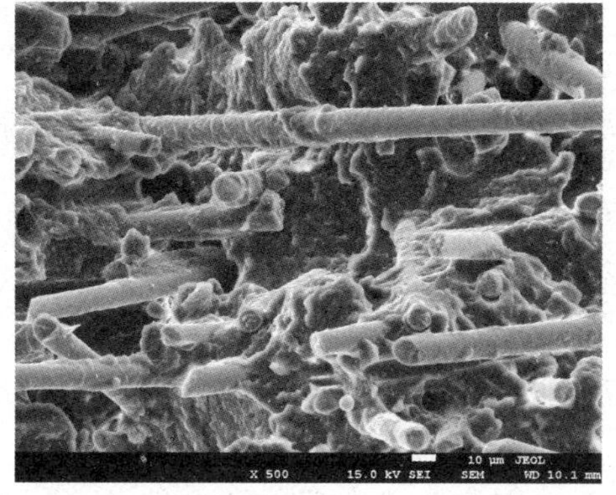

图5 合格的断口形貌典型图示

4.7 尺寸偏差

4.7.1 Ⅰ型聚酰胺型材的横截面主要尺寸分类如图6所示，非Ⅰ型聚酰胺型材的横截面主要尺寸分类如图7所示。聚酰胺型材的横截面主要尺寸偏差应符合表2规定。

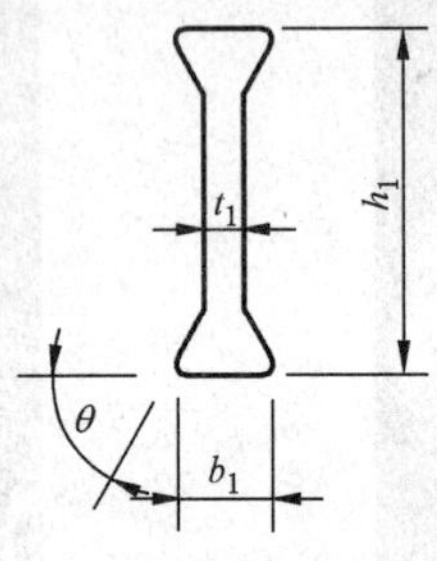

说明：

h_1——聚酰胺型材截面高度；

b_1——聚酰胺型材端头宽度；

t_1——聚酰胺型材主要受力壁厚；

θ——聚酰胺型材端头角度。

图6 Ⅰ型聚酰胺型材的横截面主要尺寸分类

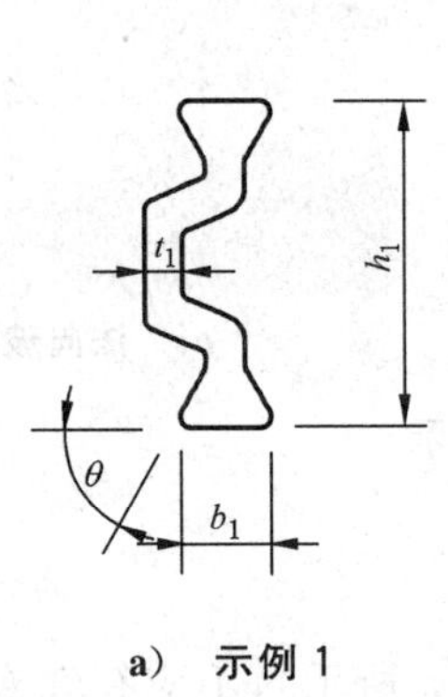

a) 示例1

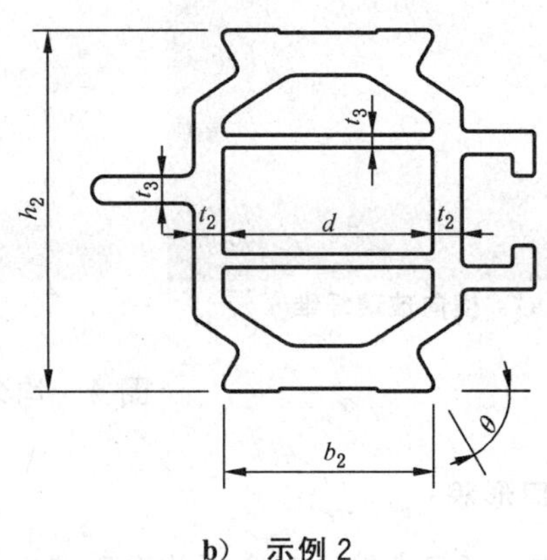

b) 示例2

说明：

h_1、h_2——聚酰胺型材截面高度；

b_1、b_2——聚酰胺型材端头宽度；

t_1、t_2——聚酰胺型材主要受力壁厚；

θ——聚酰胺型材端头角度；

d——聚酰胺型材空腔尺寸；

t_3——聚酰胺型材非主要受力壁厚。

图7 非Ⅰ型聚酰胺型材横截面主要尺寸分类

表 2　聚酰胺型材横截面主要尺寸允许偏差

单位为毫米

尺寸类别	公称尺寸	允许偏差 ±
h_1	≤20.00	0.05
	>20.00～40.00	0.10
	>40.00～60.00	0.20
	>60.00～80.00	0.25
	>80.00	0.30
h_2	≤20.00	0.10
	>20.00～40.00	0.15
	>40.00～60.00	0.25
	>60.00～80.00	0.30
	>80.00	0.35
b_1	≤20.00	0.05
	>20.00～50.00	0.10
	>50.00	0.20
b_2	≤20.00	0.05
	>20.00～50.00	0.10
	>50.00	0.20
t_1	≤3.00	0.05
	>3.00～6.00	0.08
	>6.00～10.00	0.13
	>10.00	0.18
t_2	≤3.00	0.08
	>3.00～6.00	0.11
	>6.00～10.00	0.15
	>10.00	0.20
t_3	≤3.00	0.10
	>3.00～6.00	0.15
	>6.00～10.00	0.20
	>10.00	0.25
d	≤10.00	0.20
	>10.00～30.00	0.30
	>30.00	0.40

4.7.2　聚酰胺型材的壁厚尺寸按照工程设计计算选择。聚酰胺型材尺寸 t_1 的最小局部壁厚实测值应不小于 1.75 mm，聚酰胺型材尺寸 t_2 的最小局部壁厚实测值应不小于 0.72 mm。

4.7.3　聚酰胺型材横截面上的端头角度 θ 的允许偏差为±1°，其他角度的允许偏差为±1.5°。

4.7.4　聚酰胺型材横截面上的其他尺寸允许偏差应由供需双方参照 GB/T 5237.1—2017 高精级的要求商定，并在订货单(或合同)中注明。

4.7.5　聚酰胺型材不应有端头变型(如图 A.7 所示)等缺陷。

4.7.6　定尺长度不大于 6 m 的聚酰胺型材，长度允许偏差为 $^{+15}_{0}$ mm。定尺长度大于 6 m 的聚酰胺型材，长度允许偏差由供需双方商定，并在订货单(或合同)中注明。

4.8　性能

聚酰胺型材的导热系数、线性膨胀系数的典型值参见表 3，其他性能应符合表 3 的规定。

表 3　聚酰胺型材的性能要求

项　　目		要　　求
密度		(1.30±0.05)g/cm³
DSC 熔融峰温		≥255℃
轴钉应力开裂性能		孔口无裂纹
邵氏硬度(H_D)		80±5
低温无缺口冲击强度(−30 ℃±2 ℃)		≥50 kJ/m²
室温纵向抗拉特征值(23 ℃±2 ℃)		≥90 MPa
室温纵向拉伸断裂伸长率		≥3%
室温纵向拉伸弹性模量		≥4 500 MPa
室温横向抗拉特征值 (23 ℃±2 ℃)	Ⅰ型(截面高度<20 mm)	≥90 MPa
	Ⅰ型(截面高度≥20 mm)	≥80 MPa
	非Ⅰ型[a]	≥25 MPa
高温横向抗拉特征值 (90 ℃±2 ℃)	Ⅰ型(截面高度<20 mm)	≥55 MPa
	Ⅰ型(截面高度≥20 mm)	≥45 MPa
	非Ⅰ型[a]	≥20 MPa
低温横向抗拉特征值 (−30 ℃±2 ℃)	Ⅰ型(截面高度<20 mm)	≥90 MPa
	Ⅰ型(截面高度≥20 mm)	≥80 MPa
	非Ⅰ型[a]	≥25 MPa
耐水性能	Ⅰ型(截面高度<20 mm)	横向抗拉特征值≥85 MPa
	Ⅰ型(截面高度≥20 mm)	横向抗拉特征值≥75 MPa
	非Ⅰ型[a]	横向抗拉特征值≥22 MPa
热老化性能	Ⅰ型(截面高度<20 mm)	横向抗拉特征值≥60 MPa
	Ⅰ型(截面高度≥20 mm)	横向抗拉特征值≥55 MPa
	非Ⅰ型[a]	横向抗拉特征值≥20 MPa
导热系数典型值	热流计法	0.30 W/(m·K)
线性膨胀系数典型值		$2.3\times10^{-5}K^{-1}\sim3.5\times10^{-5}K^{-1}$

[a] 在选用非Ⅰ型聚酰胺型材时，应经过工程设计验算。

4.9 外观质量

聚酰胺型材的外观应光滑、平整，色泽均匀，表面不应有影响使用的外观缺陷存在。

4.10 铝合金型材复合适应性

需方要求检验铝合金型材的复合适应性时，应在订货单(或合同)中注明，其复合适应性应符合表4的规定。

表4 铝合金型材复合适应性

试验项目	试验结果
水中浸泡试验	低温(−20 ℃±2 ℃)横向抗拉特征值≥24 N/mm、高温(80 ℃±2 ℃)横向抗拉特征值≥24 N/mm，分别与水中浸泡前相应温度的横向抗拉特征值测定结果相比，横向抗拉特征值降低量不得超过水中浸泡前相应温度的横向抗拉特征值的30%
湿热试验	室温(23 ℃±2 ℃)横向抗拉特征值≥24 N/mm，与湿热试验前的室温横向抗拉特征值测定结果相比，横向抗拉特征值降低量不得超过湿热试验前室温横向抗拉特征值的30%

5 试验方法

5.1 试验环境

实验室温度为23 ℃±2 ℃、相对湿度为50%±10%。

5.2 试样预处理

将所有试样放在140 ℃±2 ℃的普通干燥箱内烘6 h后取出，放置在23 ℃±2 ℃的干燥器内冷却不少于2 h。

5.3 试验温度

聚酰胺型材试验温度：室温23 ℃±2 ℃、低温−30 ℃±2 ℃、高温90 ℃±2 ℃。

5.4 组分

玻璃纤维含量按GB/T 9345.1—2008中规定的直接煅烧法(方法A)进行测定，煅烧温度为750 ℃。

5.5 灰分

5.5.1 煅烧后将残余置于自然散射光下，以正常视力观察玻璃纤维颜色并进行拍照记录。

5.5.2 再将残余置于装有摄像头的显微镜下，放大倍数选择50×，观察玻璃纤维形态并进行拍照记录。

5.6 显微组织

显微组织按附录B规定的方法进行检验。

5.7 断口形貌

将经过室温横向拉伸的断口置于装有摄像头的扫描电子显微镜下，放大倍数宜选择100×～

500×,选取有代表性的视场进行拍照记录。

5.8 尺寸偏差

尺寸采用精度为 0.02 mm 的游标卡尺、0.01 mm 的千分尺或专用仪器测量。

5.9 性能

5.9.1 密度

密度试验按 GB/T 1033.1—2008 中规定的浸渍法进行测定。

5.9.2 DSC 熔融峰温

DSC 熔融峰温按 GB/T 19466.3 规定的方法进行测定。

5.9.3 轴钉应力开裂性能

轴钉应力开裂性能按附录 C 规定的方法进行检验。

5.9.4 邵氏硬度

5.9.4.1 试样按 GB/T 2411 的规定,沿图 8 所示方向压入压针,测试邵氏硬度(H_D),15 s±1 s 后读取指示装置的示值。

5.9.4.2 在同一试样上重复 5.9.4.1,与前一测试点相隔至少 6 mm。

5.9.4.3 计算同一试样两次测量结果的算术平均值作为该试样的邵氏硬度测试值。

5.9.4.4 重复 5.9.4.1～5.9.4.3,直至测出所有试样的邵氏硬度值,计算所有试样的邵氏硬度测试值的算术平均值作为该组试样的邵氏硬度测试值。

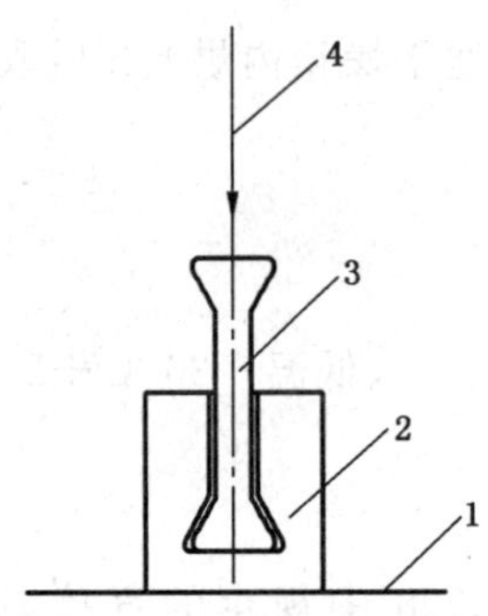

说明:

1——工作平台;

2——定位装置。

3——聚酰胺型材;

4——压针压入方向。

图 8 邵氏硬度压针压入方向示意图

5.9.5 低温无缺口冲击强度

5.9.5.1 按 5.9.1 测定聚酰胺型材的密度 ρ。

5.9.5.2 从干燥器内取出 1 个试样,用感量为 0.01 g 的电子天平称量试样的质量 m,用精度为0.02 mm 的游标卡尺测量试样的长度 L,再按式(1)计算试样的横截面面积。

$$A = (m \times 10^3)/(\rho \times L) \quad \cdots\cdots (1)$$

式中：

A ——试样横截面面积，单位为平方毫米(mm^2)；

m ——试样的质量，单位为克(g)；

ρ ——试样密度，单位为克每立方厘米(g/cm^3)；

L ——试样长度，单位为毫米(mm)。

5.9.5.3 将试验装置和试样放入环境试验箱内降温至－30 ℃±2 ℃，恒温 30 min

5.9.5.4 按 GB/T 1043.1 的规定测试(测试装置示意图见图 9)试样低温无缺口冲击强度。

5.9.5.5 重复 5.9.5.1～5.9.5.4，直至测出所有试样的低温无缺口冲击强度，计算所有试样的低温无缺口冲击强度测试值的算术平均值作为该组试样的低温无缺口冲击强度测试值。

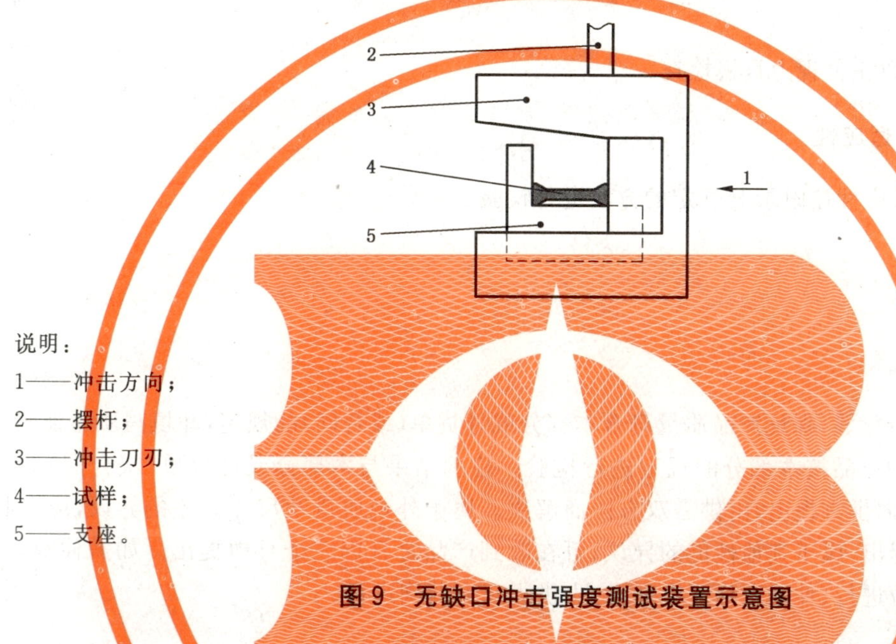

说明：

1——冲击方向；

2——摆杆；

3——冲击刀刃；

4——试样；

5——支座。

图 9 无缺口冲击强度测试装置示意图

5.9.6 室温纵向抗拉特征值、室温纵向拉伸断裂伸长率、室温纵向拉伸弹性模量

室温纵向抗拉特征值、室温纵向拉伸断裂伸长率和室温纵向拉伸弹性模量按附录 D 规定的方法进行测定。

5.9.7 室温横向抗拉特征值、高温横向抗拉特征值、低温横向抗拉特征值

室温横向抗拉特征值、高温横向抗拉特征值和低温横向抗拉特征值按附录 E 规定的方法进行测定。

5.9.8 耐水性能

5.9.8.1 耐水性能试验方法分为沸水试验方法和常温浸泡试验方法，试验方法由供需双方商定，并在订货单(或合同)中注明，未注明时和仲裁试验时按常温浸泡试验方法进行。

5.9.8.2 沸水试验方法：将试样放入 GB/T 6682 规定的三级水中，沸煮 4 h，随即将试样取出，在室温中放置 48 h，按附录 E 测定试样的室温横向抗拉特征值。

5.9.8.3 常温浸泡试验方法：将试样放入 GB/T 6682 规定的三级水(温度为 23±2 ℃)中浸泡1 000 h，随即将试样取出，在室温中放置 48 h，按附录 E 测定试样的室温横向抗拉特征值。

5.9.9 热老化性能

5.9.9.1 将试样悬挂在热老化箱的试样架上，将热老化箱加热到 140 ℃±2 ℃，保持 1 000 h，随即将试样取出，在室温中放置不少于 24 h。

5.9.9.2 取 1 个试样装入横向拉伸夹具里，按附录 E 的 E.4.1.2～E.4.1.4 测定该试样的最大横向抗拉力。

5.9.9.3 重复 5.9.9.2，直至完成对其他试样的测试。

5.9.9.4 按附录 E 的式(E.1)计算各试样所能承受的最大横向抗拉强度，再按式(E.2)计算横向抗拉特征值。

5.10 外观质量

在自然散射光下，以正常视力目视检查。

5.11 铝合金型材复合适应性

铝合金型材复合适应性按附录 F 规定的方法进行检验。

6 检验规则

6.1 检查和验收

6.1.1 产品由供方进行检验，保证产品质量符合本部分或订货单(或合同)的规定，并填写质量证明书。

6.1.2 需方可对收到的产品按本部分的规定进行检验。检验结果与本部分或订货单(或合同)的规定不符时，应以书面形式向供方提出，由供需双方协商解决。属于外观质量及尺寸偏差的异议，应在收到产品之日起一个月内提出，属于其他性能的异议，可在收到产品之日起三个月内提出。如需仲裁，可委托供需双方认可的单位进行，仲裁取样应在需方，由供需双方共同进行。

6.2 组批

产品应成批提交验收。每批由同一设备、同一成分、同一尺寸规格的聚酰胺型材组成，连续生产时每 24 h 为一批；间歇生产时，不足 24 h 也以一批计。

6.3 检验分类

产品检验分为出厂检验和定期检验。

6.4 检验项目及工艺保证项目

6.4.1 出厂检验项目、定期检验项目和工艺保证项目应符合表 5 的规定。

表 5 检验项目及工艺保证项目

检验项目		出厂检验项目	定期检验项目	工艺保证项目
组分	聚酰胺 66	—	—	√
	玻璃纤维	√	—	—
灰分	目视形貌	√	—	—
	显微形貌	—	√	√

表 5（续）

检验项目			出厂检验项目	定期检验项目	工艺保证项目
显微组织			[a]	√	√
断口形貌			[a]	√	√
尺寸偏差			√	—	—
性能	密度		√	—	—
	DSC 熔融峰温		[a]	√	√
	轴钉应力开裂性能		[a]	√	√
	邵氏硬度		√	—	—
	低温无缺口冲击强度		[a]	√	√
	室温纵向抗拉特征值		√	—	—
	室温纵向拉伸断裂伸长率		√	—	—
	室温纵向拉伸弹性模量		[a]	√	√
	室温横向抗拉特征值		√	—	—
	高温横向抗拉特征值		√	—	—
	低温横向抗拉特征值		[a]	√	√
	耐水性能	沸水试验	[a]	√	√
		常温浸泡试验	[a]	√	√
	热老化性能		[a]	√	√
外观质量			√	—	—
铝合金型材复合适应性			[a]	√	√
注："√"表示必需检验项目或工艺保证项目，"—"表示不检验项目或非工艺保证项目。					
[a] 订货单(或合同)中注明检验时，该项目列为必需检验项目。					

6.4.2 供方每二年至少应进行一次定期检验。

6.5 取样

聚酰胺型材的取样应符合表 6 规定，试样端口应平整，无缺口或裂纹。

表 6 取样

检验项目	取样规定	要求的章条号	试验方法的章条号
组分	每批任取 1 根(或任 1 卷上切取 1 个样坯)聚酰胺型材，在其上任意部位切取 4 个长 35 mm±1 mm 的试样，按 GB/T 9345.1 的有关规定取样检测玻璃纤维含量	4.3	5.4
灰分		4.4	5.5
显微组织	每批任取 1 根(或任 1 卷上切取 1 个样坯)聚酰胺型材，在其上任意部位切取 3 个长 10 mm±2 mm 的试样，分别用于横、纵、法向玻璃纤维分布等内部组织结构形态的检验	4.5	5.6

表 6（续）

检验项目		取样规定	要求的章条号	试验方法的章条号
断口形貌		每批任取 1 根(或任 1 卷上切取 1 个样坯)聚酰胺型材，在其一端切取 1 个试样/检验项目，另一端切取 1 个试样/检验项目，试样长 35 mm±1 mm	4.6	5.7
尺寸偏差		逐根(或卷)检查	4.7	5.8
密度		符合 GB/T 1033.1 的规定	4.8	5.9.1
DSC 熔融峰温		每批任取 1 个试样，试样长≥30 mm		5.9.2
轴钉应力开裂性能		每批任取 1 个试样，试样长≥100 mm		5.9.3
邵氏硬度		每批任取 5 个试样，试样长≥100 mm		5.9.4
低温无缺口冲击强度		每批任取 2 根(或任 2 卷，每卷上切取 1 个样坯)聚酰胺型材，在其一端切取 3 个试样，另一端切取 2 个试样，试样长80 mm±2 mm		5.9.5
室温纵向抗拉特征值		每批任取 2 根(或任 2 卷，每卷上切取 1 个样坯)聚酰胺型材，在其一端切取 3 个样品，另一端切取 2 个样品，非Ⅰ型聚酰胺型材在主要受力壁上切取样品。样品长度不小于 75 mm，将每个样品加工成 1 个试样		5.9.6
室温纵向拉伸断裂伸长率				
室温纵向拉伸弹性模量		当订货单(或合同)中注明检验时，每批任取 1 根(或任 1 卷上切取 1 个样坯)聚酰胺型材，在其一端切取 3 个样品，另一端切取 2 个样品，非Ⅰ型聚酰胺型材在主要受力壁上切取样品。样品长度不小于 75 mm，将每个样品加工成 1 个试样		
室温横向抗拉特征值		每批任取 2 根(或 2 卷，每卷切取 1 个样坯)聚酰胺型材，在其一端切取 3 个试样/检验项目，另一端切取 2 个试样/检验项目，试样长 35 mm±1 mm		5.9.7
高温横向抗拉特征值				
低温横向抗拉特征值		每批任取 2 根(或 2 卷，每卷切取 1 个样坯)聚酰胺型材，在其一端切取 3 个试样/检验项目，另一端切取 2 个试样/检验项目，试样长 35 mm±1 mm		5.9.7
耐水性能	沸水试验			5.9.8.2
	常温浸泡试验			5.9.8.3
热老化性能				5.9.9
外观质量		逐根(或卷)检查	4.9	5.10
铝合金型材复合适应性		当订货单(或合同)中注明检验时，按附录 F 进行	4.10	5.11

6.6 检查结果的判定

6.6.1 任一试样的组分不合格时，应从该批产品中另取双倍数量的试样进行重复试验。重复试验结果全部合格，则判该批产品合格。若重复试验结果中仍有试样的组分不合格时，则判该批产品不合格。

6.6.2 任一试样的灰分不合格时，判该批产品不合格。

6.6.3 任一试样的显微组织不合格时，判该批产品不合格。

6.6.4 任一试样的断口形貌不合格时，判该批产品不合格。

6.6.5 任一试样的尺寸偏差不合格时，判该批产品不合格。但经供需双方商定允许供方逐根检验，合格者交货。

6.6.6 任一试样的密度不合格时,应从该批产品中另取双倍数量的试样进行重复试验。重复试验结果全部合格,则判该批产品合格。若重复试验结果中仍有试样的密度不合格时,则判该批产品不合格。

6.6.7 任一试样的DSC熔融峰温不合格时,应从该批产品中另取双倍数量的试样进行重复试验。重复试验结果全部合格,则判该批产品合格。若重复试验结果中仍有试样的DSC熔融峰温不合格时,则判该批产品不合格。

6.6.8 任一试样的轴钉应力开裂性能不合格时,应从该批中产品另取双倍数量的试样进行重复试验。重复试验结果全部合格,则判该批产品合格。若重复试验结果中仍有试样的轴钉应力开裂性能不合格时,则判该批产品不合格。

6.6.9 任一组试样的邵氏硬度不合格时,应从该批产品中另取双倍数量的试样进行重复试验。重复试验结果全部合格,则判该批产品合格。若重复试验结果中仍有试样的邵氏硬度不合格时,则判该批产品不合格。

6.6.10 任一组试样的低温无缺口冲击强度不合格时,应从该批产品中另取双倍数量的试样进行重复试验。重复试验结果全部合格,则判该批产品合格。若重复试验结果中有任一组试样的低温无缺口冲击强度不合格时,则判该批产品不合格。

6.6.11 任一组试样的室温纵向抗拉特征值不合格时,应从该批产品中另取双倍数量的试样进行重复试验。重复试验结果全部合格,则判该批产品合格。若重复试验结果中有任一组试样的室温纵向抗拉特征值不合格时,则判该批产品不合格。

6.6.12 任一试样的室温纵向拉伸断裂伸长率不合格时,应从该批产品中另取双倍数量的试样进行重复试验。重复试验结果全部合格,则判该批产品合格。若重复试验结果中仍有试样伸长率不合格时,则判该产品批不合格。

6.6.13 任一试样的室温纵向拉伸弹性模量不合格时,应从该批产品中另取双倍数量的试样进行重复试验。重复试验结果全部合格,则判该批产品合格。若重复试验结果中仍有试样的室温纵向拉伸弹性模量不合格时,则判该批产品不合格。

6.6.14 任一组试样的室温横向抗拉特征值不合格时,应从该批产品中另取双倍数量的试样进行重复试验。重复试验结果全部合格,则判该批产品合格。若重复试验结果中有任一组试样的室温横向抗拉特征值不合格时,则判该批产品不合格。

6.6.15 任一组试样的高温横向抗拉特征值不合格时,应从该批产品中另取双倍数量的试样进行重复试验。重复试验结果全部合格,则判该批产品合格。若重复试验结果中有任一组试样的高温横向抗拉特征值不合格时,则判该批产品不合格。

6.6.16 任一组试样的低温横向抗拉特征值不合格时,应从该批产品中另取双倍数量的试样进行重复试验。重复试验结果全部合格,则判该批产品合格。若重复试验结果中有任一组试样特征值不合格时,则判该批产品不合格。

6.6.17 任一组试样的耐水性能不合格时,应从该批产品中另取双倍数量的试样进行重复试验。重复试验结果全部合格,则判该批产品合格。若重复试验结果中有任一组试样的耐水性能不合格时,则判该批产品不合格。

6.6.18 任一组试样的热老化性能不合格时,应从该批产品中另取双倍数量的试样进行重复试验。重复试验结果全部合格,则判该批产品合格。若重复试验结果中有任一组试样的热老化性能不合格时,则判该批产品不合格。

6.6.19 任一试样的外观质量不合格时,判该根(或卷)不合格。

6.6.20 任一组试样的铝合金型材复合适应性不合格时,应从该批产品中另取双倍数量的试样进行重复试验。重复试验结果全部合格,则判该批产品合格。若重复试验结果中有任一组试样的铝合金型材复合适应性不合格时,则判该批产品不合格。

7 标志、包装、运输、贮存及质量证明书

7.1 标志

7.1.1 在检验合格的聚酰胺型材上应打印标记，标记宜每 500 mm 出现一次，宜采用激光打印技术。

7.1.2 在产品包装的明显部位应贴上包括如下内容的产品标签：

a) 供方名称、商标；
b) 产品名称、尺寸规格、数量；
c) 生产日期和批号；
d) 供方质检部门检印(或质检人员的签名或印章)；
e) 本部分编号。

7.2 包装

卷条状聚酰胺型材宜为 300 m～1 000 m 包装成一卷，直条状聚酰胺型材宜 50 支～100 支包装成一捆。

7.3 运输和贮存

7.3.1 在运输、贮存中，应避免与酸、碱、盐及有机溶剂接触，应避免日晒、雨淋，撞击或挤压。

7.3.2 产品应水平放置，应存放于通风、干燥、平整的场地。

7.4 质量证明书

每批聚酰胺型材应附有产品质量证明书，其上注明：

a) 供方名称和地址；
b) 产品名称、尺寸规格；
c) 包装类型；
d) 各项出厂检验结果；
e) 生产日期或批号；
f) 数量；
g) 本部分编号；
h) 供方质检部门检印。

8 订货单(或合同)内容

订购本部分所列聚酰胺型材的订货单(或合同)应包括下列内容：

a) 供方名称；
b) 产品名称；
c) 尺寸规格；
d) 包装类型；
e) 数量；
f) 需方的特殊要求：
——尺寸偏差要求；
——显微组织要求；
——断口形貌要求；

——DSC 熔融峰温要求；
——轴钉应力开裂性能要求；
——低温无缺口冲击强度要求；
——室温纵向拉伸弹性模量要求；
——低温横向抗拉特征值要求；
——耐水性能要求；
——热老化性能要求；
——铝合金型材复合适应性要求；
——其他特殊要求；

g） 本部分编号。

附 录 A
（规范性附录）
聚酰胺型材典型缺陷术语与定义

A.1

玻璃纤维夹杂 foreign inclusion in glass fibre

由于原材料不纯，聚酰胺型材经煅烧后玻璃纤维的颜色不呈白色（如图 A.1 所示）。

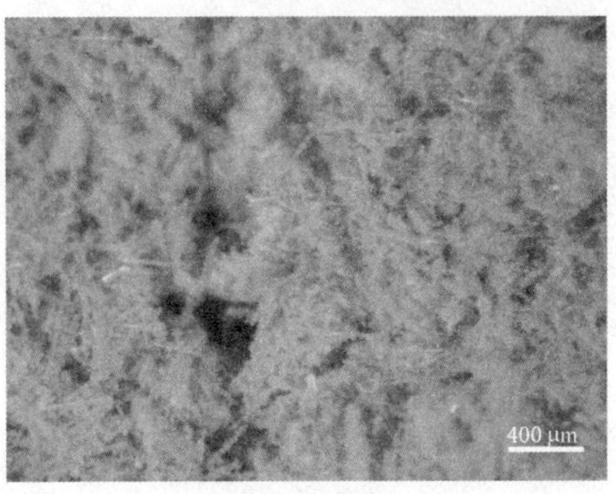

图 A.1 玻璃纤维夹杂

A.2

玻璃纤维短碎 broken short glass fibre

聚酰胺型材经煅烧后大部分玻璃纤维的长径比小于 30（如图 A.2 所示）。

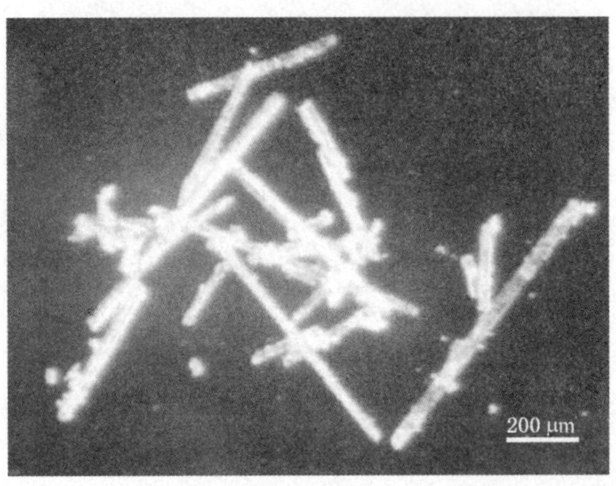

图 A.2 玻璃纤维短碎

A.3

气泡 bubble

聚酰胺型材内部组织结构存在大小不一、内壁光滑的孔洞（如图 A.3 所示）。

主要产生原因：

a） 原材料含水率过高；

b） 挤压工艺或参数错误。

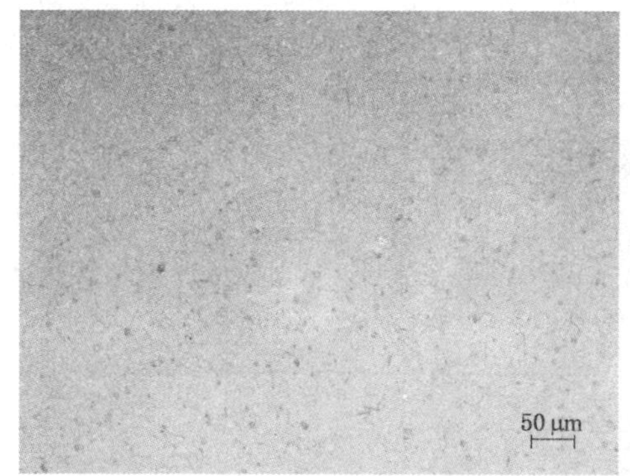

a) 显微组织观察到的气泡

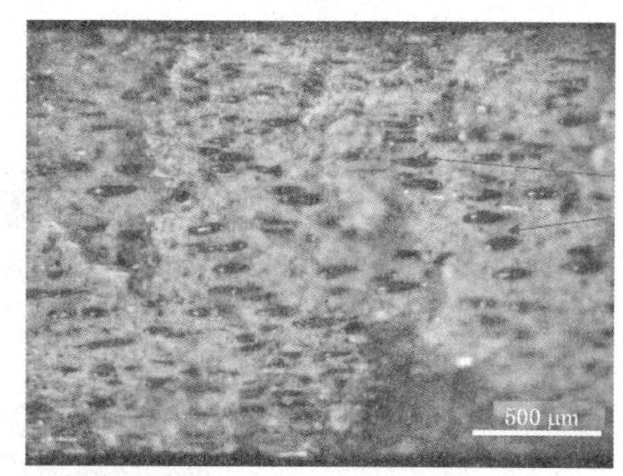

b) 断口形貌观察到的气泡

图 A.3 气泡

A.4

夹杂 foreign inclusion

因原料夹渣(如 $CaCO_3$、CaO 等),造成聚酰胺型材表面或内部残留异物的现象(如图 A.4、图 A.5 所示)。

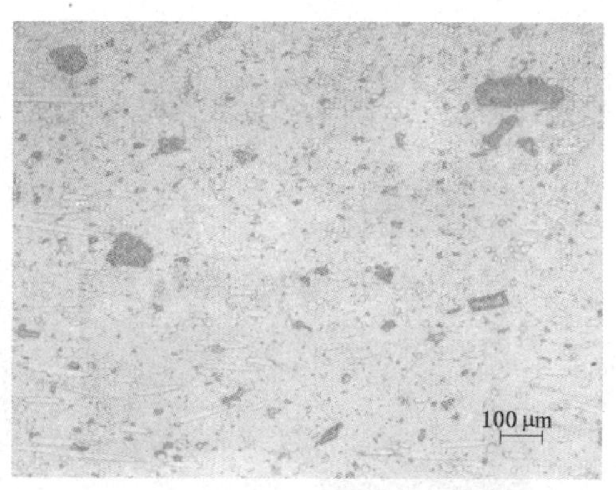

图 A.4 显微组织观察到的夹杂

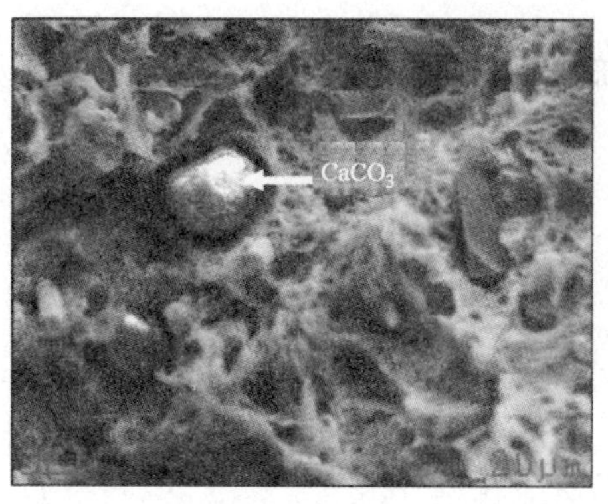

a) 夹杂 $CaCO_3$

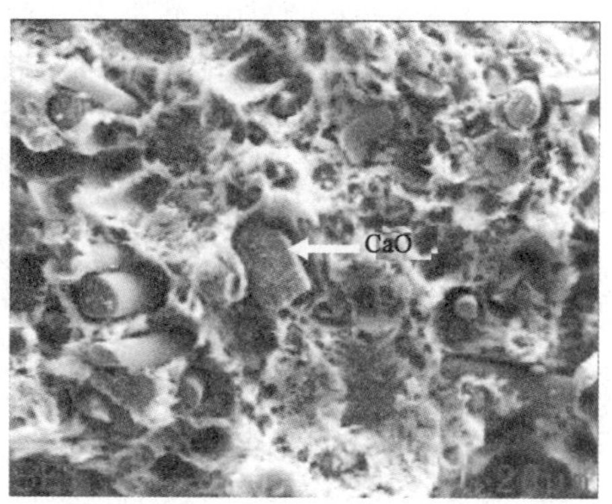

b) 夹杂 CaO

图 A.5 断口形貌观察到的夹杂

A.5

裂纹 crack

聚酰胺型材出现开裂的现象,严重时聚酰胺型材壁厚部位完全断裂(如图 A.6 所示)。

主要产生原因:

a） 挤压过程中挤压工艺或参数设置错误；

b） 聚酰胺型材运输或存放过程中受了较大外力。

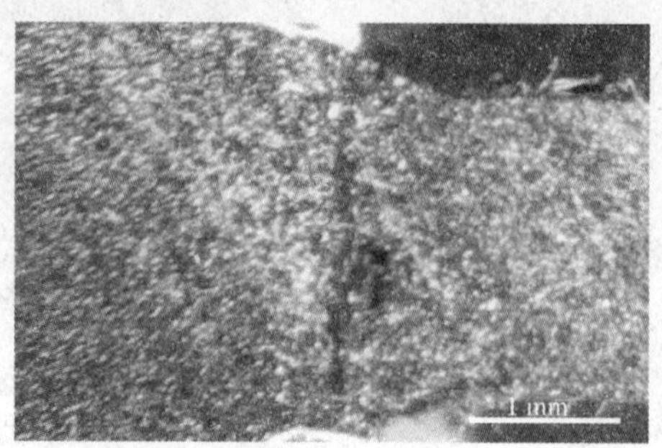

图 A.6 裂纹

A.6

端头变形 head deformation

聚酰胺型材端头角度和尺寸都超出偏差范围，且棱角不规整(如图 A.7 所示)。

主要产生原因：

a） 模具尺寸精度差；

b） 聚酰胺型材挤出后冷却速度过快。

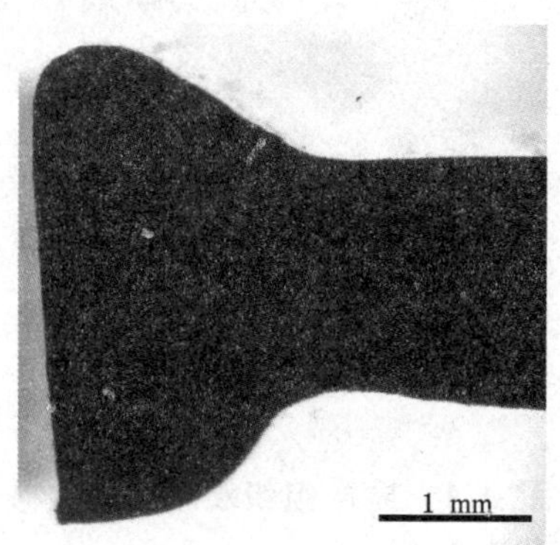

图 A.7 端头变形

附　录　B
（规范性附录）
显微组织试验方法

B.1　方法原理

用金相显微镜分别观察聚酰胺型材横向、纵向和法向的内部组织。

B.2　试验设备

B.2.1　镶样机：工作温度包含 120 ℃～180 ℃，也可以采用冷镶方法（常温）。
B.2.2　磨抛机：工作转速包含 150 r/min～600 r/min。
B.2.3　金相显微镜：装有数码摄像头，且放大倍数应包含 100 倍、200 倍、500 倍。

B.3　试样

B.3.1　取样

任取一根（或任一卷上切取 1 个样坯）聚酰胺型材，在其上切取 3 段长度约 10 mm±2 mm 的试样，分别进行横向、纵向和法向显微组织测试。

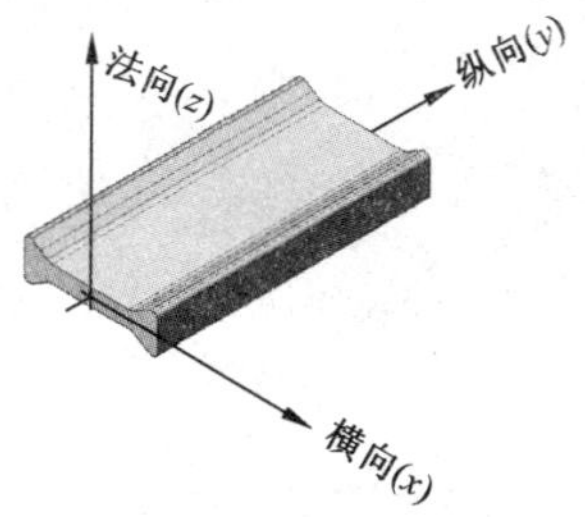

图 B.1　聚酰胺型材横向、纵向、法向示意图

B.3.2　夹持与镶样

将横、纵向和法向试样进行夹持固定后放入镶样机镶嵌，温度不超过 180 ℃，也可采用冷镶方法。横、纵向试样应垂直镶嵌，不应有倾斜角度。

B.3.3　研磨

B.3.3.1　在磨抛机上用粗 SiC 水砂纸（磨料粒度宜为 68 μm～100 μm）将被检查面磨成平面，研磨过程用酒精或水等进行冷却和润滑。
B.3.3.2　将试样转 90°，用 SiC 水砂纸（磨料粒度宜为 18 μm～35 μm）进行细磨，直至试样表面平整且无粗划痕，研磨过程用酒精或水等进行冷却和润滑。如细磨时使用的 SiC 水砂纸粒度较细（磨料粒度约 10 μm 左右），细磨后可直接进行 B.3.5 细抛。

B.3.4 粗抛

将研磨后的试样用水冲洗干净后,用粒径较粗的金刚石悬浮液或其他抛光材料为粗抛光剂(磨料粒度宜为 5 μm～9 μm),在装有粗呢子的抛光盘上进行粗抛,抛光机的转速宜采用 300 r/min～600 r/min。粗抛方向应垂直于磨痕方向,抛至磨痕全部消失,至磨面平整光亮无脏物为止。

B.3.5 细抛

将粗抛后的试样用水冲洗干净,用粒径较细的金刚石悬浮液或其他抛光材料为细抛光剂(磨料粒度宜为 1 μm～3 μm),在装有细呢子(或其他纤维细软的丝织品)的抛光盘上进行细抛,抛光机的转速宜采用 150 r/min～300 r/min。细抛方向应垂直于粗抛痕迹,抛至表面无任何痕迹和脏物,在显微镜上可观察到清晰完整的玻璃纤维组织为止。

B.3.6 清洗

细抛后的试样用水清洗干净并吹干待用。

B.4 显微组织观察

将吹干后的试样置于装有数码摄像头的金相显微镜下观察,放大倍数宜选择 100 ×～500 ×。对整个受检面进行观察,并选取有代表性的视场进行拍照记录。若受检面存在气孔、裂纹、夹杂物等缺陷,应对缺陷单独拍照记录。

B.5 试验报告

试验报告应至少包括下列内容:

a) 试样名称、型号;
b) 试样来源、送样日期;
c) 测试结果;
d) 测试人员、测试日期;
e) 本部分编号。

附 录 C
(规范性附录)
轴钉应力开裂性能试验方法

C.1 方法原理

将直径比聚酰胺型材上圆孔的孔径大的轴钉压入孔中，并经切削液和洗涤剂试验溶液浸泡后，观察孔口周边是否出现裂纹。

C.2 试验工具

4 个抛光（*Ra* 1.6）钢轴钉，直径分别为 3.10 mm±0.01 mm、3.20 mm±0.01 mm、3.30 mm±0.01 mm、3.40 mm±0.01 mm，轴钉长度(不包括锥端)是 10 mm～50 mm，锥端锥度为 1∶5，顶部直径为 2.5 mm，轴钉示意图见图 C.1。

单位为毫米

说明：
L ——轴钉长度；
ϕ ——轴钉直径。

图 C.1 轴钉示意图

C.3 试样

C.3.1 试样应清洁，无影响测试效果的油脂、水及其他杂质。

C.3.2 将试样在试验室中放置 48 h，并对所有试样进行编号。

C.3.3 采用钻床及直径是 2.8 mm 的钻头，在每个试样上加工 4 个孔，孔中心线应与试样平面垂直，孔与孔之间及孔与试样长度方向的边缘之间距离应≥15 mm。

C.3.4 采用钻床及绞刀将孔径扩孔加工至 3.00 mm±0.05 mm。

C.4 试验步骤

C.4.1 将试样放在 140 ℃±2 ℃的普通干燥箱内烘 6 h 后取出，放置在 23 ℃±2 ℃的干燥器内冷却不少于 2 h。

C.4.2 将 4 个轴钉分别压入试样(C.3)孔中，直至轴钉(C.2)的工作部位与孔壁完全接触(一个轴钉可压入几个试样)。

C.4.3 将压入轴钉后的试样放置 1 h，随即浸泡在装有切削液的容器中 24 h。

C.4.4 取出试样,用清水清洗,并用吸湿纸或布擦去试样表面试液。

C.4.5 用洗涤剂(组分见表 C.1)和 GB/T 6682 规定的三级水配置成浓度为 50 g/L 的洗涤剂试验溶液。将试样置于试验液中保持 24 h。

表 C.1 洗涤剂组分

组　分	质量分数/%
无水焦磷酸(四)钠(Tetrasodium Pyrophosphate)	53
无水硫酸钠(Sodium Sulphate Anhydyous)	19
十二烷基苯磺酸钠(Sodium linear alkylarylsulfonate)	20
水合硅酸钠(Sodium Metasilicate Hydrated)	7
无水碳酸钠(Sodium Carbonate Anhydrous)	1
总计	100

C.4.6 取出试样,用清水清洗,并用吸湿纸或布擦去试样表面试液。然后放置 3 h。

C.5 试验结果的评定

用 5 倍放大镜观察试样孔口周围是否出现裂纹,并记录所对应轴钉的直径。

C.6 试验报告

试验报告应至少包括下列内容:

a) 试样名称、型号;
b) 试样来源、送样日期;
c) 测试结果;
d) 测试人员、测试日期;
e) 本部分编号。

附　录　D
(规范性附录)
室温纵向抗拉特征值、室温拉伸断裂伸长率、室温拉伸弹性模量的测试方法

D.1　方法原理

使用万能材料试验机测试聚酰胺型材的室温纵向抗拉值、室温拉伸断裂伸长率和室温拉伸弹性模量。

D.2　试验设备

D.2.1　万能材料试验机:符合 GB/T 16825.1—2008 的规定,精度为 1 级或更优级别。

D.2.2　引伸计:准确度等级为 1 级或更优级别。

D.3　试样

D.3.1　将切取的样品加工成图 D.1 所示形状试样。试样端部截面为矩形,试样尺寸按表 D.1。

D.3.2　对所有试样进行编号,并用游标卡尺测量试样长度 L_4 和厚度 t。

D.3.3　将试样放在 140 ℃±2 ℃的普通干燥箱内烘 6 h 后取出,放置在 23 ℃±2 ℃的干燥器内冷却不少于 2 h。

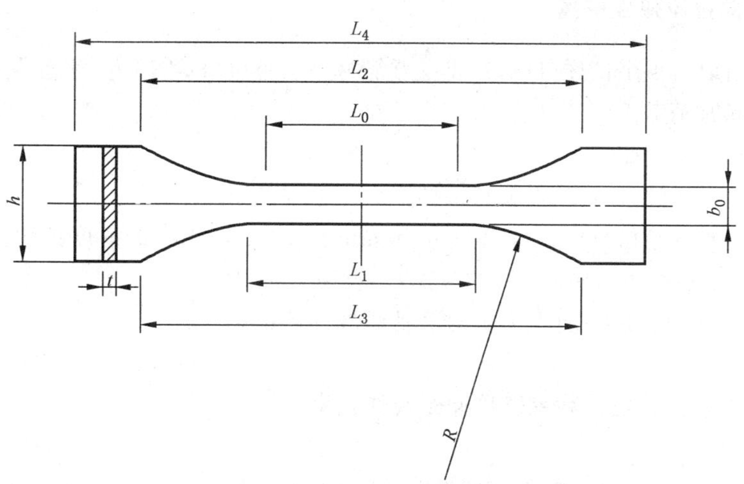

图 D.1　聚酰胺型材纵向拉伸试样示意图

表 D.1 聚酰胺型材纵向拉伸试样尺寸

<table>
<tr><td colspan="2">尺寸分类</td><td>尺寸要求
mm</td></tr>
<tr><td colspan="2">总长 L_4</td><td>≥75</td></tr>
<tr><td colspan="2">两端宽的平行部分之间的距离 L_2</td><td>58±2</td></tr>
<tr><td colspan="2">中间平行部分的长度 L_1</td><td>30±0.5</td></tr>
<tr><td rowspan="2">端部宽度 h</td><td>Ⅰ型聚酰胺型材</td><td>聚酰胺型材高度(如图 6 中的 h_1)</td></tr>
<tr><td>非Ⅰ型聚酰胺型材</td><td>10±0.5</td></tr>
<tr><td colspan="2">中间水平部分的宽度 b_0</td><td>5±0.5</td></tr>
<tr><td rowspan="2">厚度 t</td><td>Ⅰ型聚酰胺型材</td><td>图 6 中的 t_1</td></tr>
<tr><td>非Ⅰ型聚酰胺型材</td><td>聚酰胺型材主要受力
壁厚(图 7 中的 t_1 或 t_2)</td></tr>
<tr><td colspan="2">标距 L_0</td><td>25±0.5</td></tr>
<tr><td colspan="2">夹具间的初始距离 L_3</td><td>L_2+2</td></tr>
<tr><td colspan="2">半径 R</td><td>≥40</td></tr>
</table>

D.4 试验步骤

D.4.1 测试室温纵向拉伸弹性模量

D.4.1.1 从干燥器内取出 1 个试样(D.3.3)装在万能材料试验机(D.2.1)上，注意保持试样的垂直性，并施加 50 N±2 N 的预加荷载。

D.4.1.2 使万能材料试验机归零。

D.4.1.3 将校准过的引伸计(D.2.2)安装到试样的标距上并调正。

D.4.1.4 启动万能材料试验机(D.2.1)，以 1 mm/min±0.2 mm/min 的速度拉伸试样，测定试样弹性模量(弹性模量测试范围:0.05%～0.25%的应变)。

D.4.1.5 重复 D.4.1.1～D.4.1.4，直至完成对其他试样的测试。

D.4.2 测试室温纵向抗拉特征值和室温拉伸断裂伸长率

D.4.2.1 按 D.4.1.1～D.4.1.3 进行拉伸前的准备，然后以 10 mm/min±2 mm/min 的速度拉伸试样，直到试样被拉断。记下试样最大纵向抗拉力和断裂伸长率。

D.4.2.2 重复 D.4.2.1，直至完成对其他试样的测试。

D.5 试验结果的计算

D.5.1 拉伸弹性模量和拉伸断裂伸长率的计算

按 GB/T 1040.1 的相关规定计算拉伸弹性模量及拉伸断裂伸长率。

D.5.2 纵向抗拉特征值的计算

按式(D.1)计算各试样所能承受的最大纵向抗拉强度,再按式(D.2)计算纵向抗拉特征值。

$$T_1 = F_{max}/(b_0 \times t) \qquad \cdots\cdots(D.1)$$

式中:

T_1 ——试样所能承受的最大纵向抗拉强度,单位为兆帕(MPa);

F_{max}——试样最大纵向抗拉力,单位为牛顿(N);

b_0 ——试样中间水平部分的宽度,单位为毫米(mm);

t ——试样厚度,单位为毫米(mm)。

$$T_{1c} = \overline{T}_1 - 2.02 \times S \qquad \cdots\cdots(D.2)$$

式中:

T_{1c}——纵向抗拉强度特征值,单位为兆帕(MPa);

$\overline{T}_1$ ——10 个试样试验结果的算术平均值,单位为兆帕(MPa);

S ——10 个试样试验结果的标准偏差,单位为兆帕(MPa)。

D.6 试验报告

试验报告应至少包括下列内容:

a) 试样名称、编号;

b) 试样来源、送样日期;

c) 测试结果;

d) 测试人员、测试日期;

e) 本部分编号。

附 录 E
（规范性附录）
室温横向抗拉特征值、高温横向抗拉特征值、低温横向抗拉特征值的测试方法

E.1 方法原理

使用万能材料试验机测试在给定环境温度下的聚酰胺型材横向抗拉值。

E.2 试验设备

E.2.1 万能材料试验机：符合 GB/T 16825.1—2008 的规定，精度为 1 级或更优级别。

E.2.2 环境试验箱：符合 GB/T 28289—2012 附录 A 的规定。

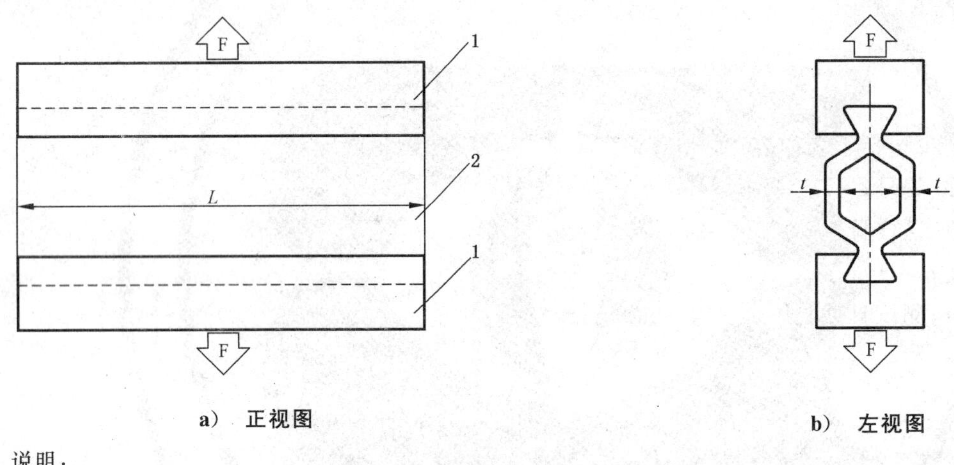

a） 正视图　　b） 左视图

说明：
1——夹具；
2——聚酰胺型材；
L——试样长度；
t——试样壁厚。

图 E.1 聚酰胺型材横向拉伸示意图

E.3 试样

E.3.1 对从聚酰胺型材上切取的所有试样进行编号，并用游标卡尺测量每个试样的长度 L 和最小主要受力壁厚 t。见图 E.1。

E.3.2 将试样放在 140 ℃±2 ℃的普通干燥箱内烘 6 h 后取出，放置在 23 ℃±2 ℃的干燥器内冷却不少于 2 h。

E.4 试验步骤

E.4.1 室温横向抗拉特征值的测试

E.4.1.1 从干燥器内取出 1 个试样(E.3.2)装入聚酰胺型材夹具里。

E.4.1.2 将装好聚酰胺型材试样的整套夹具装入万能材料试验机(E.2.1)上。

E.4.1.3 施加 50 N±2 N 的预加荷载。

E.4.1.4 使万能材料试验机(E.2.1)归零。以 10 mm/min±2 mm/min 的速度拉伸试样,直到试样被拉断。记下试样最大抗拉力。

E.4.1.5 重复 E.4.1.1～E.4.1.4,直至完成对其他试样的测试。

E.4.2 高、低温横向抗拉特征值的测试

E.4.2.1 从干燥器内取出 1 个试样(E.3.2)装入聚酰胺型材夹具里。

E.4.2.2 将装好聚酰胺型材试样的整套夹具放入安装在万能材料试验机(E.2.1)上的环境试验箱(E.2.2)中。

E.4.2.3 关上箱门,启动设备,升或降至规定温度(高温横向抗拉特征值测试:90 ℃±2 ℃,低温横向抗拉特征值测试:−30 ℃±2 ℃,恒温 30 min。

E.4.2.4 按 E.4.1.3～E.4.1.4 进行拉伸试验。

E.4.2.5 重复 E.4.2.1～E.4.2.4(恒温时间可以降到 10 min),直至完成对其他试样的测试。

E.5 试验结果的计算

按式(E.1)计算各试样所能承受的最大横向抗拉强度,再按式(E.2)计算横向抗拉特征值。

$$T_2 = F_{max}/(L \times \Sigma t) \qquad \cdots\cdots (E.1)$$

式中:

T_2 ——试样所能承受的最大横向抗拉强度,单位为兆帕(MPa);

F_{max}——试样最大横向抗拉力,单位为牛顿(N);

L ——试样长度,单位为毫米(mm);

Σt ——试样主要受力壁厚之和,单位为毫米(mm)。

$$T_{2c} = \overline{T}_2 - 2.02 \times S \qquad \cdots\cdots (E.2)$$

式中:

T_{2c}——横向抗拉特征值,单位为兆帕(MPa);

$\overline{T}_2$ ——10 个试样试验结果的算术平均值,单位为兆帕(MPa);

S ——10 个试样试验结果的标准偏差,单位为兆帕(MPa)。

E.6 试验报告

试验报告应至少包括下列内容:

a) 试样名称、编号;

b) 试样来源、送样日期;

c) 测试结果;

d) 测试人员、测试日期;

e) 本部分编号。

附 录 F
（规范性附录）
铝合金型材复合适应性试验方法

F.1 方法原理

铝合金型材复合适应性试验是聚酰胺型材与铝合金型材复合成隔热型材后，隔热型材试样经过水中浸泡或高温高湿环境后，测定其在设定温度下的横向抗拉特征值，并分别与未经过水中浸泡或高温高湿环境的隔热型材相应温度下的横向抗拉特征值对比。

F.2 试样

F.2.1 制样

随机抽取 2 根隔热型材，每根隔热型材于中部切取 10 个试样，于两端分别切取 10 个试样（共 60 个）。将试样均分 6 份（每份至少包括 3 个中部试样），试样长 100 mm±2 mm，试样最短允许缩至 18 mm（仲裁时，试样长为 100 mm±2 mm）。

在进行横向拉伸试验时，隔热型材试样可不通过室温纵向剪切失效，直接做横向拉伸试验。

F.2.2 试样状态调节

各项性能试验前，试样需在室温 23 ℃±2 ℃、50%±10%湿度的环境条件下放置 48 h，切割断口应进行保护。

F.3 试验方法

F.3.1 水中浸泡试验方法

F.3.1.1 各取 10 个试样分别在设定的低温、高温（见表 4）下稳定后，按 GB/T 28289—2012 的规定进行横向拉伸试验，分别计算低温、高温横向抗拉特征值。

F.3.1.2 取 20 个试样放入 GB/T 6682 规定的三级水（温度为 23 ℃±2 ℃）中浸泡 1 000 h 后取出，进行试样状态调节（F.2.2），从中分取低温、高温横向拉伸试验用试样各 10 个。

F.3.1.3 试样在设定的低温、高温（见表 4）下稳定后，按 GB/T 28289—2012 的规定进行横向拉伸试验。分别计算低温、高温横向抗拉特征值，并分别与 F.3.1.1 测得相应温度的横向抗拉特征值进行比较。

F.3.2 湿热试验方法

F.3.2.1 取 10 个试样按 GB/T 28289—2012 的规定进行室温（23 ℃±2 ℃）横向拉伸试验，计算出室温横向抗拉特征值。

F.3.2.2 取 10 个试样，在湿度大于 90%的高温（85 ℃±2 ℃）环境中放置 96 h 后取出，进行试样状态调节（F.2.2）。

F.3.2.3 试样在室温（23 ℃±2 ℃）下稳定后，按 GB/T 28289—2012 的规定进行横向拉伸试验。计算出室温横向抗拉强度特征值，并与 F.3.2.1 测得的室温横向抗拉特征值进行比较。

F.4 试验报告

试验报告应至少包括下列内容：

a) 试样名称、编号；

b) 试样来源、送样日期；

c) 聚酰胺型材型号；

d) 测试结果；

e) 测试人员、测试日期；

f) 本部分编号。

ICS 91.100.60
H 30

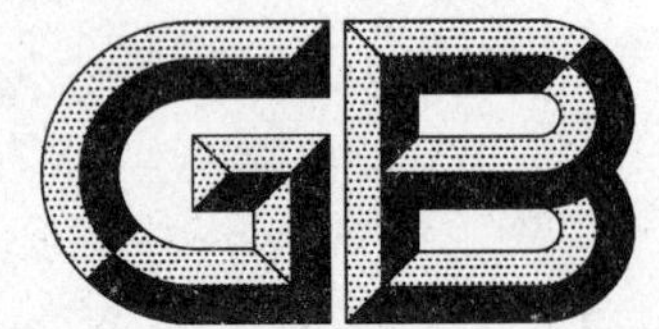

中华人民共和国国家标准

GB/T 23615.2—2017
代替 GB/T 23615.2—2012

铝合金建筑型材用隔热材料
第2部分:聚氨酯隔热胶

Thermal barrier materials for architectural aluminum alloy profiles—Part 2: Thermal barrier polyurethane

2017-10-14 发布　　　　2018-05-01 实施

中华人民共和国国家质量监督检验检疫总局
中国国家标准化管理委员会　发布

前　言

GB/T 23615《铝合金建筑型材用隔热材料》分为两个部分：

——第1部分：聚酰胺型材；

——第2部分：聚氨酯隔热胶。

本部分为GB/T 23615的第2部分。

本部分按照GB/T 1.1—2009给出的规则起草。

本部分代替GB/T 23615.2—2012《铝合金建筑用辅助材料　第2部分：聚氨酯隔热胶》。本部分与GB/T 23615.2—2012相比，除编辑性修改外主要技术变化如下：

——增加了规范性引用文件GB/T 1040.1、GB/T 2013、GB/T 10297、GB/T 12008.1、GB/T 12008.2、GB/T 12008.3、GB/T 22313（见第2章）；

——修改了原胶类别、代号、主要成分与说明（见4.1.1，2012年版4.1）；

——修改了隔热胶性能等级、原胶成分特点及典型用途（见4.1.2，2012年版4.1）；

——增加了隔热胶标记及示例（见4.1.3）；

——增加了原胶中有害物质限量（见4.2.1）；

——增加了原胶含水率性能要求（见4.2.2）；

——增加了原胶黏度性能要求（见4.2.2）；

——增加了原胶密度要求（见4.2.2）；

——增加了原胶羟值要求（见4.2.2）；

——增加了原胶纯净度要求（见4.2.4）；

——修改了负荷变形温度规定值（见4.3，2012年版4.3.1）；

——修改了室温悬臂梁缺口冲击强度规定值（见4.3，2012年版4.3.1）；

——增加了低温悬臂梁缺口冲击强度规定值（见4.3）；

——修改了邵氏硬度规定值（见4.3，2012年版4.3.1）；

——修改了室温抗拉强度规定值（见4.3，2012年版4.3.1）；

——修改了室温断裂伸长率规定值（见4.3，2012年版4.3.1）；

——修改了低温抗拉强度规定值（见4.3，2012年版4.3.1）；

——增加了高温抗拉强度规定值（见4.3）；

——修改了紫外老化性能室温悬臂梁缺口冲击强度规定值（见4.3，2012年版4.3.1）；

——修改了紫外老化性能室温抗拉强度规定值（见4.3，2012年版4.3.1）；

——修改了导热系数规定值，给出导热系数典型值（见4.3，2012年版4.3.1）；

——增加了线性膨胀系数典型值（见4.3）；

——增加了固化放热温度典型值（见4.3）；

——删除了湿性收缩率（见2012年版4.5）；

——删除了隔热型材标准样品要求（见2012年版4.6）；

——增加了环境温度（见5.1）；

——增加了试验温度（见5.2）；

——修改了胶板模具尺寸（见5.4.1，2012年版5.3.1）；

——修改了拉伸试样尺寸（见5.4.7.1，2012年版5.3.8.1）；

——修改了固化放热温度的试验方法（见5.4.12，2012年版5.4）；

——增加了适应性检验试验方法(见 5.5);

——增加了摆锤式冲击试验机示意图(见 B.2.1);

——修改了悬臂梁缺口冲击强度试样尺寸(见 B.3.1,2012 年版 B.4.1);

——增加了悬臂梁缺口冲击强度试样缺口示意图(见 B.4.2)。

本部分由中国有色金属工业协会提出。

本部分由全国有色金属标准化技术委员会(SAC/TC 243)归口。

本部分起草单位:亚松聚氨酯(上海)有限公司、国家化学建筑材料测试中心、广东省工业分析检测中心、大连固瑞聚氨酯股份有限公司、湖州倍格曼新材料股份有限公司、广州图恩化学原料有限公司、佛山市优耐高新材料有限公司、国家有色金属质量监督检验中心、福建省南平铝业股份有限公司、广东坚美铝型材厂(集团)有限公司、广东广亚铝型材有限公司、巴斯夫聚氨酯特种产品(中国)有限公司、力尔铝业股份有限公司、苏州罗普斯金铝业股份有限公司。

本部分主要起草人:何振程、丁金海、刘涛、游玉萍、董明全、侯昭科、夏建军、刘艳斌、张红菊、冯东升、戴悦星、潘学著、周杨春、齐金星、周建民。

本部分所代替标准的历次版本发布情况为:

——GB/T 23615.2—2012。

铝合金建筑型材用隔热材料 第2部分：聚氨酯隔热胶

1 范围

GB/T 23615的本部分规定了聚氨酯隔热胶的要求、试验方法、检验规则和标志、包装、运输、贮存及质量证明书与订货单(或合同)内容。

本部分适用于异氰酸酯组合料和多元醇组合料(以下统称原胶)经交联反应制成的铝合金建筑型材用隔热材料(即聚氨酯隔热胶，以下简称隔热胶)。

2 规范性引用文件

下列文件对于本文件的应用是必不可少的。凡是注日期的引用文件，仅注日期的版本适用于本文件。凡是不注日期的引用文件，其最新版本(包括所有的修改单)适用于本文件。

GB/T 1033.1—2008 塑料非泡沫塑料密度的测定 第1部分：浸渍法、液体比重瓶法和滴定法

GB/T 1036 塑料－30 ℃～30 ℃线膨胀系数测定石英膨胀计法

GB/T 1040.1 塑料 拉伸性的测定 第1部分：总则

GB/T 1040.2 塑料 拉伸性能的测定 第2部分：模塑和挤塑塑料的试验条件

GB/T 1634.1 塑料 负荷变形温度的测定 第1部分：通用试验方法

GB/T 1843 塑料 悬臂梁冲击强度的测定

GB/T 2013 液体石油化工产品密度测定法

GB/T 2411—2008 塑料和硬橡胶使用硬度计测定压痕硬度(邵氏硬度)

GB/T 5237.1—2017 铝合金建筑型材 第1部分：基材

GB/T 5237.6—2017 铝合金建筑型材 第6部分：隔热型材

GB/T 10295 绝热材料稳态热阻及有关特性的测定 热流计法

GB/T 10297 非金属固体材料导热系数的测定方法 热线法

GB/T 12008.1 塑料 聚醚多元醇 第1部分：命名系统

GB/T 12008.2 塑料 聚醚多元醇 第2部分：规格

GB/T 12008.3 塑料 聚醚多元醇 第3部分：羟值的测定

GB/T 12008.7 塑料 聚醚多元醇 第7部分：黏度的测定

GB/T 16422.3 塑料实验室光源暴露试验方法 第3部分：荧光紫外灯

GB/T 21189—2007 塑料简支梁、悬臂梁和拉伸冲击试验用摆锤冲击试验机的检验

GB/T 22313 塑料 用于聚氨酯生产的多元醇水含量的测定

GB/T 28289 铝合金隔热型材复合性能试验方法

3 术语和定义

下列术语和定义适用于本文件。

3.1

隔热胶　thermal barrier polyurethane

在铝合金隔热型材中起减少热传导并具有结构连接作用的由异氰酸酯组合料和多元醇组合料作为原料经化学反应法制成的聚氨酯化合物。

3.2

隔热胶样板　reference sample for thermal barrier polyurethane

将异氰酸酯组合料和多元醇组合料按供方提供的、生成隔热胶所需的比例，采用专用浇注设备注入专用模具中发生化学反应，生成的聚氨酯化合物胶板。

4　要求

4.1　产品分类

4.1.1　原胶类别、代号、主要成分与说明

原胶类别、代号、主要成分与说明见表1。

表1　原胶类别、代号、主要成分与说明

原胶类别	代号	主要成分	成分说明
异氰酸酯类	I	异氰酸酯	是形成聚氨酯的主要原料，为棕色透明液体，异氰酸酯质量分数大于90%。不准许使用甲苯二异氰酸酯(TDI)
		抗老化剂	主要为紫外吸收剂和抗氧化剂
多元醇类	P	多元醇	以乙二醇、甘油为起始剂的聚醚多元醇，是形成聚氨酯的主要原料，为无色至浅黄色透明液体，多元醇质量分数大于90%。不准许使用蔗糖类为起始剂的聚醚多元醇。 聚酯多元醇制品低温脆性高，耐水解性差，和聚氨酯粘合剂其他组分的相容性不好，容易分层，不准许在聚氨酯隔热胶中使用
		催化剂	应使用胺类催化剂，不准许使用重金属催化剂
		颜料	应使用有机色浆，不准许使用无机色粉
		抗老化剂	主要为紫外吸收剂和抗氧化剂

4.1.2　隔热胶性能等级、原胶成分特点及典型用途

隔热胶性能等级、原胶成分特点及典型用途见表2。

表2　隔热胶性能等级、原胶成分特点及典型用途

隔热胶性能等级	原胶成分特点	典型用途
Ⅰ级	选用通用型聚醚多元醇，一般是采用环氧丙烷封端，以丙三醇、乙二醇为起始剂合成的低活性聚醚多元醇，例如GB/T 12008.2中的220X、330E、310	适用于风压不大于2 000 Pa的建筑用的门或窗
Ⅱ级	选用含有更多高活性的聚醚多元醇，一般是采用环氧乙烷封端，伯羟基含量通常在70%～90%左右。例如GB/T 12008.2中的348H、360H、8305、330N、360N等	适用于幕墙及风压大于2 000 Pa的建筑的门或窗

4.1.3 标记及示例

产品标记按照产品名称、本部分编号、隔热胶代号(PU)及性能等级、原胶类别代号的顺序表示。标记示例如下：

示例 1：

隔热胶性能等级为Ⅰ级、原胶类别为异氰酸酯类的胶聚氨酯隔热胶，标记为：

隔热胶 GB/T 23615.2-PU-Ⅰ级(Ⅰ)

示例 2：

隔热胶性能等级为Ⅱ级、原胶类别为多元醇类的胶聚氨酯隔热胶，标记为：

隔热胶 GB/T 23615.2-PU-Ⅱ级(P)

4.2 原胶

4.2.1 原胶中的有害物质限量

原胶中的有害物质限量应符合表 3 的规定。

表 3 原胶中有害物质限量

有害物质	质量分数
多溴联苯(PBB)	≤0.1%
多溴二苯醚(PBDE)	≤0.1%
邻苯二甲酸二辛酯(DEHP)	≤0.1%
邻苯二甲酸丁酯苯甲酯(BBP)	≤0.1%
邻苯二甲酸二丁酯(DBP)	≤0.1%
邻苯二甲酸二异丁酯(DIBP)	≤0.1%
可溶性铅(Pb)	≤90 mg/kg
可溶性镉(Cd)	≤75 mg/kg
可溶性铬(Cr)	≤60 mg/kg
可溶性汞(Hg)	≤60 mg/kg

4.2.2 原胶黏度、含水率、密度、羟值

原胶的黏度、含水率、密度、羟值应符合表 4 规定。

表 4 原胶的黏度、含水率、密度、羟值

隔热胶性能等级	原胶黏度(23 ℃) mPa·s		原胶含水率 %	原胶密度(23 ℃) g/cm³	原胶羟值(以 KOH 计) mg/g
Ⅰ级	Ⅰ类原胶	200±50	—	1.23±0.06	—
	P 类原胶	700±200	≤0.06	1.07±0.05	200～400
Ⅱ级	Ⅰ类原胶	200±50	—	1.23±0.06	—
	P 类原胶	700±200	≤0.05	1.07±0.05	250～350

4.2.3 原胶外观质量

原胶应色泽均匀。

4.2.4 原胶纯净度

原胶应纯净无杂质。

4.2.5 原胶手动凝固时间

手动凝固时间应符合表5的要求。

表5 手动凝固时间

隔热胶性能等级	手动凝固时间 s
Ⅰ级	≤38
Ⅱ级	≤21

4.3 隔热胶性能

隔热胶的导热系数、线性膨胀系数、固化放热温度参见表6,其他性能应符合表6规定。

表6 隔热胶性能

项目		要求	
		Ⅰ级隔热胶	Ⅱ级隔热胶
外观质量		光滑、色泽均匀、无杂质	
密度		≥1.149 g/cm^3	
负荷变形温度(0.455 MPa)		≥60 ℃	≥80 ℃
室温悬臂梁缺口冲击强度		≥75 J/m	≥80 J/m
低温悬臂梁缺口冲击强度(−30 ℃)		≥ 60 J/m	≥65 J/m
邵氏硬度(H_D)		≥ 65	
室温抗拉强度		≥30 MPa	≥34 MPa
室温断裂伸长率		≥25%	≥20%
低温抗拉强度(−30 ℃)		≥45 MPa	≥50 MPa
高温抗拉强度(70 ℃)		≥18 MPa	≥22 MPa
耐紫外线老化性能(200 h)	室温抗拉强度	≥24 MPa	≥30 MPa
	悬臂梁缺口冲击强度	≥70 J/m	≥75 J/m
导热系数	热线法	0.12 W/(m·K)~0.14 W/(m·K)	
	热流计法	0.21 W/(m·K)	
线性膨胀系数		1.0×10^{-4} ℃$^{-1}$~1.1×10^{-4} ℃$^{-1}$	
固化放热温度		120 ℃~150 ℃	

4.4 铝合金型材表面处理的适应性

适应性检验中得到的室温纵向抗剪特征值应符合 GB /T 5237.6—2017 中表 7 的规定。

5 试验方法

5.1 环境温度

试验室温度为 23 ℃±2 ℃、相对湿度为 50%±10%。

5.2 试验温度

隔热胶试验温度为：
室温：23 ℃±2 ℃；低温：－30 ℃±2 ℃；高温：70 ℃±2 ℃。

5.3 原胶

5.3.1 原胶有害物质限量

有害物质限量的试验方法由供需双方协商。

5.3.2 原胶黏度

原胶黏度的试验方法按 GB/T 12008.7 的规定进行。

5.3.3 原胶含水率

原胶含水率的试验方法按 GB/T 22313 的规定进行。

5.3.4 原胶密度

原胶密度的试验方法按 GB/T 2013 的规定进行。

5.3.5 原胶羟值

原胶羟值的试验方法按 GB/T 12008.3 的规定进行。

5.3.6 原胶外观质量

原胶的外观质量以 0.5m 距离目视检查原胶外观。

5.3.7 原胶纯净度

原胶纯净度的检测：使用长度为 1 000 mm±10 mm 的可视石英管伸入原胶胶桶内抽取原胶，取出石英管，以 0.5 m 距离目视检查石英管内原胶是否存在杂质。

5.3.8 手动凝固时间

5.3.8.1 在温度为 23 ℃±2 ℃、相对湿度为 50%±10%的试验室条件下，将一个试验纸杯置于分析天平(感量为 0.5g)上，称量纸杯质量。

5.3.8.2 从原胶桶中取约 50 g 的异氰酸酯组合料放入该试验纸杯中，再称量，计算异氰酸酯组合料质量。按供方提供的、生成隔热胶所需的比例，计算出所需多元醇组合料质量，并从原胶桶中取出相应量的多元醇组合料放入该试验纸杯中。

5.3.8.3 用一搅拌棒搅拌试验纸杯中的混合物，使其充分混合，并同时启动秒表。搅拌 12 s，停止 3 s，随即将搅拌棒上下移动,直至搅拌棒完全黏在隔热胶上不能移动,从启动秒表至搅拌棒不能移动为止的时间记为本次试验手动凝固时间。

5.3.8.4 重复5.3.8.1~5.3.8.3两次,取3次试验所得手动凝固时间的算术平均值,保留到整数位,作为手动凝固时间试验结果。

5.4 隔热胶性能

5.4.1 试样制备

用尺寸不小于200 mm×200 mm×12.7 mm和200 mm×200 mm×6.4 mm的模具浇注隔热胶样板。浇注取样前调整生产环境,并记录各项数据。隔热胶样板应在室温条件下放置168 h后用切削、冲切等机加工方法制成试样。

5.4.2 外观质量

在散射自然光下,距离0.5m处目视检查。

5.4.3 密度

密度的试验方法按GB/T 1033.1—2008的规定进行。

5.4.4 负荷变形温度

负荷变形温度的检测按附录A的规定进行。

5.4.5 悬臂梁缺口冲击强度

室温悬臂梁缺口冲击强度和低温悬臂梁缺口冲击强度的试验方法按附录B的规定进行。

5.4.6 邵氏硬度

邵氏硬度采用GB/T 2411规定的D型邵氏硬度计进行检测。以下压板与试样完全接触后15 s内的读数作为试验结果。

5.4.7 室温抗拉强度、室温断裂伸长率、低温抗拉强度

5.4.7.1 试样尺寸如图1所示。

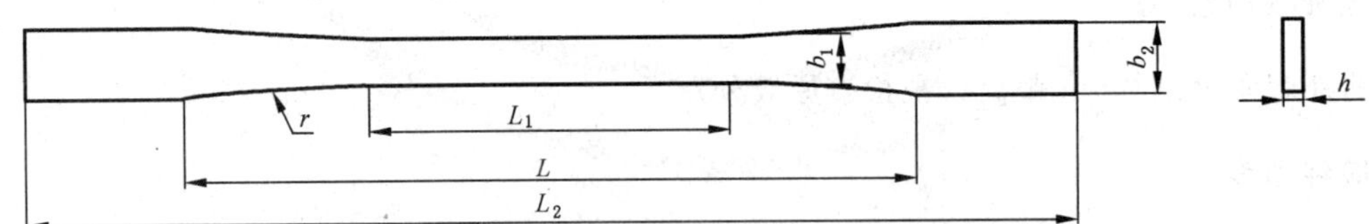

说明:

L ——夹具间距:115 mm±0.5 mm;

L_1 ——狭窄部分的长度:57 mm±0.5 mm;

L_2 ——总长:165 mm±0.5 mm;

b_1 ——狭窄部分的宽度:13 mm±0.5 mm;

b_2 ——总宽:19 mm±0.5 mm;

h ——厚度:6.4 mm±0.4 mm;

r ——内圆角半径:76 mm±0.5 mm。

图1 室温抗拉强度、室温断裂伸长率、低温抗拉强度试样示意图

5.4.7.2 按照 GB/T 1040.2 规定的试验方法测定室温抗拉强度、室温断裂伸长率。试验速度应为 50 mm/min。

5.4.7.3 将试样在−30 ℃±2 ℃环境下恒温 30 min 后，在该温度下，按照 GB/T 1040.2 规定的试验方法测定低温抗拉强度值。试验速度应为 50 mm/min。

5.4.8 高温抗拉强度

在 70 ℃±2 ℃环境下恒温 30 min 后，在该温度下，按照 GB/T 1040.2—2006 规定的试验方法测定高温抗拉强度值，试验速度应为 50 mm/min。

5.4.9 耐紫外线老化性能试验方法

按 GB/T 16422.3 规定的试验方法进行耐紫外线老化性能测试试验，老化时间为 200 h。按照 5.4.7 的要求测定室温抗拉强度和按 5.4.5 的规定检测悬臂梁缺口冲击强度。

5.4.10 导热系数

导热系数的试验方法，热流计法按照 GB/T 10295 的规定进行，热线法按 GB/T 10297 的规定进行。

5.4.11 线膨胀系数

线膨胀系数的试验方法按 GB/T 1036 的规定进行。

5.4.12 固化放热温度

固化放热温度的试验方法由供需双方协商确定。

5.5 铝合金型材表面处理的适应性

按照 GB/T 5237.6 —2017 中规定试验方法测定室温纵向抗剪特征值。

6 检验规则

6.1 检查和验收

6.1.1 原胶应由供方进行检验，保证原胶质量符合本部分及订货单(或合同)的规定，并填写质量证明书。

6.1.2 需方应对收到的原胶产品按本部分的规定进行检验。检验结果与本部分及订货单(或合同)的规定不符时，应以书面形式向供方提出，由供需双方协商解决。属于与原胶外观质量的异议，应在收到产品之日起 1 个月内提出，属于其他性能的异议，应在收到产品之日起 3 个月内提出。如需仲裁，可委托供需双方认可的单位进行，并在需方共同取样。

6.2 组批

原胶应成批提交验收。每批应由同一成分的原胶组成。连续生产时每 24 h 为一批；间歇生产时，不足 24 h 仍以一批计。

6.3 检验分类

产品检验分为出厂检验和定期检验两类。

6.4 检验项目及工艺保证

6.4.1 出厂检验项目、定期检验项目和工艺保证项目应符合表7的规定。

表7 检验项目及工艺保证项目

检验项目			出厂检验项目	定期检验项目	工艺保证项目
原胶	有害物质限量		—	—	√
	黏度		√	—	—
	含水率		√	—	—
	密度		[a]	√	√
	羟值		[a]	√	√
	外观质量		√	—	—
	纯净度		√	—	—
	手动凝固时间		√	—	—
隔热胶性能	外观质量		√	—	—
	密度		[a]	√	√
	负荷变形温度(0.455 MPa)		[a]	√	√
	室温悬臂梁缺口冲击强度		√	—	—
	低温悬臂梁缺口冲击强度(—30 ℃)		[a]	√	√
	邵氏硬度(H_D)		[a]	√	√
	室温抗拉强度		[a]	√	√
	室温断裂伸长率		[a]	√	√
	低温抗拉强度(—30 ℃)		[a]	√	√
	高温抗拉强度(70 ℃)		√	—	—
	耐紫外线老化性能(200 h)	室温抗拉强度	[a]	√	√
		悬臂梁缺口冲击强度	[a]	√	√
铝合金型材表面处理的适应性			[a]	√	√
注:"√"表示必需检验的项目或工艺保证项目。					
[a] 订货单(或合同)中注明检验时,该项目列为必需检验项目。					

6.4.2 供方每两年至少应进行一次定期检验。

6.5 取样

产品取样应符合表8的规定。

表 8　取样

检验项目[a]			取样规定	要求的章条号	试验方法的章条号
原胶	黏度		适量	4.2.2	5.3.2
	含水率		适量		5.3.3
	密度		适量		5.3.4
	羟值		每批随机抽检 200 mL P 类原胶		5.3.5
	外观质量		每批随机抽检 200 mL 原胶	4.2.3	5.3.6
	纯净度		每批随机抽检 200 mL 原胶	4.2.4	5.3.7
	手动凝固时间		从原胶桶中各取约 100 g 异氰酸酯组合料和多元醇组合料	4.2.5	5.3.8
隔热胶性能	外观质量		所有隔热胶样板性能(外观质量除外)检测用试样,在其性能检测前,先进行外观质量的检验	4.3	5.4.2
	密度		符合 GB/T 1033.1—2008 的规定		5.4.3
	负荷变形温度(0.455 MPa)		每批取至少 2 个试样,试样尺寸为:127 mm×12.7 mm×6.4 mm		5.4.4
	室温悬臂梁缺口冲击强度		每批取至少 10 个试样,试样尺寸为:63.5 mm×12.7 mm×12.7 mm		5.4.5
	低温悬臂梁缺口冲击强度(−30 ℃)				
	邵氏硬度(H_D)		符合 GB/T 2411—2008 的规定		5.4.6
	室温抗拉强度		每批取至少 5 个试样,尺寸见图 1		5.4.7
	室温断裂伸长率				
	低温抗拉强度		每批取至少 5 个试样,尺寸见图 1		
	高温抗拉强度		每批至少取 5 个试样,尺寸见图 1		5.4.8
	耐紫外线老化后性能	室温抗拉强度	每批取至少 5 个试样,尺寸见图 1		5.4.9
		悬臂梁缺口冲击强度	每批取至少 10 个试样,试样尺寸为:63.5 mm×12.7 mm×12.7mm		
铝合金型材表面处理的适应性			浇注槽口型号为 BB 的型材按 GB/T 5237.6—2017 的规定取样	4.4	5.5

6.6　检验结果的判定

产品的检验结果中有任一检验结果不符合本部分要求时,应另取双倍数量的试样对不合格项目进行重复试验,重复试验结果全部合格,则判该批合格。若重复试验结果仍有试样不合格,则判该批不合格。

7　标志、包装、运输、贮存及质量证明书

7.1　标志

原胶桶的明显部位应贴上包括如下内容的标签:

a) 供方名称、商标；

b) 原胶类别、隔热胶标记、隔热胶性能等级、型号、净重；

c) 生产日期、批号与有效期；

d) 供方质检部门检印；

e) 本部分编号。

7.2 包装

原胶桶宜使用抗压性能良好的、有螺丝扣盖或其他形式的密封盖的铁桶或硬塑桶包装，不准许使用回收桶。

7.3 运输、贮存

7.3.1 在运输、贮存中，应避免与酸、碱、盐及有机溶剂接触，应避免日晒、雨淋，撞击或挤压。

7.3.2 原胶桶应水平放置，并存放于环境温度 10 ℃～37 ℃、通风、干燥、平整的场地。

7.4 质量证明书

每批原胶均应附有符合本部分要求的质量证明书，其上注明：

a) 供方名称；

b) 原胶类别、隔热胶性能等级；

c) 原胶及隔热胶各项分析检验结果(包括出厂检验结果及近期型式检验结果)和供方质检部门印记；

d) 生产日期或批号；

e) 数量；

f) 本部分编号。

8 订货单(或合同)内容

订购本部分所列产品的订货单(或合同)应包括下列内容：

a) 产品名称；

b) 原胶类别、型号、隔热胶性能等级；

c) 规格；

d) 包装类型；

e) 数量；

f) 需方的特殊要求：

——原胶的密度、羟值和有害物质限量；

——隔热胶性能的密度、负荷变形温度、室温悬臂梁缺口冲击强度、邵氏硬度(H_D)、室温抗拉强度、室温断裂伸长率、低温抗拉强度、耐紫外线老化后性能；

——铝合金型材表面处理的适应性；

g) 本部分编号。

附 录 A
（规范性附录）
负荷变形温度的测试方法

A.1 方法原理

将隔热胶试样以侧立方式承受三点弯曲恒定负荷，施加 0.455 MPa 的弯曲应力，在匀速升温条件下测量达到 0.25 mm 挠度时的温度。

A.2 试验设备

A.2.1 产生弯曲应力的装置

该装置由一个刚性金属框架构成，基本结构如图 A.1 所示。框架内有一个可在竖直方向自由移动的加荷杆，可使得负载垂直施加于试样顶部并介于支座中间。支座接触头和加载压头的接触圆角半径应为 3.0 mm±0.2 mm。

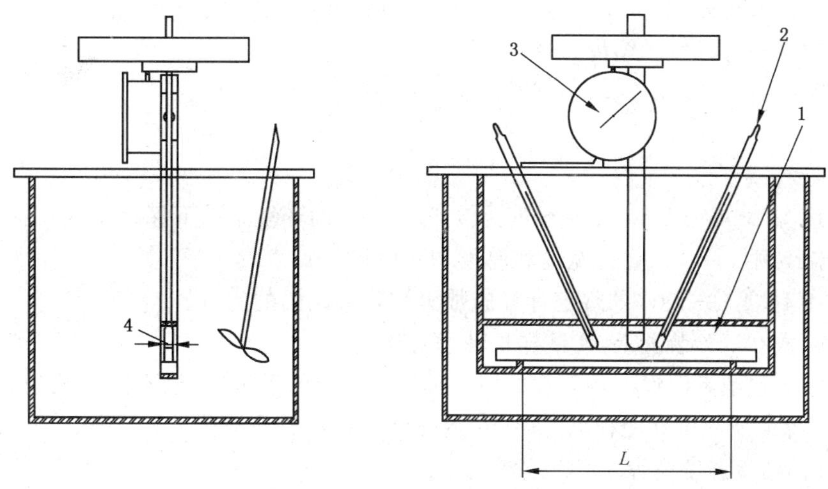

说明：

1 ——浸浴介质；

2 ——温度测量系统；

3 ——挠度测量装置；

4 ——加荷杆宽度≥13 mm；

L ——支座之间距离，100 mm±0.5 mm。

图 A.1 负荷变形温度试验装置示意图

A.2.2 加热装置

符合 GB/T 1634.1—2004 中 5.2 的要求。

A.2.3 挠曲测量仪器

已校正过的直读式测微计或其他合适的仪器，在试样支座跨度中点测得挠曲应精确到 0.01 mm

以内。

A.2.4 砝码

符合 GB/T 1634.1—2004 中 5.3 的要求。

A.2.5 温度测量仪器

符合 GB/T 1634.1—2004 中 5.4 的要求。

A.2.6 挠度测量仪器

符合 GB/T 1634.1—2004 中 5.5 的要求。

A.2.7 测微计和量规

符合 GB/T 1634.1—2004 中 5.6 的要求。

A.3 试样的准备

A.3.1 从隔热胶样板上切取至少 2 个试样,试样的横截面应为矩形。试样长度应该为 127 mm±0.5 mm,厚度为 12.7 mm±0.2 mm,宽度为 6.4 mm±0.2 mm。

A.3.2 试样表面应平坦、圆滑,无锯齿、凹痕或闪点。

A.4 试验步骤

A.4.1 试样在温度为 23 ℃±2 ℃、相对湿度为 50%±10%的环境条件下保存 168 h 后,对所有试样进行编号。用游标卡尺测量每个试样的宽度和厚度,并进行记录。

A.4.2 按照 GB/T 1634.1—2004 的规定计算施加力和附加砝码的质量。

A.4.3 把试样侧立放在试验装置上,使试样长轴垂直于支座。

A.4.4 将温度计测温包或者温度测量装置的感温部件尽可能贴近试样,但不能触及到试样。要充分搅拌液传热介质以确保介质温度在距样品 10 mm 内任意一点的温差都在 1.0 ℃内。

A.4.5 试验开始时,浴液温度应为 23 ℃±2 ℃。

A.4.6 将承载杆施加到试样上,然后把组件装置放入浴液内。

A.4.7 调整负载以获得所需的 0.455 MPa 应力。

A.4.8 施加负载 5 min 后,把挠曲测量装置调整为零或记录起始位置,然后以(2.0±0.2) ℃/min 的速率对液体介质进行加热。

A.4.9 记录试样的挠曲变形量为 0.25 mm 时的液体传热介质温度即为负荷变形温度。

A.4.10 重复 A.4.1～A.4.9,完成其他试样的测试。

A.5 结果表示

以试样负荷变形温度的算术平均值表示隔热胶的负荷变形温度,结果保留到整数位。

附 录 B
（规范性附录）
臂梁缺口冲击强度的测试方法

B.1 方法原理

用已知能量的摆锤一次冲击支撑成垂直悬臂梁的试样，冲击面到缺口中心线为固定距离（见图 B.1），测量试样被破坏时所能吸收的能量。

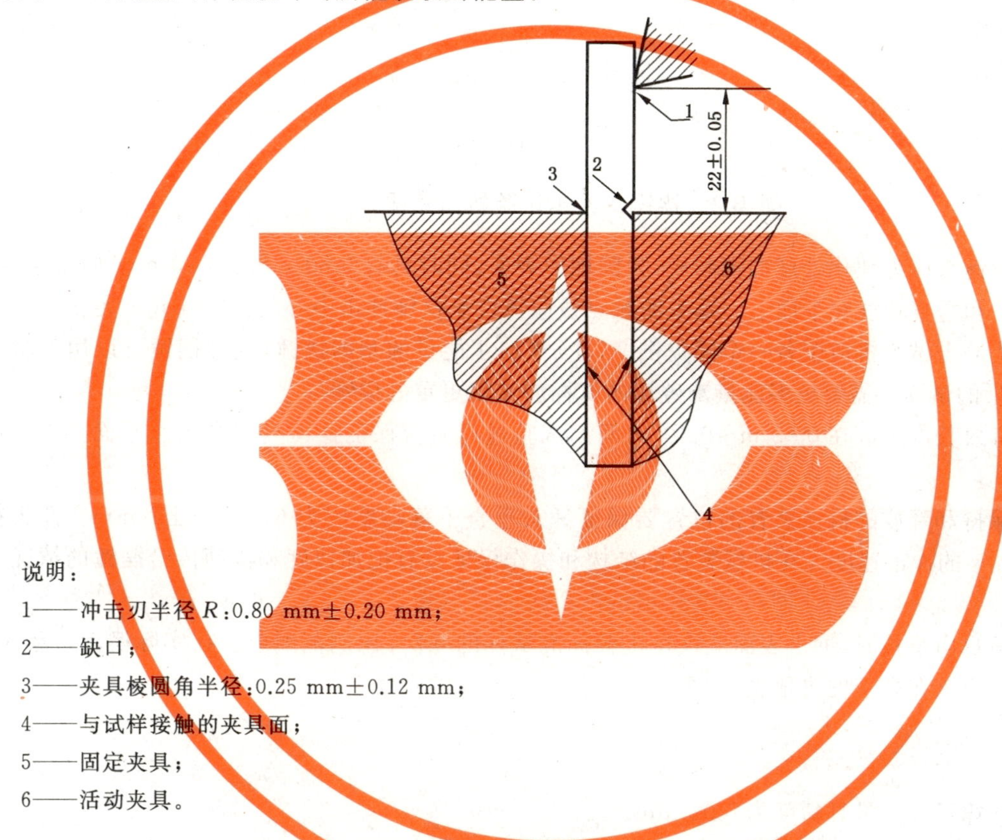

说明：
1——冲击刃半径 R：0.80 mm±0.20 mm；
2——缺口；
3——夹具棱圆角半径：0.25 mm±0.12 mm；
4——与试样接触的夹具面；
5——固定夹具；
6——活动夹具。

图 B.1 夹具、试样（缺口）和冲击刃冲击示意图

B.2 试验设备

B.2.1 摆锤式冲击试验机

B.2.1.1 摆锤式冲击试验机应按照 GB/T 21189—2007 中悬臂梁试验机规定，包括底座、用于在适当位置把试样牢牢夹紧（以便试样的长轴线是垂直的、并和虎钳顶平面成直角）的虎钳、连接在一起的架子、支撑物和摆锤式测试锤。试验机也应具备支撑和释放摆锤的机械装置，有用于显示破坏试样能量的装置。见图 B.2 摆锤式冲击试验机示意图。

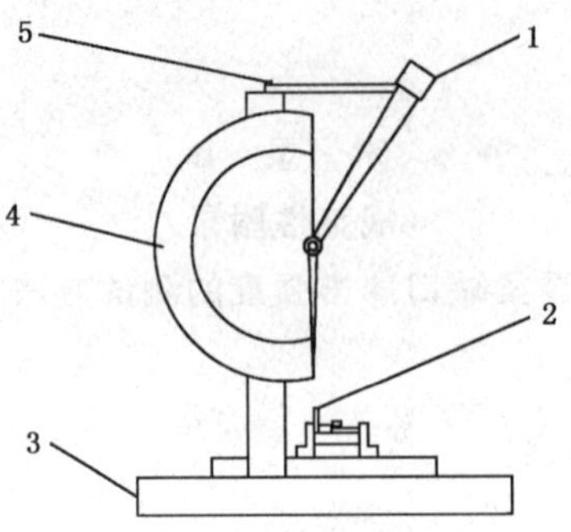

说明：

1——摆锤；

2——测试式样；

3——试验机底座；

4——冲击能量显示刻度盘；

5——摆锤固定装置。

图 B.2 摆锤式冲击试验机示意图

B.2.1.2 摆锤的锤头应为硬化处理的钢制成，为圆柱形表面，同时具有 0.80 mm±0.20 mm 曲率半径，摆锤摆动时水平和垂直轴线在平面上。锤头的触点线应该位于摆锤冲击中心的±2.54 mm 范围内。

B.2.1.3 摆锤式冲击试验机应配备一个能提供 2.7 J±0.14 J 能量的基本摆锤，这种摆锤可以用于所有能吸收 85%能量的试样。需要更多能量来破坏的试样应该用更重的摆锤。

B.2.1.4 摆锤有效长度应该在 0.33 m～0.40 m 间。试验进行时应保证摆锤具有高出水平面 30°～60°的角度。

B.2.1.5 摆锤保持和释放的机械装置的位置要保证锤头垂直下落高度应为 610 mm±2 mm。锤头在瞬间约有 3.5 m/s 的冲击速度。在机械装置的结构和操作保证没有把加速度和振动传给摆锤的情况下释放摆锤。

B.2.1.6 当摆锤自由悬挂时，冲击表面应该在接触标准试样的 0.2%比例范围内。在实际摆动过程中，摆锤和试样接触应该在高于虎钳顶表面 22.00 mm±0.05 mm 的直线上。

B.2.2 量具

用于测量试样尺寸的量具精度为 0.02 mm。

B.3 试样

B.3.1 隔热胶应经机加工方式获得至少 10 个试样。试样尺寸如图 B.3 所示。

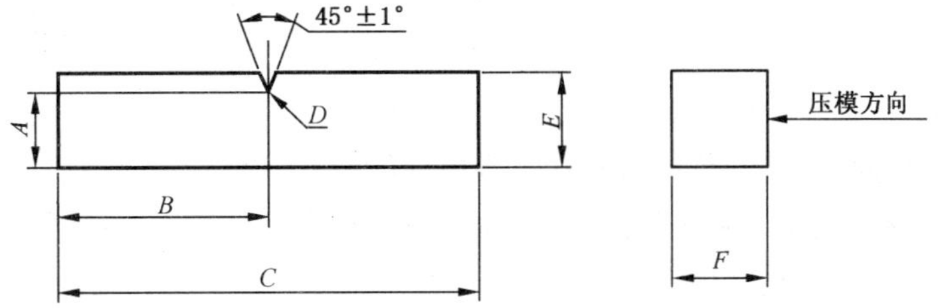

说明：

A ——10.16 mm±0.05 mm；

B ——31.8 mm±1.0 mm；

C ——63.5 mm±2.0 mm；

D ——曲率半径(*R*)，0.25 mm±0.05 mm；

E ——12.7 mm±0.2 mm；

F ——12.7 mm±0.05 mm。

图 B.3 试样尺寸

B.3.2 试样不应扭曲，相对表面应相互平行。所有试样表面和边缘应无划痕、凹陷和缩痕。

B.4 缺口制备

B.4.1 按照 GB/T 1843 机加工方法制备缺口。

B.4.2 切缺口内角应为 45°±1°，缺口底部的曲率半径应为 0.25 mm±0.05 mm。平面切分缺口角度应该在 2°范围内垂直于试样表面。缺口形状见图 B.4 缺口示例。

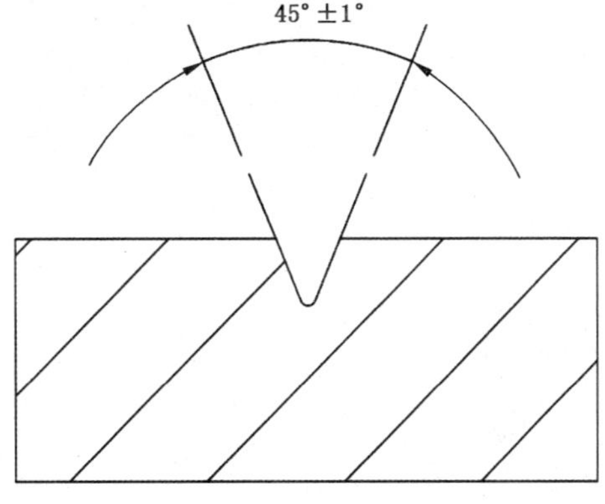

图 B.4 缺口示例

B.4.3 试样缺口处剩余宽度应为 10.16 mm±0.05 mm。

B.5 试验步骤

按照 GB/T 1843—2008 中第 7 章进行试验。

B.6 试验结果处理

B.6.1 按式(B.1)计算各试样的悬臂梁缺口冲击强度 a_k：

$$a_k = \frac{E_c}{F} \times 10^3 \quad \cdots\cdots\cdots\cdots (B.1)$$

式中：

a_k——悬臂梁缺口冲击强度，单位为焦耳每米(J/m)；

E_c——已修正的缺口试样断裂吸收能量，单位为焦耳(J)；

F——试样厚度，单位为毫米(mm)。

B.6.2 计算试样悬臂梁缺口冲击强度的算术平均值，结果保留两位有效数字。

ICS 77.140.50
H 46

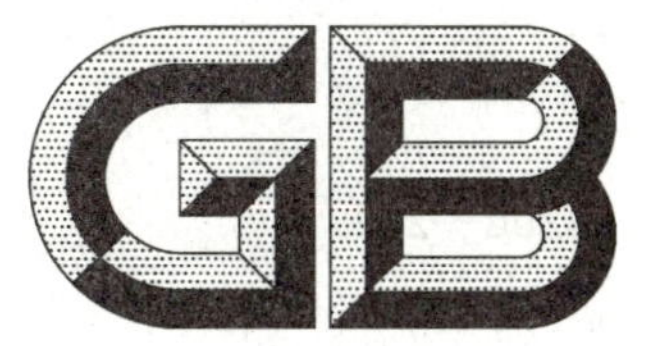

中华人民共和国国家标准

GB/T 34200—2017

建筑屋面和幕墙用冷轧不锈钢钢板和钢带

Cold rolled stainless steel plate, sheet and strip for construction roof and curtain

2017-09-07 发布　　　　2018-06-01 实施

中华人民共和国国家质量监督检验检疫总局
中国国家标准化管理委员会　发布

前 言

本标准按照 GB/T 1.1—2009 给出的规则起草。

本标准由中国钢铁工业协会提出。

本标准由全国钢标准化技术委员会(SAC/TC 183)归口。

本标准起草单位:宝钢不锈钢有限公司、冶金工业信息标准研究院、宁波宝新不锈钢有限公司、山东泰山钢铁集团有限公司。

本标准主要起草人:潘世华、沈春飞、张维旭、袁龙、吴玉红、祝方义、李倩、彭俊新、亓海燕、董文卜、袁意林、徐中杰。

建筑屋面和幕墙用冷轧不锈钢钢板和钢带

1 范围

本标准规定了建筑屋面和幕墙用冷轧不锈钢钢板和钢带的订货内容、尺寸、外形、重量、技术要求、试验方法、检验规则、包装、标志及质量证明书。

本标准适用于厚度0.3 mm～4.0 mm的建筑屋面和幕墙用不锈钢冷轧宽钢带(以下简称宽钢带)及其卷切定尺钢板(以下简称卷切钢板)、纵剪冷轧宽钢带(以下简称纵剪宽钢带)。

2 规范性引用文件

下列文件对于本文件的应用是必不可少的。凡是注日期的引用文件,仅注日期的版本适用于本文件。凡是不注日期的引用文件,其最新版本(包括所有的修改单)适用于本文件。

GB/T 222 钢的成品化学成分允许偏差

GB/T 223.3 钢铁及合金化学分析方法 二安替比林甲烷磷钼酸重量法测定磷量

GB/T 223.5 钢铁 酸溶硅和全硅含量的测定 还原型硅钼酸盐分光光度法

GB/T 223.11 钢铁及合金 铬含量的测定 可视滴定或电位滴定法

GB/T 223.16 钢铁及合金化学分析方法 变色酸光度法测定钛量

GB/T 223.18 钢铁及合金化学分析方法 硫代硫酸钠分离-碘量法测定铜量

GB/T 223.25 钢铁及合金化学分析方法 丁二酮肟重量法测定镍量

GB/T 223.26 钢铁及合金 钼含量的测定 硫氰酸盐分光光度法

GB/T 223.28 钢铁及合金化学分析方法 α-安息香肟重量法测定钼量

GB/T 223.36 钢铁及合金化学分析方法 蒸馏分离-中和滴定法测定氮量

GB/T 223.40 钢铁及合金 铌含量的测定 氯磺酚S分光光度法

GB/T 223.53 钢铁及合金化学分析方法 火焰原子吸收分光光度法测定铜量

GB/T 223.58 钢铁及合金化学分析方法 亚砷酸钠-亚硝酸钠滴定法测定锰量

GB/T 223.68 钢铁及合金化学分析方法 管式炉内燃烧后碘酸钾滴定法测定硫含量

GB/T 223.69 钢铁及合金 碳含量的测定 管式炉内燃烧后气体容量法

GB/T 228.1—2010 金属材料 拉伸试验 第1部分:室温试验方法

GB/T 230.1 金属材料 洛氏硬度试验 第1部分:试验方法(A、B、C、D、E、F、G、H、K、N、T标尺)

GB/T 231.1 金属材料 布氏硬度试验 第1部分:试验方法

GB/T 232 金属材料 弯曲试验方法

GB/T 247 钢板和钢带的包装、标志及质量证明书的一般规定

GB/T 708—2006 冷轧钢板和钢带的尺寸、外形、重量及允许偏差

GB/T 2975 钢及钢产品 力学性能试验取样位置及试样制备

GB/T 3280—2015 不锈钢冷轧钢板和钢带

GB/T 4340.1 金属材料 维氏硬度试验 第1部分:试验方法

GB/T 8170 数值修约规则与极限数值的表示和判定

GB/T 10125 人造气氛腐蚀试验 盐雾试验
GB/T 11170 不锈钢 多元素含量的测定 火花放电原子发射光谱法(常规法)
GB/T 14203 火花放电原子发射光谱分析法通则
GB/T 17505 钢及钢产品 交货一般技术要求
GB/T 20066 钢和铁 化学成分测定用试样的取样和制样方法
GB/T 20123 钢铁 总碳硫含量的测定 高频感应炉燃烧后红外吸收法(常规方法)
GB/T 20124 钢铁 氮含量的测定 惰性气体熔融热导法(常规方法)
GB/T 20125 低合金钢 多元素含量的测定 电感耦合等离子体原子发射光谱法
GB/T 24195 金属和合金的腐蚀 酸性盐雾、“干燥”和“湿润”条件下的循环加速腐蚀试验
GB/T 20878—2007 不锈钢和耐热钢 牌号及化学成分

3 订货内容

3.1 按本标准订货的合同或订单应包括下列内容：

a) 标准编号；
b) 产品名称；
c) 牌号；
d) 尺寸及精度；
e) 边缘状态；
f) 表面加工类型；
g) 交货状态；
h) 交货重量(数量)；
i) 其他特殊要求。

3.2 如订货合同中未注明尺寸及不平度精度、边缘状态、包装方式，则按普通的尺寸和不平度精度、不切边状态交货，并按供方提供的包装方式包装。

4 尺寸、外形、重量

4.1 尺寸范围

钢板和钢带的公称尺寸范围见表1，推荐的公称尺寸应符合 GB/T 708—2006 中5.2的规定。根据需方要求，经供需双方协商，可供应其他尺寸的产品。

表1 公称尺寸范围

单位为毫米

形态	公称厚度	公称宽度
宽钢带、卷切钢板	0.30～4.00	600～2 100
纵剪宽钢带	0.30～4.00	＜600

4.2 尺寸、外形及允许偏差

钢板和钢带尺寸、外形及允许偏差应符合 GB/T 3280—2015 的规定。

4.3 重量

4.3.1 钢板按理论或实际重量交货。按理论重量交货时，理论计重所采用的厚度为允许的最大厚度和

最小厚度的算术平均值，宽度和长度采用公称尺寸值。钢的密度见 GB/T 20878—2007 的附录 A，未规定时，由供需双方协商确定。

4.3.2 钢带按实际重量交货。

5 技术要求

5.1 牌号及化学成分

5.1.1 钢的牌号及化学成分（熔炼分析）应符合表 2～表 4 的规定。各牌号推荐使用的地区参见附录 A，本标准与相关标准相近牌号对照参见附录 B。

5.1.2 钢的成品化学成分允许偏差应符合 GB/T 222 的规定。

表 2 奥氏体不锈钢的化学成分

牌号	化学成分（质量分数）/%							
	C	Si	Mn	P	S	Ni	Cr	Mo	N
06Cr19Ni10[a]	0.070	0.75	2.00	0.045	0.005	8.00～10.50	18.00～20.00	—	0.10
022Cr19Ni10[a]	0.030	0.75	2.00	0.045	0.005	8.00～12.00	18.00～20.00	—	0.10
022Cr17Ni12Mo2[a]	0.030	0.75	2.00	0.045	0.005	10.00～14.00	16.00～18.00	2.00～3.00	0.10
注：表中所列成分除标明范围，其余均为最大值。									
[a] 相对于 GB/T 3280—2015 调整化学成分的牌号。									

表 3 奥氏体·铁素体型钢的化学成分

牌号	化学成分（质量分数）/%								
	C	Si	Mn	P	S	Ni	Cr	Mo	N
022Cr23Ni5Mo3N[a]	0.030	1.00	2.00	0.030	0.010	4.50～6.50	22.00～23.00	3.00～3.50	0.14～0.20
注：表中所列成分除标明范围，其余均为最大值。									
[a] 相对于 GB/T 3280—2015 调整化学成分的牌号。									

表 4 铁素体不锈钢的化学成分

牌号	化学成分（质量分数）/%									
	C	Si	Mn	P	S	Cr	Mo	Cu	N	其他
019Cr21CuTi[a]	0.015	0.50	0.50	0.040	0.005	20.50～23.00	—	0.30～0.80	0.020	Nb+Ti≥16(C+N)
019Cr23MoTi[a]	0.015	0.50	0.50	0.040	0.005	21.00～24.00	0.70～1.50	—	0.020	Nb+Ti≥16(C+N)
019Cr23Mo2Ti[a]	0.015	0.50	0.50	0.040	0.005	22.00～24.00	1.50～2.50	—	0.020	Nb+Ti≥10(C+N)
注：表中所列成分除标明范围或最小值，其余均为最大值。										
[a] 相对于 GB/T 3280—2015 调整化学成分的牌号。										

5.2 冶炼方法

钢宜采用粗炼钢水加炉外精炼。

5.3 交货状态

钢板和钢带经冷轧后，可经热处理及酸洗或类似处理后交货，必要时可进行矫直、平整或研磨。

5.4 力学性能和工艺性能

5.4.1 经固溶处理的奥氏体不锈钢的力学性能应符合表5的规定。

5.4.2 经固溶处理的奥氏体·铁素体不锈钢的力学性能应符合表6的规定。

5.4.3 经退火处理的铁素体不锈钢的力学性能和工艺性能应符合表7的规定。

5.4.4 对于几种硬度试验，可根据钢板和钢带的不同尺寸和状态按其中一种方法试验。

5.4.5 弯曲试验时，试样弯曲后的外表面不准许有目视可见的裂纹。

表5 经固溶处理的奥氏体不锈钢的力学性能

牌号	拉伸试验			硬度试验		
	规定塑性延伸强度 $R_{p0.2}$/MPa	抗拉强度 R_m/MPa	断后伸长率 $A_{50\ mm}$/%	HBW	HRB	HV
	不小于			不大于		
06Cr19Ni10	205	515	40	201	92	210
022Cr19Ni10	180	485	40	201	92	210
022Cr17Ni12Mo2	180	485	40	217	95	220

表6 经固溶处理的奥氏体·铁素体不锈钢的力学性能

牌号	拉伸试验			硬度试验		
	规定塑性延伸强度 $R_{p0.2}$/MPa	抗拉强度 R_m/MPa	断后伸长率 $A_{50\ mm}$/%	HBW	HRC	HV
	不小于			不大于		
022Cr23Ni5Mo3N	450	655	25	293	31	—

表7 经退火处理的铁素体不锈钢的力学性能和工艺性能

牌号	拉伸试验			硬度试验			180°弯曲试验
	规定塑性延伸强度 $R_{p0.2}$/MPa	抗拉强度 R_m/MPa	断后伸长率 $A_{50\ mm}$/%	HBW	HRB	HV	
	不小于			不大于			
019Cr21CuTi	205	390	22	192	90	200	$D=1a$
019Cr23MoTi	245	410	20	217	96	230	$D=1a$
019Cr23Mo2Ti	245	410	20	217	96	230	$D=1a$
注：D——弯曲压头直径；a——试样厚度。							

5.5 耐腐蚀性能

钢板和钢带可按 GB/T 10125 或 GB/T 24195 进行耐腐蚀试验。试验方法和要求由供需双方协商确定,并在合同中注明,合同中未注明时,可不做试验。

5.6 表面加工及表面质量

5.6.1 钢板和钢带表面加工类型

钢板和钢带的表面加工类型见表 8,需方应根据使用需求指定钢板和钢带表面加工类型,经供需双方协商,并在合同中注明,可提供表 8 以外的表面加工类型。

表 8 表面加工类型

简称	表面加工类型	表面状态	备注
2D 表面	冷轧、热处理、酸洗或除鳞	表面均匀、呈亚光状	冷轧后热处理、酸洗或除鳞。亚光表面经酸洗或除鳞产生。可用毛面辊进行平整
2B 表面	冷轧、热处理、酸洗或除鳞、光亮加工	较 2D 表面光滑平直	在 2D 表面的基础上,对经酸洗或除鳞后的钢板或钢带用抛光辊进行小压下平整
2F 表面(毛面)	冷轧、热处理、酸洗或除鳞、毛面辊轧制	表面均匀、亚光	2D 或 2B 产品经毛面辊轧制,具有亚光表面
4# 表面	对单面或双面进行通用抛光	呈不连续线性纹理、反光	用 150# ~320# 砂带研磨、平整加工
HL 表面	冷轧、酸洗、平整、研磨	呈连续性磨纹状	用 150# ~320# 砂抛光抛光、平整加工,使表面呈连续性磨纹
BA 表面	冷轧、光亮退火	平滑、光亮、反光	冷轧后在可控气氛炉内进行光亮退火。通常采用干氢或干氢与干氮混合气氛,以防止退火过程中的氧化现象。也是后工序再加工常用的表面加工

5.6.2 钢板和钢带表面质量

5.6.2.1 钢板不应有影响使用的缺陷。可有个别深度小于厚度公差之半的轻微麻点、擦划伤、压痕、凹坑、辊印和色差等不影响使用的缺欠。允许局部修磨,但应保证钢板最小厚度。

5.6.2.2 钢带不应有影响使用的缺陷。但成卷交货钢带由于一般没有除掉缺陷的机会,允许带有少量不正常的部分。对不经抛光的钢带,允许有个别深度小于厚度公差之半的轻微麻点、擦划伤、压痕、凹坑、辊印和色差等不影响使用的缺陷。

5.6.2.3 钢带边缘应平整,切边钢带边缘不应有深度大于宽度公差之半的切割不齐和大于钢带厚度公差的毛刺。不切边钢带不应有大于宽度公差的裂边。

5.7 特殊要求

根据需方要求,可对钢板和钢带的化学成分、力学性能、非金属夹杂物、耐腐蚀性能等作特殊要求,具体内容由供需双方协商确定。

6 试验方法

6.1 钢的化学成分分析方法按 GB/T 223.3、GB/T 223.5、GB/T 223.11、GB/T 223.16、GB/T 223.18、GB/T 223.25、GB/T 223.26、GB/T 223.28、GB/T 223.36、GB/T 223.40、GB/T 223.53、GB/T 223.58、GB/T 223.68、GB/T 223.69、GB/T 11170、GB/T 14203、GB/T 20123、GB/T 20124、GB/T 20125或通用方法的规定进行，但仲裁时按 GB/T 223.3、GB/T 223.5、GB/T 223.11、GB/T 223.16、GB/T 223.18、GB/T 223.25、GB/T 223.26、GB/T 223.28、GB/T 223.36、GB/T 223.40、GB/T 223.53、GB/T 223.58、GB/T 223.68、GB/T 223.69 的规定进行。

6.2 钢板和钢带公称厚度小于 3 mm 时，拉伸试样推荐采用 GB/T 228.1—2010 中 P5 试样；钢板和钢带公称厚度不小于 3 mm 时，拉伸试样推荐采用 GB/T 228.1—2010 中 P14 试样。

6.3 钢板和钢带检验项目和试验方法应符合表 9 规定。

表 9 钢板和钢带检验项目、取样数量、取样方法及部位及试验方法

序号	检验项目	取样数量	取样方法及部位	试验方法
1	化学成分	1 个/炉	GB/T 20066	见 6.1
2	拉伸试验	1 个/批	GB/T 2975	GB/T 228.1—2010 和 6.2
3	硬度试验	1 个/批		GB/T 230.1、GB/T 231.1、GB/T 4340.1
4	弯曲试验	1 个/批		GB/T 232
5	耐腐蚀试验	2 个/批	GB/T 10125、GB/T 24195	GB/T 10125、GB/T 24195
6	尺寸、外形	逐张或逐卷	—	GB/T 3280—2015
7	表面质量	逐张或逐卷	—	目视

7 检验规则

7.1 钢板和钢带的检验由供方质量检验部门进行。

7.2 钢板和钢带应成批验收。每批应由同一牌号、同一炉号、同一厚度和同一热处理制度的钢板或钢带组成。

7.3 钢板和钢带取样数量、取样方法及部分应符合表 9 规定。

7.4 钢板和钢带的复验和判定应符合 GB/T 17505 的规定。

7.5 力学性能和化学成分试验结果应采用修约值比较法进行修约，修约规则按 GB/T 8170 的规定执行。

8 包装、标志及质量证明书

钢板和钢带的包装、标志、运输、贮存及质量证明书应符合 GB/T 247 的规定。

附　录　A
（资料性附录）
各牌号推荐使用的地区

各牌号推荐使用的地区参见表 A.1。

表 A.1　各牌号推荐使用的地区

牌号	推荐使用的地区
06Cr19Ni10、022Cr19Ni10	中西部地区，农村地区
022Cr17Ni12Mo2	沿海地区，重污染城市
022Cr23Ni5Mo3N	海洋岛屿、沿海地区
019Cr21CuTi	中西部地区、农村地区
019Cr23MoTi	沿海地区
019Cr23Mo2Ti	沿海地区，重污染城市

附 录 B
（资料性附录）
本标准与相关标准相近牌号对照表

本标准与相关标准相近牌号对照表参见表 B.1。

表 B.1 本标准与相关标准相近牌号对照表

GB/T 34200—2017	GB/T 3280—2015	JIS G 4305	ASTM A240/A240M	EN 10088-2
06Cr19Ni10	06Cr19Ni10	SUS304	S30408	X5CrNi18-10(1.4301)
022Cr19Ni10	022Cr19Ni10	SUS304L	S30403	X2CrNi18-9(1.4307)
022Cr17Ni12Mo2	022Cr17Ni12Mo2	SUS316L	S31603	X2CrNiMo17-12-2 (1.4404)
022Cr23Ni5Mo3N	022Cr23Ni5Mo3N	—	S32205,2205	—
019Cr21CuTi	019Cr21CuTi	SUS443J1	S44330	—
019Cr23MoTi	019Cr23MoTi	SUS445J1	—	—
019Cr23Mo2Ti	019Cr23Mo2Ti	SUS445J2	—	—

ICS 77.140.20
H 40

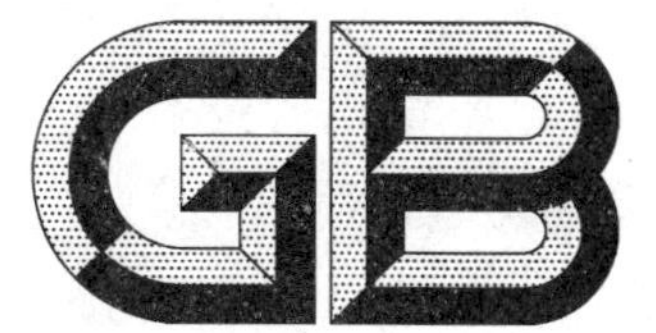

中华人民共和国国家标准

GB/T 34472—2017

建筑幕墙用不锈钢通用技术条件

General technical requirements of stainless steel for building curtain wall

2017-10-14 发布　　2018-07-01 实施

中华人民共和国国家质量监督检验检疫总局
中国国家标准化管理委员会　发布

前言

本标准按照GB/T 1.1—2009给出的规则起草。

本标准由中国钢铁工业协会提出。

本标准由全国钢标准化技术委员会(SAC/TC 183)归口。

本标准起草单位:广东坚朗五金制品股份有限公司、冶金工业信息标准研究院、江苏星火特钢有限公司。

本标准主要起草人:赵波、杜万明、栾燕、沈忠良、翟海平、徐晓波、韩坤。

建筑幕墙用不锈钢通用技术条件

1 范围

本标准规定了建筑幕墙用不锈钢的术语和定义、分类、订货内容、要求、试验方法、检验规则、包装、标志和质量证明书。

本标准适用于建筑幕墙用不锈钢材,包括各种热成型或冷成型钢板(带)、钢管、钢棒、钢丝,钢丝绳、钢绞线及铸件(以下简称不锈钢材)。

2 规范性引用文件

下列文件对于本文件的应用是必不可少的。凡是注日期的引用文件,仅注日期的版本适用于本文件。凡是不注日期的引用文件,其最新版本(包括所有的修改单)适用于本文件。

GB/T 226 钢的低倍组织及缺陷酸蚀检验法

GB/T 228.1 金属材料 拉伸试验 第1部分:室温试验方法

GB/T 230.1 金属材料 洛氏硬度试验 第1部分:试验方法(A、B、C、D、E、F、G、H、K、N、T标尺)

GB/T 231.1 金属材料 布氏硬度试验 第1部分:试验方法

GB/T 232 金属材料 弯曲试验方法

GB/T 247 钢板和钢带包装、标志及质量证明书的一般规定

GB/T 1220 不锈钢棒

GB/T 1979 结构钢低倍组织缺陷评级图

GB/T 2100 一般用途耐蚀钢铸件

GB/T 2101 型钢验收、包装、标志及质量证明书的一般规定

GB/T 2102 钢管的验收、包装、标志和质量证明书

GB/T 2103 钢丝验收、包装、标志及质量证明书的一般规定

GB/T 2104 钢丝绳包装、标志及质量证明书的一般规定

GB/T 2975 钢及钢产品 力学性能试验取样位置及试样制备

GB/T 2976 金属材料 线材 缠绕试验方法

GB/T 3280—2015 不锈钢冷轧钢板和钢带

GB/T 4226 不锈钢冷加工棒

GB/T 4232 冷顶锻用不锈钢丝

GB/T 4237—2015 不锈钢热轧钢板和钢带

GB/T 4240 不锈钢丝

GB/T 4340.1 金属材料 维氏硬度试验 第1部分:试验方法

GB/T 5677 铸钢件射线照相检测

GB/T 7736 钢的低倍组织及缺陷超声波检验法

GB/T 8358 钢丝绳 实际破断拉力测定方法

GB/T 9944—2015 不锈钢丝绳

GB/T 13305 不锈钢中α-相面积含量金相测定法

GB/T 14975 结构用不锈钢无缝钢管

GB/T 15574 钢产品分类

GB/T 17505　钢及钢产品　交货一般技术要求
GB/T 20066　钢和铁　化学成分测定用试样的取样和制样方法
GB/T 20878　不锈钢和耐热钢　牌号及化学成分
GB/T 25821—2010　不锈钢钢绞线
YB/T 5293　金属材料　顶锻试验方法

3　术语和定义

GB/T 15574、GB/T 20878 界定的以及下列术语和定义适用于本文件。

3.1

建筑幕墙　curtain wall

幕墙

由面板与支承结构体系组成，具有规定的承载能力、变形能力和适应主体结构位移能力，不分担主体结构所受作用的建筑外围护墙体结构或装饰性结构。

3.2

构件　member

构成建筑幕墙结构体系的基本单元，包括面板、支承装置和支承构件等，可以是单件或组合件。

3.3

附件　accessory

建筑幕墙中用于构件的连接装配、安装固定或某种功能构造（如气密构造、水密构造）的配件和零件。

3.4

配件　fitting

主要由各种金属材料制造而成，实现建筑幕墙某种功能的部件或组合件。

3.5

连接件　connector

用于建筑幕墙构件之间的组装连接、构件与建筑主体结构安装连接的零件或组合件。

4　分类

4.1　不锈钢按显微组织特征分为：

a）　奥氏体型；
b）　奥氏体-铁素体型；
c）　铁素体型。

4.2　不锈钢按产品品种分为：

a）　钢板（带）；
b）　钢管；
c）　钢棒；
d）　钢丝；
e）　钢丝绳；
f）　钢绞线；
g）　铸件。

5　订货内容

按本标准订货的合同或订单应包括下列内容：

a) 标准编号；
b) 产品名称；
c) 牌号或统一数字代号；
d) 尺寸及精度；
e) 交货的重量(数量)；
f) 表面加工类型(适用于钢板和钢带)；
g) 边缘状态(适用于钢板和钢带)；
h) 交货状态；
i) 标准中要求在合同中注明的项目或指标(如未注明,则由供方选择)；
j) 需方提出的特殊要求,并在合同中注明；
k) 其他要求。

6 要求

6.1 制造

6.1.1 轧制或锻制不锈钢宜采用炉外精炼冶炼。除非在合同中另有规定，生产工艺由供方自行决定。
6.1.2 铸造不锈钢宜采用中频冶炼。除非在合同中另有规定,铸造工艺由供方自行决定。

6.2 一般要求

6.2.1 不锈钢材应具有良好的耐腐蚀性能、力学性能、焊接性能、成形性能及其他工艺性能,能满足建筑幕墙的使用、制造与检验要求,并合理考虑不锈钢应用的经济性。
6.2.2 表 A.1 为推荐的建筑幕墙用轧制或锻制不锈钢牌号的特性与用途,表 A.2 为推荐的建筑幕墙用铸造不锈钢牌号的特性与用途。建筑幕墙用国内外不锈钢牌号对照表参见附录 B。
6.2.3 除非在合同中另有规定,不锈钢材的技术要求应符合表 1 规定。

表 1 不锈钢材的技术要求

序号	品种	技术要求											适用标准
		化学成分	拉伸	硬度	冷顶锻	弯曲	缠绕	低倍[a]	α-相	射线探伤	表面质量	尺寸外形	
1	钢板(带)	√	√	●	—	●	—	—	—	—	√	√	GB/T 3280—2015、GB/T 4237—2015
2	钢管	√	√	—	—	—	—	—	—	—	√	√	GB/T 14975
3	钢棒	√	√	—	—	—	—	√	●	—	√	√	GB/T 1220、GB/T 4226
4	钢丝	√	√	—	●[b]	—	—	—	—	—	√	√	GB/T 4240、GB/T 4232
5	钢丝绳	√	√[c]	—	—	—	√	—	—	—	√[d]	√	GB/T 9944—2015
6	钢绞线	√	√[c]	—	—	—	√	—	—	—	√[d]	√	GB/T 25821—2010
7	铸件	√	√	—	—	—	—	—	—	●	√	√	GB/T 2100

注：√表示基本要求,●表示根据需方要求,并在合同中注明的协议要求，—表示无要求。

[a] 允许用超声检测代替低倍检验。
[b] 用于加工螺栓、螺钉、铆钉时需做冷顶锻检测。
[c] 钢丝绳、钢绞线为破断拉力和/或伸长率试验。
[d] 钢丝绳、钢绞线包括捻制质量和不松散性检查。

6.3 特殊要求

6.3.1 化学成分

根据需方要求,经供需双方协商,并在合同中注明,可规定较严格的化学成分范围、微量元素、痕量元素和有害元素的控制。

6.3.2 耐腐蚀性能

根据需方要求,经供需双方协商,并在合同中注明,试验方法、试样尺寸、数量、试验周期由供需双方协商确定。

7 试验方法

不锈钢材料检验项目、取样方法及部位、试验方法应符合表2的规定。

表2 不锈钢的检验项目、取样方法及试验方法

序号	品种	适用标准	检验项目	取样方法及部位	试验方法
1	钢板(带)	GB/T 3280—2015、GB/T 4237—2015	化学成分	GB/T 20066	通用方法,仲裁时用湿法
			拉伸试验	GB/T 2975	GB/T 228.1
			弯曲试验	GB/T 2975	GB/T 232
			硬度试验	任一张(卷)	GB/T 230.1、GB/T 4340.1、GB/T 231.1
			尺寸、外形	—	GB/T 3280—2015 中 7.3 GB/T 4237—2015 中 7.3
			表面质量	—	目视,必要时可用不大于10倍的放大镜
2	钢管	GB/T 14975	化学成分	GB/T 20066	通用方法,仲裁时用湿法
			拉伸试验	GB/T 2975	GB/T 228.1
			尺寸、外形	—	卡尺、卷尺
			表面质量	—	目视,必要时可用不大于10倍的放大镜
3	钢棒	GB/T 1220 GB/T 4226	化学成分	GB/T 20066	通用方法,仲裁时用湿法
			拉伸试验	不同根钢 GB/T 2975	GB/T 228.1
			低倍	不同根钢棒	GB/T 226,GB/T 1979 或 GB/T 7736
			α-相	任意钢棒	GB/T 13305
			尺寸、外形	—	卡尺、卷尺
			表面质量	—	目视,必要时可用不大于10倍的放大镜检查
4	钢丝	GB/T 4240 GB/T 4232	化学成分	GB/T 20066	通用方法,仲裁时用湿法
			拉伸试验	不同盘(根/轴)的一端	GB/T 228.1
			冷顶锻试验	不同盘(根/轴)一端	YB/T 5293
			尺寸、外形	—	相应精度的测量工具测量
			表面质量	—	目视,必要时可用不大于10倍的放大镜

表 2（续）

序号	品种	适用标准	检验项目	取样方法及部位	试验方法
5	钢丝绳	GB/T 9944—2015	化学成分	GB/T 20066	通用方法，仲裁时用湿法
			破断拉力	任意根的一端	GB/T 8358
			缠绕试验	任意根钢丝的一端	GB/T 2976，GB/T 9944—2015 中 7.2
			直径、外形	—	GB/T 9944—2015 中 7.4、7.6
			表面及捻制质量	—	目视、手感
			不松散检查	任意根的一端	GB/T 9944—2015 中 7.5
6	钢绞线	GB/T 25821—2010	化学成分	GB/T 20066	通用方法，仲裁时用湿法
			破断拉力	任意根的一端	GB/T 8358
			伸长率试验	任意根的一端	GB/T 25821—2010 中 7.6
			缠绕试验	任意根钢丝的一端	GB/T 2976，GB/T 25821—2010 中 7.7
			直径、外形	—	GB/T 25821—2010 中 7.2、7.3
			表面及捻制质量	—	目视及手感
			不松散检查	任意根的一端	GB/T 25821—2010 中 7.4
7	铸件	GB/T 2100	化学成分	GB/T 2100	通用方法，仲裁时用湿法
			拉伸	GB/T 2100	GB/T 228.1
			射线探伤	协议	GB/T 5677
			尺寸	—	卡尺
			表面质量	—	目视，必要时可用不大于 10 倍的放大镜检查

8 检验规则

8.1 组批规则

不锈钢材应按批提交检查和验收。每批规则如下：

a) 不锈钢材(钢丝绳、钢绞线除外)：由同一牌号、同一炉号、同一加工方法、同一尺寸、同一交货状态、同一热处理制度的钢材组成；

b) 钢丝绳、钢绞线：由同一结构、同一直径、同一牌号、同一强度级别组成。

8.2 抽样方案及复验与判定规则

每批不锈钢材的抽样方案及复验与判定规则应符合表 3 的规定。

表 3　抽样方案及复验与判定规则

<table>
<tr><th>序号</th><th>品种</th><th>适用标准</th><th>检验项目</th><th>抽样方案</th><th>复验与判定规则</th></tr>
<tr><td rowspan="6">1</td><td rowspan="6">钢板（带）</td><td rowspan="6">GB/T 3280—2015
GB/T 4237—2015</td><td>化学成分</td><td>1个/炉或1个/批</td><td rowspan="3">如某项不合格时，允许重新取样复验，复验结果仍不合格，则该批或炉判为不合格</td></tr>
<tr><td>拉伸试验</td><td>1个/批</td></tr>
<tr><td>弯曲试验</td><td>1个/批</td></tr>
<tr><td>硬度试验</td><td>1个/批</td><td rowspan="3">如检验不合格时，应逐张/卷/判为不合格。对于检验不合格的板材允许供方重新逐张修理、矫直或研磨，重新检验，合格后交货</td></tr>
<tr><td>尺寸、外形</td><td>100%</td></tr>
<tr><td>表面质量</td><td>100%</td></tr>
<tr><td rowspan="4">2</td><td rowspan="4">钢管</td><td rowspan="4">GB/T 14975</td><td>化学成分</td><td>1个/炉或1个/批</td><td>如检验不合格时，允许重新取样复验，复验结果仍不合格时，则该批或炉判为不合格</td></tr>
<tr><td>拉伸试验</td><td>2个/批</td><td>符合 GB/T 2102 规定</td></tr>
<tr><td>尺寸、外形</td><td>100%</td><td rowspan="2">如检验不合格时，应逐根判为不合格。对于检验不合格的管材允许供方重新逐根修理、矫直或研磨，重新检验，合格后交货</td></tr>
<tr><td>表面质量</td><td>100%</td></tr>
<tr><td rowspan="12">3</td><td rowspan="12">钢棒</td><td rowspan="6">GB/T 1220</td><td>化学成分</td><td>1个/炉或1个/批</td><td rowspan="4">符合 GB/T 17505 的规定</td></tr>
<tr><td>拉伸试验</td><td>2个/批</td></tr>
<tr><td>低倍</td><td>2个/批</td></tr>
<tr><td>α-相</td><td>1个/批</td></tr>
<tr><td>尺寸、外形</td><td>100%</td><td rowspan="2">如检验不合格时，应逐根判为不合格。对于检验不合格的棒材允许供方重新逐根修理、矫直或研磨，重新检验，合格后交货</td></tr>
<tr><td>表面质量</td><td>100%</td></tr>
<tr><td rowspan="6">GB/T 4226</td><td>化学成分</td><td>1个/炉或1个/批</td><td>如检验不合格时，允许重新取样复验，如复验结果仍不合格时，则批或炉判为不合格</td></tr>
<tr><td>拉伸试验</td><td>2个/批</td><td>如检验不合格时，可取双倍数量的试样复验，如复验结果有一个试样不合格，则该批判为不合格</td></tr>
<tr><td>低倍</td><td>2个/批</td><td rowspan="2">符合 GB/T 17505 的规定</td></tr>
<tr><td>α-相</td><td>1个/批</td></tr>
<tr><td>尺寸、外形</td><td>100%</td><td rowspan="2">如检验不合格时，应逐根判为不合格。对于检验不合格的棒材允许供方重新逐根修理、矫直或研磨，重新检验，合格后交货</td></tr>
<tr><td>表面质量</td><td>100%</td></tr>
<tr><td rowspan="4">4</td><td rowspan="4">钢丝</td><td rowspan="4">GB/T 4240</td><td>化学成分</td><td>1个/炉或1个/批</td><td rowspan="2">如某项检验不合格时，允许双倍取样复验，如复验结果仍不合格，则该批（或炉）丝材判为不合格</td></tr>
<tr><td>拉伸试验</td><td>3个/批</td></tr>
<tr><td>尺寸、外形</td><td>100%</td><td rowspan="2">如检验不合格时，应逐盘/根判为不合格。对于检验不合格的丝材允许供方重新逐盘/根修理、矫直或研磨，重新检验，合格后交货</td></tr>
<tr><td>表面质量</td><td>100%</td></tr>
</table>

表 3（续）

序号	品种	适用标准	检验项目	抽样方案	复验与判定规则
4	钢丝	GB/T 4232	化学成分	1 个/炉或 1 个/批	如检验不合格时，允许重新取样复验，如复验结果不合格，则该批丝材判为批不合格
			拉伸试验	3 个/批	如某项检验不合格时，应将钢丝盘两端去掉一定长度后再取双倍试样进行复验，如复验结果仍不合格，则该批丝材判为不合格
			冷顶锻试验	3 个/批	
			尺寸、外形	100%	如检验不合格时，应逐盘/根判为不合格。对于检验不合格的丝材允许供方重新逐盘/根修理、矫直或研磨，重新检验，合格后交货
			表面质量	100%	
5	钢丝绳	GB/T 9944—2015	化学成分	1 个/批	如有一项不合格，则该盘判为不合格。另从该批其他盘中抽取双倍数量的试样进行不合格项目的复验。若复验仍不合格，该批判为不合格，但允许逐盘检验，合格者予以交货
			破断拉力	任取 5%，但不少于 1 盘	
			缠绕试验	3 个/批	
			直径、外形	100%	如检验不合格时，应逐盘判为不合格
			表面及捻制质量	100%	
			不松散检查	100%	
6	钢绞线	GB/T 25821—2010	化学成分	任取 10%，但不少于 2 盘（当一批钢绞线仅一盘时，则从两端各取一个试样）	如有一项不合格，则该盘判为不合格。可从该批中再取双倍试样复验不合格项目，如复验结果仍有不合格，则应逐盘试验，合格者交货
			破断拉力		
			伸长率试验		
			直径、外形		
			表面及捻制质量		
			缠绕试验	1×3 结构，取 3 根 1×7 结构，任取 4 根 1×19 结构，每层取 3 根，共取 6 根 1×37 结构，每层取 3 根，共取 9 根 1×61 结构，每层取 6 根，共取 12 根 1×91 结构，每层取 4 根，共取 12 根	
			不松散检查	100%	
7	铸件	GB/T 2100	化学成分	1 个/批或 1 个/炉	当某项检验不合格时，允许重新取样复验，如复验结果仍不合格，则该批判为不合格
			拉伸试验	1 个/批	
			射线探伤	双方协议	应符合 GB/T 2100 规定
			尺寸	100%	如检验不合格时，应逐件判为不合格
			表面质量	100%	

9 包装、标志和质量证明书

除非合同中另有规定，不锈钢材的包装、标志和质量证明书应符合表4的规定。

表4 包装和标志、质量证明书

序号	品种	应符合的标准
1	钢板(带)	GB/T 247
2	钢管	GB/T 2102
3	钢棒	GB/T 2101
4	钢丝	GB/T 2103
5	钢丝绳	GB/T 2104
6	钢绞线	GB/T 2104
7	铸件	GB/T 2100

附　录　A
（资料性附录）
推荐的建筑幕墙用不锈钢牌号的特性与用途

A.1　总则

A.1.1　不同类型不锈钢材的耐腐蚀性能各有差异，可参考耐（点）蚀指数 PRE 值选用不锈钢材。一般原则如下：

a)　Cr17 型铁素体不锈钢耐腐蚀性能低于奥氏体型不锈钢，一般适宜于室内或室外干燥环境构件、附件、配件或装饰；高性能铁素体不锈钢可应用于室外环境；
b)　奥氏体型不锈钢有良好的耐腐蚀性能，适宜于建筑幕墙装饰性高的内外构件、附件、配件；
c)　奥氏体-铁素体型双相不锈钢具有高强度、高耐腐蚀性能，适宜于建筑幕墙对强度和耐腐蚀性能要求较高的内外部构件、附件、配件。

注：耐（点）蚀指数 PRE＝%Cr＋3.3%Mo＋16%N。

A.1.2　不锈钢材不同表面加工类型对耐腐蚀性能有较大影响，宜根据建筑幕墙对不锈钢表面装饰性的环境要求，选择适当表面加工类型，如镜面（2B 或 BA）、亚光（2D）、拉丝（NO.4）、喷砂等。对建筑幕墙在颗粒状腐蚀性污染物浓度较高的环境、接触海洋性盐雾而不能及时清洗维护的幕墙构件、附件、配件的表面宜采用镜面或其他防护方法。

A.1.3　不锈钢材需进行焊接加工时，一般原则如下：

a)　Cr17 型铁素体不锈钢焊接性能较差，焊缝区脆性倾向大；可采用焊条电弧焊、药芯焊丝电弧焊、埋弧焊等。高性能铁素体型不锈钢具有较好焊接性；可采用氩弧焊、等离子焊和真空电子束焊等；铁素体型不锈钢需焊前预热和焊后热处理；
b)　奥氏体型不锈钢材可焊性好，所有的熔焊方法和部分压焊方法适用于奥氏体型不锈钢的焊接，宜采用焊条电弧焊、惰性气体保护焊、埋弧焊和等离子焊等；奥氏体型不锈钢不需焊前预热或焊后热处理；
c)　奥氏体-铁素体型不锈钢材可焊性好，但不宜采用激光焊、电子束焊和等离子焊；奥氏体-铁素体型双相不锈钢不需焊前预热或焊后热处理。

A.2　推荐的建筑幕墙用不锈钢材牌号的特性与用途

A.2.1　推荐的轧制或锻制不锈钢材牌号的特性与用途见表 A.1。

表 A.1　推荐的轧制或锻制不锈钢材牌号的特性与用途

类别	牌号	统一数字代号	材料特性				用途	大气环境腐蚀性分类				
			耐蚀性	装饰性	可焊性	磁性[a]		C1 很低腐蚀性	C2 低腐蚀性	C3 中等腐蚀性	C4 高腐蚀性	C5 很高腐蚀性
								乡村	乡村-城市	城市与工业区交互	工业-沿海区域	海洋环境
铁素体型	10Cr17	S11710	一般	较好	较差	有	室内构件、附件、配件及室内装饰面板、干燥室外构件、附件、配件	√	√	×	×	×
	10Cr17Mo	S11790	一般	较好	较差	有	室内构件、附件、配件及室内装饰面板	√	√	×	×	×
	019Cr21CuTi	S12182	一般	较好	一般	有	薄板、带材应用最广，非海滨环境建筑幕墙内外装饰面板	√	√	√	×	×
	019Cr23MoTi	S12362	一般	较好	一般	有	薄板、带材应用较广，非海滨环境建筑与幕墙内外装饰面板	√	√	√	×	×
	019Cr23Mo2Ti	S12361	好	好	一般	有	薄板、带材应用最广，可用于海滨环境建筑与幕墙内外装饰面板	√	√	√	√	×
奥氏体型	12Cr18Ni9	S30210	一般	较好	一般	弱	室内、室外受力构件、附件、配件、紧固件，非焊接件	√	√	√	×	×
	06Cr19Ni10	S30408	较好	较好	好	弱	室内、室外受力构件、附件、配件、紧固件、连接件等	√	√	√	√	×
	022Cr19Ni10	S30403	好	好	好	微	室内、室外构件、附件、配件、连接件、装饰面板等	×	×	√	√	×
	06Cr17Ni12Mo2	S31608	好	好	好	微	室内、室外受力构件、附件、配件、连接件、装饰面板等	×	√	√	√	×
	022Cr17Ni12Mo2	S31603	好	好	好	微	室内、室外构件、附件、配件、连接件、装饰面板等	×	×	√	√	×
	06Cr19Ni13Mo3	S31708	优	好	优	微	室内、室外受力构件、附件、配件、紧固件、连接件、装饰面板等	×	×	×	√	×
	22Cr19Ni13Mo3	S31703	优	好	优	微	室内、室外受力构件、附件、配件、连接件、装饰面板等	×	×	×	√	√
	03Cr18Ni16Mo5	S31794	优	好	好	无	海洋环境，室内、附件、配件、室外受力构件、紧固件、连接构件等	×	×	×	√	√
奥氏体-铁素体型	022Cr23Ni5Mo3N	S22053	优	好	好	有	室内、室外受力构件、附件、配件、特殊紧固件、索具连接构件等	×	×	×	√	√
	022Cr25Ni6Mo2N	S22553	优	好	好	有	室内、室外受力构件、附件、配件、特殊紧固件、索具连接构件等	×	×	×	√	√

注：√表示适用，×表示不适用。

[a] 奥氏体不锈钢为亚稳态组织，磁导率小，大的冷变形有可能使磁导率略有提高。

[b] 按 GB/T 15957 分类。

A.2.2　推荐的铸造不锈钢材牌号的特性与用途见表 A.2。

表 A.2　推荐的铸造不锈钢材牌号的特性与用途

类别	牌号	材料特性				用途	大气环境腐蚀性分类[b]				
		耐蚀性	装饰性	可焊性	磁性[a]		C1 很低腐蚀性	C2 低腐蚀性	C3 中等腐蚀性	C4 高腐蚀性	C5 很高腐蚀性
							乡村	乡村-城市	城市与工业区交互	工业-沿海区域	海洋环境
奥氏体型	ZG07Cr19Ni9	较好	较好	好	有	室内、室外构件、附件、配件和室内受力构件、装饰面板、薄截面焊接件	√	√	×	×	×
	ZG03Cr18Ni10	较好	较好	好	有	室内、室外受力构件、附件、配件，装饰面板、焊接构件	×	√	×	×	×
	ZG03Cr18Ni10N	较好	较好	好	有	室内、室外受力构件、附件、配件，装饰面板、焊接构件	×	√	×	×	×
	ZG03Cr19Ni11Mo2	好	好	好	有	室内、室外受力构件、附件、配件、紧固件、装饰面板等，高腐蚀环境用于室内受力构件、附件、配件、紧固件	×	√	√	√	×
	ZG07Cr19Ni11Mo2	好	好	好	有	室内、室外受力构件、附件、配件、紧固件、装饰面板等，高腐蚀环境用于室内受力构件、附件、配件、紧固件	×	√	√	√	×
	ZG03Cr19Ni11Mo2N	好	好	好	有	室内、室外受力构件、附件、配件、紧固件、装饰面板等，高腐蚀环境用于室内受力构件、附件、配件、紧固件	×	√	√	√	×
	ZG03Cr19Ni11Mo3	优	好	优	有	室内、室外受力构件、附件、配件、连接件、装饰面板等，海洋环境适当表面加工状态下可做室内、室外受力构件、附件、配件、紧固件、装饰面板等	×	×	×	√	√

表 A.2（续）

类别	牌号	材料特性				用途	大气环境腐蚀性分类[b]				
		耐蚀性	装饰性	可焊性	磁性[a]		C1 很低腐蚀性	C2 低腐蚀性	C3 中等腐蚀性	C4 高腐蚀性	C5 很高腐蚀性
							乡村	乡村-城市	城市与工业区交互	工业-沿海区域	海洋环境
奥氏体型	ZG07Cr19Ni11Mo3	优	好	优	有	室内、室外受力构件、附件、配件、连接件、装饰面板等，海洋环境适当表面加工状态下可做室内、室外受力构件、附件、配件、紧固件、装饰面板等	×	×	×	√	√
奥氏体型	ZG03Cr19Ni11Mo3N	优	好	优	有	室内、室外受力构件、附件、配件、连接件、装饰面板等，海洋环境适当表面加工状态下可做室内、室外受力构件、附件、配件、紧固件、装饰面板等	×	×	×	√	√
奥氏体-铁素体型	ZG03Cr26Ni5Mo3N	优	好	优	有	室内、室外结构材料、特殊紧固件、附件、配件、索具连接构件等	×	×	×	√	√

注：√表示适用，×表示不适用。

[a] 奥氏体不锈钢为亚稳态组织，磁导率小，大的冷变形有可能使磁导率略有提高。

[b] 按 GB/T 15957 分类。

附 录 B
（资料性附录）
推荐的建筑幕墙用不锈钢国内外牌号对照表

B.1 推荐的建筑幕墙用轧制或锻制不锈钢国内外牌号对照表见表 B.1。

表 B.1 推荐的建筑幕墙用轧制或锻制不锈钢国内外牌号对照表

中国 GB/T 20878		美国 ASTM A959		欧洲 EN 10088-1		日本 JIS G 4303	国际 ISO 15510	
牌号	ISC 数字代号	牌号	UNS 数字代号	牌号	数字代号	牌号	牌号	ISO 数字代号
10Cr17	S11710	430	S43000	X6Cr17	1.4016	SUS430	X6Cr17	4016-430-00-1
10Cr17Mo	S11790	434	S43400	X6CrMo17-1	1.4113	SUS434	X6CrMo17-1	4113-434-00-1
019Cr21CuTi	S12182	—	—	—	—	SUS443	—	—
019Cr23MoTi	S12362	—	—	—	—	SUS445J1	X2CrMo23-1	4128-445-92-J
019Cr23Mo2Ti	S12361	—	—	—	—	SUS445J2	X2CrMo23-2	4129-445-92-J
12Cr18Ni9	S30210	302	S30200	X10CrNi18-8	1.4310	—	X10CrNi18-8	4310-302-00-I
022Cr19Ni10	S30403	304L	S30403	X2CrNi18-9	1.4307	SUS304L	X2CrNi18-9	4307-304-03-I
06Cr19Ni10	S30408	304	S30400	X5CrNi18-10	1.4301	SUS304	X5CrNi18-10	4301-304-00-I
022Cr17Ni12Mo2	S31603	316L	S31603	X2CrNiMo17-12-2	1.4404	SUS316L	X2CrNiMo17-12-2	4404-316-03-I
06Cr17Ni12Mo2	S31608	316	S31600	X5CrNiMo17-12-2	1.4401	SUS316	X5CrNiMo17-12-2	4401-316-00-I
022Cr19Ni13Mo3	S31703	317L	S31703	X2CrNiMo18-15-4	1.4438	SUS317L	X2CrNiMo19-14-4	4438-317-03-I
06Cr19Ni13Mo3	S31708	317	S31700	(X6CrNiMo19-3-4)	(1.4445)	SUS317	X6CrNiMo19-3-4	4445-317-00-U
03Cr18Ni16Mo5	S31794	—	—	(X3CrNiMo18-16-5)	(1.4476)	SUS317J1	X3CrNiMo18-16-5	4476-317-92-X
022Cr23Ni5Mo3N	S22053	2205	S32205	X2CrNiMoN22-5-3	1.4462	SUS329J3L	X2CrNiMoN22-5-3	4462-318-03-I
022Cr25Ni6Mo2N	S22553	—	S31200	X3CrNiMoN27-5-2	1.4460	—	X3CrNiMoN27-5-2	4460-312-00-I

B.2 推荐的建筑幕墙用铸造不锈钢国内外牌号对照表见表 B.2。

表 B.2 推荐的建筑幕墙用铸造不锈钢国内外牌号对照

中国 GB/T 2100		美国 ASTM A743		欧洲 EN 10283		日本 JIS G 5121	国际 ISO 11972
牌号	ISC 数字代号	牌号	UNS 数字代号	牌号	数字代号	牌号	牌号
ZG03Cr18Ni10	C52500	CF3	J92500	—	—	SCS19A	GX2CrNi18-10
ZG03Cr18Ni10N	C52504	—	—	GX2CrNi19-11	1.4309	SCS36N	GX2CrNiN18-10
ZG07Cr19Ni9	C52600	CF8	J92600	GX5CrNi19-10	1.4308	SCS13A	GX5CrNi19-9
ZG03Cr19Ni11Mo2	C52800	CF3M	J92800	—	—	SCS16A	GX2CrNiMo19-11-2
ZG03Cr19Ni11Mo2N	C52804	CF3MN	J92804	GX2CrNiMo19-11-2	1.4409	SCS16AXN	GX2CrNiMoN19-11-2
ZG07Cr19Ni11Mo2	C52900	CF8M	J92900	GX5CrNiMo19-11-2	1.4408	SCS14A	GX5CrNiMo19-11-2
ZG03Cr19Ni11Mo3	C52999	CG3M	J92999	—	—	—	GX2CrNiMo19-11-3
ZG03Cr19Ni11Mo3N	C52994	—	—	—	—	SCS35N	GX2CrNiMoN19-11-3
ZG07Cr19Ni11Mo3	C53000	CG8M	J93000	GX5CrNiMo19-11-3	1.4412	SCS34	GX5CrNiMo19-11-3
ZG03Cr26Ni5Mo3N	C52205	(4A,CD3MN)	(J92205)	GX2CrNiMoN25-6-3	1.4468	SCS33	GX2CrNiMoN26-5-3

参 考 文 献

[1] ISO 11972:2015 Corrosion-resistant cast steels for general applications

[2] ISO 15510:2014 Stainless steels—Chemical composition

[3] ASTM A 743/A743M-13 Standard Specification for Castings, Iron-Chromium, Iron-Chromium-Nickel, Corrosion Resistant, for General Application

[4] ASTM A 890/A 890M-13 Standard Specification for Castings, Iron-Chromium-Nickel-Molybdenum Corrosion-Resistant, Duplex (Austenitic/Ferritic) for General Application

[5] ASTM A 959-16 Standard Guide for Specifying Harmonized Standard Grade Compositions for Wrought Stainless Steels

[6] EN 10088-1:2014 Stainless steels—Part 1:List of stainless steels

[7] EN 10283:2010 Corrosion resistant steel castings

[8] JIS G 4303:2012 Stainless steel bars

[9] JIS G 5121:2003 Corrosion-resistant cast steels for general applications

[10] GB/T 15957—1995 大气环境腐蚀性分类

ICS 91.060
Q 73

中华人民共和国建筑工业行业标准

JG/T 331—2011

建筑幕墙用氟碳铝单板制品

Aluminum panel productions with fluorocarbon coatings for curtain wall

2011-07-13 发布　　　　2012-02-01 实施

中华人民共和国住房和城乡建设部　　发布

前 言

本标准按照 GB/T 1.1—2009 给出的规则起草。

本标准使用重新起草法参考美国建筑制造业协会标准 AAMA 2605—2005《铝挤压材、板材的超高性能有机聚合物涂层的性能要求与试验方法》,与 AAMA 2605—2005 的一致性程度为非等效。

本标准由住房和城乡建设部标准定额研究所提出。

本标准由住房和城乡建设部建筑制品与构配件产品标准化技术委员会归口。

本标准负责起草单位:中国建筑材料科学研究总院。

本标准参加起草单位:国家建筑材料测试中心、东阿蓝天七色建材有限公司、江阴利泰装饰材料有限公司、香港成功国际(集团)有限公司、佛山市中茂金属建材有限公司、方大新材料(江西)有限公司、浙江墙煌建材有限公司、浙江会合建材有限公司、苏威(上海)有限公司、PPG 涂料(天津)有限公司、常州通用铝板材料制造有限公司、东莞方中五金喷涂有限公司、东莞华尔泰装饰材料有限公司、广东泛铝远东铝业有限公司、佛山市三英铝业有限公司、佛山市顺德区高士达建筑装饰材料有限公司、上海吉祥科技发展(集团)有限公司、上海阿鲁考装饰材料有限公司、吉祥集团有限公司、江苏美亚新型饰材有限公司、常州双欧板业有限公司、常州西莱秘克板业有限公司、山东信发建材有限公司、联合金属科技(杭州)有限公司、常州新刚高丽化工有限公司、天津金邦建材有限公司、金筑铝业(北京)有限公司、无锡万博涂料化工有限公司、肇庆金三力机械建材有限公司、北京富邦装饰铝板有限公司、上海丰丽幕墙材料有限公司。

本标准主要起草人:徐晓鹏、蒋荃、刘婷婷、刘玉军、刘翼、高锐、赵春芝、耿雷。

建筑幕墙用氟碳铝单板制品

1 范围

本标准规定了建筑幕墙用氟碳铝单板制品(以下简称幕墙氟碳铝单板)的术语和定义、分类及标记、材料、要求、试验方法、检验规则、标志、包装、运输、贮存。

本标准适用于建筑幕墙用氟碳铝单板。其他用途的铝单板也可参照本标准。

2 规范性引用文件

下列文件对于本文件的应用是必不可少的。凡是注日期的引用文件,仅注日期的版本适用于本文件。凡是不注日期的引用文件,其最新版本(包括所有的修改单)适用于本文件。

GB/T 191 包装储运图示标志(GB/T 191—2008,MOD ISO 780:1997)

GB/T 1732 漆膜耐冲击测定法

GB/T 1740 漆膜耐湿热测定法

GB/T 1766 色漆和清漆 涂层老化的评级方法(GB/T 1766—2008,NEQ ISO 4628-1:2003)

GB/T 3190 变形铝及铝合金化学成分

GB/T 3880.2 一般工业用铝及铝合金板、带材 第2部分:力学性能

GB/T 3880.3 一般工业用铝及铝合金板、带材 第3部分:尺寸偏差

GB/T 4957(所有部分) 非磁性金属基体上非导电覆盖层厚度测量 涡流方法(GB/T 4957—2003,IDT ISO 2360:1982)

GB/T 6388 运输包装收发货标志

GB/T 6739 涂膜硬度铅笔测定方法(GB/T 6739—2006,IDT ISO 15184:1998)

GB/T 9286 色漆和清漆 漆膜的划格试验(GB/T 9286—1998,eqv ISO 2409:1992)

GB/T 9754 色漆和清漆 不含金属颜料的色漆,漆膜之20°、60°和85°镜面光泽测量(GB/T 9754—2007,IDT ISO 2813:1994)

GB/T 9761 色漆和清漆 色漆的目视比色(GB/T 9761—2008,IDT ISO 3668:1998)

GB/T 10125 人造气氛腐蚀试验 盐雾试验(GB/T 10125—1997,eqv ISO 9227:1990)

GB/T 11186.2 漆膜颜色的测量方法 第2部分:颜色测量(GB/T 11186.2—1989,eqv ISO 7724.2:1984)

GB/T 11186.3 漆膜颜色的测量方法 第3部分:色差计算(GB/T 11186.3—1989,eqv ISO 7724.3:1984)

GB/T 12467.2—1998 焊接质量要求 金属材料的熔化焊 第2部分 完整质量要求

GB/T 16259—2008 建筑材料人工气候加速老化试验方法

GB/T 16474 变形铝及铝合金牌号表示方法

GB/T 23443—2009 建筑装饰用铝单板

HG/T 3792 交联型氟树脂涂料

HG/T 3793 热熔型氟树脂(PVDF)涂料

JG/T 480 建筑生石灰粉

3 术语和定义

下列术语和定义适用于本文件。

3.1

幕墙氟碳铝单板制品 aluminum panel productions with fluorocarbon coating for curtain wall

以铝合金板(带)为基材,经加工成型,装饰面为氟碳涂层,用于建筑幕墙的单层板。

3.2

氟碳涂层 fluorocarbon coating

指含70%(树脂质量比)以上的聚偏二氟乙烯(PVDF)或其他性能相当的含氟碳树脂的有机涂层。

3.3

装饰面 exposed surface

幕墙氟碳铝单板安装完成后的可视表面。

3.4

局部涂层厚度 local film thickness

在幕墙氟碳铝单板装饰面上面积不大于1 cm^2 范围内,做不少于三次涂层厚度测量所得的测量值的算术平均值。

3.5

最小局部涂层厚度 min film thickness

在幕墙氟碳铝单板装饰面上测出的若干个局部涂层厚度值中的最小值。

3.6

平均涂层厚度 average film thickness

在幕墙氟碳铝单板装饰面上测出的若干个局部涂层厚度值的算术平均值。

3.7

自然气候曝露试验 exposure to natural weathering testing

幕墙氟碳铝单板置于自然环境中经受各种气候因素综合作用,观测其性能随时间而发生变化的试验。

4 分类及标记

4.1 分类

按涂装工艺分:

a) 辊涂:代号为GT;

b) 液体喷涂:代号为YP。

4.2 标记

4.2.1 标记方法

按产品名称(幕墙氟碳铝单板)、涂装工艺代号、基材厚度、合金牌号及执行标准编号顺序进行标记,如图1所示。其中铝材牌号标记按GB/T 16474标准的规定进行。

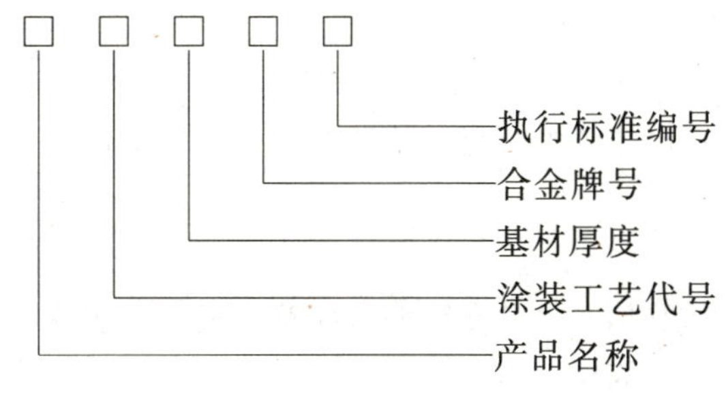

图 1

4.2.2 标记示例

示例：表面氟碳辊涂，基材厚度为 3.0 mm，铝合金牌号为 3003 的建筑幕墙用氟碳铝单板，其标记为：

幕墙氟碳铝单板 GT 3.0 3003 JG/T 331—2011

5 材料

5.1 铝合金板基材

5.1.1 化学成分及力学性能

幕墙氟碳铝单板宜选用 3××× 系列、5××× 系列铝合金板材，其化学成分应符合 GB/T 3190 的要求，力学性能应符合 GB/T 3880.2 的要求。

5.1.2 厚度

幕墙氟碳铝单板基材公称厚度（不包括涂层）不应小于 2.5 mm。

5.2 涂料

幕墙氟碳铝单板表面涂层所采用的氟树脂涂料，其性能应符合 HG/T 3792 或 HG/T 3793 的规定。

6 要求

6.1 外观质量

6.1.1 整板

板材边部应切齐，无毛刺、裂边，板缝焊接处不允许有漏焊和开焊。

6.1.2 装饰面

装饰面外观应整洁，图案清晰、色泽基本一致，无明显划伤，不得有明显压痕、印痕和凹凸等残迹。装饰面涂层外观质量还应符合表 1 的要求。

表 1 装饰面外观质量要求

分　类	要　求
GT	不得有漏涂、波纹、鼓泡或穿透涂层的损伤。
YP	涂层应无流痕、裂纹、气泡、夹杂物或其他表面缺陷。

6.1.3 色差

涂层应无明显色差,单色产品色差仲裁时 ΔE 不应大于 2.0 NBS。

6.2 尺寸偏差

当幕墙氟碳铝单板为矩形板时,其尺寸允许偏差应符合表 2 的要求。当幕墙氟碳铝单板为其他形状时,其尺寸允许偏差由供需双方商定。

表 2 尺寸偏差要求

项目	基本尺寸	允许偏差
基材厚度/mm	符合 GB/T 3880.3 的要求	
边长/mm	边长≤2 000	±2.0
	边长>2 000	±2.5
对角线差/mm	长度≤2 000	≤2.5
	长度>2 000	≤3.0
对边尺寸差/mm	长度≤2 000	≤2.5
	长度>2 000	≤3.0
面板平整度/(mm/m)	—	≤2
折边角度/(°)	—	±1
折边高度/mm	—	≤1.0

6.3 涂层

6.3.1 氟碳含量

当涂层采用热熔型氟碳涂层时,其聚偏二氟乙烯(PVDF)树脂含量不应低于树脂总量的 70%(质量比)。

6.3.2 幕墙氟碳铝单板涂层性能应符合表 3 的要求。

表 3 性能要求

项目			性能要求
涂层厚度	GT	二涂	平均涂层厚度≥25 μm,最小局部涂层厚度≥23 μm
		三涂	平均涂层厚度≥32 μm,最小局部涂层厚度≥30 μm
	YP	二涂	平均涂层厚度≥30 μm,最小局部涂层厚度≥25 μm
		三涂	平均涂层厚度≥40 μm,最小局部涂层厚度≥34 μm
		四涂	平均涂层厚度≥65 μm,最小局部涂层厚度≥55 μm
光泽度偏差	光泽度<30		±5
	30≤光泽度<70		±7
	光泽度≥70		±10

表 3（续）

项目			性能要求
涂层附着力	干式		划格法 0 级
	湿式		划格法 0 级
	沸水煮		划格法 0 级
铅笔硬度			≥H
耐化学腐蚀	耐酸	耐盐酸	无变化
		耐硝酸	无起泡等变化，$\Delta E \leqslant 5.0$ NBS
	耐砂浆		无变化
	耐溶剂		丁酮，无露底
耐磨			≥5 L/μm
耐冲击			50 kg·cm，涂层应无脱落和开裂。
加速耐候性	4 000 h 耐盐雾		不次于 1 级
	4 000 h 耐人工候加速老化		色差≤3.0 NBS
			光泽保持率≥70%
			其他老化性能不次于 0 级
	4 000 h 耐湿热		不次于 1 级

6.3.3 自然气候曝露试验

需方如有自然气候曝露等特殊耐候性要求，应符合表 4 的要求。

表 4 自然气候曝露性能要求

试验时间	性能要求
10 年	色差≤5.0
	光泽保持率≥50%
	粉化不次于 1 级
	涂层厚度损失小于 10%
	涂层无开裂和剥落

6.4 构造

6.4.1 加强肋

加强肋与板的连接应牢固可靠。固定加强筋的螺栓与基板的焊接应牢固，无虚焊。

6.4.2 固定挂件

固定挂件与基板的连接应牢固可靠，位置准确，不应有影响承载力和安装的缺陷存在。

安装固定挂件时，连接用螺栓或铆钉不应损害涂层表面及预留孔的涂层。

不宜采用焊接连接；当必需采用焊接连接时，应使用与铝基板性质匹配的焊接材料。焊接质量应符合 GB/T 12467.2—1998 的要求。

7 试验方法

7.1 试验环境

试验前,试样应在温度为(23±2) ℃,湿度为(50±10)%的标准环境下放置 24 h。除特殊规定外,试验也应在该条件下进行。

7.2 试样制备

试样的制取位置应在距产品边部大于 50 mm 的区域内,试样的尺寸及数量见表 5。

表 5 试样尺寸及数量

试验项目		试样尺寸/mm	试样数量/块
外观质量		整板	至少 2(总面积不小于 1 m^2)
尺寸偏差		整板	3
涂层厚度			
光泽度偏差			
涂层附着力		50×75	9
铅笔硬度		50×75	3
耐化学腐蚀	耐酸	100×100	6
	耐砂浆	100×100	3
	耐溶剂	100×430	3
耐磨		100×150	3
耐冲击		75×150	3
加速耐候性	4 000 h 耐盐雾	100×150	4
	4 000 h 耐人工候加速老化	100×150	4
	4 000 h 耐湿热	100×150	4
构造		整板	3

7.3 外观质量

7.3.1 整板

在非阳光直射的自然光条件下,距试样 0.5 m 目视观察。

7.3.2 装饰面

在非阳光直射的自然光条件下,随机取同一批至少两个试样(总面积不小于 1 m^2)按同一生产方向并排侧立拼成一面,距拼成的板面中心 1 m 处垂直目测。抽取和摆放试样者不参与目测试验。

7.3.3 色差

单色产品色差可按 GB/T 11186.2 和 GB/T 11186.3 的规定进行测量和评价,金属漆产品的色差按照 GB/T 9761 的规定进行目视检查。

7.4 尺寸偏差

7.4.1 基材厚度

基材厚度的测量应在整件试样的角部和几何中心位置进行。取测量值与标称值之间的极限偏差作为试验结果。

方法一:用精度为 0.01 mm 的厚度测量器具测量某点的总厚度,然后按照 GB/T 4957 的规定测量该点的局部涂层厚度,以总厚度与局部涂层厚度的差值为该点的基材厚度。

方法二:用适当的方法(不得损耗基材厚度)将幕墙氟碳铝单板表面的涂层去除干净,然后用精度为 0.01 mm 的厚度测量器具测量。

仲裁时,采用方法二测量基材厚度。

7.4.2 边长

用分度值为 0.5 mm 的钢板尺或钢卷尺在距离端部 100 mm 的位置测量,每件试样上不应少于三个测量位置,以长度(宽度)的测量值与标称值之间的极限偏差作为试验结果。

7.4.3 对角线差

用分度值为 0.5 mm 的钢板尺或钢卷尺测量并计算同一试样上两对角线长度之差值。以三件试样中测得的最大差值作为试验结果。

7.4.4 对边尺寸差

用分度值为 0.5 mm 的钢板尺或钢卷尺测量并计算同一试样上两条对边长度之差值。以三件试样中测得的最大差值作为试验结果。

7.4.5 面板平整度

将试样垂直放于水平台上,用 1 000 mm 长的钢直尺垂直靠于板面上,钢直尺面与板面垂直,用塞尺测量钢直尺与板面之间的最大缝隙。以全部测量值中的最大值作为试验结果。

7.4.6 折边角度

用万能角度尺在距离端部至少 100 mm 的位置测量,每条边上不应少于三个测量位置。取测量值与标称值之间的极限偏差作为试验结果。

7.4.7 折边高度

用分度值为 0.02 mm 游标卡尺在距离端部至少 100 mm 的位置测量,每条边上不应少于三个测量位置。取测量值与标称值的极限偏差作为试验结果。

7.5 涂层

7.5.1 氟碳含量

按照附录 A 的规定进行。

7.5.2 涂层厚度

按照 GB/T 4957 的规定进行试验,每件试样应测量角部和几何中心位置的局部涂层厚度,并计算平均涂层厚度。

7.5.3 光泽度偏差

按照 GB/T 9754 的规定进行试验，每件试样应测量角部和几何中心位置。试验中应保持试样生产方向的一致性。取测量值与标称值的极限偏差作为试验结果。

7.5.4 涂层附着力

7.5.4.1 干式

按 GB/T 9286 的规定进行划格法试验。将宽度 25 mm，粘结力(10±1) N/25 mm 的胶带覆盖在划格的涂层上，赶去胶带下面的空气，迅速垂直拉开胶带，按 GB/T 9286 评级，以三块试样中性能最差者为试验结果。

7.5.4.2 湿式

按 7.5.4.1 在试板上划好格，把试样在(38±5) ℃的蒸馏水或去离子水中浸泡 24 h 后，取出并擦干试样，即刻在 5 min 内按 7.5.4.1 试验、评级。以三块试样中性能最差者为试验结果。

7.5.4.3 沸水煮

按 7.5.4.1 在试板上划好格，把试样放在大于或等于 95 ℃的蒸馏水或去离子水中煮 20 min(试验期间保持水沸腾)，立即取出试样擦干，在 5 min 内按 7.5.4.1 试验、评级。以三块试样中性能最差者为试验结果。

7.5.5 铅笔硬度

按照 GB/T 6739 的规定进行试验。以三块试样中性能最差者为试验结果。

7.5.6 耐化学腐蚀

7.5.6.1 耐酸

7.5.6.1.1 耐盐酸

将试样涂层朝上放在水平台上，将内径不小于 50 mm 的玻璃管的一端用凡士林粘接在试验涂层面的中心部位，使接触密封良好，倒入体积分数为 5%的盐酸(HCl)溶液，使液面高度为(20±2) mm，用玻璃片将管盖严，静置 24 h 后取下试样，洗净擦干，目测试验处有无起泡、变色、剥落等异常现象，以三块试样中性能最差者为试验结果。

7.5.6.1.2 耐硝酸

将 100 mL 质量分数为 60%～68%的分析纯硝酸(HNO_3)倒入容量为 250 mL 的广口瓶中，使试剂充满广口瓶容积的 1/2，将试样涂层朝下盖在瓶口保持 30 min 后，倾斜 45°角置于自来水龙头下冲洗酸反应表面 1 min，用纱布擦干，静置 1 h 后立即观察涂层变化，并用色差仪测量酸暴露和未暴露表面涂层色差。以三块试样中性能最差者为试验结果。

7.5.6.2 耐砂浆

用 75 g 符合 JG/T 480 的建筑生石灰粉和细砂按 1∶3 比例混合后，用孔径为 0.84 mm 的过滤网过滤，加上适当水配成灰浆，涂在涂层表面。涂成 50 mm×25mm 大小，约 13 mm 厚，把试样放在

(38±3)℃、相对湿度(95±5)%环境中 24 h 后，去掉灰浆，并用湿布擦去残灰。去不掉的残灰可用体积分数为 10%的盐酸(HCl)溶液去掉，干燥后目视检查试验表面外观。以三块试样中性能最差者为试验结果。

7.5.6.3 耐溶剂

用一柔性擦头裹四层医用纱布，吸饱溶剂后立即在试样涂层表面同一地方以(10±1) N 的力来回擦洗 100 次，目测擦洗处是否有显露内层现象。擦洗行程约 100 mm，频率约为 100 次/min。擦头与试样接触面积约为 2 cm^2。试验过程中应使纱布保持浸润。以三块试样中性能最差者为试验结果。

7.5.7 耐磨

采用落砂法，依据 GB/T 23443—2009 中附录 B 进行试验。

7.5.8 耐冲击

按照 GB/T 1732 的规定进行试验，冲击锤的质量为 1 000 g±1 g，冲头直径为 15.9 mm±0.3 mm，试样装饰面朝上，冲击高度为 500 mm，冲击后观察试样表面。取全部试样中的最差试验值作为试验结果。

7.5.9 加速耐候性

7.5.9.1 4 000 h 耐盐雾

按照 GB/T 10125 规定的中性盐雾试验方法进行试验，按照 GB/T 1740 评级。三块试样中有两块通过即为合格。

7.5.9.2 4 000 h 耐人工候加速老化

采用氙灯老化试验，黑板温度为(65±3) ℃，相对湿度为(65±5)%。其余按 GB/T 16259—2008 中 A 法的规定进行。到达规定的时间后，按 GB/T 9754 评定光泽保持率，按 GB/T 1766 评定粉化程度和变色程度，三块试样中有两块通过即为合格。

7.5.9.3 4 000 h 耐湿热

按照 GB/T 1740 的规定进行试验和评级，三块试样中有两块通过即为合格。

7.5.10 自然气候曝露试验

自然气候曝露试验依据 GB/T 23443—2009 附录 C 进行。

注：中国大气腐蚀试验站中，大气条件与国际标准规定的地点佛罗里达比较接近的是海南省琼海大气腐蚀试验站。

7.6 构造

将铝单板的加强肋卸掉，目测螺栓与基板之间的焊接有无虚焊，用橡胶锤轻敲螺栓和固定挂件观察其有无脱落。

8 检验规则

产品检验分出厂检验和型式检验两种。

8.1 出厂检验

每批产品均应进行出厂检验。

8.1.1 出厂检验项目

出厂检验项目应符合表 6 的规定。

表 6 出厂检验和型式检验项目

序号	项目		要求条款	检验条款	出厂检验项目	型式检验项目
1	外观质量		6.1	7.3	√	√
2	尺寸偏差		6.2	7.4	√	√
3	涂层	氟碳含量	6.3.1	7.5.1	—	√
		涂层厚度	6.3.2	7.5.2	√	√
		光泽度偏差	6.3.2	7.5.3	√	√
		涂层附着力	6.3.2	7.5.4	√	√
		铅笔硬度	6.3.2	7.5.5	√	√
		耐化学腐蚀	6.3.2	7.5.6	√	√
		耐磨	6.3.2	7.5.7	—	√
		耐冲击	6.3.2	7.5.8	√	√
		加速耐候性	6.3.2	7.5.9	—	√
		自然气候曝露试验	6.3.3	7.5.10	—	—
4	构造		6.4	7.6	√	√

8.1.2 组批规则

出厂检验以同一品种、同一颜色、同一生产批次(连续生产)、实际交货量每 3 000 m^2 组成一个检验批。交货量不足 3 000 m^2 时,仍按一个检验批计算。

8.1.3 判定与复验规则

a) 外观质量不合格时为单件不合格。

b) 尺寸偏差、涂层厚度、光泽度偏差不合格时,判定该批不合格。但允许供方逐块检验,合格者交货。

c) 其他性能检验结果有任意一项不合格时,应从该批中加倍抽样进行复检,复检结果仍有试样不合格,则判定该批不合格。

8.2 型式检验

8.2.1 检验条件

有下列情况之一时,应进行型式检验:

a) 新产品或老产品转厂生产的试验定型鉴定;

b) 正式生产后,如结构、材料、工艺有较大改变,可能影响产品性能时;

c) 产品停产半年以上，恢复生产时；
d) 正常生产每年检验一次，其中加速耐候性每两年检验一次；
e) 出厂检验结果与上次型式检验有较大差异时；
f) 国家质量监督机构要求进行型式检验时。

8.2.2 检验项目

型式检验项目应符合表6的规定。

8.2.3 抽样方案

从出厂检验合格批中随机抽取三张整板作为型式检验样品。

8.2.4 判定与复验规则

型式检验结果中耐酸性、耐砂浆有一项不合格，则判定该批产品不合格。其他项目如有一项不合格，可对不合格项加倍抽样复检。复检结果全部达到标准要求时判定该批产品合格，如仍有不合格项，则判该批不合格。

9 标志、包装、运输、贮存

9.1 标志

每个包装单元产品，其包装标志应符合GB/T 191及GB/T 6388的规定，应有下列标志：
a) 公司名称；
b) 产品标记；
c) 生产批号或生产日期；
d) 颜色；
e) 商标；
f) 有方向要求的应注明生产或安装方向；
g) 规格或产品编号；
h) 质量检验合格标志。

9.2 包装

9.2.1 每块板的装饰面应覆有保护膜，保护膜应符合GB/T 23443—2009中附录D的要求。
9.2.2 包装箱应有足够的强度，以保证运输、搬运及堆垛过程中不会损坏，产品在箱中不应窜动。
9.2.3 包装箱内应有产品合格证及装箱单。
合格证上应有下列内容：
a) 公司名称；
b) 生产批号；
c) 检验结果；
d) 检验部门或人员代号；
e) 检验日期。
装箱单应有下列内容：
a) 公司名称；
b) 产品名称、颜色、工程名称；
c) 产品标记；

d） 生产批号；

e） 产品数量；

f） 包装日期；

g） 发货清单。

9.3 运输

运输和搬运时应轻拿轻放，严禁摔扔，防止产品损伤。

9.4 贮存

产品应贮存在干燥通风处，避免高温及日晒雨淋，应按品种、规格、颜色分别堆放，并防止表面损伤。

附 录 A
（规范性附录）
热熔型氟碳涂层树脂中 PVDF 含量的测定方法 热分析法

A.1 范围

本方法适用于热熔型氟碳涂层中 PVDF 在树脂中的含量的测定。

A.2 方法提要

热熔型氟碳涂层熔点随 PVDF 在树脂中的含量减少而下降。基于该原理，测定不同已知 PVDF 含量的涂层的熔点，绘制熔点下降—PVDF 含量工作曲线。通过测定热熔型氟碳涂层样品的熔点，就可在工作曲线上得出相应的 PVDF 含量。

A.3 药品试剂

a) 涂料用 PVDF 树脂。
b) 聚丙烯酸脂。
c) 异佛尔酮：分析纯。
d) 分散液配方：树脂(PVDF＋聚丙烯酸酯)∶异佛尔酮＝7∶10(质量比)；
PVDF 与聚丙烯酸酯的质量比分别为 5∶5,6∶4,7∶3,8∶2,9∶1。

A.4 仪器设备

a) 叶轮搅拌机：0～3 000 r/min。
b) 线棒：规格 44 μm。
c) 鼓风烘箱：不应小于 255 ℃。
d) 示差扫描量热仪(DSC)。
e) 分析天平：精确到 0.01 mg。
f) 温度计：0 ℃～100 ℃。

A.5 试验步骤

A.5.1 制备分散液

a) 按配方称取药品。
b) 将异佛尔酮置于容器中，安装好搅拌设备，开启搅拌，转速 1 500 r/min。
c) 缓缓加入聚丙烯酸酯，搅拌 24 h，使之完全溶解。
d) 将转速升至 2 000 r/min，缓缓加入 PVDF，加料完毕后搅拌 30 min，此过程中控制分散液温度不应大于 37 ℃。

A.5.2 制备涂层

a) 将表面洁净的薄铝板固定在平台上，线棒搁置在薄铝板的一端，与铝板的纵向正交。

b) 烘箱升温至 245 ℃。

c) 用一次性滴管吸取足量分散液，均匀滴加在线棒刮下方向一侧与薄铝板的间隙处，双手各持线棒的一端，迅速刮下形成厚度均匀的液膜。

d) 将薄铝板放入烘箱中烘 2 min，取出迅速在常温去离子水中冷却。

A.5.3 DSC 测试

将涂层刮下，严禁带入铝屑。称取约 5 mg 样品进行测试。

从室温按 10 ℃/min 升至 220 ℃，恒温 5 min，然后按 10 ℃/min 降至 40 ℃，恒温 5 min，再按 10 ℃/min 升至 220 ℃。对 PVDF 纯样及各不同配比试样进行测试，每种测五次平行样，以五次平行样的算术平均值作为各个配比试样的熔点，要求误差不超过 0.5 ℃。

A.5.4 绘制标准曲线

以 PVDF 含量为横坐标，各配比熔点与 PVDF 纯样熔点之差为纵坐标作图，绘制熔点下降—PVDF 含量工作曲线。

A.5.5 样品检测

将样品涂层的面漆刮下，严禁带入底漆。按上述 A.5.3 测试熔点。

求得试样与纯 PVDF 树脂熔点之差，在熔点下降—PVDF 含量标准曲线上得出相应的 PVDF 含量。

A.6 结果计算及表示

按 A.5.3 求得试样的 ΔT_m 在熔点下降—PVDF 含量标准曲线上得出相应的 PVDF 含量，对三个平行数值取平均值，结果保留三位有效数字。

A.7 试验报告

试验报告应包括下列内容：

a) 本标准号；

b) 产品型式、牌号、生产批号；

c) 所得结果；

d) 试验日期；

e) 试验者盖章；

f) 可能影响试验结果的其他因素(室温、湿度等)。

ICS 91.060
Q 73

中华人民共和国建筑工业行业标准

JG/T 334—2012

建筑外墙用铝蜂窝复合板

Aluminium honeycomb composite panel for facade wall

2012-10-29 发布　　　　2013-01-01 实施

中华人民共和国住房和城乡建设部　发布

前言

本标准按照 GB/T 1.1—2009 给出的规则起草。

本标准由住房和城乡建设部标准定额研究所提出。

本标准由住房和城乡建设部建筑制品与构配件产品标准化技术委员会归口。

本标准负责起草单位:国家建筑材料测试中心。

本标准参加起草单位:上海庆华蜂巢建材有限公司、亨特道格拉斯建筑产品(中国)有限公司、广东泛铝远东铝业有限公司、佛山市顺德区红岛实业有限公司、珠海市雄威蜂窝制品有限公司、江苏长青艾德利装饰材料有限公司、常州鑫邦板业有限公司、广州市奥雅雷诺贝尔铝业有限公司、深圳市太平洋建材技术有限公司、思瑞安复合材料(中国)有限公司、常州美铝复合材料有限公司、佛山市展浩建材有限公司、东莞华尔泰装饰材料有限公司、广州市荔湾区金霸装饰材料厂、北京航艺通幕墙装饰有限公司、佛山市利铭蜂窝复合材料有限公司、雅泰实业集团有限公司、上海吉祥科技(集团)有限公司、联合金属科技(杭州)有限公司、肇庆金三力机械有限公司、常州中吴勤丰金属材料有限公司、波士胶芬得利(中国)粘合剂有限公司、汉高股份有限公司、靖江市高强粘胶材料厂、广州市未来之窗新材料股份有限公司、佛山市顺德区高士达建筑装饰材料有限公司、佛山市汇格蜂窝制品有限公司、中国建筑材料检验认证中心。

本标准主要起草人:胡云林、蒋荃、周阳、杜作政、刘玉军、刘婷婷、谢建润、沈红建、邓关鑫、张焜照、陈秋雄、杨洪玉、薛斌峰、区廷杰、彭炳林、赵春芝、马丽萍、高瑞、曾展飞、颜烈川、卞维东、叶志武、宫朝华、邱建林、钟振康、韦业精、李谏、王贤中、朱荣平、魏程佑、李健民、黄浩杰、殷炜、翁其新。

建筑外墙用铝蜂窝复合板

1 范围

本标准规定了建筑外墙用铝蜂窝复合板(以下简称复合板)的术语和定义、分类和标记、材料、要求、试验方法、检验规则、标志、包装、运输及贮存。

本标准适用于作为建筑外墙使用的铝蜂窝复合板,屋面及其他用途的铝蜂窝复合板可参照使用。

2 规范性引用文件

下列文件对于本文件的应用是必不可少的。凡是注日期的引用文件,仅注日期的版本适用于本文件。凡是不注日期的引用文件,其最新版本(包括所有的修改单)适用于本文件。

GB/T 191 包装储运图示标志(GB/T 191—2008,ISO 780:1997,MOD)

GB/T 1452—2005 夹层结构平拉强度试验方法

GB/T 1453—2005 夹层结构或芯子平压性能试验方法

GB/T 1455—2005 夹层结构或芯子剪切性能试验方法

GB/T 1456—2005 夹层结构弯曲性能试验方法

GB/T 1457—2005 夹层结构滚筒剥离强度试验方法

GB/T 3880.2 一般工业用铝及铝合金板、带材 第2部分:力学性能

GB/T 6388 运输包装收发货标志

GB/T 6461—2002 金属基体上金属和其他无机覆盖层 经腐蚀试验后的试样和试件的评级(ISO 10289:1999,IDT)

GB/T 6739—2006 色漆和清漆 铅笔法测定漆膜硬度(ISO 15184:1998,IDT)

GB/T 7122—1996 高强度胶粘剂剥离强度的测定 浮辊法(eqv ISO 4578:1990)

GB/T 7124—2008 胶粘剂 拉伸剪切强度的测定(刚性材料对刚性材料)(ISO 4587:2003,IDT)

GB 8624—2006 建筑材料及制品燃烧性能分级

GB/T 8753.2—2005 铝及铝合金阳极氧化 氧化膜封孔质量的评定方法 第2部分:硝酸预浸的磷铬酸法

GB/T 10125—1997 人造气氛腐蚀试验 盐雾试验(eqv ISO 9227:1990)

GB/T 11942—1989 彩色建筑材料色度测量方法

GB/T 17748—2008 建筑幕墙用铝塑复合板

GB 18583 室内装饰装修材料 胶粘剂中有害物质限量

GB/T 21086—2007 建筑幕墙

GB/T 23443—2009 建筑装饰用铝单板

3 术语和定义

下列术语和定义适用于本文件。

3.1

铝蜂窝复合板 aluminium honeycomb composite panel

以铝蜂窝为芯材,两面粘结铝板的复合板材,通常表面具有装饰面层。见图1所示。

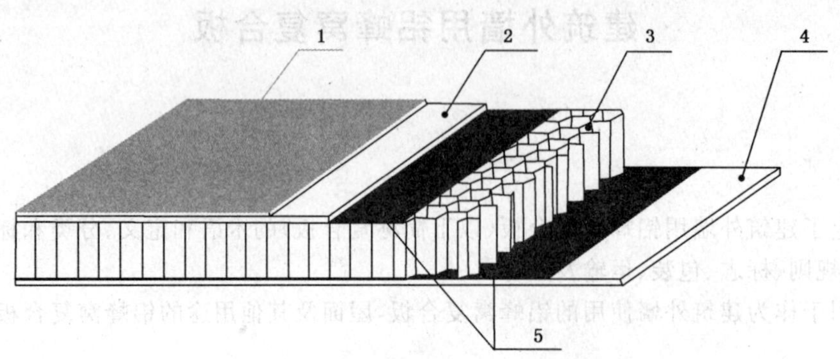

说明：

1——装饰面层；

2——铝板(面板)；

3——铝蜂窝芯；

4——铝板(背板)；

5——胶粘剂。

图1 铝蜂窝复合板示意图

3.2

疵点 spot

产品装饰面层非损伤性的局部缺陷。

3.3

鼓泡 bubble

产品表面非装饰性的局部凸起。

3.4

脱胶 delamination

铝板和芯材之间粘结失效。

4 分类和标记

4.1 分类

建筑外墙用铝蜂窝复合板，代号为英文名称的缩写 AHP-F。按产品装饰面材质分为：

a) 氟碳树脂涂层，代号为英文名称的缩写 FC；

b) 阳极氧化膜，代号为英文名称的缩写 AF；

c) 其他材质装饰面，代号为相应材质的英文名称的缩写。

4.2 标记

4.2.1 标记顺序

按产品名称、装饰面材质、产品厚度、铝板厚度(面板/背板)、铝蜂窝芯规格(边长×铝箔厚度)、标准号的顺序进行标记。

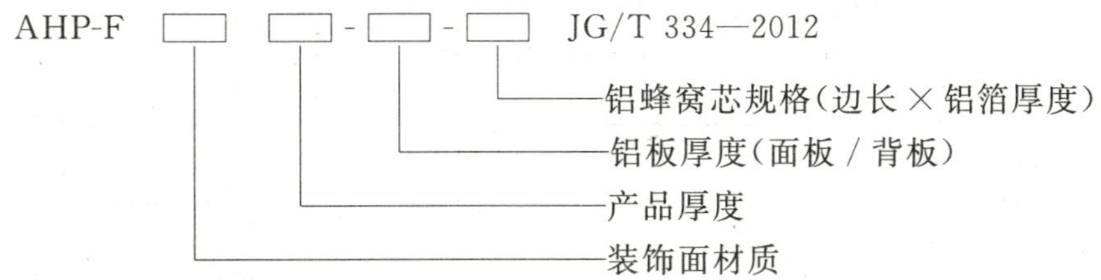

4.2.2 标记示例

示例:表面为氟碳树脂涂层、产品厚度 15 mm、面铝板厚度为 1.0 mm、背铝板厚度为 0.9 mm、铝蜂窝芯规格为 6 mm×0.07 mm的复合板,其标记为:AHP-F FC 15-1.0/0.9-6×0.07 JG/T 334—2012。

5 材料

5.1 铝材

应采用力学性能符合 GB/T 3880.2 规定的 3×××系列、5×××系列或耐腐蚀性及力学性能相同或更好的其他系列铝合金。

5.2 涂层

宜采用耐候性能优异的氟碳树脂,也可采用其他性能相当或更优异的材质。

注 1:目前最广泛采用的是耐候性能优异的聚偏二氟乙烯氟碳树脂(PVDF),但纯 PVDF 树脂不宜在铝材上直接涂装,而要适当加入一些其他材料以改变其涂装性能,即构成通常所称的 70%氟碳树脂。

注 2:70%氟碳树脂,是指生产氟碳涂料的各种原材料中,PVDF 占树脂原料的 70%。

5.3 铝蜂窝芯

宜为六边形结构,边长不宜大于 10 mm。边长不大于 6 mm 的铝蜂窝芯其铝箔厚度不宜小于 0.05 mm,边长 6 mm~10 mm 的铝蜂窝芯其铝箔厚度不宜小于 0.07 mm。

5.4 胶粘剂

应具有耐候性和韧性,不应对铝材产生腐蚀,有害物质限量应符合 GB 18583 的规定,拉伸剪切强度和剥离强度宜符合表 1 规定。

表 1 胶粘剂性能

项　　目	技术指标	试验方法
以铝合金为基材的拉伸剪切强度	≥10 MPa	GB/T 7124—2008
以不锈钢和铝合金为基材的浮辊法剥离强度	≥5.0 N/mm	GB/T 7122—1996

6 要求

6.1 外观质量

复合板外观应整洁,切边平直整齐无毛刺,正反面无铝蜂窝芯外露,折边处无明显裂纹,非装饰面无影响产品使用的损伤,产品无脱胶。装饰面外观质量应符合表 2 的规定。

表2 外观质量

缺陷种类[a]		技术指标
凹痕		不允许
印痕		不允许
漏涂		不允许
鼓泡		不允许
疵点	最大尺寸/mm	≤3
	数量/(个/m^2)	≤3
擦伤和划伤	深度	不大于表面装饰层厚度
	总长度/(mm/m^2)	≤50
	总面积/(mm^2/m^2)	≤150
	总处数/(处/m^2)	≤4
色差[b]		不明显 仲裁时 $\Delta E \leqslant 2.0$

[a] 对于表中未涉及到的表面缺陷，本着不影响需方使用要求为原则由供需双方商定。

[b] 装饰性的花纹和色彩除外。

6.2 尺寸及允许偏差

6.2.1 尺寸

6.2.1.1 产品厚度不应小于10 mm。

6.2.1.2 矩形平面板的常用规格尺寸见表3，异型板的规格尺寸由供需双方商定。

表3 矩形平面板常用规格尺寸

单位为毫米

项目	规格尺寸
长度	2 000、2 400、3 000、3 200
宽度	1 200、1 250、1 500
厚度	10、15、20、25、30、40、50

6.2.2 允许偏差

矩形平面板的尺寸允许偏差应符合表4的要求，异型板的尺寸允许偏差由供需双方商定，复合板组件的尺寸允许偏差应符合GB/T 21086—2007中第8章的规定。

表 4　尺寸允许偏差

项　　目		技 术 指 标
边长 L/mm	$L \leqslant 2\ 000$	±2
	$L > 2\ 000$	±3
厚度/mm		±0.25
对角线长度差/mm		≤3
边直度/(mm/m)		≤2
平整度/(mm/m)		≤2

6.3　铝板厚度

复合板的面板标称厚度不应小于 1.0 mm,背板标称厚度不应小于 0.7 mm,铝板允许负偏差取正值。

6.4　装饰面层厚度

对装饰面层为涂层的产品,生产商应标明涂层的涂装方式和涂层层数。装饰面层厚度应符合表 5 的规定。

表 5　装饰面层厚度

单位为微米

项　　目				技术指标
氟碳涂层厚度[a]	二涂	辊涂	平均值	≥25
			最小值	≥23
		喷涂	平均值	≥30
			最小值	≥25
	三涂	辊涂	平均值	≥32
			最小值	≥30
		喷涂	平均值	≥40
			最小值	≥35
阳极氧化膜厚度			平均值	≥20
			最小值	≥16
[a] 涂层厚度是指涂层总厚度。				

6.5　性能

6.5.1　装饰面层性能

复合板的装饰面层性能应符合表 6 的规定。

注:除非有特殊说明,以下所称的涂层均指产品装饰面层。

表 6 装饰面层性能

项目		技术指标	
		氟碳涂层	阳极氧化膜
表面硬度		≥HB	—
涂层光泽度差		≤10	≤10
涂层柔韧性/T		≤2	—
涂层附着力/级	标准实验室条件	0	—
	耐热水性实验后	0	—
	耐温差性实验后	0	—
涂层耐磨耗性	SiO_2 砂/(L/μm)	≥5	—
	SiC 砂/(g/μm)	—	≥300
涂层耐盐酸性		无变化	—
涂层耐油性		无变化	—
涂层耐碱性		无鼓泡、凸起、粉化等异常，色差 $\Delta E \leqslant 2$	—
涂层耐硝酸性		无鼓泡、凸起、粉化等异常，色差 $\Delta E \leqslant 5$	—
封孔质量/(mg/dm²)		—	≤30
涂层耐溶剂性		不露底	—
涂层耐沾污性/%		≤5	≤5
耐盐雾性/级		无脱胶，涂层腐蚀等级不次于1级	无脱胶，涂层腐蚀等级≥9级
耐人工候老化	色差 ΔE	≤4.0	≤3.0
	失光等级/级	不次于2	不次于2
	涂层其他老化性能/级	0	0
	外观	无脱胶	无脱胶

6.5.2 物理性能

复合板的物理性能应符合表 7 的规定。

表 7 物理性能

项目[a]		技术指标
滚筒剥离强度/(N·mm/mm)	平均值	≥50
	最小值	≥40
平拉强度/MPa	平均值	≥0.8
	最小值	≥0.6

表 7（续）

项目[a]		技术指标
平压强度/MPa		≥0.8
平压弹性模量/MPa		≥30
平面剪切强度[b]/MPa		≥0.5
平面剪切弹性模量[b]/MPa		≥4.0
弯曲刚度/(N·mm^2)		≥1.0×10^8
剪切刚度/N		≥1.0×10^4
耐撞击性能		无明显变形及破坏
耐热水性	外观	无异常
	滚筒剥离强度最小值/(N·mm/mm)	≥30
耐温差性	外观	无异常
	滚筒剥离强度最小值/(N·mm/mm)	≥40

[a] 对打孔的板，力学性能可由供需双方商定。
[b] 对于厚度大于 50 mm 的产品可由供需双方商定。

6.5.3 燃烧性能

复合板的燃烧性能应不低于 GB 8624—2006 规定的 B-s2,d2,t1 级。

7 试验方法

7.1 试件状态调节与试验条件

试验前，应将试件在温度 23 ℃±2 ℃、相对湿度 60%±15%的条件下放置 24 h。除试验方法中有特别规定外，试验应在温度 23 ℃±2 ℃、相对湿度 60%±15%的条件下进行。

7.2 试件的制备

试件的制取位置应在距产品边部 50 mm 往里的区域内，制取的试件不应有折边。以同一生产方向制取的试件为一组，每组试件的尺寸及数量应符合表 8 的规定。试件的组数应考虑到产品装饰面性能在纵、横方向上要求具有一致性以及除装饰面性能外产品在纵、横方向和正背面的其他要求也具有一致性。

表 8 试件尺寸及数量

项目	尺寸/mm	数量/(块/组)
外观质量	整板	3
尺寸及允许偏差	整板	3
铝板厚度	100×100	3
装饰面层厚度	500×500	3

表 8（续）

项　　目	尺寸/mm	数量/(块/组)
表面硬度	50×75	3
涂层光泽度差	500×500	3
涂层柔韧性	25×200	3
涂层附着力	50×75	3
涂层耐磨耗性	100×200	3
涂层耐盐酸性	100×100	3
涂层耐油性	100×100	3
涂层耐碱性	100×100	3
涂层耐硝酸性	100×100	3
封孔质量	200×200	3
涂层耐溶剂性	100×430	3
涂层耐沾污性	100×200	3
耐盐雾性	100×100	3
耐人工候老化	100×100	3
滚筒剥离强度	80×350	6
平拉强度	60×60	6
平压强度	60×60	6
平压弹性模量	60×60	6
平面剪切强度	60×12 h	6
平面剪切弹性模量	60×12 h	6
弯曲刚度	100×800	6
剪切刚度	100×800	6
耐撞击性能	1 000×1 000	3
耐热水性	350×350	6
耐温差性	350×350	6
燃烧性能	按 GB 8624—2006 的规定	
注：h 为试件厚度。		

7.3　外观质量

在非阳光直射的自然光条件下进行外观目测试验，但抽取和摆放试样者不参与目测试验。将板按同一生产方向并排侧立拼成一面，板与水平面夹角为 70°±10°，距拼成的板面中心 3 m 处目测，对目测到的各种缺陷，使用分度值为 1 mm 的直尺测量其最大尺寸；观察并结合敲击试件的声响来判定试件有无脱胶；对损伤深度可采用 10 倍放大镜或其他有效的设备进行观察；对色差进行仲裁试验时应按 GB/T 11942—1989 规定的试验方法进行试验。

7.4 尺寸及允许偏差

板材的尺寸及允许偏差应按 GB/T 17748—2008 第 7 章规定的试验方法进行试验，复合板组件的尺寸及允许偏差应按 GB/T 21086—2007 第 8 章规定的试验方法进行试验。

7.5 铝板厚度

应按 GB/T 17748—2008 第 7 章规定的试验方法进行试验。

7.6 装饰面层厚度

应按 GB/T 17748—2008 第 7 章规定的试验方法进行试验。

7.7 性能

7.7.1 表面硬度

应按 GB/T 6739—2006 规定的试验方法进行试验，判定条件为既无塑性变形也无内聚破坏。取全部试件测量值中的最低值作为试验结果。

7.7.2 涂层光泽度差

应按 GB/T 17748—2008 第 7 章规定的试验方法进行试验。

7.7.3 涂层柔韧性

应按 GB/T 17748—2008 第 7 章规定的试验方法进行试验。

7.7.4 涂层附着力

应按 GB/T 17748—2008 第 7 章规定的试验方法进行试验。

7.7.5 涂层耐磨耗性

应按 GB/T 23443—2009 附录 B 规定的试验方法进行试验。

7.7.6 涂层耐盐酸性、耐油性、耐碱性、耐硝酸性

应按 GB/T 17748—2008 第 7 章规定的试验方法进行试验。

7.7.7 封孔质量

应按 GB/T 8753.2—2005 规定的试验方法进行试验。取全部试件测试值的算术平均值作为试验结果。

7.7.8 涂层耐溶剂性

应按 GB/T 17748—2008 第 7 章规定的试验方法进行试验。

7.7.9 涂层耐沾污性

应按 GB/T 17748—2008 第 7 章规定的试验方法进行试验。

7.7.10 耐盐雾性

氟碳涂层应按 GB/T 17748—2008 第 7 章规定的试验方法进行试验；阳极氧化膜应按 GB/T 10125—

1997 规定的试验方法进行 48 h 铜加速乙酸盐雾试验，观察试件外观并应按GB/T 6461—2002 规定的检查和评级方法进行检查和评级，以全部试件中性能最差者的试验值作为试验结果。

7.7.11 耐人工候老化

应按 GB/T 17748—2008 第 7 章规定的试验方法进行试验。

7.7.12 滚筒剥离强度

应按 GB/T 1457—2005 规定的试验方法进行试验，采用连续记录载荷-剥离距离曲线方式，测量每个试件的平均剥离强度。分别以同一组试件平均剥离强度的算术平均值和最小值作为该组试件的试验结果。

7.7.13 平拉强度

应按 GB/T 1452—2005 规定的试验方法进行试验。分别以全部试件平拉强度的算术平均值和最小值作为试验结果。

7.7.14 平压强度、平压弹性模量

应按 GB/T 1453—2005 规定的试验方法进行试验。分别以全部试件的平压强度和平压弹性模量的算术平均值作为试验结果。

7.7.15 平面剪切强度、平面剪切弹性模量

应按 GB/T 1455—2005 规定的试验方法进行试验。分别以同一组试件的平面剪切强度和平面剪切弹性模量的算术平均值作为该组试件的试验结果。

7.7.16 弯曲刚度、剪切刚度

应按 GB/T 1456—2005 规定的试验方法进行试验。分别以同一组试件的弯曲刚度和剪切刚度的算术平均值作为该组试件的试验结果。

7.7.17 耐撞击性能

目测观察和听取敲击试件的声音，记录试件在试验前的状况，然后应按 GB/T 21086—2007 附录 F 规定的试验方法进行试验。其中将试件正面作为受撞击面安装到试验框架上，四边简支固定，撞击物下落高度为 1 100 mm，撞击次数为一次。撞击后取下试件，再次目测观察和听取敲击试件的声音，判定经过撞击试验后试件有无明显变形及脱胶等破坏。

7.7.18 耐热水性

将试件浸没在 98 ℃±2 ℃蒸馏水中恒温 2 h，避免试验过程中试件相互窜动。然后让试件在该蒸馏水中自然冷却到室温，取出试件擦干，目测试件有无鼓泡、脱胶、剥落、开裂及涂层变色等外观上的异常变化。然后应按 7.7.4 进行附着力的试验；应按 7.7.12 进行剥离强度的试验。

7.7.19 耐温差性

将试件在－40 ℃±2 ℃下恒温至少 2 h，取出立即放入 80 ℃±2 ℃下恒温至少 2 h，此为 1 个循环，共进行 50 次循环。然后目测试件有无鼓泡、剥落、脱胶、涂层开裂等外观上的异常变化；应按 7.7.4 进行附着力的试验；应按 7.7.12 进行剥离强度的试验。

7.7.20　燃烧性能

应按 GB 8624—2006 规定的试验方法进行试验。

8　检验规则

8.1　检验类别

产品分为出厂检验和型式检验。

8.2　检验条件与检验项目

8.2.1　出厂检验

每批产品均应进行出厂检验。检验项目包括：外观质量、尺寸及允许偏差、铝板厚度、涂层厚度、表面硬度、涂层光泽度差、涂层耐盐酸性、涂层耐碱性、涂层耐硝酸性、涂层耐溶剂性、滚筒剥离强度、平拉强度、耐热水性。

8.2.2　型式检验

型式检验项目为第 6 章规定的全部要求。

有下列情形之一者，应进行型式检验：

a)　新产品或老产品转厂的试制定型鉴定；

b)　正常生产时，每年进行一次。耐盐雾性和耐人工候老化可每两年进行一次；

c)　产品的原料改变、工艺有较大变化，可能影响产品性能时；

d)　产品停产半年后恢复生产时；

e)　出厂检验结果与上次型式检验有较大差异时；

f)　国家质量监督机构提出型式检验要求时。

8.3　组批与抽样

8.3.1　组批

以同一品种、同一厚度、同一颜色的产品 3 000 m^2 为一批，不足 3 000 m^2 的应按一批计算。

8.3.2　抽样

8.3.2.1　出厂检验

从同一检验批中随机抽取 3 件产品进行非破坏性检验，其中外观质量和尺寸允许偏差的检验也可逐件进行；破坏性检验可用相同条件下同时生产的检验样进行。

8.3.2.2　型式检验

从同一检验批中随机抽取满足表 8 规定的试样。

8.4　判定规则

检验结果全部符合标准的指标要求时，判该批产品合格。当不合格项不超过 3 项，其中物理性能不超过 2 项时，可再从该批产品中抽取双倍样品对不合格的项目进行复检，复检结果全部达到标准要求时判定该批产品合格，否则判定该批产品不合格。

9 标志、包装、运输和贮存

9.1 标志

9.1.1 每件产品宜标明产品标记、颜色、涂装方向、批号或生产日期和图号及质量检验合格标志。

9.1.2 产品若采用包装箱包装，其包装标志应符合 GB/T 191 及 GB/T 6388 的规定。在包装箱的明显部位应有下列标志：

a) 企业名称；
b) 产品名称；
c) 生产批号；
d) 内装数量；
e) 产品规格；
f) 执行标准。

9.2 包装

9.2.1 产品装饰面应覆有保护膜。

9.2.2 包装箱应有足够的强度，并应避免产品在箱中窜动。

9.2.3 包装箱内宜有产品合格证及装箱单。

9.2.4 合格证上宜有下列内容：

a) 企业名称；
b) 检验结果及执行标准；
c) 检验部门或人员标记；
d) 产品颜色及数量。

9.2.5 装箱单宜有下列内容：

a) 企业名称；
b) 产品名称、颜色；
c) 产品标记；
d) 生产批号；
e) 产品图号及数量；
f) 包装日期。

9.3 运输

运输和搬运时应轻拿轻放，严禁摔扔拖拽，防止产品损伤。

9.4 贮存

应避免高温及日晒雨淋，应按品种、规格、颜色分别堆放，并防止产品损伤。

二、玻璃标准

ICS 81.040.20
Q 33

中华人民共和国国家标准

GB 11614—2009
代替 GB 4871—1995、GB 11614—1999、GB/T 18701—2002

2009-03-28 发布　　2010-03-01 实施

中华人民共和国国家质量监督检验检疫总局
中国国家标准化管理委员会　发布

前　言

本标准 5.2～5.6 为强制性的，其余为推荐性的。

本标准代替 GB 4871—1995《普通平板玻璃》、GB 11614—1999《浮法玻璃》和 GB/T 18701—2002《着色玻璃》。

本标准与 GB 11614—1999 相比主要变化如下：

——由按用途分类修改为按外观质量分类(1999 年版的 3.1，本版的 4.2)；

——增加了“术语和定义”(本版的第 3 章)；

——增加了对 12 mm 及 12 mm 以上厚度的厚薄差的规定(1999 年版的 4.2，本版的 5.4)；

——外观质量中，用“点状缺陷”术语取代“气泡”和“夹杂物”，同时提高了要求；增加了直径 100 mm 圆内点状缺陷不超过 3 个的规定(1999 年版的 4.3、4.4 和 4.5，本版的 5.5)；

——增加了“检验分类”和“抽样”条款(1999 年版的第 6 章，本版的第 7 章)。

本标准与 GB/T 18701—2002 相比主要变化如下：

——取消着色玻璃按色调分类(2002 年版的 3.3)；

——取消着色玻璃可见光透射比的要求(2002 年版的 4.3)；

——取消同一片玻璃色差的要求(2002 年版的 3.4)。

本标准由中国建筑材料联合会提出。

本标准由全国建筑用玻璃标准化技术委员会(SAC/TC 255)归口。

本标准负责起草单位：秦皇岛玻璃工业研究设计院。

本标准参加起草单位：洛阳玻璃股份有限公司、山东金晶科技股份有限公司、秦皇岛耀华玻璃股份有限公司、江苏华尔润集团有限公司、浙江玻璃股份有限公司、威海蓝星玻璃股份有限公司、信义玻璃控股有限公司、台玻长江玻璃有限公司、中国建筑材料科学研究总院。

本标准主要起草人：王玉兰、刘志付、武庆涛、张佰恒、陆万顺、刘焕章、吴楠、田纯祥、石新勇、吕金、李波。

本标准所代替标准的历次版本发布情况为：

——GB 4871—1985、GB 4871—1995；

——GB 11614—1989、GB 11614—1999；

——GB/T 18701—2002。

平 板 玻 璃

1 范围

本标准规定了无色透明与本体着色平板玻璃的术语和定义、分类、要求、试验方法、检验规则、标志、包装、运输和贮存。

本标准适用于各种工艺生产的钠钙硅平板玻璃。

本标准不适用于压花玻璃和夹丝玻璃。

2 规范性引用文件

下列文件中的条款通过本标准的引用而成为本标准的条款。凡是注日期的引用文件,其随后所有的修改单(不包括勘误的内容)或修订版均不适用于本标准,然而,鼓励根据本标准达成协议的各方研究是否可使用这些文件的最新版本。凡是不注日期的引用文件,其最新版本适用于本标准。

GB/T 1216 外径千分尺

GB/T 2680 建筑玻璃 可见光透射比、太阳光直接透射比、太阳能总透射比、紫外线透射比及有关窗玻璃参数的测定

GB/T 2828.1—2003 计数抽样检验程序 第1部分:按接收质量限(AQL)检索的逐批检验抽样计划

GB/T 8170 数值修约规则与极限数值的表示和判定

GB/T 9056 金属直尺

GB/T 11942 彩色建筑材料色度测量方法

GB/T 15764 平板玻璃术语

JB/T 2369 读数显微镜

JB/T 8788 塞尺

QB/T 2443—1999 钢卷尺

3 术语和定义

GB/T 15764 中确立的以及下列术语和定义适用于本标准。

3.1

光学变形 optical distortion

在一定角度透过玻璃观察物体时出现变形的缺陷。其变形程度用入射角(俗称斑马角)来表示。

3.2

点状缺陷 spot faults

气泡、夹杂物、斑点等缺陷的统称。

3.3

断面缺陷 edge defects

玻璃板断面凸出或凹进的部分。包括爆边、边部凹凸、缺角、斜边等缺陷。

3.4

厚薄差 thickness wedge

同一片玻璃厚度的最大值与最小值之差。

4 分类

4.1 按颜色属性分为无色透明平板玻璃和本体着色平板玻璃。

4.2 按外观质量分为合格品、一等品和优等品。

4.3 按公称厚度分为：

2 mm、3 mm、4 mm、5 mm、6 mm、8 mm、10 mm、12 mm、15 mm、19 mm、22 mm、25 mm。

5 要求

5.1 概述

平板玻璃要求与试验方法对应条款见表1。其中对尺寸偏差、对角线差、厚度偏差、厚薄差、外观质量和弯曲度的要求为强制性的。

表1 要求与试验方法对应条款

要求项目		要　求	试验方法
尺寸偏差		5.2	6.1
对角线差		5.3	6.2
厚度偏差		5.4	6.3
厚薄差		5.4	6.4
外观质量	点状缺陷	5.5	6.5.1
	点状缺陷密集度	5.5	6.5.2
	线道、划伤、裂纹	5.5	6.5.3
	光学变形	5.5	6.5.4
	断面缺陷	5.5	6.5.5
弯曲度		5.6	6.6
光学性能	无色透明平板玻璃可见光透射比	5.7.1	6.7.1
	本体着色平板玻璃透射比偏差	5.7.2	6.7.2
	本体着色平板玻璃颜色均匀性	5.7.3	6.7.3

5.2 尺寸偏差

平板玻璃应切裁成矩形，其长度和宽度的尺寸偏差应不超过表2规定。

表2 尺寸偏差

单位为毫米

公称厚度	尺寸偏差	
	尺寸≤3 000	尺寸>3 000
2～6	±2	±3
8～10	+2，−3	+3，−4
12～15	±3	±4
19～25	±5	±5

5.3 对角线差

平板玻璃对角线差应不大于其平均长度的0.2%。

5.4 厚度偏差和厚薄差

平板玻璃的厚度偏差和厚薄差应不超过表3规定。

表 3 厚度偏差和厚薄差

单位为毫米

公称厚度	厚度偏差	厚薄差
2～6	±0.2	0.2
8～12	±0.3	0.3
15	±0.5	0.5
19	±0.7	0.7
22～25	±1.0	1.0

5.5 外观质量

5.5.1 平板玻璃合格品外观质量应符合表 4 的规定。

表 4 平板玻璃合格品外观质量

<table>
<tr><th>缺陷种类</th><th colspan="6">质量要求</th></tr>
<tr><td rowspan="5">点状缺陷[a]</td><td colspan="3">尺寸(L)/mm</td><td colspan="3">允许个数限度</td></tr>
<tr><td colspan="3">0.5≤L≤1.0</td><td colspan="3">2×S</td></tr>
<tr><td colspan="3">1.0<<i>L</i>≤2.0</td><td colspan="3">1×<i>S</i></td></tr>
<tr><td colspan="3">2.0<<i>L</i>≤3.0</td><td colspan="3">0.5×<i>S</i></td></tr>
<tr><td colspan="3">L>3.0</td><td colspan="3">0</td></tr>
<tr><td>点状缺陷密集度</td><td colspan="6">尺寸≥0.5 mm 的点状缺陷最小间距不小于 300 mm；直径 100 mm 圆内尺寸≥0.3 mm 的点状缺陷不超过 3 个</td></tr>
<tr><td>线道</td><td colspan="6">不允许</td></tr>
<tr><td>裂纹</td><td colspan="6">不允许</td></tr>
<tr><td rowspan="2">划伤</td><td colspan="3">允许范围</td><td colspan="3">允许条数限度</td></tr>
<tr><td colspan="3">宽≤0.5 mm，长≤60 mm</td><td colspan="3">3×S</td></tr>
<tr><td rowspan="4">光学变形</td><td colspan="2">公称厚度</td><td colspan="2">无色透明平板玻璃</td><td colspan="2">本体着色平板玻璃</td></tr>
<tr><td colspan="2">2 mm</td><td colspan="2">≥40°</td><td colspan="2">≥40°</td></tr>
<tr><td colspan="2">3 mm</td><td colspan="2">≥45°</td><td colspan="2">≥40°</td></tr>
<tr><td colspan="2">≥4 mm</td><td colspan="2">≥50°</td><td colspan="2">≥45°</td></tr>
<tr><td>断面缺陷</td><td colspan="6">公称厚度不超过 8 mm 时，不超过玻璃板的厚度；8 mm 以上时，不超过 8 mm</td></tr>
<tr><td colspan="7">注：S 是以平方米为单位的玻璃板面积数值，按 GB/T 8170 修约，保留小数点后两位。点状缺陷的允许个数限度及划伤的允许条数限度为各系数与 S 相乘所得的数值，按 GB/T 8170 修约至整数。</td></tr>
<tr><td colspan="7">[a] 光畸变点视为 0.5 mm～1.0 mm 的点状缺陷。</td></tr>
</table>

5.5.2 平板玻璃一等品外观质量应符合表 5 的规定。

表 5 平板玻璃一等品外观质量

缺陷种类	质量要求	
点状缺陷[a]	尺寸(L)/mm	允许个数限度
	0.3≤L≤0.5	2×S
	0.5<L≤1.0	0.5×S
	1.0<L≤1.5	0.2×S
	L>1.5	0

表 5（续）

缺陷种类	质量要求		
点状缺陷密集度	尺寸≥0.3 mm 的点状缺陷最小间距不小于 300 mm；直径 100 mm 圆内尺寸≥0.2 mm 的点状缺陷不超过 3 个		
线道	不允许		
裂纹	不允许		
划伤	允许范围		允许条数限度
	宽≤0.2 mm，长≤40 mm		2×S
光学变形	公称厚度	无色透明平板玻璃	本体着色平板玻璃
	2 mm	≥50°	≥45°
	3 mm	≥55°	≥50°
	4 mm～12 mm	≥60°	≥55°
	≥15 mm	≥55°	≥50°
断面缺陷	公称厚度不超过 8 mm 时，不超过玻璃板的厚度；8 mm 以上时，不超过 8 mm		
注：S 是以平方米为单位的玻璃板面积数值，按 GB/T 8170 修约，保留小数点后两位。点状缺陷的允许个数限度及划伤的允许条数限度为各系数与 S 相乘所得的数值，按 GB/T 8170 修约至整数。			
[a] 点状缺陷中不允许有光畸变点。			

5.5.3 平板玻璃优等品外观质量应符合表 6 的规定。

表 6 平板玻璃优等品外观质量

缺陷种类	质量要求		
点状缺陷[a]	尺寸(L)/mm		允许个数限度
	0.3≤L≤0.5		1×S
	0.5<L≤1.0		0.2×S
	L>1.0		0
点状缺陷密集度	尺寸≥0.3 mm 的点状缺陷最小间距不小于 300 mm；直径 100 mm 圆内尺寸≥0.1 mm 的点状缺陷不超过 3 个		
线道	不允许		
裂纹	不允许		
划伤	允许范围		允许条数限度
	宽≤0.1 mm，长≤30 mm		2×S
光学变形	公称厚度	无色透明平板玻璃	本体着色平板玻璃
	2 mm	≥50°	≥50°
	3 mm	≥55°	≥50°
	4 mm～12 mm	≥60°	≥55°
	≥15 mm	≥55°	≥50°
断面缺陷	公称厚度不超过 8 mm 时，不超过玻璃板的厚度；8 mm 以上时，不超过 8 mm		
注：S 是以平方米为单位的玻璃板面积数值，按 GB/T 8170 修约，保留小数点后两位。点状缺陷的允许个数限度及划伤的允许条数限度为各系数与 S 相乘所得的数值，按 GB/T 8170 修约至整数。			
[a] 点状缺陷中不允许有光畸变点。			

5.6 **弯曲度**

平板玻璃弯曲度应不超过0.2%。

5.7 **光学特性**

5.7.1 无色透明平板玻璃可见光透射比应不小于表7的规定。

表7 无色透明平板玻璃可见光透射比最小值

公称厚度/mm	可见光透射比最小值/%
2	89
3	88
4	87
5	86
6	85
8	83
10	81
12	79
15	76
19	72
22	69
25	67

5.7.2 本体着色平板玻璃可见光透射比、太阳光直接透射比、太阳能总透射比偏差应不超过表8的规定。

表8 本体着色平板玻璃透射比偏差

种　类	偏差/%
可见光(380 nm～780 nm)透射比	2.0
太阳光(300 nm～2 500 nm)直接透射比	3.0
太阳能(300 nm～2 500 nm)总透射比	4.0

5.7.3 本体着色平板玻璃颜色均匀性，同一批产品色差应符合$\Delta E^{*}_{ab} \leqslant 2.5$。

5.8 **特殊厚度或其他要求**

特殊厚度或其他要求由供需双方协商。

6 试验方法

6.1 **尺寸偏差**

用符合GB/T 9056规定的分度值为1 mm的金属直尺或用符合QB/T 2443—1999规定的1级精度钢卷尺，在长、宽边的中部，分别测量两平行边的距离。实测值与公称尺寸之差即为尺寸偏差。

6.2 **对角线差**

用符合QB/T 2443—1999规定的1级精度钢卷尺测量玻璃板的两条对角线长度，其差的绝对值即为对角线差。

6.3 厚度偏差

用符合 GB/T 1216 规定的分度值为 0.01 mm 的外径千分尺，在垂直于玻璃板拉引方向上测量 5 点：距边缘约 15 mm 向内各取一点，在两点中均分其余 3 点。实测值与公称厚度之差即为厚度偏差。

6.4 厚薄差

用 6.3 同样方法，测出一片玻璃板五个不同点的厚度，计算其最大值与最小值之差。

6.5 外观质量

6.5.1 点状缺陷

用符合 JB/T 2369 规定的分格值为 0.01 mm 的读数显微镜测量点状缺陷的最大尺寸。

6.5.2 点状缺陷密集度

用符合 GB/T 9056 规定的分度值为 1 mm 的金属直尺测量两点状缺陷的最小间距并统计 100 mm 圆内规定尺寸的点状缺陷数量。

6.5.3 线道、划伤和裂纹

如图 1 所示。在不受外界光线影响的环境中，将试样垂直放置在距屏幕 600 mm 的位置。屏幕为黑色无光泽屏幕，安装有数支 40 W，间距为 300 mm 的荧光灯。观察者距离试样 600 mm，视线垂直于试样表面观察。

采用符合 GB/T 9056 规定的分度值为 1 mm 的金属直尺和符合 JB/T 2369 规定的分格值0.01 mm 的读数显微镜测量划伤的长度和宽度。

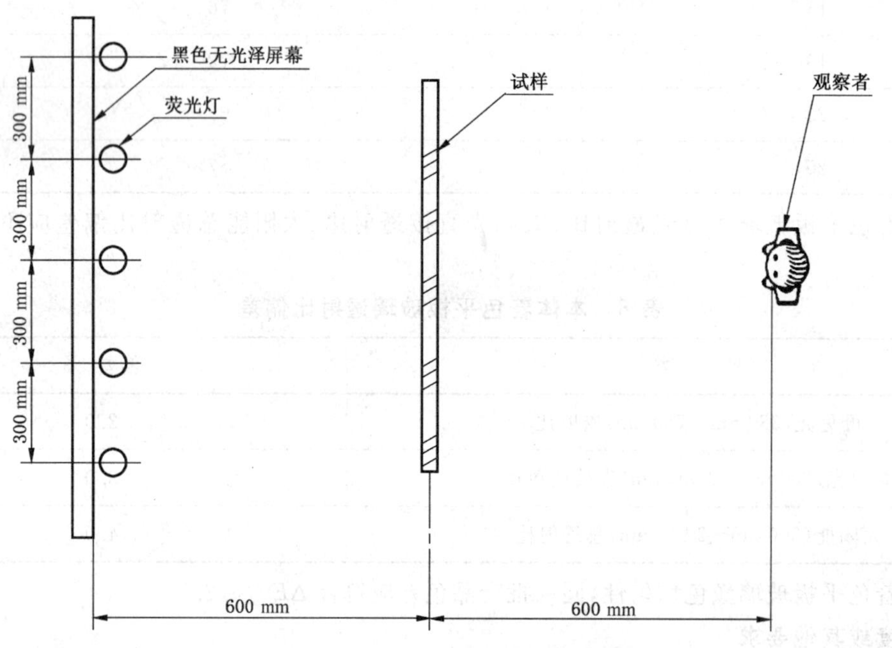

图 1 检验外观质量示意图

6.5.4 光学变形

如图 2 所示。试样按拉引方向垂直放置于距屏幕 4.5 m 处。屏幕带有黑白色斜条纹，且亮度均匀。观察者距试样 4.5 m，透过试样观察屏幕上的条纹。首先使条纹明显变形，然后慢慢转动试样直至变形消失，记录此时的入射角度。

6.5.5 断面缺陷

用符合 GB/T 9056 规定的分度值为 1 mm 的金属直尺测量。凹凸时，测量边部凹进或凸出最大处与板边的距离；爆边时，测量边部沿板面凹进最大处与板边的距离；缺角时，测量原角等分线的长度；斜边时，测量端口突出。如图 3 所示。

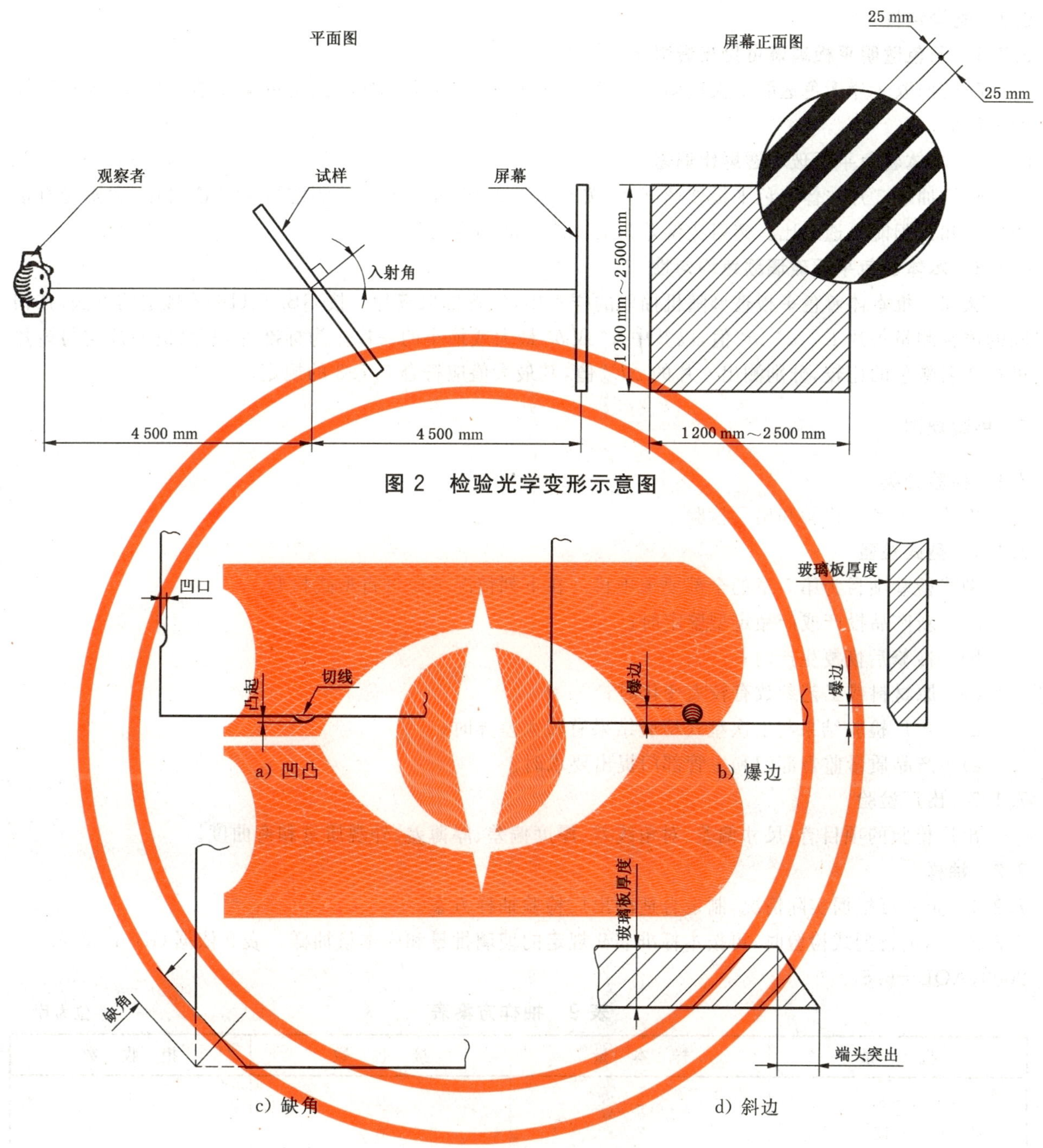

图 2 检验光学变形示意图

图 3 测量断面缺陷示意图

6.6 弯曲度

将玻璃板垂直于水平面放置，不施加任何使其变形的外力。沿玻璃表面紧靠一根水平拉直的钢丝，用符合 JB/T 8788 规定的塞尺，测量钢丝与玻璃板之间的最大间隙。玻璃呈弓形弯曲时，测量对应弦长的拱高；玻璃呈波形时，测量对应两波峰间的波谷深度。按式(1)计算弯曲度：

$$c = \frac{h}{l} \times 100 \qquad \cdots\cdots (1)$$

式中：

c——弯曲度，单位为百分数(%)；

h——拱高或波谷深度，单位为毫米(mm)；

l——弦长或波峰到波峰的距离，单位为毫米(mm)。

6.7 光学特性

6.7.1 无色透明平板玻璃可见光透射比

随机抽取3片无色透明平板玻璃试样，按GB/T 2680规定的方法测定可见光透射比，取3片试样的平均值。

6.7.2 本体着色平板玻璃透射比偏差

随机抽取3片本体着色平板玻璃试样，按GB/T 2680规定的方法测定可见光透射比、太阳光直接透射比和太阳能总透射比。透射比偏差为最大值与最小值之差。

6.7.3 本体着色平板玻璃颜色均匀性

从同一批本体着色平板玻璃随机抽取的样本中，任意抽取五片。按GB/T 11942规定的方法，在相同的位置测量每片L^*、a^*、b^*值，以其中a^*或b^*最大或最小的一片作为标准片，其余的四片均与该片进行透射颜色的比较，分别测出4片的ΔE^*_{ab}值，其最大值应符合5.7.3的规定。

7 检验规则

7.1 检验分类

检验分为型式检验和出厂检验。

7.1.1 型式检验

型式检验项目为第5章的全部要求项目。在下列情况下应进行型式检验：

a) 新产品投产或产品定型鉴定时；

b) 冷修后恢复生产时；

c) 原材料或工艺参数有较大变化时；

d) 出厂检验结果与上次型式检验结果有较大差异时；

e) 产品质量监督部门和主管部门提出要求时。

7.1.2 出厂检验

出厂检验的项目有：尺寸偏差、对角线差、厚度偏差、厚薄差、外观质量和弯曲度。

7.2 抽样

7.2.1 企业可根据实际情况，制定合适的出厂检验抽样方案。

7.2.2 当进行型式检验时，可按本标准表9规定的玻璃批量和样本量抽样。表9依据GB/T 2828.1—2003，AQL=6.5。

表9 抽样方案表

单位为片

批　量	样 本 量	接 收 数	拒 收 数
2～8	2	0	1
9～15	3	0	1
16～25	5	1	2
26～50	8	1	2
51～90	13	2	3
91～150	20	3	4
151～280	32	5	6
281～500	50	7	8
501～1 200	80	10	11

7.3 判定规则

7.3.1 对产品尺寸偏差、对角线差、厚度偏差、厚薄差、外观质量和弯曲度进行检验时，一片玻璃其检验结果的各项指标均达到该等级的要求则该片玻璃为合格，否则为不合格。

一批玻璃中，若不合格片数小于或等于表9中接收数，则该批玻璃上述指标合格；若不合格片数大于或等于表 9 中拒收数，则该批玻璃上述指标不合格。

7.3.2 对无色透明平板玻璃可见光透射比进行检验时，若检验结果符合 5.7.1 的规定，则判定该批产品该项指标合格。

7.3.3 对本体着色平板玻璃的透射比偏差进行检验时，若检验结果符合 5.7.2 的规定，则判定该批产品该项指标合格。

7.3.4 对本体着色平板玻璃颜色均匀性进行检验时，若检验结果符合 5.7.3 的规定，则判定该批产品该项指标合格。

7.3.5 出厂检验时，若上述 7.3.1 判定合格，则该批产品判定合格，否则判定不合格；型式检验时，若上述 7.3.1、7.3.2、7.3.3 和 7.3.4 均判定合格，则该批产品判定合格，否则判定不合格。

8 标志、包装、运输和贮存

8.1 标志

玻璃包装上应有标志或标签，标明产品名称、生产厂、注册商标、厂址、质量等级、颜色、尺寸、厚度、数量、生产日期、拉引方向和本标准号，并印有“轻搬轻放、易碎品、防水防湿”字样或标志。

8.2 包装

玻璃包装应便于装卸运输，应采取防护和防霉措施，包装数量应与包装方式相适应。

8.3 运输

运输时应防止包装剧烈晃动、碰撞、滑动和倾倒。在运输和装卸过程中应有防雨措施。

8.4 贮存

玻璃应贮存在通风、防潮、有防雨设施的地方，以免玻璃发霉。

ICS 81.040
Q 33

中华人民共和国国家标准

GB/T 11944—2012
代替 GB/T 11944—2002

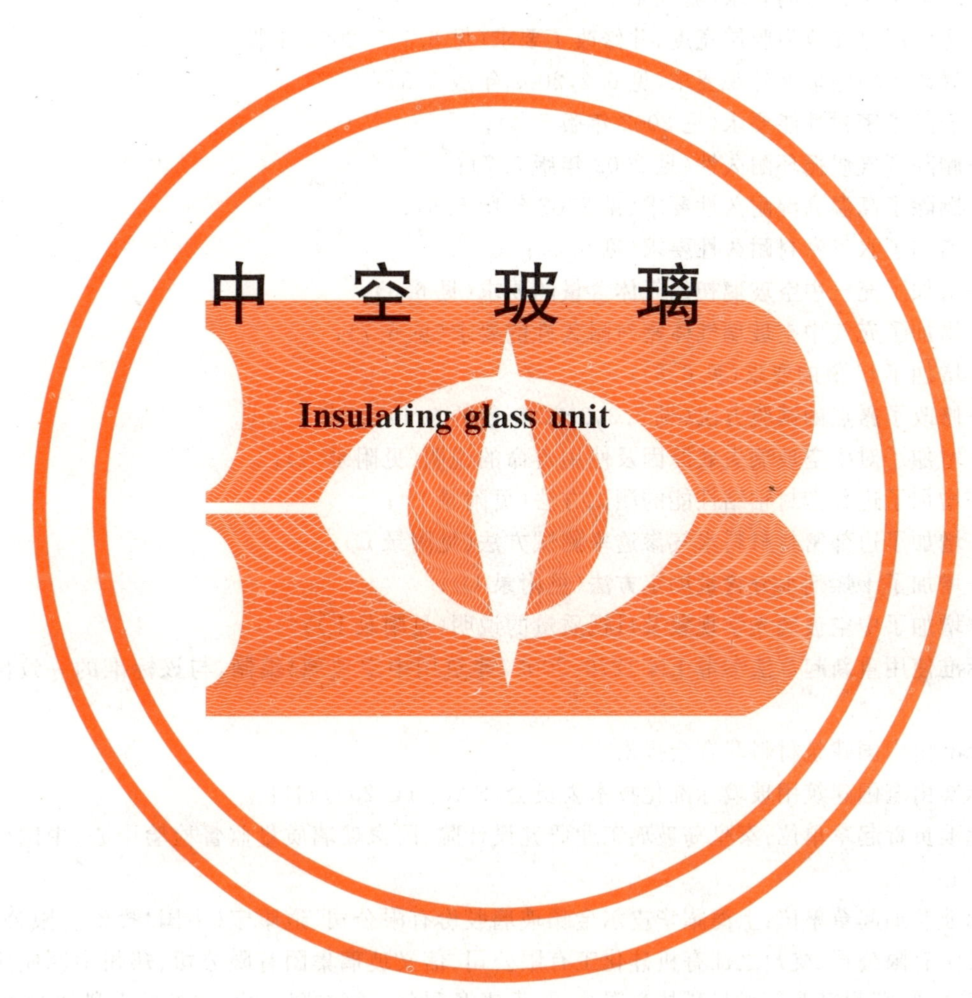

2012-12-31 发布 2013-09-01 实施

中华人民共和国国家质量监督检验检疫总局
中国国家标准化管理委员会 发布

前言

本标准按照 GB/T 1.1—2009 给出的规则起草。

本标准与 GB/T 11944—2002 相比,除编辑性修改外主要技术差异为:

——删除了中空玻璃规格的规定(见 2002 年版 4);

——增加了对叠差的要求(见 6.1.4);

——将胶层厚度改为胶层宽度,并修改了要求(见 6.1.5,2002 年版 5.2.4);

——修改了中空玻璃外观要求(见 6.2,2002 年版 5.3);

——删除了密封性能要求(见 2002 年版 5.4);

——删除了气候循环耐久性(见 2002 年版 5.7);

——删除了高温高湿耐久性要求(见 2002 年版 5.8);

——增加了水气密封耐久性要求(见 6.5);

——增加了充气中空玻璃初始气体含量的要求(见 6.6);

——增加了充气中空玻璃气体密封耐久性的要求(见 6.7);

——增加了 U 值的要求(见 6.8);

——修改了露点的试验方法(见 7.3,2002 年版的 6.4);

——增加了对中空玻璃失效原因及使用寿命的说明(见附录 A);

——增加了边部密封粘结性能的测试方法(见附录 B);

——增加了边部密封材料水气渗透率测试方法(见附录 C);

——增加了干燥剂水分含量测定方法(见附录 D);

——增加了中空玻璃光学现象及目视质量的说明(见附录 E);

本标准使用重新起草法参考 EN 1279:2002《建筑用中空玻璃》编制,与该标准的一致性程度为非等效。

本标准由中国建筑材料联合会提出。

本标准由全国建筑用玻璃标准化技术委员会(SAC/TC 255)归口。

本标准负责起草单位:秦皇岛玻璃工业研究设计院、国家玻璃质量监督检验中心、中国建筑材料检验认证中心。

本标准参加起草单位:上海耀华皮尔金顿玻璃股份有限公司、道康宁(中国)投资有限公司、中国南玻集团股份有限公司、杭州之江有机硅化工有限公司、信义玻璃集团有限公司、郑州中原应用技术研究开发有限公司、郑州富龙新材料科技有限公司、无锡赛利分子筛有限公司、成都硅宝科技股份有限公司、广州市白云化工实业有限公司、创奇公司、东营胜明玻璃有限公司。

本标准主要起草人:嵇书伟、刘志付、李勇、王立祥、董凤龙、李晓杰、石新勇、王铁华、王文开、刘明、孙大海、许武毅、李步春、李新达。

本标准所代替标准的历次版本发布情况为:

——GB 7020—1986;

——GB 11944—1989;

——GB/T 11944—2002。

中 空 玻 璃

1 范围

本标准规定了中空玻璃的术语和定义、分类、要求、试验方法、检验规则、包装、标志、运输和贮存。

本标准适用于建筑及建筑以外的冷藏、装饰和交通用中空玻璃，其他用途的中空玻璃可参照使用。

2 规范性引用文件

下列文件对于本文件的应用是必不可少的。凡是注日期的引用文件，仅注日期的版本适用于本文件。凡是不注日期的引用文件，其最新版本(包括所有的修改单)适用于本文件。

GB/T 1216 外径千分尺

GB/T 8170 数值修约规则与极限数值的表示和判定

GB/T 22476 中空玻璃稳态 U 值(传热系数)的计算及测定

3 术语和定义

下列术语和定义适用于本文件。

3.1

中空玻璃 insulating glass unit

两片或多片玻璃以有效支撑均匀隔开并周边粘接密封，使玻璃层间形成有干燥气体空间的玻璃制品。

注：制作中空玻璃的各种材料的质量与中空玻璃使用寿命密切相关，使用符合标准规范的材料生产的中空玻璃，其使用寿命一般不少于15年，参见附录A。

4 分类

4.1 按形状分类

平面中空玻璃；

曲面中空玻璃。

4.2 按中空腔内气体分类

普通中空玻璃：中空腔内为空气的中空玻璃；

充气中空玻璃：中空腔内充入氩气、氪气等气体的中空玻璃。

5 材料

5.1 玻璃

可采用平板玻璃、镀膜玻璃、夹层玻璃、钢化玻璃、防火玻璃、半钢化玻璃和压花玻璃等。所用玻璃应符合相应标准要求。

5.2 边部密封材料

中空玻璃边部密封材料应符合相应标准要求，应能够满足中空玻璃的水气和气体密封性能并能保持中空玻璃的结构稳定。密封胶的粘结性能、边部密封材料水气渗透率参见附录B、附录C。

5.3 间隔材料

间隔材料可为铝间隔条、不锈钢间隔条、复合材料间隔条、复合胶条等，并应符合相关标准和技术文件的要求。

5.4 干燥剂

干燥剂应符合相关标准要求。

6 要求

中空玻璃的性能及试验方法应符合表1中相应条款的规定。

表1 中空玻璃性能要求

项　目	要　求		试验方法
	普通中空玻璃	充气中空玻璃	
尺寸偏差	6.1	6.1	7.1
外观质量	6.2	6.2	7.2
露点	6.3	6.3	7.3
耐紫外线辐照性能	6.4	6.4	7.4
水气密封耐久性能	6.5	6.5	7.5
初始气体含量	—	6.6	7.6
气体密封耐久性能	—	6.7	7.7
U值	6.8	6.8	7.8

6.1 尺寸偏差

6.1.1 中空玻璃的长度及宽度允许偏差见表2。

表2 长(宽)度允许偏差　　单位为毫米

长(宽)度L	允许偏差
$L<1\ 000$	±2
$1\ 000\leqslant L<2\ 000$	+2、−3
$L\geqslant 2\ 000$	±3

6.1.2 中空玻璃的厚度允许偏差见表3。

表 3 厚度允许偏差

单位为毫米

公称厚度 D	允许偏差
$D<17$	±1.0
$17\leqslant D<22$	±1.5
$D\geqslant 22$	±2.0
注：中空玻璃的公称厚度为玻璃原片公称厚度与中空腔厚度之和。	

6.1.3 中空玻璃对角线差

矩形平面中空玻璃对角线差应不大于对角线平均长度的 0.2%。曲面和异形中空玻璃对角线差由供需双方商定。

6.1.4 叠差

平面中空玻璃的最大叠差应符合表 4 的规定。

表 4 允许叠差

单位为毫米

长(宽)度 L	允许叠差
$L<1\ 000$	2
$1\ 000\leqslant L<2\ 000$	3
$L\geqslant 2\ 000$	4
注：曲面和有特殊要求的中空玻璃的叠差由供需双方商定。	

6.1.5 中空玻璃的胶层厚度

中空玻璃外道密封胶宽度应≥5 mm；复合密封胶条的胶层宽度为 8 mm±2 mm；内道丁基胶层宽度应≥3 mm，特殊规格或有特殊要求的产品由供需双方商定。

6.2 外观质量

中空玻璃的外观质量应符合表 5 的规定。

表 5 中空玻璃外观质量

项目	要求
边部密封	内道密封胶应均匀连续，外道密封胶应均匀整齐，与玻璃充分粘结，且不超出玻璃边缘
玻璃	宽度≤0.2 mm、长度≤30 mm 的划伤允许 4 条/m^2，0.2 mm<宽度≤1 mm、长度≤50 mm 划伤允许 1 条/m^2；其他缺陷应符合相应玻璃标准要求
间隔材料	无扭曲，表面平整光洁；表面无污痕、斑点及片状氧化现象
中空腔	无异物
玻璃内表面	无妨碍透视的污迹和密封胶流淌

6.3 露点

中空玻璃的露点应<−40 ℃。

6.4 耐紫外线辐照性能

试验后，试样内表面应无结雾、水气凝结或污染的痕迹且密封胶无明显变形。

6.5 水气密封耐久性能

水分渗透指数 $I \leqslant 0.25$，平均值 $I_{av} \leqslant 0.20$。

6.6 初始气体含量

充气中空玻璃的初始气体含量应≥85%(*V*/*V*)。

6.7 气体密封耐久性能

充气中空玻璃经气体密封耐久性能试验后的气体含量应≥80%(*V*/*V*)。

6.8 *U* 值

由供需双方商定是否有必要进行本项试验。

7 试验方法

7.1 尺寸偏差

7.1.1 中空玻璃长、宽偏差、对角线差用精度为 1.0 mm 的钢卷尺或钢直尺测量；胶层宽度和叠差用精度为 0.5 mm 的钢卷尺或钢直尺测量。

7.1.2 中空玻璃厚度用符合 GB/T 1216 规定的精度为 0.01 mm 的外径千分尺或精度为 0.02 mm 的游标卡尺，在距玻璃边缘 15 mm 内的四边中点测量。测量结果的算术平均值即为厚度值。

7.1.3 使用最小刻度为 0.5 mm 的钢直尺沿玻璃周边测量，读取叠差最大值，如图 1 所示。

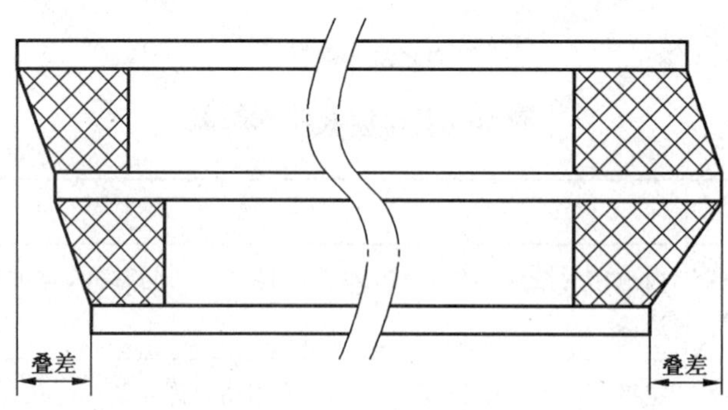

图 1 叠差示意图

7.1.4 内道密封胶的宽度在丁基胶最窄处测量，外道密封胶的宽度在内道密封胶与外道密封胶交界处至外道密封胶外边缘最窄处测量，如图 2 所示。复合密封胶条的宽度如图 3 所示。

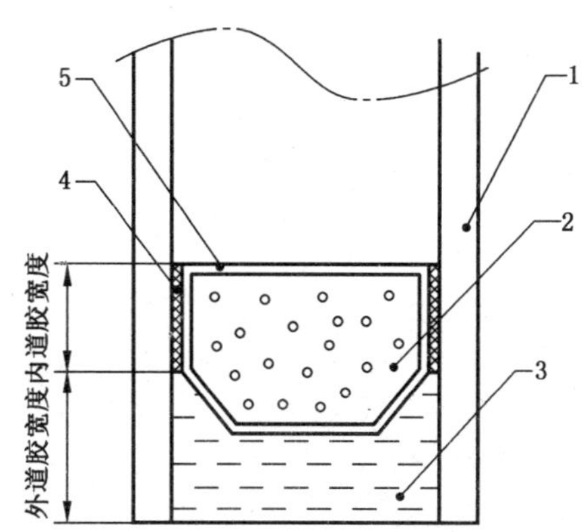

说明：

1——玻璃；

2——干燥剂；

3——外道密封胶；

4——内道密封胶；

5——间隔框。

图 2 胶层宽度示意

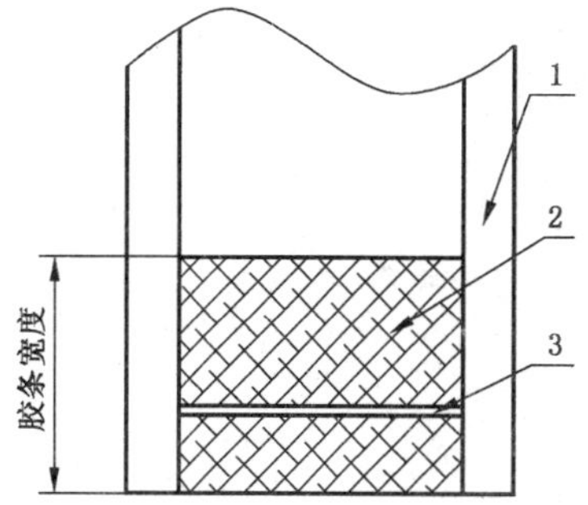

胶条宽度

说明：

1——玻璃；

2——胶条；

3——支撑带。

图 3 胶条宽度示意

7.2 外观

用制品或试样进行检测，在较好的自然光或散射光背景光照条件下，距中空玻璃正面 600 mm 处，用肉眼进行观测。划伤宽度用放大 10 倍，精度为 0.1 mm 的读数显微镜测量；划伤的长度用精度为 0.5 mm 的钢直尺测量。

7.3 露点试验

7.3.1 试样

试样为制品或与制品相同材料、在同一工艺条件下制作的尺寸为 510 mm×360 mm 的试样，数量为 15 块。

7.3.2 试验条件

试验在 23 ℃±2 ℃，相对湿度 30%～75%的环境中进行。试验前全部试样在该环境中放置至少 24 h。

7.3.3 试验设备

露点仪应满足：测量面为铜质材料，ϕ(50 mm±1 mm)、厚度 0.5 mm；温度测量范围可以达到 −60 ℃，精度≤1 ℃(见图 4)。

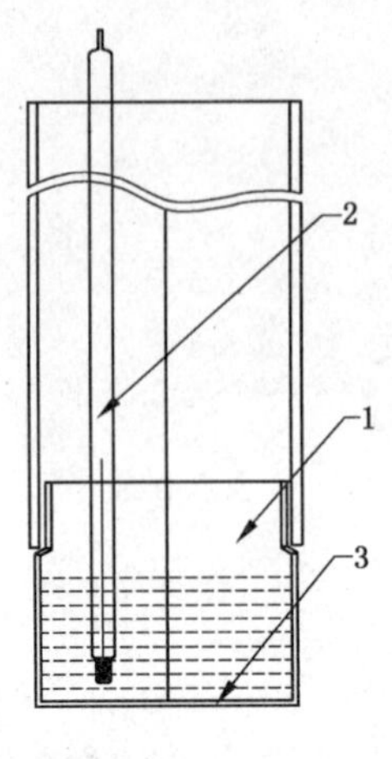

说明：

1——铜槽；

2——温度计；

3——测量面。

图 4 露点仪示意图

7.3.4 试验步骤

向露点仪内注入深约 25 mm 的乙醇或丙酮，再加入干冰，使其温度降低到等于或低于 −60 ℃开始露点测试，并在试验中保持该温度。

将试样水平放置，在上表面涂一层乙醇或丙酮，使露点仪与该表面紧密接触，停留时间按表 6 的规定。

表 6 露点测试时间

原片玻璃厚度/mm	接触时间/min
≤4	3
5	4
6	5
8	7
≥10	10

移开露点仪，立刻观察玻璃试样的内表面有无结露或结霜。

如无结霜或结露，露点温度记为 −60 ℃。

如结露或结霜，将试样放置到完全无结霜或结露后，提高露点仪温度继续测量，每次提高 5 ℃，直至测量到 −40 ℃，记录试样最高的结露温度，该温度为试样的露点温度。

对于两腔中空玻璃露点测试应分别测试中空玻璃的两个表面。

7.4 耐紫外线辐照试验

7.4.1 试样

试样为与制品相同材料、在同一工艺条件下制作的尺寸为 510 mm×360 mm 的平面中空玻璃试样，数量为 2 块。

两腔中空玻璃的试样为 4 块。

7.4.2 试验设备

紫外线试验箱箱体尺寸为 560 mm×560 mm×560 mm，内装由紫铜板制成的 ϕ150 mm 的冷却盘两个,如图5所示。光源为功率300 W、在315 nm～380 nm波长范围内辐照强度≥40 W/m² 的紫外灯。试验箱内温度控制在50 ℃±3 ℃。辐照强度达不到时应更换紫外灯。

单位为毫米

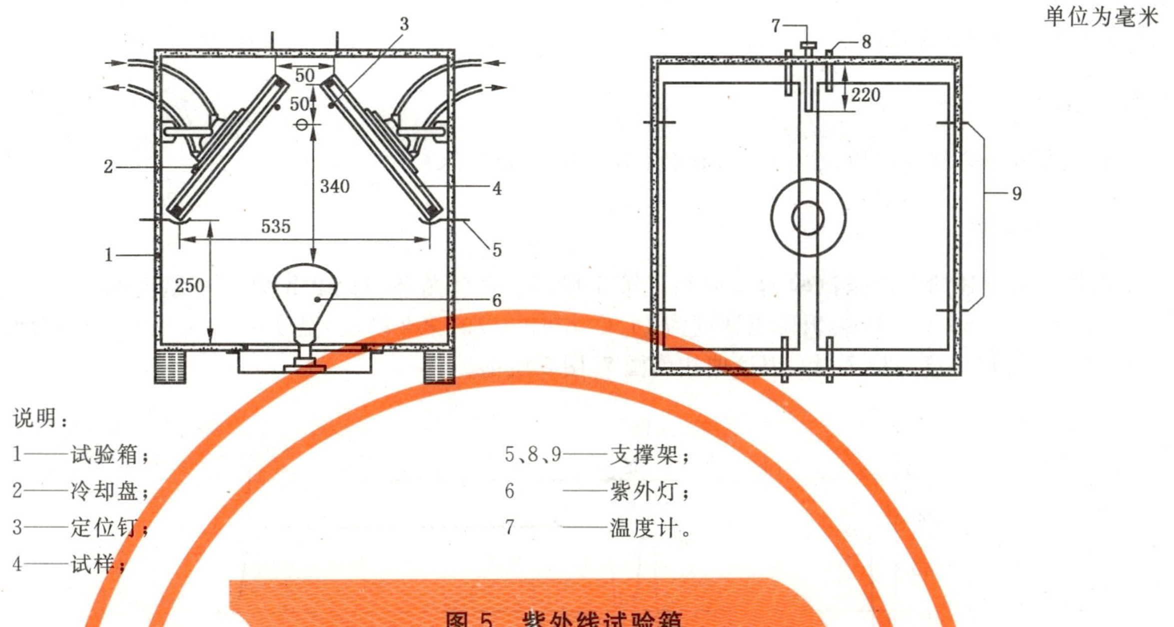

说明:

1——试验箱;
2——冷却盘;
3——定位钉;
4——试样;
5、8、9——支撑架;
6 ——紫外灯;
7 ——温度计。

图5 紫外线试验箱

7.4.3 试验步骤

在试验箱内放2块试样,试样中心与光源相距300 mm,在每块试样表面各放置冷却盘,然后连续通水冷却,进口水温保持在16 ℃±2 ℃,冷却板进出口水温相差不得超过2 ℃。连续照射168 h后,将试样移出,散射光背景光照条件下(如图6所示)距试样600 mm观察。如果观察到玻璃内表面出现冷凝现象,将试样放到23 ℃±2 ℃温度下存放一周,擦净表面观察。

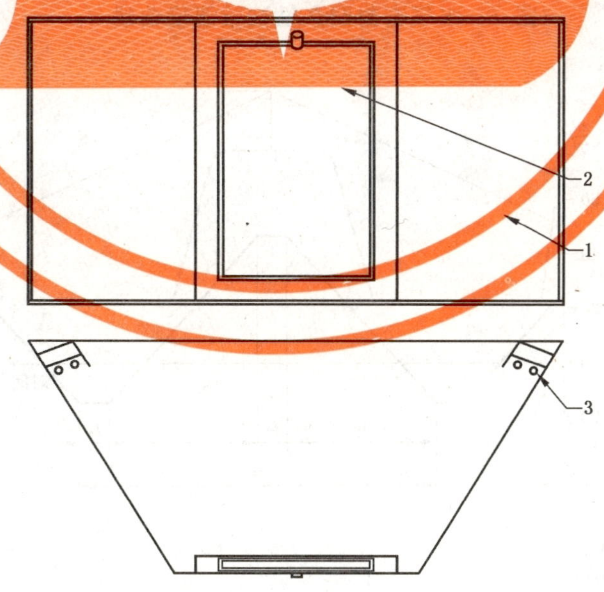

说明:

1——箱体;
2——试样;
3——日光灯。

图6 观察箱示意图

对于两腔中空玻璃，如果两个腔的结构和材料相同，应先将试样分别拆成两个单腔中空玻璃，然后进行试验；如果结构或材料不同，应先将试样拆成不同的两组试样，然后分别进行试验。

7.5 水气密封耐久性试验

7.5.1 试样

经7.3检测合格的试样，数量为15块(11块试验、4块备用)。

7.5.2 试验设备

能够提供下述两个阶段试验的试验箱。第1阶段：56个循环，每12 h为一个温度循环，温度从−18 ℃±2 ℃～53 ℃±1 ℃，升降温速度为14 ℃/h±2 ℃/h；第2阶段：温度在58 ℃±1 ℃、相对湿度大于95%的环境温度保持7周。温度曲线如图7、图8所示。

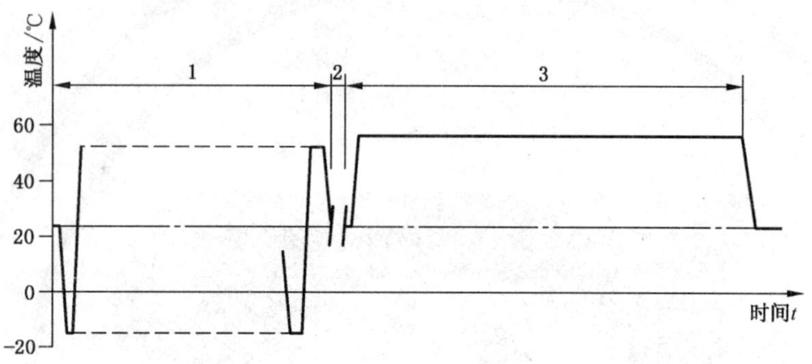

说明：

1——第1阶段高低温循环试验；

2——使用两个试验箱时，将试样从第一阶段试验箱移到第二阶段试验箱的最大时间间隔为4 h；

3——第2阶段恒温恒湿试验。

图7 水气密封耐久性试验温度曲线

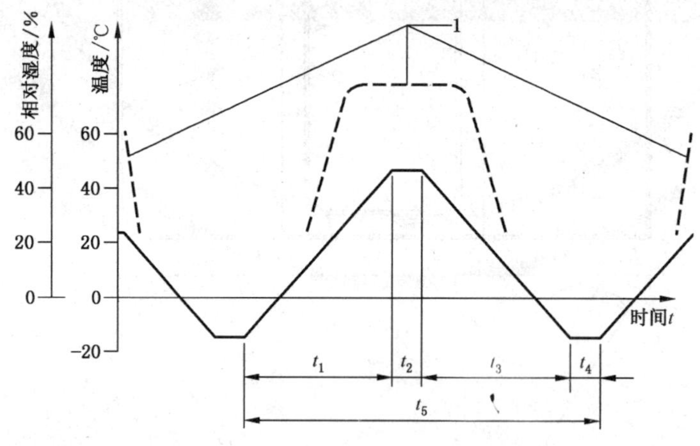

说明：

t_1——加热阶段(5 h±1 min)；

t_2——保温阶段(1 h±1 min)；

t_3——制冷阶段(5 h±1 min)；

t_4——保温阶段(1 h±1 min)；

t_5——一个循环周期(12 h)；

1——试验箱温度大于23 ℃时(虚线范围内)相对湿度应≥95%。

图8 高低温循环阶段温度随时间以及湿度随时间的变化曲线

7.5.3 试验程序

试验试样按露点温度由高到低的顺序编号，露点温度等于或低于－60 ℃时随机编号，对于两腔中空玻璃任取一面的露点温度排序，按表7的规定选择试样进行试验。

表7 加速耐久性试验的试样分配

试样编号	试验内容
7、8、9、10	干燥剂初始水分含量的测定
4、5、6、11、12	水气密封耐久性试验和干燥剂最终水分含量测定
2、3、13、14	备用试样
1、15	干燥剂标准水分含量的测定

按附录D分别测定4块试样的干燥剂初始水分含量 T_i，取其平均值为干燥剂初始水分含量。

按附录D分别测定1、15号试样的干燥剂标准水分含量 T_c，取其平均值为干燥剂标准水分含量。

将5块水气密封耐久性试样垂直放入试验箱，试样间距离应不小于15 mm。试验过程中允许1块试样破坏，取1块备用试样重新试验。

水气密封耐久性试验后，按附录D测定干燥剂最终水分含量 T_f。

水分渗透指数按式 $I=\frac{T_f-T_i}{T_c-T_i}$ 计算5块试样的 I 值和5块试样 I 值的平均值 I_{av}，计算结果修约至小数点后3位。

两腔中空玻璃分别计算两腔的水分渗透指数。

7.6 初始气体含量

7.6.1 试样

3块充气中空玻璃制品或3块未经水气密封耐久性试验的与制品相同材料、在同一工艺条件下制作的规格为510 mm×360 mm的试样。

7.6.2 试验条件

试验在23 ℃±2 ℃，相对湿度30%～75%的环境中进行。试验前全部试样在该环境放置至少24 h。

7.6.3 试验设备

顺磁性氧分析仪，仪器分辨率在0.1%，精度应≤±1.0%(V/V)。其他符合要求的仪器也可使用。

7.6.4 试验过程

7.6.4.1 仪器校准

试验前应对氧分析仪进行校准，校准分别使用已经确定氧气浓度的干燥空气和纯度为99.99%以上的氩气或氪气。其他仪器在试验前也应进行校准。

7.6.4.2 取气

试样竖直放置，用尖锥在试样中部将间隔框穿透，立即将排空气体的气密注射器穿过胶垫插入中空玻璃中，如图9所示，将中空腔中的气体抽入注射器，然后再把注射器里的气体推入中空腔，如此反复进行两次后，将20 mL气体试样抽入注射器。

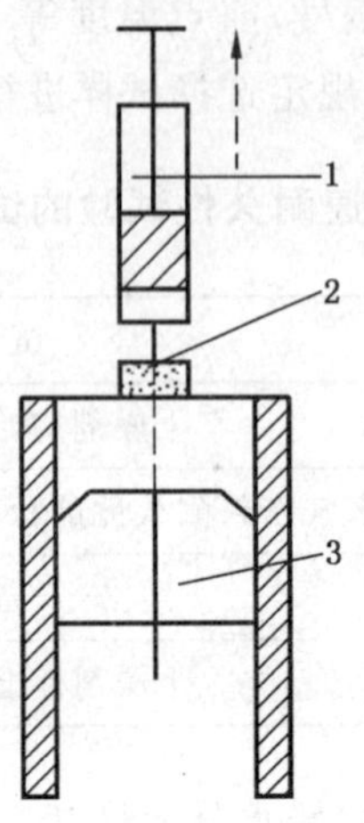

说明：
1——气密注射器；
2——胶垫；
3——中空玻璃间隔框。

图9 取气示意图

7.6.4.3 测量

将取好气体试样的注射器插入仪器进气口，然后将气体缓慢注入分析仪，显示器数值稳定后即为测量结果。

两腔中空玻璃分别测量。

7.7 气体密封耐久性能

7.7.1 试样

4块与制品相同材料在同一工艺条件下制作的规格为510 mm×360 mm的充气中空玻璃试样(3块试验、1块备用)。

7.7.2 试验设备

符合7.5.2温度变化要求的试验箱、顺磁性氧分析仪。

7.7.3 试验过程

将3块试样垂直放入试验箱，试样间的距离应不小于15 mm。试验过程中允许1块试样破坏，更换备份试样重新试验。试验首先按7.5.2第一阶段的试验方法，进行28个高低温循环试验，然后按第二阶段的试验方法进行4周的恒温恒湿试验。试验后将试样在温度23 ℃±2 ℃，相对湿度30%～75%的环境中放置至少24 h，按7.6测量气体含量。

两腔中空玻璃分别测量。

7.8 *U*值

中空玻璃*U*值按GB/T 22476方法计算或测定。

8 检验规则

8.1 检验分类

8.1.1 型式检验

型式检验包括技术要求中的全部检验项目。

有下列情况之一时，应进行型式检验：

a) 生产过程中，如结构、材料、工艺有较大改变，可能影响产品性能时；

b) 正常生产时，定期或积累一定产量后，应周期性进行一次检验；

c) 产品长期停产后，恢复生产时；

d) 出厂检验结果与上次型式检验有较大差异时；

e) 国家质量监督机构提出型式检验时。

8.1.2 出厂检验

出厂检验包括外观质量、尺寸偏差、露点、充气中空玻璃的初始气体含量。若要求增加其他检验项目由供需双方商定。

8.2 组批与抽样

8.2.1 组批：采用相同材料、在同一工艺条件下生产的中空玻璃500块为一批。

8.2.2 抽样：产品的外观质量、尺寸偏差按表8从交货批中随机抽样进行检验。

表8 抽样方案表

单位为块

批量范围	抽检数	合格判定数	不合格判定数
2～8	2	0	1
9～15	3	0	1
16～25	5	1	2
26～50	8	1	2
51～90	13	2	3
91～150	20	3	4
151～280	32	5	6
281～500	50	7	8

产品的露点和充气中空玻璃初始气体含量在交货批中，随机抽取性能要求的数量进行检验。

对于产品所要求的其他技术性能，若用制品检验时，根据检验项目所要求的数量从该批产品中随机抽取。若用试样进行检验时，应采用相同材料、在同一工艺条件下制作的试样。当检验项目为非破坏性试验时可继续进行其他项目的检测。

8.3 判定规则

8.3.1 外观质量、尺寸偏差

若不合格品数等于或大于表8的不合格判定数，则认为该批产品的外观质量、尺寸偏差不合格。

8.3.2 露点

取15块试样进行露点检测，全部合格该项性能合格。

8.3.3 耐紫外线辐照

取2块试样进行耐紫外线辐照试验,2块试样均合格该项性能合格。

8.3.4 水气密封耐久性能

取5块试样进行水气密封耐久性试验,水分渗透指数均合格该项性能合格。

8.3.5 初始气体含量

取3块试样进行初始气体含量试验,3块试样均合格该项性能合格。

8.3.6 气体密封耐久性能

取3块试样进行气体密封耐久性试验,3块试样均合格该项性能合格。

8.3.7 批次合格判定

型式检验时,若上述各项有一项不合格,则认为该批产品不合格。

出厂检验时,若出厂检验项目有一项不合格,则认为该批产品不合格。

9 包装、标志、运输和贮存

9.1 包装

中空玻璃可采用木箱、集装箱或集装架包装,包装箱应符合国家有关标准规定。玻璃之间以及玻璃与包装箱之间应用不易划伤玻璃的间隔材料隔开。

9.2 标志

标志应符合国家有关标准的规定,应包括产品名称、厂名、厂址、商标、规格、数量、生产日期、执行标准。且应标明"朝上、轻搬正放、防雨、防潮、小心破碎"等字样。

9.3 运输

产品运输应符合国家有关规定。

运输时,不得平放,长度方向应与运输车辆运动方向一致,应有防雨措施。

9.4 贮存

产品应垂直放置,贮存于干燥的室内。

附　录　A
（资料性附录）
中空玻璃失效原因及使用寿命

在中空玻璃构件中，间隔条、干燥剂、密封胶（或复合型材料）与玻璃形成了中空玻璃的边部密封系统。边部密封系统的质量决定了中空玻璃的使用寿命。

中空玻璃腔体内有目视可见的水气产生，即为中空玻璃失效。

由于环境中的水气会不断从中空玻璃的边部向中空腔内渗透，边部密封系统中的干燥剂会因不断吸附水分子而最终丧失水气吸附能力，导致中空玻璃中空腔内水气含量升高而失效。

由于环境温度的变化，中空玻璃中空腔内气体始终处于热胀或冷缩状态，使密封胶长期处于受力状态，同时环境中的紫外线、水和潮气的作用都会加速密封胶的老化，从而加快水气进入中空腔内的速度，最终使中空玻璃失效。

中空玻璃失效，即为中空玻璃使用寿命的终止。

中空玻璃的使用寿命与边部材料（如间隔条、干燥剂、密封胶）的质量和中空玻璃的制作工艺有直接关系。中空玻璃使用寿命的长短，也受安装状况、使用环境的影响。

中空玻璃的预期使用寿命至少应为 15 年。

附 录 B
（资料性附录）
边部密封粘结性能

B.1 要求

中空玻璃用外道密封材料应有足够的内聚力和粘结力，试样的拉伸试验在图 B.1 所示的 *OAB* 测试区域内，应无玻璃与密封胶的粘接破坏且无密封胶内聚破坏，见图 B.2。

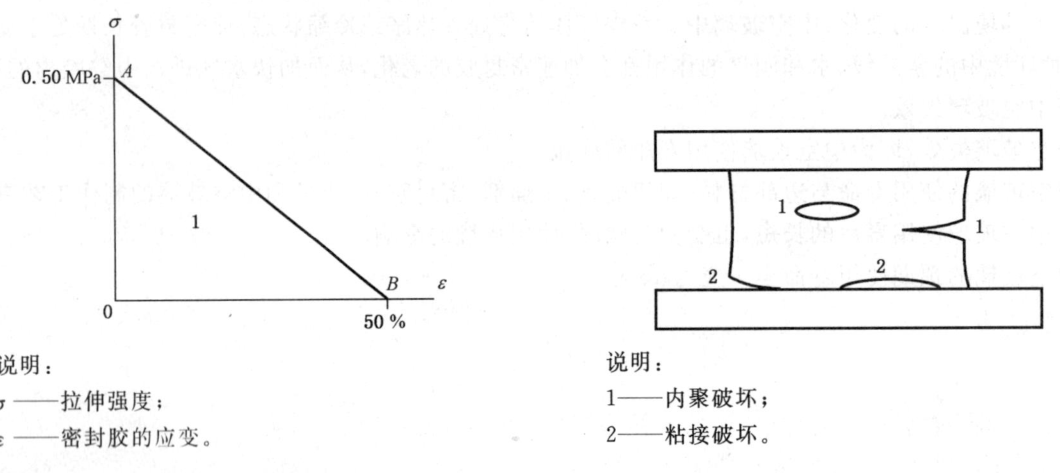

说明：
σ ——拉伸强度；
ε ——密封胶的应变。

图 B.1 评价区域

说明：
1——内聚破坏；
2——粘接破坏。

图 B.2 内聚力和粘结力破坏示意图

B.2 试验方法

B.2.1 试样

测试试样由玻璃-密封材料-玻璃构成，如图 B.3 所示。

分别用两块尺寸为 75 mm×12 mm×6 mm 的玻璃，制成如图 B.3 所示的试样 4 组，每组数量为 7 个。试样在温度 23 ℃±2 ℃，相对湿度 50%±5%的环境下放置 21 天，之后按 B.2.2 老化试验分别处理 4 组试样。

单位为毫米

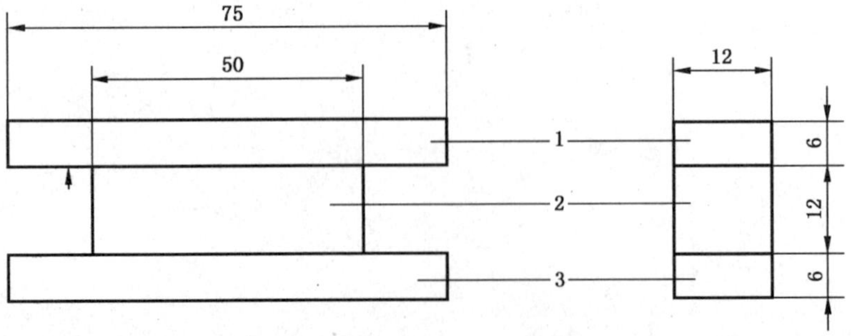

75
50
12
1
2
3
6
12
6

说明：
1、3——玻璃；
2 ——密封胶。

图 B.3 粘结性能试样示意图

B.2.2 试样老化试验过程

B.2.2.1 标准条件

将一组试样在温度 23 ℃±2 ℃、湿度 50%±5%的环境下放置至少 168 h。

B.2.2.2 水浸

将一组试样在 20 ℃±5 ℃的去离子水中浸泡 168 h 后，在 23 ℃±2 ℃环境下放置 24 h。

B.2.2.3 紫外线辐照

将一组试样放置在波长 315 nm～380 nm 辐照强度为(40±5) W/m^2 紫外线灯下暴露 96 h，紫外线灯光应垂直于玻璃表面，光源与试样的距离为 300 mm。之后将试样在 23 ℃±2 ℃环境下放置 24 h。

B.2.2.4 热暴露

将一组试样放置在 60 ℃±2 ℃的烘箱中保温 168 h 后，在 23 ℃±2 ℃环境下放置 24 h。

B.2.3 试验设备

电子万能材料试验机。

B.2.4 试验程序

在进行拉伸试验前，记录试样粘接面积和拉伸前的初始长度。以(5±0.25)mm/min 的速度进行拉伸试验，记录最大拉伸负荷及密封胶变形量，计算最大应力值。试验环境温度为 23 ℃±2 ℃。

记录应力/应变曲线与图 B.1 中的 *AB* 线相交时应力和应变值，忽略 7 个结果中的最大值和最小值，计算剩余 5 个应力和应变测量值的算术平均值。

如果应力/应变曲线与图 B.1 中的 *AB* 线相交时应力值小于最大应力值，试样无内聚力和粘结力的破坏。

B.2.5 应用

在更换密封胶时，应进行边部密封粘结性能试验，对应于每一个相应的测试条件，新密封材料应力曲线在与 *AB* 线上的交点与原密封材料测试时交点的应力值在 20%的变化范围或相差不应超过 0.02 MPa，且试样无内聚力和粘结力的破坏。

否则，更换密封胶后应进行中空玻璃水气密封耐久性和气体密封耐久性检测。

附 录 C
（资料性附录）
边部密封材料水气渗透率

C.1 术语和定义

水气渗透率

一定厚度的材料在特定的温度和湿度条件下，单位面积试样 24 h 透过水分的量。

C.2 试验方法

C.2.1 试验设备

C.2.1.1 测试盘

测试盘应选用非腐蚀性轻质材料，盘口面积约为 100 cm^2。如图 C.1 所示。

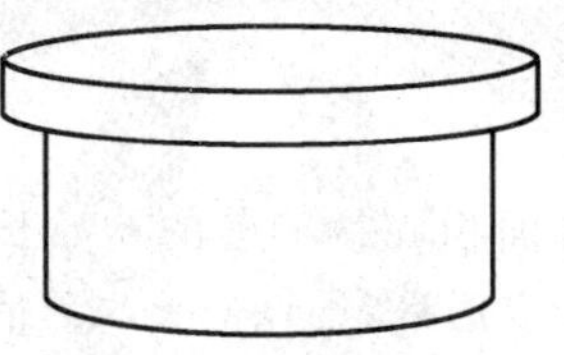

图 C.1 测试盘示意图

C.2.1.2 天平

精度为 1×10^{-4} g 的电子天平。

C.2.2 试验程序

将需要测试的密封材料制成厚度为 2 mm±0.1 mm 薄片、直径与盘口尺寸一致的试样，在测试盘中装入水分含量＜5%的分子筛，分子筛的表面到试样的距离≤6 mm，将试样安装到测试盘上，立即称量其质量，然后将测试盘放到 23 ℃±2 ℃、湿度≥90%的测试箱。定期对测试盘称量，两次连续称量之间的时间差不能超过 1%。每次称量后均需摇动干燥剂，以使吸附均匀。记录称量的间隔时间和增加的质量，直到前后两次质量增量相差≤5%时，认为是吸附平衡。

C.3 结果的计算和分析

C.3.1 结果计算

C.3.1.1 图解

用质量与时间的坐标图分析测量结果。当坐标中至少 6 个测量点可以连成一直线时，可以认为测量达到了稳定状态，这条直线的斜率就是水气渗透率。

C.3.1.2 计算

水气渗透率 $$MVTR=\frac{G}{t \cdot A} \quad (g \cdot m^{-2} \cdot d^{-1})$$

t ——平衡后连续两次测量的间隔时间，单位为天(d)；

G ——t 时间内的质量增加量，单位为克(g)；

A ——测试盘口面积，单位为平方米(m^2)。

C.3.2 应用

当更换密封胶时，应进行密封胶水气渗透率测试。

对于水分渗透指数 I 值<0.1 的中空玻璃，在其他生产条件都不变的情况下，密封胶的水气渗透率与原密封胶相比，应≤20%。

对于水分渗透指数 I 值介于 0.1～0.2 之间的中空玻璃，在其他生产条件都不变的情况下，密封胶的水气渗透率应不大于原密封胶。

否则，更换密封胶后应进行中空玻璃水气密封耐久性检测。

当密封胶的水气渗透率>15 $g \cdot m^{-2} \cdot d^{-1}$，外道密封胶的宽度应≥7 mm；当密封胶的水气渗透率≤15 $g \cdot m^{-2} \cdot d^{-1}$，外道密封胶的宽度应≥5 mm。

附 录 D
（规范性附录）
干燥剂水分含量测定

D.1 高温干燥法测定水分含量

D.1.1 适用范围

本方法适用于灌装在中空玻璃金属槽型间隔框内的块状、颗粒状干燥剂。

D.1.2 试验设备

能加热到 950 ℃的电阻炉、精度为 1×10^{-4} g 的电子天平、干燥器、洁净干燥的坩埚若干个。

D.1.3 试验环境条件

试验在 23 ℃±2 ℃，相对湿度 30%～75%的环境中进行。

D.1.4 试验程序

D.1.4.1 干燥剂初始水分含量测定

D.1.4.1.1 干燥剂的取出

方法一：将玻璃与密封材料割开，去除第一层玻璃，使间隔框暴露，必要时可用同样方法去除第二层玻璃。在距充装干燥剂的间隔框角部约 60 mm 处锯开，将最初的 3 g～5 g 干燥剂弃掉后，取出 20 g～30 g 干燥剂。操作过程应在 5 min 内完成。

方法二：在距充装干燥剂的间隔框角部约 60 mm 处，除去密封胶约 10 mm，暴露间隔框，用电钻在间隔框外壁上打一直径≥6 mm 的孔（孔不要穿透间隔框内壁），将最初的 3 g～5 g 干燥剂弃掉后，取出 20 g～30 g 干燥剂。操作过程应在 5 min 内完成。

D.1.4.1.2 测定

将从中空玻璃中取出的干燥剂装入已恒重的坩埚（质量为 m_0）中，2 min 之内称量其总质量 m_i。之后将该坩埚放入电阻炉中，在 60 min±20 min 内，A 类干燥剂升温至 950 ℃±20 ℃，B 类干燥剂升温至 350 ℃±10 ℃，并在相应温度下保持 120 min±5 min，取出后在干燥器中冷却到室温，然后称量其总质量 m_r。干燥剂初始水分含量按下式计算：

干燥剂初始水分含量 $$T_i=\frac{m_i-m_r}{m_r-m_0}$$

计算结果修约至小数点后 4 位。

中空玻璃干燥剂初始水分含量为 4 块中空玻璃试样的算术平均值。

D.1.4.2 干燥剂最终水分含量测定

将经过水气密封耐久性试验的 5 块中空玻璃试样按 D.1.4.1.1 将干燥剂取出，再按 D.1.4.1.2 的方法分别测量坩埚质量 m_0、焙烧前质量 m_f 和焙烧后质量 m_r。干燥剂最终水分含量按下式计算：

干燥剂最终水分含量 $$T_f=\frac{m_f-m_r}{m_r-m_0}$$

计算结果修约至小数点后 4 位。

分别计算 5 块试样的最终水分含量。

D.1.4.3 干燥剂标准水分含量测定

D.1.4.3.1 配置饱和溶液

在干燥器中加入适量去离子水，不断加入氯化钙晶体，并搅拌，直至出现未能溶解的氯化钙晶体为止。

在整个测试过程中，要保证溶液中持续有未溶解的氯化钙晶体。

将配置好的饱和溶液在干燥器中放置 24 h 后使用。

D.1.4.3.2 测定

按 D.1.4.1.1 方法将 2 块中空玻璃的干燥剂取出，装入已恒重的坩埚(质量为 m_0)中，将该坩埚放入盛有饱和氯化钙溶液的干燥器中，置于溶液上方约 20 mm 处。放置 4 周后称量其质量，再放置 1 周后再称量，如果两次的质量差不超过 0.005 g，则达到恒定质量，后者质量记为 m_c，如果质量差超过 0.005 g，再继续放置一周，直至质量恒定。

按 D.1.4.1.2 的方法测量焙烧后质量 m_r。干燥剂标准水分含量按下式计算：

干燥剂标准水分含量 $T_c=\dfrac{m_c-m_r}{m_r-m_0}$

计算结果修约至小数点后 4 位。

中空玻璃干燥剂标准水分含量为 2 块中空玻璃试样的算术平均值。

D.2 卡尔费休法测定水分含量

D.2.1 适用范围

适用于干燥剂混合在有机材料中的复合间隔条、U 型条的干燥材料、TPS、超级间隔条等。

D.2.2 试验设备

卡尔费休干燥炉、容积法微量水分测定仪、氮气(N_2＋Ar 含量＞99.995%，H_2O＜$5\times10^{-6}V/V$)和精度为 1×10^{-4} g 的电子天平。

D.2.3 试验程序

D.2.3.1 初始和最终水分含量测定

D.2.3.1.1 将卡尔费休干燥炉与容积法微量水分测试仪连接，连接长度不大于 200 mm，检查有无漏气。

D.2.3.1.2 取 0.01 mL 蒸馏水，对卡尔费休试剂进行标定，并记录标定结果。

D.2.3.1.3 准备一张折角的网架，如图 D.1 所示，称量其质量，记为 m_0。

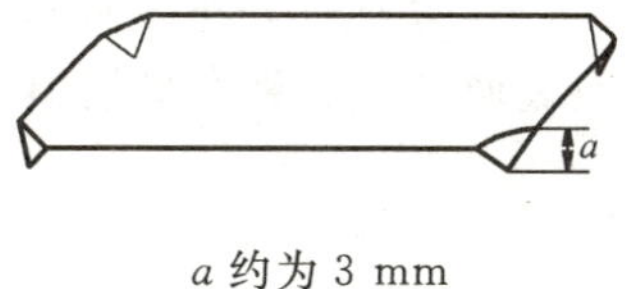

a 约为 3 mm

图 D.1 试样放置网架

D.2.3.1.4 打开中空玻璃，按图 D.2 所示，从边部的中心取面向中空玻璃腔内部大约 0.5 g 含有干燥剂的密封胶。

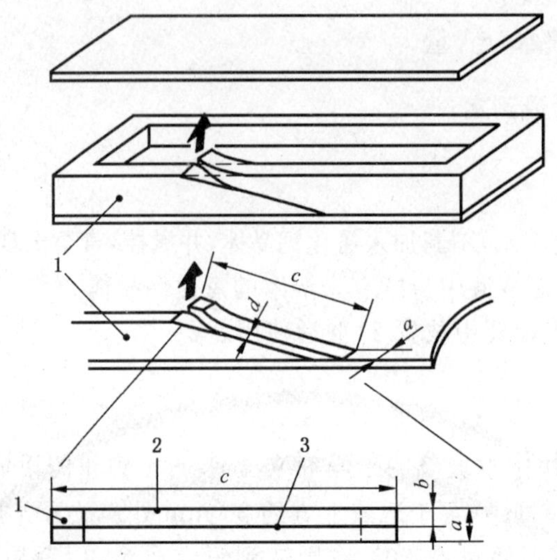

说明：

1——含有干燥剂的密封材料；

2——面向中空玻璃腔的密封材料；

3——将密封胶从中部分开。

图 D.2 干燥剂与有机密封材料混合时的取样方法示意图

D.2.3.1.5 对于带有防水气渗透材料的取样，应先将有机材料与水分渗透阻隔材料分开。取样方法同 D.2.3.1.2。

D.2.3.1.6 将取好的试样放到网架上，如图 D.3 所示，称量总质量。当进行初始水分测量时，把这一质量记为 m_i，当进行最终水分测量时，把这一质量记为 m_f。取样过程应在 15 min 内完成。

D.2.3.1.7

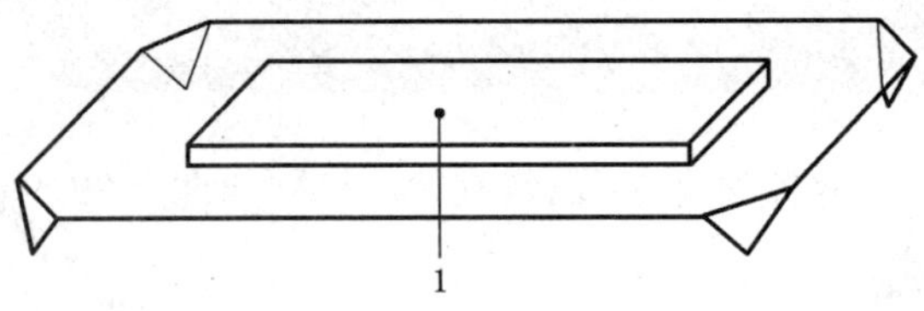

说明：

1——取好的试样。

图 D.3 试样放置图

D.2.3.1.8 将取好的试样连同网架一起放入卡尔费休干燥炉中，炉温控制在 200 ℃±5 ℃，保持氮气流速(200±20)mL/min。

D.2.3.1.9 根据试样质量 m_i-m_0、m_f-m_0 分别计算水分含量 T_i 和 T_f。结果修约至小数点后 4 位。

D.2.3.1.10 初始水分含量为 4 块中空玻璃试样的算术平均值，最终水分含量分别测定 5 块中空玻璃试样。

D.2.3.2 标准水分含量测定

D.2.3.2.1 按 D.2.3.1.4 方法从 2 块中空玻璃试样上各取一条约 2 g 的试样，放到已知质量 m_0 的网架上。

D.2.3.2.2 试样连同网架放在氯化镁饱和溶液干燥器中，置于溶液上方约 20 mm 处，再将干燥器放入温度 55 ℃±2 ℃试验箱内。每 3 周称量一次试样连同网架的质量，当两次称量值差不超过 2×10^{-4} g 时，认为吸附饱和，该质量记为 m_c。

D.2.3.2.3 将试样连同网架一起放入卡尔费休干燥炉中，按 D.2.3.1.8 试验，根据饱和后的试样质量 m_c-m_0 计算水分含量 T_c。结果修约至小数点后 4 位。

D.2.3.2.4 标准水分含量为 2 块中空玻璃试样的算术平均值。

附 录 E
（资料性附录）
中空玻璃光学现象及目视质量的说明

E.1 布鲁斯特阴影

在中空玻璃表面几乎完全平行且玻璃表面质量高时，中空玻璃表面由于光的干涉和衍射会出现布鲁斯特阴影。这些阴影是直线，颜色不同，是由于光谱的分解产生。如果光源来自太阳，颜色由红到蓝。这种现象不是缺陷，是中空玻璃结构所固有的。选用不同厚度的两片玻璃制成的中空玻璃能够减轻这一现象。

E.2 牛顿环

中空玻璃由于制造或环境条件等原因，其两块玻璃在中心部相接触或接近相接触时，会出现一系列由于光干涉产生的彩色同心圆环，这种光学效应称作牛顿环。其中心是在两块玻璃的接触点或接近的点。这些环基本上都是圆形的或椭圆形的。

E.3 由温度和大气压力变化引起的玻璃挠曲

由于温度、环境或海拔高度的变化，会使中空玻璃中空腔内的气体产生收缩或膨胀，从而引起玻璃的挠曲变形，导致反射影像变形。这种挠曲变形是不能避免的，随时间和环境的变化会有所变化。挠曲变形的程度既取决于玻璃的刚度和尺寸，也取决于间隙的宽度。当中空玻璃尺寸小、中空腔薄、单片玻璃厚度大时，挠曲变形可以明显减小。

E.4 外部冷凝

中空玻璃的外部冷凝在室内外均可发生。如果在室内，主要原因是室外温度过低，室内湿度过大。如果是在室外发生冷凝，主要是由于夜间通过红外线辐射使玻璃外表面上的热量散发到室外，使外片玻璃温度低于环境温度，加之外部环境湿度较大造成的。这些现象不是中空玻璃缺陷，而是由于气候条件和中空玻璃结构造成的。

ICS 81.040.20
Q 33

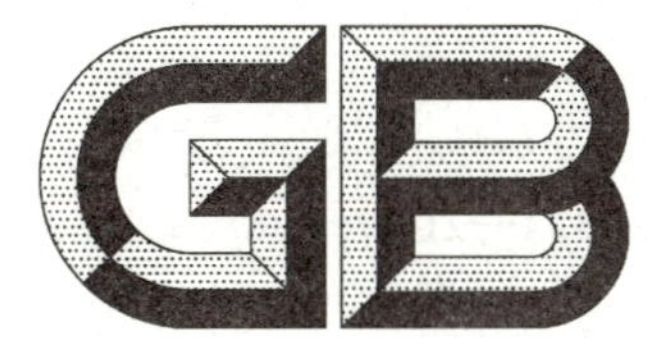

中华人民共和国国家标准

GB 15763.1—2009
代替 GB 15763.1—2001

建筑用安全玻璃 第1部分:防火玻璃

Safety glazing materials in building—Part 1:Fire-resistant glass

2009-03-25 发布 2010-03-01 实施

中华人民共和国国家质量监督检验检疫总局
中国国家标准化管理委员会 发布

前　言

本部分6.3、6.6、6.7、6.8、6.9、6.10、9.1为强制性条款，其他为推荐性条款。

GB 15763《建筑用安全玻璃》目前分为四个部分：

——第1部分：防火玻璃；

——第2部分：钢化玻璃；

——第3部分：夹层玻璃；

——第4部分：均质钢化玻璃。

本部分为GB 15763的第1部分。

本部分参考了国外相应的标准或规范，如BS EN 357：2004《建筑用玻璃——镶透明或半透明玻璃的防火玻璃构件——防火性能分类》、BS 6262-3：2005《建筑窗——第3部分：防火、安全和风载实施规范》。

本部分代替GB 15763.1—2001《建筑用安全玻璃　防火玻璃》。本部分与GB 15763.1—2001相比主要变化如下：

——按GB 15763.1—2001第1号修改单对条文进行修订。

——增加耐火极限等定义。

——取消了B类防火玻璃。

——复合防火玻璃外观质量增加划伤缺陷要求。

——重新规定耐火极限等级。

本部分由中国建筑材料联合会提出。

本部分由全国建筑用玻璃标准化技术委员会归口。

本部分负责起草单位：中国建筑材料检验认证中心、公安部天津消防研究所、公安部四川消防研究所。

本部分参加起草单位：广东金刚玻璃科技股份有限公司、北京格林京丰防火玻璃有限公司、浙江中力控股集团有限公司、和合科技集团有限公司、鹤山市恒保防火玻璃厂有限公司。

本部分主要起草人：苗向阳、龚蜀一、汪如洋、黄伟、聂涛、庄大建、宋丽、龙霖星、夏卫文、陈沃林、吴从真、隋超英。

本部分所代替标准的历次发布情况为：

——GB 15763—1995中建筑用防火玻璃部分；

——GB 15763.1—2001。

建筑用安全玻璃　第1部分：防火玻璃

1　范围

GB 15763 的本部分规定了建筑用防火玻璃的术语和定义、分类及标记、材料、要求、试验方法、检验规则、标志、产品使用说明书及包装、运输、贮存等。

本部分适用于建筑用复合防火玻璃及经钢化工艺制造的单片防火玻璃。

2　规范性引用文件

下列文件中的条款通过 GB 15763 的本部分的引用而成为本部分的条款。凡是注日期的引用文件，其随后所有的修改单(不包括勘误的内容)或修订版均不适用于本部分，然而，鼓励根据本部分达成协议的各方研究是否可使用这些文件的最新版本。凡是不注日期的引用文件，其最新版本适用于本部分。

GB/T 1216　外径千分尺

GB/T 2680—1994　建筑玻璃可见光透射比、太阳光直接透射比、太阳能总透射比、紫外线透射比及有关窗玻璃参数的测定。

GB/T 5137.3—2002　汽车安全玻璃试验方法　第3部分：耐辐照、高温、潮湿、燃烧和耐模拟气候试验

GB 11614　平板玻璃

GB/T 12513—2006　镶玻璃构件耐火试验方法(ISO 3009:2003,MOD)

GB 15763.2—2005　建筑用安全玻璃　第2部分：钢化玻璃

GB/T 18915(所有部分)　镀膜玻璃

3　术语和定义

下列术语和定义适用于本部分。

3.1

耐火完整性　integrity of fire-resistant

在标准耐火试验条件下，玻璃构件当其一面受火时，能在一定时间内防止火焰和热气穿透或在背火面出现火焰的能力。

3.2

耐火隔热性　insulation of fire-resistant

在标准耐火试验条件下，玻璃构件当其一面受火时，能在一定时间内使其背火面温度不超过规定值的能力。

3.3

耐火极限　fire-resistant time

在标准耐火试验条件下，玻璃构件从受火的作用时起，到失去完整性或隔热型要求时止的这段时间。

3.4

复合防火玻璃　laminated fire-resistant glass

由两层或两层以上玻璃复合而成或由一层玻璃和有机材料复合而成，并满足相应耐火性能要求的特种玻璃。

3.5

单片防火玻璃　monolithic fire-resistant glass

由单层玻璃构成，并满足相应耐火性能要求的特种玻璃。

3.6

隔热型防火玻璃（A 类）　insulated fire-resistant glass (A type)

耐火性能同时满足耐火完整性、耐火隔热性要求的防火玻璃。

3.7

非隔热型防火玻璃（C 类）　integrity-only fire-resistant glass (C type)

耐火性能仅满足耐火完整性要求的防火玻璃。

4　分类及标记

4.1　分类

4.1.1　防火玻璃按结构可分为：

a）复合防火玻璃（以 FFB 表示）；

b）单片防火玻璃（以 DFB 表示）。

4.1.2　防火玻璃按耐火性能可分为：

a）隔热型防火玻璃（A 类）；

b）非隔热型防火玻璃（C 类）。

4.1.3　防火玻璃按耐火极限可分为五个等级：0.50 h、1.00 h、1.50 h、2.00 h、3.00 h。

4.2　标记

4.2.1　标记方式

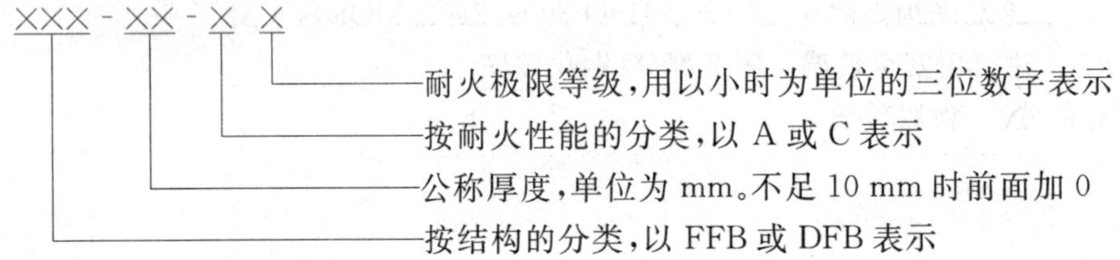

4.2.2　标记示例

一块公称厚度为 25 mm、耐火性能为隔热类（A 类），耐火等级为 1.50 h 的复合防火玻璃的标记如下：

FFB-25-A1.50

一块公称厚度为 12 mm、耐火性能为非隔热类（C 类），耐火等级为 1.00 h 的单片防火玻璃的标记如下：

DFB-12-C1.00

5　材料

防火玻璃原片可选用镀膜或非镀膜的浮法玻璃、钢化玻璃，复合防火玻璃原片，还可选用单片防火玻璃。原片玻璃应分别符合 GB 11614、GB 15763.2—2005、GB/T 18915（所有部分）等相应标准和本部分相应条款的规定。

所采用其他材料也均应满足相应的国家标准、行业标准、相关技术条件要求。

6　要求

防火玻璃的技术要求应符合表 1 相应条款的规定。

表 1 防火玻璃技术要求及试验方法

<table>
<tr><th rowspan="2">名　称</th><th colspan="2">技 术 要 求</th><th rowspan="2">试验方法</th></tr>
<tr><th>复合防火玻璃</th><th>单片防火玻璃</th></tr>
<tr><td>尺寸、厚度允许偏差</td><td>6.1</td><td>6.1</td><td>7.1</td></tr>
<tr><td>外观质量</td><td>6.2</td><td>6.2</td><td>7.2</td></tr>
<tr><td>耐火性能</td><td>6.3</td><td>6.3</td><td>7.3</td></tr>
<tr><td>弯曲度</td><td>6.4</td><td>6.4</td><td>7.4</td></tr>
<tr><td>可见光透射比</td><td>6.5</td><td>6.5</td><td>7.5</td></tr>
<tr><td>耐热性能</td><td>6.6</td><td>—</td><td>7.6</td></tr>
<tr><td>耐寒性能</td><td>6.7</td><td>—</td><td>7.7</td></tr>
<tr><td>耐紫外线辐照性能</td><td>6.8</td><td>—</td><td>7.8</td></tr>
<tr><td>抗冲击性能</td><td>6.9</td><td>6.9</td><td>7.9</td></tr>
<tr><td>碎片状态</td><td>—</td><td>6.10</td><td>7.10</td></tr>
</table>

6.1 尺寸、厚度允许偏差

防火玻璃的尺寸、厚度允许偏差应符合表 2 和表 3 的规定。

表 2 复合防火玻璃的尺寸、厚度允许偏差

单位为毫米

<table>
<tr><th rowspan="2">玻璃的公称厚度 d</th><th colspan="2">长度或宽度(L)允许偏差</th><th rowspan="2">厚度允许偏差</th></tr>
<tr><th>$L \leqslant 1\ 200$</th><th>$1\ 200 < L \leqslant 2\ 400$</th></tr>
<tr><td>$5 \leqslant d < 11$</td><td>±2</td><td>±3</td><td>±1.0</td></tr>
<tr><td>$11 \leqslant d < 17$</td><td>±3</td><td>±4</td><td>±1.0</td></tr>
<tr><td>$17 \leqslant d < 24$</td><td>±4</td><td>±5</td><td>±1.3</td></tr>
<tr><td>$24 \leqslant d < 35$</td><td>±5</td><td>±6</td><td>±1.5</td></tr>
<tr><td>$d \geqslant 35$</td><td>±5</td><td>±6</td><td>±2.0</td></tr>
<tr><td colspan="4">注：当 L 大于 2 400 mm 时，尺寸允许偏差由供需双方商定。</td></tr>
</table>

表 3 单片防火玻璃尺寸、厚度允许偏差

单位为毫米

<table>
<tr><th rowspan="2">玻璃公称厚度</th><th colspan="3">长度或宽度(L)允许偏差</th><th rowspan="2">厚度允许偏差</th></tr>
<tr><th>$L \leqslant 1\ 000$</th><th>$1\ 000 < L \leqslant 2\ 000$</th><th>$L > 2\ 000$</th></tr>
<tr><td>5
6</td><td>$^{+1}_{-2}$</td><td rowspan="3">±3</td><td rowspan="4">±4</td><td>±0.2</td></tr>
<tr><td>8
10</td><td rowspan="2">$^{+2}_{-3}$</td><td>±0.3</td></tr>
<tr><td>12</td><td>±0.3</td></tr>
<tr><td>15</td><td>±4</td><td>±4</td><td>±0.5</td></tr>
<tr><td>19</td><td>±5</td><td>±5</td><td>±6</td><td>±0.7</td></tr>
</table>

6.2 外观质量

防火玻璃的外观质量应符合表 4 和表 5 的规定。

表 4 复合防火玻璃的外观质量

缺陷名称	要求
气泡	直径 300 mm 圆内允许长 0.5 mm～1.0 mm 的气泡 1 个
胶合层杂质	直径 500 mm 圆内允许长 2.0 mm 以下的杂质 2 个
划伤	宽度≤0.1 mm，长度≤50 mm 的轻微划伤，每平方米面积内不超过 4 条
	0.1 mm＜宽度＜0.5 mm，长度≤50 mm 的轻微划伤，每平方米面积内不超过 1 条
爆边	每米边长允许有长度不超过 20 mm、自边部向玻璃表面延伸深度不超过厚度一半的爆边 4 个
叠差、裂纹、脱胶	脱胶、裂纹不允许存在；总叠差不应大于 3 mm
注：复合防火玻璃周边 15 mm 范围内的气泡、胶合层杂质不作要求。	

表 5 单片防火玻璃的外观质量

缺陷名称	要求
爆边	不允许存在
划伤	宽度≤0.1 mm，长度≤50 mm 的轻微划伤，每平方米面积内不超过 2 条
	0.1 mm＜宽度＜0.5 mm，长度≤50 mm 的轻微划伤，每平方米面积内不超过 1 条
结石、裂纹、缺角	不允许存在

6.3 耐火性能

隔热型防火玻璃（A 类）和非隔热型防火玻璃（C 类）的耐火性能应满足表 6 的要求。

表 6 防火玻璃的耐火性能

分类名称	耐火极限等级	耐火性能要求
隔热型防火玻璃（A 类）	3.00 h	耐火隔热性时间≥3.00 h，且耐火完整性时间≥3.00 h
	2.00 h	耐火隔热性时间≥2.00 h，且耐火完整性时间≥2.00 h
	1.50 h	耐火隔热性时间≥1.50 h，且耐火完整性时间≥1.50 h
	1.00 h	耐火隔热性时间≥1.00 h，且耐火完整性时间≥1.00 h
	0.50 h	耐火隔热性时间≥0.50 h，且耐火完整性时间≥0.50 h
非隔热型防火玻璃（C 类）	3.00 h	耐火完整性时间≥3.00 h，耐火隔热性无要求
	2.00 h	耐火完整性时间≥2.00 h，耐火隔热性无要求
	1.50 h	耐火完整性时间≥1.50 h，耐火隔热性无要求
	1.00 h	耐火完整性时间≥1.00 h，耐火隔热性无要求
	0.50 h	耐火完整性时间≥0.50 h，耐火隔热性无要求

6.4 弯曲度

防火玻璃的弓形弯曲度不应超过 0.3%，波形弯曲度不应超过 0.2%。

6.5 可见光透射比

防火玻璃的可见光透射比应符合表 7 的要求。

表 7 防火玻璃的可见光透射比

项目	允许偏差最大值（明示标称值）	允许偏差最大值（未明示标称值）
可见光透射比	±3%	≤5%

6.6 耐热性能

试验后复合防火玻璃试样的外观质量应符合 6.2 的规定。

6.7 耐寒性能

试验后复合防火玻璃试样的外观质量应符合 6.2 的规定。

6.8 耐紫外线辐照性

当复合防火玻璃使用在有建筑采光要求的场合时，应进行耐紫外线辐照性能测试。

复合防火玻璃试样试验后试样不应产生显著变色、气泡及浑浊现象，且试验前后可见光透射比相对变化率 ΔT 应不大于 10%。

6.9 抗冲击性能

试样试验破坏数应符合 8.3.4 的规定。

单片防火玻璃不破坏是指试验后不破碎；复合防火玻璃不破坏是指试验后玻璃满足下述条件之一：

a） 玻璃不破碎；

b） 玻璃破碎但钢球未穿透试样。

6.10 碎片状态

每块试验样品在 50 mm×50 mm 区域内的碎片数应不低于 40 块。允许有少量长条碎片存在，但其长度不得超过 75 mm，且端部不是刀刃状；延伸至玻璃边缘的长条形碎片与玻璃边缘形成的夹角不得大于 45°。

7 试验方法

7.1 尺寸、厚度允许偏差

尺寸用最小刻度为 1 mm 的钢直尺或钢卷尺测量。厚度用符合 GB/T 1216 规定的千分尺或与此同等精度的器具测量玻璃四边中点，测量结果以四点平均值表示，数值精确到 0.1 mm。

7.2 外观质量

在良好的自然光或散射光照条件下，在距玻璃的正面 600 mm 处进行目视检查。缺陷的尺寸以能清楚观察到的最大边缘为限。采用分度值为 1 mm 的金属直尺和(或)最小分度值为 0.01 mm 的读数显微镜测量缺陷的尺寸。

7.3 耐火性能

按 GB/T 12513—2006 进行耐火性能试验。试样受火尺寸应选择实际使用的最大尺寸来进行试验，且不应小于 1 100 mm×600 mm。

试验时所使用的固定框架和安装方式应与实际工程配套使用的相同，并以图纸或其他相当的方法记录固定框架的结构和安装方式。对于隔热型(A 类)防火玻璃固定框架背火面温度测量值仅做记录，不作为隔热性的判定条件。

7.4 弯曲度

按 GB 15763.2—2005 中 6.4 规定的方法进行测量。

7.5 可见光透射比

取三块试样，按 GB/T 2680—1994 中 3.1 规定的方法进行检验。对于明示标称值的产品，以标称值作为偏差的基准；对于未明示标称值的产品，则取三块试样进行测试，取三块试样之间差值的最大值。

7.6 耐热性能

7.6.1 取六块试样进行试验，其中三块为备样。试样规格应为 300 mm×300 mm，应与制品材料相同、在相同加工工艺下制作。

试验前，试样应在 20 ℃±5 ℃下垂直放置 6 h 以上，检查外观质量并详细记录缺陷情况。

7.6.2 将试样垂直放入恒温箱，保持 50 ℃±2 ℃，恒温 6 h 后取出。

7.6.3 将取出的试样，在 20 ℃±5 ℃下垂直放置 6 h 以上，检查其外观质量。

7.7 耐寒性能

7.7.1 同 7.6.1。

7.7.2 将试样放入低温箱中，保持－20 ℃±2 ℃，恒温 6 h 后取出。

7.7.3 将取出的试样，在 20 ℃±5 ℃下垂直放置 6 h 以上，检查其外观质量。

7.8 耐紫外线辐照性能

取六块试样进行试验，其中三块为备样。试样规格应为 300 mm×76 mm，为与制品材料相同、在相同加工工艺下制作的平型试验片。试验装置应满足 GB/T 5137.3—2002 的要求。

试验应按照 GB/T 5137.3—2002 进行。

试验前后试样的可见光透射比相对变化率 ΔT 的计算见式(1)：

$$\Delta T = \frac{|T_1 - T_2|}{T_1} \times 100 \qquad \cdots\cdots(1)$$

式中：

ΔT——试样可见光透射比相对变化率，单位为百分数(%)；

T_1——紫外线照射前试样可见光透射比；

T_2——紫外线照射后试样可见光透射比。

7.9 抗冲击性能

取十二块试样进行试验，其中六块为备样。按 GB 15763.2—2005 中 6.5 规定的方法进行检验。当复合防火玻璃为不对称结构时，取较薄的一面为冲击面。

7.10 碎片状态

取四块样品进行试验，样品尺寸为 1 100 mm×360 mm。按 GB 15763.2—2005 中 6.6 规定的方法进行试验。

8 检验规则

8.1 检验分类

检验分出厂检验和型式检验。

8.1.1 出厂检验

检验项目为尺寸、厚度及偏差、外观质量和弯曲度。

8.1.2 型式检验

检验项目为本部分规定的全部技术要求，有下列情况之一时，应进行型式检验：

a) 新产品或老产品转厂生产的试制定型鉴定。

b) 正式生产后，如结构、材料、工艺有较大改变，可能影响产品性能时。

c) 正常生产满 3 年时。

d) 产品停产半年以上，恢复生产时。

e) 出厂检验结果与上次型式检验有较大差异时。

f) 质量监督部门提出进行型式检验的要求时。

8.2 组批与抽样

8.2.1 防火玻璃的尺寸、厚度偏差、外观质量、弯曲度按表 8 规定进行随机抽样。

表 8 尺寸、厚度偏差、外观质量、弯曲度抽样和判定表　　单位为块

批量范围	抽检数	合格判定数	不合格判定数
2～8	2	0	1
9～15	3	0	1
16～25	5	1	2
26～50	8	2	3
51～90	13	3	4

表 8（续）

单位为块

批量范围	抽检数	合格判定数	不合格判定数
91～150	20	5	6
151～280	32	7	8
281～500	50	10	11

8.2.2 对产品的技术要求，若用制品检验时，根据检测项目所要求的数量从该批产品中随机抽取；组成一批的防火玻璃应为同一材料，同一工艺条件下生产的产品。当该批产品批量大于 500 片时，以每 500 片为一批分批抽取，若用试样进行检验时，应采用与制品相同材料和工艺条件下制备的试样。

8.3 判定规则

8.3.1 进行防火玻璃的尺寸、厚度偏差、外观质量、弯曲度检验时，如不合格品数小于表 8 中的不合格判定数，该项目合格；如不合格品数等于或大于表 8 的不合格判定数，则认为该批产品的该项目不合格。

8.3.2 进行耐火性能、可见光透射比、碎片状态检验时，样品全部满足要求为合格，否则该项目不合格。

8.3.3 进行耐热性能、耐寒性能、耐紫外辐照性能检验时，样品全部满足要求，该项目合格；如二块样品不合格，则该项目不合格；如果有一块样品不合格，可另取三块备用样品重新试验，如仍出现不合格品，则该项目不合格。

8.3.4 进行抗冲击性能检验时，如样品破坏不超过一块，则该项目合格；如三块或三块以上样品破坏，则该项目不合格；如果有二块样品破坏，可另取六块备用样品重新试验，如仍出现样品破坏，则该项目不合格。

8.3.5 全部检验项目中，如有一项不合格，则认为该批产品不合格。

9 标志、产品使用说明书

9.1 标志

9.1.1 产品标志

每块产品的右下角应有不易擦掉的产品标记、企业名称或商标。

9.1.2 包装标志

每个包装箱上应标明箱内包装产品的种类、规格、耐火极限、数量、收货单位、生产企业名称及地址、出厂日期。并标注“小心轻放、防潮、向上”。

9.2 产品使用说明书

产品出厂时应附产品使用说明书，明确产品的使用场所、安装要求、产品主要性能等内容。

10 包装、运输、贮存

10.1 包装

产品应用木箱或其他包装箱包装，玻璃应垂直立放在箱内，每片玻璃应用塑料膜或纸等材料隔开，玻璃与包装箱之间应使用不易引起玻璃划伤等外观缺陷的轻软材料填实。

10.2 运输

运输时不得平放，长度应与车辆运动方向相同，应有防雨措施。

10.3 贮存

产品应垂直存放在干燥的室内。

ICS 81.040
Q 33

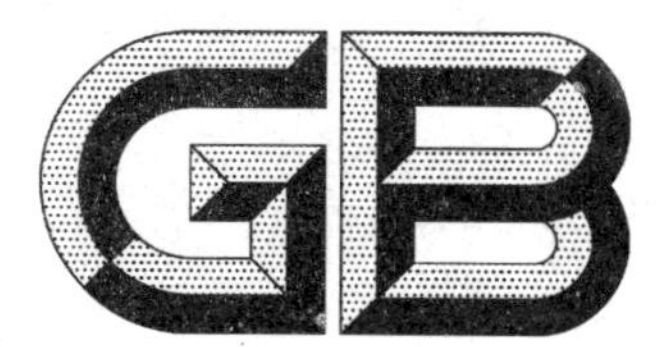

中华人民共和国国家标准

GB 15763.2—2005
代替 GB/T 9963—1998
GB 17841—1999 部分

建筑用安全玻璃　第2部分：钢化玻璃

Safety glazing materials in building—Part 2: Tempered glass

2005-08-30 发布　　　　2006-03-01 实施

中华人民共和国国家质量监督检验检疫总局
中国国家标准化管理委员会　发布

前　言

本部分的 5.5,5.6,5.7 为强制性的,其余为推荐性。

GB 15763《建筑用安全玻璃》目前分为两个部分:

——第一部分:防火玻璃;

——第二部分:钢化玻璃。

本部分为 GB 15763 的第 2 部分。

本部分代替 GB/T 9963—1998《钢化玻璃》和 GB 17841—1999《幕墙用钢化玻璃和半钢化玻璃》中对幕墙用钢化玻璃的有关规定。

本部分与 GB/T 9963—1998 相比主要变化如下:

——修改了碎片试验的方法和要求;

——关于引用文件的规则修订为:区分注日期和不注日期的引用文件(GB/T 9963—1998 的 2,本部分的 2);

——增加了垂直法钢化玻璃和水平法钢化玻璃的分类(本部分的 3);

——纳入了 GB 17841—1999 中对幕墙用钢化玻璃的表面应力和耐热冲击性能要求,修改了表面应力的要求(GB 17841—1999 的 5.4.1,5.4.3,6.4,6.6;本部分的 5.8,5.11,6.8,6.9);

——增加了对玻璃圆孔的尺寸要求(本部分的 5.1.5);

——修改了外观质量的要求;

——删减了透射比和抗风压性能的方法和要求;

——修改了抽样规则;

——增加了对钢化玻璃应力斑和自爆现象的说明(本部分的附录 A)。

本部分的附录 A 为资料性附录。

本部分由中国建筑材料工业协会提出。

本部分由全国建筑用玻璃标准化技术委员会归口。

本部分负责起草单位:中国建筑材料科学研究院玻璃科学研究所、秦皇岛玻璃工业设计研究院、建材工业技术监督研究中心。

本部分参加起草单位:深圳南玻工程玻璃有限公司、广东金刚玻璃科技股份有限公司、宁波市江花新谊安全玻璃有限公司、无锡新惠玻璃制品有限公司。

本部分主要起草人:杨建军、邱国洪、韩松、莫娇、龚蜀一、王睿、刘志付、李金平、朱梅、艾发智、邬德华、庄大建、夏卫文。

本部分所代替标准的历次发布情况为:

GB 9963—1988、GB/T 9963—1998、GB 17841—1999 中有关幕墙用钢化玻璃的部分。

建筑用安全玻璃 第2部分:钢化玻璃

1 范围

GB 15763的本部分规定了经热处理工艺制成的建筑用钢化玻璃的分类、技术要求、试验方法和检验规则。

GB 15763的本部分适用于经热处理工艺制成的建筑用钢化玻璃。对于建筑以外用的(如工业装备、家具等)钢化玻璃,如果没有相应的产品标准,可根据其产品特点参照使用本标准。

2 规范性引用文件

下列文件中的条款通过本部分的引用而成为本部分的条款。凡是注日期的引用文件,其随后所有的修改单(不包括勘误的内容)或修订版均不适用于本标准,然而,鼓励根据本部分达成协议的各方研究是否可使用这些文件的最新版本。凡是不注日期的引用文件,其最新版本适用于本部分。

GB 9962—1999 夹层玻璃

GB 11614 浮法玻璃

GB/T 18144 玻璃应力测试方法

3 定义及分类

3.1 定义

钢化玻璃:经热处理工艺之后的玻璃。其特点是在玻璃表面形成压应力层,机械强度和耐热冲击强度得到提高,并具有特殊的碎片状态。

3.2 分类

3.2.1 钢化玻璃按生产工艺分类,可分为:

垂直法钢化玻璃:在钢化过程中采取夹钳吊挂的方式生产出来的钢化玻璃。

水平法钢化玻璃:在钢化过程中采取水平辊支撑的方式生产出来的钢化玻璃。

3.2.2 钢化玻璃按形状分类,分为平面钢化玻璃和曲面钢化玻璃。

4 钢化玻璃所使用的玻璃

生产钢化玻璃所使用的玻璃,其质量应符合相应的产品标准的要求。对于有特殊要求的,用于生产钢化玻璃的玻璃,玻璃的质量由供需双方确定。

5 要求

钢化玻璃的各项性能及其试验方法应符合表1相应条款的规定。其中安全性能要求为强制性要求。

表1 技术要求及试验方法条款

名称		技术要求	试验方法
尺寸及外观要求	尺寸及其允许偏差	5.1	6.1
	厚度及其允许偏差	5.2	6.2
	外观质量	5.3	6.3
	弯曲度	5.4	6.4

表 1(续)

名　称		技术要求	试验方法
安全性能要求	抗冲击性	5.5	6.5
	碎片状态	5.6	6.6
	霰弹袋冲击性能	5.7	6.7
一般性能要求	表面应力	5.8	6.8
	耐热冲击性能	5.9	6.9

5.1　尺寸及其允许偏差

5.1.1　长方形平面钢化玻璃边长允许偏差

长方形平面钢化玻璃边长的允许偏差应符合表 2 的规定。

表 2　长方形平面钢化玻璃边长允许偏差　　单位为毫米

厚　度	边长(*L*)允许偏差			
	L≤1 000	1 000＜*L*≤2 000	2 000＜*L*≤3 000	*L*＞3 000
3、4、5、6	+1 −2	±3	±4	±5
8、10、12	+2 −3			
15	±4	±4		
19	±5	±5	±6	±7
＞19	供需双方商定			

5.1.2　长方形平面钢化玻璃的对角线差

长方形平面钢化玻璃的对角线差应符合表 3 的规定。

表 3　长方形平面钢化玻璃对角线差允许值　　单位为毫米

玻璃公称厚度	对角线差允许值		
	边长≤2 000	2 000＜边长≤3 000	边长＞3 000
3、4、5、6	±3.0	±4.0	±5.0
8、10、12	±4.0	±5.0	±6.0
15、19	±5.0	±6.0	±7.0
＞19	供需双方商定		

5.1.3　其他形状的钢化玻璃的尺寸及其允许偏差

由供需双方商定。

5.1.4　边部加工

边部加工形状及质量由供需双方商定。

5.1.5　圆孔

5.1.5.1　概述

本条只适用于公称厚度不小于 4 mm 的钢化玻璃。圆孔的边部加工质量由供需双方商定。

5.1.5.2　孔径

孔径一般不小于玻璃的公称厚度，孔径的允许偏差应符合表 4 的规定。小于玻璃的公称厚度的孔的孔径允许偏差由供需双方商定。

表 4 孔径及其允许偏差

单位为毫米

公称孔径(D)	允许偏差
4≤D≤50	±1.0
50<D≤100	±2.0
D>100	供需双方商定

5.1.5.3 孔的位置

1) 孔的边部距玻璃边部的距离 a 不应小于玻璃公称厚度的 2 倍。如图 1 所示。

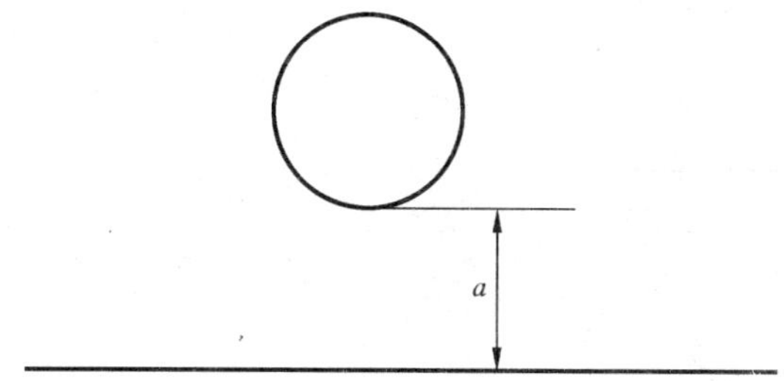

图 1 孔的边部距玻璃边部的距离示意图

2) 两孔孔边之间的距离 b 不应小于玻璃公称厚度的 2 倍。如图 2 所示。

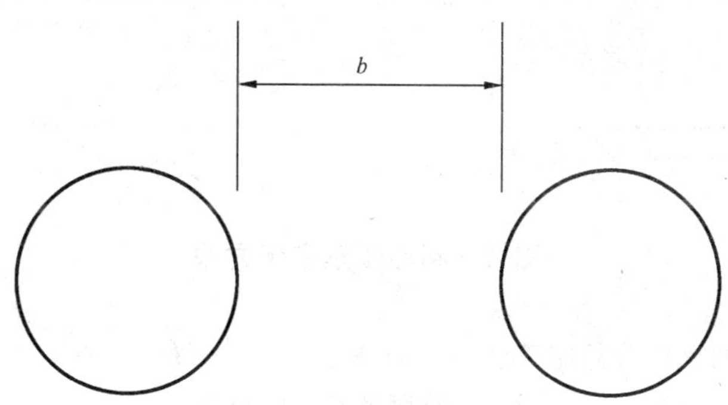

图 2 两孔孔边之间的距离示意图

3) 孔的边部距玻璃角部的距离 c 不应小于玻璃公称厚度 d 的 6 倍。如图 3 所示。

注：如果孔的边部距玻璃角部的距离小于 35 mm，那么这个孔不应处在相对于角部对称的位置上。具体位置由供需双方商定。

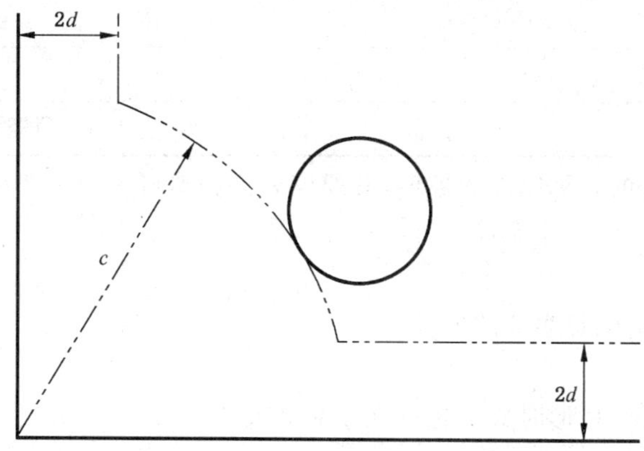

图 3 孔的边部距玻璃角部的距离示意图

4） 圆心位置表示方法及其允许偏差

圆孔圆心的位置的表达方法可参照图4进行。如图4建立坐标系，用圆心的位置坐标（x，y）表达圆心的位置。

圆孔圆心的位置 x、y 的允许偏差与玻璃的边长允许偏差相同（见表2）。

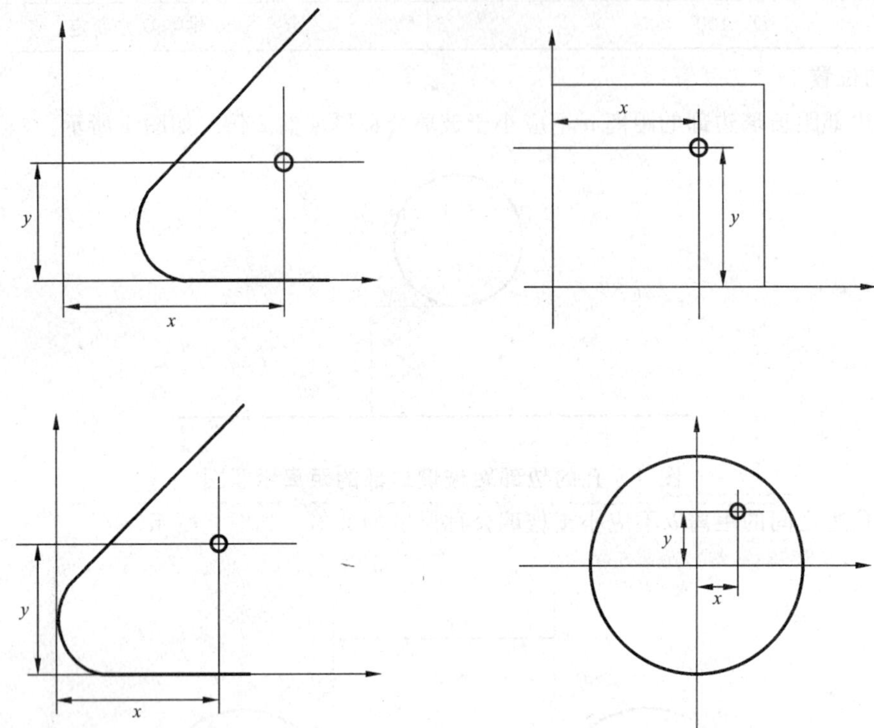

图4 圆心位置表示方法

5.2 厚度及其允许偏差

5.2.1 钢化玻璃的厚度的允许偏差应符合表5的规定。

表5 厚度及其允许偏差

单位为毫米

公称厚度	厚度允许偏差
3、4、5、6	±0.2
8、10	±0.3
12	±0.4
15	±0.6
19	±1.0
>19	供需双方商定

5.2.2 对于表5未作规定的公称厚度的玻璃，其厚度允许偏差可采用表5中与其邻近的较薄厚度的玻璃的规定，或由供需双方商定。

5.3 外观质量

钢化玻璃的外观质量应满足表6的要求。

5.4 弯曲度

平面钢化玻璃的弯曲度，弓形时应不超过0.3%，波形时应不超过0.2%。

5.5 抗冲击性

取6块钢化玻璃进行试验，试样破坏数不超过1块为合格，多于或等于3块为不合格。

破坏数为 2 块时，再另取 6 块进行试验，试样必须全部不被破坏为合格。

表 6　钢化玻璃的外观质量

缺陷名称	说　　明	允许缺陷数
爆边	每片玻璃每米边长上允许有长度不超过 10 mm，自玻璃边部向玻璃板表面延伸深度不超过 2 mm，自板面向玻璃厚度延伸深度不超过厚度 1/3 的爆边个数	1 处
划伤	宽度在 0.1 mm 以下的轻微划伤，每平方米面积内允许存在条数	长度≤100 mm 时 4 条
	宽度大于 0.1 mm 的划伤，每平方米面积内允许存在条数	宽度 0.1 mm～1 mm， 长度≤100 mm 时 4 条
夹钳印	夹钳印与玻璃边缘的距离≤20 mm，边部变形量≤2 mm(见图 5)	
裂纹、缺角	不允许存在	

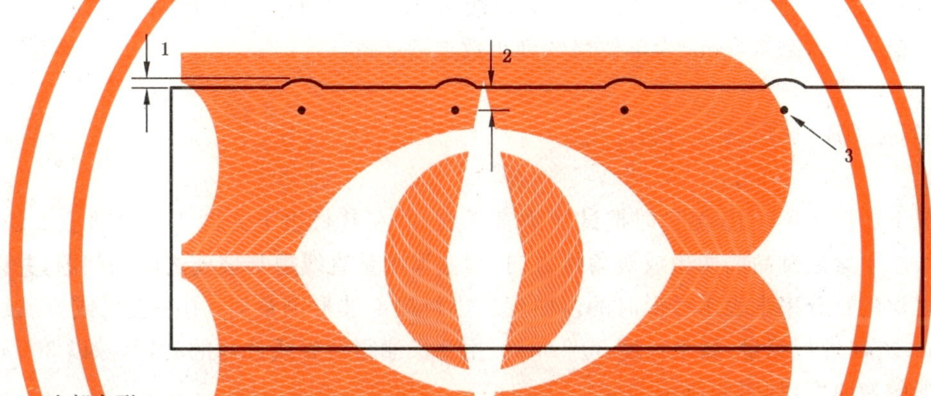

1——边部变形；

2——夹钳印与玻璃边缘的距离；

3——夹钳印。

图 5　夹钳印示意图

5.6　碎片状态

取 4 块玻璃试样进行试验，每块试样在任何 50 mm×50 mm 区域内的最少碎片数必须满足表 7 的要求。且允许有少量长条形碎片，其长度不超过 75 mm。

表 7　最少允许碎片数

玻璃品种	公称厚度/mm	最少碎片数/片
平面钢化玻璃	3	30
	4～12	40
	≥15	30
曲面钢化玻璃	≥4	30

5.7　霰弹袋冲击性能

取 4 块平型玻璃试样进行试验，应符合下列 1)或 2)中任意一条的规定。

1)　玻璃破碎时，每块试样的最大 10 块碎片质量的总和不得超过相当于试样 65 cm^2 面积的质量，保留在框内的任何无贯穿裂纹的玻璃碎片的长度不能超过 120 mm。

2)　霰弹袋下落高度为 1 200 mm 时，试样不破坏。

5.8 表面应力

钢化玻璃的表面应力不应小于 90 MPa。

以制品为试样，取 3 块试样进行试验，当全部符合规定为合格，2 块试样不符合则为不合格，当 2 块试样符合时，再追加 3 块试样，如果 3 块全部符合规定则为合格。

5.9 耐热冲击性能

钢化玻璃应耐 200℃温差不破坏。

取 4 块试样进行试验，当 4 块试样全部符合规定时认为该项性能合格。当有 2 块以上不符合时，则认为不合格。当有 1 块不符合时，重新追加 1 块试样，如果它符合规定，则认为该项性能合格。当有 2 块不符合时，则重新追加 4 块试样，全部符合规定时则为合格。

6 试验方法

6.1 尺寸检验

尺寸用最小刻度为 1 mm 的钢直尺或钢卷尺测量。

6.2 厚度检验

使用外径千分尺或与此同等精度的器具，在距玻璃板边 15 mm 内的四边中点测量。测量结果的算术平均值即为厚度值。并以毫米(mm)为单位修约到小数点后 2 位。

6.3 外观检验

以制品为试样，按 GB 11614 方法进行。

6.4 弯曲度测量

将试样在室温下放置 4 h 以上，测量时把试样垂直立放，并在其长边下方的 1/4 处垫上 2 块垫块。用一直尺或金属线水平紧贴制品的两边或对角线方向，用塞尺测量直线边与玻璃之间的间隙，并以弧的高度与弦的长度之比的百分率来表示弓形时的弯曲度。进行局部波形测量时，用一直尺或金属线沿平行玻璃边缘 25 mm 方向进行测量，测量长度 300 mm。用塞尺测得波谷或波峰的高，并除以 300 mm 后的百分率表示波形的弯曲度，如图 6 所示。

6.5 抗冲击性试验

6.5.1 试样为与制品同厚度、同种类的，且与制品在同一工艺条件下制造的尺寸为 610 mm(－0 mm，＋5 mm)×610 mm(－0 mm，＋5 mm)的平面钢化玻璃。

6.5.2 试验装置应符合 GB 9962—1999 附录 A 的规定。使冲击面保持水平。试验曲面钢化玻璃时，需要使用相应的辅助框架支承。

6.5.3 使用直径为 63.5 mm(质量约 1 040 g)表面光滑的钢球放在距离试样表面 1 000 mm 的高度，使其自由落下。冲击点应在距试样中心 25 mm 的范围内。

对每块试样的冲击仅限 1 次，以观察其是否破坏。试验在常温下进行。

6.6 碎片状态试验

6.6.1 以制品为试样。

6.6.2 试验设备

可保留碎片图案的任何装置。

6.6.3 试验步骤

6.6.3.1 将钢化玻璃试样自由平放在试验台上，并用透明胶带纸或其他方式约束玻璃周边，以防止玻璃碎片溅开。

6.6.3.2 在试样的最长边中心线上距离周边 20 mm 左右的位置，用尖端曲率半径为 0.2 mm ±0.05 mm的小锤或冲头进行冲击，使试样破碎。

6.6.3.3 保留碎片图案的措施应在冲击后 10 s 后开始并且在冲击后 3 min 内结束。

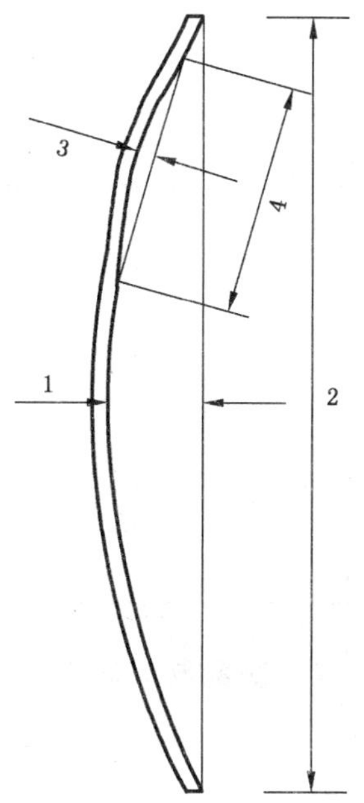

1——弓形变形；

2——玻璃边长或对角线长；

3——波形变形；

4——300 mm。

图 6　弓形和波形弯曲度示意图

6.6.3.4　碎片计数时，应除去距离冲击点半径 80 mm 以及距玻璃边缘或钻孔边缘 25 mm 范围内的部分。从图案中选择碎片最大的部分，在这部分中用 50 mm×50 mm 的计数框计算框内的碎片数，每个碎片内不能有贯穿的裂纹存在，横跨计数框边缘的碎片按 1/2 个碎片计算。

6.7　霰弹袋冲击性能试验

6.7.1　试样

试样为与制品相同厚度、且与制品在同一工艺条件下制造的尺寸为 1 930 mm(－0 mm，＋5 mm)×864 mm(－0 mm，＋5 mm)的长方形平面钢化玻璃。

6.7.2　试验装置

试验装置应符合 GB 9962—1999 附录 B 的规定。

6.7.3　试验步骤

6.7.3.1　用直径 3 mm 的挠性钢丝绳把冲击体吊起，使冲击体横截面最大直径部分的外周距离试样表面小于 13 mm，距离试样的中心在 50 mm 以内。

6.7.3.2　使冲击体最大直径的中心位置保持在 300 mm 的下落高度，自由摆动落下，冲击试样中心点附近 1 次。若试样没有破坏，升高至 750 mm，在同一试样的中心点附近再冲击 1 次。

6.7.3.3　试样仍未破坏时，再升高至 1 200 mm 的高度，在同一块试样中心点附近冲击一次。

6.7.3.4　下落高度为 300 mm，750 mm 或 1 200 mm 试样破坏时，在破坏后 5 min 之内，从玻璃碎片中选出最大的 10 块，称其质量。并测量保留在框内最长的无贯穿裂纹的玻璃碎片的长度。

6.8　表面应力测量

6.8.1　试样

以制品为试样，按 GB/T 18144 规定的方法进行。

6.8.2　测量点的规定

如图 7 所示，在距长边 100 mm 的距离上，引平行于长边的 2 条平行线，并与对角线相交于 4 点，这

4点以及制品的几何中心点即为测量点。

单位为毫米

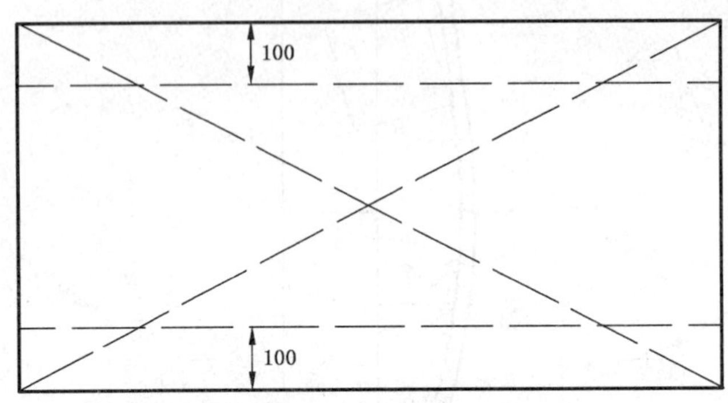

图7 测量点示意图

单位为毫米

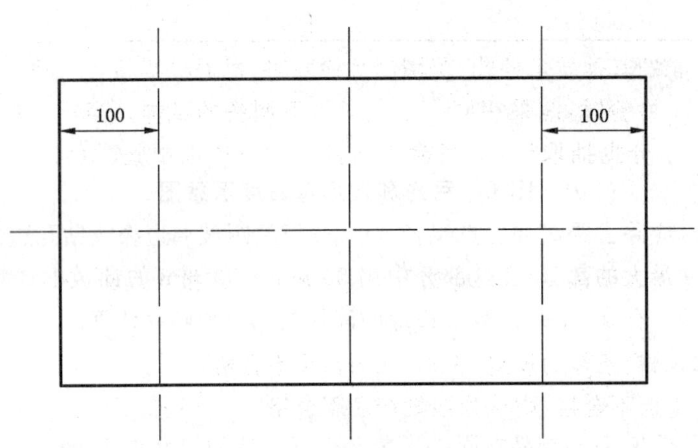

图8 测量点示意图

若制品短边长度不足300 mm时,见图8,则在距短边100 mm的距离上引平行于短边的两条平行线与中心线相交于2点,这两点以及制品的几何中心点即为测量点。

不规则形状的制品,其应力测量点由供需双方商定。

6.8.3 测量结果

测量结果为各测量点的测量值的算术平均值。

6.9 耐热冲击性能

将300 mm×300 mm的钢化玻璃试样置于200℃±2℃的烘箱中,保温4 h以上,取出后立即将试样垂直浸入0℃的冰水混合物中,应保证试样高度的1/3以上能浸入水中,5 min后观察玻璃是否破坏。

玻璃表面和边部的鱼鳞状剥离不应视作破坏。

7 检验规则

7.1 检验项目

检验分为出厂检验和型式检验。

7.1.1 型式检验

技术要求中的安全性能要求为必检项目,其余要求由供需双方商定。

7.1.2 出厂检验

厚度及其偏差、外观质量、尺寸及其偏差、弯曲度。其他检验项目由供需双方商定。

7.2 组批抽样方法

7.2.1 产品的尺寸和偏差、外观质量、弯曲度按表8规定进行随机抽样。

表8 抽样表

单位为片

批量范围	样本大小	合格判定数	不合格判定数
1～8	2	1	2
9～15	3	1	2
16～25	5	1	2
26～50	8	2	3
51～90	13	3	4
91～150	20	5	6
151～280	32	7	8
281～500	50	10	11
501～1 000	80	14	15

7.2.2 对于产品所要求的其他技术性能，若用制品检验时，根据检测项目所要求的数量从该批产品中随机抽取；若用试样进行检验时，应采用同一工艺条件下制备的试样。当该批产品批量大于1 000块时，以每1 000块为1批分批抽取试样，当检验项目为非破坏性试验时可用它继续进行其他项目的检测。

7.3 判定规则

若不合格品数等于或大于表8的不合格判定数，则认为该批产品外观质量、尺寸偏差、弯曲度不合格。

其他性能也应符合相应条款的规定，否则，认为该项不合格。

若上述各项中，有1项不合格，则认为该批产品不合格。

8 标志、包装、运输、贮存

8.1 包装

玻璃的包装宜采用木箱或集装箱(架)包装，箱(架)应便于装卸、运输。每箱(架)宜装同一厚度、尺寸的玻璃。玻璃与玻璃之间、玻璃与箱(架)之间应采取防护措施，防止玻璃的破损和玻璃表面的划伤。

8.2 包装标志

包装标志应符合国家有关标准的规定，每个包装箱应标明“朝上、轻搬正放、小心破碎、防雨怕湿”等标志或字样。

8.3 运输

运输时，玻璃应固定牢固，防止滑动、倾倒，应有防雨措施。

8.4 贮存

产品应贮存在不结露或有防雨设施的地方。

附　录　A
（资料性附录）
钢化玻璃的相关说明

A.1　钢化玻璃的应力斑

玻璃经过钢化处理后，由于钢化过程中加热和冷却的不均匀，在玻璃板面上会产生不同的应力分布。由光弹理论可以知道，玻璃中应力的存在会引起光线的双折射现象。光线的双折射现象通过偏振光可以观察。

把钢化玻璃放在偏振光下，可以观察在玻璃板面上不同区域的颜色和明暗变化，这就是人们一般所说的钢化玻璃的应力斑。

在日光中就存在着一定成分的偏振光，偏振光的强度受天气和阳光的入射角影响。

通过偏振光眼镜或以与玻璃的垂直方向成较大的角度去观察钢化玻璃，钢化玻璃的应力斑会更加明显。

A.2　钢化玻璃的自爆

由于玻璃中存在着微小的硫化镍结石，在热处理后一部分结石随着时间会发生晶态变化，体积增大，在玻璃内部引发微裂纹，从而可能导致钢化玻璃自爆。

常见的减少这种自爆的方法有三种：

1）　使用含较少硫化镍结石的原片，即使用优质原片；

2）　避免玻璃钢化应力过大；

3）　对钢化玻璃进行二次热处理，通常称为引爆或均质处理。进行二次热处理时，一般分为 3 个阶段：升温、保温和降温过程。升温阶段为玻璃的表面温度从室温升至 280℃的过程；保温阶段为所有玻璃的表面温度均达到 290℃±10℃，且至少保持 2 h 这一过程；降温阶段从玻璃完成保温阶段后开始降至室温 75℃时的过程；整个二次热处理过程应避免炉膛温度超过 320℃，玻璃表面温度超过 300℃，否则玻璃的钢化应力会由于过热而松弛，从而影响其安全性。

ICS 81.040
Q 33

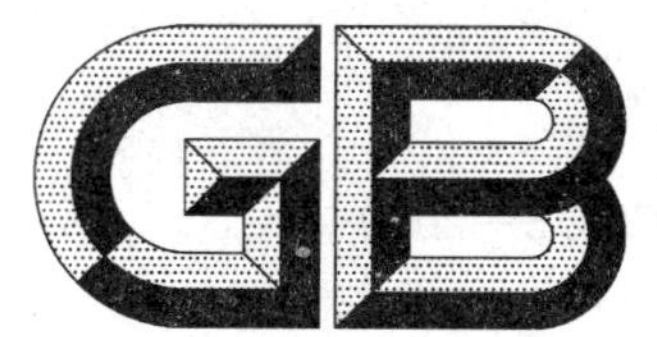

中华人民共和国国家标准

GB 15763.3—2009
代替 GB 9962—1999

建筑用安全玻璃
第3部分：夹层玻璃

**Safety glazing materials in building—
Part 3: Laminated glass**

2009-03-25 发布　　2010-03-01 实施

中华人民共和国国家质量监督检验检疫总局
中国国家标准化管理委员会　发布

前言

本部分6.7～6.11为强制性条款，其余为推荐性条款。

GB 15763《建筑用安全玻璃》目前分为4个部分：

——第1部分：防火玻璃；

——第2部分：钢化玻璃；

——第3部分：夹层玻璃；

——第4部分：均质钢化玻璃。

本部分为GB 15763的第3部分。

本部分与EN ISO 12543-1：1998《夹层玻璃和夹层安全玻璃——第1部分　部件的定义和描述》、EN ISO 12543-2：2006《夹层玻璃和夹层安全玻璃——第2部分　夹层安全玻璃》、EN ISO 12543-3：1998《夹层玻璃和夹层安全玻璃——第3部分　夹层玻璃》、EN ISO 12543-4：1998《夹层玻璃和夹层安全玻璃——第4部分　耐久性测试方法》、EN ISO 12543-5：1998《夹层玻璃和夹层安全玻璃——第5部分　尺寸和边部处理》、EN ISO 12543-6：1998《夹层玻璃和夹层安全玻璃——第6部分　外观》；BS EN 12600：2002《建筑玻璃——摆锤试验——平板玻璃冲击试验方法和分级》的一致性程度为非等效；并参考了AS/NZS 2208：1996/Amdt 1：1999《建筑用安全玻璃材料》、ANSI 97.1：2004《建筑用安全玻璃材料——安全玻璃性能规范和试验方法》等标准。

本部分代替GB 9962—1999《夹层玻璃》。本部分与GB 9962—1999《夹层玻璃》相比主要变化如下：

——修改了夹层玻璃定义(本部分3.5)；增加了安全夹层玻璃定义(本部分3.6)；

——修改了外观质量要求和尺寸允许偏差要求(本部分6.1和6.2)；

——修改了耐辐照性能技术指标(本部分6.9)；

——修改了霰弹袋冲击性能要求及试验方法(本部分6.11和7.12)；

——修改了耐热性试验性能试验方法(本部分7.8)；

——增加了建筑用安全玻璃使用建议(本部分附录A)和霰弹袋冲击分级试验框架校准(本部分附录E)。

本部分的附录B、附录C和附录D为规范性附录，附录A和附录E为资料性附录。

本部分由中国建筑材料联合会提出。

本部分由全国建筑用玻璃标准化技术委员会归口。

本部分主要起草单位：中国建筑材料科学研究总院、中国建筑材料检验认证中心、秦皇岛玻璃工业研究设计院。

本部分参加起草单位：信义玻璃控股有限公司、无锡市新惠玻璃制品有限责任公司、北京物华天宝安全玻璃有限公司、中国南玻集团股份有限公司、成都通达工艺玻璃有限公司、江苏秀强玻璃工艺有限公司、上海耀华皮尔金顿玻璃股份有限公司、广东金刚特种玻璃有限公司。

本部分主要起草人：秦海霞、臧曙光、王文彪、王乐、杨建军、徐锦伟、曾晓、刘海波、廖昌荣、周健、潘伟、吴从真、张坚华。

本部分所替代标准的历次版本发布情况为：

——GB 9962—1988、GB 9962—1999。

建筑用安全玻璃
第3部分:夹层玻璃

1 范围

GB 15763 的本部分规定了建筑用夹层玻璃的术语和定义、分类、材料、要求、试验方法和检验规则等。

本部分适用于建筑用夹层玻璃。

2 规范性引用文件

下列文件中的条款通过 GB 15763 的本部分的引用而成为本部分的条款。凡是注日期的引用文件,其随后所有的修改单(不包括勘误的内容)或修订版均不适用于本部分,然而,鼓励根据本部分达成协议的各方研究是否可使用这些文件的最新版本。凡是不注日期的引用文件,其最新版本适用于本部分。

GB/T 308 滚动轴承 钢球

GB/T 531 硫化橡胶邵尔A硬度试验方法

GB/T 1216 外径千分尺

GB/T 5137.2—2002 汽车安全玻璃试验方法 第2部分:光学性能试验

GB/T 5137.3—2002 汽车安全玻璃试验方法 第3部分:耐辐照、高温、潮湿、燃烧和耐模拟气候试验

GB/T 9056 金属直尺

GB 15763.2—2005 建筑用安全玻璃 第2部分:钢化玻璃

JC/T 511 压花玻璃

JC/T 512 汽车安全玻璃包装

JC/T 677 建筑用玻璃均布静载荷模拟风压试验方法

3 术语和定义

下列术语和定义适用于本标准。

3.1

中间层 interlayer

介于两层玻璃和/或塑料等材料之间起分隔和粘结作用的材料,使夹层玻璃具有诸如抗冲击、阳光控制、隔音等性能。

3.2

离子性中间层 ionoplast interlayer

含有少量金属盐,以乙烯-甲基丙烯酸共聚物为主,可与玻璃牢固地粘结的中间层材料。

3.3

PVB 中间层 PVB interlayer

以聚乙烯醇缩丁醛为主的中间层材料。

3.4

EVA 中间层 EVA interlayer

以乙烯-聚醋酸乙烯共聚物为主的中间层材料。

3.5

夹层玻璃　laminated glass

是玻璃与玻璃和/或塑料等材料，用中间层分隔并通过处理使其粘结为一体的复合材料的统称。常见和大多使用的是玻璃与玻璃，用中间层分隔并通过处理使其粘结为一体的玻璃构件。

3.6

安全夹层玻璃　laminated safety glass

在破碎时，中间层能够限制其开口尺寸并提供残余阻力以减少割伤或扎伤危险的夹层玻璃。

3.7

对称夹层玻璃　symmetrical laminated glass

从两个外表面起依次向内，玻璃和/或塑料及中间层等材料在种类、厚度和/或一般特性等均相同的夹层玻璃。

3.8

不对称夹层玻璃　asymmetrical laminated glass

从两个外表面起依次向内，玻璃和/或塑料及中间层等材料在种类、厚度和/或一般特性等不相同的夹层玻璃。

3.9

Ⅰ类夹层玻璃　laminated glass of class Ⅰ

对霰弹袋冲击性能不做要求的夹层玻璃。该类玻璃不能作为安全玻璃使用。

3.10

Ⅱ-1 类夹层玻璃　laminated glass of class Ⅱ-1

霰弹袋冲击高度可达 1 200 mm，冲击结果符合 6.11 规定的安全夹层玻璃。

3.11

Ⅱ-2 类夹层玻璃　laminated glass of class Ⅱ-2

霰弹袋冲击高度可达 750 mm，冲击结果符合 6.11 规定的安全夹层玻璃。

3.12

Ⅲ类夹层玻璃　laminated glass of class Ⅲ

霰弹袋冲击高度可达 300 mm，冲击结果符合 6.11 规定的安全夹层玻璃。

3.13

周边区　edge area

夹层玻璃面积≤5 m^2 时距离边部宽度 15 mm；面积＞5 m^2 时距离边部宽度 20 mm 的区域。

3.14

可视区　vision area

周边区以外的区域。

3.15

裂口　vents

从玻璃边部向中间延伸的尖锐线状裂缝或裂纹。

3.16

皱痕　creases

由中间层折叠引起的夹层后可见的光学变形。

3.17

条纹　streaks due to interlayer inhomogeneity

由于中间层材料制造过程的不均匀缺陷引起的，夹层后可见的光学变形。

3.18

脱胶 delamination

脱胶是指玻璃或塑料与中间层不粘结或产生肉眼可见的分离。

3.19

点缺陷 spot defects

该类缺陷包括不透明斑点、气泡和点装异物。

3.20

线缺陷 linear defects

该类缺陷包括线形异物、划伤或擦伤。

4 分类

4.1 按形状分为：

a) 平面夹层玻璃；

b) 曲面夹层玻璃。

4.2 按霰弹袋冲击性能分为：

a) Ⅰ类夹层玻璃；

b) Ⅱ-1 类夹层玻璃；

c) Ⅱ-2 类夹层玻璃；

d) Ⅲ类夹层玻璃。

5 材料

夹层玻璃由玻璃、塑料以及中间层材料组合构成。所采用的材料均应满足相应的国家标准、行业标准、相关技术条件或订货文件要求。

5.1 玻璃

可选用：浮法玻璃、普通平板玻璃、压花玻璃、抛光夹丝玻璃、夹丝压花玻璃等。

可以是：无色的、本体着色的或镀膜的；透明的、半透明的或不透明的；退火的、热增强的或钢化的；表面处理的，如喷砂或酸腐蚀的等。

5.2 塑料

可选用：聚碳酸酯、聚氨酯和聚丙烯酸酯等。

可以是：无色的、着色的、镀膜的；透明的或半透明的。

5.3 中间层

可选用：材料种类和成分、力学和光学性能等不同的材料，如离子性中间层、PVB 中间层、EVA 中间层等。

可以是：无色的或有色的；透明的、半透明的或不透明的。

6 要求

夹层玻璃的性能要求及其试验方法规则判定、应符合表 1 中相应条款的规定，对曲面夹层玻璃和特殊要求的安全夹层玻璃，其尺寸及外观要求、一般性能要求、试验方法及判定规则可由供需双方商定。

表 1 安全夹层玻璃的性能技术要求及试验方法

名称		要求	试验方法	判定规则
尺寸及外观要求	外观质量	6.1	7.2	8.3.1
	尺寸和允许偏差	6.2	7.3	
	弯曲度	6.3	7.4	
一般性能要求	可见光透射比	6.4	7.5	8.3.2
	可见光反射比	6.5	7.6	
	抗风压性能	6.6	7.7	
安全性能要求	耐热性	6.7	7.8	8.3.4
	耐湿性	6.8	7.9	
	耐辐照性	6.9	7.10	
	落球冲击剥离性能	6.10	7.11	8.3.5
	霰弹袋冲击性能	6.11	7.12	8.3.6

6.1 外观质量

按 7.2 进行检验。

6.1.1 可视区缺陷

6.1.1.1 可视区点状缺陷

可视区的点状缺陷数应满足表 2 的规定。

表 2 可视区允许点状缺陷数

缺陷尺寸(λ)/mm		0.5<λ≤1.0	1.0<λ≤3.0			
玻璃面积(S)/m²		S 不限	S≤1	1<S≤2	2<S≤8	8<S
允许缺陷数/个	玻璃层数 2	不得密集存在	1	2	1.0 m²	1.2 m²
	3		2	3	1.5 m²	1.8 m²
	4		3	4	2.0 m²	2.4 m²
	≥5		4	5	2.5 m²	3.0 m²

注 1：不大于 0.5 mm 的缺陷不考虑，不允许出现大于 3 mm 的缺陷。

注 2：当出现下列情况之一时，视为密集存在：

a) 两层玻璃时，出现 4 个或 4 个以上，且彼此相距<200 mm 缺陷；

b) 三层玻璃时，出现 4 个或 4 个以上的缺陷，且彼此相距<180 mm；

c) 四层玻璃时，出现 4 个或 4 个以上的缺陷，且彼此相距<150 mm；

d) 五层以上玻璃时，出现 4 个或 4 个以上的缺陷，且彼此相距<100 mm。

注 3：单层中间层单层厚度大于 2 mm 时，上表允许缺陷数总数增加 1。

6.1.1.2 可视区线状缺陷

可视区的线状缺陷数应满足表 3 的规定。

表 3 可视区允许的线状缺陷数

缺陷尺寸(长度 L，宽度 B)/mm	L≤30 且 B≤0.2	L>30 或 B>0.2		
玻璃面积(S)/m²	S 不限	S≤5	5<S≤8	8<S
允许缺陷数/个	允许存在	不允许	1	2

6.1.2 **周边区缺陷**

使用时装有边框的夹层玻璃周边区域，允许直径不超过 5 mm 的点状缺陷存在；如点状缺陷是气泡，气泡面积之和不应超过边缘区面积的 5%。

使用时不带边框夹层玻璃的周边区缺陷，由供需双方商定。

6.1.3 **裂口**

不允许存在。

6.1.4 **爆边**

长度或宽度不得超过玻璃的厚度。

6.1.5 **脱胶**

不允许存在。

6.1.6 **皱痕和条纹**

不允许存在。

6.2 **尺寸允许偏差**

6.2.1 **长度和宽度允许偏差**

夹层玻璃最终产品的长度和宽度允许偏差应符合表 4 的规定。

表 4 长度和宽度允许偏差

单位为毫米

公称尺寸（边长 L）	公称厚度≤8	公称厚度>8	
		每块玻璃公称厚度<10	至少一块玻璃公称厚度≥10
$L \leqslant 1\ 100$	+2.0 −2.0	+2.5 −2.0	+3.5 −2.5
$1\ 100 < L \leqslant 1\ 500$	+3.0 −2.0	+3.5 −2.0	+4.5 −3.0
$1\ 500 < L \leqslant 2\ 000$	+3.0 −2.0	+3.5 −2.0	+5.0 −3.5
$2\ 000 < L \leqslant 2\ 500$	+4.5 −2.5	+5.0 −3.0	+6.0 −4.0
$L > 2\ 500$	+5.0 −3.0	+5.5 −3.5	+6.5 −4.5

6.2.2 **叠差**

叠差如图 1 所示，夹层玻璃的最大允许叠差见表 5。

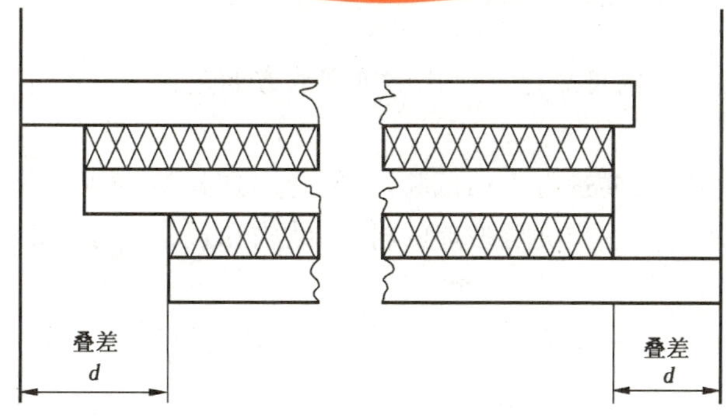

图 1 叠差

表 5 夹层玻璃的最大允许叠差 单位为毫米

长度或宽度 L	最大允许叠差
$L \leqslant 1\ 000$	2.0
$1\ 000 < L \leqslant 2\ 000$	3.0
$2\ 000 < L \leqslant 4\ 000$	4.0
$L > 4\ 000$	6.0

6.2.3 厚度

对于三层原片以上(含三层)制品、原片材料总厚度超过 24 mm 及使用钢化玻璃作为原片时，其厚度允许偏差由供需双方商定。

6.2.3.1 干法夹层玻璃厚度偏差

干法夹层玻璃的厚度偏差，不能超过构成夹层玻璃的原片厚度允许偏差和中间层材料厚度允许偏差总和。中间层的总厚度<2 mm 时，不考虑中间层的厚度偏差；中间层总厚度≥2 mm 时，其厚度允许偏差为±0.2 mm。

6.2.3.2 湿法夹层玻璃厚度偏差

湿法夹层玻璃的厚度偏差，不能超过构成夹层玻璃的原片厚度允许偏差和中间层材料厚度允许偏差总和。湿法中间层厚度允许偏差应符合表 6 的规定。

表 6 湿法夹层玻璃中间层厚度允许偏差 单位为毫米

湿法中间层厚度 d	允许偏差 δ
$d < 1$	±0.4
$1 \leqslant d < 2$	±0.5
$2 \leqslant d < 3$	±0.6
$d \geqslant 3$	±0.7

6.2.4 对角线差

矩形夹层玻璃制品，长边长度不大于 2 400 mm 时，对角线差不得大于 4 mm；长边长度大于 2 400 mm时，对角线差由供需双方商定。

6.3 弯曲度

按 7.5 进行检验，平面夹层玻璃的弯曲度，弓形时应不超过 0.3%，波形时应不超过 0.2%。原片材料使用有非无机玻璃时，弯曲度由供需双方商定。

6.4 可见光透射比

按 7.5 进行检验，夹层玻璃的可见光透射比由供需双方商定。

6.5 可见光反射比

按 7.6 进行试验，夹层玻璃的可见光反射比由供需双方商定。

6.6 抗风压性能

应由供需双方商定是否有必要进行本项试验，以便合理选择给定风载条件下适宜的夹层玻璃的材料、结构和规格尺寸等，或验证所选定夹层玻璃的材料、结构和规格尺寸等能否满足设计风压值的要求。

6.7 耐热性

按 7.8 进行检验，试验后允许试样存在裂口，超出边部或裂口 13 mm 部分不能产生气泡或其他缺陷。

6.8 耐湿性

按 7.9 进行检验，试验后试样超出原始边 15 mm、切割边 25 mm、裂口 10 mm 部分不能产生气泡或其他缺陷。

6.9 耐辐照性

按 7.10 进行检验，试验后试样不可产生显著变色、气泡及浑浊现象，且试验前后试样的可见光透射比相对变化率 ΔT 应不大于 3%。

6.10 落球冲击剥离性能

按 7.11 进行检验，试验后中间层不得断裂、不得因碎片剥离而暴露。

6.11 霰弹袋冲击性能

按 7.12 进行检验，在每一冲击高度试验后试样均应未破坏和/或安全破坏。

破坏时试样同时符合下列要求为安全破坏：

a) 破坏时允许出现裂缝或开口，但是不允许出现使直径为 76 mm 的球在 25 N 力作用下通过的裂缝或开口；

b) 冲击后试样出现碎片剥离时，称量冲击后 3 min 内从试样上剥离下的碎片。碎片总质量不得超过相当于 100 cm^2 试样的质量，最大剥离碎片质量应小于 44 cm^2 面积试样的质量。

Ⅱ-1 类夹层玻璃：3 组试样在冲击高度分别为 300 mm、750 mm 和 1 200 mm 时冲击后，全部试样未破坏和/或安全破坏。

Ⅱ-2 类夹层玻璃：2 组试样在冲击高度分别为 300 mm 和 750 mm 时冲击后，试样未破坏和/或安全破坏；但另 1 组试样在冲击高度为 1 200 mm 时，任何试样非安全破坏。

Ⅲ类夹层玻璃：1 组试样在冲击高度为 300 mm 时冲击后，试样未破坏和/或安全破坏，但另 1 组试样在冲击高度为 750 mm 时，任何试样非安全破坏。

Ⅰ类夹层玻璃：对霰弹袋冲击性能不做要求。

分级后的夹层玻璃适用场所建议参见附录 A。

7 试验方法

7.1 试验条件

除特殊规定外，试验均应在下述条件下进行：

a) 温度：20 ℃±5 ℃；

b) 气压：8.60×10^4 Pa～1.06×10^5 Pa；

c) 相对湿度：40%～80%。

7.2 外观质量检验

以制品为试样，在较好的自然光或散射光照背景条件下，试样垂直放置，视线垂直玻璃，在距试样 1 m处进行观察。点状缺陷尺寸和线状缺陷宽度用放大 10 倍、精度 0.1 mm 的读数显微镜测定。线状缺陷的和爆边长度使用符合 GB/T 9050 钢直尺或具有同等以上精度的量具测量。目视检查裂口、脱胶、皱痕和条纹。

7.3 尺寸允许偏差检验

7.3.1 宽度、长度及对角线差测量

使用最小刻度为 1 mm 的钢直尺或钢卷尺测量。

7.3.2 叠差

使用最小刻度为 0.5 mm 的钢直尺沿玻璃周边测量，读取叠差最大值。

7.3.3 厚度测量

使用符合 GB/T 1216 规定的外径千分尺或具有同等以上精度的量具，在玻璃四边中心进行测量，取其平均值，数值修约至小数点后两位。

压花夹层玻璃厚度按 JC/T 511 中的要求进行测量。

7.4 弯曲度检验

将试样在 7.1 试验条件下防置 4 h 以上，按 GB 15763.2—2005 中 6.4 的要求进行测量。

7.5 可见光透射比试验

取三块试样，按 GB/T 5137.2—2002 中第 4 章的要求进行试验。

7.6 可见光反射比试验

取三块试样，按 GB/T 5137.2—2002 中第 9 章的要求进行试验。

7.7 抗风压性能试验

按 JC/T 677 进行试验。

7.8 耐热性试验

7.8.1 试样

试样与制品材料相同、在相同加工工艺下制备，或直接从制品上切取，但至少有一边为制品原边的一部分。

试样状态应与最终产品使用条件一致。如最终产品使用时所有边部是带保护的，试样的所有边部也应带保护。

试样规格应不小于 300 mm×300 mm，数量为三块。

7.8.2 试验装置

试验装置可以采用控温精度不超过±1 ℃电热鼓风烘箱，或能够加热水至沸腾的装置。

7.8.3 试验程序

将三块玻璃试样加热至 $100_{-3}^{\ 0}$ ℃，并保温 2 h，然后将试样冷却至室温。如果试样的两个外表面均为玻璃，也可把试样垂直浸入加热至 $100_{-3}^{\ 0}$ ℃的热水中 2 h，然后将试样从水中取出冷却至室温。为了避免热应力造成试样出现裂纹，可先将试样在 65 ℃±3 ℃的温水中浴热 3 min。

目视检查试验后的样品，记录是否有气泡或其他缺陷。

7.9 耐湿性试验

按 GB/T 5137.3—2002 中第 7 章的要求进行。

7.10 耐辐照试验

7.10.1 试样

试样由两块无色透明平板玻璃和与制品相同的中间层材料，在相同的夹层工艺条件下制成的平型试验片。

试样尺寸为 300 mm×76 mm，数量为三块。

7.10.2 试验装置

试验装置应满足 GB/T 5137.3 的要求。

7.10.3 试验程序

试验应按照 GB/T 5137.3—2002 中 5.4 的要求进行。

7.10.4 试验结果表达

试验前后试样的可见光透射比相对变化率 ΔT 的计算见式(1)：

$$\Delta T = \frac{|T_1 - T_2|}{T_1} \times 100 \qquad \cdots\cdots(1)$$

式中：

ΔT——试样可见光透射比相对变化率，单位为百分数(%)；

T_1——紫外线照射前试样可见光透射比；

T_2——紫外线照射后试样可见光透射比。

7.11 落球冲击剥离试验

7.11.1 试样

与制品相同材料、在相同工艺条件下制备，或直接从制品上切取的 610 mm×610 mm 试验片，数量为 6 块。

7.11.2 试验装置

试验装置包括能使钢球从规定高度自由落下的装置或能使钢球产生相当自由落下的投球装置，以及试样支架。对试样支架的规定见附录 B。

7.11.3 淬火钢球

符合 GB/T 308 规定，质量为 1 040 g±10 g，直径为 63.5 mm；质量为 2 260 g±20 g，直径为82.5 mm。

7.11.4 试验程序

试验前试样应在 7.1 规定的条件下至少放置 4 h。

将试样放在试样支架上，试样的冲击面与钢球的入射方向应垂直，允许偏差在 3°以内。

试样为不对称夹层玻璃时，取较薄的一面为冲击面。曲面夹层玻璃进行试验时需要采用与曲面形状相吻合的辅助框架支撑，冲击面根据使用情况确定。

将质量为 1 040 g 钢球放置于距离试样表面 1 200 mm 高度的位置，自由下落后冲击点应位于以试样几何中心为圆心、半径为 25 mm 的圆内，观察玻璃有一块或一块以上破坏时的状态。

如果玻璃没有破坏，按下落高度 1 200 mm、1 500 mm、1 900 mm、2 400 mm、3 000 mm、3 800 mm、4 800 mm的顺序，依次提升高度冲击，并观察每次冲击后玻璃的破坏状态。

若玻璃仍未破坏，用 2 260 g 钢球按相同程序进行冲击，并观察每次冲击后玻璃的破坏状态。

若玻璃还未破坏，按 GB/T 308 规定选取质量适当增大的钢球，按相同的程序冲击，并观察每次冲击后玻璃的破坏状态。

7.12 霰弹袋冲击性能试验

7.12.1 试样

a) 试样应采用与产品相同材料和工艺条件下制备的平型试验片；曲面夹层玻璃采用相同结构和工艺的平面试验片替代。共需试样 12 块，每 4 块试样为 1 组，分为 3 组，试验中未破坏的样品允许再次使用。

b) 试样规格为：(1 930±2)mm ×(864±2)mm。

c) 如果试样为不对称夹层玻璃且不能确定该结构的产品在使用时的受冲击面时，应分别在两面进行霰弹袋冲击试验，试验样品数量加倍。

7.12.2 试验装置

试验装置包括：一个固定的试验框、一个试验过程中使试样保持在试验框内的夹紧框和一个备有悬挂装置和释放装置的冲击体(见附录 C)，以及测力球装置(见附录 D)。试验框架应具有足够的刚度并固定牢固，具体要求参见附录 E。

7.12.3 试验程序

a) 试验前，试样应在 7.1 试验条件下至少保存 12 h。

b) 试验应从最低冲击高度开始，4 块玻璃为一组，按 300 mm、750 mm 和 1 200 mm 的高度依次进行冲击试验。

c) 在每次冲击试验前，应将冲击体提升至相应的高度并保持冲击体静止。在该冲击高度，冲击体的金属杆中心轴应与冲击体的悬挂绳索成一直线，见附录 C。

d) 在相应的冲击高度，将初速度为零的冲击体释放，使冲击体以摆捶式自由下落垂直冲击试样的中部一次。

e) 结构为不对称夹层玻璃的，有确定的使用冲击面时，对指定的冲击面进行冲击试验；无确定的使用冲击面时，应对两面进行冲击试验，并在测试报告中注明冲击面。

f) 每次冲击后，应对试样状态进行检查。如一组试样中任一片试样不满足 6.11 的要求，该组试验结束；如一组试样均满足 6.11 的要求，可继续下一个高度冲击试验，未破坏的试样可再次使用。

g) 记录并报告该产品试样最大冲击高度和冲击历程；注明中间层材料的种类、产地等内容。

8 检验规则

8.1 检验分类

检验分出厂检验和型式检验。

8.1.1 出厂检验

检验项目为尺寸和偏差、外观质量、弯曲度，其他检验项目由供需双方商定。

8.1.2 型式检验

技术要求中的安全性能要求为必检项目，其余要求由供需双方商定。

有下列情况之一时，应进行型式检验：

a) 新产品或老产品转厂生产的试制定型鉴定；

b) 正式生产后，如结构、材料、工艺有较大改变，可能影响产品性能时；

c) 正常生产时，定期或积累一定产量后，应周期性进行一次检验；

d) 产品长期停产后，恢复生产时；

e) 出厂检验结果与上次型式检验有较大差异时；

f) 国家质量监督机构提出进行型式检验的要求时。

8.2 组批与抽样规则

8.2.1 产品的尺寸允许偏差、外观质量、弯曲度试验按表 7 进行随机抽样。

表 7 抽样规则

批 量 范 围	抽 样 数	合格判定数	不合格判断数
2～8	2	0	1
9～15	3	0	1
16～25	5	1	2
26～50	8	2	3
51～90	13	3	4
91～150	20	5	6
151～280	32	7	8
281～500	50	10	11

8.2.2 对产品所要求的其他技术性能，若用产品检验时，根据检测项目所要求的数量从该批产品中随机抽取。若用试样进行检验时，应采用同一工艺条件下制备的试样。当该批产品批量大于 500 块时，以每 500 块为一批分批抽取试样，当检验项目为非破坏性试验时，试样可继续用于其他项目的检测。

8.3 判定规则

8.3.1 尺寸允许偏差、外观质量、弯曲度

尺寸允许偏差、外观质量、弯曲度三项的不合格品数如大于或等于表 7 的不合格判定数，则认为该批产品外观质量、尺寸偏差和弯曲度不合格。

8.3.2 可见光透射比、可见光反射比

取三块试样进行试验。三块试样全部符合要求时为合格，一块符合时为不合格。当二块试样符合时，追加三块新试样重新进行试验，三块全部符合要求时为合格。

8.3.3 抗风压性能

根据 JC/T 677 规定的抽样规则和试验结果判定方法进行判定。

8.3.4 耐热性、耐湿性、耐辐照性

取三块试样进行试验。三块试样全部符合要求时为合格,一块符合时为不合格。当二块试样符合时,追加三块新试样重新进行试验,三块全部符合要求时为合格。

8.3.5 落球冲击剥离性能

取6块试样进行试验。当5块或5块以上符合时为合格,三块或三块以下符合时为不合格。当四块试样符合时,追加6块新试样重新进行试验,6块全部符合时为合格。

8.3.6 霰弹袋冲击性能

安全夹层玻璃霰弹袋冲击性能达到Ⅲ级或更高级别时,霰弹袋冲击性能为合格。如果1组试样在冲击高度为300 mm时冲击后,任何试样非安全破坏,即认定安全夹层玻璃霰弹袋冲击性能不合格。

8.3.7 批次合格判定

上述各项中,有一项不合格,则认为该批产品不合格。

9 包装、标志、运输、贮存

9.1 包装

产品应用集装箱或木箱包装。每片玻璃应用塑料膜或纸等材料隔开。夹层玻璃与包装箱之间用不易引起玻璃划伤等外观缺陷的软材料填实。具体要求应符合JC/T 512的规定。

9.2 标志

标志应符合JC/T 512的有关规定。每个包装箱外应标明“朝上、小心轻放”等字样和玻璃厚度、种类、厂名或商标。

9.3 运输

产品用各种类型的车辆运输,搬运规则,条件应符合JC/T 512的有关规定。

运输时,夹层玻璃不得平放或斜放,长度方向应与车辆运输方向相同,应有防雨设施。

9.4 贮存

产品应垂直贮存在干燥的室内。

附　录　A
（资料性附录）
建筑用安全玻璃使用建议

A.1　范围

本使用建议的目的在于降低建筑用玻璃制品受到冲击时对人体的划伤、扎伤及飞溅等造成的伤害。建筑用安全玻璃在使用时均应满足相关的设计要求和工程技术规范。本建议不适用于特殊专利玻璃制品和温室用玻璃制品。

A.2　使用场所

A.2.1　关键场所

建筑中人体容易撞击且受到伤害的关键场所包括：

a）门及门周围的区域，尤其是易被误认为是门的一些玻璃墙和玻璃隔断；

b）距地面较近的玻璃区（如落地窗等）；

c）浴室、人行通道及建筑中人体容易撞击的其他场所；

d）设计要求和工程技术规范中对人体安全级别有要求的任何场所。

A.2.2　关键场所的安全建议

人体撞击建筑中的玻璃制品并受到伤害主要是由于没有足够的安全防护造成。为了尽量减少建筑用玻璃制品在冲击时对人体造成的划伤、割伤等，在建筑中使用玻璃制品时应尽可能的采取下列措施：

a）选择安全玻璃制品时，应充分考虑玻璃的种类、结构、厚度、尺寸，尤其是合理选择安全玻璃制品霰弹袋冲击试验的冲击历程和冲击高度级别等；

b）对关键场所的安全玻璃制品采取必要的其他防护；

c）关键场所的安全玻璃制品应有容易识别的标识。

A.2.3　关键场所使用安全玻璃制品的建议（如图 A.1）

A.2.3.1　门

门中的玻璃制品部分或全部距离地面不超过 1 500 mm 时：

a）当玻璃制品短边大于 900 mm 时，所使用的玻璃制品至少为Ⅱ-2 类；

b）当玻璃制品的短边不大于 900 mm 时，所使用的玻璃制品至少为Ⅲ类；

c）当玻璃制品的短边小于或等于 250 mm、最大面积不超过 0.5 m^2 且公称厚度不小于 6 mm 时，可以使用其他玻璃制品。

A.2.3.2　门侧边区域

门侧边区域的部分或全部玻璃制品距离地面不超过 1 500 mm、且距离门边不超过 300 mm 时：

a）当玻璃制品短边大于 900 mm 时，所使用的玻璃制品至少为Ⅱ-2 类；

b）当玻璃制品的短边小于或等于 900 mm 时，所使用的玻璃制品至少为Ⅲ类；

c）当玻璃制品的短边小于或等于 250 mm、最大面积不超过 0.5 m^2 且公称厚度不小于 6 mm 时，可以使用其他玻璃制品。

A.2.3.3　距地面较近的玻璃区

玻璃制品部分或全部距离地面不超过 800 mm（非上述 A.2.3.1、A.2.3.2 情况）时，所使用的玻璃制品至少为Ⅲ类。

A.2.3.4　其他场所

在浴室、游泳池等人体容易滑倒的场所及场所周围使用的玻璃制品至少为Ⅲ类；在体育馆等运动场所使用的玻璃制品至少为Ⅲ类。有特殊使用和设计要求时，应充分考虑霰弹袋冲击历程并采用更高冲击级别的安全玻璃制品。

A.2.4 关键场所安全玻璃制品的防护

必要时，建筑中使用的安全玻璃制品应采取防护措施。防护措施应：

a) 独立于玻璃制品；

b) 能防止直径为(76±1)mm的球冲击玻璃(如图A.2)；

c) 长度大于900 mm时能够承受1 350 N的压力、长度小于900 mm时至少能够承受1 100 N的压力，且不断裂、不产生永久性扭曲和不移动。

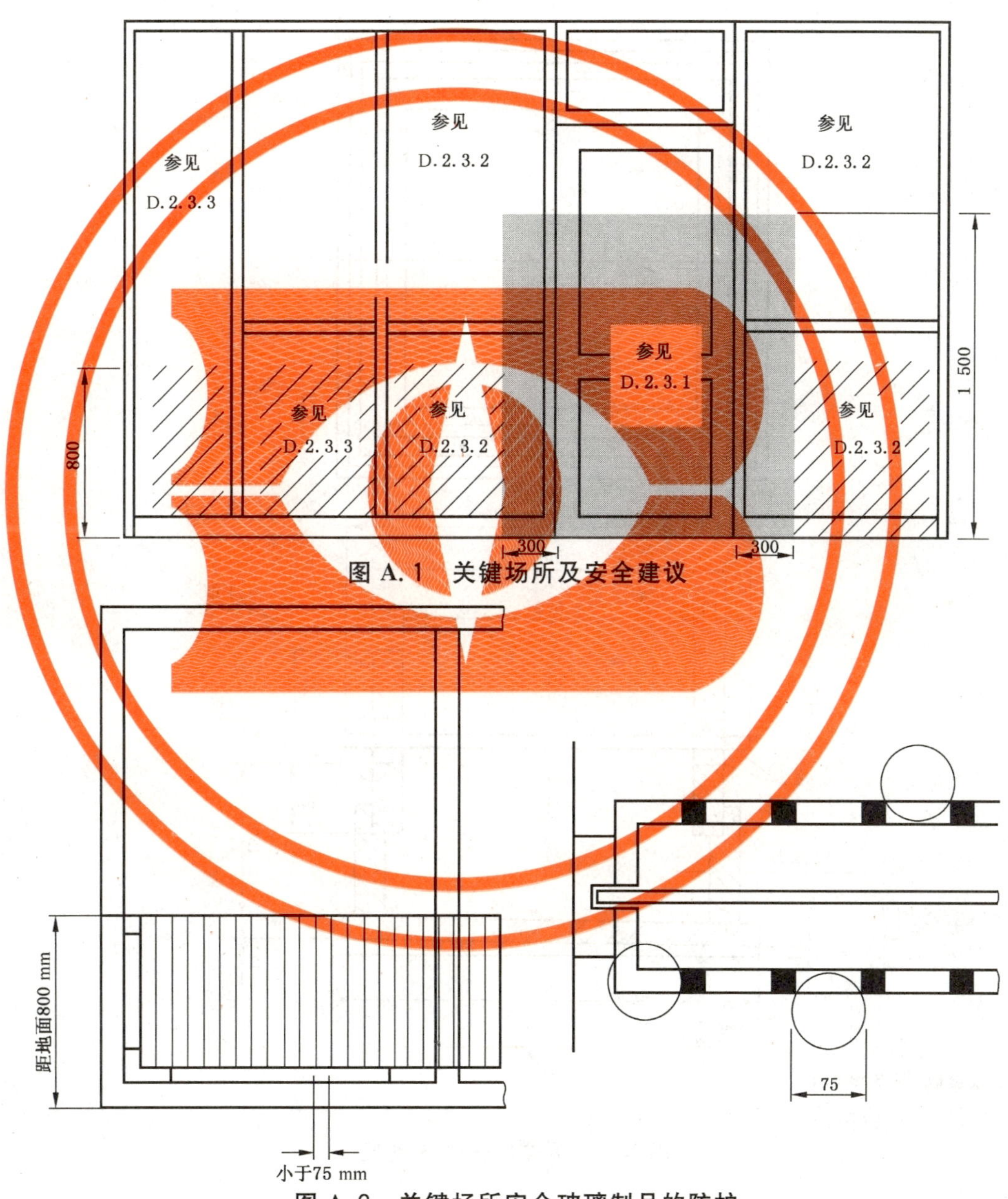

图A.1 关键场所及安全建议

图A.2 关键场所安全玻璃制品的防护

A.2.5 关键场所的安全玻璃制品的标识

在特定的条件下(如灯光等)，在建筑中使用的不易识别的玻璃制品应具有可快速识别且不易擦去的标识。标识位于距离地面600 mm～900 mm处。

附 录 B
（规范性附录）
落球冲击试样支架

如图 B.1 所示，由两个经机械加工的钢框组成，周边宽度 15 mm，在两个钢框接触面上分别衬以厚度为 3 mm、宽度为 15 mm、硬度为邵尔 A50 的橡胶垫。下钢框安放在高度约为 150 mm 的钢箱上，试样放在上钢框下面。支撑钢箱被焊在厚 12 mm 的钢板上，钢箱与地面之间衬以厚 3 mm、硬度为邵尔 A50 的橡胶垫。

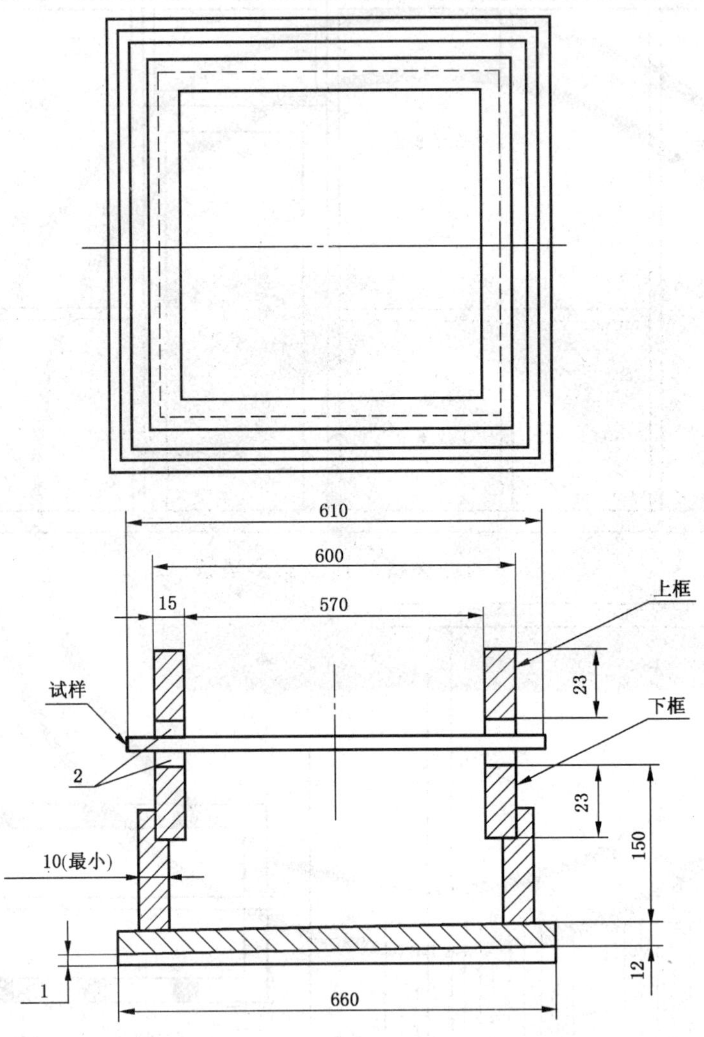

1——橡胶板(厚 3 mm)；

2——橡胶板(宽 15 mm，硬度 A50)。

图 B.1 落球冲击试样支架

附 录 C
（规范性附录）
霰弹袋冲击性能试验装置

如图 C.1 和图 C.2 所示，试验框架主体部分采用高度大于 100 mm 的槽钢，用螺栓等牢固固定在地面上，并在背面加支撑装置，以防止冲击时框架明显变形、位移或倾斜。夹紧框用于固定试样，其内部尺寸比试样尺寸小 19 mm 左右，与试样四周接触部位使用符合 GB/T 531 规定的硬度为邵尔 A50 的橡胶垫衬。安装试样后，橡胶条的压缩厚度为原厚度的 10%～15%。

如图 C.3 所示，冲击体是带有金属杆的皮革袋，皮革袋的中心轴为一根长度为 330 mm±13 mm 的金属螺杆，在皮革袋中装填铅霰弹，然后把袋的上下两端用螺母拧紧，再把皮革袋的表面用 12 mm 宽、0.15 mm 厚的玻璃纤维增强聚酯尼龙带交叉倾斜地卷缠起来，把表面完全覆盖成袋体状。冲击体质量为 45 kg±0.1 kg。

注 1：用厚度为 0.15 mm 的人造带，把二块 A 片和四块 B 片缝合在一起（见图 C.2 中的 b））。缝边（虚线部分）为 0.5 cm左右。

注 2：用公称尺寸 ϕ2.5 mm 的铅砂装填。

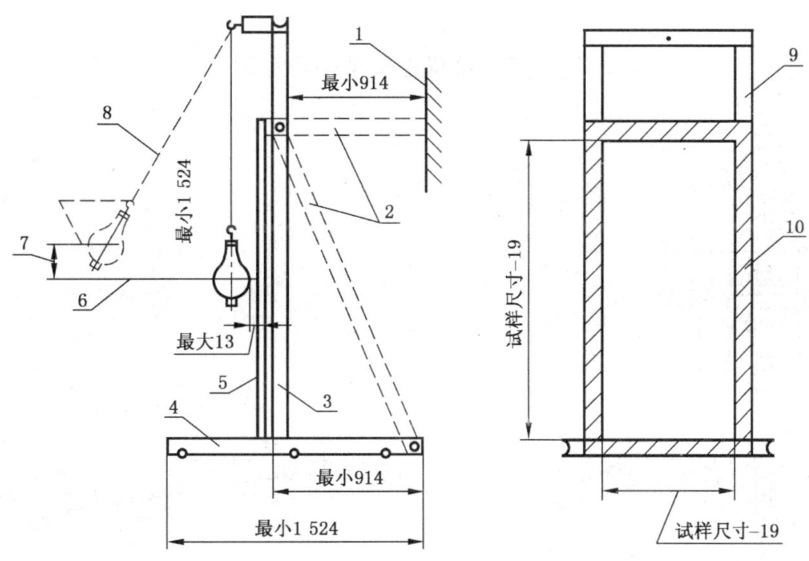

1——固定壁；

2——增强支架，可用任何方式支撑；

3、9——试验框；

4——用螺栓固定的底座；

5、10——木制/钢制紧固框；

6——试样的中心线；

7——下落高度；

8——直径 3 mm 左右的钢丝绳。

图 C.1 试样框架结构示意图

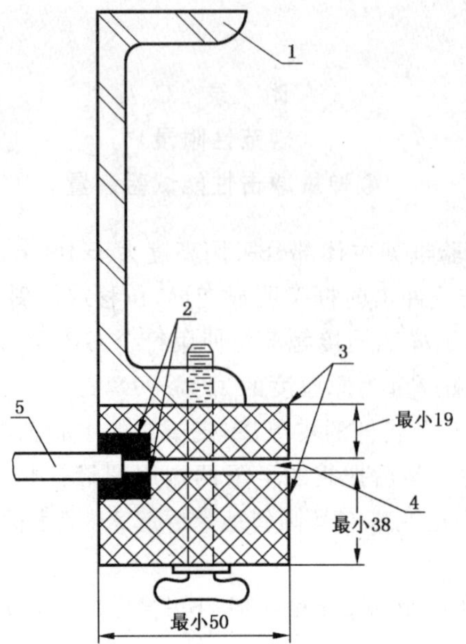

1——试验框；
2——橡胶板；
3——木制/钢制紧固框；
4——限位块；
5——试样。

图 C.2 试样框架结构示意图

单位为毫米

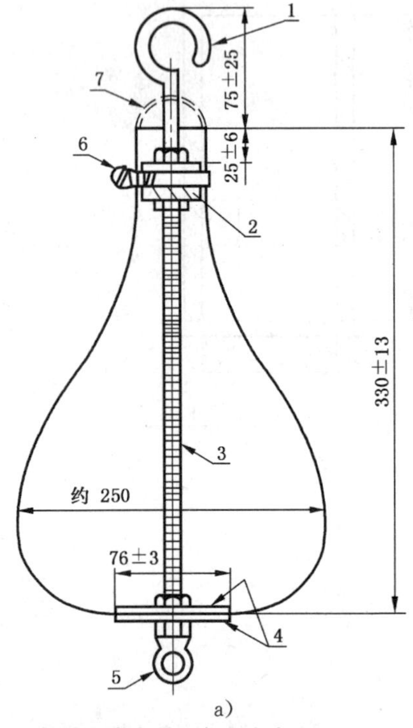

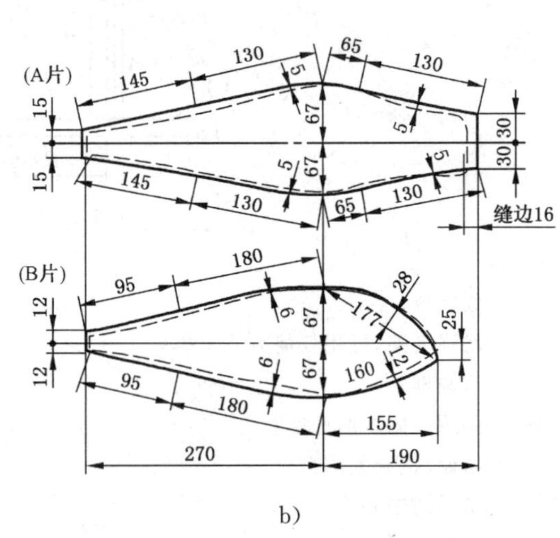

1——弯杆或附有吊环螺母的杆；
2——套筒螺母，长 25 mm，直径 32 mm；
3——螺杆，直径 9.5 mm；
4——金属垫圈，厚 4.8 mm±1.6 mm；
5——吊起铁丝用的吊环螺母；
6——蜗杆传动软管夹；
7——吊绳（卸下）。

图 C.3 霰弹袋

附 录 D
（规范性附录）
测 力 球

D.1 测力装置

测力装置应包括一个直径为(76±1)mm 的球体，球体通过臂杆连接在推力测量和显示装置上，能够测量出施加的最大力 25 N，仪器测量精度至少 0.1 N。测力装置的样式可见图 D.1。

D.2 操作

水平持握测力装置测力显示端，选择试样开口或裂缝最严重的部位，水平推动测力装置，直到：

测力装置已显示达到最大推力 25 N，但球体尚未通过试样开口，则试样为安全破坏；

球体最大直径部分已通过试样开口，但测力装置显示尚未达到最大推力 25 N，则试样为非安全破坏。

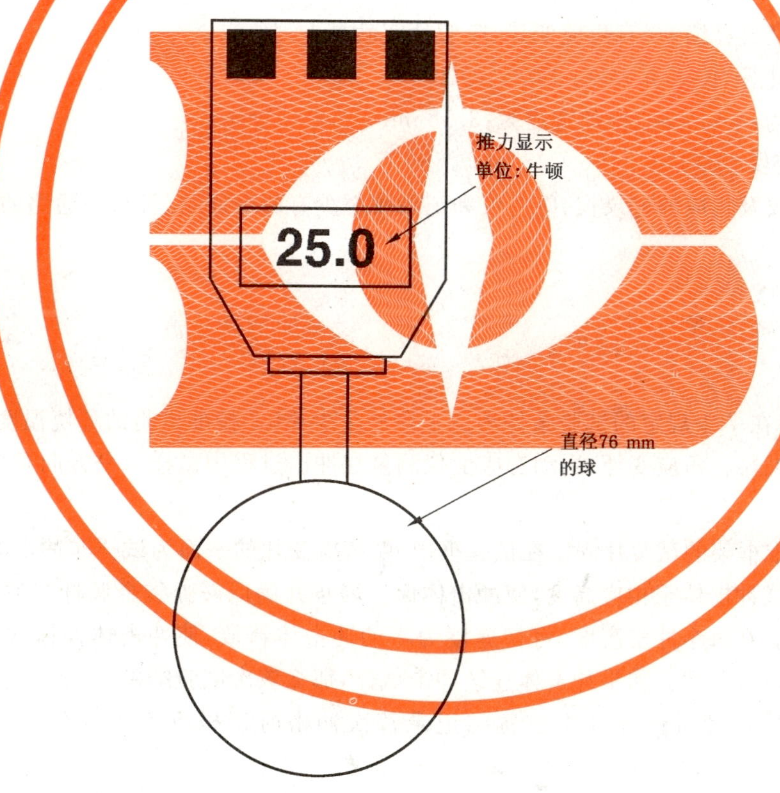

图 D.1 测力装置示意图

附　录　E
（资料性附录）
霰弹袋冲击分级试验框架校准

E.1　校准目的

为保证进行霰弹袋冲击试验使用的框架固定牢固并具有足够的刚度，确保试验分级结果的一致性和可比性，应对试验框架及时校准。

E.2　校准试样和仪器

E.2.1　校准试样

框架校准时采用的试样为 10 mm 厚的钠钙硅钢化玻璃，尺寸规格为(1 930±2)mm×(864±2)mm。

E.2.2　校准仪器

E.2.2.1　应变计

校准时使用温度自补偿 90°直角应变计，应变计应满足下列要求：

a)　24 ℃时的电阻为：350.0×(1±0.5%)Ω；

b)　栅丝长度为：4.57 mm，栅丝宽度为：3.18 mm。

E.2.2.2　动态应变仪

使用动态应变仪及相应的记录仪，应变仪和记录仪至少有两个通路，且每一通路的采集频率应不小于 100 kHz。

E.3　校准程序

E.3.1　校准准备

试验前，试样应在 7.1 规定的试验条件环境下存放至少 4 h。校准试验的环境温度为 20 ℃±5 ℃。在试样的中央粘贴直角应变计，用动态应变仪测量在冲击过程中试样水平方向和垂直方向的应变。

E.3.2　校准步骤

a)　把用于校准框架的试验片固定在试验框内，贴有应变片的一面为试样非冲击面。

b)　提升霰弹袋冲击体至相应高度，使冲击体保持静止并确保霰弹袋金属杆与冲击体的悬挂绳索成一直线。在每个冲击高度，将初速度为零的冲击体释放，使冲击体摆捶式自由下落垂直冲击试样的中部一次。如果冲击体连续冲击试样，那么该次试验结果无效。

c)　在每个冲击高度对试样冲击三次。记录每次冲击时试样垂直方向和水平方向的应变最大值。

d)　按照冲击高度 200 mm、250 mm、300 mm、450 mm、700 mm、1 200 mm 的次序，重复上述冲击过程。

E.4　框架校准试验报告

在框架校准试验报告中，应包括以下内容：

a)　玻璃试样的类型和公称厚度；

b)　玻璃试样的规格尺寸；

c)　试验框架的描述(材质、试样的夹紧方式等)

d)　每个冲击高度的测量值；

e) 冲击高度与水平方向应变的曲线；冲击高度与垂直方向应变的曲线。水平方向的应变和垂直方向的应变以每个高度三次测量最大值的平均值为基准。

E.5 框架校准参照曲线

在被校准的框架上获得的冲击高度与应变的曲线，应在下述参照校准曲线的±10%以内（见表 E.1 和图 E.1）。满足上述要求的框架，才能用于霰弹袋冲击分级试验，使用该框架对试样所进行的霰弹袋冲击试验获得的级别结果有效。使用校准曲线达不到要求的试验框架进行霰弹袋冲击试验获得的冲击级别无效。

E.6 校准频次

霰弹袋冲击试验的试验框架，每三年校准一次。但是当试验框架发生重大改变时（如结构件、夹紧系统等发生了变化），在试验前应对试验框架进行校准。

表 E.1 霰弹袋冲击试验应变参考平均峰值

冲击高度/mm	水平方向微应变			垂直方向微应变		
	平均值	平均值 −10%	平均值 +10%	平均值	平均值 −10%	平均值 +10%
200	1 435	1 291	1 578	1 031	928	1 134
250	1 599	1 439	1 759	1 154	1 039	1 270
300	1 775	1 598	1 953	1 269	1 142	1 396
450	2 213	1 991	2 434	1 536	1 382	1 690
700	2 627	2 365	2 890	1 860	1 674	2 046
1 200	3 093	2 784	3 403	2 388	2 149	2 627

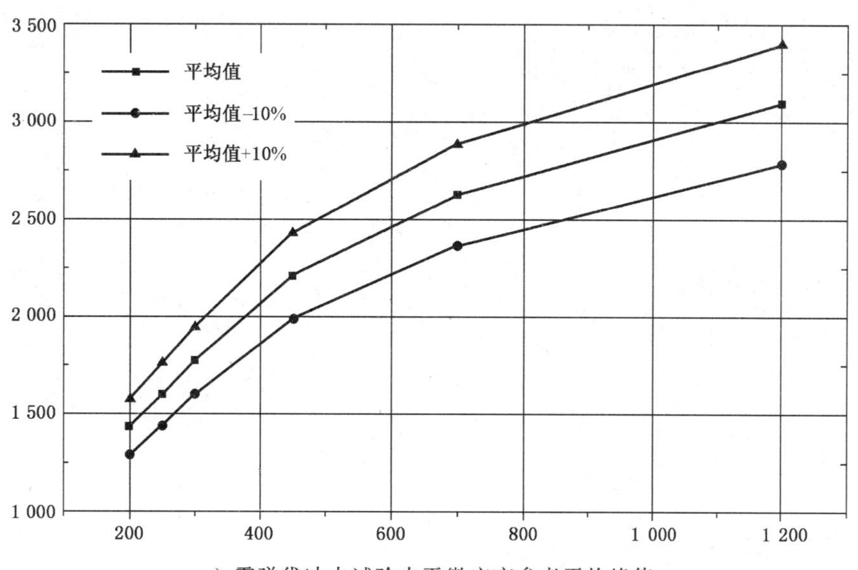

a）霰弹袋冲击试验水平微应变参考平均峰值

图 E.1 霰弹袋冲击试验水平、垂直微应变参考平均峰值

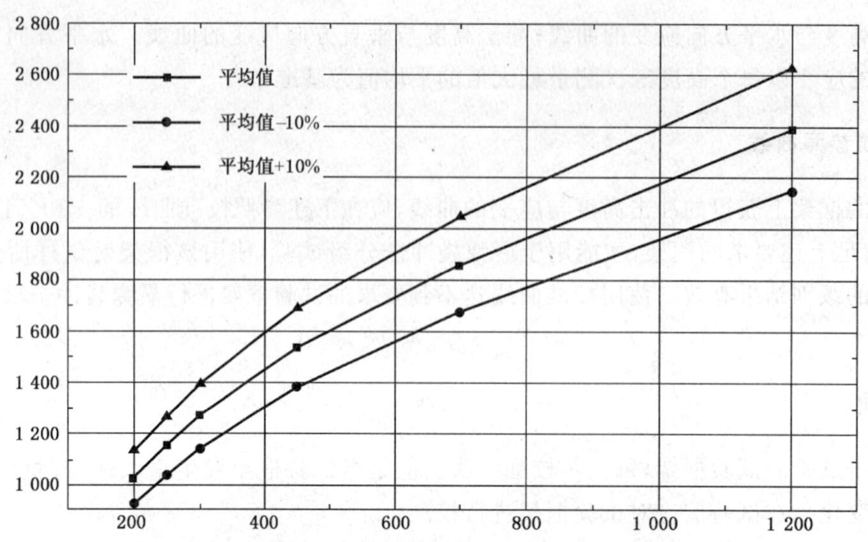

b) 霰弹袋冲击试验垂直微应变参考平均峰值

图 E.1（续）

ICS 81.040.20
Q 33

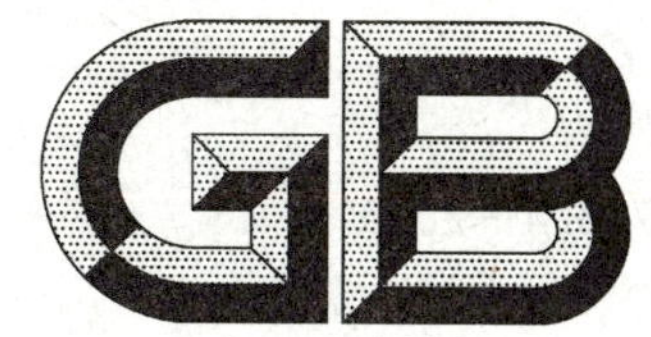

中华人民共和国国家标准

GB 15763.4—2009

建筑用安全玻璃　第4部分：均质钢化玻璃

Safety glazing materials in building—
Part 4: Heat soaked thermally tempered glass

2009-03-25 发布　　　　2010-03-01 实施

中华人民共和国国家质量监督检验检疫总局
中国国家标准化管理委员会　发布

前　言

本部分中 5.5、5.6 及 5.7 为强制性要求，其余为推荐性要求。

GB 15763《建筑用安全玻璃》目前分为 4 个部分：

——第 1 部分：防火玻璃；

——第 2 部分：钢化玻璃；

——第 3 部分：夹层玻璃；

——第 4 部分：均质钢化玻璃。

本部分为 GB 15763 的第 4 部分。

本部分与 EN 14179-1：2005《建筑玻璃—均质热钢化钠钙硅安全玻璃—第 1 部分：定义及要求》的一致性程度为非等效。

本部分的附录 A 和附录 B 为规范性附录；附录 C 为资料性附录。

本部分由中国建筑材料联合会提出。

本部分由全国建筑用玻璃标准化技术委员会归口。

本部分负责起草单位：中国建筑材料检验认证中心。

本部分参加起草单位：广东金刚玻璃科技股份有限公司、和合科技集团有限公司、中国南玻集团股份有限公司、上海耀华皮尔金顿玻璃股份有限公司、江苏秀强玻璃科技股份有限公司、深圳市三鑫特种玻璃技术股份有限公司、北京物华天宝安全玻璃有限公司、浙江中力控股集团有限公司、江门银辉安全玻璃有限公司、深圳市汉东玻璃机械有限公司、无锡大洋玻璃装饰工程有限公司。

本部分主要起草人：王睿、石新勇、陈璐、肖鹏军、夏卫文、艾发智、孙大海、周健、吴从真、龙霖星、吕皓、陈新盛、杨宏斌、盛颂君、何昌杜、王文彪、隋超英、王精精、张坚华。

本部分为首次发布。

引　言

普通退火玻璃经过热处理工艺成为钢化玻璃，玻璃表面形成了压应力层，使得玻璃的机械强度、耐热冲击强度均得到了提高，并具有特殊的碎片状态。钢化玻璃作为一种安全玻璃，被广泛应用于建筑等领域。

在我国，每年都有大量的钢化玻璃使用在建筑幕墙上，但钢化玻璃的自爆大大限制了钢化玻璃的应用。经过长期的跟踪与研究，发现玻璃内部存在硫化镍（NiS）结石是造成钢化玻璃自爆的主要原因。研究表明，通过对钢化玻璃进行均质（第二次热处理工艺）处理，可以大大降低钢化玻璃的自爆率。但如果均质处理时温度控制不当，会引起 NiS 逆向相变或相变不完全，甚至导致钢化应力松弛，影响最终产品的安全性能。

本标准旨在：

a）明确规定均质钢化玻璃的性能。抗冲击、碎片状态及霰弹袋冲击性能涉及产品使用安全，为强制性要求；其他技术要求可作为日常生产用的质量监控项目；

b）对均质处理过程及系统予以规定，以规范均质过程，为均质钢化玻璃的质量保证提供技术支持；

c）针对均质钢化玻璃产品的特殊性，本标准对产品型式检验的抽样方法予以了特殊规定，以保证被检试样的真实性及可靠性。

建筑用安全玻璃　第 4 部分：均质钢化玻璃

1　范围

GB 15763 的本部分规定了建筑用均质钢化玻璃的术语和定义、总则、要求、试验方法、检验规则、标志、包装、运输及贮存。

本部分适用于建筑用均质钢化玻璃。对于建筑以外用的(如工业装备、家具等)均质钢化玻璃，如果没有相应的产品标准，可参照使用本部分。

2　规范性引用文件

下列文件中的条款通过 GB 15763 的本部分的引用而成为本部分的条款。凡是注日期的引用文件，其随后所有的修改单(不包括勘误的内容)或修订版均不适用于本标准，然而，鼓励根据本部分达成协议的各方研究是否可使用这些文件的最新版本。凡是不注日期的引用文件，其最新版本适用于本部分。

GB 15763.2　建筑用安全玻璃　第 2 部分：钢化玻璃

3　术语和定义

下列术语和定义适用于本部分。

3.1

均质钢化玻璃　heat soaked thermally tempered glass

热浸钢化玻璃

是指经过特定工艺条件处理过的钠钙硅钢化玻璃(简称 HST)。

注：特定工艺条件见附录 A。

4　总则

生产均质钢化玻璃所使用的玻璃，其质量应符合相应的产品标准的要求。对于有特殊要求的，用于生产均质钢化玻璃的玻璃，其质量由供需双方确定。

5　要求

均质钢化玻璃的各项性能及其试验方法应符合表 1 相应条款的规定。

表 1　技术要求及试验方法条款

序号	项　　目	技术要求	试验方法
1	尺寸及其允许偏差	5.1	6.2
2	厚度及其允许偏差	5.2	6.3
3	外观质量	5.3	6.4
4	弯曲度	5.4	6.5
5	抗冲击性	5.5	6.6
6	碎片状态	5.6	6.7
7	霰弹袋冲击性能	5.7	6.8

表 1（续）

序号	项　　目	技术要求	试验方法
8	表面应力	5.8	6.9
9	耐热冲击性能	5.9	6.10
10	弯曲强度	5.10	6.11

5.1　尺寸及允许偏差

应符合 GB 15763.2 相应条款的规定。

5.2　厚度及允许偏差

应符合 GB 15763.2 相应条款的规定。

5.3　外观质量

应符合 GB 15763.2 相应条款的规定。

5.4　弯曲度

对于平型均质钢化玻璃，应符合 GB 15763.2 相应条款的规定。

5.5　抗冲击性

应符合 GB 15763.2 相应条款的规定。

5.6　碎片状态

应符合 GB 15763.2 相应条款的规定。

5.7　霰弹袋冲击性能

应符合 GB 15763.2 相应条款的规定。

5.8　表面应力

应符合 GB 15763.2 相应条款的规定。

5.9　耐热冲击性能

应符合 GB 15763.2 相应条款的规定。

5.10　弯曲强度（四点弯法）

以 95%的置信区间，5%的破损概率，均质钢化玻璃的弯曲强度应符合表 2 的规定。

表 2　均质钢化玻璃弯曲强度

均质钢化玻璃	弯曲强度/MPa
以浮法玻璃为原片的均质钢化玻璃 镀膜均质钢化玻璃	120
釉面均质钢化玻璃（釉面为加载面）	75
压花均质钢化玻璃	90

6　试验方法

6.1　总则

尺寸、厚度、外观、弯曲度、碎片状态及表面应力的检验或测量以均质钢化玻璃制品为试样；抗冲击、霰弹袋冲击性能、耐热冲击性能试验及弯曲强度试验，以与制品同厚度、同种类且同一工艺条件下制造及同一均质处理过程处理的平型均质钢化玻璃为试样。

6.2　尺寸检验

应符合 GB 15763.2 相应条款的规定。

6.3　厚度检验

应符合 GB 15763.2 相应条款的规定。

6.4 外观检验

应符合 GB 15763.2 相应条款的规定。

6.5 弯曲度测量

应符合 GB 15763.2 相应条款的规定。

6.6 抗冲击性试验

应符合 GB 15763.2 相应条款的规定。

6.7 碎片状态试验

应符合 GB 15763.2 相应条款的规定。

6.8 霰弹袋冲击性能试验

应符合 GB 15763.2 相应条款的规定。

6.9 表面应力测量

应符合 GB 15763.2 相应条款的规定。

6.10 耐热冲击性能

应符合 GB 15763.2 相应条款的规定。

6.11 弯曲强度(四点弯法)

按附录 B 进行试验，并计算弯曲强度。

7 检验规则

7.1 检验项目

检验分为出厂检验和型式检验。

7.1.1 出厂检验

均质钢化玻璃的厚度及偏差、外观质量、尺寸及偏差、弯曲度。其他检验项目由供需双方商定。

7.1.2 型式检验

本部分第 5 章中 5.5、5.6 及 5.7 规定的项目为必检项目，其余要求由供需双方商定。有下列情况之一时，应进行型式检验。

——新产品或老产品转厂生产的试制定型鉴定。

——试生产后，如结构、材料、工艺有较大改变，可能影响产品性能时。

——正常生产满 1 年时。

——产品停产半年以上，恢复生产时。

——出厂检验结果与上次型式有较大差异时。

——质量监督部门提出进行型式检验的要求时。

7.2 出厂检验组批及抽样方法

7.2.1 产品的厚度及偏差、外观质量、尺寸及偏差、弯曲度按表 3 规定进行随机抽样。

表 3 抽样表

单位为片

批量范围	样本大小	合格判定数	不合格判定数
1～8	2	0	1
9～15	3	0	1
16～25	5	1	2
26～50	8	2	3
51～90	13	3	4
91～150	20	5	6

表 3（续） 单位为片

批量范围	样本大小	合格判定数	不合格判定数
151～280	32	7	8
281～500	50	10	11
501～1 000	80	14	15

7.2.2 对于出厂检验所要求的其他技术性能，若用制品检验时，根据检测项目所要求的数量从该批均质产品中随机抽取；若用试样进行检验时，应采用同一工艺条件下均质的试样。当该批产品批量大于1 000块时，以每 1 000 块为 1 批分批抽取试样，当检验项目为非破坏性试验时可用它继续进行其他项目的检测。

7.3 型式检验组批及抽样方法

7.3.1 对于型式检验所要求的技术性能，若用制品检验时，根据检测项目所要求的数量从该批均质产品中随机抽取；若用试样进行检验时，应采用与制品同一工艺条件下均质的试样。当该批产品批量大于1 000 块时，以每 1 000 块为 1 批分批抽取试样，当检验项目为非破坏性试验时可用它继续进行其他项目的检测。

7.3.2 抽样时，抽样人员应现场见证检验试样的全部均质处理过程，对所抽样品进行封样，并保留该批样品的均质处理过程温度曲线。

7.4 判定规则

7.4.1 进行厚度及偏差、外观质量、尺寸及偏差、弯曲度检验时，若不合格品数等于或大于表 3 的不合格判定数，则认为不合格。

7.4.2 进行抗冲击性试验时，按 GB 15763.2 相应条款的规定进行判定。

7.4.3 进行碎片状态试验时，按 GB 15763.2 相应条款的规定进行判定。

7.4.4 进行霰弹袋冲击性能试验时，按 GB 15763.2 相应条款的规定进行判定。

7.4.5 进行表面应力试验时，按 GB 15763.2 相应条款的规定进行判定。

7.4.6 进行耐热冲击性能试验时，按 GB 15763.2 相应条款的规定进行判定。

7.4.7 进行弯曲强度（四点弯法）试验时，样品全部满足要求时，该项目合格。

7.4.8 以上检验项目中，如有一项不合格，则认为该批产品不合格。

8 标志

在玻璃或最小包装上标识“均质钢化玻璃”或符号“HST”。

9 包装、运输、贮存

包装、运输、贮存应符合 GB 15763.2 相应条款的规定。

附 录 A
(规范性附录)
均质处理过程及系统

A.1 均质处理过程

均质处理过程包括升温、保温及降温三个阶段,如图A.1所示。

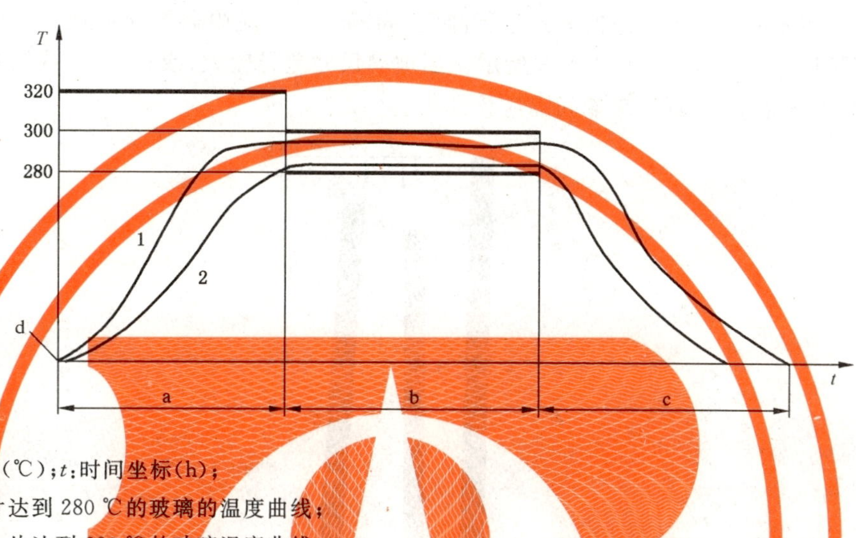

T:温度坐标(℃);t:时间坐标(h);

1——第一片达到280℃的玻璃的温度曲线;

2——最后一片达到280℃的玻璃温度曲线。

a:加热阶段;

b:保温阶段;

c:冷却阶段;

d:环境温度(升温起始温度)。

图A.1 均质处理过程的典型曲线

A.1.1 升温阶段

升温阶段开始于所有玻璃所处的环境温度,终止于最后一片玻璃表面温度达到280℃的时刻。该阶段应按A.3进行校准时所确定的过程进行。

炉内温度有可能超过320℃,但玻璃表面的温度不能超过320℃,应尽量缩短玻璃表面温度超过300℃的时间。

A.1.2 保温阶段

保温阶段开始于所有玻璃表面温度达到280℃的时刻,保温时间至少为2h。在整个保温阶段中,应确保玻璃表面的温度保持在290℃±10℃的范围内。

A.1.3 冷却阶段

当最后达到280℃的玻璃完成2h保温后,开始冷却阶段,在此阶段玻璃温度降至环境温度。当炉内温度降至70℃时,可认为冷却阶段终止。

应对降温速率进行控制,以最大限度地减少玻璃由于热应力而引起的破坏。

A.2 均质处理系统

A.2.1 均质炉

均质炉采用对流方式加热。热空气流应平行于玻璃表面并通畅地流通于每片玻璃之间,且不应由于玻璃的破碎而受到阻碍。在对曲面钢化玻璃进行均质处理过程,应采取措施防止由于玻璃的形状的不规则而导致的气流流通不通畅。

空气的进口与出口也不得由于玻璃的破碎而受到阻碍。

A.2.2 玻璃的支撑

可以采用竖直方式支撑玻璃，如图 A.2 所示。不得用外力固定或夹紧玻璃，应使玻璃处于自由支撑状态。

竖直支撑可以是绝对竖直，也可以以与绝对竖直夹角小于 15°的角度支撑。

玻璃与玻璃不得接触。

A.2.3 玻璃间隔

玻璃之间应该用不阻碍气流流通的方式进行间隔，间隔体也不应阻碍气流流通。一般情况下建议玻璃之间最小间隔尺寸为 20 mm，如图 A.3 所示。当玻璃尺寸差异较大，或有孔及/或凹槽的玻璃放在同一支架上时，为了防止玻璃破碎，玻璃间隔应该加大。

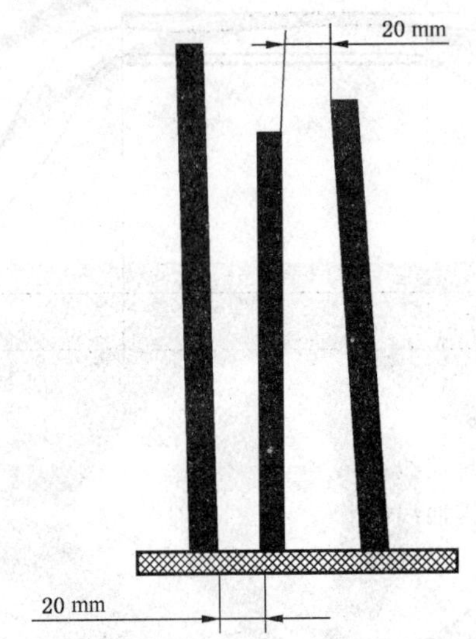

图 A.2 玻璃竖直支撑示意图

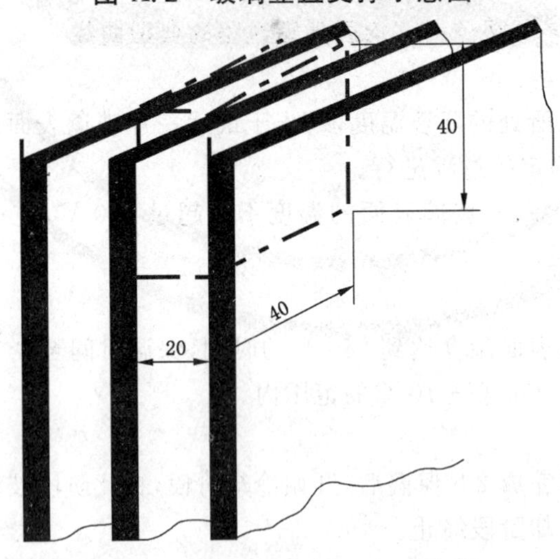

图 A.3 玻璃的竖直支撑及间隔体

A.3 校准

玻璃间隔距离、间隔体的布置、材料和形状、玻璃装载架类型和布置，生产过程中所用操作条件的校准参见附录 C。

附 录 B
（规范性附录）
弯曲强度试验方法

B.1 试验条件

环境温度：23 ℃±5 ℃，环境湿度：40%～70%。为避免热应力的产生，在试验的全过程中，环境温度的波动不应大于 1 ℃。

B.2 试样

取至少 12 块试样进行试验。每块试样长度为 1 100 mm±5 mm，宽度为 360 mm±5 mm。制备试样时，切割刀口应在试样的同一表面。

试验前 24 h 内不得对试样进行任何加工或处理。如果试样表面贴有保护膜，需在试验前 24h 去除。试验前，试样应在 B.1 规定的条件下放置至少 4 h。

B.3 试验装置

采用材料试验机进行试验。试验机应能连续、均匀地对试样加载，且能够将由于加载产生的震动降低至最小。试验机应装有加载测量装置，并在其量程内的误差应小于±2%。支撑辊和加载辊的直径为 50 mm，长度不少于 365 mm。支撑辊和加载辊均能围绕各辊轴线转动。

B.4 试验程序

B.4.1 测量试样宽度及厚度。

分别测量三次宽度，取其算术平均值，精确至 1 mm。

测量厚度时，为避免由于测量而产生的表面破坏，测量应分别在试样的两端进行（至少应在试样的位于加载辊以外的部分进行测量）。分别测量四点，并取算术平均值，精确至 0.01 mm。也可在试验后测量破碎后的试样厚度——每块试样取 4 块碎片测量厚度，并取算术平均值，精确至 0.01 mm。

B.4.2 试样有切割刀口的表面朝上。为便于查找断裂源和防止碎片飞散，可在试样上表面粘贴薄膜。按图 B.1 所示放置试样。橡胶条的厚度为 3 mm，硬度为（40±10）IRHD。

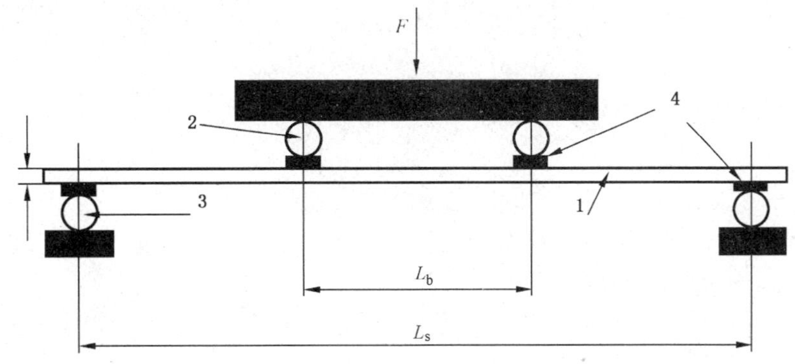

1——试样；
2——加载辊；
3——支撑辊；
4——橡胶条；
L_b＝200 mm±1 mm；
L_s＝1 000 mm±2 mm。

图 B.1 四点弯曲强度试验

B.4.3 加载

试验机以试样弯曲应力 2 MPa/s±0.4 MPa/s 的递增速度对试样进行加载，直至试样破坏。记录每块试样破坏时的最大载荷、从开始加载至试样破坏的时间(精确至 1 s)以及试样的断裂源是否在加载辊之间。

B.4.4 数据处理

B.4.4.1 断裂源应当在加载辊之间，否则应以新试样替补上重新试验，以保证每组试样原来的数量。按式(B.1)计算试样的弯曲强度。

$$\sigma_{bG} = F_{max}\frac{3(L_s - L_b)}{2Bh^2} + \sigma_{bg} \qquad \cdots\cdots\cdots\cdots(B.1)$$

式中：

σ_{bG}——弯曲强度，单位为兆帕(MPa)；

F_{max}——试样断裂时的最大载荷，单位为牛顿(N)；

L_s——两支撑辊轴心之间的距离，单位为毫米(mm)；

L_b——两加载辊轴心之间的距离，单位为毫米(mm)；

B——试样的宽度，单位为毫米(mm)；

h——试样的厚度，单位为毫米(mm)；

σ_{bg}——试样由于自重产生的弯曲强度，或通过式(B.2)计算得到，单位为兆帕(MPa)。

$$\sigma_{bg} = \frac{3pgL_s{}^2}{4h} \qquad \cdots\cdots\cdots\cdots(B.2)$$

式中：

p——试样密度，对于普通钠钙硅玻璃 $\rho=2.5\times10^3$ kg/m^3；

g——单位换算系数，9.8 N/kg；

L_s——两支撑辊轴心之间的距离，单位为米(m)；

h——试样的厚度，单位为米(m)。

附 录 C
（资料性附录）
均质处理过程及系统的校准

C.1 校准准则

均质处理过程及系统在 100%装载量和 10%装载量的情况下，均应满足图 C.1 中所示的时间-温度曲线的要求。

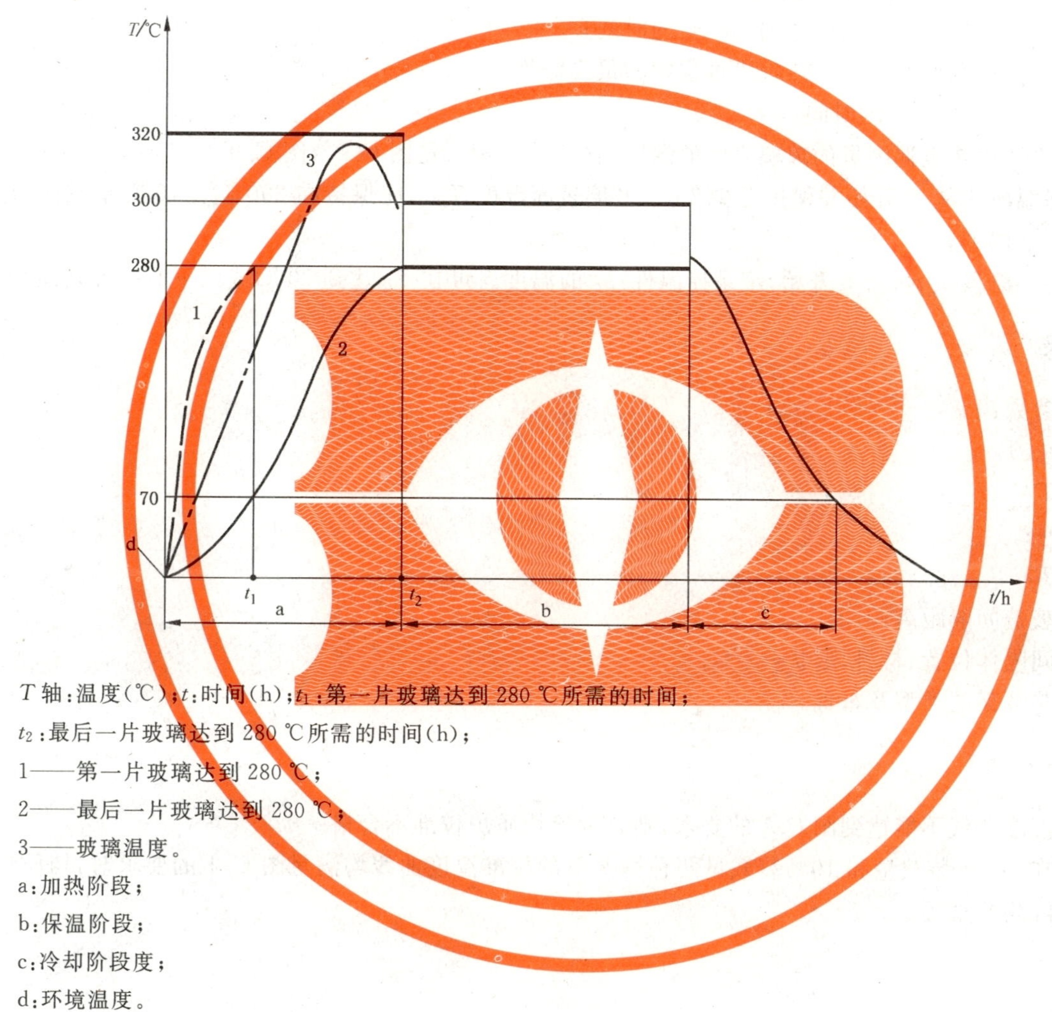

T 轴：温度（℃）；t：时间（h）；t_1：第一片玻璃达到 280 ℃所需的时间；

t_2：最后一片玻璃达到 280 ℃所需的时间（h）；

1——第一片玻璃达到 280 ℃；

2——最后一片玻璃达到 280 ℃；

3——玻璃温度。

a：加热阶段；

b：保温阶段；

c：冷却阶段度；

d：环境温度。

图 C.1 时间-温度校准曲线

C.2 均质炉的装载及玻璃表面温度的测定

均质炉装载 1 个、2 个、6 个，8 个或 9 个装载架的类型、放置方式及热电偶的放置位置见图 C.2～图 C.9。

应确定玻璃的间隔距离及间隔体的类型、位置、材料及形状。在校准过程使用的最小间隔应同均质生产过程中所采用的最小间隔相同。

C.3 校准过程

C.3.1 炉内温度的测量及玻璃表面温度的测量应在均质炉 100%装载量和 10%装载量两种状态下进

行。100%装载量取决于玻璃的尺寸、厚度及均质炉的内腔体积。

C.3.2 在靠近气流出口处安装控温件以测定热浸炉内空气温度。玻璃表面温度用热电偶测量，热电偶的数量和布置见图C.2～图C.9，将热电偶与玻璃表面充分接触并粘在玻璃表面，其位置距玻璃边部距离应大于25 mm。

C.3.3 校准开始时，炉内温度不得超过50 ℃。

C.3.4 在加热阶段，玻璃任一部位的温度不得超过320 ℃，并记录如下参数：

T_c 控温件的温度(任一时刻)；

t_1 第一个热电耦达到280 ℃的时间；

T_{c_1} 在 t_1 时刻控温件的温度；

t_2 最后一个热电耦达到280 ℃的时间；

$T_{c_{max}}$ 控温件在整个加热阶段过程中的最高温度；

$t_{c_{max}}$ 出现 $T_{c_{max}}$ 的时间；

T_{glass} 用热电偶测量的玻璃表面的温度(在任一时刻)(见图C.2～图C.9)。

C.3.5 保温阶段从 t_2 开始并保持至少2 h。玻璃表面温度 T_{glass} 应保持在290 ℃±10 ℃范围内，记录控温件 T_c 的温度。

C.3.6 冷却阶段从 t_2+2 h开始，记录控温件 T_c 的温度。可在 T_c 达到70 ℃或以下时打开均质炉门。

C.4 记录

试验参数：

——t_1，T_{c1}；

——$T_{c_{max}}$，$t_{c_{max}}$；

——t_2；

——T_c，T_{glass}；

——玻璃间隔距离；

——间隔体位置、材料、形状；

——装载架的类型及布置。

C.5 结果表达

如果温度曲线不能达到图C.1的要求，则认为该均质炉校准不合格。

只有在100%装载量和10%装载量两种情况下的校准温度曲线均满足图C.1的要求时，均质炉才可用于实际均质处理。

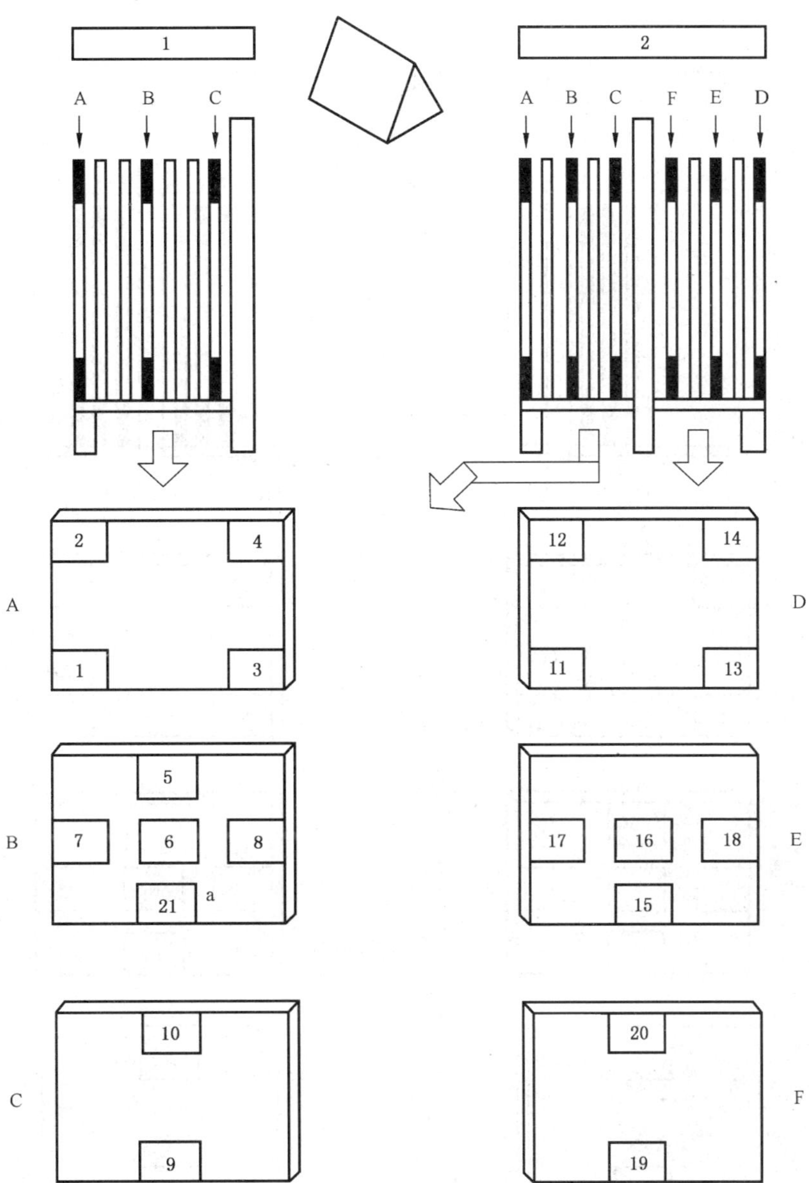

1——单向装载架；

2——双向装载架。

a：只适用于单向装载架。

图 C.2　第 1 类　1 个装载架　100%装载量

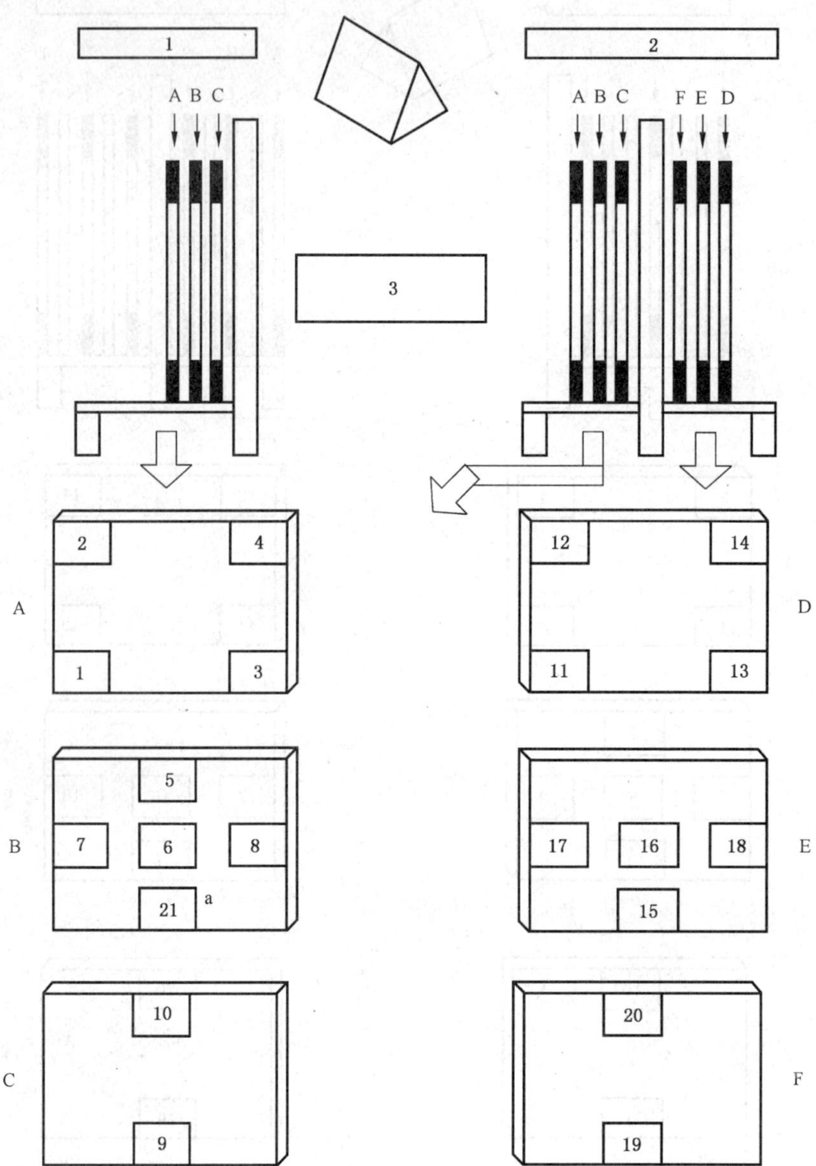

1——单向装载架；

2——双向装载架；

3——架上至少3块玻璃平行放置。

a：只适用于单向装载架。

图 C.3　第1类　1个装载架　10%装载量

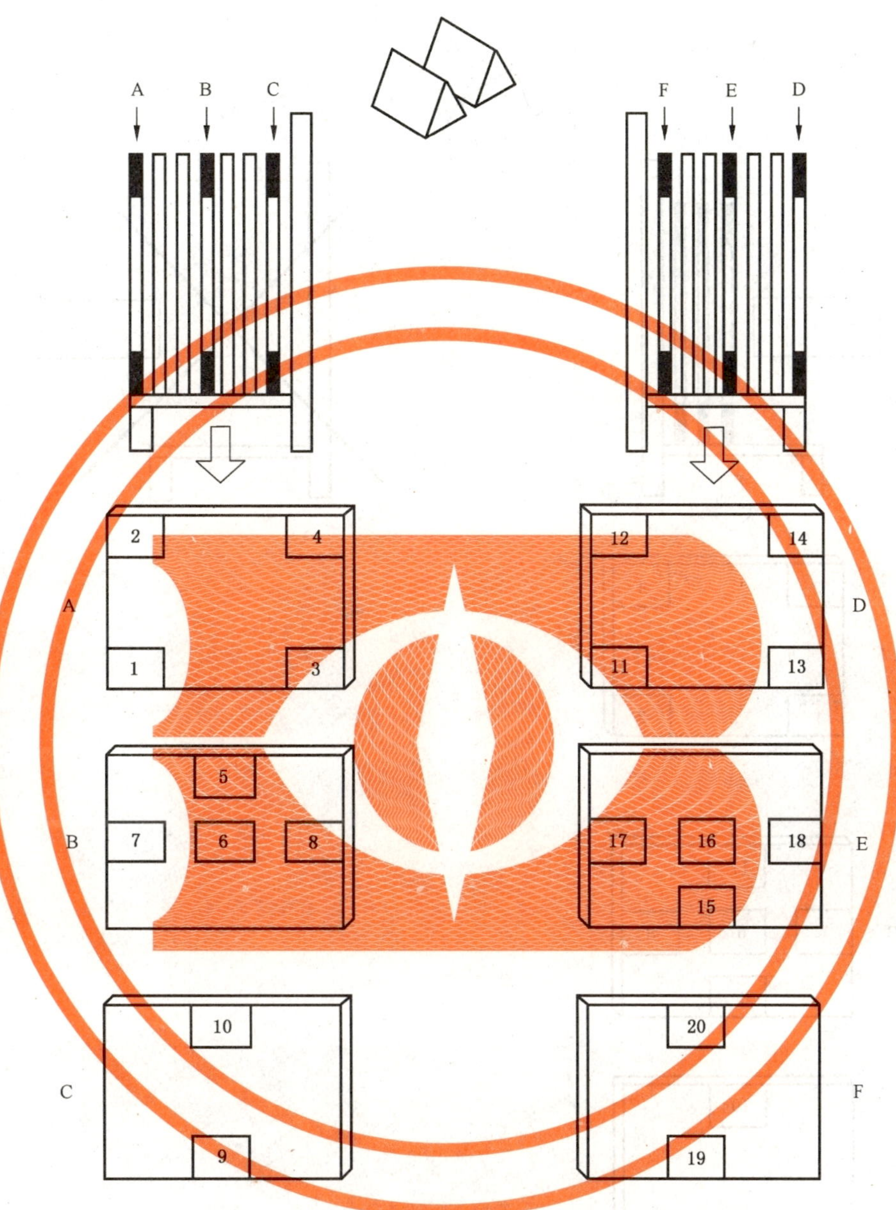

图 C.4　第 2 类　2 个单向装载架　100%装载量

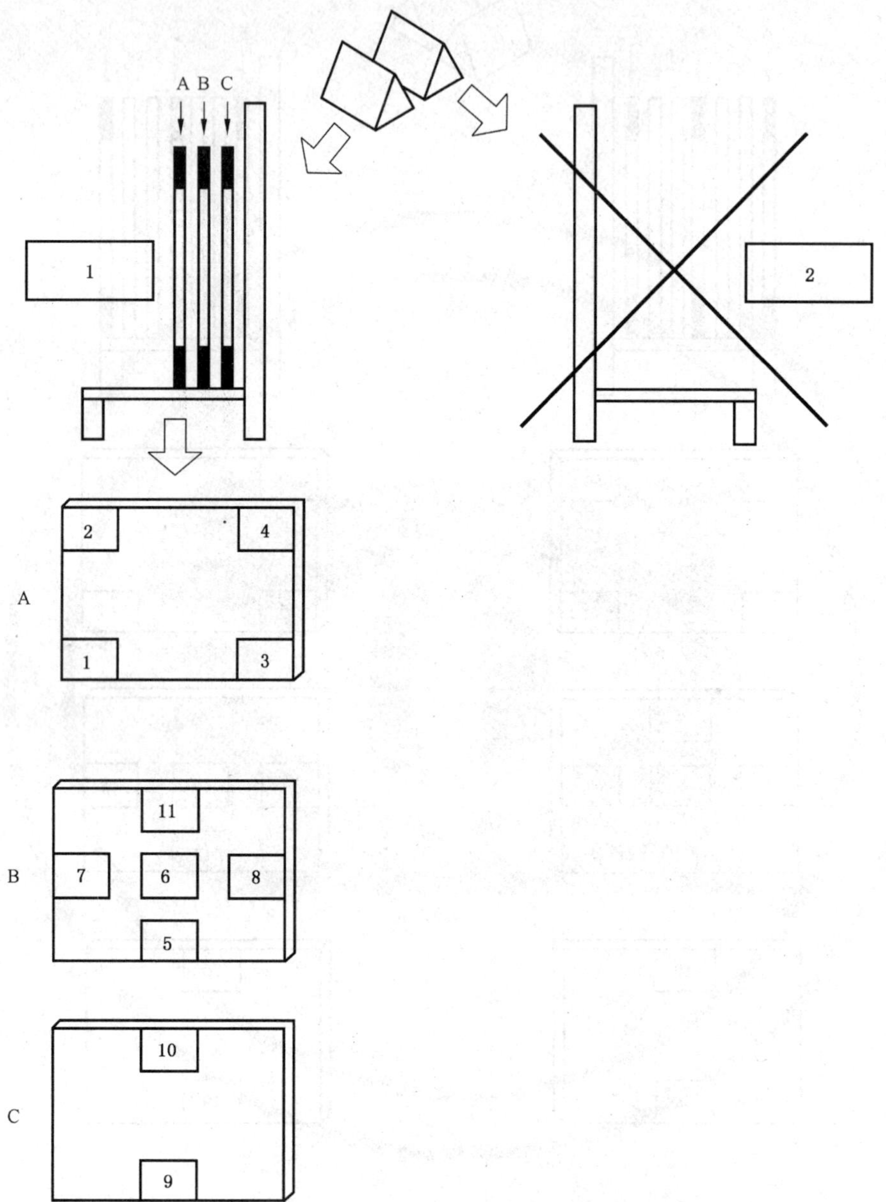

1——第 1 个装载架，至少 3 片玻璃平行放置；

2——第二个装载架空载。

图 C.5 第 2 类 2 个单向装载架 10%装载量

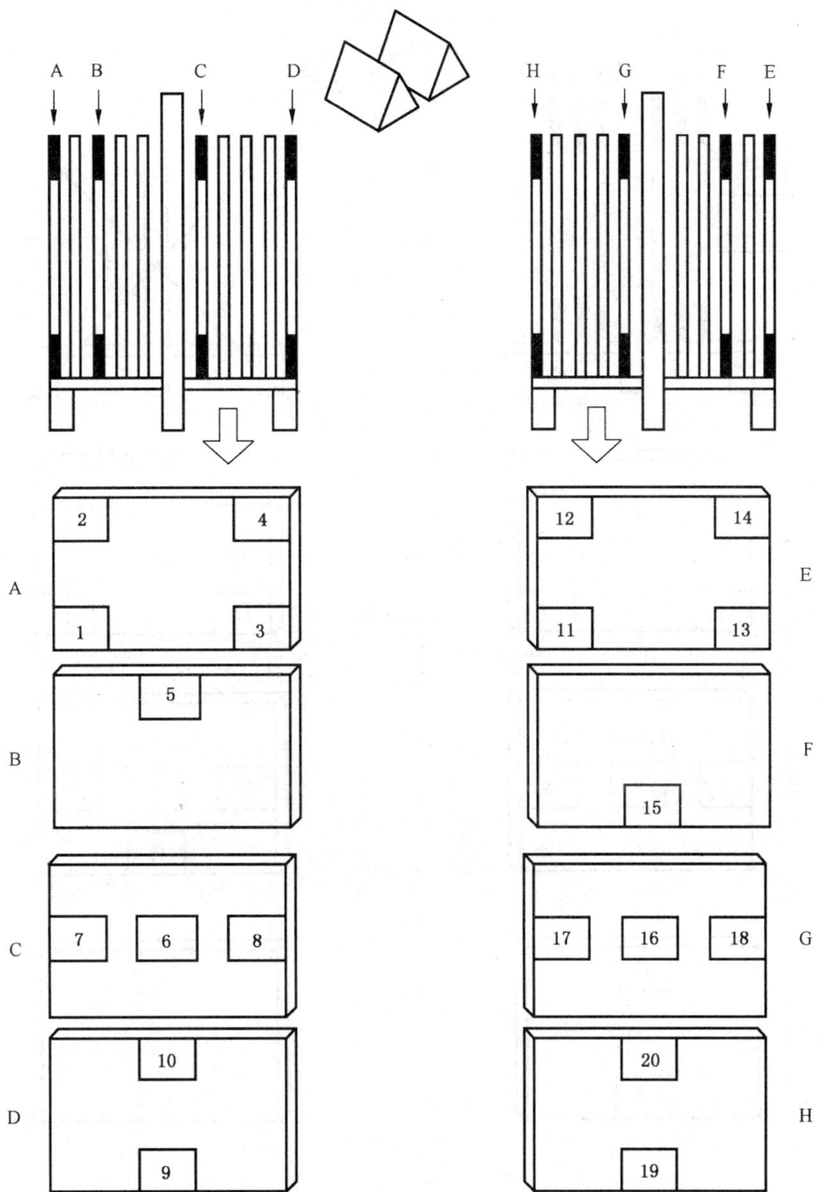

图 C.6　第 2 类　2 个双向装载架　100%装载量

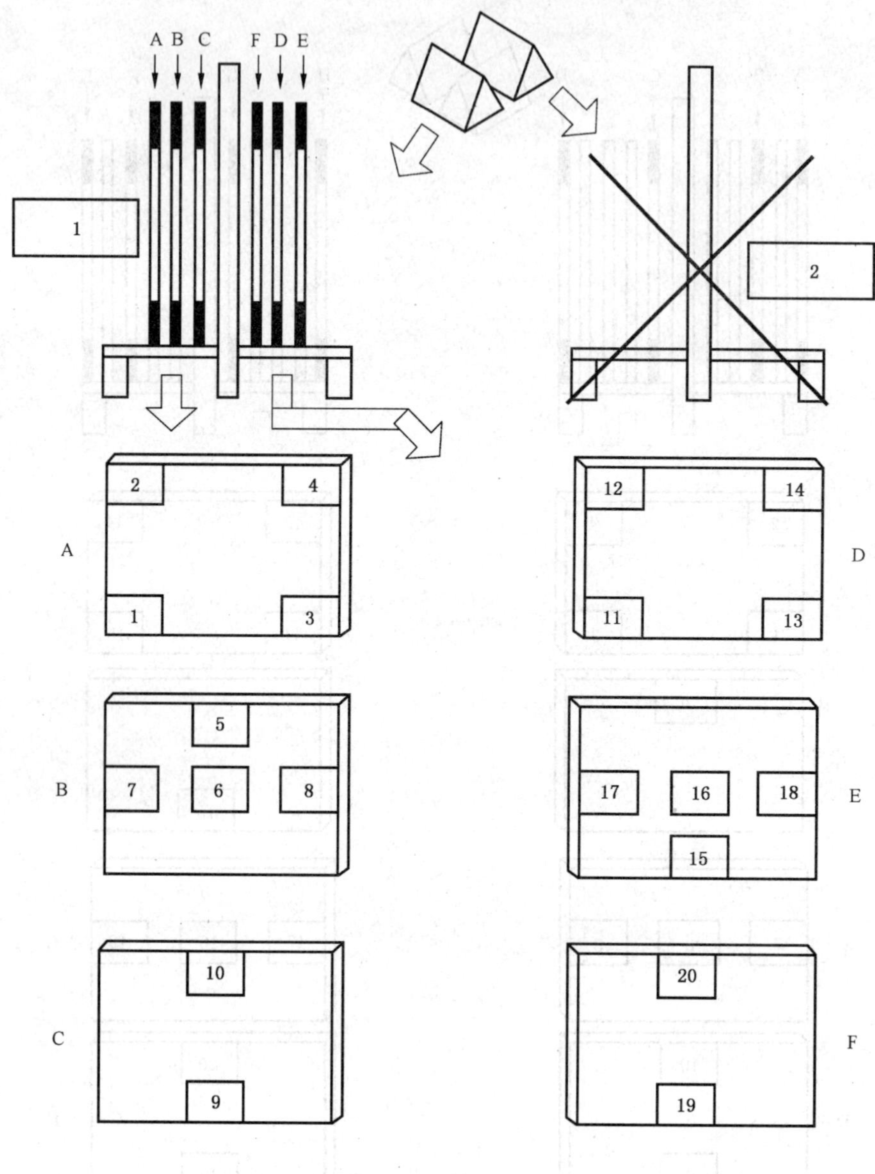

1——第1个装载架，每边均至少3片玻璃平行放置；

2——第二个装载架空载。

图 C.7 第2类 2个双向装载架 10%装载量

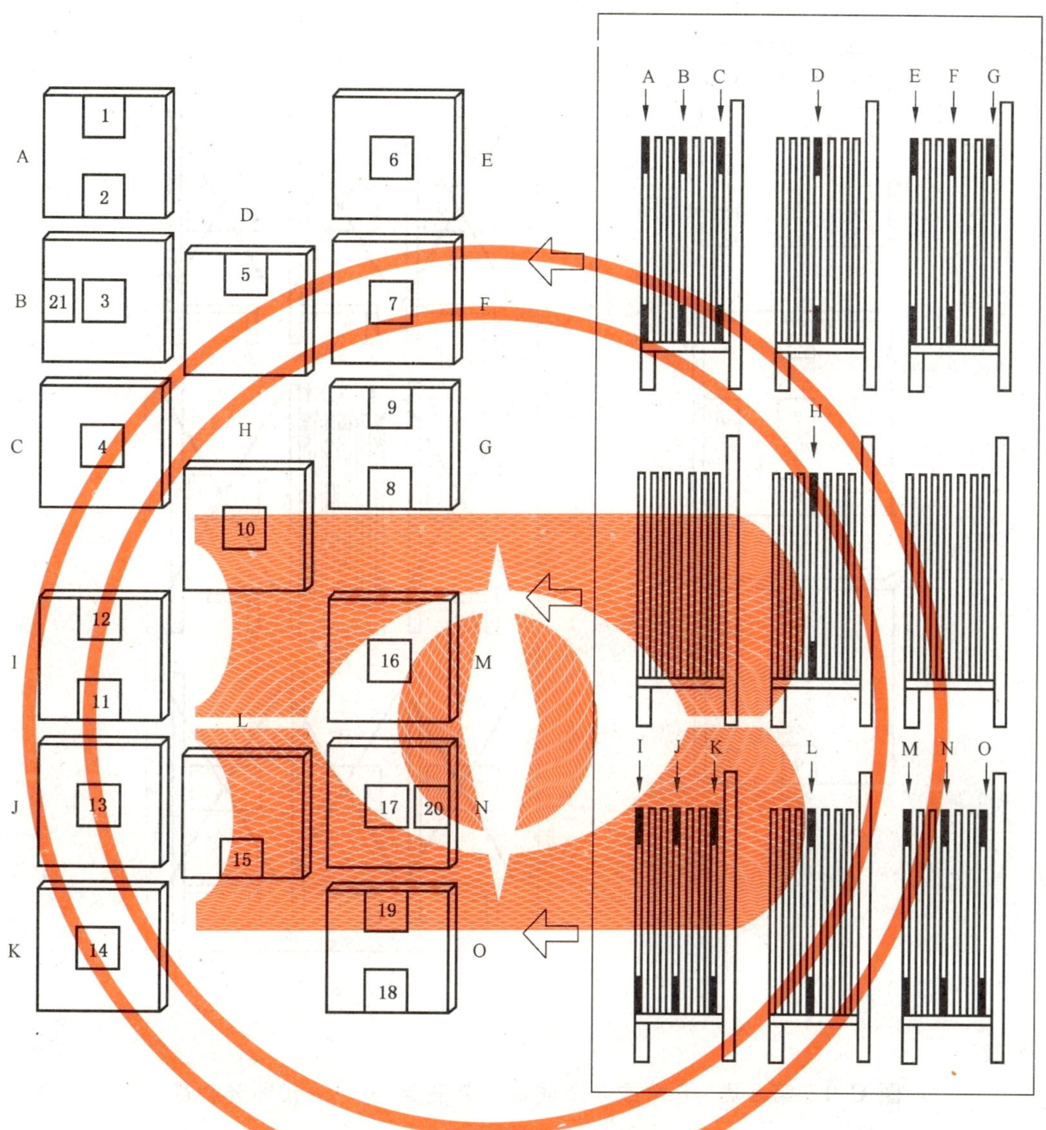

图 C.8 第3类 6个或8个或9个装载架…… 100%装载量

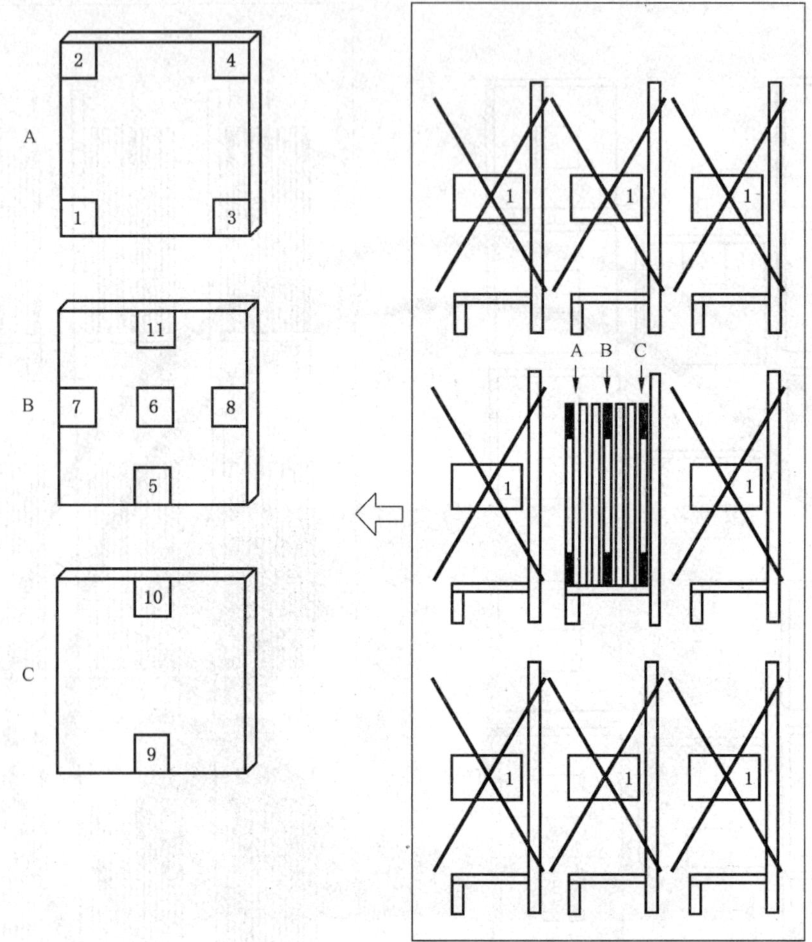

1——空载。

图 C.9　第 9 类　6 个或 8 个或 9 个装载架……　10%装载量

ICS 81.040.20
Q 33

中华人民共和国国家标准

GB/T 18915.1—2013
代替 GB/T 18915.1—2002

镀膜玻璃　第1部分:阳光控制镀膜玻璃

Coated glass—Part 1:solar control coated glass

2013-12-31 发布　　2014-09-01 实施

中华人民共和国国家质量监督检验检疫总局
中国国家标准化管理委员会　发布

前　言

本标准按照 GB/T 1.1—2009 给出的规则起草。

GB/T 18915《镀膜玻璃》分为两部分：

——第 1 部分：阳光控制镀膜玻璃；

——第 2 部分：低辐射镀膜玻璃。

本部分为 GB/T 18915《镀膜玻璃》的第 1 部分。

本部分代替 GB/T 18915.1—2002《镀膜玻璃　第 1 部分：阳光控制镀膜玻璃》。

本部分与 GB/T 18915.1—2002 相比主要变化如下：

——增加和修改了术语和定义中镀膜玻璃、阳光控制镀膜玻璃、针孔、斑点、斑纹、暗道的定义；

——删减了术语和定义中划伤的定义；

——删减了产品分类中阳光控制镀膜玻璃优等品与合格品的划分；

——增加了阳光控制镀膜玻璃按镀膜工艺划分为离线阳光控制镀膜玻璃、在线阳光控制镀膜玻璃；

——增加了表 1；

——删减了钢化、半钢化阳光控制镀膜玻璃原片的边部处理要求；

——修改了外观质量的要求；

——修改了光学性能的要求；

——修改了颜色均匀性试验的要求与试样尺寸、批量色差试样抽取方法；

——修改了耐磨性测定的磨痕测量位置；

——修改了耐酸性、耐碱性测定的试样尺寸。

本标准由中国建筑材料联合会提出。

本标准由全国建筑用玻璃标准化技术委员会(SAC/TC 255)归口。

本标准负责起草单位：国家玻璃质量监督检验中心、秦皇岛玻璃工业研究设计院。

本标准参加起草单位：威海蓝星玻璃股份有限公司、中国南玻集团股份有限公司、格兰特工程玻璃(中山)有限公司。

本标准主要起草人：黄建斌、管世锋、刘志付、谭晓箭、魏德法、王烁、郦江东、韩颖、戚淑梅。

本部分所替代标准的历次版本发布情况为：

——GB/T 18915.1—2002。

镀膜玻璃　第1部分:阳光控制镀膜玻璃

1　范围

本部分规定了阳光控制镀膜玻璃的术语和定义、产品分类、要求、试验方法、检验规则及包装、标志、贮存和运输。

本部分适用于建筑用阳光控制镀膜玻璃,其他用途的阳光控制镀膜玻璃可参照本部分。

2　规范性引用文件

下列文件对于本文件的应用是必不可少的。凡是注日期的引用文件,仅注日期的版本适用于本文件。凡是不注日期的引用文件,其最新版本(包括所有的修改单)适用于本文件。

GB/T 2680　建筑玻璃　可见光透射比、太阳光直接透射比、太阳能总透射比、紫外线透射比及有关窗玻璃参数的测定

GB/T 5137.1　汽车安全玻璃试验方法　第1部分:力学性能试验

GB/T 6382.1　平板玻璃集装器具　架式集装器具及其试验方法

GB/T 6382.2　平板玻璃集装器具　箱式集装器具及其试验方法

GB/T 8170　数值修约规则与极限数值的表示和判定

GB 11614　平板玻璃

GB/T 11942　彩色建筑材料色度测量方法

GB 15763.2　建筑用安全玻璃　第2部分:钢化玻璃

GB/T 17841　半钢化玻璃

JC/T 513　平板玻璃木箱包装

3　术语和定义

下列术语和定义适用于本部分。

3.1

镀膜玻璃　coated glass

通过物理或化学方法,在玻璃表面涂覆一层或多层金属、金属化合物或非金属化合物的薄膜,以满足特定要求的玻璃制品。

3.2

阳光控制镀膜玻璃　solar control coated glass

通过膜层,改变其光学性能,对波长范围300 nm～2 500 nm的太阳光具有选择性反射和吸收作用的镀膜玻璃。

3.3

针孔　pinhole

从镀膜玻璃的膜面方向观察,由于玻璃未附着膜层或膜层较薄而造成的透明点状缺陷。

3.4

斑点　spot

从镀膜玻璃的膜面方向观察,与膜层整体相比,色泽较暗的点状缺陷。

3.5

斑纹 stain

从镀膜玻璃的玻璃面方向观察,膜层不均匀或膜层表面色泽发生变化引起的云状、放射状或条纹状的缺陷。

3.6

暗道 dark stripe

从镀膜玻璃的玻璃面方向观察,亮度或反射色异于整体的条状区域。

4 产品分类

4.1 阳光控制镀膜玻璃按镀膜工艺分为离线阳光控制镀膜玻璃和在线阳光控制镀膜玻璃。

4.2 阳光控制镀膜玻璃按其是否进行热处理或热处理种类进行分类:

a) 非钢化阳光控制镀膜玻璃:镀膜前后,未经钢化或半钢化处理;

b) 钢化阳光控制镀膜玻璃:镀膜后进行钢化加工或在钢化玻璃上镀膜;

c) 半钢化阳光控制镀膜玻璃:镀膜后进行半钢化加工或在半钢化玻璃上镀膜。

4.3 按阳光控制镀膜玻璃膜层耐高温性能的不同,分为可钢化阳光控制镀膜玻璃和不可钢化阳光控制镀膜玻璃。

5 要求

5.1 阳光控制镀膜玻璃的要求及试验方法

阳光控制镀膜玻璃的要求及试验方法对应章节见表1。

表1 要求及试验方法章节对应表

检测项目	要求	试验方法
尺寸偏差	5.2	6.1
厚度偏差	5.2	6.1
对角线差	5.2	6.1
弯曲度	5.2	6.2
外观质量	5.3	6.3
光学性能	5.4	6.4
颜色均匀性	5.5	6.5
耐磨性	5.6	6.6
耐酸性	5.7	6.7
耐碱性	5.8	6.8

5.2 尺寸偏差、厚度偏差、对角线差和弯曲度

5.2.1 非钢化阳光控制镀膜玻璃的尺寸偏差、厚度偏差、对角线差和弯曲度应符合GB 11614的要求。

5.2.2 钢化阳光控制镀膜玻璃的尺寸偏差、厚度偏差、对角线差和弯曲度应符合GB 15763.2的要求。

5.2.3 半钢化阳光控制镀膜玻璃的尺寸偏差、厚度偏差、对角线差和弯曲度应符合GB/T 17841的要求。

5.3 外观质量

5.3.1 阳光控制镀膜玻璃基片的外观质量应符合不同基片各自标准的要求。

a) 以平板玻璃作为基片时，其外观质量应满足 GB 11614 中一等品的要求。

b) 以钢化玻璃作为基片时，其外观质量应满足 GB 15763.2 的要求。

c) 以半钢化玻璃作为基片时，其外观质量应满足 GB/T 17841 的要求。

5.3.2 阳光控制镀膜玻璃的外观质量应符合表 2 的规定。

表 2 阳光控制镀膜玻璃的外观质量

缺陷名称	说明	要求
针孔	直径＜0.8 mm	不允许集中
	0.8 mm≤直径＜1.5 mm	中部：允许个数：2.0×*S*，个，且任意两缺陷之间的距离大于 300 mm。 边部：不允许集中
	1.5 mm≤直径≤2.5 mm	中部：不允许 边部允许个数：1.0×*S*，个
	直径＞2.5 mm	不允许
斑点	1.0 mm≤直径＜2.5 mm	中部：不允许 边部允许个数：2.0×*S*，个
	直径＞2.5 mm	不允许
斑纹	目视可见	不允许
暗道	目视可见	不允许
膜面划伤	宽度≥0.1 mm 或长度＞60 mm	不允许
玻璃面划伤	宽度≤0.5 mm、长度≤60 mm	允许条数：3.0×*S*，个
	宽度＞0.5 mm 或长度＞60 mm	不允许

注 1：集中是指在 ϕ100 mm 面积内超过 20 个。

注 2：*S* 是以 m^2 为单位的玻璃板面积，保留小数点后两位。

注 3：允许个数及允许条数为各系数与 *S* 相乘所得的数值，按 GB/T 8170 修约至整数。

注 4：玻璃板的边部是指距边 5%边长距离的区域，其他部分为中部，如图 1 所示。

注 5：对于可钢化阳光控制镀膜玻璃，其热加工后的外观质量要求可由供需双方商定。

5.4 光学性能

光学性能包括：紫外线透射比、可见光透射比、可见光反射比、太阳光直接透射比、太阳光直接反射比和太阳能总透射比，其要求应符合表 3 规定。

表 3 阳光控制镀膜玻璃的光学性能要求

检测项目	允许偏差最大值（明示标称值）	允许最大差值（未明示标称值）
光学性能	±1.5%	≤3.0%

注：对于明示标称值（系列值）的样品，以标称值作为偏差的基准，偏差的最大值应符合本表的规定；对于未明示标称值的产品，则取 3 块试样进行测试，3 块试样之间差值的最大值应符合本表的规定。

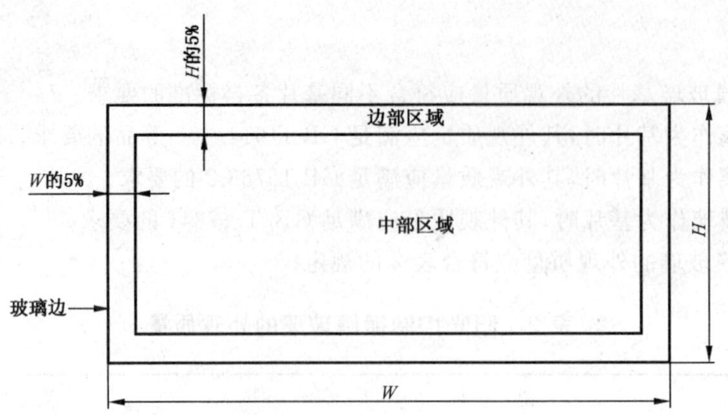

图 1 阳光控制镀膜玻璃外观质量检验区域划分

5.5 颜色均匀性

阳光控制镀膜玻璃的颜色均匀性，以 CIELAB 均匀色空间的色差 ΔE_{ab}^{*} 来表示。其色差应不大于 2.5。

5.6 耐磨性

试验前后试样的可见光透射比差值的绝对值应不大于 4%。

5.7 耐酸性

试验前后试样的可见光透射比差值的绝对值应不大于 4%，且膜层变化应均匀，不允许出现局部膜层脱落。

5.8 耐碱性

试验前后试样的可见光透射比差值的绝对值应不大于 4%，且膜层变化应均匀，不允许出现局部膜层脱落。

6 试验方法

6.1 尺寸偏差、厚度偏差、对角线差

尺寸偏差、厚度偏差、对角线差按 GB 11614 规定的方法进行测定。

6.2 弯曲度测定

6.2.1 非钢化阳光控制镀膜玻璃的弯曲度按 GB 11614 规定的方法进行测定。

6.2.2 钢化和半钢化阳光控制镀膜玻璃的弯曲度按 GB 15763.2 规定的方法进行测定。

6.3 外观质量的测定

6.3.1 针孔、斑点、划伤的测定

在不受外界光线影响的环境中，将试样垂直放置在距屏幕 600 mm 的位置。屏幕为黑色无光泽屏幕，安装有数支 40 W，间距为 300 mm 的荧光灯。观察者距离试样 600 mm，视线垂直于试样表面观察。

如图 2 所示。

针孔、斑点的直径和划伤的宽度用最小分格值 0.01 mm 的读数显微镜测定，缺陷间的最小间距和划伤的长度用分度值为 1 mm 的金属直尺测定。

单位为毫米

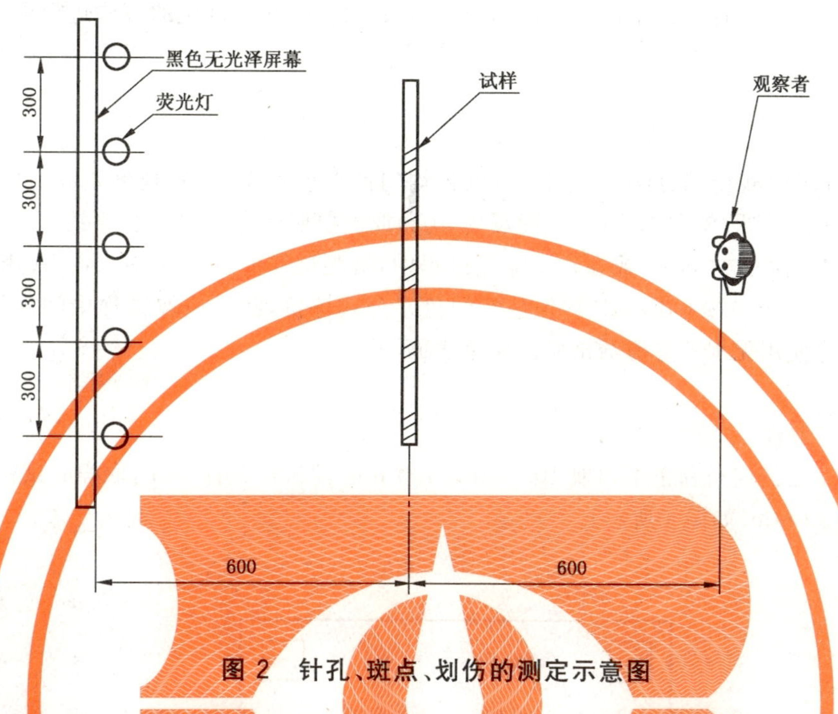

图 2 针孔、斑点、划伤的测定示意图

6.3.2 斑纹、暗道的测定

在自然散射光均匀照射下，将玻璃试样垂直放置，玻璃面面向观察者，观察者与试样的距离为 3 m，视线与玻璃表面法线成 30°角，目视观察，如图 3 所示。

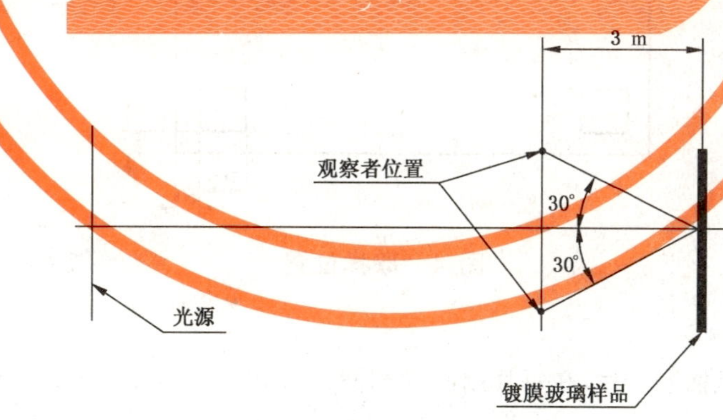

图 3 斑纹、暗道测定示意图

6.4 光学性能的测定

6.4.1 取样方法

对于非钢化的阳光控制镀膜玻璃，在每批制品中随机抽取 3 片制品，在制品中部的同一位置切取 100 mm×100 mm 的试样，共 3 块试样。对于先钢化或半钢化后再镀膜的阳光控制镀膜玻璃，可用以相同材料和镀膜工艺生产的非钢化的阳光控制镀膜玻璃代替来制取试样；对于先镀膜再半钢化的低辐射镀膜玻璃，直接制取适用的试样；对于先镀膜再钢化或半钢化的阳光控制镀膜玻璃，可用以相同材料和镀膜工艺生产的半钢化的阳光控制镀膜玻璃代替来制取适用的试样。

6.4.2 测定方法

使用无水乙醇清洁试样的两个表面，自然晾干后，按 GB/T 2680 规定的方法进行测定。

6.5 颜色均匀性测定

6.5.1 测量方法

依据 GB/T 11942 规定的方法进行测量。颜色均匀性以色差表示，所测色差应为反射色色差。照明与观测条件为垂直照明/漫射接收（含镜面反射，0/t）或漫射照明/垂直接收（含镜面反射，0/t）。被测试样的背面应装集光器或垫黑绒，或在整个测量过程中，被测试样的背景保持一致，采用镜面反射体作为工作部分。色差（ΔE_{ab}^{*}）按 CIELAB 均匀色空间色差公式评价，测量应取试样中间部位，以玻璃面为测量面，测定前，应使用无水乙醇清洁试样的两个表面。

6.5.2 取样方法

6.5.2.1 单片色差取样

在任意一片制品的四角和正中切取 100 mm×100 mm 的试样共计 5 片，取样时试样外边缘与制品边缘的距离应为 50 mm（如图 4 所示）。

单位为毫米

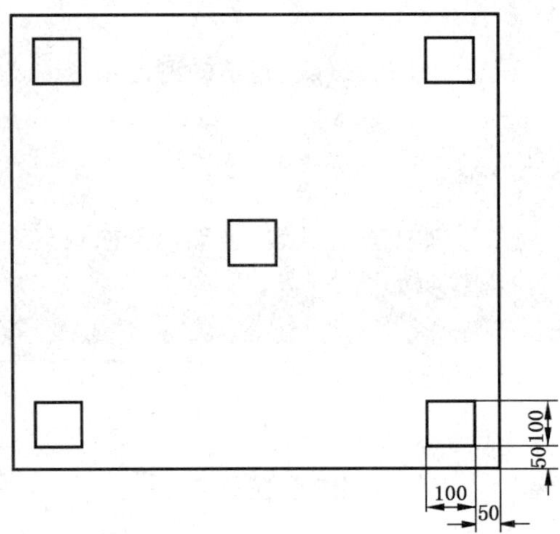

图 4 取样位置

6.5.2.2 批量色差取样

在同一批制品中随机抽取 5 片，在每片制品的相同部位切取 100 mm×100 mm 的试样，共计 5 块试样。

6.5.3 单片色差的测定

以在制品正中切取的试样为标准片，其余 4 片试样均与该试样进行反射颜色的比较测量，测得 4 个色差值（ΔE_{ab}^{*}），其中的最大值即为单片色差。

6.5.4 批量色差的测定

测量 5 块试样的 L^{*}、a^{*}、b^{*} 值，以其中 a^{*} 或 b^{*} 值最大或最小的试样作为标准片，其余试样均与该试样进行反射颜色的比较测量，测得 4 个色差值（ΔE_{ab}^{*}），其中的最大值即为批量色差。

6.5.5 当不能或不便对钢化或半钢化阳光控制镀膜玻璃按以上方式制取样品进行色差测定时，可任选一片制品，在 6.5.2.1 规定的取样位置，按照 6.5.3 的规定测定单片色差，被测位置的背面应垫黑绒布，保持背景的一致性。同样,可在5片制品的相同位置,按照6.5.4的规定测定批量色差。

6.6 耐磨性测定

6.6.1 取样方法

在同一批制品中任意抽取3片,在每片制品上切取100 mm×100 mm的试样,共计3块。对于钢化和半钢化阳光控制镀膜玻璃,在以相同工艺制造的非钢化阳光控制镀膜玻璃上切取试样。

6.6.2 试验设备

磨耗试验机应符合GB/T 5137.1的规定。

6.6.3 试验步骤

6.6.3.1 试验前,使用无水乙醇清洁试样的两个表面,自然晾干后,测量试样的可见光透射比。

6.6.3.2 以膜面为磨耗面,将试样安装在磨耗试验机的水平回转台上,试验前应保持磨轮表面清洁,旋转试样200次,试验后试样的磨痕宽度应不小于10 mm。

6.6.3.3 试验后,用软布轻拭掉膜面上残留的磨屑后,用同一仪器测量磨痕上4点的可见光透射比(如图5所示),计算其平均值。

6.6.3.4 计算试验前后可见光透射比差值的绝对值。

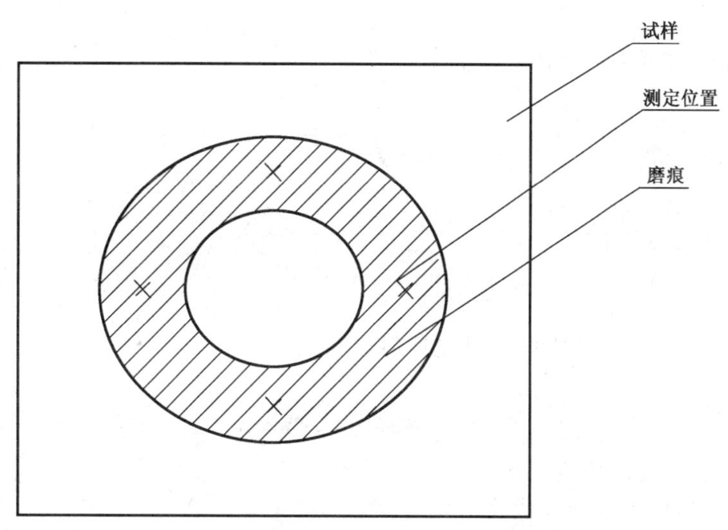

图5 测定位置

6.7 耐酸性

6.7.1 取样方法

在同一批制品中任意抽取3片制品,在每片制品上切取100 mm×100 mm的试样,共计3块。对于钢化和半钢化阳光控制镀膜玻璃,由于无法切割,可以相同工艺制作尺寸尽量小的试样,共计3块试样;如无法制作试样,可任选3片制品,以每片制品的一个角部作为试样。

6.7.2 试验步骤

6.7.2.1 试验前,应使用无水乙醇清洁试样的两个表面,自然晾干后测量试样的可见光透射比。

6.7.2.2　使用合适的容器，将试样浸没在1 mol/L浓度的盐酸中，试样可竖直、倾斜或膜面向上平放在容器中，试样不应叠放在一起，膜面应与溶液充分接触，保持环境温度为23 ℃±2 ℃，浸渍时间为24 h。

6.7.2.3　取出试样，经水洗、自然晾干后，用同一仪器测量试验后其可见光透射比，目测观察膜面的变化情况并记录。

6.7.2.4　计算试验前后可见光透射比差值的绝对值。

6.8　耐碱性

6.8.1　取样方法

在同一批制品中任意抽取3片，在每片制品上切取100 mm×100 mm的试样，共计3块。对于钢化和半钢化阳光控制镀膜玻璃，由于无法切割，可以相同工艺制作尺寸尽量小的试样，共计3块试样；如无法制作试样，可任选3片制品，以每片制品的一个角部作为试样。

6.8.2　试验步骤

6.8.2.1　试验前，应使用无水乙醇清洁试样的两个表面，自然晾干后测量试样的可见光透射比。

6.8.2.2　使用合适的容器，将试样浸没在1 mol/L浓度的氢氧化钠溶液中，试样可竖直、倾斜或膜面向上平放在容器中，试样不应叠放在一起，膜面应与溶液充分接触，保持环境温度为23 ℃±2 ℃，浸渍时间为24 h。

6.8.2.3　取出试样，经水洗、自然晾干后，用同一仪器测量试验后其可见光透射比，目测观察膜面的变化情况并记录。

6.8.2.4　计算试验前后可见光透射比差值的绝对值。

7　检验规则

7.1　检验分类

7.1.1　出厂检验

出厂检验项目为5.2、5.3、5.4中的可见光透射比和5.5。

7.1.2　型式检验

检验项目为第5章规定的所有要求。

有下列情况之一时，应进行型式检验。

a)　正式生产后，结构、材料、工艺有较大改变，可能影响产品性能时；

b)　正常生产时，定期或积累一定产量后，周期性进行一次检验；

c)　产品长期停产后，恢复生产时；

d)　出厂检验结果与上次型式检验有较大差异时；

e)　国家质量监督机构提出型式检验的要求时。

7.2　组批与抽样

7.2.1　组批

同一工艺、同一厚度、可见光透射比标称值相同、稳定连续生产的产品可组为一批。

7.2.2　抽样

7.2.2.1　出厂检验时，企业可以根据生产状况制定合理的抽样方案抽取样品。

7.2.2.2 型式检验时,5.2、5.3 的检验抽样按表 4 进行。当产品批量大于 1 000 片时,以 1 000 片为一批分批抽取试样。

表 4 抽样表

批量范围/片	样本大小	合格判定数	不合格判定数
2～8	2	0	1
9～15	3	0	1
16～25	5	1	2
26～50	8	1	2
51～90	13	2	3
91～150	20	3	4
151～280	32	5	6
281～500	50	7	8
501～1 000	80	10	11

7.2.2.3 产品其他检验项目所需样品可从该批产品中随机抽取。

7.3 判定规则

7.3.1 对产品的尺寸偏差、厚度偏差、对角线差、弯曲度及外观质量进行测定时:每片玻璃的测定结果,上述指标均符合第 5 章的规定时,为合格。一批玻璃的测定结果,若不合格数不大于表 4 中规定的不合格判定数时,则判定该批产品上述指标合格,否则为不合格。

7.3.2 对产品的光学性能进行测定时,3 片试样均符合 5.4 的规定,则判定该批产品该项指标合格,否则为不合格。

7.3.3 对产品的颜色均匀性进行测定时,单片色差和批量色差均符合 5.5 规定,则判定该批产品该项指标合格,否则为不合格。

7.3.4 对产品的耐磨性进行测定时,3 片试样均符合 5.6 规定,则判定该批产品该项指标合格,否则为不合格。

7.3.5 对产品的耐酸性进行测定时,3 片试样均符合 5.7 规定,则判定该批产品该项指标合格,否则为不合格。

7.3.6 对产品的耐碱性进行测定时,3 片试样均符合 5.8 规定,则判定该批产品该项指标合格,否则为不合格。

7.3.7 综合判定

若上述各项中,全部项目经测定均合格,则判定该批产品合格,有一项指标不合格,则认为该批产品不合格。

8 包装、标志、贮存和运输

8.1 包装

8.1.1 包装用的木箱或集装箱、集装架应分别符合 JC/T 513、GB/T 6382.1、GB/T 6382.2 的规定。

8.1.2 包装箱内要垫缓冲材料,玻璃片之间应使用保护材料隔离。

8.2 标志

包装箱(架)上应有工厂名称、商标、产品名称、类别、规格、数量颜色、可见光透射比标称值(如果有)、生产日期、使用说明、膜面标识、轻放、易碎、防雨、防潮和堆放方向等标志。

8.3 贮存和运输

8.3.1 应在干燥通风的库房内贮存,应远离酸碱等腐蚀性化学品。

8.3.2 在贮存、运输和装卸时,应有防雨措施,应采取措施防止玻璃滑动、倾倒。

ICS 81.040.20
Q 33

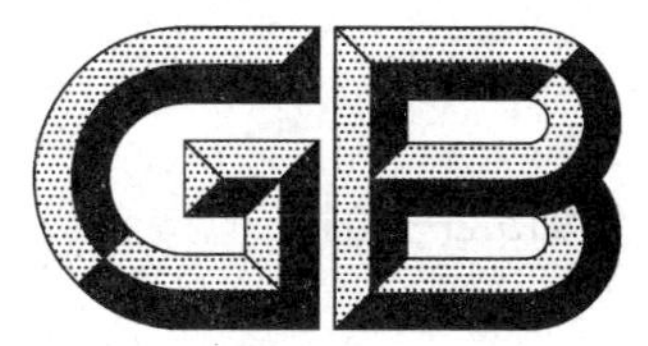

中华人民共和国国家标准

GB/T 18915.2—2013
代替 GB/T 18915.2—2002

镀膜玻璃
第2部分:低辐射镀膜玻璃

Coated glass—Part 2:Low emissivity coated glass

2013-12-31 发布　　2014-09-01 实施

中华人民共和国国家质量监督检验检疫总局
中国国家标准化管理委员会　发布

前言

本标准按照 GB/T 1.1—2009 给出的规则起草。

GB/T 18915《镀膜玻璃》分为两部分：

——第 1 部分：阳光控制镀膜玻璃；

——第 2 部分：低辐射镀膜玻璃。

本部分为 GB/T 18915《镀膜玻璃》的第 2 部分。

本部分代替 GB/T 18915.2—2002《镀膜玻璃　第 2 部分：低辐射镀膜玻璃》。

本部分与 GB/T 18915.2—2002 相比主要变化如下：

——修改了术语和定义中辐射率和低辐射镀膜玻璃的定义；

——直接引用 GB/T 18915.1 中的术语和定义；

——取消按外观质量的分类；

——按生产工艺分类修改为按镀膜工艺分类；

——增加了按膜层耐高温性能的分类；

——修改了外观质量要求；

——修改了颜色均匀性试验的试样尺寸、批量色差试样抽取方法；

——修改了先镀膜再钢化低辐射镀膜玻璃光学性能、辐射率测试的试样要求；

——修改了耐磨性测试的磨痕测量位置；

——修改了耐酸性、耐碱性测试的试样尺寸。

本标准由中国建筑材料联合会提出。

本标准由全国建筑用玻璃标准化技术委员会(SAC/TC 255)归口。

本标准负责起草单位：中国建筑材料检验认证中心、浙江中力控股集团有限公司、台玻成都玻璃有限公司。

本标准参加起草单位：中国南玻集团股份有限公司、上海耀华皮尔金顿玻璃股份有限公司、圣韩玻璃咨询(上海)有限公司、威海蓝星玻璃股份有限公司、金晶(集团)有限公司、深圳市三鑫特种玻璃技术股份有限公司、浙江东亚工程玻璃有限公司、江苏秀强玻璃科技有限公司、杭州春水镀膜玻璃有限公司。

本标准主要起草人：苗向阳、王睿、龙霖星、王茂良、李东彦、蔡焱森、周健、吕皓、刘起英、余光辉、姬文刚、李宗业、宋梅、杨学东、吴斌、汤传兴、吴洁、王赓。

本部分所替代标准的历次版本发布情况为：

——GB/T 18915.2—2002。

镀膜玻璃
第2部分:低辐射镀膜玻璃

1 范围

本部分规定了低辐射镀膜玻璃的术语和定义、产品分类、要求、试验方法、检验规则及包装、标志、贮存和运输。

本部分适用于建筑用低辐射镀膜玻璃,其他用途的低辐射镀膜玻璃可参照本部分。

2 规范性引用文件

下列文件对于本文件的应用是必不可少的。凡是注日期的引用文件,仅注日期的版本适用于本文件。凡是不注日期的引用文件,其最新版本(包括所有的修改单)适用于本文件。

GB/T 2680 建筑玻璃 可见光透射比、太阳光直接透射比、太阳能总透射比、紫外线透射比及有关窗玻璃参数的测定

GB/T 5137.1 汽车安全玻璃试验方法 第1部分:力学性能试验

GB/T 6382.1 平板玻璃集装器具 架式集装器具及其试验方法

GB/T 6382.2 平板玻璃集装器具 箱式集装器具及其试验方法

GB/T 8170 数值修约规则与极限数值的表示和判定

GB 11614 平板玻璃

GB 15763.2 建筑用安全玻璃 第2部分:钢化玻璃

GB/T 17841 半钢化玻璃

GB/T 18915.1 镀膜玻璃 第1部分:阳光控制镀膜玻璃

JC/T 513 平板玻璃木箱包装

3 术语和定义

GB/T 18915.1 界定的以及下列术语和定义适用于本部分。

3.1

辐射率 emissivity

热辐射体的辐射出射度与处在相同温度的普朗克辐射体的辐射出射度之比。

3.2

低辐射镀膜玻璃 low emissivity coated glass

对 4.5 μm~25 μm 红外线有较高反射比的镀膜玻璃,也称 Low-E 玻璃(Low-E coated glass)。

4 产品分类

4.1 低辐射镀膜玻璃按镀膜工艺分为离线低辐射镀膜玻璃和在线低辐射镀膜玻璃。

4.2 低辐射镀膜玻璃按膜层耐高温性能分为可钢化低辐射镀膜玻璃和不可钢化低辐射镀膜玻璃。

5 要求

5.1 低辐射镀膜玻璃的要求及试验方法

要求及试验方法对应章节见表1。

表1 要求及试验方法章节对应表

项目	要求		试验方法
	离线低辐射镀膜玻璃	在线低辐射镀膜玻璃	
尺寸偏差、厚度偏差、对角线差	5.2	5.2	6.1
弯曲度	5.2	5.2	6.2
外观质量	5.3	5.3	6.3
光学性能	5.4	5.4	6.4
颜色均匀性	5.5	5.5	6.5
辐射率	5.6	5.6	6.6
耐磨性	—	5.7	6.7
耐酸性	—	5.8	6.8
耐碱性	—	5.9	6.9

5.2 尺寸偏差、厚度偏差、对角线差和弯曲度

5.2.1 非钢化低辐射镀膜玻璃的尺寸偏差、厚度偏差、对角线差和弯曲度应符合GB 11614的要求。

5.2.2 钢化低辐射镀膜玻璃的尺寸偏差、厚度偏差、对角线差和弯曲度应符合GB 15763.2的要求。

5.2.3 半钢化低辐射镀膜玻璃的尺寸偏差、厚度偏差、对角线差和弯曲度应符合GB/T 17841的要求。

5.3 外观质量

5.3.1 低辐射镀膜玻璃基片的外观质量

低辐射镀膜玻璃以平板玻璃、钢化玻璃或半钢化玻璃作为基片时，基片的外观质量应分别满足GB 11614中一等品、GB 15763.2和GB/T 17841的要求。

5.3.2 低辐射镀膜玻璃的外观质量

低辐射镀膜玻璃的外观质量应符合表2的规定。

表2 低辐射镀膜玻璃的外观质量

缺陷名称	说明	要求
针孔	直径<0.8 mm	不允许集中
	0.8 mm≤直径<1.5 mm	中部：允许3.0×S，个，且任意两针孔之间的距离大于300 mm 边部：不允许集中
	1.5 mm≤直径<2.5 mm	中部：不允许 边部：允许2.0×S，个
	直径>2.5 mm	不允许

表 2（续）

缺陷名称	说　明	要　求
斑点	直径<1.0 mm	不允许集中
	1.0 mm≤直径≤2.5 mm	中部：不允许 边部：允许 3.0×S，个
	直径>2.5 mm	不允许
暗道	目视可见	不允许
膜面划伤	长度≤60 mm 且宽度<0.1 mm	不作要求
	长度≤60 mm 且 0.1 mm≤宽度≤0.3 mm	中部：允许 2.0×S，条 边部：任意二划伤间距不得小于 200 mm
	长度>60 mm 或宽度>0.3 mm	不允许
玻璃面划伤	长度≤60 mm 且宽度≤0.5 mm	允许 3.0×S，个
	长度>60 mm 或宽度>0.5	不允许
允许个数及允许条数为各系数与 S 相乘所得的数值，按 GB/T 8170 修约至整数。 **注 1**：S 是以 m^2 为单位的玻璃板面积，保留小数点后两位。 **注 2**：针孔或斑点集中是指在 ϕ100 mm 面积内针孔或斑点数超过 20 个。 **注 3**：玻璃板的边部是指距边 5%边长距离的区域，其他部分为中部，见图 1。 **注 4**：对于可钢化低辐射镀膜玻璃，其热加工后的外观质量要求由供需双方商定。		

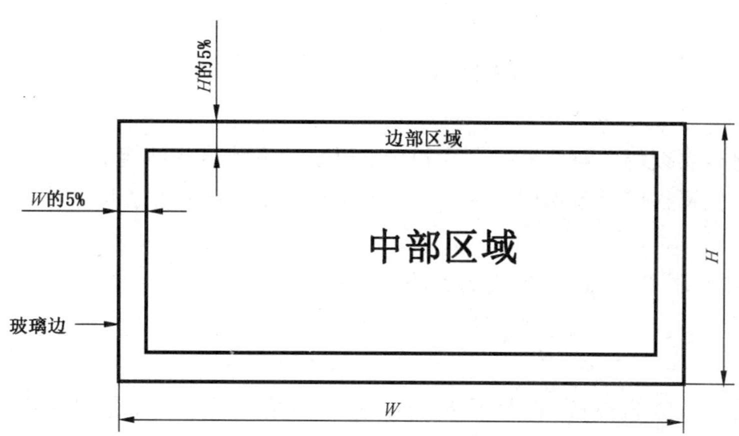

图 1　低辐射镀膜玻璃外观质量检验区域划分

5.4　光学性能

低辐射镀膜玻璃的光学性能包括：紫外线透射比、可见光透射比、可见光反射比、太阳光直接透射比、太阳光直接反射比和太阳能总透射比，其要求应符合表 3 的规定。

表 3 低辐射镀膜玻璃的光学性能要求

项目	允许偏差最大值(明示标称值)	允许最大差值(未明示标称值)
指标	±1.5%	≤3.0%
注：对于明示标称值(系列值)的样品，以标称值作为偏差的基准，偏差的最大值应符合本表的规定；对于未明示标称值的产品，则取 3 块试样进行测试，3 块试样之间差值的最大值应符合本表的规定。		

5.5 颜色均匀性

低辐射镀膜玻璃的颜色均匀性，以 CIELAB 均匀色空间的色差 ΔE_{ab}^{*} 来表示。其色差应不大于 2.5。

5.6 辐射率

低辐射镀膜玻璃的辐射率是指温度 293 K、波长 4.5 μm～25 μm 波段范围内膜面的半球辐射率。离线低辐射镀膜玻璃辐射率应小于 0.15；在线低辐射镀膜玻璃辐射率应小于 0.25。

5.7 耐磨性

试验前后试样的可见光透射比差值的绝对值应不大于 4%。

5.8 耐酸性

试验前后试样的可见光透射比差值的绝对值应不大于 4%。

5.9 耐碱性

试验前后试样的可见光透射比差值的绝对值应不大于 4%。

6 试验方法

6.1 尺寸偏差、厚度偏差、对角线差按 GB 11614 规定的方法进行测定。

6.2 弯曲度测定

6.2.1 非钢化低辐射镀膜玻璃的弯曲度按 GB 11614 规定的方法进行测定。

6.2.2 钢化和半钢化低辐射镀膜玻璃的弯曲度按 GB 15763.2 规定的方法进行测定。

6.3 外观质量的测定

以制品为试样，按 GB/T 18915.1 规定的方法进行检验。

6.4 光学性能的测定

6.4.1 取样方法

对于非钢化的低辐射镀膜玻璃，在每批制品中随机抽取 3 片制品，在制品中部的同一位置切取 100 mm×100 mm 的试样，共 3 块试样。对于先钢化或半钢化后再镀膜的低辐射镀膜玻璃，可用以相同材料和镀膜工艺生产的非钢化的低辐射镀膜玻璃代替来制取试样；对于先镀膜再半钢化的低辐射镀膜玻璃，直接制取适用的试样；对于先镀膜再钢化或半钢化的低辐射镀膜玻璃，可用以相同材料和镀膜工艺生产的半钢化的低辐射镀膜玻璃代替来制取适用的试样。

6.4.2 测定方法

使用无水乙醇清洁试样的两个表面，自然晾干后，按 GB/T 2680 规定的方法进行测定。

6.5 颜色均匀性测定

低辐射镀膜玻璃的颜色均匀性按照 GB/T 18915.1 规定的方法进行测定。

6.6 辐射率测定

6.6.1 试样的制备同 6.4.1。

6.6.2 按照 GB/T 2680 规定的方法测定辐射率。测量并计算 3 块试样的辐射率,结果精确至 0.01。

6.7 耐磨性测定

6.7.1 取样方法

在同一批制品中任意抽取 3 片,在每片制品上切取 100 mm×100 mm 的试样,共计 3 块。对于钢化和半钢化低辐射镀膜玻璃,在以相同工艺制造的非钢化低辐射镀膜玻璃上切取试样。

6.7.2 试验设备

磨耗试验机应符合 GB/T 5137.1 的规定。

6.7.3 试验步骤

6.7.3.1 试验前,使用无水乙醇清洁试样的两个表面,自然晾干后,测量试样的可见光透射比。

6.7.3.2 以膜面为磨耗面,将试样安装在磨耗试验机的水平回转台上,试验前应保持磨轮表面清洁,旋转试样 200 次,试验后试样的磨痕宽度应不小于 10 mm。

6.7.3.3 试验后,用软布轻拭掉膜面上残留的磨屑后,用同一仪器测量磨痕上 4 点的可见光透射比(如图 2 所示),计算其平均值。

6.7.3.4 计算试验前后可见光透射比差值的绝对值。

图 2 测定位置

6.8 耐酸性

6.8.1 取样方法

在同一批制品中任意抽取 3 片制品,在每片制品上切取 100 mm×100 mm 的试样,共计 3 块。对于钢化和半钢化低辐射镀膜玻璃,由于无法切割,可以相同工艺制作尺寸尽量小的试样,共计 3 块试样;如无法制作试样,可任选 3 片制品,以每片制品的一个角部作为试样。

6.8.2 试验步骤

6.8.2.1 试验前,应使用无水乙醇清洁试样的两个表面,自然晾干后测量试样的可见光透射比。

6.8.2.2 使用合适的容器,将试样浸没在 1 mol/L 浓度的盐酸中,试样可竖直、倾斜或膜面向上平放在容器中,试样不应叠放在一起,膜面应与溶液充分接触,保持环境温度为 23 ℃±2 ℃,浸渍时间为 24 h。

6.8.2.3 取出试样，经水洗、自然晾干后，用同一仪器测量试验后其可见光透射比。

6.8.2.4 计算试验前后可见光透射比差值的绝对值。

6.9 耐碱性

6.9.1 取样方法

同6.8.1。

6.9.2 试验步骤

6.9.2.1 试验前，应使用无水乙醇清洁试样的两个表面，自然晾干后测量试样的可见光透射比。

6.9.2.2 使用合适的容器，将试样浸没在1 mol/L浓度的氢氧化钠溶液中，试样可竖直、倾斜或膜面向上平放在容器中，试样不应叠放在一起，膜面应与溶液充分接触，保持环境温度为23 ℃±2 ℃，浸渍时间为24 h。

6.9.2.3 取出试样，经水洗、自然晾干后，用同一仪器测量试验后其可见光透射比。

6.9.2.4 计算试验前后可见光透射比差值的绝对值。

7 检验规则

7.1 检验分类

7.1.1 出厂检验

出厂检验项目为5.2、5.3、5.4中的可见光透射比和5.5。

7.1.2 型式检验

检验项目为第5章规定的所有要求。

有下列情况之一时，应进行型式检验。

a) 正式生产后，结构、材料、工艺有较大改变，可能影响产品性能时；

b) 正常生产时，定期或积累一定产量后，周期性进行一次检验；

c) 产品长期停产后，恢复生产时；

d) 出厂检验结果与上次型式检验有较大差异时；

e) 国家质量监督机构提出型式检验的要求时。

7.2 组批与抽样

7.2.1 组批

同一工艺、同一厚度、可见光透射比标称值相同、稳定连续生产的产品可组为一批。

7.2.2 抽样

7.2.2.1 出厂检验时，企业可以根据生产状况制定合理的抽样方案抽取样品。

7.2.2.2 型式检验时，5.2、5.3的检验抽样按表4进行。当产品批量大于1 000片时，以1 000片为一批分批抽取试样。

表 4 抽样表

批量范围/片	样本大小	合格判定数	不合格判定数
2～8	2	0	1
9～15	3	0	1
16～25	5	1	2
26～50	8	1	2
51～90	13	2	3
91～150	20	3	4
151～280	32	5	6
281～500	50	7	8
501～1 000	80	10	11

7.2.2.3 产品其他检验项目所需样品可从该批产品中随机抽取。

7.3 判定规则

7.3.1 对产品的尺寸偏差、厚度偏差、对角线差、弯曲度及外观质量进行测定时：

每片玻璃的测定结果，上述指标均符合第 5 章的规定时，为合格。一批玻璃的测定结果，若不合格数不大于表 4 中规定的不合格判定数时，则判定该批产品上述指标合格，否则为不合格。

7.3.2 对产品的光学性能进行测定时，3 片试样均符合 5.4 的规定，则判定该批产品该项指标合格，否则为不合格。

7.3.3 对产品的颜色均匀性进行测定时，单片色差和批量色差均符合 5.5 规定，则判定该批产品该项指标合格，否则为不合格。

7.3.4 对产品辐射率进行测定时，3 片试样均符合 5.6 规定，则判定该批产品该项指标合格，否则为不合格。

7.3.5 对产品的耐磨性进行测定时，3 片试样均符合 5.7 规定，则判定该批产品该项指标合格，否则为不合格。

7.3.6 对产品的耐酸性进行测定时，3 片试样均符合 5.8 规定，则判定该批产品该项指标合格，否则为不合格。

7.3.7 对产品的耐碱性进行测定时，3 片试样均符合 5.9 规定，则判定该批产品该项指标合格，否则为不合格。

7.3.8 综合判定：

若上述各项中，全部项目经测定均合格，则判定该批产品合格，有一项指标不合格，则认为该批产品不合格。

8 包装、标志、贮存和运输

8.1 包装

8.1.1 包装用木箱或集装箱、集装架应分别符合 JC/T 513、GB/T 6382.1 和 GB/T 6382.2 的要求。

8.1.2 包装箱内应垫缓冲材料，玻璃宜密封包装，必要时放置足量的干燥剂，玻璃之间用适当材料隔离。

8.2 标志

包装箱(架)上应有生产厂名、商标、产品名称、厚度、类别、规格、数量、生产日期、使用说明、膜面标识、轻放、易碎、防雨、堆放方向等标识、标志。

8.3 贮存和运输

8.3.1 应贮存在干燥的库房内。

8.3.2 在贮存、运输和装卸时应有防雨措施,并应采取措施防止玻璃滑动、倾倒。

ICS 81.040
Q 10

中华人民共和国国家标准

GB/T 29061—2012

建筑玻璃用功能膜

Performance films for glass in building

2012-12-31 发布 2013-09-01 实施

中华人民共和国国家质量监督检验检疫总局
中国国家标准化管理委员会 发布

前　言

本标准按照 GB/T 1.1—2009 给出的规则起草。

本标准与日本标准 JIS A5759:2008 的一致性程度为非等效。

本标准由中国建筑材料联合会提出。

本标准由全国建筑用玻璃标准化技术委员会(SAC/TC 255)归口。

本标准负责起草单位:国家玻璃质量监督检验中心。

本标准参加起草单位:圣戈班舒热佳(青岛)有限公司、深圳市创益科技发展有限公司、3M 中国有限公司、首诺国际贸易(上海)有限公司、成都普泰光电薄膜科技有限公司、中国建材装备有限公司、北京哈尼众业建筑科技有限公司、北京银晶玻璃有限公司、常州山由帝杉防护材料制造有限公司。

本标准主要起草人:李勇、嵇书伟、王立祥、冯素波、李晓杰、蔡建时、周国平、卢佳、张建军、周萍、刘维、张宁、杨舸。

建筑玻璃用功能膜

1 范围

本标准规定了建筑玻璃用功能膜的术语和定义、分类与标记、尺寸规格、要求、试验方法、检验规则及包装、标志、运输和贮存等。

本标准适用于建筑玻璃表面装贴的具有隔热、安全、装饰等功能的各类聚酯薄膜。

2 规范性引用文件

下列文件对于本文件的应用是必不可少的。凡是注日期的引用文件，仅注日期的版本适用于本文件。凡是不注日期的引用文件，其最新版本(包括所有的修改单)适用于本文件。

GB/T 2680 建筑玻璃 可见光透射比、太阳光直接透射比、太阳能总透射比、紫外线透射比及有关玻璃参数的测定

GB/T 2828.1 计数抽样检验程序 第1部分：按接收质量限(AQL)检索的逐批检验抽样计划

GB/T 8170 数值修约规则与极限数值的表示和判定

GB/T 10342 纸张的包装和标志

GB 15763.3—2009 建筑用安全玻璃 第3部分：夹层玻璃

GB/T 16422.2—1999 塑料实验室光源暴露试验方法 第2部分：氙弧灯

GB/T 18915.1—2002 镀膜玻璃 第1部分：阳光控制镀膜玻璃

3 术语和定义

下列术语和定义适用于本文件。

3.1

功能膜 performance films

一种由耐磨涂层、经工艺处理的聚酯膜和保护膜通过胶黏剂组合在一起的多层聚酯复合薄膜材料。

3.2

麻点 dusts

膜层中或膜层表面肉眼可见的点状固体缺陷。

3.3

斑点 spots

膜层中的色泽较深或较浅的点状缺陷。

3.4

斑纹 stripes

膜层色泽发生变化的云状、放射状或条纹状的缺陷。

3.5

皱褶 creases

膜表面不可恢复的折痕。

3.6

气泡　bubbles

膜与胶层保护膜未完全粘接的空隙。

4　分类与标记

4.1　建筑玻璃用功能膜按功能可分为四类

4.1.1　隔热膜，用符号 GR 表示。

4.1.2　安全膜，用符号 AQ 表示，安全膜又分为防飞溅级（表示为 AQ-Ⅰ）和防穿透级（表示为 AQ-Ⅱ）。

4.1.3　隔热安全膜，用符号 GA 表示，隔热安全膜又分为防飞溅级（表示为 GA-Ⅰ）和防穿透级（表示为 GA-Ⅱ）。

4.1.4　装饰膜，用符号 ZS 表示。

4.2　建筑用功能膜按使用场所可分为两类

4.2.1　室外膜，用符号 SW 表示。

4.2.2　室内膜，用符号 SN 表示。

4.3　标记

4.3.1　标记命名

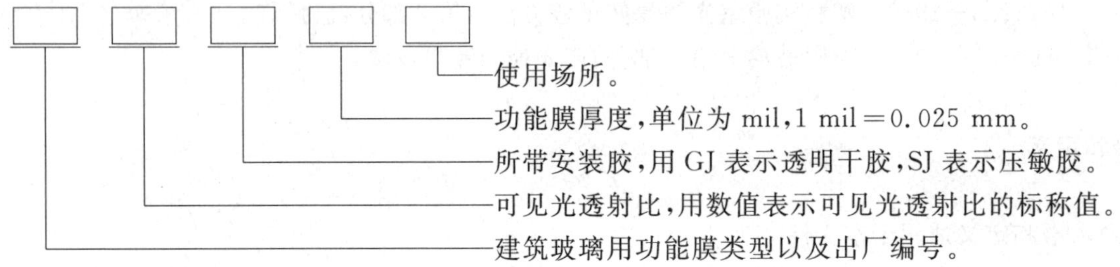

4.3.2　标记示例

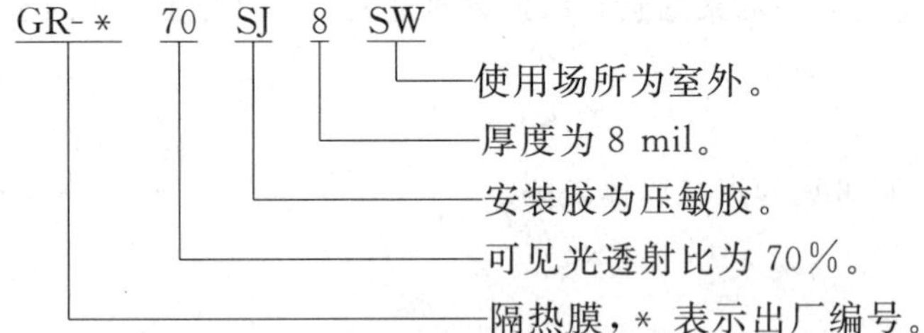

编号为＊、具有 70%可见光透射比、带有压敏安装胶、8 mil 室外用建筑玻璃隔热膜标记为：GR-＊70 SJ 8 SW。

5　尺寸规格

5.1　建筑玻璃用功能膜按厚度可分为：1.5 mil、2 mil、2.5 mil、4 mil、6 mil、7 mil、8 mil、10 mil、11 mil、14 mil、15 mil、19 mil、22 mil 等常用规格。

5.2 建筑玻璃用功能膜按宽度可分为:910 mm、1 220 mm、1 500 mm、1 520 mm、1 820 mm 等常用规格。

6 要求

6.1 建筑玻璃用功能膜应符合的要求

建筑玻璃用功能膜应符合表1相应条款的要求。

表 1 技术要求及试验方法条款

试验项目		建筑玻璃用功能膜						试验方法
		隔热膜	安全膜		隔热安全膜		装饰膜	
			防飞溅级	防穿透级	防飞溅级	防穿透级		
外观质量		6.2	6.2	6.2	6.2	6.2	6.2	7.2
尺寸偏差		6.3	6.3	6.3	6.3	6.3	6.3	7.3
光学性能		6.4	6.4	6.4	6.4	6.4	6.4	7.4
颜色均匀性		6.5	—	—	6.5	6.5	6.5	7.5
力学性能	断裂最大拉力	—					—	7.6
	断裂延伸率	—	6.6	6.6	6.6	6.6	—	7.6
	黏结力	6.6					6.6	7.6
落球冲击性能		—	6.7	6.7	6.7	6.7	—	7.7
防飞溅性能		—	6.8	6.8	6.8	6.8	—	7.8
防穿透性能		—	—	6.9	—	6.9	—	7.9
耐磨性能		6.10	6.10	6.10	6.10	6.10	6.10	7.10
耐酸性能		6.11	6.11	6.11	6.11	6.11	6.11	7.11
耐老化性能		6.12	6.12	6.12	6.12	6.12	6.12	7.12
挥发性有机化合物限量		6.13	6.13	6.13	6.13	6.13	6.13	7.13

6.2 外观质量

建筑玻璃用功能膜的外观质量应满足表2的规定。

表 2 建筑玻璃用功能膜的外观质量

缺陷名称	说 明	要 求	
麻点	直径＜0.8 mm	不允许密集	
	0.8 mm≤直径＜1.2 mm	中部：≤3.0×S，个	边部：不允许密集
	1.2 mm≤直径＜1.6 mm	中部：≤2.0×S，个	边部：≤8.0×S，个
	1.6 mm≤直径≤2.5 mm	中部：不允许	边部：≤5.0×S，个
	直径＞2.5 mm	不允许	
斑点	1.0 mm≤直径≤2.5 mm	中部：≤5.0×S，个	边部：≤6.0×S，个
	2.5 mm＜直径≤5.0 mm	中部：不允许	边部：≤3.0×S，个
	直径＞5.0 mm	不允许	
斑纹	目视可见	不允许	
皱褶	目视可见	不允许	
膜面划伤	0.1 mm＜宽度≤0.3 mm 长度≤60 mm	≤5.0×S，条，划伤间距≥100 mm	
	宽度＞0.3 mm 或长度＞60 mm	不允许	
缺胶	目视可见	不允许	
气泡	目视可见	不允许	
允许个数及允许条数为各系数与 S 相乘所得的数值，按 GB/T 8170 修至整数。			
注 1：麻点密集是指在 Φ100 mm 面积内超过 20 个。 **注 2**：S 是以平方米为单位的膜面积，保留小数点后两位。 **注 3**：中部是指距离膜边缘 75 mm 以内的区域，其他部分为边部。			

6.3 尺寸偏差

建筑玻璃用功能膜的尺寸偏差应满足表 3 的规定。

表 3 建筑玻璃用功能膜的尺寸允许偏差

单位为毫米

项 目	说 明	允许偏差最大值
厚度	厚度＜0.2	−0，+0.013
	厚度≥0.2	−0，+0.025
宽度		≥标称值
长度		≥标称值

6.4 光学性能

6.4.1 建筑玻璃用功能膜的光学性能允许偏差应满足表 4 的规定。

表 4 建筑玻璃用功能膜的光学性能允许偏差值

项　　目	说　　明	允许偏差最大值
可见光透射比	可见光透射比＞30%	±3%
	可见光透射比≤30%	±2%
可见光反射比	可见光反射比＞20%	±3%
	可见光反射比≤20%	±2%
太阳光直接透射比		±3%
太阳光直接反射比		±3%
太阳能总透射比		±3%
遮蔽系数		±0.05
注：对于明示标称值(系列值)的产品，以标称值作为偏差的基准，偏差的最大值应符合本表的规定；对于未明示标称值的产品，则取 3 块试样进行测试，3 块试样与平均值之间差值的最大值应符合本表的规定。		

6.4.2　建筑玻璃用功能膜的紫外线透射比应≤1%。

6.5　颜色均匀性

建筑玻璃用功能膜的颜色均匀性采用 CIELAB 均匀色空间的色差 ΔE_{ab}^{*} 来表示，单位 CIELAB。建筑玻璃用功能膜的颜色均匀性应≤3.0 CIELAB。

6.6　力学性能

建筑玻璃用功能膜的力学性能应符合表 5 的规定。

表 5　建筑玻璃用功能膜的力学性能

项目	隔热膜	安全膜 隔热安全膜		装饰膜
		防飞溅级	防穿透级	
断裂最大拉力/N	—	≥100	≥100	—
断裂延伸率/%	—	≥50	≥50	—
黏结力/N	≥2	≥4	≥8	≥2

6.7　落球冲击性能

试样破坏后，膜层不得断裂，不得因玻璃剥落而暴露。

6.8　防飞溅性能

试样不破坏；如试样破坏，飞溅下来的最大 10 块玻璃的总质量应小于 80 g，且飞溅下来的最大玻璃单块质量应小于 55 g。

6.9　防穿透性能

试样不破坏；如试样破坏，钢球不得穿透试样。

6.10 耐磨性能

试验前后可见光透射比差值的绝对值应≤4%。

6.11 耐酸性能

试验前后可见光透射比差值的绝对值应≤4%。

6.12 耐老化性能

建筑玻璃用功能膜的耐老化性能应符合表6的规定。

表6 建筑玻璃用功能膜的耐老化性能

项　　目	要　　求
外观	无明显变色、金属镀层腐蚀、气泡、分层，超出边部2 mm部分不得剥离
可见光透射比	试验前后差值应≤5%
黏结力	试验前后黏结力的减小≤20%

6.13 挥发性有机化合物限量

建筑玻璃用功能膜挥发性有机化合物(VOC)的质量浓度应≤0.05 mg/cm^2。

室外膜可不进行本项试验。

7 试验方法

7.1 试验条件

除特定要求外，试验应在下述条件下进行：温度20 ℃±5 ℃，相对湿度50%～70%，大气压8.6×10^4 Pa～1.06×10^5 Pa。

7.2 外观质量

7.2.1 试样

以切裁好的制品为试样；对于整卷制品，裁去最初的3 000 mm后在任意位置裁取长度为1 000 mm、宽度为包装宽度的试样。

7.2.2 麻点、斑点、膜面划伤的测定

在不受外界光线影响的环境内，使用装有数支间距300 mm的40 W平行日光灯管的黑色无光泽屏幕。试样垂直放置，与日光灯管平行且相距600 mm，观察者距试样600 mm，视线垂直试样进行观察，如图1所示。缺陷尺寸用精度0.1 mm的读数显微镜测定；划伤的长度用最小刻度为1 mm的钢卷尺测量。

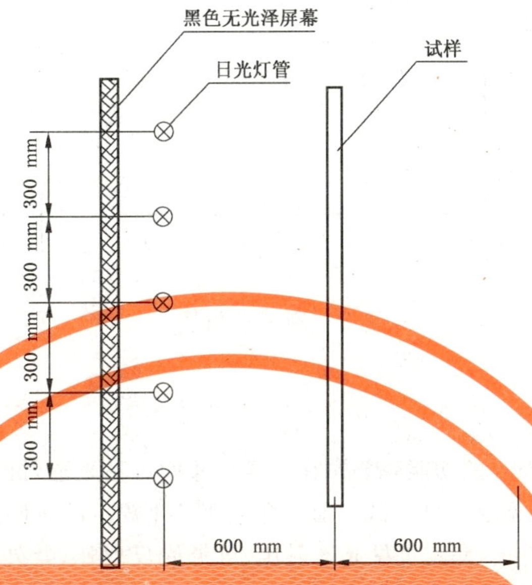

图 1　麻点、斑点、膜面划伤的测定示意图

7.2.3　斑纹、皱褶、缺胶、气泡的测定

如图 2 所示，在自然散射光均匀照射下，试样垂直放置，观察者距离玻璃 3 000 mm，视线与试样表面法线成 30°角进行观察。

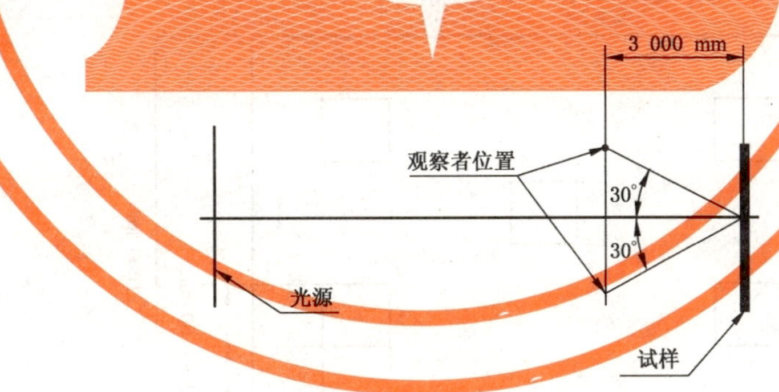

图 2　斑纹、皱褶、缺胶、气泡的测定示意图

7.3　尺寸偏差

以制品为试样。

试样的宽度和长度使用最小刻度为 1 mm 的钢直尺或钢卷尺测量。

试样的厚度使用精度 0.001 mm 以上的量具测量。测量前，去除保护膜及安装胶。对于整卷试样，在其宽度方向取 3 点进行测量，测试点如图 3 所示；对于切裁好的试样，在其四边中点距边缘 10 mm 处测量。取平均值，数值修约至小数点后三位。

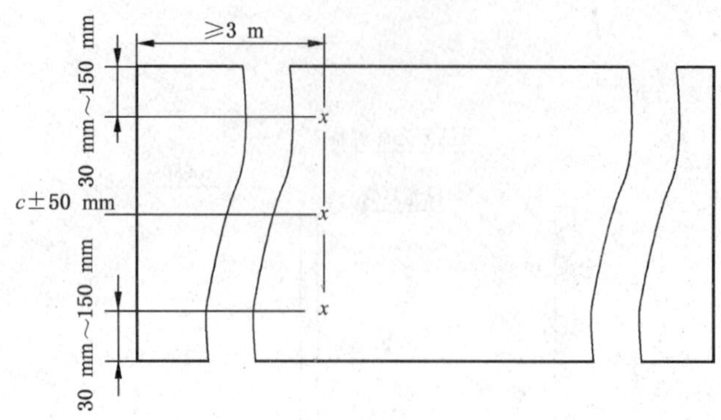

图 3　测试点位置

7.4　光学性能

分别将 3 块 50 mm×50 mm 的功能膜装贴在同样尺寸的可见光透射比为(88±1)%的 3 mm 平板玻璃上，制成试样，装贴方法参见附录 A。试验前试样应在 7.1 规定的条件下至少放置 24 h。

按 GB/T 2680 中规定的方法，测定可见光透射比、可见光反射比、紫外线透射比、太阳光直接透射比、太阳光直接反射比，计算太阳能总透射比、遮蔽系数。

7.5　颜色均匀性

7.5.1　取样

7.5.1.1　同一包装单位的取样：在一包装单位内任意位置裁取长度为 1 000 mm、宽度为包装宽度的试样，在试样的四角和正中间取 50 mm×50 mm 的试样 5 块，试样外边缘距该膜边缘 50 mm，如图 4 所示。

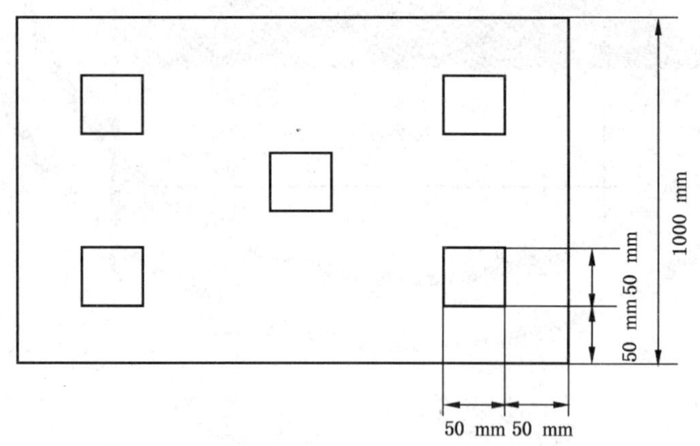

图 4　取样位置

7.5.1.2　同一批产品的取样：从一批产品中随机抽取 5 个包装单位，每一个包装单位按 7.5.1.1 规定取样。

7.5.2　测量

7.5.2.1　分别将 50 mm×50 mm 的功能膜装贴在同样尺寸的可见光透射比为(88±1)%的 3 mm 平板玻璃上，制成试样，装贴方法参见附录 A。试验前试样应在 7.1 规定的条件下至少放置 24 h。

7.5.2.2 一个包装单位功能膜的色差：按 GB/T 18915.1—2002 中 6.5.1 的测量方法，以中间试样作为标准片，其余 4 块均与该试样进行反射颜色的比较，分别测得 4 个 ΔE_{ab}^* 值，其中最大值即为该功能膜的色差。

7.5.2.3 一批功能膜产品的色差：按 GB/T 18915.1—2002 中 6.5.1 的测量方法，在相同位置，分别测量试样的 L^*、a^*、b^* 值，以其中 a^* 或 b^* 最大或最小的 1 块作为标准片，其余 4 块均与该试样进行反射颜色比较，分别测得 4 个 ΔE_{ab}^* 值，其中最大值即为该批功能膜产品的色差。

7.6 力学性能

7.6.1 断裂最大拉力及断裂延伸率

7.6.1.1 试样

取 150 mm×(25±0.5)mm 的功能膜 3 块，应确保试样边缘整齐光滑无缺口，试验前应在 7.1 规定的条件下至少放置 24 h。

7.6.1.2 试验

将去除保护膜的试样安装在万能材料试验机夹具上，夹具间隔约 100 mm，精确测量夹具间隔，以(300±30)mm/min 的速度拉伸，测定试样断裂时的最大拉力及延伸量，根据式(1)计算断裂延伸率。数值修约至小数点后两位。

$$E=\frac{l-l_0}{l_0}\times 100\% \qquad \cdots\cdots(1)$$

式中：

E——断裂延伸率；

l_0——开始时夹具间隔；

l——断裂时夹具间隔。

7.6.2 黏结力

7.6.2.1 试样

分别将 3 块 250 mm×(25±0.5)mm 的功能膜装贴在 125 mm×50 mm 的 3 mm 平板玻璃上，制成试样，装贴方法参见附录 A。功能膜与平板玻璃一端中央对齐，余下的 125 mm 部分处于自由摆动状态，可在这部分的黏贴面上扑上滑石粉或者贴上纸片，试验前应在 7.1 规定的条件下至少放置 21 d。如图 5 所示。

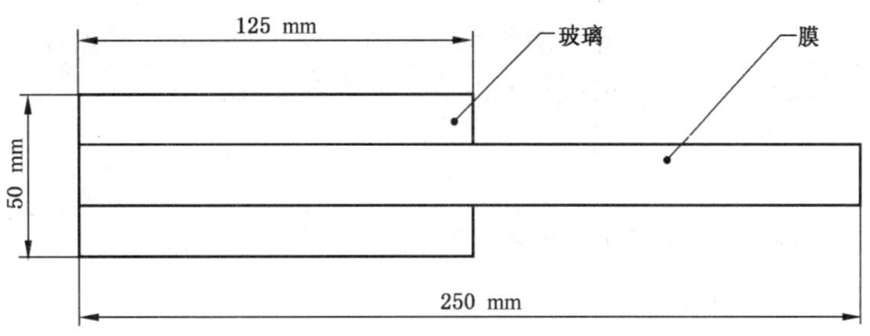

图 5 黏结力试样示意图

7.6.2.2 试验

将试样自由摆动部分的功能膜翻折180°，剥离约25 mm后，将功能膜与玻璃分别夹于万能材料试验机上下夹具，如图6所示，以(300±30)mm/min的速度拉揭下来。每剥离20 mm读取一次黏结力，每块试样读取4次，取平均值。数值修约至小数点后一位。

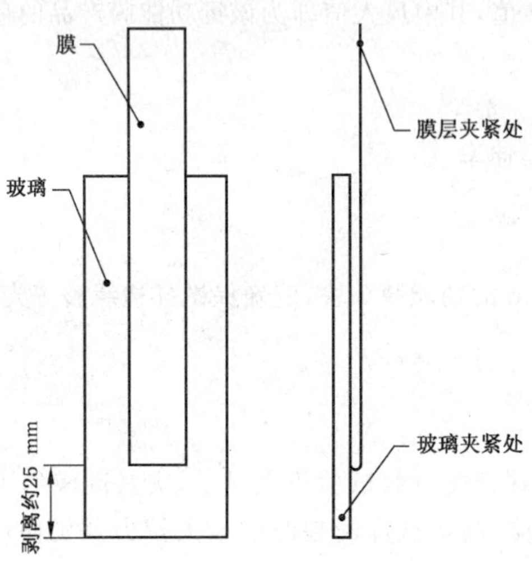

图6 试样剥离示意图

7.7 落球冲击性能

7.7.1 试样

分别将6块610 mm×610 mm的功能膜装贴在同样尺寸的4 mm平板玻璃上，制成试样，装贴方法参见附录A。试验前试样应在7.1规定的条件下至少放置21 d。

7.7.2 试验

按GB 15763.3—2009中7.11的规定进行试验。3块试样冲击面为膜面，3块试样冲击面为玻璃面。

7.8 防飞溅性能

7.8.1 试样

分别将4块1 930 mm×864 mm的功能膜装贴在同样尺寸的4 mm平板玻璃上，制成试样，装贴方法参见附录A。试验前试样应在7.1规定的条件下至少放置21 d。

7.8.2 试验装置

试验装置应符合GB 15763.3—2009附录C的规定。

7.8.3 试验

7.8.3.1 在每次冲击试验前，应将冲击体提升至相应的高度并保持冲击体静止。试验时，将初速度为零的冲击体释放，使冲击体以摆锤式自由下落垂直冲击试样中心点附近一次。

7.8.3.2 2块试样冲击面为膜面，2块试样冲击面为玻璃面。

7.8.3.3 首先使冲击体最大直径的中心位置保持在 300 mm 的下落高度，自由摆动落下，冲击试样中心点附近一次。如试样没有破坏，升高至 450 mm，在同一试样的中心点附件再冲击一次。

7.8.3.4 试样仍未破坏时，按下落高度 600 mm、750 mm、900 mm 和 1 200 mm 的顺序，依次提升高度，在同一试样的中心点附件再冲击一次。

7.8.3.5 下落高度为 300 mm、450 mm、600 mm、750 mm、900 mm 或 1 200 mm 试样破坏时，在破坏后 3 min 之内，从飞溅出来的玻璃碎片中称量最大的单块碎片质量和最大 10 块碎片的质量。

7.9 防穿透性能

7.9.1 试样

分别将 4 块 1 100 mm×900 mm 的功能膜装贴在同样尺寸的 4 mm 平板玻璃上，制成试样，装贴方法参见附录 A。试验前试样应在 7.1 规定的条件下至少放置 21 d。

7.9.2 试验装置

试验装置应符合以下规定：

a) 试验台的框架用 L 型角钢构成。

b) 试验台应能使试样保持水平。

c) 试样四周固定尺寸为(30±5)mm。

d) 在箱体底部铺设软质物体，避免钢球冲击到钢制受冲击箱体的底部时，钢球反弹及表面产生伤痕。

e) 紧固试验体框架的部分使用宽 30 mm、厚 4 mm、硬度 40 IRHD～60 IRHD 的橡胶。

单位为毫米

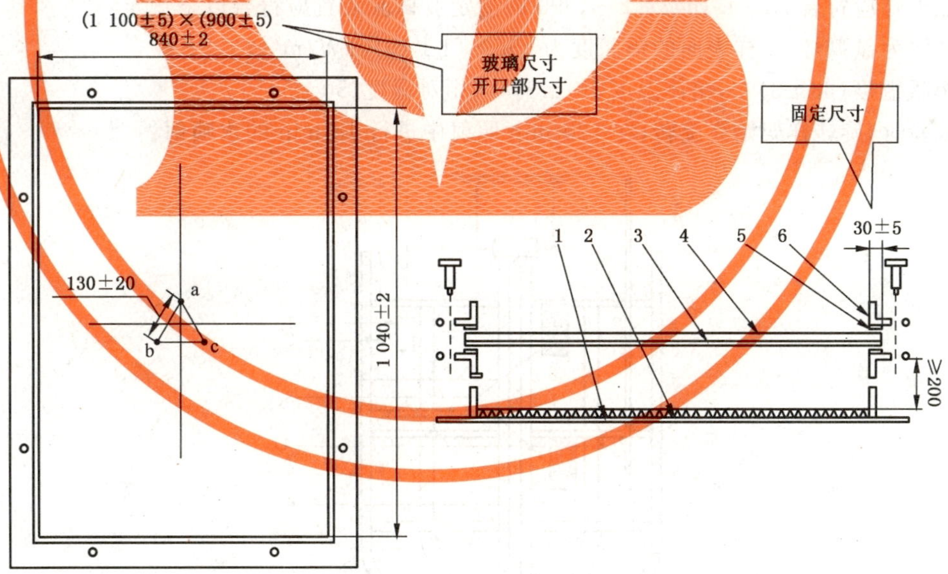

说明：

1——钢制受冲击箱体；2——软质物体；3——功能膜；

4——4 mm 平板玻璃；5——橡胶片；6——定位销。

图 7 钢球的落下位置及试验装置示意图

7.9.3 试验

使用直径为(100±0.2)mm、质量(4.11±0.06)kg 的抛光处理过的钢球置于距离试样表面3 000 mm 的高度，使其自由下落，观察冲击后试样状态。冲击面为玻璃面，冲击点为 a,b,c 3 点，如图 7 所示。

试验时，依次冲击点 a,b,c。冲击点 a 后 5 s,如钢球穿透试样，则试验结束；如未穿透，则继续试验。按上述方法冲击点 b,c,并观察冲击后状态。

7.10 耐磨性能

分别将 3 块 100 mm×100 mm 的功能膜装贴在同样尺寸的 4 mm 平板玻璃上，制成试样，装贴方法参见附录 A。试验前试样应在 7.1 规定的条件下至少放置 24 h。

按 GB/T 18915.1—2002 中 6.6 规定的方法进行试验。

7.11 耐酸性能

分别将 3 块 100 mm×100 mm 的功能膜装贴在同样尺寸的 4 mm 平板玻璃上，制成试样，装贴方法参见附录 A。试验前试样应在 7.1 规定的条件下至少放置 24 h。

按 GB/T 18915.1—2002 中 6.7 规定的方法进行试验。

7.12 耐老化性能

7.12.1 试样

按 7.6.2.1 的方法，分别将 3 块 250 mm×(25±0.5)mm 的功能膜装贴在 125 mm×50 mm 的可见光透射比为(88±1)%的 3 mm 平板玻璃上，制成试样。试验前试样应在 7.1 规定的条件下至少放置 7 d。

7.12.2 试验装置

试验氙弧灯应符合 GB/T 16422.2—1999 的规定。试验装置应符合以下规定：

a) 光源为氙弧灯，试样表面的辐照度为 255×(1±10%)W/m^2。

b) 黑板温度(63±3)℃，箱体温度(40±3)℃，相对湿度(50±5)%。

c) 试验时，旋转样架始终旋转，在 120 min 照射中进行 18 min 的水喷射。

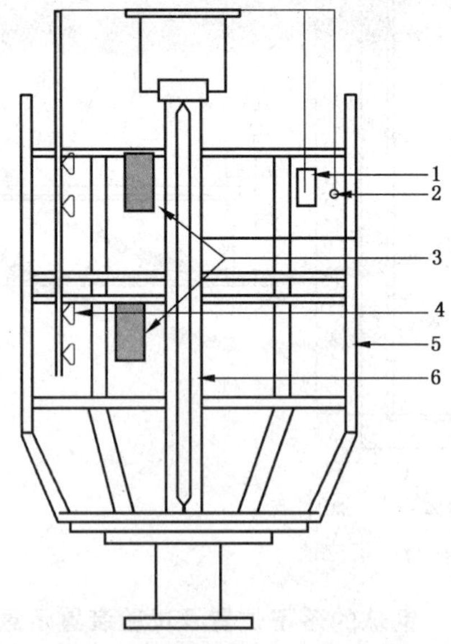

说明：

1——黑板温度计；2——光辐射测量传感器；3——试样；

4——喷水口； 5——旋转样架； 6——氙弧灯管。

图 8 耐老化试验装置示意图

7.12.3 试验

将试样置于耐老化试验装置中，贴有外用功能膜的试样膜面对向光源，贴有内用功能膜的试样玻璃面对向光源，照射 1 200 h。然后将试样取出，在 7.1 规定的条件下放置 24 h 后进行观察，并按 7.4 测量透射比，按 7.6.2 测量黏结力。

7.13 挥发性有机化合物限量

7.13.1 试样

试样为 50 mm×50 mm 功能膜 8 块，试验时去除保护膜。

7.13.2 试验设备

鼓风干燥箱、卡尔费休干燥炉、容量法微量水分测定仪、氮气(N_2+Ar 纯度>99.995%，$H_2O<5\times10^{-6}\ V/V$)和精度为 1×10^{-4} g 的电子天平。

7.13.3 试验

7.13.3.1 总挥发物含量测定

7.13.3.1.1 称量试样的质量，然后将其放在托盘内，放入(100±5)℃的鼓风干燥箱内，保温 1 h。然后将试样取出放入干燥器内冷却至室温，称量其质量。根据式(2)计算试样总挥发物含量。

$$m_t = m_1 - m_2 \quad \cdots\cdots(2)$$

式中：

m_t——试样总挥发物含量；

m_1——烘前试样质量；

m_2——烘后试样质量。

7.13.3.1.2 总挥发物含量为 4 块试样的平均值，修约至小数点后四位。

7.13.3.2 水分含量测定

7.13.3.2.1 称量试样的质量，然后将其放入卡尔费休干燥炉中，炉温控制在(100±5)℃，保持氮气流速(200±20)ml/min，测定试样水分质量分数。根据式(3)计算试样水分含量。

$$m_w = m_3 r \quad \cdots\cdots(3)$$

式中：

m_w——试样水分含量；

m_3——试样质量；

r——试样水分质量分数。

7.13.3.2.2 水分含量为 4 块试样的平均值，修约至小数点后四位。

7.13.3.3 挥发性有机物含量

根据式(4)计算试样挥发性有机物含量。

$$m = m_t - m_w \quad \cdots\cdots(4)$$

式中：

m——试样挥发性有机物含量。

8 检验规则

8.1 检验分类

8.1.1 出厂检验

出厂检验项目为外观质量、尺寸偏差。

8.1.2 型式检验

型式检验项目为第6章规定的所有检验项目。

有下列情况之一时，应进行型式检验：

a) 正式生产后，结构、材料、工艺有较大改变，可能影响产品性能时；

b) 正常生产时，定期或积累一定产量后，周期性进行一次检验；

c) 产品长期停产后，恢复生产时；

d) 出厂检验结果与上次型式检验有较大差异时；

e) 国家质量监督机构提出型式检验的要求时。

8.2 组批与抽样

8.2.1 组批

同一工艺、同一颜色、同一厚度、同一可见光透射比每100个包装单位为一批。

8.2.2 抽样

8.2.2.1 出厂检验时，企业可根据生产状况制定合理的抽样方案抽取样品。

8.2.2.2 型式检验、产品质量仲裁、监督抽查时，尺寸偏差、外观质量可按GB/T 2828.1正常检查一次抽样方案，取 $AQL=6.5\%$，具体见表7。

表7 抽样方案表

单位为每包装单位

批量范围	抽检数	合格判定数	不合格判定数
2～8	2	0	1
9～15	3	0	1
16～25	5	1	2
26～50	8	1	2
51～90	13	2	3
91～150	20	3	4
151～280	32	5	6
281～500	50	7	8
501～1 000	80	10	11

8.2.2.3 对产品的光学性能、耐磨性能、耐酸性能进行测定时，每批随机抽取一个包装单位，裁取符合标准要求尺寸的功能膜试样。

8.2.2.4 对于产品所要求的其他性能，若用制品检验时，根据检验项目所要求的数量从该批产品中随机抽取。

8.3 判定规则

8.3.1 外观质量、尺寸偏差

若不合格品数等于或大于表7的不合格判定数，则认为该批产品的外观质量、尺寸偏差不合格。

8.3.2 光学性能

取3块试样试验，全部符合要求为合格。

8.3.3 颜色均匀性

一个包装单位产品的色差符合要求为合格。
一批产品的色差符合要求为合格。

8.3.4 力学性能

分别取3块试样进行试验，全部符合要求为合格。

8.3.5 落球冲击性能

取6块试样进行试验当5块或5块以上符合上述规定时合格。当3块或3块以下符合规定时为不合格。当4块符合时，则需追加6块新试样，6块均符合规定时为合格。

8.3.6 防飞溅性能

取4块试样进行试验，全部符合要求为合格。

8.3.7 防穿透性能

取4块试样进行试验，全部符合要求为合格。

8.3.8 耐磨性能

取3块试样进行试验，全部符合要求为合格。

8.3.9 耐酸性能

取3块试样进行试验，全部符合要求为合格。

8.3.10 耐老化性能

取3块试样进行试验，全部符合要求为合格。

8.3.11 挥发性有机化合物限量

挥发性有机物含量符合要求为合格。

8.3.12 综合判定

上述各项中，有一项不合格，则认为该批产品不合格。

9 包装、标志、运输和贮存

9.1 包装

产品采用密封防潮包装，包装物应符合 GB/T 10342 及其他国家标准规定。

9.2 标志

包装标志应符合国家有关标准的规定，应包括产品名称、标记、厂名、厂址、商标、规格、数量、批号、生产日期、执行标准。且应标明“朝上、轻搬正放、防雨、防潮”等字样。

9.3 运输

运输时应有防雨措施。

9.4 贮存

产品应放在通风良好、防雨、防潮、防火的场所。

附　录　A
（资料性附录）
建筑玻璃用功能膜装贴方法

A.1　装贴条件

除特定要求外，装贴应在清洁、无尘、密闭的室内进行：温度 20 ℃±5 ℃，相对湿度 50%～70%，大气压 8.6×10^4 Pa～1.06×10^5 Pa。

A.2　装贴工具

清洗安装液、喷壶、清洗刮铲刀、刮水擦、挤水铲、特氟隆挤水片、裁膜刀、裁膜导板和直尺、无屑吸水纸巾等。

A.3　装贴

A.3.1　玻璃的清洗

清洗玻璃，去除玻璃表面的污渍，必要时用清洗刮铲刀将污物刮铲掉。用无屑吸水纸巾擦拭玻璃，保证擦拭干净。

A.3.2　装贴

A.3.2.1　覆膜：将裁取好的功能膜去除保护膜，在安装胶面、玻璃表面均匀喷清洗安装液，覆膜。喷洒清洗安装液在功能膜表面，用刮水擦以水平方向在功能膜上来回刮擦 2～3 次，令功能膜黏在正确的位置上。

A.3.2.2　挤水：再次喷洒清洗安装液在功能膜表面，首先用挤水铲由功能膜中上方开始、上下左右地移动，以相同的压力及角度、重叠的动作挤压整块玻璃，尽量清除功能膜和玻璃之间残留的清洗安装液。在最后的挤压前使用裁膜刀裁切功能膜边部可能多余的部分。之后用无屑纸巾包住特氟隆挤水片，以平稳的力度，将残留的水分挤压出来，同时不停地转换纸巾位置以求将多余的水分挤尽。注意功能膜和玻璃之间不要残留气泡、水泡。

ICS 13.020.10
Z 04

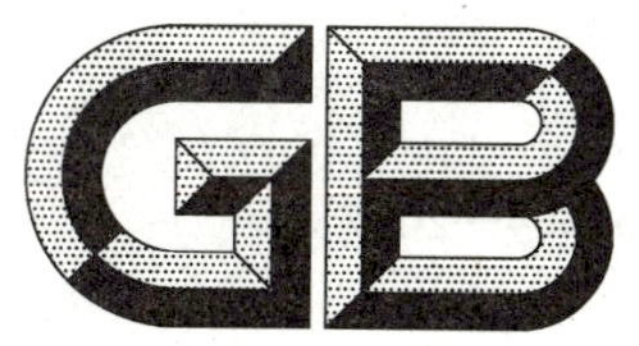

中华人民共和国国家标准

GB/T 35604—2017

绿色产品评价 建筑玻璃

Green product assessment—Building glass

2017-12-08 发布　　2018-07-01 实施

中华人民共和国国家质量监督检验检疫总局
中国国家标准化管理委员会　发布

前　言

本标准按照 GB/T 1.1—2009 给出的规则起草。

本标准由全国建筑用玻璃标准化技术委员会(SAC/TC 255)和国家绿色产品评价标准化总体组提出并归口。

本标准起草单位:中国建材检验认证集团股份有限公司、中国标准化研究院、中国南玻集团股份有限公司、株洲旗滨集团股份有限公司、台湾玻璃工业股份有限公司、信义玻璃工程(东莞)有限公司、福莱特玻璃集团股份有限公司、东莞市银建玻璃过程有限公司、中山市格兰特实业有限公司、中航三鑫股份有限公司、天津北玻玻璃工业技术有限公司、福建新福兴玻璃有限公司、杭州坤瑞格拉威宝科技有限公司、信义节能玻璃(芜湖)有限公司、信义玻璃(天津)有限公司、中国建材检验认证集团秦皇岛有限公司、保定市大韩玻璃有限公司、北京冠华东方玻璃科技有限公司、河北明营建材科技股份有限公司。

本标准主要起草人:石新勇、杨学东、王睿、黄进、苗向阳、李勇、许武毅、白振中、姬文刚、万军鹏、阮洪良、曹耀强、白占国、周永文、刘东阳、李春超、田永刚、夏卫文、丁洪光、蔡法清、夏庆徽、王文彪、刘翼、黄小楼、吴洁、李娜、张浩运、温玉刚、陈向阳、高玉华、肖颂华、于东雪、王兆岐、桑路明。

绿色产品评价　建筑玻璃

1　范围

本标准规定了建筑玻璃绿色产品评价的术语和定义、评价要求和评价方法。

本标准适用于建筑用钢化玻璃、夹层玻璃、中空玻璃的评价。

2　规范性引用文件

下列文件对于本文件的应用是必不可少的。凡是注日期的引用文件，仅注日期的版本适用于本文件。凡是不注日期的引用文件，其最新版本(包括所有的修改单)适用于本文件。

GB/T 10504　3A 分子筛

GB 11614　平板玻璃

GB/T 11944—2012　中空玻璃

GB 12348　工业企业厂界环境噪声排放标准

GB 15763.2　建筑用安全玻璃　第 2 部分：钢化玻璃

GB 15763.3　建筑用安全玻璃　第 3 部分：夹层玻璃

GB/T 18144　玻璃应力测试方法

GB/T 18915.1　镀膜玻璃　第 1 部分：阳光控制镀膜玻璃

GB/T 19001　质量管理体系　要求

GB 21340　平板玻璃单位产品能源消耗限额

GB/T 24001　环境管理体系　要求及使用指南

GB/T 33761—2017　绿色产品评价通则

JC/T 2166　夹层玻璃用聚乙烯醇缩丁醛(PVB)胶片

JGJ/T 151　建筑门窗玻璃幕墙热工计算规程

3　术语和定义

GB/T 33761—2017 界定的以及下列术语和定义适用于本文件。

3.1

相对节能率　relative energy saving ratio

与 3 mm 普通玻璃相比，使用绿色建筑玻璃实现的节约能量比例。

4　评价要求

4.1　基本要求

4.1.1　产品生产企业的污染物排放状况、污染物总量控制，符合相关环境保护法律法规的要求，应达到国家或地方污染物排放标准的要求。近 3 年无重大安全事故或重大环境污染事件。

4.1.2　工业企业厂界环境噪声排放，应符合 GB 12348 要求，同时应符合相关地方标准要求。

4.1.3　生产企业的管理应按照 GB/T 24001 和 GB/T 19001 分别建立并运行环境管理体系和质量管理

体系。

4.1.4 企业宜采用国家鼓励的先进技术工艺，不应使用国家或有关部门发布的淘汰或禁止的技术、工艺、装备及材料。

4.1.5 产品质量水平，钢化玻璃产品性能应符合 GB 15763.2 的要求；夹层玻璃产品性能应符合 GB 15763.3的要求；中空玻璃产品性能应符合 GB/T 11944 的要求。

4.2 绿色产品评价指标要求

4.2.1 钢化玻璃绿色产品评价指标要求见表 1。

表 1 钢化玻璃绿色产品评价指标要求

一级指标	二级指标		要求	判定依据
资源属性	平板玻璃	外观质量	应满足 GB 11614 中最高等级的技术要求	GB 11614
		单位产品能耗	应符合表 A.1 要求	GB 21340
	水资源	用水定额	≤0.01 m^3/m^2	附录 B
	包装材料	可循环材料利用率	≥90%	附录 B
	原片综合利用率		≥85%	附录 B
能源属性	单位产品生产能耗	平面普通钢化玻璃	≤3.22 kW·h /m^2	附录 B
		平面低辐射镀膜钢化玻璃	≤3.99 kW·h /m^2	
		曲面普通钢化玻璃	≤4.22 kW·h /m^2	
		曲面低辐射镀膜钢化玻璃	≤5.22 kW·h /m^2	
环境属性	水资源重复利用率		≥90%	附录 B
品质属性	安全性及耐久性	表面应力及均匀性	表面应力≥90 MPa，表面应力均匀性≤10 MPa	附录 C
		波形弯曲度	0.12 mm/300 mm	GB 15763.2

4.2.2 夹层玻璃绿色产品评价指标要求见表 2。

表 2 夹层玻璃绿色产品评价指标要求

一级指标	二级指标		要求	判定依据
资源属性	平板玻璃	外观质量	应满足 GB 11614 中最高等级的技术要求	GB 11614
		单位产品能耗	应符合表 A.1 要求	GB 21340
	水资源	用水定额	≤0.01 m^3/m^2	附录 B
	包装材料	可循环材料利用率	≥90%	附录 B

表 2（续）

一级指标	二级指标		要求	判定依据
资源属性	原片综合利用率		≥85%	附录 B
	钢化玻璃		应满足表 1 要求	—
	夹层玻璃用胶片		厚度应不小于公称厚度	JC/T 2166
能源属性	单位产品生产能耗		≤4.0 kW·h /m²	附录 B
环境属性	水资源重复利用率		≥90%	附录 B
品质属性	安全性及耐久性	烘焙实验	无气泡	附录 D

4.2.3 中空玻璃绿色产品评价指标要求见表 3。

表 3 中空玻璃绿色产品评价指标要求

一级指标	二级指标		要求	判定依据
资源属性	平板玻璃	外观质量	应满足 GB 11614 中最高等级的技术要求	GB 11614
		单位产品能耗	应符合表 A.1 要求	GB 21340
	水资源	用水定额	≤0.01 m³/m²	附录 B
	包装材料	可循环材料利用率	≥90%	附录 B
	3A 分子筛		应满足 GB/T 10504 中最高等级的技术要求	GB/T 10504
	原片综合利用率		≥85%	附录 B
	钢化玻璃		满足表 1 要求	—
	夹层玻璃		满足表 2 要求	—
能源属性	建筑节能	相对节能率	≥65%	附录 E
环境属性	水资源重复利用率		≥90%	附录 B
品质属性	光热性能		见附录 F	附录 F
	色差		≤1.5	GB/T 18915.1
	安全性及耐久性	水气密封耐久性能	水分渗透指数：I≤0.10 平均值 I_{av}≤0.05	GB/T 11944—2012

5 评价方法

标准采用指标符合性评价的方法，同时满足基本要求和评价指标要求的建筑玻璃产品称为绿色产品。

附 录 A
（规范性附录）
平板玻璃单位产品能耗指标要求

企业所采用平板玻璃单位产品能耗应符合表 A.1 的要求。

表 A.1 平板玻璃单位产品能耗指标要求

分类	平板玻璃单位产品能耗要求 kgce/重量箱	平板玻璃单位熔窑热耗 kJ/kg
＞500 t/d ≤800 t/d	≤12.5	≤5 700
＞800 t/d	≤11.0	≤5 000
注：表中 500 t/d、800 t/d 指熔窑设计日熔化玻璃液量(不包括全氧燃烧的玻璃熔窑)。		

附 录 B
（规范性附录）
平板玻璃单位产品能耗要求

B.1 原片综合利用率

原片综合利用率是生产合格产品与切裁所使用原片玻璃的比例，按式(B.1)计算：

$$K_C = \frac{A_P}{A_T} \times 100\% \qquad \cdots\cdots (B.1)$$

式中：

K_C ——原片综合利用率，以%表示；

A_T ——统计期内，企业消耗原片玻璃总量，单位为立方米(m^3)或吨(t)；

A_P ——统计期内，企业生产合格产品总量，单位为立方米(m^3)或吨(t)。

B.2 (包装材料)可循环材料利用率

可循环材料利用率是指包装(运输)产品使用可循环材料与总包装(运输)产品材料的比例，按式(B.2)计算：

$$K_b = \frac{S_C}{S_Z} \times 100\% \qquad \cdots\cdots (B.2)$$

式中：

K_b ——可循环材料利用率，以%表示；

S_C ——统计期内，企业通过可循环材料包装(运输)的产品面积总量，单位为平方米(m^2)；

S_Z ——统计期内，企业生产的产品面积总量，单位为平方米(m^2)。

B.3 用水定额

生产每平方米合格产品所消耗的新水量，不包括生活用水，按式(B.3)计算：

$$W_p = \frac{V_P}{S_S} \qquad \cdots\cdots (B.3)$$

式中：

W_p ——生产每平方米合格产品所消耗的新水量，单位为立方米每平方米(m^3/m^2)；

V_P ——统计期内，生产合格产品所消耗的新水量，新水为从水源地取得的、未经任何处理的水资源，包括地下水、地表水及市政供水等，单位为立方米(m^3)；

S_S ——统计期内，生产合格产品的总面积，单位为平方米(m^2)；对于多片玻璃构成的复合制品，S_S 应为构成玻璃制品的各单片玻璃的面积和；例如三玻两腔中空玻璃，S_S 应为构成中空玻璃的 3 片单片玻璃的面积和。

B.4 单位产品生产能耗

单位产品生产能耗指生产每平方米合格产品所消耗的能源，按式(B.4)计算：

$$E_d = \frac{E}{P} \qquad \cdots\cdots\cdots\cdots\cdots\cdots (B.4)$$

式中：

E_d——单位产品生产能耗，单位为千瓦时每平方米（$kW \cdot h/m^2$）；

E——统计期内产品的能耗，单位为千瓦时（$kW \cdot h$）；

P——统计期内合格产品的产量，单位为平方米（m^2）；产品为钢化玻璃时，以厚度 6 mm 玻璃为基准，其余厚度换算为 6 mm 厚度玻璃进行统计，如生产面积为 12 m^2、厚度为 8 mm 玻璃，换算为厚度为 6 mm 玻璃时，则：$P = 12 \times 8 \div 6 = 16\ m^2$；夹层玻璃不考虑厚度影响。

B.5 水资源重复利用率

水资源重复利用率是指企业生产过程中使用重复水量与用水量的比值，按式（B.5）计算：

$$K_w = \frac{V_r}{V_t} \times 100\% \qquad \cdots\cdots\cdots\cdots\cdots\cdots (B.5)$$

式中：

K_w——水资源重复利用率；

V_r——统计期内，企业生产过程中使用的重复水量，单位为立方米（m^3）；重复水量等于用水量减去新水量；

V_t——统计期内，企业生产过程中的用水量，包含各种水资源，单位为立方米（m^3）。

附 录 C
（规范性附录）
钢化玻璃表面应力及其均匀性试验方法

C.1 以制品为试样，也可以与制品相同厚度、同种类、同工艺条件下制造的、面积不小于 1.6 m^2 的试验片为试样。

C.2 如图 C.1 所示，在距长边 100 mm 的距离上，引平行于长边的 2 条平行线，并与对角线相交于 4 点，这 4 点以及制品的几何中心点即为测量点。若制品短边长度不足 300 mm 时，则在距短边 100 mm 的距离上引平行于短边的两条平行线与中心线相交于 2 点，这两点以及制品的几何中心点即为测量点，如图 C.2 所示。不规则形状的制品，其应力测量点由供需双方商定。

C.3 按 GB/T 18144 规定的方法对每个测量点分别进行两次测量，两次测量的方向互相垂直。

C.4 样品表面应力值为全部测量值的算术平均值，修约至小数点后一位。

C.5 表面应力均匀性：计算同一片钢化玻璃表面应力的最大测量值与最小测量值的差值的绝对值。

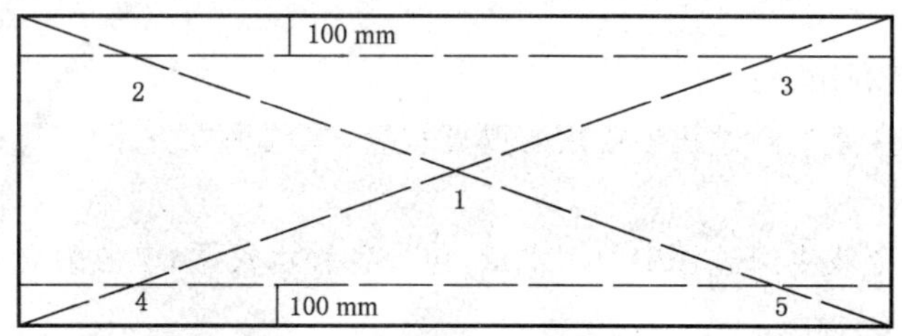

说明：

1、2、3、4、5——测量点。

图 C.1 短边长度不小于 300 mm 的钢化玻璃测量点示意图

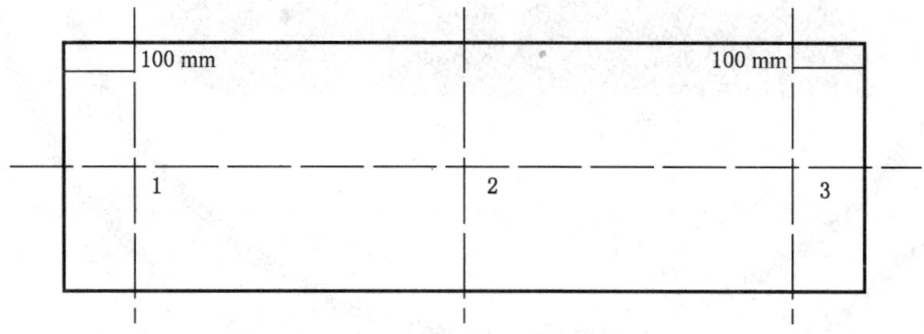

说明：

1、2、3——测量点。

图 C.2 短边长度小于 300 mm 的钢化玻璃测量点示意图

附 录 D
（规范性附录）
夹层玻璃烘焙试验方法

D.1 试样与制品材料相同，在相同加工工艺下制备，或直接从制品上切取，但至少有一边为制品原边的一部分。试样规格应不小于 300 mm×300 mm，数量为 3 块。

D.2 试验装置可以采用控温精度不超过±1 ℃，最高使用温度不低于 180 ℃的电热鼓风烘箱。

D.3 试样放入烘箱，试样应受热均匀。多片试样时，试样之间不应互相接触，空气能自由流通。

D.4 试样加热至 100 ℃，保温 16 h，依次升温至 110 ℃、120 ℃、130 ℃条件下各保温 1 h，升温速率不低于 10 ℃/10 min。

D.5 取出试样冷却至室温，目视检查试验后的试样，记录超出边部 13 mm 部分有无气泡。

附 录 E
(规范性附录)
相对节能率

采用模拟计算的方法,以公用建筑为基础,计算夏季制冷、冬季制热所耗费的能量,同时与3mm普通玻璃相比,得到相对节能率。计算模型只虑玻璃的性能,其他墙体材料认为是绝热材料,通过室内外温差、太阳辐照计算玻璃节能量。

$$RHG=|RHG_W|+|RHG_S|=|U\times\Delta T+(I\times g)/4|_{冬季}+|U\times\Delta T+(I\times g)/4|_{夏季} \quad\cdots\cdots(E.1)$$

式中:

RHG ——相对热增益,分为冬季 RHG_W 和夏季 RHG_S。

U ——传热系数,单位为瓦每平方米开[W/(m² · K)],按 JGJ/T 151 进行检验。

ΔT ——室内外温差,单位为摄氏度(℃),室外温度-室内温度,见表 E.1。

I ——太阳辐射照度,见表 E.1。

g ——太阳能总透射比,按 JGJ/T 151 进行检验。

$$SEC=\frac{|RHG_{3\ mm}|-|RHG|}{|RHG_{3\ mm}|}\times 100\% \quad\cdots\cdots(E.2)$$

式中:

SEC——相对节能率。

表 E.1 标准环境条件

环境条件		严寒地区	寒冷地区	夏热冬冷地区	夏热冬暖地区
冬季	供热时间室外平均温度℃	−16	−8	0	—
	室内平均温度/℃	18	18	18	—
	供暖时间平均太阳辐照/(W/m²)	47	135	137	—
夏季	制冷时间室外平均温度/℃	29	30	31	33
	室内平均温度/℃	25	25	25	25
	制冷时间平均太阳辐照/(W/m²)	570	550	500	500

示例:以寒冷地区为例:

3 mm 普通玻璃:($U=5.9$,$g=0.870$)

RHG_W(冬季)$=U\times\Delta T+I\times g=5.9\times(-8-18)+135\times0.870\div4=-153.4+29.4=-124.0$(W/m²)

RHG_S(夏季)$=U\times\Delta T+I\times g=5.9\times(30-25)+550\times0.870\div4=29.5+119.6=149.1$(W/m²)

6 mm 低辐射镀膜玻璃+12Ar+6 mm 普通玻璃($U=1.5$,$g=0.500$)

RHG_W(冬季)$=U\times\Delta T+I\times g/4=1.5\times(-8-18)+135\times0.751\div4=-39.0+16.9=-22.1$(W/m²)

RHG_S(夏季)$=U\times\Delta T+I\times g/4=1.5\times(30-25)+550\times0.751\div4=7.5+68.8=76.3$(W/m²)

SEC =[(124.0+149.1)−(22.1+76.3)]/ (124.0+149.1)×100%= 63.9%

附 录 F
（规范性附录）
中空玻璃光热性能要求及计算

F.1 不同气候区建筑用中空玻璃光热性能应符合表 F.1 的要求。

表 F.1 不同气候区建筑用中空玻璃光热性能参数表

气候区	光热比	传热系数	可见光透射比	可见光反射比（室外）
严寒地区	≥1.2	≤1.0	≥40.0%	<20.0%
寒冷地区	≥1.4	≤1.1		
夏热冬冷地区	≥1.6	≤1.1		
夏热冬暖地区	≥1.6	≤1.3		
温和地区	≥1.2	≤1.8		

F.2 依据 JGJ/T 151 检验建筑玻璃的可见光透射比、可见光反射比、太阳能总透射比、传热系数。

F.3 光热比的计算：

光热比为建筑玻璃可见光透射比与太阳能总透射比的比值，用 LSG 表示，按式(F.1)计算：

$$LSG=\frac{\tau_v}{g} \qquad (F.1)$$

式中：

LSG ——光热比；

τ_v ——可见光透射比，%；

g ——太阳能总透射比，%。

ICS 81.040
Q 33

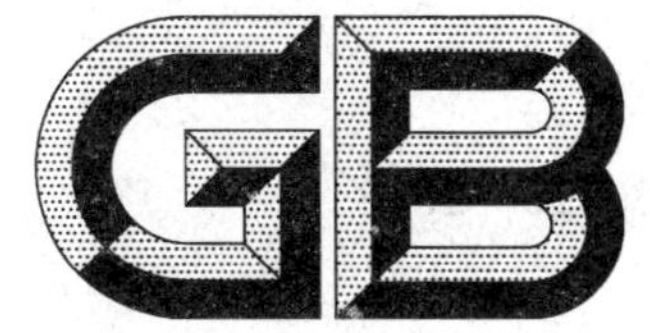

中华人民共和国国家标准

GB/T 36400—2018

建筑用装饰玻璃术语

Standard terminology of decorative glass

2018-06-07 发布　　　　2019-05-01 实施

国家市场监督管理总局
中国国家标准化管理委员会　发布

前　言

本标准按照 GB/T 1.1—2009 给出的规则起草。

本标准由中国建筑材料联合会提出。

本标准由全国建筑用玻璃标准化技术委员会(SAC/TC 255)归口。

本标准起草单位:广东南亮艺术玻璃科技股份有限公司、江苏碧海安全玻璃科技股份有限公司、河南豫科玻璃技术股份有限公司、东莞市银通玻璃有限公司、中国建筑玻璃与工业玻璃协会。

本标准主要起草人:段国平、张佰恒、陈铭波、李会、杜康、景志杰、万永宁、廖仲明、欧介仁、朱盛菁、韩伟军、张展有、黄秋华、王蕾、李彦。

建筑用装饰玻璃术语

1 范围

本标准界定了建筑用装饰玻璃的通用术语、产品种类及与生产工艺相关术语及定义。

本标准适用于建筑用装饰玻璃的设计、生产与应用领域。

2 喷砂玻璃类

2.1

喷砂玻璃 sand blasting glass

将磨料与压缩空气混合后喷射到玻璃表面，使玻璃产生毛面、龟裂，形成平面或凹凸效果的玻璃制品。

2.2

喷砂法 sand blasting method

对玻璃表面进行喷砂处理，使之形成均匀、整版毛面玻璃的工艺。

2.3

平喷法 spray method

在玻璃表面粘贴保护膜，描摹图案，用刻刀切割(或用电脑雕刻机切割)图案轮廓线，将需要喷砂蚀刻部分的保护膜揭掉，再将玻璃放入喷砂箱内进行均匀喷砂的一种工艺。

2.4

雕刻喷砂法 engraving method

以喷砂的方式在玻璃表面进行雕刻的工艺。

2.5

阴影喷砂法 shadow method

以玻璃表面喷砂痕迹的轻重、深浅表现图案的方法。

2.6

肌理喷砂法 texture method

借助天然物料或液态物料，在玻璃表面进行遮挡、点滴、抛洒，然后进行喷砂，使之形成独特自然肌理雕刻效果的表现技法。

3 化学蚀刻玻璃类

3.1

蚀刻 chemical etching

以化学侵蚀的方式对玻璃表面进行处理的工艺。

3.2

蒙砂粉 glass frosting powder

以氟化物(如氟化氢铵、氟化氢钾)等为主要成分，再加入硫酸铵、硫酸钡及其他添加剂，混合成的一种粉状的混合物(调整配比，可得到不同蒙砂效果的蒙砂粉)。

3.3

蒙砂膏　glass frosting cream

调整蒙砂粉的配比，再加入适量的盐酸，通过搅拌、研磨形成一种膏状的混合物。

3.4

蒙砂玻璃　frosted glass

利用蒙砂粉和酸的混合液对玻璃表面进行处理，形成平滑、透光不透视的玻璃制品。

3.5

防眩光蒙砂玻璃　anti-glare glass

利用蒙砂粉与盐酸的混合液对玻璃表面进行蚀刻、酸洗，使表面产生漫反射的玻璃制品。

3.6

网印蒙砂　chemical corrode screen printing

采用网版印刷的方法，在玻璃表面上印刷蚀刻油墨，或在玻璃表面上印刷防蚀涂层，再进行酸蚀刻。

3.7

凹蒙玻璃　aomeng glass

在蒙砂玻璃或透明玻璃表面，印刷带有图案或文字的耐酸油墨，然后将印刷过的玻璃浸入酸混合液中浸泡，时间根据需要蚀刻的深度而定，浸泡后清洗干净，再将油墨去掉，即可得到凹蒙蚀刻玻璃。

3.8

酸抛光　acid polishing

利用酸混合液对研磨、蚀刻或喷砂玻璃表面进行处理，使玻璃表面平滑光洁。

4　激光蚀刻类

4.1

激光雕刻　laser engraving

利用激光对玻璃表面或内部进行处理，形成平面或立体图案、图像等的工艺。

4.2

彩色激光内雕　color laser engraving

在玻璃成分中加入可着色的金属纳米粒子，通过改变飞秒激光扫描功率密度和热处理温度来控制纳米金属粒子尺寸，从而改变可见光吸收光谱而呈色，实现在透明无色玻璃内部形成彩色图案。

4.3

磨刻玻璃　etched glass

用各种研磨设备或工具对玻璃制品进行磨花和雕刻。

4.4

平面磨刻　plane engraving

利用各种设备或工具在玻璃表面磨刻出二维空间的花纹或图案的工艺。

4.5

浮雕　cameo

在玻璃表面上磨刻出形象浮凸的制品的工艺。

注：可分为浅浮雕和高浮雕。

4.6

圆雕　circular engraving

将玻璃雕刻成立体形象的磨刻工艺，也称立体雕。

4.7

半圆雕　semicircular engraving

用圆雕技法,形成部分立体图像的磨刻工艺。

4.8

线雕　line engraving

磨刻工艺的一种,其特点是在玻璃表面上形成阴线或阳线。

4.9

透雕　hollow-cutting

将玻璃底板镂空,可从正面透过镂空处看到浮雕背后的景物,浮雕工艺的一种。

4.10

刻花玻璃　cut glass

利用各种磨具,通过研磨与抛光,形成花纹或图案的玻璃制品。

5　彩绘玻璃类

5.1

彩绘玻璃　coloured drawing glass(pattern glass)

将颜料利用喷绘、手绘、印刷、转移等方式,在玻璃表面绘制成图案的一种制品。

5.2

雕刻喷绘　carving and painting

在喷砂玻璃上粘贴保护膜,用雕刻刀依据图案轮廓进行切割,然后根据图案的色彩进行喷绘着色。

5.3

立线彩晶　lines coloured drawing (pattern)

采用漆艺中的沥粉工艺,在光面玻璃上先立线条,后填充色彩的一种工艺。

5.4

玻璃贴画　glass stickers

将绘画或装饰材料粘贴在玻璃表面形成的制品。

5.5

彩色印刷　color printing

使用印版方式将图画、文字及照片信息转移到玻璃表面上的工艺。

5.6

盖印法　seal printing

采用橡皮印章,用蚀刻膏或油墨作为印泥,在玻璃表面印刷图案的方法。

5.7

胶版印刷　offset printing

用橡胶辊筒将印版图案、文字转印到玻璃表面的间接印刷方法。

5.8

丝网印刷　screen printing

通过网版将色釉浆(膏)直接印刷到玻璃表面,形成所需要的图案花纹。

5.9

凸版印刷　convex printing

在玻璃表面上涂敷与玻璃黏结性好的树脂层,用凸版压印,使硬化树脂层形成凹版花纹。

5.10

数码打印玻璃　digital printing glass

用数码打印机将图文信息打印在玻璃表面的制品。

6　胶合装饰玻璃类

6.1

胶合装饰玻璃　glued glass

将装饰物粘贴在玻璃表面或玻璃之间,使其形成具有装饰效果的复合玻璃制品。

6.2

玻璃雕塑　glass sculpture

将多层玻璃按照设计方案堆叠胶合或熔合形成的立体装饰性玻璃制品。

6.3

晶贝　glass shells

用工具进行掰边处理和局部切割产生贝壳状纹理的玻璃片。

6.4

晶纹　reeded glass

用工具进行掰边处理,形成不规则横条透明纹理的条形玻璃贴片。

7　灯工玻璃类

7.1

灯工玻璃　lamp glassware

以玻璃、玻璃管或棒为材料,使用火焰加工而成的玻璃制品。

7.2

搅料　color stir

将各种不同颜色玻璃棒以不同的比例经喷灯火焰重新加热熔融,并不断搅拌柔和,使颜色混合均匀。

示例:如乳白料加红料经搅料后成为粉红色。

7.3

搅纹　stripe stir

将几种不同颜色的玻璃棒以不同比例经喷灯火焰加热后,进行非均匀搅动,使两种或多种颜色之间搅成花纹。

示例:如将少量红色料棒、橙色料棒与乳白料棒熔融软化后搅纹,可制成红、橙、白三色条纹的玻璃。

7.4

套色　tinted glass

将两种不同颜色的玻璃管(棒)加热熔融后套在一起,然后再加工成形,可达到套料效果。

7.5

点彩　color points

在加热的成形白色制品上粘贴一种或多种颜色的玻璃块后,将其雕刻成设计图案。

7.6

缠丝　winding filaments

将不同颜色的玻璃丝按一定方向和规律缠在已经成形的玻璃制品上,形成图案和纹理。

7.7

灯工吹制玻璃　lamp blown glass

用喷灯加热的方法将玻璃管(棒)加热熔融,用热塑和吹制的方法使玻璃管拉伸、弯曲、吹制膨胀造型,使之成为装饰性的玻璃制品。

7.8

纽扣　buttons pattern

把玻璃棒加热通过特殊的操作手法形成纽扣状制品。

7.9

花朵　flowers pattern

把玻璃棒加热通过特殊的操作手法形成花朵状制品。

7.10

蘑菇　mushroom pattern

把玻璃棒加热通过特殊的操作手法形成蘑菇状制品。

7.11

蚯蚓　earthworm pattern

把玻璃棒加热通过特殊的操作手法形成蚯蚓状制品。

8　热熔玻璃类

8.1

热熔玻璃　melt glass

将玻璃放在模具中,通过加热炉使玻璃软化、熔合而成的玻璃制品。

8.2

叠层热熔玻璃　fused glass

将一片有图案的彩色玻璃置于另一片基片玻璃上,可在玻璃间加入金属箔或丝,或将多层玻璃叠放在一起进行加热后,使之熔结成整体的热熔玻璃制品。

8.3

冷式捆绑熔合　truss up

将玻璃条或熔结材料捆成束状,用玻璃纤维布包裹后,再用耐高温金属丝(镍铬耐热合金金属丝)进行捆绑,在加热炉中竖直加热至熔合,冷却成形。

8.4

梳理　comb

在温度 900 ℃左右条件下,用一个装有木柄的不锈钢钩或普通钢钩,在熔化的玻璃表面勾画梳理,使玻璃表面形成“波浪状”花纹。

9　铸造玻璃类

9.1

铸造玻璃　casting glass

将玻璃料加热到熔融状态,借助模具成型的一种制品。

9.2

浇铸　casting

将熔融物料注入特定模具冷却成型的一种工艺。

9.3

压铸 diecasting

将熔融玻璃液注入底模中用压模压制成型的工艺。

9.4

脱蜡铸造 lost wax casting

模型铸造方法即用失蜡方法制造玻璃模型也称失蜡铸造法。

10 其他建筑用装饰玻璃

10.1

金星玻璃 aventurine glass

乳浊或部分透明,含有结晶颗粒,在光照条件下有点状金属反射亮光的玻璃制品。

10.2

晶质玻璃 crystal glass

比普通器皿玻璃有更高的透明度、白度、光泽度以及熔化的均匀性的玻璃。也称水晶玻璃。

10.3

冰花玻璃 ice glass

在毛玻璃表面涂覆专用胶液,经烘干、爆裂、剥落,使玻璃表面形成类似冰花图案的玻璃制品。

10.4

吹制玻璃 blow molded glass

用金属吹管蘸取熔融玻璃料制作各种中空造型的玻璃制品。

10.5

有机硅涂层玻璃 silicone coated glass

在玻璃表面以喷涂、辊涂、印刷、手绘等方式涂覆有机硅涂料,形成具有装饰和防护作用涂层玻璃制品。

10.6

玻璃马赛克 glass mosaic

一种小规格的彩色饰面玻璃。又称玻璃锦砖或玻璃纸皮砖。

索　引

汉语拼音索引

英文对应词索引

M

O

P

R

S

T

W

三、石材标准

ICS 91.100.25
Q 31

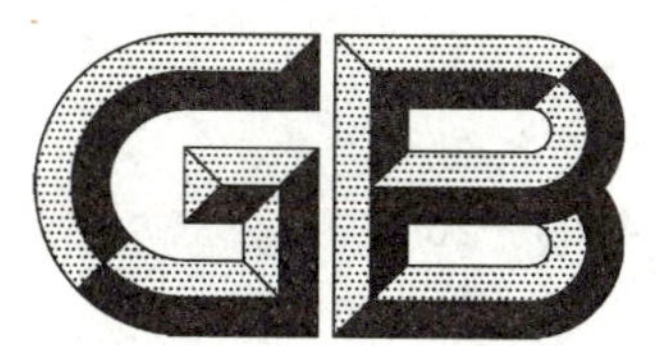

中华人民共和国国家标准

GB/T 4100—2015
代替 GB/T 4100—2006

陶瓷砖

Ceramic tiles

(ISO 13006:2012 Ceramic tiles—Definitions, classification, characteristics and marking, MOD)

2015-05-15 发布　　　　2015-12-01 实施

中华人民共和国国家质量监督检验检疫总局
中国国家标准化管理委员会　发布

前　言

本标准按照 GB/T 1.1—2009 给出的规则起草。

本标准代替 GB/T 4100—2006《陶瓷砖》，与 GB/T 4100—2006 相比，主要技术变化如下：

——增加了对陶瓷砖厚度的规定（见 7.3）；

——删除了挤压陶瓷砖 3%<E≤6% AⅡa 类-第 2 部分（见 2006 版的附录 C）；

——删除了挤压陶瓷砖 6%<E≤10% AⅡb 类-第 2 部分（见 2006 版的附录 E）；

——修改了对陶瓷砖摩擦系数的要求（见附录 A、附录 B、附录 C、附录 D、附录 E、附录 G、附录 H、附录 J、附录 K、附录 L，2006 版的附录 A、附录 B、附录 C、附录 D、附录 E、附录 G、附录 H、附录 J、附录 K、附录 L）；

——修改了对陶瓷砖小色差的要求（见附录 A、附录 B、附录 C、附录 D、附录 E、附录 G、附录 H、附录 J、附录 K、附录 L，2006 版的附录 A、附录 B、附录 C、附录 D、附录 E、附录 G、附录 H、附录 J、附录 K、附录 L）；

——修改了干压陶瓷砖技术要求分类的方法，将原标准按产品表面积分类修改为按名义尺寸分类（见附录 G、附录 H、附录 J、附录 K，2006 版的附录 G、附录 H、附录 J、附录 K）；

——修改了陶质砖技术要求分类的方法，将原标准按产品有无间隔凸缘分类修改为按名义尺寸分类（见附录 L，2006 版的附录 L）。

本标准使用重新起草法修改采用 ISO 13006：2012《陶瓷砖　定义、分类、性能和标记》。

本标准与 ISO 13006：2012 相比，在结构上增加了三条（7.1、7.2、7.3），增加了对陶瓷砖厚度的限定（见 7.3），适应我国陶瓷砖薄型化的需要。增加了一个附录（附录 M），统一了摩擦系数的测定方法。删除了 ISO 13006：2012 两个附录（ISO 13006：2012 的附录 C、附录 E），即取消了中吸水率挤压陶瓷砖 AⅡa 类（3%<E≤6%）的第 2 部分和中吸水率挤压陶瓷砖 AⅡb 类（6%<E≤10%）的第 2 部分，这两部分的技术要求较低，对应的产品在我国很少生产。

本标准与 ISO 13006：2012 的技术性差异如下：

——修改了范围，明确规定本标准适用于干压或挤压成型的陶瓷砖，不适用于陶瓷配件砖（见第 1 章）。

——关于规范性引用文件，本标准做了具有技术性差异的调整，用已经采用了国际标准的 GB/T 3810.1～GB/T 3810.16 代替了 ISO 10545-1～ISO 10545-16，增加引用了 GB/T 9195—2011 和 GB/T 13891（见第 2 章）。

——增加了瓷质砖、炻瓷砖、细炻砖、炻质砖、陶质砖、摩擦系数、静摩擦系数的定义，便于制造商和消费者使用（见 3.8、3.9、3.10、3.11、3.12、3.17、3.18）。

——增加了对抛光砖尺寸的规定，适应我国生产抛光砖的国情（见附录 G）。

——增加了对陶瓷砖厚度的规定，引导陶瓷砖向薄型化发展（见 7.3）。

——增加了陶瓷砖摩擦系数试验方法，统一摩擦系数的测定（见附录 M）。

——删除了技术要求较低的挤压陶瓷砖 3%<E≤6% AⅡa 类-第 2 部分（见 ISO 13006：2012 附录 C）。

——删除了技术要求较低的挤压陶瓷砖 6%<E≤10% AⅡb 类-第 2 部分（见 ISO 13006：2012 附录 E）。

本标准做了下列编辑性修改：

——删除了国际标准的前言。

本标准由中国建筑材料联合会提出。

本标准由全国建筑卫生陶瓷标准化技术委员会(SAC/TC 249)归口。

本标准负责起草单位:咸阳陶瓷研究设计院。

本标准参加起草单位:杭州诺贝尔集团有限公司、广东蒙娜丽莎新型材料集团有限公司、广东宏陶陶瓷有限公司、广东兴辉陶瓷集团有限公司、广东新明珠陶瓷集团有限公司、广东博德精工建材有限公司、佛山欧神诺陶瓷股份有限公司、佛山市溶洲建筑陶瓷二厂有限公司、广东东鹏控股股份有限公司、佛山石湾鹰牌陶瓷有限公司、湖北省当阳豪山建材有限公司、国家建筑卫生陶瓷质量监督检验中心。

本标准参加起草人:王博、段先湖、刘幼红、李莹、张旗康、卢广坚、陈洪再、李列林、覃空、郑树龙、林志江、金国庭、麦卓荣、苏志强、张卫星。

本标准代替了 GB/T 4100—2006,GB/T 4100—2006 的历次版本发布情况为:

——GB/T 4100—1992;

——GB/T 4100.1—1999、GB/T 4100.2—1999、GB/T 4100.3—1999、GB/T 4100.4—1999、GB/T 4100.5—1999。

陶 瓷 砖

1 范围

本标准规定了陶瓷砖的术语和定义、分类、性能、抽样和接收条件、要求和试验方法、标记和说明。

本标准适用于由干压或挤压成型的陶瓷砖。

本标准不适用于陶瓷配件砖。

2 规范性引用文件

下列文件对于本文件的应用是必不可少的。凡是注日期的引用文件,仅注日期的版本适用于本文件。凡是不注日期的引用文件,其最新版本(包括所有的修改单)适用于本文件。

GB/T 3810.1 陶瓷砖试验方法 第1部分:抽样和接收条件(GB/T 3810.1—2006,ISO 10545-1:1995,MOD)

GB/T 3810.2 陶瓷砖试验方法 第2部分:尺寸和表面质量的检验(GB/T 3810.2—2006,ISO 10545-2:1995,MOD)

GB/T 3810.3 陶瓷砖试验方法 第3部分:吸水率、显气孔率、表观相对密度和容重的测定(GB/T 3810.3—2006,ISO 10545-3:1995,IDT)

GB/T 3810.4 陶瓷砖试验方法 第4部分:断裂模数和破坏强度的测定(GB/T 3810.4—2006,ISO 10545-4:2004,IDT)

GB/T 3810.5 陶瓷砖试验方法 第5部分:用恢复系数确定砖的抗冲击性(GB/T 3810.5—2006,ISO 10545-5:1996,IDT)

GB/T 3810.6 陶瓷砖试验方法 第6部分:无釉砖耐磨深度的测定(GB/T 3810.6—2006,ISO 10545-6:1995,IDT)

GB/T 3810.7 陶瓷砖试验方法 第7部分:有釉砖表面耐磨性的测定(GB/T 3810.7—2006,ISO 10545-7:1996,IDT)

GB/T 3810.8 陶瓷砖试验方法 第8部分:线性热膨胀的测定(GB/T 3810.8—2006,ISO 10545-8:1994,IDT)

GB/T 3810.9 陶瓷砖试验方法 第9部分:抗热震性的测定(GB/T 3810.9—2006,ISO 10545-9:1994,IDT)

GB/T 3810.10 陶瓷砖试验方法 第10部分:湿膨胀的测定(GB/T 3810.10—2006,ISO 10545-10:1995,IDT)

GB/T 3810.11 陶瓷砖试验方法 第11部分:有釉砖抗釉裂性的测定(GB/T 3810.11—2006,ISO 10545-11:1994,IDT)

GB/T 3810.12 陶瓷砖试验方法 第12部分:抗冻性的测定(GB/T 3810.12—2006,ISO 10545-12:1995,IDT)

GB/T 3810.13 陶瓷砖试验方法 第13部分:耐化学腐蚀性的测定(GB/T 3810.13—2006,ISO 10545-13:1995,IDT)

GB/T 3810.14 陶瓷砖试验方法 第14部分:耐污染性的测定(GB/T 3810.14—2006,ISO 10545-14:1995,IDT)

GB/T 3810.15 陶瓷砖试验方法 第15部分:有釉砖铅和镉溶出量的测定(GB/T 3810.15—2006,ISO 10545-15:1995,IDT)

GB/T 3810.16 陶瓷砖试验方法 第16部分:小色差的测定(GB/T 3810.16—2006,ISO 10545-16:1999,IDT)

GB/T 9195—2011 建筑卫生陶瓷分类和术语

GB/T 13891 建筑饰面材料镜向光泽度测定方法

3 术语和定义

GB/T 9195—2011 界定的以及下列术语和定义适用于本文件。为了便于使用,以下重复列出了GB/T 9195—2011 中的某些术语和定义。

3.1

陶瓷砖 ceramic tile

由粘土、长石和石英为主要原料制造的用于覆盖墙面和地面的板状或块状建筑陶瓷制品。

[GB/T 9195—2011,定义 3.1.1]

3.2

釉 glaze

经配制加工后,施于坯体表面经熔融后形成的玻璃层或玻璃与晶体混合层起遮盖或装饰作用的物料。

[GB/T 9195—2011,定义 4.2]

3.3

底釉 engobed surface

施于陶瓷坯体与釉料之间,起遮盖或装饰作用,烧成后不完全玻化或玻化的釉料。

[GB/T 9195—2011,定义 4.3]

3.4

抛光面 polished surface

陶瓷砖烧制后经机械研磨、抛光使砖产生镜面光泽的表面。

[GB/T 9195—2011,定义 4.7]

3.5

抛光砖 polished tile

经过机械研磨、抛光,表面呈镜面光泽的陶瓷砖。

[GB/T 9195—2011,定义 3.1.20]

3.6

挤压砖 extruded tile

将可塑性坯料以挤压方式成型生产的陶瓷砖。

[GB/T 9195—2011,定义 3.1.7]

3.7

干压砖 dry-pressed tile

将混合好的粉料经压制成型的陶瓷砖。

[GB/T 9195—2011,定义 3.1.8]

3.8

瓷质砖 porcelain tile

吸水率(E)不超过0.5%的陶瓷砖。

3.9

炻瓷砖　stoneware porcelain tile

吸水率(E)大于0.5%,不超过3%的陶瓷砖。

3.10

细炻砖　fine stoneware tile

吸水率(E)大于3%,不超过6%的陶瓷砖。

3.11

炻质砖　stoneware tile

吸水率(E)大于6%,不超过10%的陶瓷砖。

3.12

陶质砖　earthenware tile

吸水率(E)大于10%的陶瓷砖。

3.13

吸水率　water absorption

E

干燥的单位质量的产品达到水饱和时所吸收的水的质量,用质量百分数表示。

[GB/T 9195—2011,定义7.10]

3.14

尺寸描述　description of sizes

注:这里描述的尺寸只适用于矩形砖,对于非矩形砖可以采用相应的最小矩形的尺寸,见图1和图2。

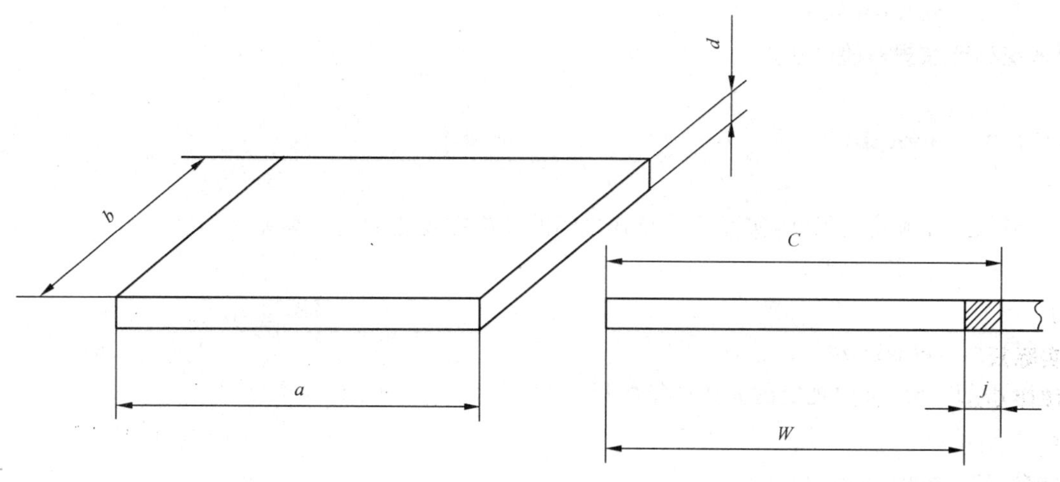

说明:

a,b ——可见面尺寸;

d ——厚度;

j ——连接宽度;

C ——配合尺寸;

W ——工作尺寸。

$C=W+j$

图1　砖

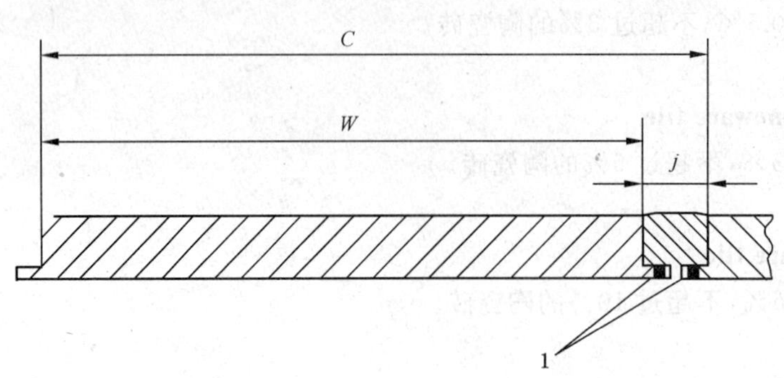

说明：
1 ——间隔凸缘；
j ——连接宽度；
C ——配合尺寸；
W——工作尺寸。
$C=W+j$

图 2 带有间隔凸缘的砖

3.14.1

名义尺寸 nominal size

用来统称产品规格的尺寸。

3.14.2

工作尺寸 work size

W

按制造结果而确定的尺寸，实际尺寸与其之间的差应在规定的允许偏差之内。

注：工作尺寸包括长、宽、厚。

3.14.3

实际尺寸 actual size

按照 GB/T 3810.2 中规定的方法测得的尺寸。

3.14.4

配合尺寸 coordinating size

C

工作尺寸加上连接宽度。

3.14.5

模数尺寸 modular size

包括了尺寸为 M、2 M、3 M 和 5 M 以及它们的倍数或分数为基数的砖，不包括表面积小于 9 000 mm^2 的砖。

注：ISO 1006 中，1 M=100 mm。

3.14.6

非模数尺寸 non-modular size

不以模数 M 为基数的尺寸。

3.14.7

公差　tolerance

在尺寸允许范围之内的偏差。

3.15

间隔凸缘　spacer lug

带有凸缘的砖，便于使沿直线铺贴的两块砖之间的接缝宽度不超过规定的要求，见图 2。

3.16

背纹　back feet

陶瓷砖背面具有一定形状的凹凸槽。部分外墙砖的背纹如图 3 所示。

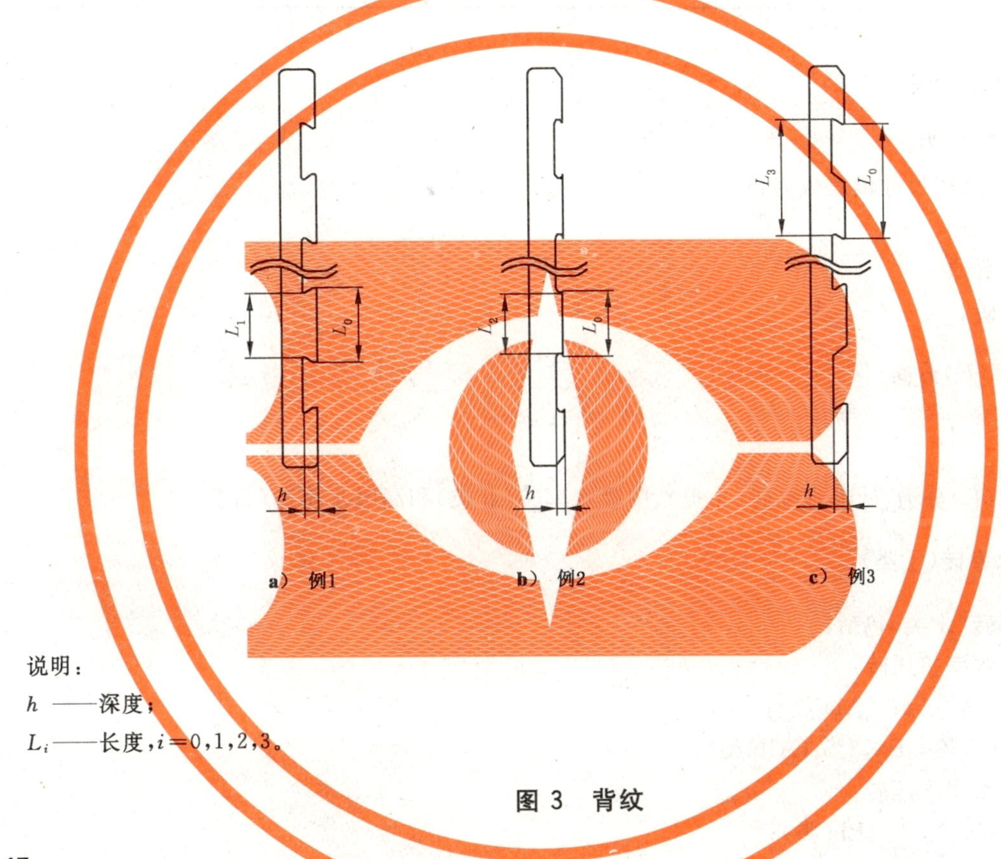

说明：

h ——深度；

L_i——长度，$i=0,1,2,3$。

图 3　背纹

3.17

摩擦系数　coefficient of friction

使物体克服摩擦力作用产生滑动或有滑动趋势时作用于物体上的切向力和垂直方向上力的比值。

3.18

静摩擦系数　static coefficient of friction

使物体克服静摩擦力作用即将产生滑动时作用于物体上的切向力和垂直方向上力的比值。

4　分类

4.1　分类方法

按照陶瓷砖的成型方法和吸水率进行分类。陶瓷砖分类及代号见表 1。

表 1 陶瓷砖分类及代号

<table>
<tr><td colspan="2" rowspan="2">按吸水率(E)分类</td><td colspan="4">低吸水率(Ⅰ类)</td><td colspan="4">中吸水率(Ⅱ类)</td><td colspan="2">高吸水率(Ⅲ类)</td></tr>
<tr><td colspan="2">$E \leqslant 0.5\%$
(瓷质砖)</td><td colspan="2">$0.5\% < E \leqslant 3\%$
(炻瓷砖)</td><td colspan="2">$3\% < E \leqslant 6\%$
(细炻砖)</td><td colspan="2">$6\% < E \leqslant 10\%$
(炻质砖)</td><td colspan="2">$E > 10\%$
(陶质砖)</td></tr>
<tr><td rowspan="3">按成型方法分类</td><td rowspan="2">挤压砖(A)</td><td colspan="2">AⅠa类</td><td colspan="2">AⅠb类</td><td colspan="2">AⅡa类</td><td colspan="2">AⅡb类</td><td colspan="2">AⅢ类</td></tr>
<tr><td>精细</td><td>普通</td><td>精细</td><td>普通</td><td>精细</td><td>普通</td><td>精细</td><td>普通</td><td>精细</td><td>普通</td></tr>
<tr><td>干压砖(B)</td><td colspan="2">BⅠa类</td><td colspan="2">BⅠb类</td><td colspan="2">BⅡa类</td><td colspan="2">BⅡb类</td><td colspan="2">BⅢ类[a]</td></tr>
<tr><td colspan="12">[a] BⅢ类仅包括有釉砖。</td></tr>
</table>

4.2 按成型方法分类

按成型方法分为：

a) 挤压砖，按尺寸偏差分为：
   1) 精细；
   2) 普通。

b) 干压砖。

4.3 按吸水率(*E*)分类

4.3.1 类型

按吸水率(*E*)分为：低吸水率砖(Ⅰ类)、中吸水率砖(Ⅱ类)和高吸水率砖(Ⅲ类)。

4.3.2 低吸水率砖(Ⅰ类)

低吸水率砖(Ⅰ类)包括：

a) 低吸水率挤压砖：
   1) $E \leqslant 0.5\%$ (AIa类)；
   2) $0.5\% < E \leqslant 3\%$ (AIb类)。

b) 低吸水率干压砖：
   1) $E \leqslant 0.5\%$ (BIa类)；
   2) $0.5\% < E \leqslant 3\%$(BIb类)。

4.3.3 中吸水率砖(Ⅱ类)

中吸水率砖(Ⅱ类)包括：

a) 中吸水率挤压砖：
   1) $3\% < E \leqslant 6\%$(AⅡa类)；
   2) $6\% < E \leqslant 10\%$(AⅡb类)。

b) 中吸水率干压砖：
   1) $3\% < E \leqslant 6\%$(BⅡa类)；
   2) $6\% < E \leqslant 10\%$(BⅡb类)。

4.3.4 高吸水率砖(Ⅲ类)

高吸水率砖(Ⅲ类)包括：

a) 高吸水率挤压砖：$E>10\%$（AⅢ类）；

b) 高吸水率干压砖：$E>10\%$（BⅢ类）。

5 性能

不同用途陶瓷砖的产品性能要求见表 2。

表 2 不同用途陶瓷砖的产品性能要求

性能		地砖		墙砖		试验方法
		室内	室外	室内	室外	
尺寸和表面质量	长度和宽度	√	√	√	√	GB/T 3810.2
	厚度	√	√	√	√	GB/T 3810.2
	边直度	√	√	√	√	GB/T 3810.2
	直角度	√	√	√	√	GB/T 3810.2
	表面平整度（弯曲度和翘曲度）	√	√	√	√	GB/T 3810.2
	表面质量	√	√	√	√	GB/T 3810.2
	背纹[a]				√	图 3
物理性能	吸水率	√	√	√	√	GB/T 3810.3
	破坏强度	√	√	√	√	GB/T 3810.4
	断裂模数	√	√	√	√	GB/T 3810.4
	无釉砖耐磨深度	√	√			GB/T 3810.6
	有釉砖表面耐磨性	√	√			GB/T 3810.7
	线性热膨胀[b]	√	√	√	√	GB/T 3810.8
	抗热震性[b]	√	√	√	√	GB/T 3810.9
	有釉砖抗釉裂性	√	√	√	√	GB/T 3810.11
	抗冻性[c]		√		√	GB/T 3810.12
	摩擦系数	√	√			附录 M
	湿膨胀[b]	√	√	√	√	GB/T 3810.10
	小色差[b]	√	√	√	√	GB/T 3810.16
	抗冲击性[b]	√	√			GB/T 3810.5
	抛光砖光泽度	√	√	√	√	GB/T 13891
化学性能	有釉砖耐污染性	√	√	√	√	GB/T 3810.14
	无釉砖耐污染性[b]	√	√	√	√	GB/T 3810.14
	耐低浓度酸和碱化学腐蚀性	√	√	√	√	GB/T 3810.13
	耐高浓度酸和碱化学腐蚀性[b]	√	√	√	√	GB/T 3810.13
	耐家庭化学试剂和游泳池盐类化学腐蚀性	√	√	√	√	GB/T 3810.13
	有釉砖铅和镉的溶出量[b]	√	√	√	√	GB/T 3810.15

[a] 通过水泥砂浆铺贴的外墙砖，包括隧道中铺贴的砖。

[b] 参见附录 Q。

[c] 砖在有冰冻情况下使用时。

6 抽样和接收条件

抽样和接收条件应符合 GB/T 3810.1 的要求。

7 要求和试验方法

7.1 挤压陶瓷砖

挤压陶瓷砖的技术要求应符合附录 A、附录 B、附录 C、附录 D、附录 E 的要求。

7.2 干压陶瓷砖

干压陶瓷砖的技术要求应符合附录 G、附录 H、附录 J、附录 K、附录 L 的要求。

7.3 厚度

干压陶瓷砖的厚度应符合表 3 的规定。

表 3 干压陶瓷砖的厚度

单位为毫米

表面积 S	厚度值
$S \leqslant 900\ cm^2$	≤10.0
$900\ cm^2 < S \leqslant 1\ 800\ cm^2$	≤10.0
$1\ 800\ cm^2 < S \leqslant 3\ 600\ cm^2$	≤10.0
$3\ 600\ cm^2 < S \leqslant 6\ 400\ cm^2$	≤11.0
$S > 6\ 400\ cm^2$	≤13.5
注：微晶石、干挂砖等特殊工艺和特殊要求的砖或有合同规定时，厚度由供需双方协商。	

8 标记和说明

8.1 标记

砖和/或其包装上应有下列标志：

a) 制造商的标记和/或商标以及产地；
b) 质量标志；
c) 砖的种类及执行本标准的相应附录；
d) 名义尺寸和工作尺寸，模数(M)或非模数；
e) 表面特性，如有釉(GL)或无釉(UGL)；
f) 烧成后表面处理情况，如抛光；
g) 砖和包装的总质量。

8.2 产品特性

对用于地面的陶瓷砖，应说明有釉砖的耐磨性级别或使用的场所。

注：参见附录 N。

8.3 产品说明

产品说明中应包含以下信息：

a) 成型方法；

b) 陶瓷砖类别及执行本标准的相应附录；

c) 名义尺寸和工作尺寸，模数(M)和非模数；

d) 表面特性，如，有釉(GL)或无釉(UGL)；

e) 背纹(需要时)。

示例 1：精细挤压砖，GB/T 4100—2015，附录 A，AⅠa M 25 cm×12.5 cm(*W* 240 mm×115 mm×10 mm) GL。

示例 2：普通挤压砖，GB/T 4100—2015，附录 B，AⅠb 15 cm×15 cm (*W* 150 mm×15 mm ×9.5 mm) UGL。

示例 3：干压砖，GB/T 4100—2015，附录 G，BⅠa M 25 cm×12.5 cm (*W* 240 mm×115 mm×10 mm) GL。

示例 4：干压砖，GB/T 4100—2015，附录 L，BⅢ15 cm×15 cm (*W* 150 mm×150 mm×9.5 mm) UGL。

附 录 A
(规范性附录)
挤压陶瓷砖($E\leqslant0.5\%$ AⅠa类)

挤压陶瓷砖($E\leqslant0.5\%$，AⅠa类)的技术要求应符合表A.1的规定。

表A.1 挤压陶瓷砖($E\leqslant0.5\%$ AⅠa类)技术要求

技术要求				试验方法
项目		精细	普通	
长度和宽度	每块砖(2条或4条边)的平均尺寸相对于工作尺寸(W)的允许偏差/%	±1.0， 最大±2 mm	±2.0， 最大±4 mm	GB/T 3810.2
长度和宽度	每块砖(2条或4条边)的平均尺寸相对于10块砖(20条或40条边)平均尺寸的允许偏差/%	±1.0	±1.5	GB/T 3810.2
长度和宽度	制造商选择工作尺寸应满足以下要求： 模数砖名义尺寸连接宽度允许在3 mm～11 mm之间[a]； 非模数砖工作尺寸与名义尺寸之间的偏差不大于±3 mm			GB/T 3810.2
厚度[b] 厚度由制造商确定； 每块砖厚度的平均值相对于工作尺寸厚度的允许偏差/%		±10	±10	GB/T 3810.2
边直度[c](正面) 相对于工作尺寸的最大允许偏差/%		±0.5	±0.6	GB/T 3810.2
直角度[c] 相对于工作尺寸的最大允许偏差/%		±1.0	±1.0	GB/T 3810.2
表面平整度 最大允许偏差/%	相对于由工作尺寸计算的对角线的中心弯曲度	±0.5	±1.5	GB/T 3810.2
表面平整度 最大允许偏差/%	相对于工作尺寸的边弯曲度	±0.5	±1.5	GB/T 3810.2
表面平整度 最大允许偏差/%	相对于由工作尺寸计算的对角线的翘曲度	±0.8	±1.5	GB/T 3810.2
背纹(有要求时)	深度(h)/mm	$h\geqslant0.7$		图3
背纹(有要求时)	形状	背纹形状由制造商确定，示例如图3所示。 示例1：$L_0-L_1>0$ 示例2：$L_0-L_2>0$ 示例3：$L_0-L_3>0$		图3
表面质量[d]		至少砖的95%的主要区域无明显缺陷		GB/T 3810.2
吸水率[e](质量分数)		平均值≤0.5%， 单个值≤0.6%		GB/T 3810.3
破坏强度/N	厚度(工作尺寸)≥7.5 mm	≥1 300		GB/T 3810.4
破坏强度/N	厚度(工作尺寸)<7.5 mm	≥600		GB/T 3810.4

表 A.1（续）

<table>
<tr><td colspan="5">技 术 要 求</td><td rowspan="2">试验方法</td></tr>
<tr><td colspan="3">项 目</td><td>精细</td><td>普通</td></tr>
<tr><td colspan="3">断裂模数/[N/mm^2(MPa)]
不适用于破坏强度≥3 000 N 的砖</td><td colspan="2">平均值≥28,单个值≥21</td><td>GB/T 3810.4</td></tr>
<tr><td rowspan="2">耐磨性</td><td colspan="2">无釉地砖耐磨损体积/mm^3</td><td colspan="2">≤275</td><td>GB/T 3810.6</td></tr>
<tr><td colspan="2">有釉地砖表面耐磨性[f]</td><td colspan="2">报告陶瓷砖耐磨性级别和转数</td><td>GB/T 3810.7</td></tr>
<tr><td>线性热膨胀系数[g]</td><td colspan="2">从环境温度到 100 ℃</td><td colspan="2">参见附录 Q</td><td>GB/T 3810.8</td></tr>
<tr><td colspan="3">抗热震性[g]</td><td colspan="2">参见附录 Q</td><td>GB/T 3810.9</td></tr>
<tr><td colspan="3">有釉砖抗釉裂性[h]</td><td colspan="2">经试验应无釉裂</td><td>GB/T 3810.11</td></tr>
<tr><td colspan="3">抗冻性</td><td colspan="2">经试验应无裂纹或剥落</td><td>GB/T 3810.12</td></tr>
<tr><td colspan="3">地砖摩擦系数</td><td colspan="2">单个值≥0.50</td><td>附录 M</td></tr>
<tr><td colspan="3">湿膨胀[g]/(mm/m)</td><td colspan="2">参见附录 Q</td><td>GB/T 3810.10</td></tr>
<tr><td colspan="3">小色差[g]</td><td colspan="2">纯色砖
有釉砖:$\Delta E<0.75$
无釉砖:$\Delta E<1.0$</td><td>GB/T 3810.16</td></tr>
<tr><td colspan="3">抗冲击性[g]</td><td colspan="2">参见附录 Q</td><td>GB/T 3810.5</td></tr>
<tr><td rowspan="2">耐污染性</td><td colspan="2">有釉砖</td><td colspan="2">最低 3 级</td><td>GB/T 3810.14</td></tr>
<tr><td colspan="2">无釉砖[g]</td><td colspan="2">参见附录 Q</td><td>GB/T 3810.14</td></tr>
<tr><td rowspan="5">抗化学腐蚀性</td><td rowspan="2">耐低浓度酸和碱</td><td>有釉砖</td><td colspan="2" rowspan="2">制造商应报告耐化学腐蚀性等级</td><td rowspan="2">GB/T 3810.13</td></tr>
<tr><td>无釉砖</td></tr>
<tr><td colspan="2">耐高浓度酸和碱[g]</td><td colspan="2">参见附录 Q</td><td>GB/T 3810.13</td></tr>
<tr><td rowspan="2">耐家庭化学试剂和游泳池盐类</td><td>有釉砖</td><td colspan="2">不低于 GB 级</td><td rowspan="2">GB/T 3810.13</td></tr>
<tr><td>无釉砖</td><td colspan="2">不低于 UB 级</td></tr>
<tr><td colspan="3">铅和镉的溶出量[g]</td><td colspan="2">参见附录 Q</td><td>GB/T 3810.15</td></tr>
</table>

[a] 以非公制尺寸为基础的习惯用法也可用在同类型砖的连接宽度上。

[b] 在适用情况下,陶瓷砖厚度包括背纹的高度,按照图 3 测定。

[c] 不适用于有弯曲形状的砖。

[d] 在烧成过程中,产品与标准板之间的微小色差是难免的。本条款不适用于在砖的表面有意制造的色差(表面可能是有釉的、无釉的或部分有釉的)或在砖的部分区域内为了突出产品的特点而希望的色差。用于装饰目的的斑点或色斑不能看作为缺陷。

[e] 吸水率最大单个值为 0.5%的砖是全玻化砖(常被认为是不吸水的)。

[f] 有釉地砖耐磨性分级参见附录 P。

[g] 表中所列"参见附录 Q"涉及的项目是否有必要进行检验,参见本标准附录 Q。

[h] 制造商对于为装饰效果而产生的裂纹应加以说明,这种情况下,GB/T 3810.11 规定的釉裂试验不适用。

附 录 B
(规范性附录)
挤压陶瓷砖(0.5%<E≤3% AⅠb类)

挤压陶瓷砖(0.5%<E≤3% AⅠb类)的技术要求应符合表B.1的规定。

表B.1 挤压陶瓷砖(0.5%<E≤3% AⅠb类)技术要求

技术要求				试验方法
项目		精细	普通	
长度和宽度	每块砖(2条或4条边)的平均尺寸相对于工作尺寸(W)的允许偏差/%	±1.0, 最大±2 mm	±2.0, 最大±4 mm	GB/T 3810.2
长度和宽度	每块砖(2条或4条边)的平均尺寸相对于10块砖(20条或40条边)平均尺寸的允许偏差/%	±1.0	±1.5	GB/T 3810.2
长度和宽度	制造商选择工作尺寸应满足以下要求: 模数砖名义尺寸连接宽度允许在3 mm~11 mm之间[a]; 非模数砖工作尺寸与名义尺寸之间的偏差不大于±3 mm			GB/T 3810.2
厚度[b] 厚度由制造商确定; 每块砖厚度的平均值相对于工作尺寸厚度的允许偏差/%		±10	±10	GB/T 3810.2
边直度[c](正面) 相对于工作尺寸的最大允许偏差/%		±0.5	±0.6	GB/T 3810.2
直角度[c] 相对于工作尺寸的最大允许偏差/%		±1.0	±1.0	GB/T 3810.2
表面平整度 最大允许偏差/%	相对于由工作尺寸计算的对角线的中心弯曲度	±0.5	±1.5	GB/T 3810.2
表面平整度 最大允许偏差/%	相对于工作尺寸的边弯曲度	±0.5	±1.5	GB/T 3810.2
表面平整度 最大允许偏差/%	相对于由工作尺寸计算的对角线的翘曲度	±0.8	±1.5	GB/T 3810.2
背纹(有要求时)	深度(h)/mm	h≥0.7		图3
背纹(有要求时)	形状	背纹形状由制造商确定,示例如图3所示。 示例1:$L_0-L_1>0$ 示例2:$L_0-L_2>0$ 示例3:$L_0-L_3>0$		图3
表面质量[d]		至少砖的95%的主要区域无明显缺陷		GB/T 3810.2
吸水率(质量分数)		平均值0.5%<E≤3%, 单个值≤3.3%		GB/T 3810.3
破坏强度/N	厚度(工作尺寸)≥7.5 mm	≥1 100		GB/T 3810.4
破坏强度/N	厚度(工作尺寸)<7.5 mm	≥600		GB/T 3810.4

表 B.1（续）

技术要求					试验方法
项目			精细	普通	
断裂模数/[N/mm^2(MPa)] 不适用于破坏强度≥3 000 N 的砖			平均值≥23，单个值≥18		GB/T 3810.4
耐磨性	无釉地砖耐磨损体积/mm^3		≤275		GB/T 3810.6
	有釉地砖表面耐磨性[e]		报告陶瓷砖耐磨性级别和转数		GB/T 3810.7
线性热膨胀系数[f]	从环境温度到 100 ℃		参见附录 Q		GB/T 3810.8
抗热震性[f]			参见附录 Q		GB/T 3810.9
有釉砖抗釉裂性[g]			经试验应无釉裂		GB/T 3810.11
抗冻性			经试验应无裂纹或剥落		GB/T 3810.12
地砖摩擦系数			单个值≥0.50		附录 M
湿膨胀[f]/(mm/m)			参见附录 Q		GB/T 3810.10
小色差[f]			纯色砖 有釉砖：$\Delta E<0.75$ 无釉砖：$\Delta E<1.0$		GB/T 3810.16
抗冲击性[f]			参见附录 Q		GB/T 3810.5
耐污染性	有釉砖		最低 3 级		GB/T 3810.14
	无釉砖[f]		参见附录 Q		GB/T 3810.14
抗化学腐蚀性	耐低浓度酸和碱	有釉砖	制造商应报告耐化学腐蚀性等级		GB/T 3810.13
		无釉砖			
	耐高浓度酸和碱[f]		参见附录 Q		GB/T 3810.13
	耐家庭化学试剂和游泳池盐类	有釉砖	不低于 GB 级		GB/T 3810.13
		无釉砖	不低于 UB 级		
铅和镉的溶出量[f]			参见附录 Q		GB/T 3810.15

[a] 以非公制尺寸为基础的习惯用法也可用在同类型砖的连接宽度上。

[b] 在适用情况下，陶瓷砖厚度包括背纹的高度，按照图 3 测定。

[c] 不适用于有弯曲形状的砖。

[d] 在烧成过程中，产品与标准板之间的微小色差是难免的。本条款不适用于在砖的表面有意制造的色差（表面可能是有釉的、无釉的或部分有釉的）或在砖的部分区域内为了突出产品的特点而希望的色差。用于装饰目的的斑点或色斑不能看作为缺陷。

[e] 有釉地砖耐磨性分级参见附录 P。

[f] 表中所列"参见附录 Q"涉及的项目是否有必要进行检验，参见本标准附录 Q。

[g] 制造商对于为装饰效果而产生的裂纹应加以说明，这种情况下，GB/T 3810.11 规定的釉裂试验不适用。

附 录 C
（规范性附录）
挤压陶瓷砖（3%<E≤6% AⅡa 类）

挤压陶瓷砖（3%<E≤6% AⅡa 类）的技术要求应符合表 C.1 的规定。

表 C.1 挤压陶瓷砖（3%<E≤6% AⅡa 类）技术要求

技术要求				试验方法
项 目		精细	普通	
长度和宽度	每块砖（2 条或 4 条边）的平均尺寸相对于工作尺寸（W）的允许偏差/%	±1.25，最大±2 mm	±2.0，最大±4 mm	GB/T 3810.2
长度和宽度	每块砖（2 条或 4 条边）的平均尺寸相对于 10 块砖（20 条或 40 条边）平均尺寸的允许偏差/%	±1.0	±1.5	GB/T 3810.2
长度和宽度	制造商选择工作尺寸应满足以下要求： 模数砖名义尺寸连接宽度允许在 3 mm～11 mm 之间[a]； 非模数砖工作尺寸与名义尺寸之间的偏差不大于±3 mm			GB/T 3810.2
厚度[b] 厚度由制造商确定； 每块砖厚度的平均值相对于工作尺寸厚度的允许偏差/%		±10	±10	GB/T 3810.2
边直度[c]（正面） 相对于工作尺寸的最大允许偏差/%		±0.5	±0.6	GB/T 3810.2
直角度[c] 相对于工作尺寸的最大允许偏差/%		±1.0	±1.0	GB/T 3810.2
表面平整度最大允许偏差/%	相对于由工作尺寸计算的对角线的中心弯曲度	±0.5	±1.5	GB/T 3810.2
表面平整度最大允许偏差/%	相对于工作尺寸的边弯曲度	±0.5	±1.5	GB/T 3810.2
表面平整度最大允许偏差/%	相对于由工作尺寸计算的对角线的翘曲度	±0.8	±1.5	GB/T 3810.2
背纹（有要求时）	深度（h）/mm	h≥0.7		图 3
背纹（有要求时）	形状	背纹形状由制造商确定，示例如图 3 所示。 示例 1：$L_0-L_1>0$ 示例 2：$L_0-L_2>0$ 示例 3：$L_0-L_3>0$		图 3
表面质量[d]		至少砖的 95% 的主要区域无明显缺陷		GB/T 3810.2
吸水率（质量分数）		平均值 3.0%<E≤6.0%，单个值≤6.5%		GB/T 3810.3
破坏强度/N	厚度（工作尺寸）≥7.5 mm	≥950		GB/T 3810.4
破坏强度/N	厚度（工作尺寸）<7.5 mm	≥600		GB/T 3810.4

表 C.1（续）

<table>
<tr><th colspan="5">技术要求</th><th rowspan="2">试验方法</th></tr>
<tr><th colspan="3">项目</th><th>精细</th><th>普通</th></tr>
<tr><td colspan="3">断裂模数/[N/mm^2(MPa)]
不适用于破坏强度≥3 000 N 的砖</td><td colspan="2">平均值≥20，单个值≥18</td><td>GB/T 3810.4</td></tr>
<tr><td rowspan="2">耐磨性</td><td colspan="2">无釉地砖耐磨损体积/mm^3</td><td colspan="2">≤393</td><td>GB/T 3810.6</td></tr>
<tr><td colspan="2">有釉地砖表面耐磨性[e]</td><td colspan="2">报告陶瓷砖耐磨性级别和转数</td><td>GB/T 3810.7</td></tr>
<tr><td>线性热膨胀系数[f]</td><td colspan="2">从环境温度到 100 ℃</td><td colspan="2">参见附录 Q</td><td>GB/T 3810.8</td></tr>
<tr><td colspan="3">抗热震性[f]</td><td colspan="2">参见附录 Q</td><td>GB/T 3810.9</td></tr>
<tr><td colspan="3">有釉砖抗釉裂性[g]</td><td colspan="2">经试验应无釉裂</td><td>GB/T 3810.11</td></tr>
<tr><td colspan="3">抗冻性[f]</td><td colspan="2">参见附录 Q</td><td>GB/T 3810.12</td></tr>
<tr><td colspan="3">地砖摩擦系数</td><td colspan="2">单个值≥0.50</td><td>附录 M</td></tr>
<tr><td colspan="3">湿膨胀[f]/(mm/m)</td><td colspan="2">参见附录 Q</td><td>GB/T 3810.10</td></tr>
<tr><td colspan="3">小色差[f]</td><td colspan="2">纯色砖
有釉砖：$\Delta E<0.75$
无釉砖：$\Delta E<1.0$</td><td>GB/T 3810.16</td></tr>
<tr><td colspan="3">抗冲击性[f]</td><td colspan="2">参见附录 Q</td><td>GB/T 3810.5</td></tr>
<tr><td rowspan="2">耐污染性</td><td colspan="2">有釉砖</td><td colspan="2">最低 3 级</td><td>GB/T 3810.14</td></tr>
<tr><td colspan="2">无釉砖[f]</td><td colspan="2">参见附录 Q</td><td>GB/T 3810.14</td></tr>
<tr><td rowspan="5">抗化学腐蚀性</td><td rowspan="2">耐低浓度酸和碱</td><td>有釉砖</td><td colspan="2" rowspan="2">制造商应报告耐化学腐蚀性等级</td><td rowspan="2">GB/T 3810.13</td></tr>
<tr><td>无釉砖</td></tr>
<tr><td colspan="2">耐高浓度酸和碱[f]</td><td colspan="2">参见附录 Q</td><td>GB/T 3810.13</td></tr>
<tr><td rowspan="2">耐家庭化学试剂和游泳池盐类</td><td>有釉砖</td><td colspan="2">不低于 GB 级</td><td rowspan="2">GB/T 3810.13</td></tr>
<tr><td>无釉砖</td><td colspan="2">不低于 UB 级</td></tr>
<tr><td colspan="3">铅和镉的溶出量[f]</td><td colspan="2">参见附录 Q</td><td>GB/T 3810.15</td></tr>
<tr><td colspan="6">[a] 以非公制尺寸为基础的习惯用法也可用在同类型砖的连接宽度上。
[b] 在适用情况下，陶瓷砖厚度包括背纹的高度，按照图 3 测定。
[c] 不适用于有弯曲形状的砖。
[d] 在烧成过程中，产品与标准板之间的微小色差是难免的。本条款不适用于在砖的表面有意制造的色差(表面可能是有釉的、无釉的或部分有釉的)或在砖的部分区域内为了突出产品的特点而希望的色差。用于装饰目的的斑点或色斑不能看作为缺陷。
[e] 有釉地砖耐磨性分级参见附录 P。
[f] 表中所列“参见附录 Q”涉及的项目是否有必要进行检验，参见本标准附录 Q。
[g] 制造商对于为装饰效果而产生的裂纹应加以说明，这种情况下，GB/T 3810.11 规定的釉裂试验不适用。</td></tr>
</table>

附　录　D
（规范性附录）
挤压陶瓷砖（6%＜E≤10% AⅡb 类）

挤压陶瓷砖（6%＜E≤10% AⅡb 类）的技术要求应符合表 D.1 的规定。

表 D.1　挤压陶瓷砖（6%＜E≤10% AⅡb 类）技术要求

<table>
<tr><th colspan="4">技　术　要　求</th><th rowspan="2">试验方法</th></tr>
<tr><th colspan="2">项　目</th><th>精细</th><th>普通</th></tr>
<tr><td rowspan="3">长度和宽度</td><td>每块砖（2 条或 4 条边）的平均尺寸相对于工作尺寸（W）的允许偏差/%</td><td>±2.0，
最大±2 mm</td><td>±2.0，
最大±4 mm</td><td>GB/T 3810.2</td></tr>
<tr><td>每块砖（2 条或 4 条边）的平均尺寸相对于 10 块砖（20 条或 40 条边）平均尺寸的允许偏差/%</td><td>±1.5</td><td>±1.5</td><td>GB/T 3810.2</td></tr>
<tr><td colspan="3">制造商选择工作尺寸应满足以下要求：
模数砖名义尺寸连接宽度允许在 3 mm～11 mm 之间[a]；
非模数砖工作尺寸与名义尺寸之间的偏差不大于±3 mm</td><td>GB/T 3810.2</td></tr>
<tr><td colspan="2">厚度[b]
厚度由制造商确定；
每块砖厚度的平均值相对于工作尺寸厚度的允许偏差/%</td><td>±10</td><td>±10</td><td>GB/T 3810.2</td></tr>
<tr><td colspan="2">边直度[c]（正面）
相对于工作尺寸的最大允许偏差/%</td><td>±1.0</td><td>±1.0</td><td>GB/T 3810.2</td></tr>
<tr><td colspan="2">直角度[c]
相对于工作尺寸的最大允许偏差/%</td><td>±1.0</td><td>±1.0</td><td>GB/T 3810.2</td></tr>
<tr><td rowspan="3">表面平整度
最大允许偏差/%</td><td>相对于由工作尺寸计算的对角线的中心弯曲度</td><td>±1.0</td><td>±1.5</td><td>GB/T 3810.2</td></tr>
<tr><td>相对于工作尺寸的边弯曲度</td><td>±1.0</td><td>±1.5</td><td>GB/T 3810.2</td></tr>
<tr><td>相对于由工作尺寸计算的对角线的翘曲度</td><td>±1.5</td><td>±1.5</td><td>GB/T 3810.2</td></tr>
<tr><td rowspan="2">背纹（有要求时）</td><td>深度（h）/mm</td><td colspan="2">h≥0.7</td><td>图 3</td></tr>
<tr><td>形状</td><td colspan="2">背纹形状由制造商确定，示例如图 3 所示。
示例 1：$L_0-L_1>0$
示例 2：$L_0-L_2>0$
示例 3：$L_0-L_3>0$</td><td>图 3</td></tr>
<tr><td colspan="2">表面质量[d]</td><td colspan="2">至少砖的 95% 的主要区域无明显缺陷</td><td>GB/T 3810.2</td></tr>
<tr><td colspan="2">吸水率（质量分数）</td><td colspan="2">平均值 6%＜E≤10%，
单个值≤11%</td><td>GB/T 3810.3</td></tr>
<tr><td colspan="2">破坏强度/N</td><td colspan="2">≥900</td><td>GB/T 3810.4</td></tr>
<tr><td colspan="2">断裂模数/[N/mm²（MPa）]
不适用于破坏强度≥3 000 N 的砖</td><td colspan="2">平均值≥17.5，单个值≥15</td><td>GB/T 3810.4</td></tr>
</table>

表 D.1（续）

<table>
<tr><th colspan="5">技 术 要 求</th><th rowspan="2">试验方法</th></tr>
<tr><th colspan="3">项 目</th><th>精细</th><th>普通</th></tr>
<tr><td rowspan="2">耐磨性</td><td colspan="2">无釉地砖耐磨损体积/mm^3</td><td colspan="2">≤649</td><td>GB/T 3810.6</td></tr>
<tr><td colspan="2">有釉地砖表面耐磨性[e]</td><td colspan="2">报告陶瓷砖耐磨性级别和转数</td><td>GB/T 3810.7</td></tr>
<tr><td>线性热膨胀系数[f]</td><td colspan="2">从环境温度到 100 ℃</td><td colspan="2">参见附录 Q</td><td>GB/T 3810.8</td></tr>
<tr><td colspan="3">抗热震性[f]</td><td colspan="2">参见附录 Q</td><td>GB/T 3810.9</td></tr>
<tr><td colspan="3">有釉砖抗釉裂性[g]</td><td colspan="2">经试验应无釉裂</td><td>GB/T 3810.11</td></tr>
<tr><td colspan="3">抗冻性[f]</td><td colspan="2">参见附录 Q</td><td>GB/T 3810.12</td></tr>
<tr><td colspan="3">地砖摩擦系数</td><td colspan="2">单个值≥0.50</td><td>附录 M</td></tr>
<tr><td colspan="3">湿膨胀[f]/(mm/m)</td><td colspan="2">参见附录 Q</td><td>GB/T 3810.10</td></tr>
<tr><td colspan="3">小色差[f]</td><td colspan="2">纯色砖
有釉砖：$\Delta E<0.75$
无釉砖：$\Delta E<1.0$</td><td>GB/T 3810.16</td></tr>
<tr><td colspan="3">抗冲击性[f]</td><td colspan="2">参见附录 Q</td><td>GB/T 3810.5</td></tr>
<tr><td rowspan="2">耐污染性</td><td colspan="2">有釉砖</td><td colspan="2">最低 3 级</td><td>GB/T 3810.14</td></tr>
<tr><td colspan="2">无釉砖[f]</td><td colspan="2">参见附录 Q</td><td>GB/T 3810.14</td></tr>
<tr><td rowspan="5">抗化学腐蚀性</td><td rowspan="2">耐低浓度酸和碱</td><td>有釉砖</td><td colspan="2" rowspan="2">制造商应报告耐化学腐蚀性等级</td><td rowspan="2">GB/T 3810.13</td></tr>
<tr><td>无釉砖</td></tr>
<tr><td colspan="2">耐高浓度酸和碱[f]</td><td colspan="2">参见附录 Q</td><td>GB/T 3810.13</td></tr>
<tr><td rowspan="2">耐家庭化学试剂和游泳池盐类</td><td>有釉砖</td><td colspan="2">不低于 GB 级</td><td rowspan="2">GB/T 3810.13</td></tr>
<tr><td>无釉砖</td><td colspan="2">不低于 UB 级</td></tr>
<tr><td colspan="3">铅和镉的溶出量[f]</td><td colspan="2">参见附录 Q</td><td>GB/T 3810.15</td></tr>
</table>

[a] 以非公制尺寸为基础的习惯用法也可用在同类型砖的连接宽度上。

[b] 在适用情况下，陶瓷砖厚度包括背纹的高度，按照图 3 测定。

[c] 不适用于有弯曲形状的砖。

[d] 在烧成过程中，产品与标准板之间的微小色差是难免的。本条款不适用于在砖的表面有意制造的色差(表面可能是有釉的、无釉的或部分有釉的)或在砖的部分区域内为了突出产品的特点而希望的色差。用于装饰目的的斑点或色斑不能看作为缺陷。

[e] 有釉地砖耐磨性分级参见附录 P。

[f] 表中所列“参见附录 Q”涉及的项目是否有必要进行检验，参见本标准附录 Q。

[g] 制造商对于为装饰效果而产生的裂纹应加以说明，这种情况下，GB/T 3810.11 规定的釉裂试验不适用。

附 录 E
（规范性附录）
挤压陶瓷砖(E＞10% AⅢ 类)

挤压陶瓷砖(E＞10% AⅢ 类)的技术要求应符合表 E.1 的规定。

表 E.1 挤压陶瓷砖(E＞10% AⅢ 类)技术要求

技术要求				试验方法
项目		精细	普通	
长度和宽度	每块砖(2 条或 4 条边)的平均尺寸相对于工作尺寸(W)的允许偏差/%	±2.0， 最大±2 mm	±2.0， 最大±4 mm	GB/T 3810.2
长度和宽度	每块砖(2 条或 4 条边)的平均尺寸相对于 10 块砖(20 条或 40 条边)平均尺寸的允许偏差/%	±1.5	±1.5	GB/T 3810.2
长度和宽度	制造商选择工作尺寸应满足以下要求： 模数砖名义尺寸连接宽度允许在 3 mm～11 mm 之间[a]； 非模数砖工作尺寸与名义尺寸之间的偏差不大于±3 mm			GB/T 3810.2
厚度[b] 厚度由制造商确定； 每块砖厚度的平均值相对于工作尺寸厚度的允许偏差/%		±10	±10	GB/T 3810.2
边直度[c](正面) 相对于工作尺寸的最大允许偏差/%		±1.0	±1.0	GB/T 3810.2
直角度[c] 相对于工作尺寸的最大允许偏差/%		±1.0	±1.0	GB/T 3810.2
表面平整度 最大允许偏差/%	相对于由工作尺寸计算的对角线的中心弯曲度	±1.0	±1.5	GB/T 3810.2
表面平整度 最大允许偏差/%	相对于工作尺寸的边弯曲度	±1.0	±1.5	GB/T 3810.2
表面平整度 最大允许偏差/%	相对于由工作尺寸计算的对角线的翘曲度	±1.5	±1.5	GB/T 3810.2
背纹(有要求时)	深度(h)/mm	h≥0.7		图 3
背纹(有要求时)	形状	背纹形状由制造商确定，示例如图 3 所示。 示例 1：$L_0-L_1>0$ 示例 2：$L_0-L_2>0$ 示例 3：$L_0-L_3>0$		图 3
表面质量[d]		至少砖的 95% 的主要区域无明显缺陷		GB/T 3810.2
吸水率(质量分数)		平均值＞10%		GB/T 3810.3
破坏强度/N		≥600		GB/T 3810.4
断裂模数/[N/mm^2(MPa)] 不适用于破坏强度≥3 000 N 的砖		平均值≥8，单个值≥7		GB/T 3810.4

表 E.1（续）

<table>
<tr><th colspan="5">技 术 要 求</th><th rowspan="2">试验方法</th></tr>
<tr><th colspan="3">项 目</th><th>精细</th><th>普通</th></tr>
<tr><td rowspan="2">耐磨性</td><td colspan="2">无釉地砖耐磨损体积/mm³</td><td colspan="2">≤2 365</td><td>GB/T 3810.6</td></tr>
<tr><td colspan="2">有釉地砖表面耐磨性[e]</td><td colspan="2">报告陶瓷砖耐磨性级别和转数</td><td>GB/T 3810.7</td></tr>
<tr><td>线性热膨胀系数[f]</td><td colspan="2">从环境温度到 100 ℃</td><td colspan="2">参见附录 Q</td><td>GB/T 3810.8</td></tr>
<tr><td colspan="3">抗热震性[f]</td><td colspan="2">参见附录 Q</td><td>GB/T 3810.9</td></tr>
<tr><td colspan="3">有釉砖抗釉裂性[g]</td><td colspan="2">经试验应无釉裂</td><td>GB/T 3810.11</td></tr>
<tr><td colspan="3">抗冻性[f]</td><td colspan="2">参见附录 Q</td><td>GB/T 3810.12</td></tr>
<tr><td colspan="3">地砖摩擦系数</td><td colspan="2">单个值≥0.50</td><td>附录 M</td></tr>
<tr><td colspan="3">湿膨胀[f]/(mm/m)</td><td colspan="2">参见附录 Q</td><td>GB/T 3810.10</td></tr>
<tr><td colspan="3">小色差[f]</td><td colspan="2">纯色砖
有釉砖：ΔE<0.75
无釉砖：ΔE<1.0</td><td>GB/T 3810.16</td></tr>
<tr><td colspan="3">抗冲击性[f]</td><td colspan="2">参见附录 Q</td><td>GB/T 3810.5</td></tr>
<tr><td rowspan="2">耐污染性</td><td colspan="2">有釉砖</td><td colspan="2">最低 3 级</td><td>GB/T 3810.14</td></tr>
<tr><td colspan="2">无釉砖[f]</td><td colspan="2">参见附录 Q</td><td>GB/T 3810.14</td></tr>
<tr><td rowspan="5">抗化学腐蚀性</td><td rowspan="2">耐低浓度酸和碱</td><td>有釉砖</td><td colspan="2" rowspan="2">制造商应报告耐化学腐蚀性等级</td><td rowspan="2">GB/T 3810.13</td></tr>
<tr><td>无釉砖</td></tr>
<tr><td colspan="2">耐高浓度酸和碱[f]</td><td colspan="2">参见附录 Q</td><td>GB/T 3810.13</td></tr>
<tr><td rowspan="2">耐家庭化学试剂和游泳池盐类</td><td>有釉砖</td><td colspan="2">不低于 GB 级</td><td rowspan="2">GB/T 3810.13</td></tr>
<tr><td>无釉砖</td><td colspan="2">不低于 UB 级</td></tr>
<tr><td colspan="3">铅和镉的溶出量[f]</td><td colspan="2">参见附录 Q</td><td>GB/T 3810.15</td></tr>
</table>

[a] 以非公制尺寸为基础的习惯用法也可用在同类型砖的连接宽度上。

[b] 在适用情况下，陶瓷砖厚度包括背纹的高度，按照图 3 测定。

[c] 不适用于有弯曲形状的砖。

[d] 在烧成过程中，产品与标准板之间的微小色差是难免的。本条款不适用于在砖的表面有意制造的色差（表面可能是有釉的、无釉的或部分有釉的）或在砖的部分区域内为了突出产品的特点而希望的色差。用于装饰目的的斑点或色斑不能看作为缺陷。

[e] 有釉地砖耐磨性分级参见附录 P。

[f] 表中所列“参见附录 Q”涉及的项目是否有必要进行检验，参见本标准附录 Q。

[g] 制造商对于为装饰效果而产生的裂纹应加以说明，这种情况下，GB/T 3810.11 规定的釉裂试验不适用。

附 录 G

(规范性附录)

干压陶瓷砖($E \leqslant 0.5\%$ BⅠa类)

干压陶瓷砖($E \leqslant 0.5\%$ BⅠa类)的技术要求应符合表G.1的规定。

表G.1 干压陶瓷砖($E \leqslant 0.5\%$ BⅠa类)技术要求

<table>
<tr><th colspan="4">技 术 要 求</th><th rowspan="3">试验方法</th></tr>
<tr><th colspan="2" rowspan="2">项 目</th><th colspan="2">名义尺寸</th></tr>
<tr><th>70 mm≤N
<150 mm</th><th>N≥150 mm</th></tr>
<tr><td rowspan="3">长度
和
宽度</td><td rowspan="2">每块砖(2条或4条边)的平均尺寸相对于工作尺寸(W)的允许偏差/%</td><td>±0.9 mm</td><td>±0.6,
最大值±2.0 mm</td><td rowspan="2">GB/T 3810.2</td></tr>
<tr><td colspan="2">抛光砖:最大值±1.0 mm</td></tr>
<tr><td colspan="3">制造商选择工作尺寸应满足以下要求:
模数砖名义尺寸连接宽度允许在2 mm~5 mm之间[a];
非模数砖工作尺寸与名义尺寸之间的偏差不大于±2%,最大5 mm</td><td>GB/T 3810.2</td></tr>
<tr><td colspan="2">厚度[b]
厚度由制造商确定。
每块砖厚度的平均值相对于工作尺寸厚度的允许偏差/%</td><td>±0.5 mm</td><td>±5,
最大值±0.5 mm</td><td>GB/T 3810.2</td></tr>
<tr><td colspan="2" rowspan="2">边直度[c](正面)
相对于工作尺寸的最大允许偏差/%</td><td>±0.75 mm</td><td>±0.5,
最大值±1.5 mm</td><td rowspan="2">GB/T 3810.2</td></tr>
<tr><td colspan="2">抛光砖:±0.2,最大值≤1.5 mm</td></tr>
<tr><td colspan="2" rowspan="2">直角度[c]
相对于工作尺寸的最大允许偏差/%</td><td>±0.75 mm</td><td>±0.5,
最大值±2.0 mm</td><td rowspan="2">GB/T 3810.2</td></tr>
<tr><td colspan="2">抛光砖:±0.2,最大值≤2.0 mm</td></tr>
<tr><td rowspan="4">表面平整度
最大允许偏差/%</td><td>相对于由工作尺寸计算的对角线的中心弯曲度</td><td>±0.75 mm</td><td>±0.5,
最大值±2.0 mm</td><td>GB/T 3810.2</td></tr>
<tr><td>相对于工作尺寸的边弯曲度</td><td>±0.75 mm</td><td>±0.5,
最大值±2.0 mm</td><td>GB/T 3810.2</td></tr>
<tr><td>相对于由工作尺寸计算的对角线的翘曲度</td><td>±0.75 mm</td><td>±0.5,
最大值±2.0 mm</td><td>GB/T 3810.2</td></tr>
<tr><td colspan="3">抛光砖的表面平整度允许偏差为±0.15,且最大偏差≤2.0 mm。
边长>600 mm的砖,表面平整度用上凸和下凹表示,其最大偏差≤2.0 mm</td><td>GB/T 3810.2</td></tr>
<tr><td rowspan="2">背纹(有要求时)</td><td>深度(h)/mm</td><td colspan="2">h≥0.7</td><td>图3</td></tr>
<tr><td>形状</td><td colspan="2">背纹形状由制造商确定,示例如图3所示。
示例1:$L_0-L_1>0$
示例2:$L_0-L_2>0$
示例3:$L_0-L_3>0$</td><td>图3</td></tr>
</table>

表 G.1（续）

项目			技术要求 名义尺寸 70 mm≤N<150 mm	技术要求 名义尺寸 N≥150 mm	试验方法
表面质量[d]			至少砖的 95% 的主要区域无明显缺陷		GB/T 3810.2
吸水率[e]（质量分数）			平均值≤0.5%，单个值≤0.6%		GB/T 3810.3
破坏强度/N	厚度（工作尺寸）≥7.5 mm		≥1 300		GB/T 3810.4
	厚度（工作尺寸）<7.5 mm		≥700		GB/T 3810.4
断裂模数/[N/mm^2（MPa）] 不适用于破坏强度≥3 000 N 的砖			平均值≥35，单个值≥32		GB/T 3810.4
耐磨性	无釉地砖耐磨损体积/mm^3		≤175		GB/T 3810.6
	有釉地砖表面耐磨性[f]		报告陶瓷砖耐磨性级别和转数		GB/T 3810.7
线性热膨胀系数[g]	从环境温度到 100 ℃		参见附录 Q		GB/T 3810.8
抗热震性[g]			参见附录 Q		GB/T 3810.9
有釉砖抗釉裂性[h]			经试验应无釉裂		GB/T 3810.11
抗冻性			经试验应无裂纹或剥落		GB/T 3810.12
地砖摩擦系数			单个值≥0.50		附录 M
湿膨胀[g]/（mm/m）			参见附录 Q		GB/T 3810.10
小色差[g]			纯色砖 有釉砖：ΔE<0.75 无釉砖：ΔE<1.0		GB/T 3810.16
抗冲击性[g]			参见附录 Q		GB/T 3810.5
抛光砖光泽度[i]			≥55		GB/T 13891
耐污染性	有釉砖		最低 3 级		GB/T 3810.14
	无釉砖[g]		参见附录 Q		GB/T 3810.14
抗化学腐蚀性	耐低浓度酸和碱	有釉砖	制造商应报告耐化学腐蚀性等级		GB/T 3810.13
		无釉砖			
	耐高浓度酸和碱[g]		参见附录 Q		GB/T 3810.13
	耐家庭化学试剂和游泳池盐类	有釉砖	不低于 GB 级		GB/T 3810.13
		无釉砖	不低于 UB 级		
铅和镉的溶出量[g]			参见附录 Q		GB/T 3810.15

表 G.1(续)

<table>
<tr><th colspan="3">技 术 要 求</th><th rowspan="3">试验方法</th></tr>
<tr><th rowspan="2">项 目</th><th colspan="2">名义尺寸</th></tr>
<tr><th>70 mm≤N
<150 mm</th><th>N≥150 mm</th></tr>
</table>

- [a] 以非公制尺寸为基础的习惯用法也可用在同类型砖的连接宽度上。
- [b] 在适用情况下,陶瓷砖厚度包括背纹的高度,按照图 3 测定。
- [c] 不适用于有弯曲形状的砖。
- [d] 在烧成过程中,产品与标准板之间的微小色差是难免的。本条款不适用于在砖的表面有意制造的色差(表面可能是有釉的、无釉的或部分有釉的)或在砖的部分区域内为了突出产品的特点而希望的色差。用于装饰目的的斑点或色斑不能看作为缺陷。
- [e] 吸水率最大单个值为 0.5%的砖是全玻化砖(常被认为是不吸水的)。
- [f] 有釉地砖耐磨性分级参见附录 P。
- [g] 表中所列"参见附录 Q"涉及的项目是否有必要进行检验,参见本标准附录 Q。
- [h] 制造商对于为装饰效果而产生的裂纹应加以说明,这种情况下,GB/T 3810.11 规定的釉裂试验不适用。
- [i] 适用于有镜面效果的抛光砖,不包括半抛光和局部抛光的砖。

附 录 H
（规范性附录）
干压陶瓷砖（0.5%<E≤3% BⅠb类）

干压陶瓷砖（0.5%<E≤3% BⅠb类）的技术要求应符合表H.1的规定。

表H.1 干压陶瓷砖（0.5%<E≤3% BⅠb类）技术要求

<table>
<tr><th colspan="4">技 术 要 求</th><th rowspan="3">试验方法</th></tr>
<tr><th colspan="2" rowspan="2">项 目</th><th colspan="2">名义尺寸</th></tr>
<tr><th>70 mm≤N <150 mm</th><th>N≥150 mm</th></tr>
<tr><td rowspan="2">长度和宽度</td><td>每块砖（2条或4条边）的平均尺寸相对于工作尺寸（W）的允许偏差/%</td><td>±0.9 mm</td><td>±0.6，
最大±2.0 mm</td><td>GB/T 3810.2</td></tr>
<tr><td colspan="3">制造商选择工作尺寸应满足以下要求：
模数砖名义尺寸连接宽度允许在2 mm～5 mm之间[a]；
非模数砖工作尺寸与名义尺寸之间的偏差不大于±2%，最大5 mm</td><td>GB/T 3810.2</td></tr>
<tr><td colspan="2">厚度[b]
厚度由制造商确定；
每块砖厚度的平均值相对于工作尺寸厚度的允许偏差/%</td><td>±0.5 mm</td><td>±5，
最大±0.5 mm</td><td>GB/T 3810.2</td></tr>
<tr><td colspan="2">边直度[c]（正面）
相对于工作尺寸的最大允许偏差/%</td><td>±0.75 mm</td><td>±0.5，
最大±1.5 mm</td><td>GB/T 3810.2</td></tr>
<tr><td colspan="2">直角度[c]
相对于工作尺寸的最大允许偏差/%</td><td>±0.75 mm</td><td>±0.5，
最大±2.0 mm</td><td>GB/T 3810.2</td></tr>
<tr><td rowspan="4">表面平整度
最大允许偏差/%</td><td>相对于由工作尺寸计算的对角线的中心弯曲度</td><td>±0.75 mm</td><td>±0.5，
最大±2.0 mm</td><td>GB/T 3810.2</td></tr>
<tr><td>相对于工作尺寸的边弯曲度</td><td>±0.75 mm</td><td>±0.5，
最大±2.0 mm</td><td>GB/T 3810.2</td></tr>
<tr><td>相对于由工作尺寸计算的对角线的翘曲度</td><td>±0.75 mm</td><td>±0.5，
最大±2.0 mm</td><td>GB/T 3810.2</td></tr>
<tr><td colspan="3">边长>600 mm的砖，表面平整度用上凸和下凹表示，其最大偏差≤2.0 mm</td><td>GB/T 3810.2</td></tr>
<tr><td rowspan="2">背纹（有要求时）</td><td>深度（h）/mm</td><td colspan="2">h≥0.7</td><td>图3</td></tr>
<tr><td>形状</td><td colspan="2">背纹形状由制造商确定，示例如图3所示。
示例1：$L_0-L_1>0$
示例2：$L_0-L_2>0$
示例3：$L_0-L_3>0$</td><td>图3</td></tr>
<tr><td colspan="2">表面质量[d]</td><td colspan="2">至少砖的95%的主要区域无明显缺陷</td><td>GB/T 3810.2</td></tr>
<tr><td colspan="2">吸水率（质量分数）</td><td colspan="2">0.5%<E≤3%，单个最大值≤3.3%</td><td>GB/T 3810.3</td></tr>
</table>

表 H.1（续）

技术要求					试验方法
项目			名义尺寸 70 mm≤N＜150 mm	名义尺寸 N≥150 mm	
破坏强度/N	厚度(工作尺寸)≥7.5 mm		≥1 100		GB/T 3810.4
	厚度(工作尺寸)＜7.5 mm		≥700		GB/T 3810.4
断裂模数/[N/mm²(MPa)] 不适用于破坏强度≥3 000 N 的砖			平均值≥30，单个值≥27		GB/T 3810.4
耐磨性	无釉地砖耐磨损体积/mm³		≤175		GB/T 3810.6
	有釉地砖表面耐磨性[e]		报告陶瓷砖耐磨性级别和转数		GB/T 3810.7
线性热膨胀系数[f]	从环境温度到 100 ℃		参见附录 Q		GB/T 3810.8
抗热震性[f]			参见附录 Q		GB/T 3810.9
有釉砖抗釉裂性[g]			经试验应无釉裂		GB/T 3810.11
抗冻性			经试验应无裂纹或剥落		GB/T 3810.12
地砖摩擦系数			单个值≥0.50		附录 M
湿膨胀[f]/(mm/m)			参见附录 Q		GB/T 3810.10
小色差[f]			纯色砖 有釉砖：$\Delta E<0.75$ 无釉砖：$\Delta E<1.0$		GB/T 3810.16
抗冲击性[f]			参见附录 Q		GB/T 3810.5
耐污染性	有釉砖		最低 3 级		GB/T 3810.14
	无釉砖[f]		参见附录 Q		GB/T 3810.14
抗化学腐蚀性	耐低浓度酸和碱	有釉砖	制造商应报告耐化学腐蚀性等级		GB/T 3810.13
		无釉砖			
	耐高浓度酸和碱[f]		参见附录 Q		GB/T 3810.13
	耐家庭化学试剂和游泳池盐类	有釉砖	不低于 GB 级		GB/T 3810.13
		无釉砖	不低于 UB 级		
铅和镉的溶出量[f]			参见附录 Q		GB/T 3810.15

[a] 以非公制尺寸为基础的习惯用法也可用在同类型砖的连接宽度上。

[b] 在适用情况下，陶瓷砖厚度包括背纹的高度，按照图 3 测定。

[c] 不适用于有弯曲形状的砖。

[d] 在烧成过程中，产品与标准板之间的微小色差是难免的。本条款不适用于在砖的表面有意制造的色差(表面可能是有釉的、无釉的或部分有釉的)或在砖的部分区域内为了突出产品的特点而希望的色差。用于装饰目的的斑点或色斑不能看作为缺陷。

[e] 有釉地砖耐磨性分级参见附录 P。

[f] 表中所列"参见附录 Q"涉及的项目是否有必要进行检验，参见本标准附录 Q。

[g] 制造商对于为装饰效果而产生的裂纹应加以说明，这种情况下，GB/T 3810.11 规定的釉裂试验不适用。

附 录 J
（规范性附录）
干压陶瓷砖（3%<E≤6% BⅡa 类）

干压陶瓷砖（3%<E≤6% BⅡa 类）的技术要求应符合表 J.1 的规定。

表 J.1 干压陶瓷砖（3%<E≤6% BⅡa 类）技术要求

技术要求				试验方法
项目		名义尺寸 70 mm≤N<150 mm	名义尺寸 N≥150 mm	
长度和宽度	每块砖（2 条或 4 条边）的平均尺寸相对于工作尺寸（W）的允许偏差/%	±0.9 mm	±0.6，最大±2.0 mm	GB/T 3810.2
长度和宽度	制造商选择工作尺寸应满足以下要求： 模数砖名义尺寸连接宽度允许在 2 mm～5 mm 之间[a]； 非模数砖工作尺寸与名义尺寸之间的偏差不大于±2%，最大 5 mm			GB/T 3810.2
厚度[b] 厚度由制造商确定； 每块砖厚度的平均值相对于工作尺寸厚度的允许偏差/%		±0.5 mm	±5，最大±0.5 mm	GB/T 3810.2
边直度[c]（正面） 相对于工作尺寸的最大允许偏差/%		±0.75 mm	±0.5，最大±1.5 mm	GB/T 3810.2
直角度[c] 相对于工作尺寸的最大允许偏差/%		±0.75 mm	±0.5，最大±2.0 mm	GB/T 3810.2
表面平整度最大允许偏差/%	相对于由工作尺寸计算的对角线的中心弯曲度	±0.75 mm	±0.5，最大±2.0 mm	GB/T 3810.2
表面平整度最大允许偏差/%	相对于工作尺寸的边弯曲度	±0.75 mm	±0.5，最大±2.0 mm	GB/T 3810.2
表面平整度最大允许偏差/%	相对于由工作尺寸计算的对角线的翘曲度	±0.75 mm	±0.5，最大±2.0 mm	GB/T 3810.2
表面平整度最大允许偏差/%	边长>600 mm 的砖，表面平整度用上凸和下凹表示，其最大偏差≤2.0 mm			GB/T 3810.2
背纹（有要求时）	深度（h）/mm	h≥0.7		图 3
背纹（有要求时）	形状	背纹形状由制造商确定，示例如图 3 所示。 示例 1：$L_0-L_1>0$ 示例 2：$L_0-L_2>0$ 示例 3：$L_0-L_3>0$		图 3
表面质量[d]		至少砖的 95%的主要区域无明显缺陷		GB/T 3810.2
吸水率（质量分数）		3%<E≤6%，单个最大值≤6.5%		GB/T 3810.3

表 J.1（续）

<table>
<tr><td colspan="5">技 术 要 求</td><td rowspan="3">试验方法</td></tr>
<tr><td colspan="3" rowspan="2">项 目</td><td colspan="2">名义尺寸</td></tr>
<tr><td>70 mm≤N
<150 mm</td><td>N≥150 mm</td></tr>
<tr><td rowspan="2">破坏强度/N</td><td colspan="2">厚度(工作尺寸)≥7.5 mm</td><td colspan="2">≥1 000</td><td>GB/T 3810.4</td></tr>
<tr><td colspan="2">厚度(工作尺寸)<7.5 mm</td><td colspan="2">≥600</td><td>GB/T 3810.4</td></tr>
<tr><td colspan="3">断裂模数/[N/mm²(MPa)]
不适用于破坏强度≥3 000 N 的砖</td><td colspan="2">平均值≥22，单个值≥20</td><td>GB/T 3810.4</td></tr>
<tr><td rowspan="2">耐磨性</td><td colspan="2">无釉地砖耐磨损体积/mm³</td><td colspan="2">≤345</td><td>GB/T 3810.6</td></tr>
<tr><td colspan="2">有釉地砖表面耐磨性[e]</td><td colspan="2">报告陶瓷砖耐磨性级别和转数</td><td>GB/T 3810.7</td></tr>
<tr><td>线性热膨胀系数[f]</td><td colspan="2">从环境温度到 100 ℃</td><td colspan="2">参见附录 Q</td><td>GB/T 3810.8</td></tr>
<tr><td colspan="3">抗热震性[f]</td><td colspan="2">参见附录 Q</td><td>GB/T 3810.9</td></tr>
<tr><td colspan="3">有釉砖抗釉裂性[g]</td><td colspan="2">经试验应无釉裂</td><td>GB/T 3810.11</td></tr>
<tr><td colspan="3">抗冻性[f]</td><td colspan="2">参见附录 Q</td><td>GB/T 3810.12</td></tr>
<tr><td colspan="3">地砖摩擦系数</td><td colspan="2">单个值≥0.50</td><td>附录 M</td></tr>
<tr><td colspan="3">湿膨胀[f]/(mm/m)</td><td colspan="2">参见附录 Q</td><td>GB/T 3810.10</td></tr>
<tr><td colspan="3">小色差[f]</td><td colspan="2">纯色砖
有釉砖：ΔE<0.75
无釉砖：ΔE<1.0</td><td>GB/T 3810.16</td></tr>
<tr><td colspan="3">抗冲击性[f]</td><td colspan="2">参见附录 Q</td><td>GB/T 3810.5</td></tr>
<tr><td rowspan="2">耐污染性</td><td colspan="2">有釉砖</td><td colspan="2">最低 3 级</td><td>GB/T 3810.14</td></tr>
<tr><td colspan="2">无釉砖[f]</td><td colspan="2">参见附录 Q</td><td>GB/T 3810.14</td></tr>
<tr><td rowspan="5">抗化学腐蚀性</td><td rowspan="2">耐低浓度酸和碱</td><td>有釉砖</td><td colspan="2" rowspan="2">制造商应报告耐化学腐蚀性等级</td><td rowspan="2">GB/T 3810.13</td></tr>
<tr><td>无釉砖</td></tr>
<tr><td colspan="2">耐高浓度酸和碱[f]</td><td colspan="2">参见附录 Q</td><td>GB/T 3810.13</td></tr>
<tr><td rowspan="2">耐家庭化学试剂和游泳池盐类</td><td>有釉砖</td><td colspan="2">不低于 GB 级</td><td rowspan="2">GB/T 3810.13</td></tr>
<tr><td>无釉砖</td><td colspan="2">不低于 UB 级</td></tr>
<tr><td colspan="3">铅和镉的溶出量[f]</td><td colspan="2">参见附录 Q</td><td>GB/T 3810.15</td></tr>
</table>

[a] 以非公制尺寸为基础的习惯用法也可用在同类型砖的连接宽度上。

[b] 在适用情况下，陶瓷砖厚度包括背纹的高度，按照图 3 测定。

[c] 不适用于有弯曲形状的砖。

[d] 在烧成过程中，产品与标准板之间的微小色差是难免的。本条款不适用于在砖的表面有意制造的色差(表面可能是有釉的、无釉的或部分有釉的)或在砖的部分区域内为了突出产品的特点而希望的色差。用于装饰目的的斑点或色斑不能看作为缺陷。

[e] 有釉地砖耐磨性分级参见附录 P。

[f] 表中所列“参见附录 Q”涉及的项目是否有必要进行检验，参见本标准附录 Q。

[g] 制造商对于为装饰效果而产生的裂纹应加以说明，这种情况下，GB/T 3810.11 规定的釉裂试验不适用。

附 录 K
（规范性附录）
干压陶瓷砖（6%＜E≤10% BⅡb 类）

干压陶瓷砖（6%＜E≤10% BⅡb 类）的技术要求应符合表 K.1 的规定。

表 K.1 干压陶瓷砖（6%＜E≤10% BⅡb 类）技术要求

技术要求				试验方法
项目		名义尺寸 70 mm≤N＜150 mm	名义尺寸 N≥150 mm	
长度和宽度	每块砖（2 条或 4 条边）的平均尺寸相对于工作尺寸（W）的允许偏差/%	±0.9 mm	±0.6，最大±2.0 mm	GB/T 3810.2
长度和宽度	制造商选择工作尺寸应满足以下要求：模数砖名义尺寸连接宽度允许在 2 mm～5 mm 之间[a]；非模数砖工作尺寸与名义尺寸之间的偏差不大于±2%，最大 5 mm			GB/T 3810.2
厚度[b] 厚度由制造商确定。每块砖厚度的平均值相对于工作尺寸厚度的允许偏差/%		±0.5 mm	±5，最大±0.5 mm	GB/T 3810.2
边直度[c]（正面） 相对于工作尺寸的最大允许偏差/%		±0.75 mm	±0.5，最大±1.5 mm	GB/T 3810.2
直角度[c] 相对于工作尺寸的最大允许偏差/%		±0.75 mm	±0.5，最大±2.0 mm	GB/T 3810.2
表面平整度 最大允许偏差/%	相对于由工作尺寸计算的对角线的中心弯曲度	±0.75 mm	±0.5，最大±2.0 mm	GB/T 3810.2
表面平整度 最大允许偏差/%	相对于工作尺寸的边弯曲度	±0.75 mm	±0.5，最大±2.0 mm	GB/T 3810.2
表面平整度 最大允许偏差/%	相对于由工作尺寸计算的对角线的翘曲度	±0.75 mm	±0.5，最大±2.0 mm	GB/T 3810.2
表面平整度 最大允许偏差/%	边长＞600 mm 的砖，表面平整度用上凸和下凹表示，其最大偏差≤2.0 mm			GB/T 3810.2
背纹（有要求时）	深度（h）/mm	h≥0.7		图 3
背纹（有要求时）	形状	背纹形状由制造商确定，示例如图 3 所示。示例 1：$L_0-L_1>0$ 示例 2：$L_0-L_2>0$ 示例 3：$L_0-L_3>0$		图 3
表面质量[d]		至少砖的 95% 的主要区域无明显缺陷		GB/T 3810.2
吸水率（质量分数）		6%＜E≤10%，单个最大值≤11%		GB/T 3810.3

表 K.1（续）

<table>
<tr><th colspan="5">技 术 要 求</th><th rowspan="3">试验方法</th></tr>
<tr><th colspan="3" rowspan="2">项 目</th><th colspan="2">名义尺寸</th></tr>
<tr><th>70 mm≤N <150 mm</th><th>N≥150 mm</th></tr>
<tr><td rowspan="2">破坏强度/N</td><td colspan="2">厚度（工作尺寸）≥7.5 mm</td><td colspan="2">≥800</td><td>GB/T 3810.4</td></tr>
<tr><td colspan="2">厚度（工作尺寸）<7.5 mm</td><td colspan="2">≥600</td><td>GB/T 3810.4</td></tr>
<tr><td colspan="3">断裂模数/[N/mm^2（MPa）]
不适用于破坏强度≥3 000 N 的砖</td><td colspan="2">平均值≥18，单个值≥16</td><td>GB/T 3810.4</td></tr>
<tr><td rowspan="2">耐磨性</td><td colspan="2">无釉地砖耐磨损体积/mm^3</td><td colspan="2">≤540</td><td>GB/T 3810.6</td></tr>
<tr><td colspan="2">有釉地砖表面耐磨性[e]</td><td colspan="2">报告陶瓷砖耐磨性级别和转数</td><td>GB/T 3810.7</td></tr>
<tr><td>线性热膨胀系数[f]</td><td colspan="2">从环境温度到 100 ℃</td><td colspan="2">参见附录 Q</td><td>GB/T 3810.8</td></tr>
<tr><td colspan="3">抗热震性[f]</td><td colspan="2">参见附录 Q</td><td>GB/T 3810.9</td></tr>
<tr><td colspan="3">有釉砖抗釉裂性[g]</td><td colspan="2">经试验应无釉裂</td><td>GB/T 3810.11</td></tr>
<tr><td colspan="3">抗冻性[f]</td><td colspan="2">参见附录 Q</td><td>GB/T 3810.12</td></tr>
<tr><td colspan="3">地砖摩擦系数</td><td colspan="2">单个值≥0.50</td><td>附录 M</td></tr>
<tr><td colspan="3">湿膨胀[f]/（mm/m）</td><td colspan="2">参见附录 Q</td><td>GB/T 3810.10</td></tr>
<tr><td colspan="3">小色差[f]</td><td colspan="2">纯色砖
有釉砖：$\Delta E<0.75$
无釉砖：$\Delta E<1.0$</td><td>GB/T 3810.16</td></tr>
<tr><td colspan="3">抗冲击性[f]</td><td colspan="2">参见附录 Q</td><td>GB/T 3810.5</td></tr>
<tr><td rowspan="2">耐污染性</td><td colspan="2">有釉砖</td><td colspan="2">最低 3 级</td><td>GB/T 3810.14</td></tr>
<tr><td colspan="2">无釉砖[f]</td><td colspan="2">参见附录 Q</td><td>GB/T 3810.14</td></tr>
<tr><td rowspan="5">抗化学腐蚀性</td><td rowspan="2">耐低浓度酸和碱</td><td>有釉砖</td><td colspan="2" rowspan="2">制造商应报告耐化学腐蚀性等级</td><td rowspan="2">GB/T 3810.13</td></tr>
<tr><td>无釉砖</td></tr>
<tr><td colspan="2">耐高浓度酸和碱[f]</td><td colspan="2">参见附录 Q</td><td>GB/T 3810.13</td></tr>
<tr><td rowspan="2">耐家庭化学试剂和游泳池盐类</td><td>有釉砖</td><td colspan="2">不低于 GB 级</td><td rowspan="2">GB/T 3810.13</td></tr>
<tr><td>无釉砖</td><td colspan="2">不低于 UB 级</td></tr>
<tr><td colspan="3">铅和镉的溶出量[f]</td><td colspan="2">参见附录 Q</td><td>GB/T 3810.15</td></tr>
</table>

[a] 以非公制尺寸为基础的习惯用法也可用在同类型砖的连接宽度上。

[b] 在适用情况下，陶瓷砖厚度包括背纹的高度，按照图 3 测定。

[c] 不适用于有弯曲形状的砖。

[d] 在烧成过程中，产品与标准板之间的微小色差是难免的。本条款不适用于在砖的表面有意制造的色差（表面可能是有釉的、无釉的或部分有釉的）或在砖的部分区域内为了突出产品的特点而希望的色差。用于装饰目的的斑点或色斑不能看作为缺陷。

[e] 有釉地砖耐磨性分级参见附录 P。

[f] 表中所列“参见附录 Q”涉及的项目是否有必要进行检验，参见本标准附录 Q。

[g] 制造商对于为装饰效果而产生的裂纹应加以说明，这种情况下，GB/T 3810.11 规定的釉裂试验不适用。

附 录 L
（规范性附录）
干压陶瓷砖（E＞10% BⅢ类）

干压陶瓷砖（E＞10% BⅢ类）的技术要求应符合表 L.1 的规定。

表 L.1 干压陶瓷砖（E＞10% BⅢ类）技术要求

<table>
<tr><td colspan="5">技 术 要 求</td><td rowspan="3">试验方法</td></tr>
<tr><td colspan="3" rowspan="2">项 目</td><td colspan="2">名义尺寸</td></tr>
<tr><td>70 mm≤N＜150 mm</td><td>N≥150 mm</td></tr>
<tr><td rowspan="2">长度和宽度</td><td colspan="2">每块砖(2 条或 4 条边)的平均尺寸相对于工作尺寸(W)的允许偏差/%</td><td>±0.75 mm</td><td>±0.5，
最大±2.0 mm</td><td>GB/T 3810.2</td></tr>
<tr><td colspan="4">制造商选择工作尺寸应满足以下要求：
模数砖名义尺寸连接宽度允许在 1.5 mm～5 mm 之间[a]；
非模数砖工作尺寸与名义尺寸之间的偏差不大于±2%，最大 5 mm</td><td>GB/T 3810.2</td></tr>
<tr><td colspan="3">厚度[b]
厚度由制造商确定。
每块砖厚度的平均值相对于工作尺寸厚度的允许偏差/%</td><td>±0.5 mm</td><td>±10，
最大±0.5 mm</td><td>GB/T 3810.2</td></tr>
<tr><td colspan="3">边直度[c]（正面）
相对于工作尺寸的最大允许偏差/%</td><td>±0.5 mm</td><td>±0.3，
最大±1.5 mm</td><td>GB/T 3810.2</td></tr>
<tr><td colspan="3">直角度[c]
相对于工作尺寸的最大允许偏差/%</td><td>±0.75 mm</td><td>±0.5，
最大±2.0 mm</td><td>GB/T 3810.2</td></tr>
<tr><td colspan="2" rowspan="4">表面平整度
最大允许偏差/%</td><td>相对于由工作尺寸计算的对角线的中心弯曲度</td><td>+0.75 mm
−0.5 mm</td><td>+0.5，−0.3
最大值+2.0 mm，
−1.5 mm</td><td>GB/T 3810.2</td></tr>
<tr><td>相对于工作尺寸的边弯曲度</td><td>+0.75 mm
−0.5 mm</td><td>+0.5，−0.3
最大值+2.0 mm，
−1.5 mm</td><td>GB/T 3810.2</td></tr>
<tr><td>相对于由工作尺寸计算的对角线的翘曲度</td><td>±0.75 mm</td><td>±0.5，
最大值±2.0 mm</td><td>GB/T 3810.2</td></tr>
<tr><td colspan="3">边长＞600 mm 的砖，表面平整度用上凸和下凹表示，其最大偏差≤2.0 mm</td><td>GB/T 3810.2</td></tr>
<tr><td colspan="2" rowspan="2">背纹（有要求时）</td><td>深度(h)/mm</td><td colspan="2">h≥0.7</td><td>图 3</td></tr>
<tr><td>形状</td><td colspan="2">背纹形状由制造商确定，示例如图 3 所示。
示例 1：$L_0-L_1>0$
示例 2：$L_0-L_2>0$
示例 3：$L_0-L_3>0$</td><td>图 3</td></tr>
<tr><td colspan="3">表面质量[d]</td><td colspan="2">至少砖的 95% 的主要区域无明显缺陷</td><td>GB/T 3810.2</td></tr>
</table>

表 L.1（续）

<table>
<tr><th colspan="4">技　术　要　求</th><th rowspan="3">试验方法</th></tr>
<tr><th colspan="2" rowspan="2">项　目</th><th colspan="2">名义尺寸</th></tr>
<tr><th>70 mm≤N
<150 mm</th><th>N≥150 mm</th></tr>
<tr><td colspan="2">吸水率(质量分数)</td><td colspan="2">平均值>10%，单个最小值>9%。
当平均值>20%时，制造商应说明</td><td>GB/T 3810.3</td></tr>
<tr><td rowspan="2">破坏强度/N</td><td>厚度(工作尺寸)≥7.5 mm</td><td colspan="2">≥600</td><td>GB/T 3810.4</td></tr>
<tr><td>厚度(工作尺寸)<7.5 mm</td><td colspan="2">≥350</td><td>GB/T 3810.4</td></tr>
<tr><td colspan="2">断裂模数/[N/mm^2(MPa)]
不适用于破坏强度≥3 000 N的砖</td><td colspan="2">平均值≥15，单个值≥12</td><td>GB/T 3810.4</td></tr>
<tr><td colspan="2">耐磨性
有釉地砖表面耐磨性[e]</td><td colspan="2">报告陶瓷砖耐磨性级别和转数</td><td>GB/T 3810.7</td></tr>
<tr><td>线性热膨胀系数[f]</td><td>从环境温度到100 ℃</td><td colspan="2">参见附录Q</td><td>GB/T 3810.8</td></tr>
<tr><td colspan="2">抗热震性[f]</td><td colspan="2">参见附录Q</td><td>GB/T 3810.9</td></tr>
<tr><td colspan="2">有釉砖抗釉裂性[g]</td><td colspan="2">经试验应无釉裂</td><td>GB/T 3810.11</td></tr>
<tr><td colspan="2">抗冻性[f]</td><td colspan="2">参见附录Q</td><td>GB/T 3810.12</td></tr>
<tr><td colspan="2">地砖摩擦系数</td><td colspan="2">单个值≥0.50</td><td>附录M</td></tr>
<tr><td colspan="2">湿膨胀[g]/(mm/m)</td><td colspan="2">参见附录Q</td><td>GB/T 3810.10</td></tr>
<tr><td colspan="2">小色差[f]</td><td colspan="2">纯色砖
有釉砖：ΔE<0.75
无釉砖：ΔE<1.0</td><td>GB/T 3810.16</td></tr>
<tr><td colspan="2">抗冲击性[f]</td><td colspan="2">参见附录Q</td><td>GB/T 3810.5</td></tr>
<tr><td colspan="2">耐污染性
有釉砖</td><td colspan="2">最低3级</td><td>GB/T 3810.14</td></tr>
<tr><td rowspan="3">抗化学腐蚀性</td><td>耐低浓度酸和碱
有釉砖</td><td colspan="2">制造商应报告耐化学腐蚀性等级</td><td>GB/T 3810.13</td></tr>
<tr><td>耐高浓度酸和碱[f]</td><td colspan="2">参见附录Q</td><td>GB/T 3810.13</td></tr>
<tr><td>耐家庭化学试剂和游泳池盐类(有釉砖)</td><td colspan="2">不低于GB级</td><td>GB/T 3810.13</td></tr>
<tr><td colspan="2">铅和镉的溶出量[f]</td><td colspan="2">参见附录Q</td><td>GB/T 3810.15</td></tr>
</table>

表 L.1（续）

<table>
<tr><th colspan="3">技 术 要 求</th><th rowspan="3">试验方法</th></tr>
<tr><th rowspan="2">项 目</th><th colspan="2">名义尺寸</th></tr>
<tr><th>70 mm≤N<150 mm</th><th>N≥150 mm</th></tr>
<tr><td colspan="4">[a] 以非公制尺寸为基础的习惯用法也可用在同类型砖的连接宽度上。
[b] 在适用情况下，陶瓷砖厚度包括背纹的高度，按照图 3 测定。
[c] 不适用于有弯曲形状的砖。
[d] 在烧成过程中，产品与标准板之间的微小色差是难免的。本条款不适用于在砖的表面有意制造的色差(表面可能是有釉的、无釉的或部分有釉的)或在砖的部分区域内为了突出产品的特点而希望的色差。用于装饰目的的斑点或色斑不能看作为缺陷。
[e] 有釉地砖耐磨性分级参见附录 P。
[f] 表中所列“参见附录 Q”涉及的项目是否有必要进行检验，参见本标准附录 Q。
[g] 制造商对于为装饰效果而产生的裂纹应加以说明，这种情况下，GB/T 3810.11 规定的釉裂试验不适用。</td></tr>
</table>

附　录　M
（规范性附录）
摩擦系数的测定

M.1　适用范围

本附录规定了陶瓷砖表面静摩擦系数测定方法。

M.2　仪器和材料

M.2.1　仪器

一套测力系统，用于测试在砖面上拉动一个滑块时所需用力，见图 M.1。包括：

——分度值不小于 0.25 kgf 的水平型拉力计；

——4.5 kg 的重块；

——4S 橡胶，IRD 硬度 90±2；

——用一块尺寸为 75 mm×75 mm×3 mm 的 4S 橡胶块粘在一块尺寸为 200 mm×200 mm×20 mm的胶合板上组成的滑块组件，胶合板的一侧边上固定着一个环形螺钉，用于与拉力计连接；

——位于砖工作表面以下用来阻止砖滑动的固定架。

M.2.2　测试用材料

测试用材料包括：

——两块厚 6 mm 的浮法玻璃板：一块尺寸不小于 150 mm×150 mm，另一块尺寸为 100 mm×100 mm；

——220 号碳化硅粉末；

——400 号碳化硅砂纸；

——蒸馏水或去离子水；

——中性清洁剂。

M.3　实验步骤

M.3.1　试样准备

试验应在不小于 100 mm×100 mm 的砖表面上进行。测试小规格砖时，应把它们铺贴成一个合适的平面。用中性清洁液洗净砖表面，待砖表面完全洗净干燥后再进行试验。

M.3.2　滑块的准备

将一张 400 号碳化硅砂纸平铺在台面上，沿水平方向拉动滑块组件，使其表面的 4S 橡胶在砂纸上移动的距离约为 100 mm。将滑块在水平面内转过 90°再重复上述打磨过程共计 4 次。以上步骤为一个完整过程。用软刷刷去碎屑，必要时重复以上过程直至完全去除 4S 橡胶表面的光泽。

M.3.3 毛玻璃校正板的准备

将尺寸较大的玻璃板放在可限制其运动的平面上，在其表面上撒 2 g 碳化硅磨粒并滴几滴水。用边长为 100 mm 的玻璃板作为研磨工具，使其在大玻璃板上作圆周运动直至大玻璃板表面完全变成半透明状态。必要时需更换新的磨料和水重复以上过程。

用清洁剂清洗半透明毛玻璃板，然后擦净其表面并在空气中干燥。

将滑块组件放在已经在工作台面上就位的毛玻璃校正板上，用垫片调整校正板和拉力计的高度使滑块组件环首螺钉与拉力计的挂钩处于同一水平面上。将重量为 4.5 kg 的重块放在滑块组件中央。沿水平方向拉动滑块组件测定使滑块组件产生滑动趋势时所需的拉力，记录拉力读数。总共拉动 4 次，每次拉动方向均与上次相差 90°。

摩擦系数校正值计算见式(M.1)：

$$\mathrm{COF}=R_{\mathrm{d}}/nm \qquad \cdots\cdots(\mathrm{M}.1)$$

式中：

R_{d} ——4 次拉力读数之和，单位为千克力(kgf)；

n ——拉动次数；

m ——滑块组件加上 4.5 kg 重块的总重量，单位为千克力(kgf)；

COF——摩擦系数校正值。

如果 4S 橡胶面打磨得均匀，4 个拉力读数应该基本一致，且校正值应在 0.75±0.05 范围内 。在测试 3 个样品之前和之后均应重复校正过程并记录结果。如果前后的校正值相差超过±0.05，则整个测试过程应该重做。操作人员在每测试 3 个样品之前和之后均应校正测试设备和检查操作过程，以确保获得较高的测试一致性。

M.3.4 测试过程(干法)

M.3.4.1 洗净并烘干每块砖的测试表面，将待测砖放在工作台面上并紧靠限制其活动的固定架，刷去所有的碎屑。

M.3.4.2 将滑块组件放在待测砖的测试面上，将 4.5 kg 的重块放在滑块组件上部的中央部位。用拉力计测定沿水平方向使组件产生滑动趋势时所需的拉力，记录拉力读数。

M.3.4.3 每次测试 3 个测试面或样品，每个测试面上要拉动组件 4 次，每次拉动的方向与上次相差 90°，总计获得 12 个计算静摩擦系数所需的读数。记录所有的读数。

M.3.4.4 每测试完一个测试面或样品后均应检查 4S 橡胶面，如果其表面显示出光泽或刮痕，则按 M.4.2 重复打磨过程。

M.3.5 测试过程(湿法)

用蒸馏水液润湿样品表面，重复 M.4.4.2～M.4.4.4 的步骤。每次测试均应保证砖面始终湿润。

M.3.6 计算

用式(M.2)和式(M.3)计算测试面的静摩擦系数值：

干法：

$$F_{\mathrm{d}}=R_{\mathrm{d}}/nm \qquad \cdots\cdots(\mathrm{M}.2)$$

湿法：

$$F_{\mathrm{w}}=R_{\mathrm{w}}/nm \qquad \cdots\cdots(\mathrm{M}.3)$$

式中：

F_{d} ——干燥表面的静摩擦系数值；

F_w ——湿润表面的静摩擦系数值；
R_d ——干法 4 次拉力读数之和，单位为千克力(kgf)；
R_w ——湿法下 4 次拉力读数之和，单位为千克力(kgf)；
n ——拉动次数；
m ——滑块组件加上 4.5 kg 重块的总重量，单位为千克力(kgf)。

M.4 试验报告

试验报告应包括以下内容：

a) 依据 GB/T 4100 标准；
b) 样品的说明；
c) 测试方法；
d) 干法和湿法下静摩擦系数的平均值。

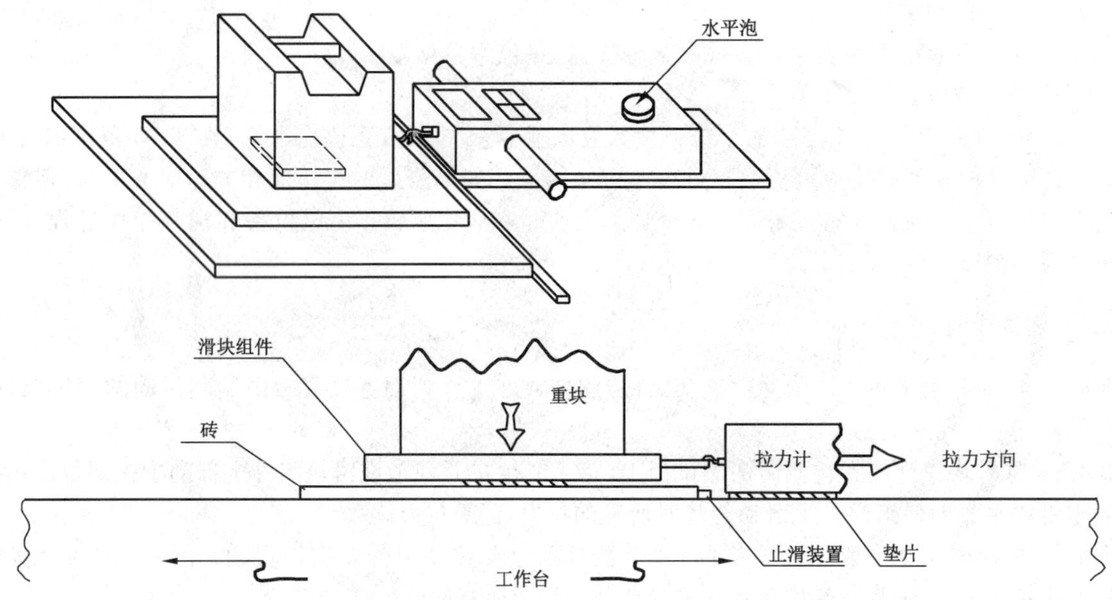

图 M.1 测力系统

附 录 N
（资料性附录）
包装标记使用规定

包装和/或说明书规定使用下面标记。一般不要求使用标记，除非在规定的条件下。

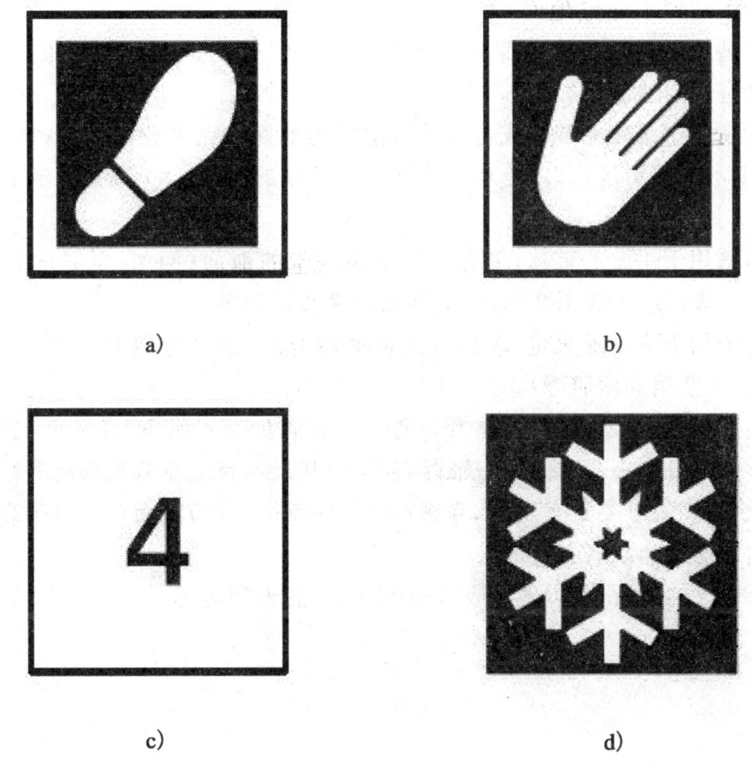

a) b) c) d)

说明：

a) 适用于地面的砖；

b) 适用于墙面的砖；

c) 该罗马数字只是一个例子，它表示了有釉地砖耐磨性的级别；

d) 该标记表示具有抗冻性的砖。

图 N.1 包装标记

附 录 P
(资料性附录)
有釉地砖耐磨性分级

本附录仅提供了各级有釉地砖耐磨性(见 GB/T 3810.7)使用范围的指导性建议,对有特殊要求的产品不作为准确的技术要求。

0 级 该级有釉砖不适用于铺贴地面。

1 级 该级有釉砖适用于柔软的鞋袜或不带有划痕灰尘的光脚使用的地面(例如:没有直接通向室外通道的卫生间或卧室使用的地面)。

2 级 该级有釉砖适用于柔软的鞋袜或普通鞋袜使用的地面。大多数情况下,偶尔有少量划痕灰尘(例如:家中起居室,但不包括厨房、入口处和其他有较多来往的房间),该等级的砖不能用特殊的鞋,例如带平头钉的鞋。

3 级 该级有釉砖适用于平常的鞋袜,带有少量划痕灰尘的地面(例如:家庭的厨房、客厅、走廊、阳台、凉廊和平台)。该等级的砖不能用特殊的鞋,例如带平头钉的鞋。

4 级 该级有釉砖适用于有划痕灰尘,来往行人频繁的地面,使用条件比 3 类地砖恶劣(例如:入口处、饭店的厨房、旅店、展览馆和商店等)。

5 级 该级有釉砖适用于行人来往非常频繁并能经受划痕灰尘的地面,甚至于在使用环境较恶劣的场所(例如:公共场所如商务中心、机场大厅、旅馆门厅、公共过道和工业应用场所等)。

一般情况下,所给的使用分类是有效的,考虑到所穿的鞋袜、交通的类型和清洁方式,建筑物的地板清洁装置在进口处适当地防止划痕灰尘进入。

在交通繁忙和灰尘大的场所,可以使用吸水率 $E \leqslant 3\%$ 的无釉地砖。

附 录 Q
（资料性附录）
试验方法

本标准附录中涉及到的试验方法是产品要求中所规定的，但该部分试验要求不是必检的。本附录是对这些试验及其他相关信息的解释说明。

GB/T 3810.5 陶瓷砖试验方法 第5部分：用恢复系数确定砖的抗冲击性

该试验使用在抗冲击性有特别要求的场所。一般轻负荷场所要求的恢复系数是0.55，重负荷场所则要求更高的恢复系数。

GB/T 3810.8 陶瓷砖试验方法 第8部分：线性热膨胀的测定

大多数陶瓷砖都有微小的线性热膨胀，若陶瓷砖安装在有高热变性的情况下应进行该项试验。

GB/T 3810.9 陶瓷砖试验方法 第9部分：抗热震性的测定

所有陶瓷砖都具有耐高温性，凡是有可能经受热震应力的陶瓷砖都应进行该项试验。

GB/T 3810.10 陶瓷砖试验方法 第10部分：湿膨胀的测定

大多数有釉砖和无釉砖都有微小的自然湿膨胀，当正确铺贴（或安装）时，不会引起铺贴问题。但在不规范安装和一定的湿度条件下，当湿膨胀大于0.06%时（0.66 mm/m）就有可能出问题。

GB/T 3810.12 陶瓷砖试验方法 第12部分：抗冻性的测定

对于明示并准备用在受冻环境中的产品应通过该项试验，一般对明示不用于受冻环境中的产品不要求该项试验。

GB/T 3810.13 陶瓷砖试验方法 第13部分：耐化学腐蚀性的测定

陶瓷砖通常都具有抗普通化学药品的性能。若准备将陶瓷砖在有可能受腐蚀的环境下使用时，应按GB/T 3810.13中4.3.2规定进行高浓度酸和碱的耐化学腐蚀性试验。

GB/T 3810.14 陶瓷砖试验方法 第14部分：耐污染性的测定

该标准要求对有釉砖是强制的。对于无釉砖，若在有污染的环境下使用，建议制造商考虑耐污染性的问题。对于某些有釉砖因釉层下的坯体吸水而引起的暂时色差，本标准不适用。

GB/T 3810.15 陶瓷砖试验方法 第15部分：有釉砖铅和镉溶出量的测定

当有釉砖是用于加工食品的工作台或墙面且砖的釉面与食品有可能接触的场所时，则要求进行该项试验。

GB/T 3810.16 陶瓷砖试验方法 第16部分：小色差的测定

本标准只适用于在特定环境下的单色有釉砖，而且仅在认为单色有釉砖之间的小色差是重要的特定情况下采用本标准方法。

ICS 91.100.30
Q 21

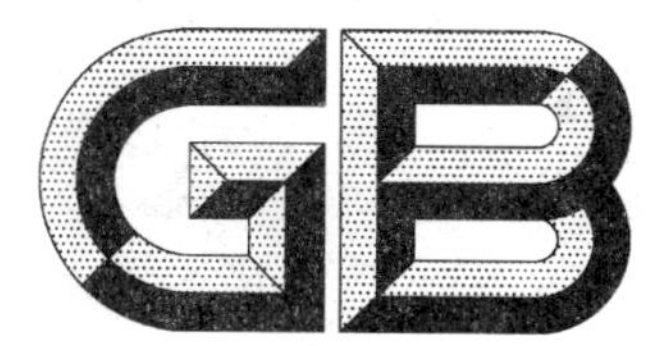

中华人民共和国国家标准

GB/T 18600—2009
代替 GB/T 18600—2001

天 然 板 石

Natural slate

2009-03-25 发布　　2010-01-01 实施

中华人民共和国国家质量监督检验检疫总局
中国国家标准化管理委员会 发布

前　言

本标准与美国 ASTM C 629-03《板石标准规范》、ASTM C 406-05《瓦板标准规范》、ASTM C 120-05《板石弯曲强度试验方法(断裂模量、弹性模量)》、ASTM C 121-90(1999)《板石吸水率试验方法》、ASTM C 217-94《天然板石耐气候性试验方法》的一致性程度为非等效。

本标准代替 GB/T 18600—2001《天然板石》。

本标准与 GB/T 18600—2001 相比主要变化如下:

——删除了原标准中的第 3 章定义;

——修改了命名与标记(原标准 4.4;本标准 3.4);

——细分了理化性能的技术要求(原标准 5.5、5.6.1、5.6.2;本标准 4.1.5);

——增加了耐磨性性能指标和要求(本标准 4.1.5 表 7);

——增加了附录 E。

本标准的附录 A、附录 B、附录 C、附录 D 是规范性附录,附录 E 是资料性附录。

本标准由中国建筑材料联合会提出。

本标准由全国石材标准化技术委员会(SAC/TC460)归口。

本标准起草单位:中材人工晶体研究院(国家石材质量监督检验中心)、北京中材人工晶体有限公司。

本标准主要起草人:李永强、周俊兴。

本标准于 2001 年首次发布。

天 然 板 石

1 范围

本标准规定了天然板石的产品分类、技术要求、试验方法、检验规则、标志、包装、运输、贮存等。

本标准适用于建筑装饰用的天然板石，包括饰面板石和瓦板。其他用途的天然板石也可参照使用。

2 规范性引用文件

下列文件中的条款通过本标准的引用而成为本标准的条款。凡是注日期的引用文件，其随后所有的修改单(不包括勘误的内容)或修订版均不适用于本标准，然而，鼓励根据本标准达成协议的各方研究是否可使用这些文件的最新版本。凡是不注日期的引用文件，其最新版本适用于本标准。

GB/T 191 包装储运图示标志

GB/T 17670 天然石材统一编号

GB/T 19766—2005 天然大理石建筑板材

3 产品分类

3.1 按用途分为：

a) 饰面板(CS)：用于地面和墙面等装饰用途的板石；按弯曲强度分为 C_1、C_2、C_3、C_4 类。

b) 瓦板(RS)：用于房屋盖顶用途的板石；按吸水率分为 R_1、R_2、R_3 类。

3.2 按形状分为：

a) 普形板(NS)；

b) 异形板(IS)。

3.3 等级

按尺寸偏差、平整度公差、角度公差、外观质量、干湿稳定性分为一等品(A)、合格品(B)两个等级。

3.4 命名与标记

3.4.1 命名：采用 GB/T 17670 规定的名称或编号。

3.4.2 标记顺序为：名称、类别、规格尺寸、等级、标准编号。

3.4.3 标记示例：

用编号为 S1115 北京霞云岭青色板石加工的 300 mm×300 mm×15 mm 的 C_1 类一等品普形饰面板的示例如下：

标记：霞云岭青板石(S1115)CS C_1 NS 300×300×15 A GB/T 18600—2009

4 技术要求

4.1 普形板的技术要求

4.1.1 规格尺寸允许偏差

4.1.1.1 饰面板规格尺寸允许偏差见表 1。

表 1

单位为毫米

项目		技术指标	
		一等品	合格品
长、宽度	≤300	±1.0	±1.5
	>300	±2.0	±3.0
厚度(定厚板[a])		±2.0	±3.0

[a] 定厚板是指合同中对厚度有规定要求的板材。

4.1.1.2 瓦板规格尺寸允许偏差见表 2。

表 2

项目		技术指标	
		一等品	合格品
长、宽度/mm	≤300 mm	±1.5	±2.0
	>300 mm	±2.0	±3.0
单块板材厚度/mm		±1.0	±1.5
100 块板材厚度变化率/%,≤	厚度≤5 mm	15	20
	厚度>5 mm	20	25

4.1.1.3 同一块板材的厚度允许极差为:饰面板(定厚板)3 mm;瓦板 1.5 mm。

4.1.2 平整度允许极限公差见表 3。

表 3

单位为毫米

项目	技术指标		
	饰面板		瓦板
	一等品	合格品	
长度≤300	1.5	3.0	不超过长度的 0.5%
长度>300	2.0	4.0	

4.1.3 角度允许极限公差见表 4。

表 4

单位为毫米

项目	技术指标			
	饰面板		瓦板	
	一等品	合格品	一等品	合格品
长度≤300	1.0	2.0	不超过长度的 0.5%	不超过长度的 1.0%
长度>300	1.5	3.0		

4.1.4 外观质量

4.1.4.1 同一批板材的色调应基本调和,花纹应基本一致。

4.1.4.2 板材表面不允许有疏松碎屑物及风化孔洞。

4.1.4.3 板材不允许有碳质夹杂物形成的线条。

4.1.4.4 饰面板正面的外观缺陷应符合表 5 的规定。

表 5

<table>
<tr><th rowspan="2">缺陷名称</th><th rowspan="2">规　定　内　容</th><th colspan="2">技　术　指　标</th></tr>
<tr><th>一等品</th><th>合格品</th></tr>
<tr><td>缺角</td><td>沿板材边长，长度≤5 mm，宽度≤5 mm(长度≤2 mm，宽度≤2 mm 不计)，每块板允许个数(个)</td><td>1</td><td>2</td></tr>
<tr><td>色斑</td><td>面积不超过 15 mm×15 mm(面积小于 5 mm×5 mm 的不计)，每块板允许个数(个)</td><td>0</td><td>2</td></tr>
<tr><td>裂纹</td><td>贯穿其厚度方向的裂纹</td><td colspan="2" rowspan="2">不允许</td></tr>
<tr><td>人工凿痕</td><td>劈分板石时产生的明显加工痕迹</td></tr>
<tr><td>台阶高度</td><td>装饰面上阶梯部分的最大高度</td><td>≤3 mm</td><td>≤5 mm</td></tr>
</table>

4.1.4.5　瓦板正面的外观缺陷应符合表 6 的规定。

表 6

<table>
<tr><th rowspan="2">缺陷名称</th><th rowspan="2">规　定　内　容</th><th colspan="2">技　术　指　标</th></tr>
<tr><th>一等品</th><th>合格品</th></tr>
<tr><td>缺角</td><td>沿板材边长，长度不大于边长的 8%(长度小于边长 3%的不计)，允许缺角部位见图 1。每块板允许个数(个)</td><td colspan="2">2</td></tr>
<tr><td>白斑</td><td>面积不超过 15 mm×15mm(面积小于 5 mm×5 mm 的不计)，每块板允许个数(个)</td><td>0</td><td>2</td></tr>
<tr><td>裂纹</td><td>可见裂纹和隐含裂纹</td><td colspan="2" rowspan="2">不允许</td></tr>
<tr><td>人工凿痕</td><td>劈分板石时产生的明显加工痕迹</td></tr>
<tr><td>台阶高度</td><td>装饰面上阶梯部分的最大高度</td><td>≤1 mm</td><td>≤2 mm</td></tr>
<tr><td>崩边</td><td>打边处理时产生的边缘损失</td><td colspan="2">宽度≤15 mm</td></tr>
</table>

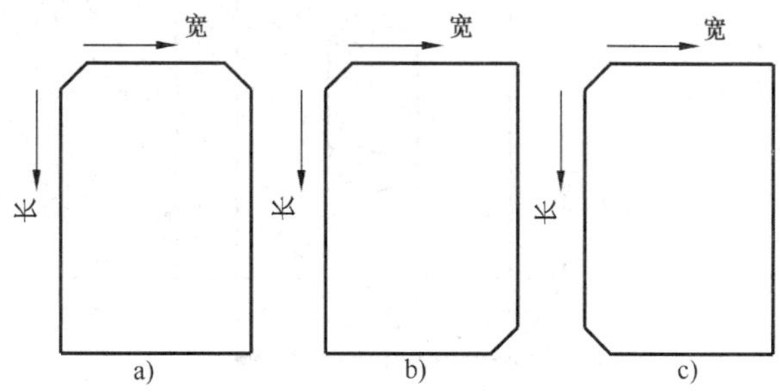

a)——可允许缺角类型；

b)、c)——不允许缺角类型。

图 1　瓦板缺角类型

4.1.5　理化性能

4.1.5.1　饰面板的理化性能指标应符合表 7 的规定。

表 7

项　目	技 术 指 标			
	室　内		室　外	
	C_1 类	C_2 类	C_3 类	C_4 类
弯曲强度/MPa，≥	10.0	50.0	20.0	62.0
吸水率/%，≤	0.45		0.25	
耐气候性软化深度/mm，≤	0.64			
耐磨性[a]/(1/cm^3)，≥	8			
[a] 仅适用在地面、楼梯踏步、台面等易磨损部位。				

4.1.5.2　瓦板的理化性能指标应符合表 8 的规定，干湿稳定性按表 9 中的规定划分等级。

表 8

项　目	技 术 指 标		
	R_1 类	R_2 类	R_3 类
吸水率/%，≤	0.25	0.36	0.45
破坏载荷/N，≥	1 800		
耐气候性软化深度/mm，≤	0.35		

表 9

项　目			技 术 指 标	
			一 等 品	合 格 品
含未氧化的黄铁矿结晶			允许有	允许有
含已氧化的黄铁矿结晶	非贯穿型	外观可见	不允许有	允许有
		外观不可见	允许有	
	贯穿型		不允许有	不允许在图 2 阴影部位出现

4.1.5.3　供需双方对理化性能指标有特殊要求的，按双方协议执行。

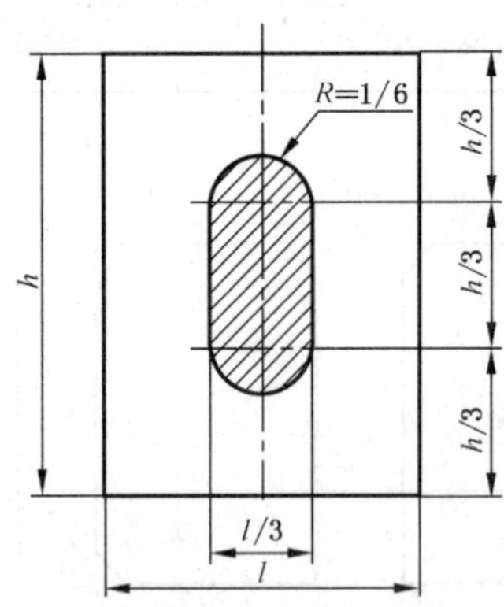

图 2　贯穿型已氧化黄铁矿结晶部位

4.2　异形板的技术要求

4.2.1　加工质量

饰面板和瓦板的规格尺寸允许偏差、平整度允许极限公差、角度允许极限公差、外观质量由供需双方协商确定。

4.2.2 理化性能

4.2.2.1 饰面板的理化性能指标应符合 4.1.5.1 的规定。供需双方对理化性能指标有特殊要求的，按双方协议执行。

4.2.2.2 瓦板的理化性能指标应符合 4.1.5.2 的规定。供需双方对理化性能指标有特殊要求的，按双方协议执行。

5 试验方法

5.1 规格尺寸

5.1.1 饰面板

用游标卡尺或能满足精度要求的量器具测量板材的长度、宽度、厚度。长度、宽度分别在板材的三个部位测量，见图 3；厚度测量 4 条边的中点部位，见图 4。分别用测量值与标称值的偏差最大值和最小值表示长度、宽度、厚度的尺寸偏差。测量值精确到 0.1 mm。

单位为毫米

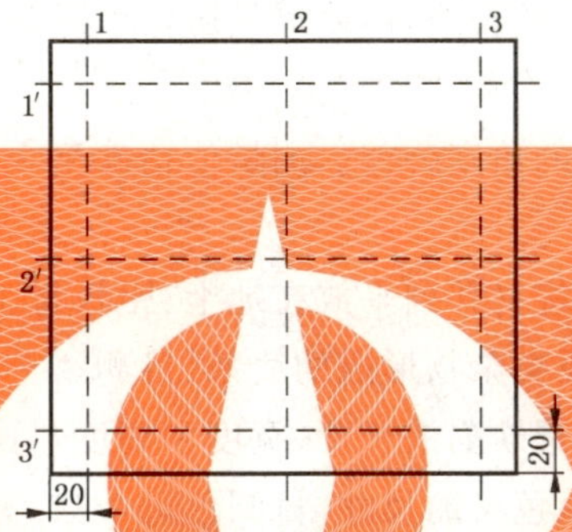

1,2,3——宽度测量线；
1′,2′,3′——长度测量线。

图 3 板材规格尺寸测量位置

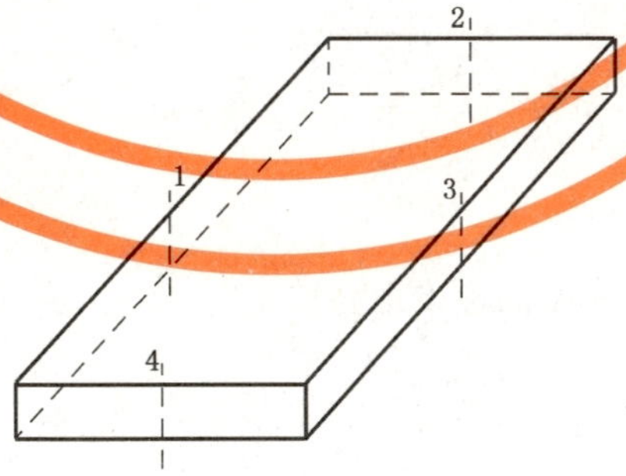

1,2,3,4——厚度测量线。

图 4 板材厚度测量位置

5.1.2 瓦板

瓦板的长度、宽度测量方法同 5.1.1 的规定；单块瓦板的厚度在 4 条边的中点向板材中心延伸 20 mm处测量。从同一批瓦板中随机抽取 200 块板材，平均分为两组。将每组样品自然叠放后，用刻度值为 1 mm 的钢卷尺分别测量 100 块板材的总厚度，分别记为 h_1、h_2，测量值精确至 1 mm。100 块板材的厚度变化率按式(1)计算：

$$\Delta_h = \frac{|h_1 - h_2|}{\min(h_1, h_2)} \times 100 \quad \cdots\cdots(1)$$

式中：

Δ_h——100块板材的厚度变化率，%；

h_1、h_2——每组样品的总厚度，单位为毫米(mm)；

$\min(h_1, h_2)$——两组板材中总厚度的较小值，单位为毫米(mm)。

5.2 平整度

将直线度公差为0.1 mm的钢平尺自然贴放在被检面的两条对角线上，用塞尺或游标卡尺测量尺面与板面的间隙。

以最大间隙的测量值表示板材的平整度公差。测量值精确到0.1 mm。

5.3 角度

用内角垂直度公差为0.13 mm，内角边长为500 mm×400 mm的90°钢角尺检测。将角尺的短边紧靠板材的短边，角尺长边贴靠板材的长边，用塞尺或游标卡尺测量板材长边与角尺长边之间的最大间隙。测量板材的四个角。

以最大间隙的测量值表示板材的角度公差。测量值精确至0.1 mm。

5.4 外观质量

5.4.1 花纹色调：将协议板与被检板材并列平放在地上，距板材1.5 m处站立目测。

5.4.2 疏松碎屑物、风化孔洞、碳质夹杂物形成的线条：目测。

5.4.3 缺角和崩边：用游标卡尺测量缺陷的长度、宽度和高度，目测缺角个数。

5.4.4 色斑、白斑：用游标卡尺测量色斑的尺寸，目测色斑个数。

5.4.5 裂纹：可见裂纹采用目测法，隐含裂纹用金属锤轻敲，辨其声音，清脆无劈裂声为无裂纹。

5.4.6 人工凿痕：将板材平放在地上，距板材1 m处目测。

5.4.7 台阶：用游标卡尺测量台阶的高度，取测量的最大值作为台阶高度。

5.5 吸水率

按附录A的规定检验。

5.6 弯曲强度和破坏载荷

按附录B的规定检验。

5.7 耐气候性

按附录C的规定检验。

5.8 耐磨性

按GB/T 19766—2005中附录A的规定检验。

5.9 瓦板干湿稳定性

按附录D的规定检验。

6 检验规则

6.1 出厂检验

6.1.1 检验项目：规格尺寸偏差、平整度公差、角度公差、外观质量。

6.1.2 组批：同一规格、品种、等级的同一供货批的板材为一批；或按同一工程连续性安装部位的板材为一批。

6.1.3 抽样：瓦板的厚度变化率进行一次随机抽样检验，其余检验项目按表10进行。

表 10

单位为块

批量范围	样本数	合格判定数(*Ac*)	不合格判定数(*Re*)
≤25	5	0	1
26～50	8	1	2
51～90	13	2	3
91～150	20	3	4
151～280	32	5	6
281～500	50	7	8
501～1 200	80	10	11
1 201～3 200	125	14	15
≥3 201	200	21	22

6.1.4 判定:单块板材的所有检验结果均符合技术要求中相应等级时,则判定该块板材符合该等级。

根据样本检验结果,若样本中发现的等级不合格数小于或等于合格判定数(*Ac*),则判定该批符合该等级;若样本中发现的等级不合格数大于或等于不合格判定数(*Re*),则判定该批不符合该等级。

6.2 型式检验

6.2.1 检验项目:技术要求中的全部项目。

6.2.2 有下列情况之一时,进行型式检测:

——新建厂投产;

——荒料、生产工艺有重大改变;

——正常生产时,每两年进行一次。

6.2.3 组批:同 6.1.2。

6.2.4 抽样:规格尺寸、平整度、角度、外观质量的抽样同出厂检验;其余项目的试验样品可从检验批中随机抽取双倍数量样品。

6.2.5 判定:吸水率、弯曲强度、耐气候性、耐磨性、干湿稳定性的试验结果,均符合 4.1.5 的相应类别要求时,则判定该批板材以上物理性能符合该类别;若有两项及以上不符合 4.1.5 的相应类别要求时,则判定该批板材为不符合该类别;有一项不符合 4.1.5 的相应类别要求时,用备样对该项进行复检,复检结果符合 4.1.5 的相应类别要求时,则判定该批板材以上物理性能符合该类别,否则判定该批板材为不符合该类别。其他项目检验结果的判定同出厂检验。

7 标志、包装、运输与贮存

7.1 标志

包装箱上应注明企业名称、商标、品名、规格、数量、序号等标记;须有“向上”和“小心轻放”的标志并符合 GB/T 191 中规定。

7.2 包装

7.2.1 包装时按板材品种、规格、等级分别包装,并附产品合格证。

7.2.2 包装质量应符合产品在正常条件下安全装卸、运输的要求。

7.3 运输

运输板材过程中应防碰撞、滚摔。

7.4 贮存

7.4.1 板材应在室内贮存,室外贮存应加遮盖。

7.4.2 按板材品种、规格、等级或按工程部位分别码放。

附 录 A
(规范性附录)
天然板石吸水率试验方法

A.1 范围

本方法规定了天然板石吸水率的试验方法。

A.2 设备及量具

A.2.1 干燥箱:温度可控制在 60 ℃±2 ℃范围内。
A.2.2 天平:最大称量 1 000 g,感量 10 mg。

A.3 试验方法

A.3.1 试样

试样的边长为 100 mm,厚度为使用厚度。每次试验的样品数量为六块。

A.3.2 试验步骤

将样品用清水洗净擦干,放入 60 ℃±2 ℃的恒温干燥箱中干燥 48 h 至恒重,放入干燥器中冷却至室温。称量其重量(m_1),读数精确到 0.01 g。将样品浸入 20 ℃±5 ℃的清水中 48 h 后,取出并用拧干的湿毛巾轻轻地擦干表面水分,立即称量其重量(m_2),读数精确至 0.01 g。

A.4 结果计算

吸水率按式(A.1)计算:

$$w = \frac{m_2 - m_1}{m_1} \times 100 \qquad \cdots\cdots(A.1)$$

式中:
w——样品的吸水率,%;
m_1——样品干燥时的重量,单位为克(g);
m_2——样品水饱和时的重量,单位为克(g)。
以每组试样吸水率的算术平均值作为试样的吸水率。结果保留两位有效数字。

A.5 试验报告

试验报告应包含以下内容:
——该组试样吸水率的平均值。
——试样名称、品种及编号。
——试样尺寸、数量。
——试验条件。

附 录 B
（规范性附录）
天然板石弯曲强度试验方法

B.1 范围

本方法规定了天然板石弯曲强度试验方法。

B.2 设备与量具

B.2.1 试验机：测量精度为±1%的试验机，试样破坏载荷应在设备示值的20%～90%的范围内。
B.2.2 游标卡尺：精度为0.02 mm。
B.2.3 干燥箱：温度可控制在60 ℃±2 ℃范围内。

B.3 试样

B.3.1 饰面板试样：长度300 mm±1 mm、宽度40 mm±0.5 mm、厚度25 mm±0.5 mm。长度方向与层理平行的试样五块。
B.3.2 瓦板试样：长度100 mm、宽度100 mm、厚度4.8 mm～6.4 mm。试样表面标出制取样品前瓦板的长度方向，并以此方向作为试样的长度方向，试样表面为自然劈分状态，每组样品六块。

B.4 试验步骤

B.4.1 将试样置于干燥箱中，在60 ℃±2 ℃下干燥48 h至恒重，放入干燥器中冷却至室温。
B.4.2 在饰面板试样上用铅笔和直尺画出试样的中心线作为加载线，并距中心线125 mm处画两条与中心线平行的平行线作为跨距线；在瓦板试样上用铅笔和直尺画出与试样长度方向垂直的中心线作为加载线，并距中心线25 mm处画出两条与中心线平行的直线作为跨距线（见图B.1）。

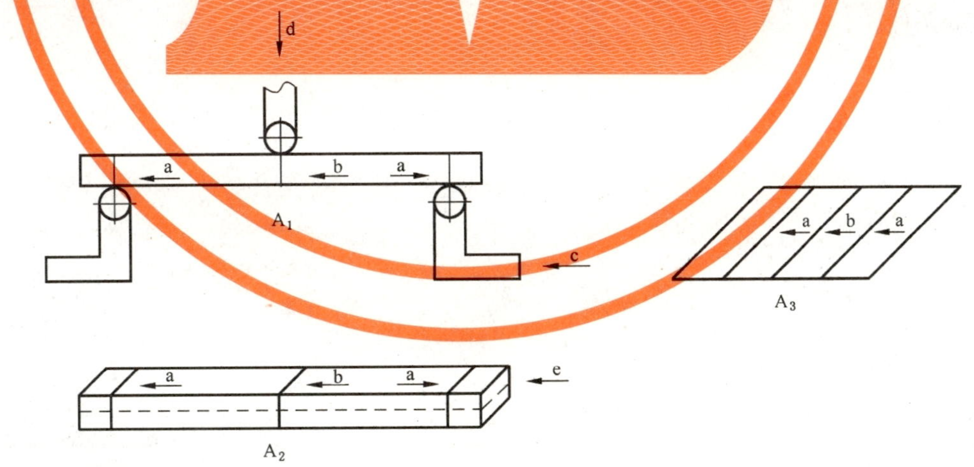

A_1——试样检测装置图；
A_2——饰面板平行纹理方向试样；
A_3——瓦板试样；
a——跨距线；
b——中心线；
c——支架；
d——加载压头；
e——层理。

图 B.1

B.4.3 将试样放置在支架上，调节支架横梁至跨距线正下方，用一个与支架横梁直径相同的压头向试样中心线以每分钟 1 800 N±50 N 的速率加压至试样破坏，记录试样破坏载荷值(P)，精确到 1 N。装置图如图 B.1 所示。

B.4.4 用游标卡尺测量试样断裂面的宽度(b)和厚度(h)，精确到 0.1 mm。

B.5 结果计算

B.5.1 饰面板弯曲强度按式(B.1)计算：

$$R_f = \frac{3Pl}{2bh^2} \qquad \cdots\cdots(B.1)$$

式中：

R_f——试样的弯曲强度，单位为兆帕(MPa)；

P——破坏载荷，单位为牛顿(N)；

l——支点间距离，单位为毫米(mm)；

b——试样宽度，单位为毫米(mm)；

h——试样高度，单位为毫米(mm)。

试验结果保留一位小数。

B.5.2 瓦板以每组试样的破坏载荷算术平均值作为该组试样的破坏载荷。

B.6 试验报告

试验报告应包含以下内容：

——该组试样弯曲强度的平均值；

——试样名称、品种及编号；

——试样的纹理方向；

——试样的尺寸、数量；

——试验条件。

附 录 C
（规范性附录）
天然板石耐气候性试验方法

C.1 范围

本方法规定了天然板石耐气候性试验方法。

C.2 设备、量具及试剂

C.2.1 刮刀：将腻子刀的刃磨掉，制成长约 76 mm，宽约 19 mm 的刮刀。刮刀的前端应为平面且与其长度方向垂直。以该平面的两条长边作为切削刃。

C.2.2 千分尺：精度为 0.001 mm。

C.2.3 试剂：1%（质量分数）化学纯硫酸溶液。

C.2.4 干燥箱：可控制在 105 ℃±2 ℃范围内。

C.3 试样

试样为长约 100 mm，宽约 50 mm，厚度为使用厚度，每组试样五块。用 80 号砂将试样表面磨平。

C.4 试验步骤

C.4.1 在试样的一面用铅笔画出样品的两条对角线，对角线的交点为试验位置，用千分尺测量出该点的厚度，测量值精确到 0.001 mm。

C.4.2 将刮刀置于试验点处，与试样表面约成 30°倾角，施加约 13 N 的力，用刮刀一侧的切削刃在同一部位沿同一方向刮削试样 8 次，每次刮削长度约为 40 mm。再用另一侧的切削刃按同样方法刮削 8 次。测量刮削后试验点的厚度，测量值精确到 0.001 mm。

注：每块试样进行试验前，应修磨刮刀，保证刮刀有两个锋利的切削刃。

C.4.3 刮削前试验点的厚度与刮削后试验点的厚度的差值作为浸酸前的刮削深度，记为 h_1；

C.4.4 将刮削完毕的试样浸入 1%的硫酸溶液中，浸泡七天（每天更换硫酸溶液）。取出样品，用水将样品冲洗干净，放入 105 ℃±2 ℃的烘箱内干燥 24 h 后取出，冷却至室温。

C.4.5 在试样的另一面重复 C.4.1～C.4.2 的试验步骤，刮削前试验点的厚度与刮削后试验点的厚度的差值作为浸酸后的刮削深度，记为 h_2。

C.5 结果计算

耐气候性软化深度计算公式：

$$\Delta_h = h_2 - h_1 \qquad \text{(C.1)}$$

式中：

Δ_h——耐气候性软化深度，单位为毫米（mm）；

h_1——浸酸前的刮削深度，单位为毫米（mm）；

h_2——浸酸后的刮削深度，单位为毫米（mm）。

以每组试样耐气候性软化深度的算术平均值作为试样的耐气候性软化深度。结果保留两位小数。

C.6 试验报告

试验报告应包含以下内容：

——该组试样的耐气候性软化深度的平均值；

——试样名称、品种及编号；

——试样尺寸、数量；

——试验条件。

附 录 D
（规范性附录）
瓦板干湿稳定性试验方法

D.1 范围

本方法规定了干湿试验检测瓦板中黄铁矿结晶的方法。

D.2 原理

铁的硫化物以各种矿物形态（黄铁矿结晶、磁黄铁矿）呈杂质出现在板石中，一般统称为黄铁矿结晶，对瓦板的使用寿命有很大的影响。

经过一定次数的干燥、水浸的循环过程，瓦板中的黄铁矿结晶将发生一定程度的氧化反应，由此判定黄铁矿的存在性质。经干湿循环后黄铁矿结晶表征发生变化的称为已氧化黄铁矿结晶，未发生变化的称为未氧化的黄铁矿结晶。

D.3 仪器设备

D.3.1 显微镜：25 倍以上放大倍数。

D.3.2 干燥箱：温度可控制在 105 ℃±2 ℃范围内。

D.4 试验样品

长度约为 100 mm，宽度约为 50 mm，厚度为使用厚度。样品数量为六块。其中一块样品作为比对样品。

D.5 试验步骤

D.5.1 在显微镜下观察六块样品黄铁矿结晶形态，并记录。

D.5.2 将五块样品浸入室温下的清水中 7.5 h，取出后将其置于 105 ℃±2 ℃的恒温干燥箱中干燥 16 h，取出样品冷却 0.5 h，此为一次循环，共进行 25 次循环。

D.5.3 在显微镜下将比对样品和经过干湿循环的样品进行比较，并记录。

D.6 试验报告

试验报告应包含以下内容：

——该组样品的黄铁矿结晶形态；

——试样名称、品种及编号；

——试样尺寸、数量；

——试验条件。

附　录　E
（资料性附录）
饰面板、瓦板的使用建议

E.1　饰面板

本标准中按照饰面板弯曲强度的不同分为 C_1、C_2、C_3、C_4 四个类别，设计者或使用者可以按照不同使用部位和用途选取不同类别的板石。针对四类板石提出以下建议，供相关方参考。

C_1、C_3 类饰面板板石建议用于装饰装修工程中室内、室外非结构性承载用途部位，例如：湿贴的墙面或地面。不建议使用在结构性承载部位，例如：室内外墙面的干挂。

C_2、C_4 类饰面板板石可应用于装饰装修工程中室内、室外结构性承载用途部位，例如：室内外墙面的干挂。

E.2　瓦板

本标准按照瓦板吸水率的不同分为 R_1、R_2、R_3 三个类别，参考美国 ASTM C406-05 标准将其与其他性能进行匹配，可预计瓦板的使用年限，在此提出，供使用者参考，见表 E.1。

表 E.1

类别	吸水率/% ≤	破坏荷载最小值/ N	软化深度最大值/ mm	预期使用寿命/ 年
R_1	0.25	2 558	0.05	>75
R_2	0.36	2 558	0.20	40～75
R_3	0.45	2 558	0.36	20～40

中华人民共和国建筑工业行业标准

JG/T 217—2007

建筑幕墙用瓷板

Porcelain piate for building curtain walls

2007-08-21 发布　　2007-12-01 实施

中华人民共和国建设部　　发布

前言

本标准附录A、附录B为规范性附录。

本标准由建设部标准定额研究所提出。

本标准由建设部建筑制品与构配件产品标准化技术委员会归口。

本标准起草单位:佛山市高明区加泰科技实业有限公司、上海斯米克建筑陶瓷股份有限公司、广东东鹏陶瓷股份有限公司、广东蒙娜丽莎陶瓷有限公司、佛山石湾鹰牌陶瓷有限公司、佛山市高明区季华铝建有限公司、山东天虹弧板有限公司。

本标准主要起草人:韩广建、叶伟华、张旗康、夏著威、朱宗武、钟保民、麦卓荣、王立夫、曹树墚、廖学权。

本标准为首次发布。

建筑幕墙用瓷板

1 范围

本标准规定了建筑幕墙用瓷板(以下简称幕墙瓷板)的产品分类和标记、要求、试验方法、检验规则、标志、包装、运输和贮存。

本标准适用于建筑幕墙使用的瓷板。

本标准不适用于以建筑物墙体为基面、直接粘贴的装饰瓷板。

2 规范性引用文件

下列文件中的条款通过本标准的引用而成为本标准的条款。凡是注日期的引用文件,其随后所有的修改单(不包括勘误的内容)或修订版均不适用于本标准,然而,鼓励根据本标准达成协议的各方研究是否可使用这些文件的最新版本。凡是不注日期的引用文件,其最新版本适用于本标准。

GB/T 191 包装储运图示标志(GB 191—2000 eqv ISO 780:1997)

GB/T 3810.2—2006 陶瓷砖试验方法 第2部分:尺寸和表面质量的检验

GB/T 3810.3—2006 陶瓷砖试验方法 第3部分:吸水率、显气孔率、表观相对密度和容重的测定

GB/T 3810.6—2006 陶瓷砖试验方法 第6部分:无釉砖耐磨深度的测定

GB/T 3810.7—2006 陶瓷砖试验方法 第7部分:有釉砖表面耐磨性的测定

GB/T 3810.9—2006 陶瓷砖试验方法 第9部分:抗热震性的测定

GB/T 3810.11—2006 陶瓷砖试验方法 第11部分:有釉砖抗釉裂性的测定

GB/T 3810.12—2006 陶瓷砖试验方法 第12部分:抗冻性的测定

GB/T 3810.13—2006 陶瓷砖试验方法 第13部分:耐化学腐蚀的测定

GB/T 4100.1—1999 干压陶瓷砖 第1部分:瓷质砖(吸水率 $E \leqslant 0.5\%$)(neq ISO 13006 (BIa):1998)

GB/T 5574 工业用橡胶板

GB 6566 建筑材料放射性核素限量

GB/T 9195 陶瓷砖和卫生陶瓷分类及术语

GB/T 13891—1992 建筑饰面材料镜向光泽度测定方法

JC/T 883—2001 石材用建筑密封胶

3 术语和定义

GB/T 9195 确定的以及下列术语和定义适用于本标准。

3.1

幕墙瓷板 porcelain plate for building curtain walls

建筑幕墙上使用的,吸水率平均值 ε 不大于 0.5%的干压瓷质板。

3.2

正面 front surface

安装在建筑幕墙上瓷板的装饰面。

4 分类和标记

4.1 分类与代号

4.1.1 按瓷板形状来划分,可分为:

a) 普形板(正面为平面且形状为矩形的幕墙瓷板),代号为 PX;

b) 圆弧板(正面为圆柱面的幕墙瓷板),代号为 YH;

c) 异形板(普形板和圆弧板以外的其他形状的幕墙瓷板),代号为 YX。

4.1.2 按瓷板正面加工状态来划分,可分为:

a) 毛面板(瓷板正面呈凹凸纹样的幕墙瓷板),代号为 MM;

b) 釉面板(瓷板正面全部施釉或部分施釉的幕墙瓷板)代号为 YM;

c) 抛光板(瓷板正面经过机械研磨、抛光,表面呈镜面光泽的幕墙瓷板),代号为 PG;

d) 亚光板(瓷板正面经加工或未经加工,表面细腻,无镜面光泽的幕墙瓷板),代号为 YG。

4.2 标记

4.2.1 标记内容(信息)

产品标记应包括以下内容(信息):产品名称(幕墙瓷板,代号为 CB)、色调编号、正面加工状态分类代号、形状分类代号、规格尺寸(宽度×长度×厚度)。

注:幕墙瓷板的色调编号由瓷板生产厂家自行编制。

4.2.2 标记示例

自编色调号为 4522、正面加工状态为毛面、形状为普型板、规格尺寸(宽度×长度×厚度)为 598 mm×1 198 mm×13.5 mm 的幕墙瓷板,标记内容如下:

幕墙瓷板　CB 4522 MMPX 598×1 198×13.5

5 要求

5.1 厚度、单片面积

幕墙瓷板的实测厚度不应小于 12 mm(不包括背纹),单片面积不宜大于 1.5 m^2。

5.2 表面质量

幕墙瓷板的表面质量应符合表 1 的规定,综合合格率不应小于 95%。

表 1 幕墙瓷板表面质量

序号	缺陷名称	规定内容	质量要求
1	裂纹	正面、背面和边缘、侧面或两面有可见裂纹	不允许
2	正面边磕碰、缺棱	长度≤10 mm,宽度≤1 mm(长度<5 mm,宽度<1 mm 不计)。沿周边,每米长允许个数(个)	1 个
3	正面角磕碰、缺角	沿瓷板正面边长,长度≤5 mm,宽度≤2 mm(长度<3 mm,宽度<1 mm 不计)。每块板允许个数(个)	2 个
4	釉裂、釉面龟裂	釉面上不规则如头发丝的细微裂纹	不允许
5	釉面针孔	釉面上的针状小孔	目视不可见
6	气泡	小气泡或烧结时释放气体后的破口泡	目视不可见
7	桔釉	釉面有明显可见的非人为结晶,光泽较差	不允许
8	釉下缺陷	被釉覆盖的缺点	目视不可见
9	缺釉	釉面局部无釉(局部施釉板除外)	不允许
10	不平整、窝坑	瓷板正面非人为的凹坑(毛面板、亚光板除外)	目视不可见
11	斑点	瓷板正面非人为的异色污点。或局部漏磨、漏抛光而呈现的斑点、斑块	目视不可见
12	毛边	瓷板正面边缘非人为的不平整	在边直度的允许偏差范围内

5.3 尺寸及偏差

5.3.1 普形板的尺寸允许偏差应符合表2的规定。常用的规格尺寸参见附录C。

表2 普形板尺寸允许偏差

项目	允许相对偏差/ %	允许偏差/ mm
长度、宽度	±0.5	±1.5
厚度		−0.3,+1.5
注：毛面板的厚度偏差,由双方协商确定。		

5.3.2 圆弧板尺寸允许偏差应符合表3的规定。圆弧板各部位名称及尺寸标注如图1所示。

表3 圆弧板尺寸允许偏差

单位为毫米

项目	允许偏差
弦长	±2.0
高度	±2.0
拱高(与设计值比较)	弦长≤1 000,±2.5;弦长>1 000,±3.0
厚度	±1.0
注：毛面板的尺寸偏差由双方协商确定。	

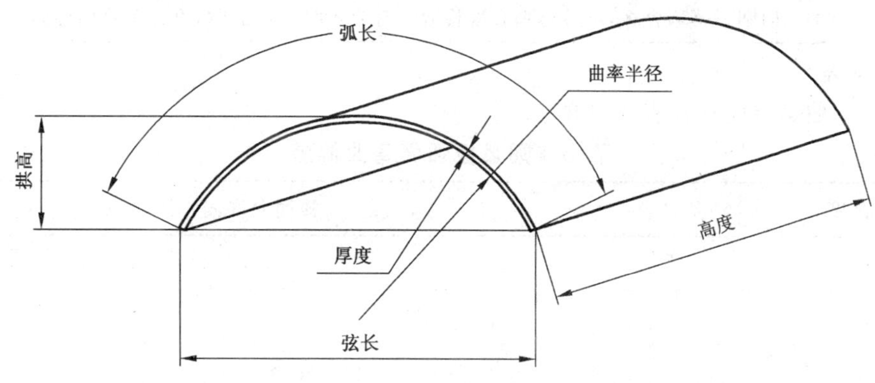

图1 圆弧板各部位名称及尺寸标注

5.4 边直度

普形板的边直度用百分比表示。普形板边直度允许相对偏差:不应大于0.5%,允许偏差:不应大于1.2 mm。

5.5 对角线差

普形板的对角线差不应大于2.0 mm。

5.6 表面平整度

普形板表面平整度应符合表4的规定。

表4 普型板表面平整度允许偏差

项目	瓷板类别	允许相对偏差/ %	允许偏差/ mm
允许偏差	毛面板	≤0.5	≤2.0
	釉面板	≤0.3	≤1.5

表 4(续)

项目	瓷板类别	允许相对偏差/%	允许偏差/mm
允许偏差	抛光板	≤0.3	≤1.5
	亚光板	≤0.3	≤1.5
注：有凸纹浮雕的毛面板，不进行表面平整度检验。有要求并可能时，可在背面检验。			

5.7 直边弯曲度

普形板和圆弧板的直边弯曲度应符合以下规定：拱形时不应超过 0.5%，波形时不应超过 0.3%。

5.8 吻合度

弧长不大于 1/3 圆周的圆弧板的吻合度偏差应符合表 5 的规定。弧长大于 1/3 圆周的圆弧板的吻合度由供需双方协商确定。

表 5 圆弧板吻合度偏差 单位为毫米

弧长	吻合度允许偏差	
弧长≤1 000	瓷板厚度≤15	≤3.0
	瓷板厚度>15	≤4.0
弧长>1 000	瓷板厚度≤15	≤5.0
	瓷板厚度>15	≤6.0
注：有凸纹浮雕的毛面圆弧幕墙瓷板，不进行吻合度检验。有要求时并可能时，可在其背面检验。		

5.9 弧面弯曲偏差

圆弧板弧面弯曲偏差应符合表 6 的规定。

表 6 圆弧板弧面弯曲偏差 单位为毫米

高度	弧面允许偏差
高度≤900	≤3.0
900<高度≤1 200	≤5.0
高度>1 200	≤6.0
注：有凸纹浮雕的毛面圆弧幕墙瓷板，不进行弧面弯曲偏差检验。有要求时并可能时，可在其背面检验。	

5.10 扭曲

曲率半径大于 400 mm 的圆弧板的扭曲应符合表 7 的规定。曲率半径不大于 400 mm 的圆弧板的扭曲由供需双方协商确定。

表 7 圆弧板允许扭曲值 单位为毫米

高度	要　求	
	弧长≤1 000	弧长>1 000
高度≤900	≤3.0	≤4.0
900<高度≤1 200	≤4.0	≤5.0
高度>1 200	≤5.0	≤6.0

5.11 物理性能

幕墙瓷板的物理性能应符合表 8 的规定。

表 8 幕墙瓷板物理性能

序号	项　目	要　求
1	吸水率(ε)	平均值≤0.5%;单个值≤0.6%
2	抗热震性	经抗热震性试验后不出现炸裂或裂纹(循环次数:10 次)
3	抗釉裂性(有釉表面)	经抗釉裂性试验后,有釉表面应无裂纹或剥落(循环次数:1 次)
4	抗冻性	经抗冻性试验后应无裂纹或剥落(循环次数:100 次)
5	光泽度(抛光板)	光泽度不低于 55
6	耐磨性	非施釉表面耐深度磨损体积不大于 175 mm^3
		施釉表面耐磨深度不低于 3 级
7	放射性核数限量	不低于 C 类
8	色差	同一品种、同一批号瓷板颜色花纹基本一致
注:釉面板上有生产厂为装饰效果而制作的裂纹时,应加以说明,不进行抗釉裂性试验。		

5.12　**力学性能**

幕墙瓷板力学性能应符合表 9 的规定。

表 9　幕墙瓷板力学性能

项　目	要　求
弯曲强度/(N/mm^2)	平均值(R)≥30.0;最小值(R_{min})≥27.0
剪切强度/(N/mm^2)	平均值(τ)≥15.0;最小值(τ_{min})≥13.5
注 1:圆弧板力学性能检查,在用于弯制圆弧板的普型板上进行; 注 2:小于弯曲强度和剪切强度平均值的试样数量均不应超过 2 个。	

5.13　**化学性能**

幕墙瓷板化学性能应符合表 10 的规定。

表 10　幕墙瓷板化学性能

项　目		要　求		
耐化学腐蚀性	施釉表面	采用 GB/T 3810.13—2006 第 8 章所列试验溶液,不低于 GLB(V)级		
	非施釉面	采用 GB/T 3810.13—2006 第 7 章所列试验溶液,不低于 ULB 级		
耐污染性		污染物采用符合 JC/T 883—2001 规定的硅酮类建筑密封胶	污染深度	≤1 mm
			污染宽度	

6　试验方法

6.1　表面质量

表面质量检验按 GB/T 3810.2—2006 的规定进行。

6.2　尺寸偏差

6.2.1　普形板尺寸偏差检验按 GB/T 3810.2—2006 的规定进行。

6.2.2　圆弧板弦长和高度偏差检验:采用分度值为 1 mm 的钢卷尺分别在圆弧板的两端和中心进行测量。测量位置如图 2 所示,取最大偏差值。

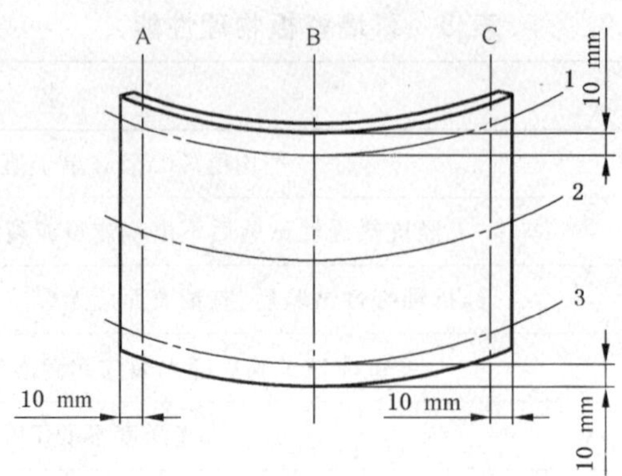

1、2、3——弦长和吻合度测量位置；

A、B、C——高度、弧面弯曲以及直边弯曲度、厚度测量位置。

图 2 圆弧板弦长、高度、吻合度、弧面弯曲偏差测量位置图

6.2.3 拱高偏差检验：将圆弧板竖直放置在平面上，用分度值为 1 mm 的钢直尺测量圆弧板两端的最大拱高与设计值比较，取最大偏差值。

6.2.4 圆弧板厚度检验：采用测量精度不低于 0.1 mm 的量具，在图 2 两端高度和吻合度测量线 6 个交点处进行测量，测量结果取平均值，修约到小数点后一位。

6.3 边直度

普形板的边直度检验按 GB/T 3810.2—2006 的规定检验。

6.4 对角线差

普形板的对角线差采用分度值为 1 mm 钢卷尺进行测量。

6.5 表面平整度

普形板的表面平整度检验，按照以下方法进行：将瓷板竖直放置在平面上，然后用靠尺贴紧瓷板两条中心线和对角线所在表面，用塞尺测量尺面与瓷板表面的间隙，取最大偏差值。

6.6 直边弯曲度

当在背面进行测量时，钢直尺的侧边应贴紧背纹。普形板和圆弧板的直边弯曲度按照以下检验：

a) 拱形：用钢直尺的侧边紧贴瓷板直边的正面，用塞尺测量钢直尺直线边与瓷板正面之间的最大间隙，并以最大弧高与弦长之比的百分比来表示，如图 3a)所示。

b) 波形：进行局部波形测量时，用长度适当的钢直尺的侧边紧贴瓷板直边的正面，用塞尺测量直线边与波峰或波谷之间的最大间隙，并以波峰(或波谷)与直线边之间的最大间隙值除以 300 mm 的百分比来表示，如图 3b)所示。

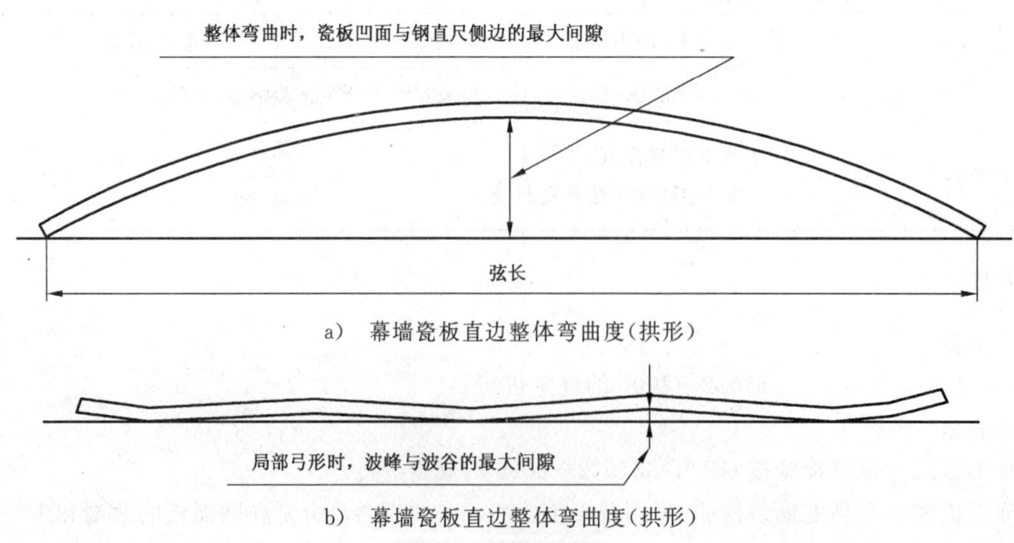

a) 幕墙瓷板直边整体弯曲度(拱形)

b) 幕墙瓷板直边整体弯曲度(拱形)

图 3 测量示意图

6.7 吻合度

圆弧板的吻合度以合同规定的模板或理论形状的曲线为基准，分别在上下两端和中心用分度值为 1 mm 的钢直尺测量模板或理论形状的曲线与瓷板之间的偏差，取最大值。测量位置如图 2 所示。

6.8 弧面弯曲偏差

圆弧板的弧面弯曲偏差采用靠尺和塞尺测量。将靠尺沿圆弧板母线方向贴放在被检弧面上，用塞尺测量尺面与板面的间隙，测量值精确到 0.1 mm，以最大间隙的测量值表示弧面弯曲偏差。测量位置如图 2 所示。

6.9 扭曲

采用具有足够刚度的检测支撑装置和分度值为 1 mm 的钢直尺测量。把圆弧板放在支撑装置上，支撑装置的仰角为 5°～7°，瓷板下角与支撑装置两表面的交线相接触，其他角靠近支撑装置竖平面，然后用钢直尺测量瓷板悬空角顶点与支撑装置竖平面的最大距离，该测量值即为扭曲值。测量扭曲用支撑装置和测量方法如图 4 所示。

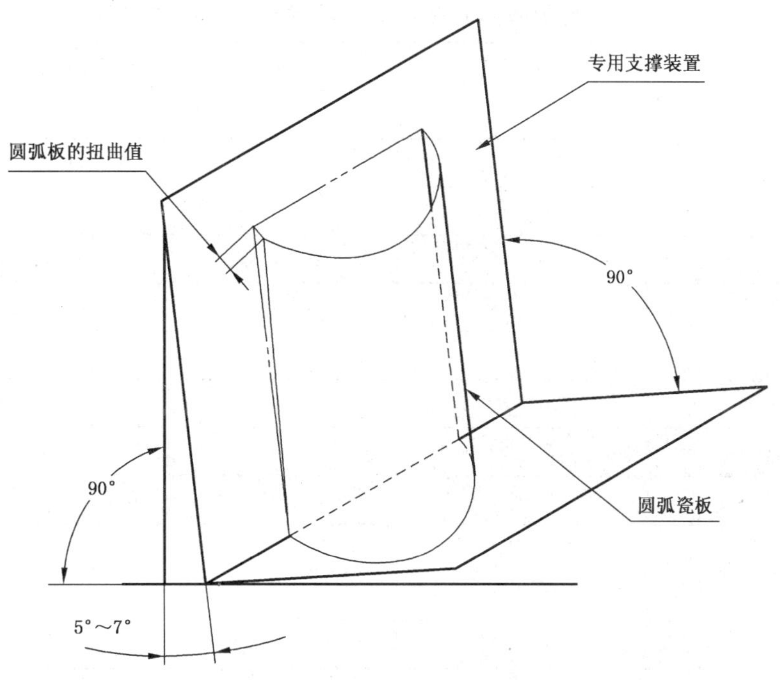

图 4 圆弧板扭曲检验装置和测量示意图

6.10 物理性能

6.10.1 吸水率按 GB/T 3810.3—2006 的规定检验。当有需要时，以真空法为准。

6.10.2 抗热震性按 GB/T 3810.9—2006 的规定检验。

6.10.3 有釉表面抗釉裂性按 GB/T 3810.11—2006 的规定检验。

6.10.4 抗冻性按 GB/T 3810.12—2006 的规定检验。

6.10.5 抛光瓷板光泽度按 GB/T 13891—1992 的规定检验。

6.10.6 耐磨性检验应符合以下规定：

a) 无釉表面的耐磨性按 GB/T 3810.6—2006 的规定检验。

b) 有釉表面的耐磨性按 GB/T 3810.7—2006 的规定检验。

6.10.7 放射性核数限量按 GB 6566 的规定检验。

6.10.8 色差检验应符合按以下规定进行：

在自然光条件下，将瓷板竖直放置在 3 m 远处，从正面目测观察。

6.11 力学性能

6.11.1 弯曲强度应按附录 A 的规定检验。

6.11.2 剪切强度应按附录 B 的规定检验。

6.12 **化学性能**

6.12.1 耐化学腐蚀性按 GB/T 3810.13—2006 的规定检验。

6.12.2 耐污染性按 JC/T 883—2001 附录 A 的规定检验。试验用基材尺寸 $h\times25$ mm×75 mm(h:瓷板厚度,mm),共需 24 块基材,制成 12 个试件,污染物应采用符合现行行业标准 JC/T 883—2001 规定的硅酮类建筑密封胶;进行工程检验时,污染物应与实际使用的建筑密封胶一致。

7 检验规则

7.1 出厂检验

7.1.1 普形板和圆弧板

普形板和圆弧板出厂检验项目和抽样数量应符合表 11 的规定。需要增加其他检验项目,由供需双方协商确定。

表 11 普形板和圆弧板出厂检验项目和抽样数量

检验项目	试样数量/块	瓷板类别	
		普形板	圆弧板
表面质量	30	√	√
尺寸偏差	10	√	√
边直度	10	√	—
对角线差	10	√	—
表面平整度	10	√	—
直边弯曲度	10	√	√
吻合度	5	—	√
弧面弯曲度	5	—	√
扭曲	5	—	√
吸水率	10	√	√
抗冻性	10	○	○
色差	30	√	√
弯曲强度	7	√	√
剪切强度	7	√	√

注 1:符号说明:√必检项目,○寒冷和严寒地区必检项目,—不进行该项目检验。

注 2:圆弧板弯曲强度和剪切强度检验,在用于弯制圆弧板的普形板上进行。

7.1.2 异形板

异形板出厂检验项目,由供需双方根据本标准规定项目协商确定。

7.2 型式检验

7.2.1 型式检验应由具有相应资质的质量监督检验机构进行。

7.2.2 当遇到下列情况之一时,应进行型式检验:

a) 新产品或老产品转厂生产的试制定型鉴定;

b) 正式生产后,瓷板用原材料(产地、配比)或生产工艺有较大改变,可能影响产品性能时;

c) 产品停产半年以上,恢复生产时;

d) 出厂检验结果与上次型式检验有较大差异时;

e) 国家质量监督检验机构提出进行型式检验要求时。

7.2.3 在正常生产条件下，对于普形板，每年应至少进行一次型式检验。型式检验项目和抽样数量应符合表 12 的规定。

表 12 普形板型式检验项目和抽样数量

检验项目			试样数量/块
表面质量			30
尺寸偏差			10
边直度			10
对角线差			10
表面平整度			10
直边弯曲度			10
物理性能	吸水率		10
	抗热振性		5
	抗釉裂性(施釉表面)		5
	抗冻性		10
	光泽度(抛光板)		5
	耐磨性	施釉表面	11
		无釉表面	5
	放射性核数限量		2(份)
	色差		30
力学性能	弯曲强度		7
	剪切强度		7
化学性能	耐化学腐蚀性	施釉表面	5
		无釉表面	5
	耐污染性		12

7.3 组批规则与抽样方案

7.3.1 出厂检验

出厂检验应以同类产品、同一规格尺寸、同一色号、同一生产批次(连续生产)的幕墙瓷板组成一个检验批。检验样品应随机抽取，数量应符合表 11 的规定。

7.3.2 型式检验

型式检验应以同一正面加工状态、同一生产批次、生产批量不小于 5 000 m² 的幕墙瓷板组成一个型式检验批。检验样品应从同一检验批中随机抽取。样品的规格尺寸、色号应当一致，数量应符合 12 的规定。

7.4 重复试验和判定规则

7.4.1 出厂检验

出厂检验结果应满足本标准的有关规定。如果其中有一项不符合要求，则应加倍取样进行该项目重复试验。重复试验的结果符合以下规定，则判定该批瓷板合格：

a) 表面质量：两次检验结果的综合合格率不小于 95%；

b) 尺寸偏差：复验结果全部合格；

c) 边直度：复验结果全部合格；

d) 对角线差：复验结果全部合格；

e) 表面平整度：复验结果全部合格；

f) 直边弯曲度：两次检验结果，不合格试样总数量不大于1个；

g) 吻合度：两次检验结果，不合格试样总数量不大于1个；

h) 扭曲：两次检验结果，不合格试样总数量不大于1个；

i) 吸水率：两次检验结果的综合吸水率平均值合格，单个试样的吸水率大于0.5%但不大于0.6%的试样数量不大于2个，该批瓷板合格；

j) 抗冻性：复验结果全部合格；

k) 色差：两次检验结果的综合合格率不小于95%；

l) 弯曲强度：复验结果，平均值和最小值合格，但小于平均值(30 N/mm^2)的试样数量不大于3个；

m) 剪切强度：复验结果，平均值和最小值合格，但小于平均值(15 N/mm^2)的试样数量不大于3个。

7.4.2 型式检验

型式检验结果应满足本标准的有关规定。如果其中有一项不符合要求，则应加倍取样进行该项目重复试验。属于本标准规定的出厂检验项目，按照7.4.1的有关规定判定；其他项目，符合以下规定，则判定该批瓷板合格：

a) 抗热振性：两次检验结果，不合格试样总数量不大于1个；

b) 抗釉裂性：两次检验结果，不合格试样总数量不大于1个；

c) 光泽度：两次检验结果，不合格试样总数量不大于1个；

d) 耐磨性：两次检验结果，不合格试样数总量不大于2个；

e) 放射性核数限量：首次检验必须合格，不允许进行重复检验；

f) 耐化学腐蚀性：两次检验结果，不合格试样总数量不大于1个；

g) 耐污染性：两次检验结果，不合格试样总数量不大于1个。

8 标志、包装、运输、贮存

8.1 标志

8.1.1 幕墙瓷板背面应有清晰的商标或瓷板生产厂名。

8.1.2 包装标志应符合现行国家标准GB/T 191的有关规定。应包括产品名称、厂名、厂址、商标、规格、数量、生产日期、批号、色号、本标准编号，且应标明“朝上、轻搬正放、防雨、防潮、小心破碎”等字样。

8.1.3 对安装顺序、安装方向有要求的幕墙瓷板，应在每块瓷板的侧面或背面应标明安装顺序号或安装方向。

8.2 包装

8.2.1 幕墙瓷板应用纸箱和/或泡沫塑料包装，特殊要求的包装可由供需双方协商确定。

8.2.2 包装箱应牢固，并符合国家有关标准的规定，并满足在正常条件下安全装卸、运输的要求。

8.2.3 包装箱内应有合格证、使用说明书以及其他合同规定的质量证明文件和资料。

8.3 运输

产品运输规则、运输条件等应符合国家有关规定。运输过程中应防止碰撞、滚摔，并应有防雨措施。搬运时应轻拿轻放，严禁摔扔，防止产品破损。

8.4 贮存

8.4.1 幕墙瓷板宜贮存在干燥、通风的室内，并按品种、规格、批号、色号分别整齐堆放。在室外堆放时应有防雨设施。

8.4.2 产品应立放，并根据产品类别和规格确定堆码高度，防止压坏包装箱或产品。

附 录 A
（规范性附录）
幕墙瓷板弯曲强度试验方法

A.1 设备及量具

A.1.1 烘箱

能在 110℃±5℃下工作的烘箱。能取得相同结果的微波、红外线或其他干燥系统都可用。

A.1.2 加载设备

能够连续平稳地加载（拉力和压力），加载速度可调的加载设备。试样破坏负荷应在设备示值的 20%～90%范围内。

A.1.3 橡胶板

质量符合 GB/T 5574 的规定，硬度为 50 IRHD±5 IRHD，厚度 t=5 mm±1 mm 的橡胶板。

A.1.4 量具

分辨率为 0.02 mm 的游标卡尺。

A.1.5 金属棒

A.1.5.1 支撑棒：直径 d=20 mm 的两根圆柱形金属棒，与试样接触部分用质量符合 GB/T 5574—1994 规定，硬度为 50 IRHD±5 IRHD，厚度 t=5 mm±1 mm 的橡胶板包裹。一根棒能稍微摆动，另一根棒能绕其轴稍作旋转。

A.1.5.2 中心棒：用来传递试验荷载的、直径 d=20 mm 的一根圆柱形金属棒，与试样接触部分用质量符合 GB/T 5574 规定，硬度为 50 IRHD±5 IRHD，厚度 t=5 mm±1 mm 的橡胶板包裹，此棒也可稍作摆动。

A.2 试样

A.2.1 试样数量

进行弯曲强度试验的试样，每组 7 个，其中 2 个试样备用。

A.2.2 试样规格

试样长度：L=300 mm，试样宽度：K=300 mm，厚度保持瓷板厚度；对于非矩形瓷板，应切割成可能最大尺寸的矩形试样。长度和宽度尺寸允许偏差：±1.0 mm。

A.2.3 试样表面质量

试样的正面、背面和侧面，不得有裂纹、边磕碰、角磕碰、缺棱和缺角，其他表面缺陷，应符合本标准 5.2 的规定。

A.3 试验步骤

A.3.1 将加工好的瓷板试样用清水冲洗干净，并用硬刷刷去瓷板所有表面的粉尘、颗粒。

A.3.2 将清洁好的瓷板试样放入 110℃±5℃的烘箱中干燥至恒重，即间隔 24 h 的连续两次称量的差值不大于 0.1%。然后将试样放置在密闭的烘箱或干燥器中冷却至室温。采用干燥器时冷却时，干燥器中宜放入硅胶或其他合适的干燥剂，严禁使用酸性干燥剂。

A.3.3 按照图 A.1 将试样放置于支撑棒上，使瓷板正面向上。对于矩形瓷板，应以其长边垂直于支撑棒放置；正面有凸纹浮雕的瓷板，应在与中心棒接触位置垫上一层符合 A.1.3 规定的橡胶板。

A.3.4 以 0.5 mm/min 的速率对试样均匀地增加荷载，直到试样断裂，记录试样断裂时的荷载值 P，精确到 10 N。

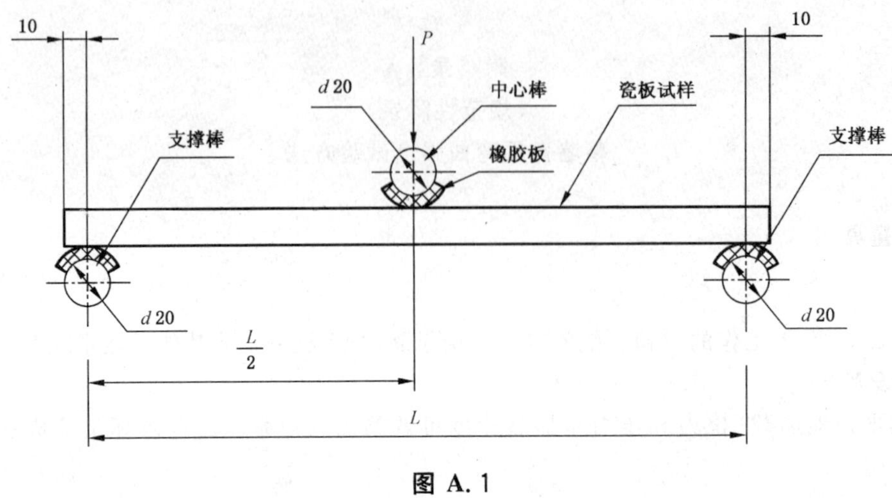

图 A.1

A.4 结果表示

A.4.1 试验数据

试验数据应符合以下规定：

a) 计算弯曲强度平均值至少需要 5 个有效试验结果。只有在宽度与中心棒直径相等的中间部位断裂的试样，其断裂荷载值，才能用来计算弯曲强度平均值；

b) 有效结果少于 5 个，应取加倍数量的瓷板进行第二组试验，此时至少需要 10 个有效结果来计算弯曲强度平均值。第二组试验不算作重复试验。

A.4.2 结果表示

弯曲强度应符合以下规定：

a) 单个试样的弯曲强度按式(A.1)计算，数值修约到 0.1 N/mm^2：

$$R = \frac{3PL}{2Kh^2} \qquad \cdots\cdots(A.1)$$

式中：

R——试样的弯曲强度，单位为牛每平方毫米(N/mm^2)；

P——试样的有效断裂荷载值，单位为牛(N)；

L——支撑棒之间的距离，单位为毫米(mm)；

K——试样的宽度，单位为毫米(mm)；

h——试验后，沿试样断裂边测得的试样断裂面的最小厚度，单位为毫米(mm)。

b) 检验批的弯曲强度以每组试样弯曲强度的算术平均值(R)和单块试样的最小值(R_{min})表示，数值修约到 0.1 N/mm^2。

A.5 重复试验和判定规则

A.5.1 重复试验

当试验结果不符合本标准 5.12 的规定时，应按照本标准的有关规定，抽取双倍数量的试样进行重复试验。

A.5.2 判定规则

重复试验的结果，平均值和最小值均合格，但小于弯曲强度平均值(30 N/mm^2)的试样数量超过 3 个时，则该批幕墙瓷板的弯曲强度不合格。

A.6 试验报告

试验报告至少应包括以下信息：

a） 试验委托单位及检测类别(出厂检验、型式检验)；

b） 试验条件(依据的标准、试验装置及仪器设备)；

c） 瓷板名称、种类、生产厂家、规格尺寸、色号，瓷板正面加工状态及其他信息；

d） 试样名称、尺寸、数量；

e） 每个试样的弯曲强度实测值；

f） 每组试样的弯曲强度平均值、最小值；

g） 检验结论(合格或不合格)；

h） 检测人员及日期。

附 录 B
（规范性附录）
幕墙瓷板剪切强度试验方法

B.1 设备及量具

B.1.1 能在110℃±5℃下工作的烘箱。能取得相同结果的微波、红外线或其他干燥系统都可用。

B.1.2 加载设备：设备应能连续平稳地加载(拉力和压力)，加载速度可调，试样破坏负荷应在设备示值的20%～90%范围内。

B.1.3 橡胶板：质量应符合GB/T 5574—1994的规定，硬度为50 IRHD±5 IRHD，厚度t=5 mm±1 mm。

B.1.4 专用支架：采用碳素工具钢或合金钢制成，具有相当的强度和硬度，当试验加载到最大负荷时，其变形不应大于1 mm。

B.1.5 游标卡尺：分辨率为0.02 mm。

B.2 试样

B.2.1 试样数量

进行剪切强度试验的试样，每组7个，其中2个试样备用。

B.2.2 试样规格

试样长度：L=250 mm，试样宽度：K=50 mm；其中，一条短边应保留瓷板原始状态。长度和宽度尺寸允许偏差：±1.0 mm。试样两个受力面应平整且平行，毛面板以及瓷板背面的背纹与专用支架接触部位应打磨平整，正面与侧面的夹角应为90°±0.5°；与支架接触部位打磨处的厚度(h)允许偏差±0.2 mm。

注：当矩形瓷板或异形板的边长小于250 mm时，应将瓷板切割成宽度为K(mm)，长度可能最大的矩形试样。

B.2.3 试样表面质量

试样的正面、背面和侧面，不得有裂纹、边磕碰、角磕碰、缺棱和缺角，其他表面缺陷，应符合本标准5.2的规定。

B.3 试验步骤

B.3.1 将加工好的瓷板试样用清水冲洗干净，并用硬刷刷去瓷板所有表面的粉尘、颗粒。

B.3.2 将清洁好的瓷板试样放入110℃±5℃的烘箱中干燥至恒重，即间隔24 h的连续两次称量的差值不大于0.1%。然后将试样放置在密闭的烘箱或干燥器中冷却至室温。采用干燥器时冷却时，干燥器中宜放入硅胶或其他合适的干燥剂，严禁使用酸性干燥剂。

B.3.3 在试样的一个侧面上，用细铅笔画出两条与受力面垂直的平行线，线间距离180 mm，每条线与端面距离35 mm±1 mm(见图B.1)。

B.3.4 用游标卡尺测量试件画铅笔线位置处的厚度和宽度，读数精确到0.1 mm。厚度测量应在试样画铅笔线的两端和中心进行。以其平均值表示每块试样的厚度(h)和宽度(K)。

B.3.5 试样安装

试样安装应符合下属要求：

a) 将专用支架安装在试验机平台上；

b) 按照图B.1将试样的正面向下，放置在下支架的中央，调节试样使两个下支架的内侧边缘线与铅笔线的距离为1 mm～2 mm，并将试样固定；

c) 按照图B.1将上支架放置于试样上面，调节位置使上支架的外侧边缘线与左右铅笔线对齐。

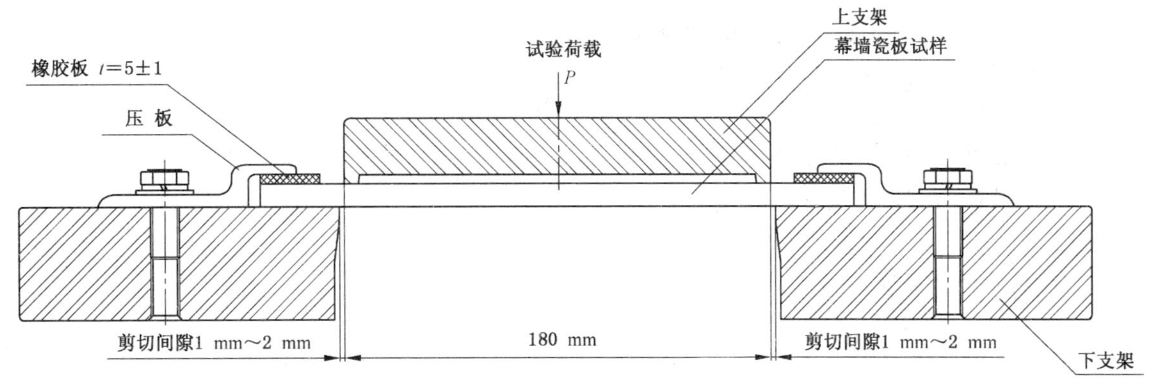

图 B.1

B.3.6 以 0.5 mm/min 的速率对试样施加荷载至试样破坏，记录试样破坏荷载值 P，精确到 10 N。

B.4 结果表示

B.4.1 试验数据

试验数据应符合以下规定：

1 当试样未从剪切面断开，表示剪切间隙过大，数据作废。应当调整剪切间隙，重新进行试验；

2 计算剪切强度平均值，至少需要 5 个有效的结果。有效结果少于 5 个，应取加倍数量的瓷板进行第二组试验，此时至少需要 10 个有效结果来计算剪切强度平均值。第二组试验不算作重复试验。

B.4.2 结果表示

剪切强度应符合以下规定：

a) 单个试样的剪切强度按式(B.1)计算，数值修约到 0.1 N/mm²：

$$\tau = \frac{P+G}{2Kh} \qquad \cdots\cdots (B.1)$$

式中：

τ——试样的剪切强度，单位为牛每平方毫米(N/mm^2)；

P——试样的有效破坏荷载值，单位为牛(N)；

G——上支架的重量，单位为牛(N)；

K——试样的宽度，单位为毫米(mm)；

h——试样的厚度，单位为毫米(mm)。

b) 检验批的剪切强度值，以每组试样剪切强度的算术平均值(τ)和单块试样的最小值(τ_{min})表示，数值修约到 0.1 N/mm^2。

B.5 重复试验和判定规则

B.5.1 重复试验

当试验结果不符合本标准 5.12 的规定时，应按照本标准的有关规定，抽取双倍数量的试样进行重复试验。

B.5.2 判定规则

重复试验的结果，平均值和最小值均合格，但小于剪切强度平均值(15 N/mm^2)的试样数量超过 3 个时，则该批幕墙瓷板的剪切强度不合格。

B.6 试验报告

试验报告至少应包括以下信息：

a） 试验委托单位及检测类别（出厂检验、型式检验）；

b） 试验条件（依据的标准、试验装置及仪器设备）；

c） 瓷板名称、种类、生产厂家、规格尺寸、色号，瓷板正面加工状态及其他信息；

d） 试样名称、尺寸、数量；

e） 每个试样的剪切强度实测值；

f） 每组试样的剪切强度平均值；

g） 检验结论（合格或不合格）；

h） 检测人员及日期。

ICS 81.060
Q 32

中华人民共和国建筑工业行业标准

JG/T 324—2011

建筑幕墙用陶板

Terracotta panel for curtain wall

2011-07-04 发布　　　　2012-02-01 实施

中华人民共和国住房和城乡建设部　发布

前　言

本标准按照 GB/T 1.1—2009 给出的规则起草。

本标准由住房和城乡建设部标准定额研究所提出。

本标准由住房和城乡建设部建筑制品与构配件产品标准化技术委员会归口。

本标准负责起草单位：广东省建筑科学研究院。

本标准参加起草单位：国家建筑材料测试中心、中国建筑科学研究院、中国建筑标准设计研究院、深圳市新山幕墙技术咨询有限公司、广东金刚幕墙工程有限公司、武汉凌云建筑装饰工程有限公司、北京阿格通建材有限公司、佛山红狮陶瓷有限公司、瑞高(浙江)建筑系统有限公司、法国特力公司、德国陶瓷集团、福建华泰集团有限公司。

本标准主要起草人：石民祥、胡云林、杜继予、王洪涛、顾泰昌、姜仁、窦铁波、廖学权、王新祥、张士翔、吴弋德、韩新华、邹毅峰、楼晓芳、何修庆、黄涛、杨清野、吴国良、陈刚、曾文涛。

建筑幕墙用陶板

1 范围

本标准规定了建筑幕墙用陶板(以下简称陶板)的术语和定义、分类和标记、要求、试验方法、检验规则、标志、包装、运输和贮存。

本标准适用于挤出成型且吸水率不大于10%的建筑幕墙用陶板。

2 规范性引用文件

下列文件对于本文件的应用是必不可少的。凡是注日期的引用文件,仅所注日期的版本适用于本文件。凡是不注日期的引用文件,其最新版本(包括所有的修改单)适用于本文件。

GB 175—2007 通用硅酸盐水泥

GB/T 191 包装储运图示标志(GB/T 191—2008,ISO 780:1997,MOD)

GB/T 3810.2 陶瓷砖试验方法 第2部分:尺寸和表面质量的检验(GB/T 3810.2—2006,ISO 10545-2:1995,MOD)

GB/T 3810.3 陶瓷砖试验方法 第3部分:吸水率、显气孔率、表观相对密度和容重的测定(GB/T 3810.3—2006,ISO 10545-3:1995,MOD)

GB/T 3810.8 陶瓷砖试验方法 第8部分:线性热膨胀的测定(GB/T 3810.8—2006,ISO 10545-8:1995,IDT)

GB/T 3810.9 陶瓷砖试验方法 第9部分:抗热震性的测定(GB/T 3810.9—2006,ISO 10545-9:1994,IDT)

GB/T 3810.10 陶瓷砖试验方法 第10部分:湿膨胀的测定(GB/T 3810.10—2006,ISO 10545-10:1995,IDT)

GB/T 3810.11 陶瓷砖试验方法 第11部分:有釉砖抗釉裂性的测定(GB/T 3810.11—2006,ISO 10545-11:1995,IDT)

GB/T 3810.12 陶瓷砖试验方法 第12部分:抗冻性的测定(GB/T 3810.12—2006,ISO 10545-12:1995,IDT)

GB/T 4741—1999 陶瓷材料抗弯曲强度试验方法

GB/T 9780—2005 建筑涂料涂层耐沾污性试验方法

JC/T 480 建筑生石灰粉

ISO 17561:2002(E) 精细陶瓷(先进陶瓷、先进技术陶瓷) 室温下用共振法测量弹性模量试验方法

3 术语和定义

下列术语和定义适用于本文件。

3.1

建筑幕墙用陶板 terracotta panel for curtain wall

由陶土为主要原料,经挤出成型、坯料切割、干燥、烧结、成品切割等工艺制成的,用于建筑幕墙的

制品。

3.2

正面　**front surface**

安装在建筑幕墙上的陶板可见装饰表面。

3.3

普形板　**normality terracotta panel**

外形为矩形且正面为单一平面的陶板。

3.4

异形板　**abnormity terracotta panel**

外形为非矩形的平面陶板、陶管、转角、百叶等非普形板的陶板。

4　分类和标记

4.1　分类与代号

4.1.1　按陶板吸水率(*E*)划分：

a)　$E \leqslant 3\%$,代号为 AⅠ；

b)　$3\% < E \leqslant 6\%$,代号为 AⅡa；

c)　$6\% < E \leqslant 10\%$,代号为 AⅡb。

4.1.2　按陶板表面是否施釉划分：

a)　无釉板,代号为 WY；

b)　釉面板,代号为 YM。

4.1.3　按陶板形状划分：

a)　普形板,代号为 PX；

b)　异形板,代号为 YX。

4.1.4　按陶板横截面构造划分：

a)　实心板,代号为 SX；

b)　空心板,代号为 KX。

4.2　标记

4.2.1　标记方法

按陶板的产品名称(代号 TB)、吸水率、表面施釉状况、形状、截面构造、名义尺寸(长度×宽度×厚度)、标准号的顺序进行标记。

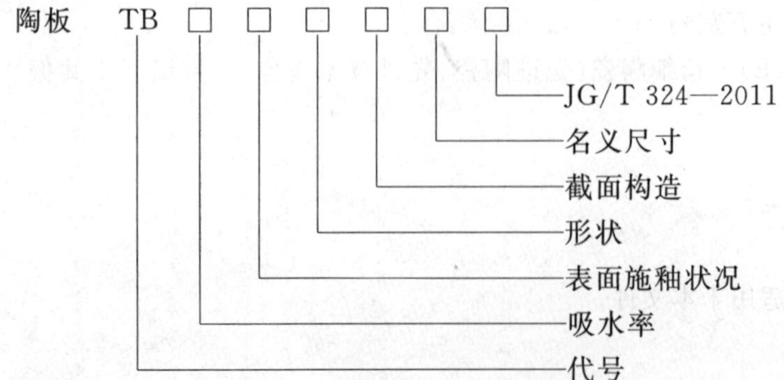

4.2.2 标记示例

示例：

吸水率 $3\% < E \leqslant 6\%$、名义尺寸为 600 mm×300 mm×40 mm 的建筑幕墙用釉面普形空心陶板，其标记为：

陶板　TB AⅡa YM PX KX 600×300×40　JG/T 324—2011

5 要求

5.1 表面质量

陶板的表面质量应符合表 1 的规定。

表 1　陶板表面质量要求

项目		规定内容	要求
表面裂纹	正面[a]		不允许
	其他面	横向最大长度	≤10 mm
		纵向最大长度	≤20 mm
	挂接沟、槽、孔		不允许
贯通裂纹			不允许
缺棱(正面)		正面投影长度不超过 10 mm，宽度不超过 1 mm(长度<5 mm 不计)每块板允许处数	≤1 处
缺角(正面)		正面投影长度≤5 mm，宽度≤2 mm(长度<2 mm，宽度<2 mm 不计)每块板允许处数	≤2 处
点状缺陷(正面)		最大尺寸≤5 mm(最大尺寸<3 mm 不计)每块板允许处数	≤2 处
釉裂[b]		釉面龟裂	不允许
		其他釉裂	不明显
缺釉[b]			不明显
色差			不明显

[a] 对于产品因骨料颗粒较大而产生不影响安全的表面裂纹长度应小于 3 mm。

[b] 只适用于釉面陶板。

5.2 尺寸和形状偏差

普形陶板的尺寸和形状偏差应符合表 2 的规定，异形陶板的尺寸和形状偏差由供需双方商定。

表 2　尺寸和形状偏差要求

单位为毫米

项　目	规定内容	允许偏差
长度	陶板成品在挤出方向的长度	±1.0
宽度	陶板成品的宽度	±2.0
厚度	陶板成品的厚度	±2.0
边直度[a]	陶板侧面长边偏离直线的程度 (平行于板平面方向)	≤2.0
边弯曲度	陶板正面长边偏离直线的程度 (垂直于板平面方向)	≤2.0
表面平整度[b]	陶板两对角线处板面偏离直线的程度 (垂直于板平面方向)	≤2.0
对角线差	陶板平面两对角线长度之差	≤2.0

[a] 当陶板长度大于 900 mm 时，边直度的允许偏差由供需双方协商确定。

[b] 当陶板长度大于 900 mm 时，表面平整度的允许偏差由供需双方协商确定。当产品正面为非平面或有装饰性凹凸时不要求。

5.3　性能

陶板的性能应符合表 3 的规定。

表 3　性能要求

项　目		技术指标		
		AⅠ类	AⅡa 类	AⅡb 类
吸水率(E)平均值/%		$E\leqslant3$	$3<E\leqslant6$	$6<E\leqslant10$
弯曲强度/MPa	平均值	≥23	≥13	≥9
	最小值	≥18	≥11	≥8
弹性模量/GPa		≥20		
泊松比		≥0.13		
抗冻性		无破坏		
抗热震性		无破坏		
耐污染性		无明显污染痕迹		
抗釉裂性[a]		无龟裂		
线性热膨胀系数/$℃^{-1}$		$\leqslant7\times10^{-6}$		
湿膨胀系数/%		≤0.06		
耐化学腐蚀性		无明显变化		

[a] 只适用于釉面陶板。

6 试验方法

6.1 试件的准备

各项目有效试验结果的样品数量应符合表4的要求。对于试验结果之间不会产生相互影响的项目,样品可以重复利用。

表4 试件数量要求

项　　目	试件数量/块
表面质量	10
尺寸和形状偏差	10
吸水率	10
弯曲强度	10
弹性模量	5
泊松比	5
抗冻性	10
抗热震性	5
耐污染性	5
抗釉裂性	5
线性热膨胀系数	5
湿膨胀系数	5
耐化学腐蚀性	5

6.2 表面质量

按GB/T 3810.2规定的条件在距离样品表面1 m处进行目视检查,并采用精度不大于0.1 mm的量具进行测量,按照表1的规定判定。

6.3 尺寸和形状偏差

6.3.1 长度、对角线长度差采用精度不大于0.5 mm的量具测量。

6.3.2 宽度、厚度采用精度不大于0.05 mm的游标卡尺测量。

6.3.3 边直度、边弯曲度和表面平整度应采用不短于被测长度的靠尺和塞尺测量。靠尺应沿测量的边长或对角线长度中部紧贴被测边或表面,但靠尺贴紧被测边或表面后不应产生一端翘起的现象。用塞尺测量靠尺与被测边或表面之间的间隙,取测量全长范围内的最大间隙值。

6.4 吸水率

按GB/T 3810.3的规定进行,采用真空法。

6.5 弯曲强度

从每块样品上裁取宽度×厚度×长度为10 mm×10 mm×120 mm的试件,试件的长度方向与产品的长度方向一致,其中一个面为产品正面,并使其为弯曲试验时的受拉面。当试件厚度受产品横截面构造限制，难以达到 10 mm 时，应取最大值。其余按照 GB/T 4741—1999 的规定进行。

6.6 弹性模量、泊松比

从每块样品上裁取一块宽度×厚度×长度为 25 mm×5 mm×125 mm 的试件，试件的长度方向与产品的长度方向一致，其余按照 ISO 17561 的规定进行。以所有试件测试值的最小值作为试验结果。

6.7 抗冻性

按 GB/T 3810.12 的规定进行。

6.8 抗热震性

按 GB/T 3810.9 的规定进行。

6.9 耐污染性

污染物分别采用符合 GB/T 9780 要求的配制灰、符合 GB 175 要求的普通硅酸盐水泥、符合 JC/T 480 要求的生石灰粉。

分别将污染物与水按 1∶3 的质量比配制并搅拌均匀后成为污染源，用鬃毛刷将污染源均匀涂刷于试件表面，每块试件上的涂刷面积不小于 10 000 mm^2，放置 24 h 后对污染处进行清洗。

用毛刷在流动的清水下刷洗试件表面 5 min，然后用拧干的湿布擦干，置于 110 ℃±5 ℃下烘干，凉置到室温后距离 300 mm 处观察试件表面有无明显污染痕迹。沿试件污染区域边缘 10 mm 内的痕迹不作为耐污染评价的依据。

6.10 抗釉裂性

按 GB/T 3810.11 的规定进行。

6.11 线性热膨胀系数

按 GB/T 3810.8 的规定进行。

6.12 湿膨胀系数

按 GB/T 3810.10 的规定进行。

6.13 耐化学腐蚀性

分别采用 30 g/L 的氢氧化钾溶液和体积分数为 0.03 的盐酸溶液作为试验用化学试剂溶液。

从样品上裁取适当大小的试件，将试件垂直浸入一部分(25 mm 深)在化学试剂溶液中并密封到规定的时间。对于无釉陶板为 12 d，对釉面陶板为 4 d。取出用流动的清水浸泡 5 d，再完全浸泡在水中煮沸 30 min 后，取出用拧干的湿布擦干，置于 110 ℃±5 ℃下烘干，凉置到室温后距离 300 mm 处观察试件表面有无明显变化。

7 检验规则

7.1 检验类别与项目

7.1.1 产品检验分为出厂检验和型式检验。

7.1.2 普形板的出厂检验项目为表面质量、尺寸和形状偏差、吸水率、弯曲强度。

7.1.3 普形板的型式检验项目为第 5 章规定的全部要求。

7.1.4 异形板的出厂检验和型式检验项目由供需双方参照普形板的要求协商确定。

7.2 出厂检验

7.2.1 组批与抽样规则

以同一颜色、同一规格、同一截面形状、同一类型的 2 000 m^2 陶板为一批，不足 2 000 m^2 的按一批计算。检验样品在该批中随机抽取，样品数量应符合第 6 章表 4 的规定，其中表面质量逐块检验。

7.2.2 判定与复验规则

7.2.2.1 检验结果全部符合本标准要求时，判该批产品合格。

7.2.2.2 弯曲强度检验结果不符合本标准要求时，判该批产品不合格。

7.2.2.3 尺寸和形状偏差、吸水率项目中如有一件样品(不多于一件)不合格，可再从该批产品中抽取双倍样品对该项目进行重复检验。重复检验的结果全部达到本标准要求时判定该批产品合格，否则判定该批产品不合格。

7.3 型式检验

7.3.1 检验条件

当遇到下列情况之一时，应进行型式检验：

a) 新产品或老产品转厂生产的试制定型鉴定；
b) 正式生产后，产品的原材料、配方或生产工艺有较大改变，可能影响产品性能时；
c) 停产半年以上重新恢复生产时；
d) 出厂检验结果与上次型式检验结果有较大差异时；
e) 正常生产时应每年至少进行一次型式检验；
f) 国家质量监督机构提出型式检验要求时。

7.3.2 组批与抽样规则

从不小于 2 000 m^2 批量的出厂检验合格批中任选一批组成型式检验批。检验样品在该批中随机抽取，样品数量应符合第 6 章表 4 的规定。

7.3.3 判定与复验规则

7.3.3.1 弯曲强度检验结果不符合本标准要求时，判该批产品不合格。

7.3.3.2 其他性能项目中若有不合格项，可再从该批产品中抽取双倍样品对该不合格项进行重复检验，重复检验结果全部达到本标准要求时判定该批产品合格，否则判定该批产品不合格。

8 标志、包装、运输和贮存

8.1 标志

8.1.1 陶板应有永久性的商标或陶板生产商名称。

8.1.2 产品包装标志应符合 GB/T 191 的有关规定。应包括产品标记、颜色、生产商名称、地址(或产地)、商标、数量、生产日期或批号等。

8.2 包装

8.2.1 陶板应采用防污染和防震包装，特殊要求的包装可由供需双方协商确定。

8.2.2 包装应牢固，满足在正常条件下安全装卸、运输的要求。

8.2.3 包装时随行文件应包括产品合格证、使用说明书以及合同规定的质量证明文件等资料。

8.3 运输和贮存

8.3.1 产品在运输和贮存中应轻拿轻放，防止撞击和污染。产品应贮存在阴凉、干燥、通风处。在室外堆放时应有防雨措施。

8.3.2 产品应立放，并应根据产品类别和规格确定堆码高度，防止产品损坏。

四、密封胶标准

ICS 91.100.50
Q 24

中华人民共和国国家标准

GB/T 14683—2017
代替 GB/T 14683—2003

硅酮和改性硅酮建筑密封胶

Silicone and modified silicone sealants for building

2017-09-07 发布　　　　2018-08-01 实施

中华人民共和国国家质量监督检验检疫总局
中国国家标准化管理委员会　发布

前　言

本标准按照 GB/T 1.1—2009 给出的规则起草。

本标准代替 GB/T 14683—2003《硅酮建筑密封胶》，与 GB/T 14683—2003 相比，主要技术变化如下：

——修改了标准名称；

——修改了范围(见第 1 章，2003 年版的第 1 章)；

——修改了规范性引用文件(见第 2 章，2003 年版的第 2 章)；

——增加了术语和定义(见第 3 章)；

——修改了产品的分类，增加了改性硅酮建筑密封胶(MS)类型、50 级别和 35 级别(见第 4 章，2003 年版的第 3 章)；

——删除了外观中对产品颜色的要求(见 5.1，2003 年版的 4.1.2)；

——修改了物理力学性能表中挤出性、质量损失率的技术要求，增加了适用期、浸水光照后粘结性、烷烃增塑剂的技术要求(见表 2，2003 年版的表 2)；

——增加了改性硅酮建筑密封胶(MS)产品的技术要求(见表 3)；

——修改了试验方法(见第 6 章，2003 年版的第 5 章)；

——增加了适用期、烷烃增塑剂和定伸永久变形的试验方法(见 6.7、6.16、6.17)。

本标准由中国建筑材料联合会提出。

本标准由全国轻质与装饰装修建筑材料标准化技术委员会(SAC/TC 195)归口。

本标准起草单位：河南建筑材料研究设计院有限责任公司、广州市白云化工实业有限公司、成都硅宝科技股份有限公司、广州市高士实业有限公司、山东宝龙达实业集团有限公司、江门大光明粘胶有限公司、道康宁(中国)投资有限公司、郑州中原应用技术研究开发有限公司、广东新展化工新材料有限公司、盛势达(广州)化工有限公司、波士胶(上海)管理有限公司、青岛力达化学有限公司、山东宇龙高分子科技有限公司、广东普赛达密封粘胶有限公司、浙江凌志精细化工有限公司、广州集泰化工股份有限公司。

本标准主要起草人：尚炎锋、段林丽、曾容、柴明侠、胡新嵩、曾庆铭、王明双、王文开、张德恒、王奉平、张树燕、娄从江、邓浩、由树明、任绍志、陈世龙、石正金。

本标准所代替标准的历次版本发布情况为：

——GB/T 14683—1993、GB/T 14683—2003。

硅酮和改性硅酮建筑密封胶

1 范围

本标准规定了硅酮和改性硅酮建筑密封胶产品的术语和定义、分类、要求、试验方法、检验规则、标志、包装、运输和贮存。

本标准适用于普通装饰装修和建筑幕墙非结构性装配用硅酮建筑密封胶，以及建筑接缝和干缩位移接缝用改性硅酮建筑密封胶。

2 规范性引用文件

下列文件对于本文件的应用是必不可少的。凡是注日期的引用文件，仅注日期的版本适用于本文件。凡是不注日期的引用文件，其最新版本(包括所有的修改单)适用于本文件。

GB/T 13477.1 建筑密封材料试验方法 第1部分:试验基材的规定

GB/T 13477.2 建筑密封材料试验方法 第2部分:密度的测定

GB/T 13477.3—2017 建筑密封材料试验方法 第3部分:使用标准器具测定密封材料挤出性的方法

GB/T 13477.5—2002 建筑密封材料试验方法 第5部分:表干时间的测定

GB/T 13477.6—2002 建筑密封材料试验方法 第6部分:流动性的测定

GB/T 13477.8—2017 建筑密封材料试验方法 第8部分:拉伸粘结性的测定

GB/T 13477.10—2017 建筑密封材料试验方法 第10部分:定伸粘结性的测定

GB/T 13477.11—2017 建筑密封材料试验方法 第11部分:浸水后定伸粘结性的测定

GB/T 13477.13—2002 建筑密封材料试验方法 第13部分:冷拉-热压后粘结性的测定

GB/T 13477.17—2017 建筑密封材料试验方法 第17部分:弹性恢复率的测定

GB/T 13477.19 建筑密封材料试验方法 第19部分:质量与体积变化的测定

GB/T 14682 建筑密封材料术语

GB/T 22083—2008 建筑密封胶分级和要求

GB/T 31851—2015 硅酮结构密封胶中烷烃增塑剂检测方法

JC/T 485—2007 建筑窗用弹性密封胶

3 术语和定义

GB/T 14682 界定的以及下列术语和定义适用于本文件。

3.1

硅酮建筑密封胶 silicone sealant for building

以聚硅氧烷为主要成分、室温固化的单组分和多组分密封胶，按固化体系分为酸性和中性。

3.2

改性硅酮建筑密封胶 modified silicone sealant for building

以端硅烷基聚醚为主要成分、室温固化的单组分和多组分密封胶。

3.3

定伸永久变形 set at maintained extension

试件经定伸长拉伸并自由恢复一定时间后剩余的变形，以剩余变形量与给定伸长量的比值(θ)表示。

4 分类

4.1 类型

4.1.1 产品按组分分为单组分(Ⅰ)和多组分(Ⅱ)两个类型。

4.1.2 硅酮建筑密封胶按用途分为三类：

F类 ——建筑接缝用。

Gn类——普通装饰装修镶装玻璃用，不适用于中空玻璃。

Gw类——建筑幕墙非结构性装配用，不适用于中空玻璃。

4.1.3 改性硅酮建筑密封胶按用途分为两类：

F类——建筑接缝用。

R类——干缩位移接缝用，常见于装配式预制混凝土外挂墙板接缝。

4.2 级别

产品按GB/T 22083—2008中4.2的规定对位移能力进行分级，见表1。

表1 密封胶级别

级别	试验拉压幅度/%	位移能力/%
50	±50	50.0
35	±35	35.0
25	±25	25.0
20	±20	20.0

4.3 次级别

按GB/T 22083—2008中4.3.1的规定将产品的拉伸模量分为高模量(HM)和低模量(LM)两个次级别。

4.4 标记

硅酮建筑密封胶标记为SR，改性硅酮建筑密封胶标记为MS。

产品按名称、标准编号、类型、级别、次级别顺序标记。

示例1：硅酮建筑密封胶的标记示例。以符合GB/T 14683，单组分，镶装玻璃用，25级，高模量，硅酮建筑密封胶为例，其标记为：

硅酮建筑密封胶(SR) GB/T 14683-Ⅰ-Gn-25HM

示例2：改性硅酮建筑密封胶的标记示例。以符合GB/T 14683，多组分，干缩位移接缝用，20级，低模量，改性硅酮建筑密封胶为例，其标记为：

改性硅酮建筑密封胶(MS) GB/T 14683-Ⅱ-R-20LM

5 要求

5.1 外观

产品应为细腻、均匀膏状物，不应有气泡、结皮或凝胶。

5.2 理化性能

5.2.1 硅酮建筑密封胶(SR)的理化性能

硅酮建筑密封胶(SR)的理化性能应符合表 2 的规定。

5.2.2 改性硅酮建筑密封胶(MS)的理化性能

改性硅酮建筑密封胶(MS)的理化性能应符合表 3 的规定。

表 2 硅酮建筑密封胶(SR)的理化性能

序号	项目		技术指标							
			50LM	50HM	35LM	35HM	25LM	25HM	20LM	20HM
1	密度/(g/cm³)		规定值±0.1							
2	下垂度/mm		≤3							
3	表干时间[a]/h		≤3							
4	挤出性/(mL/min)		≥150							
5	适用期[b]		供需双方商定							
6	弹性恢复率/%		≥80							
7	拉伸模量/MPa	23 ℃ −20 ℃	≤0.4 和 ≤0.6	>0.4 或 >0.6	≤0.4 和 ≤0.6	>0.4 或 >0.6	≤0.4 和 ≤0.6	>0.4 或 >0.6	≤0.4 和 ≤0.6	>0.4 或 >0.6
8	定伸粘结性		无破坏							
9	浸水后定伸粘结性		无破坏							
10	冷拉-热压后粘结性		无破坏							
11	紫外线辐照后粘结性[c]		无破坏							
12	浸水光照后粘结性[d]		无破坏							
13	质量损失率/%		≤8							
14	烷烃增塑剂[e]		不得检出							

[a] 允许采用供需双方商定的其他指标值。

[b] 仅适用于多组分产品。

[c] 仅适用于 Gn 类产品。

[d] 仅适用于 Gw 类产品。

[e] 仅适用于 Gw 类产品。

表 3　改性硅酮建筑密封胶(MS)的理化性能

序号	项目		技术指标				
			25LM	25HM	20LM	20HM	20LM-R
1	密度/(g/cm³)		规定值±0.1				
2	下垂度/mm		≤3				
3	表干时间/h		≤24				
4	挤出性[a]/(mL/min)		≥150				
5	适用期[b]/min		≥30				
6	弹性恢复率/%		≥70	≥70	≥60	≥60	—
7	定伸永久变形/%		—	—	—	—	>50
8	拉伸模量/MPa	23 ℃ −20 ℃	≤0.4 和 ≤0.6	>0.4 或 >0.6	≤0.4 和 ≤0.6	>0.4 或 >0.6	≤0.4 和 ≤0.6
9	定伸粘结性		无破坏				
10	浸水后定伸粘结性		无破坏				
11	冷拉-热压后粘结性		无破坏				
12	质量损失率/%		≤5				

[a] 仅适用于单组分产品。

[b] 仅适用于多组分产品;允许采用供需双方商定的其他指标值。

6　试验方法

6.1　试验基本要求

6.1.1　标准试验条件

试验室标准试验条件为:温度(23±2)℃,相对湿度(50±5)%。

6.1.2　试验基材

试验基材的材质和尺寸应符合 GB/T 13477.1 的规定。Gn 类和 Gw 类产品选用玻璃基材,也可选用铝合金基材;F 类产品选用水泥砂浆和/或铝合金基材和/或玻璃基材;R 类产品选用水泥砂浆基材。水泥砂浆基材的粘结表面不应有气孔。

当基材需要涂敷底涂料时,应按生产商要求进行。

6.1.3　试件制备

制备前,样品应在标准试验条件下放置 24 h 以上。

制备时,单组分试样应用挤枪从包装筒(膜)中直接挤出注模,使试样充满模具内腔,不得带入气泡。挤注后应及时修整,防止试样在成型完毕前结膜。

多组分试样应按生产商标明的比例混合均匀,避免混入气泡。若事先无特殊要求,混合后应在 30 min 内完成注模和修整。

粘结试件的数量见表 4。

表 4　粘结试件数量和处理条件

序号	项目		试件数量/个		处理条件
			试验组	备用组	
1	弹性恢复率		3	3	GB/T 13477.17—2017　8.2　A 法
2	拉伸模量	23 ℃	3	—	GB/T 13477.8—2017　8.2　A 法
		−20 ℃	3	—	
3	定伸粘结性		3	3	GB/T 13477.10—2017　8.2　A 法
4	浸水后定伸粘结性		3	3	GB/T 13477.11—2017　8.2　A 法
5	冷拉-热压后粘结性		3	3	GB/T 13477.13—2002　8.1　A 法
6	紫外线辐照后粘结性		3	3	GB/T 13477.10—2017　8.2　A 法
7	浸水光照后粘结性		3	3	GB/T 13477.10—2017　8.2　A 法
8	定伸永久变形		3	3	GB/T 13477.17—2017　8.2　A 法

6.2　外观

从包装中挤出试样，刮平后目测。

6.3　密度

按 GB/T 13477.2 的规定进行试验。

6.4　下垂度

按 GB/T 13477.6—2002 中 6.1 的规定进行试验。试件在(50±2)℃恒温箱中垂直放置 4 h。

6.5　表干时间

按 GB/T 13477.5—2002 的规定进行试验。型式检验应采用 A 法试验，出厂检验可采用 B 法试验。

6.6　挤出性

按 GB/T 13477.3—2017 中 8.2 的规定进行试验。挤出孔直径为 4 mm，样品试验温度为(23±2)℃。

6.7　适用期

6.7.1　按 GB/T 13477.3—2017 中 8.3 的规定进行试验。挤出孔直径为 4 mm，样品试验温度为(23±2)℃。

6.7.2　测试 3 个试样，每个试样挤出 3 次，每隔适当时间挤出 1 次。按 GB/T 13477.3—2017 中第 9 章计算挤出率，绘制体积挤出率的算术平均值与混合后经历时间的曲线图，读取挤出率为 50 mL/min 时对应的时间，即为适用期。精确至 0.5 h。

6.8　弹性恢复率

按 GB/T 13477.17—2017 的规定进行试验。试验伸长率见本标准表 5。

6.9 拉伸模量

按 GB/T 13477.8—2017 的规定进行试验,测定并计算试件拉伸至本标准表 5 规定的相应伸长率时的正割拉伸模量(MPa)。

表 5 试验伸长率及拉压幅度

序号	项目		级别								
			50LM	50HM	35LM	35HM	25LM	25HM	20LM	20HM	20LM-R
1	伸长率	弹性恢复率	100%	100%	100%	100%	100%	100%	60%	60%	—
2		拉伸模量	100%	100%	100%	100%	100%	100%	60%	60%	60%
3		定伸粘结性	100%	100%	100%	100%	100%	100%	60%	60%	60%
4		浸水后定伸粘结性	100%	100%	100%	100%	100%	100%	60%	60%	60%
5		紫外线辐照后粘结性	100%	100%	100%	100%	100%	100%	60%	60%	—
6		浸水光照后粘结性	100%	100%	100%	100%	100%	100%	60%	60%	—
7		定伸永久变形	—	—	—	—	—	—	—	—	30%
8	拉压幅度	冷拉-热压后粘结性	±50%	±50%	±35%	±35%	±25%	±25%	±20%	±20%	±20%

6.10 定伸粘结性

按 GB/T 13477.10—2017 的规定进行试验,样品试验温度为(23±2)℃ 试验。试验伸长率见本标准表 5。试验结束后,按 GB/T 22083—2008 中 7.1 检查试件,按本标准 7.3 进行试件破坏的评定。

6.11 浸水后定伸粘结性

按 GB/T 13477.11—2017 的规定进行试验。试验伸长率见本标准表 5。试验结束后,按 GB/T 22083—2008 中 7.1 检查试件,按本标准 7.3 进行试件破坏的评定。

6.12 紫外线辐照后粘结性

紫外线试验箱应符合 JC/T 485—2007 中 5.12.1 的规定,在不浸水的条件下连续光照 300 h,光照期间试件表面温度为(40±5)℃。

光照结束后按 GB/T 13477.10—2017 的规定进行试验。试验伸长率见本标准表 5,试验温度为(23±2)℃。

试验结束后,按 GB/T 22083—2008 中 7.1 检查试件,按本标准 7.3 进行试件破坏的评定。

6.13 浸水光照后粘结性

按 JC/T 485—2007 中 5.12 的规定进行试验。浸水光照时间为 300 h,试验伸长率见本标准表 5。试验结束后,按 GB/T 22083—2008 中 7.1 检查试件,按本标准 7.3 进行试件破坏的评定。

6.14 冷拉-热压后粘结性

按 GB/T 13477.13—2002 的规定进行试验,试验的拉压幅度见本标准表 5。试验结束后,按 GB/T 22083—2008 中 7.1 检查试件,按本标准 7.3 进行试件破坏的评定。

6.15 质量损失率

按 GB/T 13477.19 的规定进行试验。

6.16 烷烃增塑剂

按 GB/T 31851—2015 中第 7 章的规定进行试验。

6.17 定伸永久变形

6.17.1 试验器具

6.17.1.1 拉力试验机：能以(5.5±0.7)mm/min 的速度拉伸试件。

6.17.1.2 定位垫块：用于控制被拉伸的试件宽度，能使试件保持伸长率为初始宽度的 30%。

6.17.1.3 游标卡尺：分度值为 0.1 mm。

6.17.2 试验步骤

将制备养护好的试件(6.1.3)除去隔离垫块，测量每一试件两端的初始宽度 W_i。将试件放入拉力试验机，以(5.5±0.7)mm/min 的速度拉伸试件，拉伸伸长率为初始宽度的 30%(拉伸至 15.6 mm)，用 W_e 表示伸长后的宽度。用合适的定位垫块使试件在 23 ℃条件下保持拉伸状态 48 h。

试件定伸结束后，在标准试验条件下放置 1 h。然后去除定位垫块，恢复 30 min 后，在每个试件两端的同一位置测量恢复后的宽度 W_s，分别计算在每个试件两端测得的 W_i、W_e 和 W_s 的算术平均值。

6.17.3 结果计算

每个试件的定伸永久变形按式(1)计算，以百分数表示：

$$\theta=\frac{(W_s-W_i)}{(W_e-W_i)}\times 100\% \qquad \cdots\cdots(1)$$

式中：

θ ——定伸永久变形；

W_s——试件恢复后的宽度，单位为毫米(mm)；

W_i——试件的初始宽度，单位为毫米(mm)；

W_e——试件拉伸后的宽度，单位为毫米(mm)。

计算 3 个试件定伸永久变形的算术平均值，精确到 1%。

7 检验规则

7.1 检验分类

产品检验分为出厂检验和型式检验。

7.1.1 出厂检验

出厂检验项目包括外观、下垂度、表干时间、挤出性(或适用期)、拉伸模量、定伸粘结性。

7.1.2 型式检验

型式检验项目包括第 5 章的全部要求。有下列情况之一时，应进行型式检验：

a) 新产品试制或老产品转厂生产的试制定型鉴定；

b) 正常生产时，每年至少进行一次；

c) 产品的原料、配方、工艺及生产装备有较大改变，可能影响产品质量时；

d) 产品停产 6 个月以上，恢复生产时；

e) 出厂检验结果与上次型式检验有较大差异时。

7.2 组批

以同一类型、同一级别的产品每 5 t 为一批进行检验，不足 5 t 也作为一批。

7.3 抽样

单组分产品由该批产品中随机抽取 3 件包装箱，从每件包装箱中随机抽取 4 支样品，共取 12 支。

多组分产品按配比随机抽样，共抽取 6 kg，取样后应立即密封包装。

取样后，将样品均分为两份。一份检验，另一份备用。

7.4 判定规则

7.4.1 单项判定

下垂度、表干时间、定伸粘结性、浸水后定伸粘结性、紫外线辐照后粘结性、冷拉-热压后粘结性试验，每个试件均符合规定，则判该项合格。其余项目试验结果符合标准规定，判该项合格。

高模量产品在 23 ℃和－20 ℃的拉伸模量有一项符合表 2 或表 3 中指标规定时，则判该项合格。

低模量产品在 23 ℃和－20 ℃时的拉伸模量均符合表 2 或表 3 中指标规定时，则判该项合格。

7.4.2 综合判定

检验结果符合第 5 章全部要求时，则判该批产品合格。

外观质量不符合 5.1 规定时，则判该批产品不合格。

有两项或两项以上指标不符合规定时，则判该批产品为不合格；若有一项指标不符合规定时，用备用样品进行单项复验，如该项仍不合格，则判该批产品为不合格。

8 标志、包装、运输和贮存

8.1 标志

产品最小包装上应有牢固的不褪色标志，内容包括：

a) 产品名称(含组分名称和固化体系类型)；

b) 产品标记；

c) 生产日期、批号及保质期；

d) 净含量；

e) 生产商名称和地址；

f) 商标；

g) 使用说明及注意事项。

8.2 包装

产品采用支装或桶装，包装容器应密闭。

包装箱或包装桶除应有 8.1 标志外，还应有防雨、防潮、防日晒、防撞击标志。产品出厂时应附有产品合格证。

8.3 运输

运输时应防止日晒雨淋，撞击、挤压包装，产品按非危险品运输。

8.4 贮存

产品应在干燥、通风、阴凉的场所贮存，贮存温度不宜超过 27 ℃，产品自生产之日起，保质期应不少于 6 个月。

ICS 91.100.50
Q 27

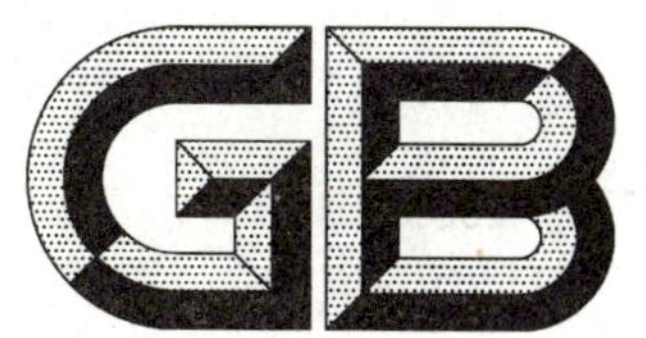

中华人民共和国国家标准

GB 16776—2005
代替 GB 16776—1997

建筑用硅酮结构密封胶

Structural silicon sealants for building

2005-09-28 发布　　　　2006-05-01 实施

中华人民共和国国家质量监督检验检疫总局
中国国家标准化管理委员会　发布

前　言

本标准5.1、5.2、5.3条为强制性的，其余为推荐性的。

本标准修改采用ASTM C 1184—2000a《硅酮结构密封胶》。

本标准根据ASTM C 1184—2000a重新起草，在附录E中给出了本标准章条编号与ASTM C 2000a章条对照一览表。

本标准与ASTM C 1184—2000a的主要区别如下：

——提高了拉伸粘结性指标；

——增加了粘结破坏面积、23℃下最大拉伸强度时的伸长率、23℃下拉伸模量；

——水—紫外光照拉伸粘结性试验方法采用我国JC/T 485—1992(1996)标准。

——增加了附录A、附录B、附录D、附录E。

本标准代替GB 16776—1997。

本标准与GB 16776—1997相比主要变化如下：

——规范性引用文件采用最新版本(1997版第2章；本版第2章)；

——邵氏硬度、23℃拉伸粘结性指标作了修改；(1997版的表1序号5、6；本版的表1序号5、6)；

——增加23℃下最大拉伸强度时的伸长率指标；(本版的表1序号7)；

——增加23℃拉伸模量(本版5.4)；

——邵氏硬度试验补充了试片制备过程(1997版6.7；本版6.7)；

——修改了附录A(规范性附录)《结构装配系统用附件同密封胶相容性试验方法》(1997版附录A；本版附录A)；

——取消了原附录B(1997版附录B)；

——增加了附录B(规范性附录)《实际工程用基材同结构胶粘结性试验及结果的判定》(1997版附录A；本版附录B)；

——增加了附录C(资料性附录)《硅酮结构密封胶的模量》、附录D(资料性附录)《施工装配中结构密封胶的试验方法》、附录E(资料性附录)《本标准与ASTM C 1184—2000a对照》。

(本版附录C、附录D、附录E)。

本标准的附录A、附录B为规范性附录，附录C、附录D、附录E为资料性附录。

本标准由中国建筑材料工业协会提出。

本标准由全国轻质与装饰装修建筑材料标准化技术委员会(TC 195)归口。

本标准负责起草单位：中国化学建筑材料公司，建筑材料工业技术监督研究中心，郑州中原应用技术研究中心，河南省建筑材料研究设计院、中国化建苏州防水材料研究所。

本标准参加起草单位：杭州之江有机硅化工有限公司、南海市佛山市嘉美化工集团公司、南海市使你佳粘胶厂、广州市新展粘胶厂、广州市高士实业公司、广州白云粘胶厂、武汉凌云集团建筑工程有限公司、成都硅宝科技实业有限公司、浙江凌志精细化工有限公司、国家化学建材测试中心、国家合成树脂质检中心。

本标准主要起草人：马启元、刘武强、张德恒、丁苏华、刘明、朱志远、刘虎城、王跃林、冯祥佳、李步春、王有治、王奉平、吴弋德、龚万森、王建东、武庆涛。

本标准历次版本发布情况：GB 16776—1997。

建筑用硅酮结构密封胶

1 范围

本标准规定了建筑用硅酮结构密封胶(简称硅酮结构胶)的术语、分类和标记、要求、试验方法、检验规则、包装、标志、运输和贮存。

本标准适用于建筑幕墙及其他结构粘接装配用硅酮结构密封胶。

2 规范性引用文件

下列文件中的条款通过本标准的引用而成为本标准的条款。凡是注日期的引用文件,其随后所有的修改单(不包括勘误的内容)或修订版均不适用于本标准,然而,鼓励根据本标准达成协议的各方研究是否可使用这些文件的最新版本。凡是不注日期的引用文件,其最新版本适用于本标准。

GB/T 531—1999 橡胶袖珍硬度计压入硬度试验方法(ISO 7619:1986,Rubber—Determination hardness by means of pocket hardness meters,IDT)

GB/T 13477.1—2003 建筑密封材料试验方法 第1部分:试验基材的规定(ISO 13640:1999,Building construction—Jointing products—Specifications for test substrates,MOD)

GB/T 13477.3—2003 建筑密封材料试验方法 第3部分:使用标准器具测定密封材料挤出性的方法(ISO 9048:1987,Building construction—Jointing products—Determination of extrudability of sealants using standardized apparatus,MOD)

GB/T 13477.5—2003 建筑密封材料试验方法 第5部分:表干时间的测定

GB/T 13477.6—2003 建筑密封材料试验方法 第6部分:流动性的测定(ISO 7390:1987,Building construction—Jointing products—Determination of resistance to flow,MOD)

GB/T 13477.8—2003 建筑密封材料试验方法 第8部分:拉伸粘结性的测定(ISO 8339:1984,Building construction—Jointing products—Sealants—Determination of tensile properties,MOD)

GB/T 13477.18—2003 建筑密封材料试验方法 第18部分:剥离粘结性的测定

GB/T 14682 建筑密封材料术语

JC/T 485—1992(1997) 建筑窗用弹性密封剂

3 术语和定义

GB/T 14682 确定的术语和定义适用于本标准。

4 分类和标记

4.1 型别

产品按组成分单组分型和双组分型,分别用数字1和2表示。

4.2 适用基材类别

按产品适用的基材分类,代号表示以下:

类别代号	适用的基材
M	金属
G	玻璃
Q	其他

4.3 产品标记

产品按型别、适用基材类别、本标准号顺序标记。

示例：适用于金属、玻璃的双组分硅酮结构胶标记为:2MG GB 16776—2003。

5 要求

5.1 外观

5.1.1 产品应为细腻、均匀膏状物,无气泡、结块、凝胶、结皮,无不易分散的析出物。

5.1.2 双组分产品两组分的颜色应有明显区别。

5.2 物理力学性能

产品物理力学性能应符合表1要求。

表1 产品物理力学性能

<table>
<tr><th>序号</th><th colspan="3">项 目</th><th>技术指标</th></tr>
<tr><td rowspan="2">1</td><td rowspan="2">下垂度</td><td colspan="2">垂直放置/mm</td><td>≤3</td></tr>
<tr><td colspan="2">水平放置</td><td>不变形</td></tr>
<tr><td>2</td><td colspan="3">挤出性[a]/s</td><td>≤10</td></tr>
<tr><td>3</td><td colspan="3">适用期[b]/min</td><td>≥20</td></tr>
<tr><td>4</td><td colspan="3">表干时间/h</td><td>≤3</td></tr>
<tr><td>5</td><td colspan="3">硬度/Shore A</td><td>20～60</td></tr>
<tr><td rowspan="7">6</td><td rowspan="7">拉伸粘结性</td><td rowspan="5">拉伸粘结强度/MPa</td><td>23℃</td><td>≥0.60</td></tr>
<tr><td>90℃</td><td>≥0.45</td></tr>
<tr><td>−30℃</td><td>≥0.45</td></tr>
<tr><td>浸水后</td><td>≥0.45</td></tr>
<tr><td>水-紫外线光照后</td><td>≥0.45</td></tr>
<tr><td colspan="2">粘结破坏面积/%</td><td>≤5</td></tr>
<tr><td colspan="2">23℃时最大拉伸强度时伸长率/%</td><td>≥100</td></tr>
<tr><td rowspan="3">7</td><td rowspan="3">热老化</td><td colspan="2">热失重/%</td><td>≤10</td></tr>
<tr><td colspan="2">龟裂</td><td>无</td></tr>
<tr><td colspan="2">粉化</td><td>无</td></tr>
<tr><td colspan="5">a 仅适用于单组分产品。
b 仅适用于双组分产品。</td></tr>
</table>

5.3 硅酮结构胶与结构装配系统用附件的相容性应符合附录A规定,硅酮结构胶与实际工程用基材的粘结性应符合附录B规定。

5.4 报告23℃时伸长率为10%、20%及40%时的模量。

6 试验方法

6.1 试验基本要求

6.1.1 标准试验条件

温度(23±2)℃、相对湿度(50±5)%。

6.1.2 试验样品的准备

所有试验样品应以包装状态在6.1.1标准试验条件下放置24 h。双组分试验样品两组分的混合比例应符合供方规定，其中A组分(基胶)取样量至少500 g。混合应在负压0.095 MPa以下真空条件下进行，混合时间约5 min。

6.2 外观

目测检查。

6.3 下垂度

按GB/T 13477.6—2003中7.1试验。试验模具的槽内尺寸为宽20 mm、深10 mm，试验温度为(50±2)℃。

6.4 挤出性

按GB/T 13477.3—2003试验，采用图1聚乙烯挤胶筒，装填容量为177 mL，不安装挤胶嘴，挤胶气压为0.340 MPa，测定一次将全部样品挤出所需的时间，精确到0.1 s。试验次数为一次。

单位为毫米

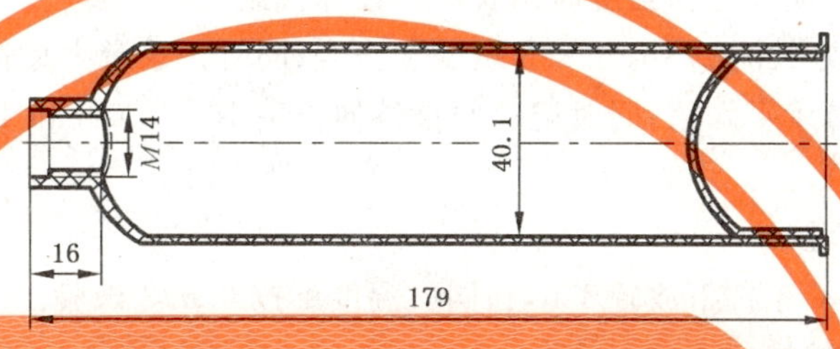

图1 挤出性试验用挤胶筒

6.5 适用期

双组分样品按6.1.2混合后装入图1挤胶筒内，密封尾塞，从两组分混合时开始计时，20 min时按6.4测定挤出性，应不大于10 s。试验次数为一次。

6.6 表干时间

按GB/T 13477.5—2003第8.1条试验。

6.7 硬度

在PE膜上平放6.9.1d)金属模框，将试验样品挤注在模框内，刮平后除去模框按6.8.2c)养护；揭去PE膜制得试样，按GB/T 531—1999采用邵尔A型硬度计试验。

6.8 拉伸粘结性及拉伸模量

6.8.1 试件形状和尺寸

试件应符合图2规定。基材按产品适用的基材类别选用：

M类——符合GB/T 13477.1—2003，铝板厚度不小于3 mm；

G类——清洁、无镀膜的无色透明浮法玻璃，厚度5 mm～8 mm；

Q类——供方要求的其他基材。

单位为毫米

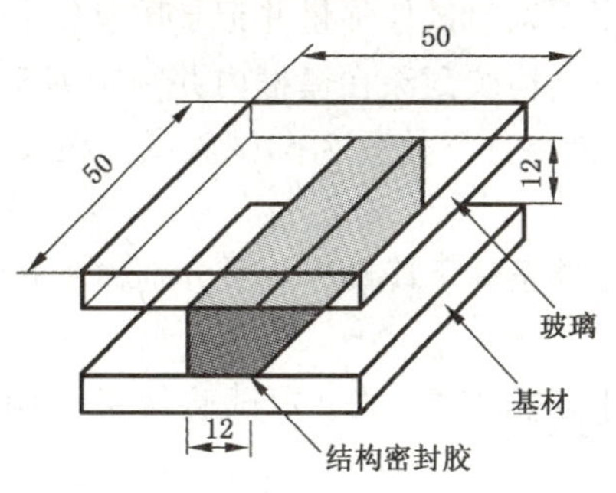

图2 拉伸粘结试件

6.8.2 试件制备和养护

a) 按GB/T 13477.8—2003制备试件，每5个试件为一组。

b) 每个试件必须有一面选用G类基材。

c) 制备后的试件按以下条件养护：

1) 双组分硅酮结构胶的试件在标准条件下放置14 d；

2) 单组分硅酮结构胶的试件在标准条件下放置21 d；

3) 在不损坏试件条件下，养护期间挡块应尽早分离。

6.8.3 试验步骤

按GB/T 13477.8—2003进行试验。粘结破坏面积的测量和计算，采用透过印制有1 mm×1 mm网格线的透明膜片，测量拉伸粘结试件两粘结面上粘结破坏面积较大面占有的网格数，精确到1格(不足一格不计)。粘结破坏面积以粘结破坏格数占总格数的百分比表示。

报告拉伸粘结强度，同时报告粘结破坏面积。

6.8.4 23℃时拉伸粘结性、最大拉伸强度时伸长率和拉伸模量

试验温度(23±2)℃，取一组试件按6.8.3试验和报告；同时记录最大拉伸强度时的伸长率，报告最大拉伸强度时的伸长率的算术平均值；同时记录并报告伸长率10%、20%和40%的模量，各取其算术平均值。

6.8.5 90℃时的拉伸粘结性

取一组试件在(90±2)℃条件下放置1 h，在同一温度下按6.8.3试验。

6.8.6 −30℃时的拉伸粘结性

取一组试件在(−30±2)℃条件下放置1 h，在同一温度下按6.8.3试验。

6.8.7 浸水后拉伸粘结性

取一组试件浸入温度为(23±2)℃的蒸馏水或去离子水中，保持7 d后取出并在10 min内按6.8.3试验。

6.8.8 水—紫外线光照后的拉伸粘结性

取一组试件按JC/T 485—1992第5.12条规定，采用蒸馏水或去离子水连续试验300 h，在标准条件下放置2 h，按6.8.3试验。

6.9 热老化

6.9.1 试验器具

a) 鼓风干燥箱：控温精度±2℃；

b) 天平：精度为1 mg；

c) 铝板：尺寸为150 mm×80 mm×0.5 mm～1.5 mm；

d) 金属模框：内框尺寸130 mm×40 mm×6.5 mm；

e) 刮刀。

6.9.2 试验步骤

取三块洁净的铝板，其中两块用作试验试件称量并记录质量(m_1)，一块用作对比试件。

在铝板上平放金属模框，将硅酮结构胶刮涂在模框内并用刮刀刮平，除去模框制成试件，称量并记录试验试件的质量(m_2)。试件在标准条件下放置7 d，试验试件在(90±2)℃鼓风干燥箱中，保持21 d；对比试件在标准条件下放置21 d。

从干燥箱中取出试验试件，在标准条件下冷却1 h后分别称量并记录质量(m_3)。

6.9.3 结果计算

按试验试件试验前后的质量计算热失重(式1)，试验结果为两试验试件的算术平均值，精确至0.1%。

$$热失重(\%)=\frac{(m_2-m_3)}{(m_2-m_1)}\times 100 \qquad \cdots\cdots(1)$$

式中：

m_1——铝板质量，单位为克(g)；

m_2——铝板和硅酮结构胶质量，单位为克(g)；

m_3——试验后的铝板和硅酮结构胶质量，单位为克(g)。

6.9.4 龟裂和粉化检查

取对比试件同试验试件相比较，检查并记录试验试件表面的变化情况。

7 检验规则

7.1 出厂检验

出厂检验项目为：

a) 外观；

b) 下垂度；

c) 挤出性；

d) 适用期；

e) 表干时间；

f) 硬度；

g) 23℃拉伸粘结性，包括：

  1) 拉伸强度；

  2) 粘结破坏面积，%；

  3) 最大拉伸强度时伸长率；

  4) 23℃伸长率为10%、20%及40%时的模量。

7.2 型式检验

型式检验项目为本标准5.1、5.2、5.4要求的所有项目。有下列情况之一时，应进行型式检验：

a) 新产品试制或老产品转厂生产的定型鉴定；

b) 产品配方、原材料、工艺有较大改变时；

c) 正常生产时，每半年进行一次；

d) 长期停产后恢复生产时；

e) 出厂检验结果与上次型式检验有较大差异时；

f) 国家质量监督机构提出进行型式检验要求时。

7.3 组批、抽样规则

7.3.1 连续生产时每3吨为一批，不足3吨也为一批；间断生产时，每釜投料为一批。

7.3.2 随机抽样。单组分产品抽样量为5支；双组分产品从原包装中抽样，抽样量为3 kg～5 kg，抽取的样品应立即密封包装。

7.4 判定规则

7.4.1 外观质量不符合5.1规定，则判定该批产品不合格。

7.4.2 单项结果判定

表干时间、下垂度、拉伸粘结性试验项目，每个试件的试验结果均符合表1规定，则判定为该项合格；其余试验项目试验结果的算术平均值符合表1规定，则判定为合格。

23℃伸长率10%、20%及40%的模量不作为判定项目，但必须报告。

7.4.3 产品符合5.1、5.2要求的所有项目则判该批产品合格。检验中若有两项达不到表1规定，则判定该批产品不合格；若仅有一项达不到规定，允许在该批产品中双倍抽样进行单项复验，如该项仍达不到规定，该批产品即判定为不合格。

8 包装、标志、运输及贮存

8.1 包装

单组分结构胶用密封的管状包装，外包装用纸箱或其他材料包装，每箱产品内应附一份产品合格证。双组分结构胶应分别装入两个密闭桶内，每桶应附一份产品合格证。批检验应附出厂检验单。

8.2 标志

包装容器外应标明：

a) 生产厂名称及厂址；
b) 产品名称；
c) 产品标记；
d) 生产日期；
e) 产品生产批号；
f) 贮存期；
g) 包装产品净容量；
h) 产品颜色；
i) 产品使用说明。

8.3 贮存及运输

8.3.1 本产品为非易燃易爆材料，可按一般非危险品运输。

8.3.2 贮存运输中应防止日晒、雨淋，防止撞击、挤压产品包装。

8.3.3 贮存温度不高于 27℃，自生产之日起，贮存期不少于 6 个月。

附 录 A
（规范性附录）
结构装配系统用附件同密封胶相容性试验方法

A.1 范围

A.1.1 本附录规定了结构装配系统附件(如:密封条、间隔条、衬垫条、固定块等)同密封胶相容性试验方法及结果的判定,适用于建筑幕墙结构系统的选材。

A.1.2 本试验方法是一项实验筛选过程。试验后粘结性和颜色的改变是一项可用来确定材料相容性的关键,实践表明试验中那些会使粘结性丧失和褪色的附件,在实际使用中也同样会发生。

A.1.3 本试验观测以下指标:

a) 密封胶的变色情况;

b) 密封胶对玻璃的粘结性;

c) 密封胶对附件的粘结性。

A.1.4 本附录没有考虑安全问题,进行试验时要自行考虑安全和健康问题。

A.2 试验原理

将一个有附件的试验试件放在紫外灯下直接辐照,在热条件下透过玻璃辐照另一个试件(图 A.1),再对没有附件的对比试件进行同样的试验,观察两组试件颜色的变化,对比试验密封胶同参照密封胶对玻璃及附件粘结性的变化。

A.3 意义和应用

A.3.1 在结构胶粘结装配玻璃系统中,该密封胶用作装配系统结构的胶接,又用作该结构的第一道耐气候密封挡隔层。用作系统结构的装配,胶结接头的可靠性最为关键。

A.3.2 在经过紫外照射后,颜色的改变和粘结性的变化是判断密封胶相容性的两个标准。如果该项试验中附件导致结构胶变色或者粘结性变化,经验证明实际应用中也会出现类似的情况。

A.4 试验器具和材料

A.4.1 玻璃板:清洁的无色透明浮法玻璃,尺寸为 75 mm×50 mm×6 mm,共 8 块。

A.4.2 隔离胶带:不粘结密封胶,尺寸为 25 mm×75 mm,每块玻璃板粘贴一条。

单位为毫米

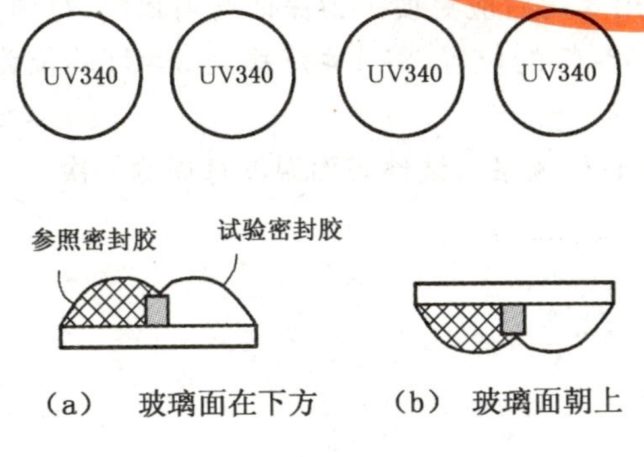

图 A.1 光照试件的放置

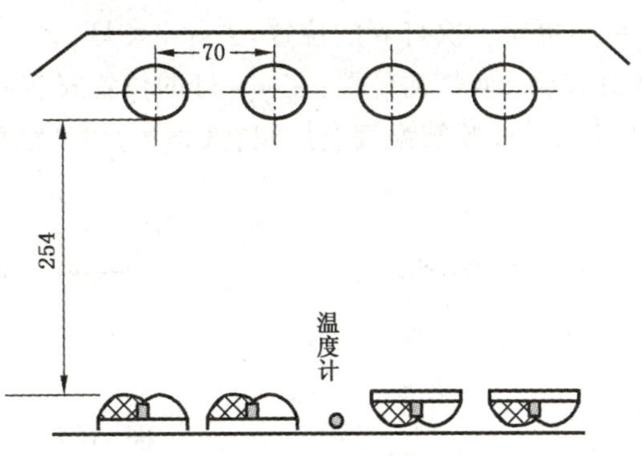

图 A.2 紫外线曝晒形式

A.4.3 温度计:量程20℃~100℃。

A.4.4 紫外线荧光灯:UVA-340型。

A.4.5 紫外辐照箱:箱体能容纳4支UVA-340灯,灯中心的间距为70 mm,同试件上表面的距离为254 mm(图A.2),试件表面温度(48±2)℃(距试件5 mm处测量),可采用红外线灯或者其他加热设备保持温度。

A.4.6 清洗剂:推荐用50%异丙醇—蒸馏水溶液。

A.4.7 试验密封胶。

A.4.8 参照密封胶:与试验结构胶(或耐候胶)组成基本相同的浅色或半透明密封胶。如果没有,可由供应试验密封胶的制造厂提供或推荐。

A.5 附件同密封胶相容性试验

A.5.1 试件的制备

A.5.1.1 采用A.4.1规定的玻璃,表面用50%异丙醇—蒸馏水溶液清洗并用洁净布擦干净。

A.5.1.2 按图A.3在玻璃的一端粘贴隔离胶带,覆盖宽度约25 mm。

A.5.1.3 按图A.3制备8块试件,4块是无附件的对比试件,另外4块是有附件的试验试件。将附件裁切成条状,尺寸为6 mm×6 mm×50 mm,放在玻璃板中间。对比试件和试验试件的制备方法完全相同,只是不加附件。

A.5.1.4 将试验密封胶挤注在附件的一侧,参照密封胶挤注在附件的另一侧,用刮刀整理密封胶使之与附件上端面及侧面紧密接触,并与玻璃密实粘结。两种胶的相接处应高于附件上端约3 mm。

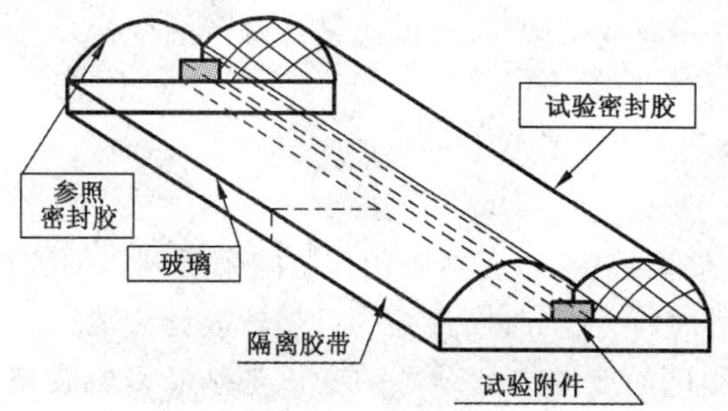

图A.3 附件相容性试验的试件形式

A.5.2 试件的养护和处理

A.5.2.1 制备的试件在标准条件下养护7 d。取两个试验试件和两个对比试件,玻璃面朝下放置在A.4.5紫外辐照箱中;再放入两个试验试件和两个对比试件,玻璃面朝上放置(如图A.1a和图A.1b),在紫外灯下照射21 d。

A.5.2.2 为保证紫外辐照强度在一定范围内,紫外灯使用8周后应更换。为保证均匀辐照,每两周按图A.4更换一次灯管的位置,去除3#灯,将2#灯移到3#灯的位置,将1#灯移到2#灯的位置,将4#灯移到1#灯的位置,在4#灯的位置安装一个新灯管。

A.5.2.3 试验箱温度应控制在(48±2)℃(距离试件5 mm处测量),试件表面温度每周测一次。

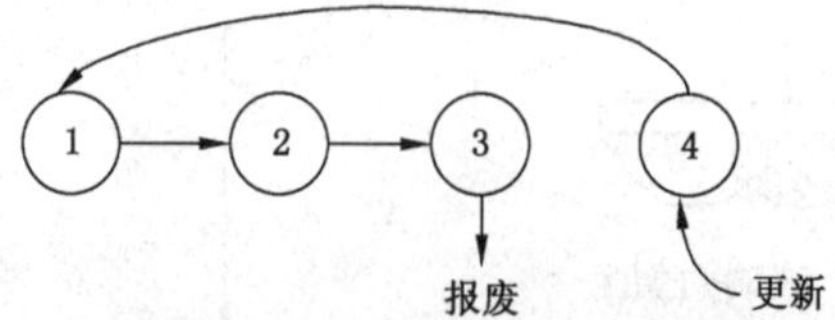

图A.4 灯管位置及更换次序

A.5.3 试验步骤

A.5.3.1 试件编号后将试件放在紫外灯下,按表A.2分别记录各试样的放置方向。

A.5.3.2 试验后从紫外箱中取出试件，在23℃冷却4 h。

A.5.3.3 用手握住隔离胶带上的密封胶，与玻璃成90°方向用力拉密封胶，使密封胶从玻璃粘结处剥离。

A.5.3.4 按6.8.3.2测量并按式A.1计算试验胶、参照胶与玻璃内聚破坏面积的百分率。

$$C_F = 100\% - A_L \qquad \text{(A.1)}$$

式中：

C_F——内聚破坏面积的百分率，%；

A_L——粘接破坏面积的百分率，%。

A.5.3.5 检查密封胶对附件的粘结性：与附件成90°方向用力拉密封胶，使密封胶从附件粘结处剥离。

A.5.3.6 按A.5.3.4测量并计算试验胶、参照胶与附件内聚破坏的百分率。

A.5.3.7 观察试验胶、参照胶的颜色变化。

A.5.3.8 按表A.1指标检查并记录试验胶与参照胶颜色的变化及其他任何值得注意的变化。

表 A.1 颜色变化的评定

级别	颜色变化	变色描述
0	无变色	颜色无任何变化
1	非常轻微的变色	只有非常轻微的变化，以至通常无法确定
2	轻微的变色	很淡的颜色——通常为黄色
3	明显变色	较轻的颜色——通常为黄色、橙色、粉红色或棕色
4	严重变色	明显的颜色——可能是红色、紫色掺杂着黄色、橙色、粉红色或棕色
5	非常严重的变色	较深的颜色——可能是黑色或其他颜色

A.6 试验报告

紫外光曝露后附件同密封胶相容性试验的试验结果可按表A.2格式报告。

表 A.2 附件相容性试验报告

试验开始时间________ 试验标准________ 登记号________

试验完成时间________ 用　户________ 试验者________

试验密封胶： 基准密封胶： 附件类型：		试验试件				对比试件			
		玻璃面朝下		玻璃面朝上		玻璃面朝下		玻璃面朝上	
试件编号		1	2	3	4	5	6	7	8
颜色及外观变化	参照密封胶								
	试验密封胶								
玻璃粘结破坏百分率/%	参照密封胶								
	试验密封胶								
附件粘结破坏百分率/%	参照密封胶								
	试验密封胶								
说　明									

A.7 试验结果的判定

结构装配系统用附件同密封胶相容性试验结果，按表A.3判定。

表 A.3　结构装配系统用附件同密封胶相容性判定指标

试验项目		判 定 指 标
附件同密封胶相容	颜色变化	试验试件与对比试件颜色变化一致
	玻璃与密封胶	试验试件、对比试件与玻璃粘结破坏面积的差值≤5%

附 录 B
（规范性附录）
实际工程用基材同密封胶粘结性试验方法

B.1 范围

本附录规定了实际工程用基材（如：玻璃、铝材、铝塑板、石材等）与密封胶粘结性试验方法及结果的判定。适用于幕墙工程结构系统的选材。

本试验方法通过剥离粘结试验后的基材粘结破坏面积来确定基材与密封胶的粘结性。

B.2 试验原理

采用实际工程用的基材同密封胶粘结制备试件，测定浸水处理后的剥离粘结性。

B.3 意义和应用

在试验中基材产生的粘结破坏在实际工程中也会出现类似的情况。

B.4 试验仪器和材料

B.4.1 基材：实际工程中与密封胶粘结的基材。
B.4.2 清洁剂：供方推荐的清洁剂。
B.4.3 密封胶：工程用密封胶。
B.4.4 水：去离子水或蒸馏水。
B.4.5 拉伸试验机：符合 GB/T 13477.18—2003 中 6.1 要求。

B.5 试验方法

B.5.1 用 B.4 清洁剂清洗 B.4.1 基材表面，用洁净的布擦干。是否使用底涂应按供方要求。
B.5.2 按 GB/T 13477.18—2003 中 7.1～7.5 制备试件，按该标准 7.6 规定的方法操作后立即复涂一层 1.5 mm 厚的试验样品。试件按以下条件养护：双组分样品在标准条件下养护 14 d；单组分样品在标准条件下养护 21 d。
B.5.3 养护后的试件按 GB/T 13477.18—2003 中 7.7 条切割试料带并浸入 B.4.4 水中处理 7 d，从水中取出试件后 10 min 内按该标准第 8 章进行剥离试验。剥离粘结破坏面积按 6.8.3 测量，以剥离长度×试料带宽度为基础面积，计算粘结破坏面积的百分率及算术平均值（%）。

B.6 试验报告

报告每条试料带剥离粘结破坏面积的百分率及试验结果的算术平均值（%），同时报告基材的类型、是否使用底涂。

B.7 结果的判定

实际工程用基材与密封胶粘结：粘结破坏面积的算术平均值≤20%。

附 录 C
（资料性附录）
硅酮结构密封胶的模量

C.1 概述

C.1.1 本附录目的是阐明一定应用范围的硅酮结构胶应具备的模量。硅酮结构胶应按具体用途设定强度和弹性两项指标；这就意味着该密封胶的模量应介于某一应用所要求的最高值和最低值之间。

C.1.2 材料的模量表征着材料伸长变形同应力的相关关系，也就是材料柔性、刚性或硬度的度量。在本附录中采用术语“模量”是指密封胶的正切弹性模量。尽管模量和应力具有相同的单位(kPa)，但表达的技术概念不同。由于密封胶的模量不是常数，所以密封胶行业通常习惯用测量出的模量和应变二个值来表达(如：应变 12.5%模量为 99 kPa)。

C.1.3 在结构系统中硅酮结构胶将玻璃及其他材料同金属框架粘结在一起，向装配体系结构传递玻璃材料所受的载荷，并适应玻璃材料和支持框架之间预计发生的位移。在规定的应用条件下选材料时，设计人员选择的硅酮结构胶应具有承受施加载荷所必须的强度和适应各种位移所必须的柔性。

C.1.4 现在生产的硅酮结构胶的功能，能使材料在广泛的范围内使用。如果用于指定用途时，它也应具备该用途可以接受的模量。

C.1.5 密封胶的模量随温度而规律变化(基本为线性关系)，在预期使用温度范围检验(验证)该模量，应在最低值和最高值之间变化。

C.1.6 为充分评价选用的密封胶，将 23℃测试的拉伸粘结性的应力-变形曲线或伸长率 10%、20%和 40%时的拉伸模量应用于特定的设计规范时，应注意条件的改变(如：密封胶接缝形状或周围条件的作用)与特定规范指定或预测的工况有关。应用应力-变形曲线或伸长率 10%、20%和 40%时的拉伸模量测定值，应同所应用的设计准则结合，评价并确定推荐的密封胶是否适于这种应用。

C.2 最低模量

硅酮结构胶允许的最低模量(最软和最大允许柔性)基于这样一个前提，即该密封胶具有的刚度应足以支撑面板不产生过度的位移。其极限状态是当该密封胶厚度方向被负风压产生的应力(向外拉)，或者施加其他侧向荷载的应力直至达到其设计荷载且均等施加应力时，其最大延伸不超出设计几何形状的实用极限(如面板定位块的支承范围)。

C.3 最高模量

最高容许模量(最大刚硬性或允许的最小柔性)是要求该硅酮结构胶的接缝必须具有足够的柔度，以适应面板和该支承构架之间的风压变形或温度变化引起的位移，保证切变应力不超过设计值。

附 录 D
（资料性附录）
施工装配中结构密封胶的试验方法

D.1 密封胶粘接性测试

D.1.1 方法 A，手拉试验(成品破坏法)

D.1.1.1 范围

本方法对接缝受检部分的密封胶是破坏性的，适用于装配现场测试结构密封胶粘接性的检查，用于发现工地应用中的问题，如基材不清洁、使用不合适的底涂、底涂用法不当、不正确的接缝装配、胶结缝设计不合理以及其他影响粘结性的问题。本方法在装配工作现场的结构密封胶完全固化后进行，完全固化通常需要 7 到 21 天。

D.1.1.2 器材

a) 刀片：长度适当的锋利刀片。

b) 密封胶：相同于被检测的密封胶。

c) 勺状刮铲：适于修整密封胶的工具。

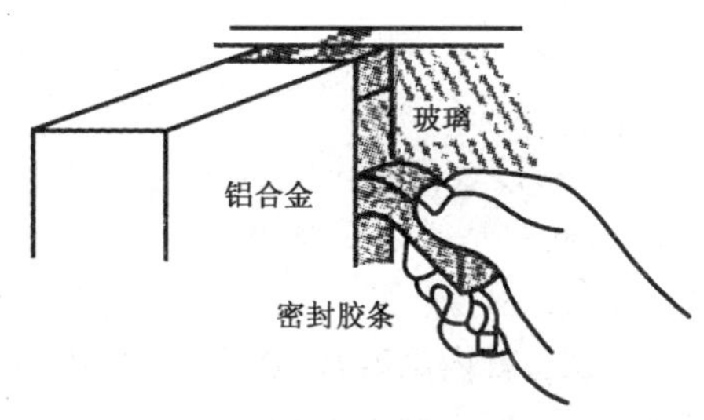

图 D.1 90℃角拉扯密封胶

D.1.1.3 测试步骤

D.1.1.3.1 沿接缝一边的宽度方向水平切割密封胶，直至接缝的基材面。

D.1.1.3.2 在水平切口处沿胶与基材粘接接缝的两边垂直各切割约 75 mm 长度。

D.1.1.3.3 紧捏住密封胶 75 mm 长的一端，以成 90°角拉扯剥离密封胶(图 D.1)。

D.1.1.4 结果判定

如果基材的粘结力合格，密封胶应在拉扯过程中断裂或在剥离之前密封胶拉长到预定值。

D.1.1.5 被测试面密封胶的修补

如果基材的粘结力合格，可用新密封胶修补已被拉断的密封接缝。为获得好的粘接性，修补被测试部位应采用同原来相同密封胶和相同的施胶方法。应确保原胶面的清洁，修补的新胶应充分填满并与原胶结面紧密贴合。

D.1.1.6 记录

测试数量、日期、测试用胶批号、测试结果(内聚破坏还是粘结破坏)及其他有关信息，记录整理归档为质量控制文件，以便将来查询。

D.1.2 方法 B，手拉试验(非成品破坏法)

D.1.2.1 范围

本方法是非破坏性测试。适用于在平面基材上进行的简单测试，可解决 D.1 很难测试或不可能测试的结构胶接缝。在工程实际应用的一块基材上进行粘接性测试，表面处理相同于工程实际状态。

D.1.2.2 器材

D.1.2.2.1 基材：与工程用型材完全一致，通常采用装配过程中的边角料。

D.1.2.2.2　底涂:如果需要,接缝施工时使用的底涂。

D.1.2.2.3　防粘带:聚乙烯(PE)或聚四氟乙烯自粘性胶带。

D.1.2.2.4　密封胶:工程装配密封接缝用同一结构密封胶。

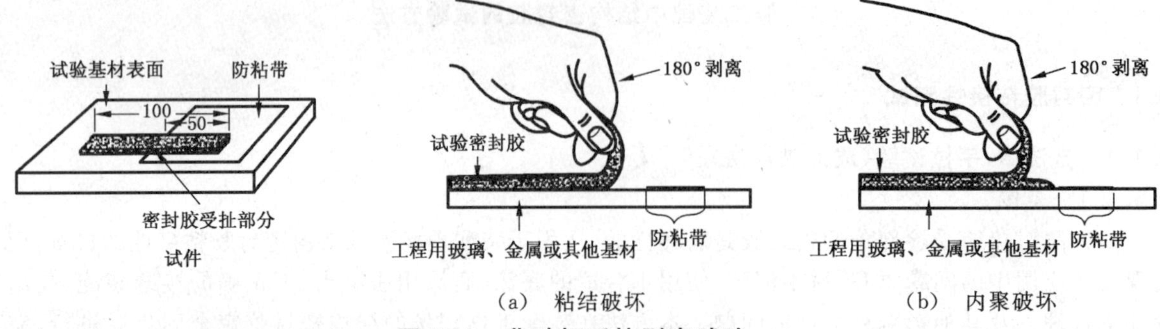

图 D.2　非破坏手拉剥离试验

D.1.2.2.5　勺状刮铲:适于修整密封胶的工具。

D.1.2.2.6　刀片:长度适当的锋利刀片。

D.1.2.3　试验步骤

D.1.2.3.1　按工程要求清洗粘结表面,如果需要可按规定步骤施底涂。

D.1.2.3.2　基材表面的一端粘贴防粘胶带。

D.1.2.3.3　施涂适量的密封胶,约长 100 mm,宽 50 mm,厚 3 mm,其中应至少 50 mm 长密封胶覆盖在防粘带上。

D.1.2.3.4　修整密封胶,确保密封胶与粘接表面完全贴合。

D.1.2.3.5　在完全固化后(7～21 天),从防粘带处揭起密封胶,以 90°角用力拉扯密封胶。

D.1.2.4　结果判定

如果密封胶与基材剥离(图 D.2a)之前就内聚破坏(图 D.2b),则基材的粘结力合格。

D.1.2.5　记录

测试编号、日期、测试用胶批号、测试结果(粘结或内聚破坏)以及其他有关信息,纳入质量控制文件以便将来查询。

D.1.3　方法 C,浸水后手拉试验

D.1.3.1　范围

当 D.1.2 方法 B 测试后若没有粘接破坏,可再使用本方法增加浸水步骤进行手拉试验。

D.1.3.2　器材

大小适于浸没试件的容器。

D.1.3.3　试验步骤

D.1.3.3.1　把已通过 D.1.2 测试的试件浸入室温水中。

D.1.3.3.2　将试件浸水 1 天至 7 天。具体时间由指定的专业人员决定。

D.1.3.3.3　浸水至规定时间后,取出试件擦干,揭起密封胶的一端并以 90°角用力拉扯密封胶。

D.1.3.4　结果判定

密封胶在基材剥离前(图 D.2a)就已产生内聚破坏(图 D.2b),表明基材粘结力合格。

D.1.3.5　记录

记录测试编号、日期、测试用胶的批号、测试结果以及其他有关信息,纳入质量控制记录以便将来查询。

D.2　表干时间的现场测定

D.2.1　范围

本方法适用于检验工程中密封胶的表干时间。表干时间的任何较大变化(如时间过长)都可能表示密封胶超过贮存期或贮存条件不当。

D.2.2 器材

a) 密封胶:从混胶注胶设备中挤出的材料。

b) 勺状刮铲:适于修整密封胶的工具。

c) 塑料片:聚乙烯或其他材料,用于剔除已固化的密封胶。

d) 工具:适用于接触密封胶表面的工具。

D.2.3 试验步骤

在塑料片上涂施 2 mm 厚的密封胶。每隔几分钟,用工具轻轻地接触密封胶表面。

D.2.4 结果判定

D.2.4.1 当密封胶表面不再粘工具时,表明密封胶已经表干,记录开始时至表干发生时的时间。

D.2.4.2 如果密封胶在生产商规定时间内没有表干,该批密封胶不能使用,应同生产商联系。

D.2.5 记录

记录测试编号、日期、测试用胶批号、测试结果以及其他有关信息,纳入质量控制记录,以便将来查询。

D.3 单组分密封胶回弹特征的测试

D.3.1 范围

本方法适用于检验密封胶的固化和回弹性。测试表干时间正常的密封胶按本方法测试。

D.3.2 器材

a) 密封胶:从挤胶枪中挤出的材料。

b) 勺状刮铲:适于修整密封胶的工具。

c) 塑料片:聚乙烯或其他材料,用于剔除已固化的密封胶。

D.3.3 试验步骤

D.3.3.1 在塑料片上施涂 2 mm 厚的密封胶,放置固化 24 h。

D.3.3.2 从塑料薄片上剥离密封胶。

D.3.3.3 慢慢地拉伸密封胶,判断密封胶是否已固化并具有弹性橡胶体特征。在被拉伸到断裂点之前撤消拉伸外力时,弹性橡胶的回弹应能基本上恢复到它原来的长度。

D.3.4 结果判定

如果密封胶能拉长且回弹,说明已发生固化;如果不能拉长或者拉伸断裂无回弹,表明该密封胶不能使用,应同密封胶生产商联系。

D.3.5 记录

记录测试编号、日期、测试用胶批号、测试结果以及其他有关信息,纳入质量控制记录,以便将来查询。

D.4 双组分密封胶混合均匀性测定方法(蝴蝶试验)

D.4.1 范围

本方法用于测定双组分密封胶的混合均匀性。

D.4.2 器材

a) 纸:白色厚纸,尺寸为 216 mm×280 mm;

b) 密封胶:从混胶机中取样测试。

D.4.3 试验步骤

沿长边将纸对折后展开,沿对折处挤注长约 200 mm 的密封胶(图 D.3a),然后把纸叠合起来(图 D.3b),挤压纸面使密封胶分散成半圆形薄层,然后把纸打开观察密封胶(图 D.3c、d)。

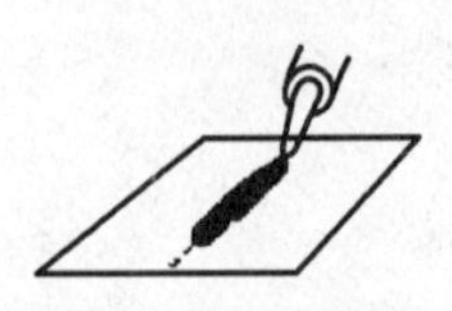

(a) 对折处挤注密封胶

(b) 叠合挤压纸面

(c) 未均匀混合(有白色条纹)

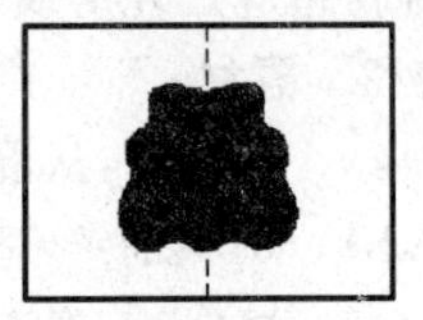

(d) 均匀混合的密封胶

图 D.3 蝴蝶试验

D.4.4 结果判定

D.4.4.1 如果密封胶颜色均匀,则密封胶混合较好,可用于生产使用;如果密封胶颜色不均匀或有不同颜色的条纹,说明密封胶混合不均匀,不能使用。

D.4.4.2 如果密封胶混合均匀程度不够,重新取样,重复 D.4.3 步骤,若还有不同颜色条纹或颜色不均匀,则可能需要进行设备维修,对混合器、注胶管、注胶枪进行清洗,检查组分比例调节阀门,或向设备生产商咨询有关的维修工作。

D.4.5 记录

保存并标记测试的样品,记录测试用胶批号、测试日期以及其他有关信息,纳入质量控制记录,以便将来查询。

D.5 双组分密封胶拉断时间的测试

D.5.1 范围

本方法用于测试密封胶混合后的固化速度是否符合密封胶生产商的技术说明。

D.5.2 器材

a) 纸杯:容量约 180 mL。

b) 工具:如调油漆用的木棍。

c) 密封胶:从混胶机中取样。

(a) 混合的密封胶

(b) 提拉密封胶至固化

(c) 密封胶被拉断

图 D.4 拉断时间试验

D.5.3 测试步骤

从混胶机挤取约 2/3～3/4 纸杯密封胶,将木棒插入纸杯中心(图 D.4a),定期从纸杯中提起木棒。

D.5.4 结果判定

D.5.4.1 从纸杯中提起木棍并抽拉密封胶时,如果提起的密封胶呈线状(图 D.4b),不发生断裂,表明密封胶未达到拉断时间,应继续测试直到密封胶被拉扯断(图 D.4c)。记录纸杯注入密封胶到拉断的时间,即为密封胶的拉断时间。

D.5.4.2 如果密封胶的拉断时间低于规定范围(适用期),应检查混胶设备,确认超出范围的原因,确定密封胶是否过期,确定是否需要调整或维修设备,必要时应同密封胶生产商联系。

D.5.5 记录

将试验编号、拉断时间、日期、密封胶批号以及其他有关信息,纳入质量控制记录,以便将来查询。

附　录　E
（资料性附录）
本标准章条编号与 ASTM C 1184—2000a 章条编号对照

表 E.1　本标准章条编号与 ASTM C 1184—2000a 章条编号对照

本标准章条编号	对应的 ASTM 标准章条编号
1	1.1
2	—
—	2
3	—
—	3
—	4
4.1	5.1.1　5.1.2
4.2	5.1.3　5.1.4
4.3	—
—	6.1～6.3
5.1	—
5.2	7.1
—	7.2
—	7.3
5.3	—
5.4	—
6.1.1	7.4
6.1.2	—
6.2	—
6.3	8.1
6.4	8.2
6.5	8.2
6.6	8.5
6.7	8.3
6.8.1	8.6.1　7.3
6.8.2	8.6.2
6.8.3	8.6
6.8.4	8.6.2.1
6.8.5	8.6.2.2
6.8.6	8.6.2.3

表 E.1(续)

本标准章条编号	对应的 ASTM 标准章条编号
6.8.7	8.6.2.4
6.8.8	—
—	8.6.2.5
6.9	8.4
—	9
7	—
8	—
附录 A	—
附录 B	—
附录 C	附录 X1
附录 D	—
附录 E	—

ICS 91.100.50
Q 24

中华人民共和国国家标准

GB/T 22083—2008

建筑密封胶分级和要求

Classification and requirements for building sealants

(ISO 11600:2002, Building construction—Jointing products—Classification and requirements for sealants, MOD)

2008-06-30 发布　　　　2009-04-01 实施

中华人民共和国国家质量监督检验检疫总局
中国国家标准化管理委员会　发布

前　言

本标准修改采用 ISO 11600:2002《建筑结构——接缝产品——密封胶分级和要求》(英文版)。

考虑到我国的国情,在采用 ISO 11600:2002 时,本标准作了下列技术性修改:

——将 ISO 11600:2002 引用的国际标准改为相对应的我国国家标准;

——增加了附录 A,对高位移能力弹性密封胶的分级和要求作了规定。

为便于使用,本标准还对 ISO 11600:2002 做了下列编辑性修改:

——对标准的名称作了修改;

——将"本国际标准"一词改为"本标准";

——删除了 ISO 11600:2002 的前言;

——将 ISO 11600:2002 中模量的单位"N/mm^2"修改为"MPa"。

本标准的附录 A 为资料性附录。

本标准由中国建筑材料联合会提出。

本标准由全国轻质与装饰装修建筑材料标准化技术委员会(SAC/TC 195)归口。

本标准负责起草单位:河南建筑材料研究设计院有限责任公司、广州市白云化工实业有限公司、杭州之江有机硅化工有限公司、龙口市宇龙中空玻璃材料有限公司、河南永丽化工有限公司。

本标准参加起草单位:成都硅宝科技实业有限责任公司、郑州中原应用技术研究开发有限公司、广州市高士实业有限公司、波士胶(中国)粘合剂有限公司。

本标准主要起草人:邓超、李谷云、段林丽、张冠琦、刘明、由树明、杨宏生、李步春、崔洪、胡新嵩、刘汉伟。

本标准为首次发布。

本标准委托河南建筑材料研究设计院有限责任公司负责解释。

建筑密封胶分级和要求

1 范围

本标准对建筑用密封胶根据其性能及应用进行分类和分级，并给出了不同级别的要求和相应试验方法。

2 规范性引用文件

下列文件中的条款通过本标准的引用而成为本标准的条款。凡是注日期的引用文件，其随后所有的修改单(不包括勘误的内容)或修订版均不适用于本标准，然而，鼓励根据本标准达成协议的各方研究是否可使用这些文件的最新版本。凡是不注日期的引用文件，其最新版本适用于本标准。

GB/T 13477.1 建筑密封材料试验方法 第1部分：试验基材的规定(GB/T 13477.1—2002,ISO 13640:1999,Building construction—Jointing products—Specifications for test substrates,MOD)

GB/T 13477.6 建筑密封材料试验方法 第6部分：流动性的测定(GB/T 13477.6—2002,ISO 7390:1987,Building construction—Jointing products—Determination of resistance to flow,MOD)

GB/T 13477.8 建筑密封材料试验方法 第8部分：拉伸粘结性的测定(GB/T 13477.8—2002,ISO 8339:1984,Building construction—Jointing products—Sealants—Determination of tensile properties,MOD)

GB/T 13477.9 建筑密封材料试验方法 第9部分：浸水后拉伸粘结性的测定(GB/T 13477.9—2002,ISO 10591:1991,Building construction—Sealants—Determination of adhesion/cohesion properties after immersion in water,MOD)

GB/T 13477.10 建筑密封材料试验方法 第10部分：定伸粘结性的测定(GB/T 13477.10—2002,ISO 8340:1984,Building construction—Jointing products—Sealants—Determination of tensile properties at maintained extension,MOD)

GB/T 13477.11 建筑密封材料试验方法 第11部分：浸水后定伸粘结性的测定(GB/T 13477.11—2002,ISO 10590:1991,Building construction—Sealants—Determination of adhesion/cohesion properties at maintained extension after immersion in water,MOD)

GB/T 13477.12 建筑密封材料试验方法 第12部分：同一温度下拉伸-压缩循环后粘结性的测定(GB/T 13477.12—2002,ISO 9046:1989,Building construction—Jointing products—Determination of adhesion/cohesion properties at constant temperature,MOD)

GB/T 13477.13 建筑密封材料试验方法 第13部分：冷拉-热压后粘结性的测定(GB/T 13477.13—2002,ISO 9047:1989,Building construction—Jointing products—Determination of adhesion/cohesion properties at variable temperatures,MOD)

GB/T 13477.15—2002 建筑密封材料试验方法 第15部分：经过热、透过玻璃的人工光源和水曝露后粘结性的测定(ISO 11431:1993,Building construction—Sealants—Determination of adhesion/cohesion properties after exposure to heat and artificial light through glass and to water,NEQ)

GB/T 13477.16 建筑密封材料试验方法 第16部分：压缩特性的测定(GB/T 13477.16—2002,ISO 11432:1993,Building construction—Sealants—Determination of resistance to compression,MOD)

GB/T 13477.17 建筑密封材料试验方法 第17部分：弹性恢复率的测定(GB/T 13477.17—2002,ISO 7389:1987,Building construction—Jointing products—Determination of elastic recovery,MOD)

GB/T 13477.19 建筑密封材料试验方法 第19部分:质量与体积变化的测定(GB/T 13477.19—2002,ISO 10563:1991,Building construction—Sealants for joints—Determination of change in mass and volume ,MOD)

GB/T 14682 建筑密封材料术语(GB/T 14682—2006,ISO 6927:1981,Building construction—Jointing products—Sealants—Vocabulary,NEQ)

3 术语和定义

GB/T 14682 确立的术语和定义适用于本标准。

4 分类

4.1 类型

按照密封胶用途分为两类:

G类——镶装玻璃接缝用密封胶;

F类——镶装玻璃以外的建筑接缝用密封胶。

4.2 级别

密封胶按照满足接缝密封功能的位移能力进行分级,见表1。高位移能力弹性密封胶的分级和要求见附录A。

表1 密封胶级别

级别[a]	试验拉压幅度/%	位移能力[b]/%
25	±25	25.0
20	±20	20.0
12.5	±12.5	12.5
7.5	±7.5	7.5

a 25级和20级适用于G类和F类密封胶,12.5级和7.5级仅适用于F类密封胶。

b 在设计接缝时,为了正确解释和应用密封胶的位移能力,应当考虑相关标准与有关文件。

4.3 次级别

4.3.1 25级和20级密封胶按其拉伸模量(见GB/T 14682)划分次级别:

低模量,代号LM

高模量,代号HM

如果拉伸模量测试值超过下述一个或两个试验温度下的规定值,该密封胶应分级为"高模量"。规定值如下(见表2和表3第2项):

在23℃时0.4 MPa;

在-20℃时0.6 MPa。

拉伸模量应取三个测试值的平均值,修约至1位小数。

例如:测量值0.43 MPa、0.40 MPa和0.46 MPa,其平均值0.43 MPa,报告值0.4 MPa。

4.3.2 12.5级密封胶按其弹性恢复率又分级为:

弹性恢复率等于或大于40%,代号E(弹性);

弹性恢复率小于40%,代号P(塑性)。

25级、20级和12.5E级密封胶称为弹性密封胶;12.5P级和7.5P级密封胶称为塑性密封胶。

密封胶的分级见图1。

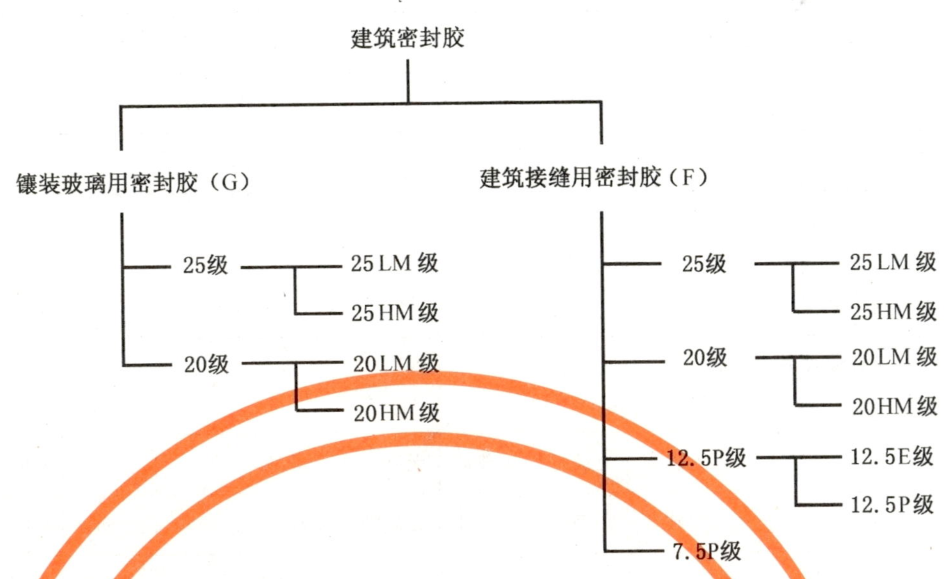

图1 建筑密封胶分级图

5 要求和试验方法

G类和F类密封胶的要求和试验方法分别见表2和表3，试验条件见表4。高位移能力弹性密封胶的试验条件见附录A。

表2 镶装玻璃用密封胶（G类）要求

性能	指标				试验方法
	25LM	25HM	20LM	20HM	
弹性恢复率/%	≥60	≥60	≥60	≥60	GB/T 13477.17
拉伸粘结性，拉伸模量/MPa 23℃下 −20℃下	≤0.4和 ≤0.6	>0.4或 >0.6	≤0.4和 ≤0.6	>0.4或 >0.6	GB/T 13477.8
定伸粘结性	无破坏	无破坏	无破坏	无破坏	GB/T 13477.10
冷拉-热压后粘结性	无破坏	无破坏	无破坏	无破坏	GB/T 13477.13
经过热、透过玻璃的人工光源和水曝露后粘结性[a]	无破坏	无破坏	无破坏	无破坏	GB/T 13477.15—2002
浸水后定伸粘结性	无破坏	无破坏	无破坏	无破坏	GB/T 13477.11
压缩特性	报告	报告	报告	报告	GB/T 13477.16
体积损失/%	≤10	≤10	≤10	≤10	GB/T 13477.19
流动性[b]/mm	≤3	≤3	≤3	≤3	GB/T 13477.6
"无破坏"按第7章确定。					

a 所用标准曝露条件见GB/T 13477.15—2002的9.2.1或9.2.2。

b 采用U型阳极氧化铝槽，宽20 mm、深10 mm，试验温度（50±2）℃和（5±2）℃，按步骤A和步骤B试验。如果流动值超过3 mm，试验可重复一次。

表 3　建筑接缝用密封胶(F 类)要求

性能		指标							试验方法
		25LM	25HM	20LM	20HM	12.5E	12.5P	7.5P	
弹性恢复率/%		≥70	≥70	≥60	≥60	≥40	<40	<40	GB/T 13477.17
拉伸粘结性	a) 拉伸模量/MPa 23℃下 -20℃下	≤0.4 和 ≤0.6	>0.4 或 >0.6	≤0.4 和 ≤0.6	>0.4 或 >0.6	— —	— —	— —	GB/T 13477.8
	b) 断裂伸长率/% 23℃下	—	—	—	—	—	≥100	≥25	
定伸粘结性		无破坏	无破坏	无破坏	无破坏	无破坏	—	—	GB/T 13477.10
冷拉-热压后粘结性		无破坏	无破坏	无破坏	无破坏	无破坏	—	—	GB/T 13477.13
同一温度下拉伸-压缩循环后粘结性		—	—	—	—	—	无破坏	无破坏	GB/T 13477.12
浸水后定伸粘结性		无破坏	无破坏	无破坏	无破坏	无破坏	—	—	GB/T 13477.11
浸水后拉伸粘结性,断裂伸长率(23℃下)/%		—	—	—	—	—	≥100	≥25	GB/T 13477.9
体积损失/%		≤10[a]	≤10[a]	≤10[a]	≤10[a]	≤25	≤25	≤25	GB/T 13477.19
流动性[b]/mm		≤3	≤3	≤3	≤3	≤3	≤3	≤3	GB/T 13477.6

"无破坏"按第 7 章确定。

[a] 对水乳型密封胶,最大值 25%。

[b] 采用 U 型阳级氧化铝槽,宽 20 mm、深 10 mm,试验温度(50±2)℃和(5±2)℃。按步骤 A 和步骤 B 试验,如果流动值超过 3 mm,试验可重复一次。

表 4　F 类和 G 类密封胶试验条件

项目	试验方法	级别						
		25LM	25HM	20LM	20HM	12.5E	12.5P	7.5P
伸长率[a]	GB/T 13477.8 GB/T 13477.10 GB/T 13477.11 GB/T 13477.15—2002 GB/T 13477.17	100%	100%	60%	60%	60%	60%	25%
幅度	GB/T 13477.12 GB/T 13477.13	±25%	±25%	±20%	±20%	±12.5%	±12.5%	±7.5%
压缩率	GB/T 13477.16	25%	25%	20%	20%	—	—	—

[a] 伸长率(%)为相对原始宽度的比例:伸长率=[(最终宽度-原始宽度)/原始宽度]×100

6 处理条件、试验步骤和基材

当按本标准要求确定密封胶的分级时，在所有相应试验方法中应使用相同的处理（养护）步骤（仅用A法或B法），详细步骤见试验方法。

每个试验方法对每种基材测试三个试件（见第7章），所有测试中应用同批密封胶和底涂料（若使用），所有测试中采用相同的基材（材料及表面处理）。

基材的选择按GB/T 13477.1，规定如下：

G类密封胶：

要求：玻璃

可选：阳极氧化铝

F类密封胶：

砂浆和/或阳极氧化铝和/或玻璃

7 破坏的确定

7.1 概述

密封胶试件制备后应检查其是否有缺陷，舍弃不适用的试件。试验之后检查试件有无粘结损坏或内聚损坏情况，采用可读至0.5 mm的合适量具测量在任一部位观察到的粘结损坏和/或内聚损坏的深度，报告两者中的最大观测值，并以此作为合格或破坏的判据。

由于试件靠近端部存在较大应力，在试件制备和试验期间，在试件一端或两端2 mm×12 mm×12 mm体积内观察到的粘结或内聚损坏，都不应作为破坏报告（图2）。

每项试验应测试三块试件。在任一测试方法中，如果有二块或更多试件破坏，则报告密封胶该项试验破坏。如仅有一块试件破坏，则重复进行整个试验。如三个重复试验的试件中仍有一块破坏，则密封胶该项试验报告为破坏。

7.2 次级别 P类密封胶的破坏

试验方法按照GB/T 13477.8、GB/T 13477.9、GB/T 13477.12。

如果粘结或内聚损坏扩展至密封胶的整个深度，报告为“破坏”。可采用光线透过损伤部位的方法判定合格或是破坏。

7.3 次级别 E类密封胶的破坏

试验方法按照GB/T 13477.10、GB/T 13477.11、GB/T 13477.13、GB/T 13477.15—2002。

在密封胶表面任何位置，如果粘结或内聚损坏深度超过2 mm，则密封胶试件为破坏（见图2）。

单位为毫米

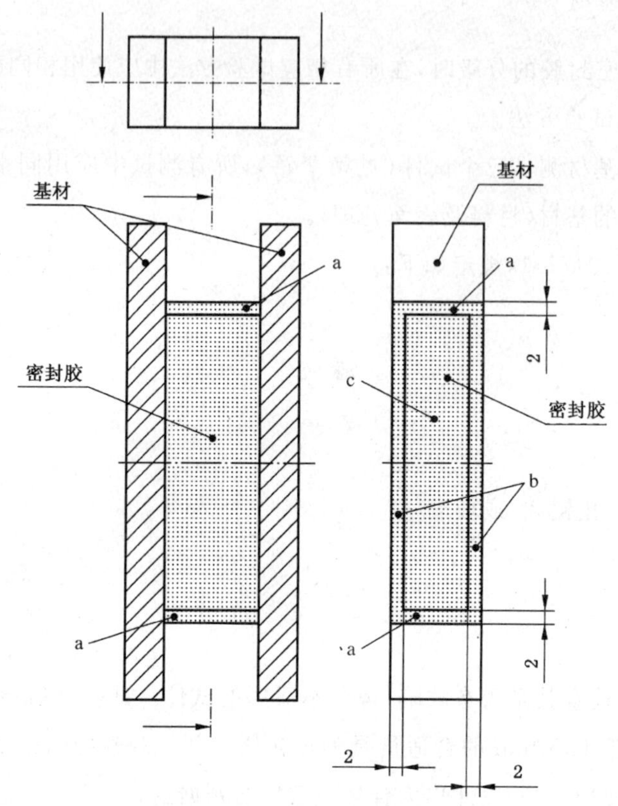

[a] 区域 A:在 2 mm×12 mm×12 mm 体积内的破坏是允许的,且不报告。

[b] 区域 B:对 E 类密封胶,允许破坏不大于 2 mm,但须报告作为试验结果。

[c] 区域 C:对 E 类密封胶,破坏从密封胶表面延伸到此区域(即深度不小于 2 mm)是不允许的,试件为破坏并报告试验结果。

注:仅在 C 区观察到的粘结缺陷或内部孔洞(如通过玻璃基材看到的)在试验报告中不作为破坏,但须报告观察结果。

图 2 密封胶试件截面

8 标记

在符合本标准的情况下,密封胶应以类型、级别的代号标记,若需要,应按第 4 章次级别的代号标记。

即:GB/T 22083—类型—级别—次级别。

包装应标明与密封胶相适应的标记,密封胶的受检应由试验报告(见第 9 章)的持有者负责。试验中所用基材和底涂料也应在包装上标明。使用下述简称:砂浆(M1 或 M2)、玻璃(G)、阳极氧化铝(A)、有底涂(p),或无底涂(up),试验基材的详细说明并非必须标示在包装上,但在技术数据表中应予列出。

例 1:具有 25%位移能力和大于 0.4 MPa (HM)的模量,在有底涂 1 型砂浆上测试的建筑接缝密封胶(F 类)可按下述标记:

GB/T 22083—F—25HM—M1p

或 GB/T 22083—F—25HM,在有底涂 1 型砂浆上测试。

例 2:具有 25%位移能力和小于 0.4 MPa (LM) 的模量,在有底涂阳极氧化铝和无底涂玻璃上测试的镶装玻璃密封胶(G 类)可按下述标记:

GB/T 22083—G—25LM—Ap,Gup

或 GB/T 22083—G—25LM,在有底涂阳极氧化铝和无底涂玻璃上测试。

9 试验报告

试验报告应包含以下内容：

a) 试验室名称；

b) 试验日期和试验报告编号；

c) 引用本标准；

d) 试验报告委托方；

e) 密封胶的名称、类型(化学类别)和颜色；

f) 批号；

g) 组份数；

h) 所用基材(如用砂浆，应说明是 M1 型或 M2 型)；

i) 所用底涂料(适当时附批号)；

j) 处理条件(A 法或 B 法)；

k) 所用 GB/T 13477.15—2002 中的程序，包括适当时注明在程序 8.2.1 湿态期间是否仍开启紫外灯；

l) 任何与规定试验条件的不同点；

m) 按本标准预期的级别；

n) 为确定密封胶级别所做各项试验的结果；

o) 达到本标准的级别(若无级别可达到，应说明)。

附 录 A
（资料性附录）
高位移能力弹性密封胶的分级和要求

A.1 概述

高位移能力弹性密封胶是指位移能力大于表1中规定级别的弹性密封胶。此类密封胶适用于大位移量的建筑接缝的密封。

A.2 类型

高位移能力弹性密封胶按4.1的规定分为G类和F类。

A.3 级别

高位移能力弹性密封胶根据其在接缝中的位移能力进行分级，推荐级别见表A.1。

表A.1 高位移能力弹性密封胶级别

级 别	试验拉压幅度/%	位移能力/%
100/50	+100/−50	100/50
50	±50	50
35	±35	35

A.4 要求和试验方法

A.4.1 要求

G类和F类高位移能力弹性密封胶的要求见表A.2。

表A.2 高位移能力弹性密封胶要求

性 能	指 标			试验方法
	100/50	50	35	
弹性恢复率/%	≥70	≥70	≥70	GB/T 13477.17
定伸粘结性	无破坏	无破坏	无破坏	GB/T 13477.10
冷拉-热压后粘结性	无破坏	无破坏	无破坏	GB/T 13477.13
经过热、透过玻璃的人工光源和水曝露后粘结性[a]	无破坏	无破坏	无破坏	GB/T 13477.15—2002
浸水后定伸粘结性	无破坏	无破坏	无破坏	GB/T 13477.11
体积损失/%	≤10	≤10	≤10	GB/T 13477.19
流动性[b]/mm	≤3	≤3	≤3	GB/T 13477.6

[a] 仅G类产品测试此项性能，所用标准曝露条件见GB/T 13477.15—2002的9.2.1或9.2.2。

[b] 采用U型阳极氧化铝槽，宽20 mm、深10 mm，试验温度(50±2)℃和(5±2)℃，按GB/T 13477.6—2002的6.1.2试验。如果流动值超过3 mm，试验可重复一次。

A.4.2 试验方法

处理条件、试验步骤和基材按第 6 章的规定。试验条件见表 A.3。试件破坏的确定按 7.1 和 7.3 的规定。

表 A.3 试验条件

性能	试验方法	级别		
		100/50	50	35
伸长率[a]	GB/T 13477.10 GB/T 13477.11 GB/T 13477.15—2002 GB/T 13477.17	100%	100%	100%
幅度	GB/T 13477.13	+100/−50	±50%	±35%
[a] 伸长率(%)为相对原始宽度的比例:伸长率=[(最终宽度−原始宽度)/原始宽度]×100				

A.5 标记

高位移能力弹性密封胶按第 8 章的规定进行标记。

示例:具有+100/−50 位移能力的镶装玻璃用弹性密封胶标记为:

GB/T 22083—G—100/50

ICS 91.100.50
Q 24

中华人民共和国国家标准

GB/T 23261—2009

石材用建筑密封胶

Building sealants for stone

(ISO 11600:2002 Building construction—Jointing products—Classification and requirements for sealants,NEQ)

2009-03-09 发布　　2009-11-05 实施

中华人民共和国国家质量监督检验检疫总局
中国国家标准化管理委员会　发布

前　言

本标准对应于 ISO 11600:2002《建筑工程——接缝产品——密封胶的分级和要求》,本标准与 ISO 11600:2002 的一致性程度为非等效。本标准的附录 A 参考了 ASTM C1248—2006《用于多孔性基材的接缝密封胶污染性试验方法》。

本标准在 JC/T 883—2001《石材用建筑密封胶》的基础上制定。

本标准与 JC/T 883—2001 相比,主要变化如下:

——位移能力增加了 50 级(本标准的第 3 章);

——删除了紫外线处理(JC/T 883—2001 的表 2);

——试验方法采用 GB/T 13477—2002(JC/T 883—2001 的第 5 章,本标准的第 5 章);

——修改了污染性试验方法(JC/T 883—2001 的附录 A,本标准的附录 A)。

本标准的附录 A 为规范性附录。

本标准由中国建筑材料联合会提出。

本标准由全国轻质与装饰装修建筑材料标准化技术委员会(SAC/TC 195)归口。

本标准负责起草单位:中国化学建筑材料公司苏州防水材料研究设计所、郑州中原应用技术开发有限公司、广州白云化工实业有限公司、广东省江门大光明粘胶有限公司、广州新展有机硅有限公司、广州市高士实业有限公司、成都硅宝科技股份有限公司。

本标准参加起草单位:浙江凌志精细化工有限公司、道康宁有机硅贸易(上海)有限公司、广州市安泰化学有限公司、广东佛山市元通胶粘实业有限公司、常熟市恒信粘胶有限公司、扬州晨化科技集团有限公司、江门市快事达胶粘实业有限公司。

本标准主要起草人:朱志远、朱德明、张冠琦、袁素兰、崔洪、周福维、胡新嵩、王明双、朱晔、徐秋生、张楚、王澜。

本标准为首次发布。

本标准自发布之日起,JC/T 883—2001 废止。

石材用建筑密封胶

1 范围

本标准规定了石材接缝用建筑密封胶的分类和标记、要求、试验方法、检验规则、标志、包装、运输与贮存。

本标准适用于建筑工程中天然石材接缝嵌填用弹性密封胶。

2 规范性引用文件

下列文件中的条款通过本标准的引用而成为本标准的条款。凡是注日期的引用文件，其随后所有的修改单(不包括勘误的内容)或修订版均不适用于本标准，然而，鼓励根据本标准达成协议的各方研究是否可使用这些文件的最新版本。凡是不注日期的引用文件，其最新版本适用于本标准。

GB/T 9780—2005 建筑涂料涂层耐沾污性试验方法

GB/T 13477.1—2002 建筑密封材料试验方法 第1部分：试验基材的规定(ISO 13640：1999，MOD)

GB/T 13477.3—2002 建筑密封材料试验方法 第3部分：使用标准器具测定密封材料挤出性的方法(ISO 9048：1987，MOD)

GB/T 13477.5—2002 建筑密封材料试验方法 第5部分：表干时间的测定

GB/T 13477.6—2002 建筑密封材料试验方法 第6部分：流动性的测定(ISO 7390：1987，MOD)

GB/T 13477.8—2002 建筑密封材料试验方法 第8部分：拉伸粘结性的测定(ISO 8339：1984，MOD)

GB/T 13477.10—2002 建筑密封材料试验方法 第10部分：定伸粘结性的测定(ISO 8340：1984，MOD)

GB/T 13477.11—2002 建筑密封材料试验方法 第11部分：浸水后定伸粘结性的测定(ISO 10590：1991，MOD)

GB/T 13477.13—2002 建筑密封材料试验方法 第13部分：冷拉-热压后粘结性的测定(ISO 9047：1989，MOD)

GB/T 13477.17—2002 建筑密封材料试验方法 第17部分：弹性恢复率的测定(ISO 7389：1987，MOD)

GB/T 13477.19—2002 建筑密封材料试验方法 第19部分：质量与体积变化的测定(ISO 10563：1991，MOD)

GB 16776—2005 建筑用硅酮结构密封胶

GB/T 22083—2008 建筑密封胶分级和要求(ISO 11600：2002，MOD)

3 分类和标记

3.1 品种

产品按聚合物分为硅酮(SR)、改性硅酮(MS)、聚氨酯(PU)等。

产品按组分分为单组分型(1)和双组分型(2)。

3.2 级别

产品按位移能力分为12.5、20、25、50级别，见表1。

表 1 密封胶级别

级　别	试验拉压幅度/%	位移能力/%
12.5	±12.5	12.5
20	±20	20
25	±25	25
50	±50	50

3.3 次级别

20、25、50 级密封胶按拉伸模量分为低模量(LM)和高模量(HM)两个次级别。

12.5 级密封胶按弹性恢复率不小于 40%为弹性体(E),50、25、20、12.5E 密封胶为弹性密封胶。

3.4 标记

产品按下列顺序标记:名称、品种、级别、次级别、本标准编号。

示例:高模量 25 级位移能力的石材用单组分硅酮密封胶标记为:石材密封胶 1 SR 25 HM GB/T 23261—2009。

4 要求

4.1 外观

4.1.1 密封胶应为细腻、均匀膏状物或粘稠体,不应有气泡、结块、结皮或凝胶,无不易分散的析出物。

4.1.2 双组分密封胶的各组分的颜色应有明显差异。产品的颜色也可由供需双方商定,产品的颜色与供需双方商定的样品相比,不得有明显差异。

4.2 物理力学性能

4.2.1 双组分密封胶的适用期由供需双方商定。

4.2.2 密封胶物理力学性能应符合表 2 的规定。

表 2 物理力学性能

<table>
<tr><th rowspan="2">序号</th><th colspan="2" rowspan="2">项　目</th><th colspan="7">技 术 指 标</th></tr>
<tr><th>50LM</th><th>50HM</th><th>25LM</th><th>25HM</th><th>20LM</th><th>20HM</th><th>12.5E</th></tr>
<tr><td rowspan="2">1</td><td rowspan="2">下垂度/mm</td><td>垂直　≤</td><td colspan="7">3</td></tr>
<tr><td>水平</td><td colspan="7">无变形</td></tr>
<tr><td>2</td><td colspan="2">表干时间/h　≤</td><td colspan="7">3</td></tr>
<tr><td>3</td><td colspan="2">挤出性/(mL/min)　≥</td><td colspan="7">80</td></tr>
<tr><td>4</td><td colspan="2">弹性恢复率/%　≥</td><td colspan="6">80</td><td>40</td></tr>
<tr><td rowspan="2">5</td><td rowspan="2">拉伸模量/MPa</td><td>+23 ℃</td><td>≤0.4 和</td><td>>0.4 或</td><td>≤0.4 和</td><td>>0.4 或</td><td>≤0.4 和</td><td>>0.4 或</td><td>—</td></tr>
<tr><td>−20 ℃</td><td>≤0.6</td><td>>0.6</td><td>≤0.6</td><td>>0.6</td><td>≤0.6</td><td>>0.6</td><td>—</td></tr>
<tr><td>6</td><td colspan="2">定伸粘结性</td><td colspan="7">无破坏</td></tr>
<tr><td>7</td><td colspan="2">冷拉热压后粘结性</td><td colspan="7">无破坏</td></tr>
<tr><td>8</td><td colspan="2">浸水后定伸粘结性</td><td colspan="7">无破坏</td></tr>
<tr><td>9</td><td colspan="2">质量损失/%　≤</td><td colspan="7">5.0</td></tr>
<tr><td rowspan="2">10</td><td rowspan="2">污染性/mm</td><td>污染宽度　≤</td><td colspan="7">2.0</td></tr>
<tr><td>污染深度　≤</td><td colspan="7">2.0</td></tr>
</table>

5 试验方法

5.1 基本规定

5.1.1 标准试验条件

试验室的标准试验条件:温度(23±2)℃,相对湿度(50±5)%。

5.1.2 **试验基材**

弹性恢复率、拉伸模量、定伸粘结性、冷拉热压后粘结性、浸水后定伸粘结性试验基材为结构密实的花岗石(如603花岗石)。

污染性试验基材为汉白玉。对于实际工程评价,应采用工程用石材为基材。

注:实际工程用基材粘结性试验见GB 16776—2005附录B,试件浸水取出后,在标准试验条件下放置24 h,再进行剥离粘结性试验。

5.1.3 **试件制备**

5.1.3.1 制备试件前,用于试验的密封胶应在标准条件下放置24 h以上。试验基材选用合适的清洁剂(对石材无污染、腐蚀)清洁。制备时单组分试样应用挤枪从包装容器中直接挤出注模,使试样充满模具内腔,避免形成气泡。双组分试样应按生产厂注明的比例,在负压约0.09 MPa的真空条件下搅拌混合均匀,混合时间约为5 min。若事先无特殊要求,应在20 min内完成注模和修整。

粘结性和污染性试件可采用GB/T 13477.8—2002中试件形状,仲裁试验应采用本标准图1的试件形状。

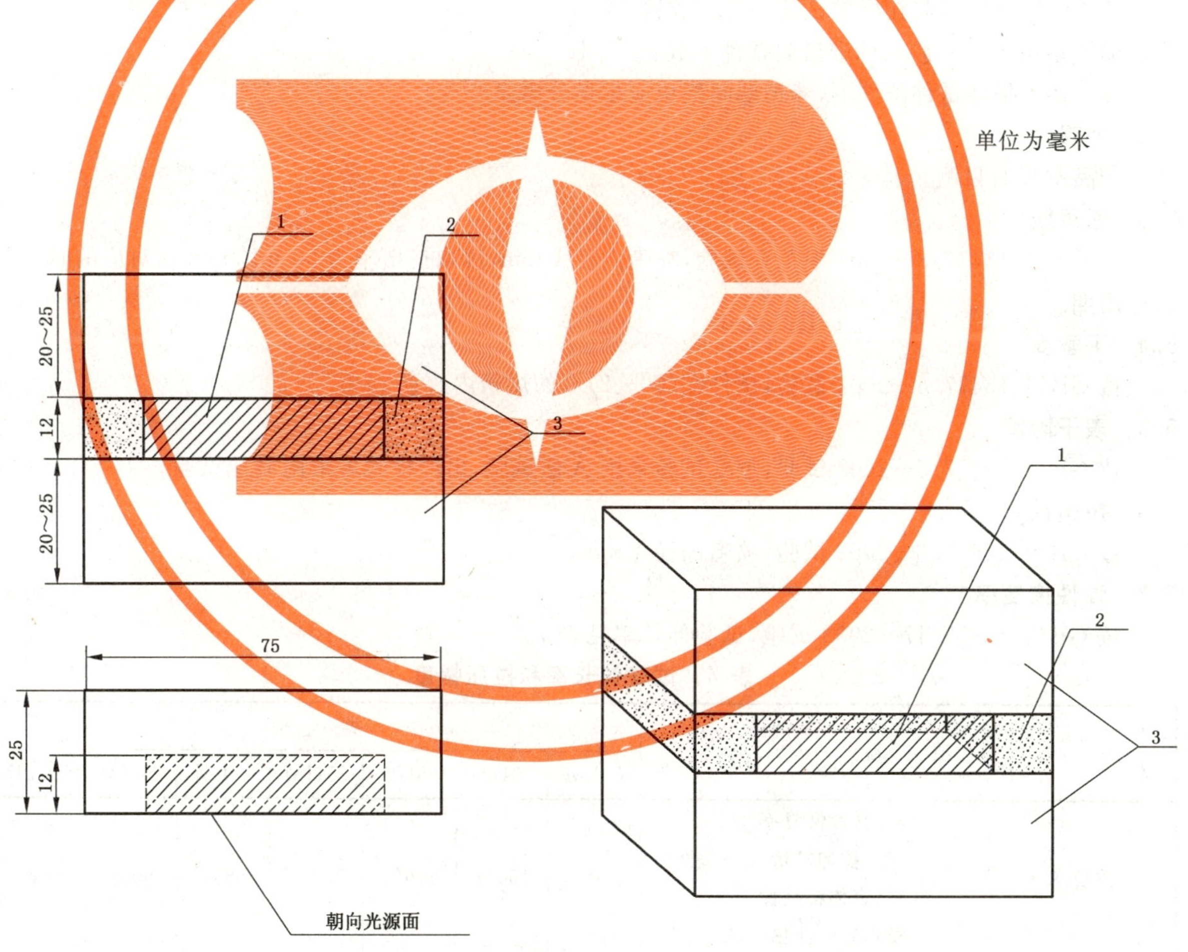

1——密封胶;

2——垫块;

3——石材。

图1 试件形状

5.1.3.2 粘结试件数量见表3。

表 3 粘结试件数量

序号	项目		试件数量/个		基材
			试验组	备用组	
1	弹性恢复率		3	3	花岗石
2	拉伸模量	+23 ℃	3	—	花岗石
		−20 ℃	3	—	花岗石
3	定伸粘结性		3	—	花岗石
4	冷拉热压后粘结性		3	—	花岗石
5	浸水后定伸粘结性		3	—	花岗石
6	污染性		12	4	汉白玉或工程用石材

5.1.4 试件养护

制备后的粘结性、污染性试件按下列条件养护：

a) 双组分密封胶在标准试验条件下放置 14 d；

b) 单组分密封胶在标准试验条件下放置 21 d；

c) 在不损坏试件条件下，养护期间垫块应尽早分离。

5.2 外观

产品刮平后目测。

5.3 适用期

按 GB/T 13477.3—2002 中 7.3 试验，喷嘴内径 4 mm，读取挤出率为 50 mL/min 所对应的时间即为适用期。

5.4 下垂度

按 GB/T 13477.6—2002 试验，试件在(50±2)℃的烘箱内放置 24 h。

5.5 表干时间

按 GB/T 13477.5—2002 试验，型式试验采用 A 法试验，出厂检验可采用 B 法试验。

5.6 挤出性

按 GB/T 13477.3—2002 试验，喷嘴内径 4 mm。

5.7 弹性恢复率

按 GB/T 13477.17—2002 试验，试验伸长率见表 4。

表 4 试验伸长率和拉压幅度

项目		类别						
		50LM	50HM	25LM	25HM	20LM	20HM	12.5E
伸长率	弹性恢复率 拉伸模量 定伸粘结性 浸水后定伸粘结性	150%	150%	100%	100%	60%	60%	60%
拉压幅度	冷拉热压后粘结性	±50%	±50%	±25%	±25%	±20%	±20%	±12.5%

5.8 拉伸模量

拉伸模量以相应伸长率时的强度表示，按 GB/T 13477.8—2002 试验，测定并计算试件拉伸至表 4 规定的相应伸长率时的强度(MPa)作为模量，其平均值修约至小数点后一位。

5.9 定伸粘结性

按 GB/T 13477.10—2002 试验，试验伸长率见表 4，试件破坏按 GB/T 22083—2008 中 7.3 进行判定。

5.10 冷拉热压后粘结性

按 GB/T 13477.13—2002 试验，试件的拉压幅度见表 4，试件破坏按 GB/T 22083—2008 中 7.3 进行判定。

5.11 浸水后定伸粘结性

按 GB/T 13477.11—2002 试验，试验伸长率见表 4，试件破坏按 GB/T 22083—2008 中 7.3 进行判定。

5.12 质量损失

按 GB/T 13477.19—2002 试验。

5.13 污染性

污染性按附录 A 试验。

6 检验规则

6.1 检验分类

产品检验分为出厂检验和型式检验。

6.1.1 出厂检验

出厂检验项目包括：外观、下垂度、表干时间、挤出性、弹性恢复率、拉伸模量、定伸粘结性。

6.1.2 型式检验

型式检验项目包括第 4 章要求的全部项目，有下列情况之一时进行型式检验：

a) 新产品投产或产品定型鉴定时；

b) 正常生产时，每半年进行一次；

c) 原材料、工艺等发生较大变化，可能影响产品质量时；

d) 出厂检验结果与上次型式检验结果有较大差异时；

e) 产品停产 6 个月以上恢复生产时。

6.2 组批

以同一品种、同一级别的产品每 5 t 为一批进行检验，不足 5 t 也可为一批。

6.3 抽样

产品随机取样，样品总量约为 4 kg，双组分产品取样后应立即分别密封包装。

6.4 判定规则

6.4.1 单项判定

下垂度、表干时间、定伸粘结性、冷拉热压后粘结性、浸水后定伸粘结性每个试件都符合标准规定，则判该项合格。其余项目试验结果的算术平均值符合标准规定，判该项合格。

6.4.2 综合判定

6.4.2.1 出厂检验项目全部符合要求时，则判该批产品合格。

6.4.2.2 型式检验项目符合第 4 章全部要求时，则判该批产品合格。

6.4.2.3 外观质量或污染性不符合标准规定时，则判该批产品不合格。

6.4.2.4 4.2 的检验结果有两项及两项以上指标不符合标准规定时，则判该批产品不合格。

6.4.2.5 在外观质量和污染性均合格的条件下，4.2 其他项目的检验结果若有一项不符合标准规定时，用备用样品对该项进行单项检验，合格则判该批产品合格，否则判该批产品不合格。

7 标志、包装、运输、贮存

7.1 标志

产品最小包装上应有牢固的不褪色标志，内容包括：

a) 产品名称（含组分名称）；

b) 产品标记；

c) 生产日期、批号及贮存期；

d) 净含量；

e) 生产厂名及厂址；

f) 商标；

g) 使用说明及注意事项。

7.2 包装

产品采用支装或桶装，包装容器应密闭。

包装桶或包装箱除应有7.1规定的标志外，还应有防雨、防潮、防日晒、防撞击标志。

7.3 运输

运输时应防止日晒雨淋、撞击、挤压包装。

7.4 贮存

产品应在干燥、通风、阴凉的场所贮存，贮存温度不超过27 ℃。

在正常运输、贮存条件下，贮存期自生产日起至少为六个月。

附 录 A
（规范性附录）
石材用建筑密封胶与接触材料的污染性试验方法

A.1 范围

本方法规定了接缝密封胶对多孔性基材(如大理石、石灰石、砂石、花岗石)污染的加速试验程序。

本试验方法适用于所有弹性密封胶和任何多孔性基材。

A.2 概述

A.2.1 本方法的试件应经受如下处理:12 个试件按 50%压缩并夹紧,1/3 试件保持受压状态放置于标准试验条件 28 d,1/3 试件保持受压状态放置于烘箱中 28 d,1/3 试件保持受压状态放置于紫外线箱中 28 d。

A.2.2 试验结果目测产生的变化,用污染深度和宽度的平均值评价。

A.3 意义和用途

建筑材料的污染是实际应用中不希望产生的现象。本试验方法评价由于密封胶内部物质渗出在多孔性基材上产生早期污染的可能性。由于这是一个加速试验,无法预测试验的密封胶长期使用后使多孔性基材污染和变色的程度。

A.4 仪器

A.4.1 鼓风干燥箱。

A.4.2 紫外线箱:符合 GB 16776—2005 附录 A 规定。

A.4.3 “C”型夹或其它使试件保持压缩的装置。

A.4.4 防粘垫块。

A.5 试验试件

A.5.1 基材尺寸为(75×25×25)mm(见图 1),共需 24 块基材,用于制成 12 个试件。

A.5.2 底涂料——当制造商推荐使用底涂料时,则每个试件的两块基材中,一块基材加底涂料,另一块不加底涂料,试验结束后,分别记录加底涂料和不加底涂料基材的污染值。

A.5.3 在标准试验条件下按 5.1.3 制备试件,把遮蔽带贴在上表面防止密封胶固化于表面,打胶后立即将遮蔽带除去。

A.6 养护条件

按 5.1.4 养护试件。

A.7 步骤

A.7.1 试验准备

A.7.1.1 在容器中将符合 GB/T 9780—2005 要求的污染源 100 g 与 90 g 水调配成悬浮液,使用前应搅拌均匀。

A.7.1.2 将 12 个试件压缩 50%并固定夹紧。

A.7.2 标准试验条件

A.7.2.1 将四个压缩试件浸入已配置好的污染源的溶液中 10 s,然后取出在标准试验条件下放置 2 h。

A.7.2.2 将试件放置于标准试验条件,7 d 后将试件取出,擦去污染源,观察并记录试件污染情况。

A.7.2.3 重复 A.7.2.1、A.7.2.2 步骤,28 d 取出试件结束试验。

A.7.3 加热处理

A.7.3.1 将四个压缩试件浸入已配置好的污染源的溶液中 10 s,然后取出在标准试验条件下放置 2 h。

A.7.3.2 将试件放置于(70±2)℃烘箱中,7 d 后将试件取出,擦去污染源,观察并记录试件污染情况。

A.7.3.3 重复 A.7.3.1、A.7.3.2 步骤,28 d 取出试件结束试验。

A.7.4 紫外线处理

A.7.4.1 将四个压缩试件浸入已配置好的污染源的溶液中 10 s,然后取出在标准试验条件下放置 2 h。

A.7.4.2 将试件放置于紫外线箱中,胶面朝向光源,按 GB 16776—2005 附录 A 方法照射。每 7 d 将试件取出,擦去污染源,观察并记录试件污染情况。

A.7.4.3 重复 A.7.4.1、A.7.4.2 步骤,28 d 取出试件结束试验。

A.7.5 结果评价

A.7.5.1 取出试件冷却后,擦去污染源,用水冲洗表面,然后在标准条件下放置一天,检查试件的每个基材表面,判定表面的任何变化,测量至少 3 点的污染宽度,记录其平均值,精确到 0.5 mm。若使用底涂料,则需分别记录每个试件加底涂料和不加底涂料基材污染值。

A.7.5.2 将基材从中间敲成两块[最后的基材尺寸约为(40×25×25)mm],若表面有污染,则从最大污染表面处敲开基材,测量至少 3 点的污染深度,记录测量的平均值,精确到 0.5 mm。若使用底涂料,则需分别记录每个试件加底涂料和不加底涂料基材污染值。

ICS 91.100.50
Q 24

中华人民共和国国家标准

GB 24266—2009

中空玻璃用硅酮结构密封胶

Secondary edge silicone sealants for structurally glazed insulating glass units

2009-07-17 发布 2010-06-01 实施

中华人民共和国国家质量监督检验检疫总局
中国国家标准化管理委员会 发布

前　言

本标准4.2.2为强制性的，其余为推荐性的。

本标准对应于ASTM C 1369：2002《结构镶装中空玻璃单元用第二道密封胶》，本标准与ASTM C 1369：2002的一致性程度为非等效，本标准附录A参考了prEN15434：2005《建筑玻璃——结构和/或耐紫外线密封胶(用于结构密封镶装或中空玻璃单元暴露密封)产品标准》。

本标准的附录A为规范性附录。

本标准由中国建筑材料联合会提出。

本标准由全国轻质与装饰装修建筑材料标准化技术委员会(SAC/TC 195)归口。

本标准负责起草单位：中国化学建筑材料公司苏州防水材料研究设计所、广州白云化工实业有限公司、郑州中原应用技术开发有限公司、浙江凌志精细化工有限公司、广东省江门大光明粘胶有限公司、广州新展有机硅有限公司、成都硅宝科技股份有限公司、道康宁有机硅贸易(上海)有限公司。

本标准参加起草单位：广州市高士实业有限公司、佛山市南海区金叶硅胶有限公司、广州市安泰化学有限公司、常熟市恒信粘胶有限公司、扬州晨化科技集团有限公司、浙江华成有机硅材料有限公司、广东佛山市元通胶粘实业有限公司、江门市快事达胶粘实业有限公司、湖北武大光子科技有限公司、山东宝龙达胶业有限公司。

本标准主要起草人：陈文洁、朱志远、张歆炯、王文开、陈世龙、王明双、崔洪、张冠琦、王有治、周福维、朱晓华、王澜。

本标准为首次发布。

中空玻璃用硅酮结构密封胶

1 范围

本标准规定了中空玻璃用硅酮结构密封胶(简称中空玻璃硅酮结构胶)的分类、要求、试验方法、检验规则、标志、包装、运输与贮存。

本标准适用于结构装配中空玻璃单元第二道密封用硅酮密封胶。

本标准不适用于建筑幕墙结构粘结装配用硅酮结构密封胶。

2 规范性引用文件

下列文件中的条款通过本标准的引用而成为本标准的条款。凡是注日期的引用文件,其随后所有的修改单(不包括勘误的内容)或修订版均不适用于本标准,然而,鼓励根据本标准达成协议的各方研究是否可使用这些文件的最新版本。凡是不注日期的引用文件,其最新版本适用于本标准。

GB/T 531.1—2008 硫化橡胶或热塑性橡胶 压入硬度试验方法 第1部分:邵氏硬度计法(邵尔硬度)(ISO 7619:1986,IDT)

GB/T 13477.1—2002 建筑密封材料试验方法 第1部分:试验基材的规定(ISO 13640:1999,MOD)

GB/T 13477.5—2002 建筑密封材料试验方法 第5部分:表干时间的测定

GB/T 13477.6—2002 建筑密封材料试验方法 第6部分:流动性的测定(ISO 7390:1987,MOD)

GB/T 13477.10—2002 建筑密封材料试验方法 第10部分:定伸粘结性的测定(ISO 8340:1984,MOD)

GB 16776—2005 建筑用硅酮结构密封胶

GB/T 22083—2008 建筑密封胶分级和要求(ISO 11600:2002,MOD)

JC/T 485—2007 建筑窗用弹性密封胶

3 分类

3.1 分类

产品按组分分为单组分型(1)和双组分型(2)。

3.2 标记

产品按下列顺序标记:名称、分类、本标准编号。

示例:双组分中空玻璃用硅酮结构密封胶标记为:中空玻璃硅酮结构胶 2 GB 24266—2009。

4 要求

4.1 外观

4.1.1 密封胶应为细腻、均匀膏状物或黏稠体,不应有气泡、结块、结皮或凝胶,无不易分散的析出物。

4.1.2 双组分密封胶的各组分的颜色应有明显差异。产品的颜色也可由供需双方商定,产品的颜色与供需双方商定的样品相比,不得有明显差异。

4.2 物理力学性能

4.2.1 双组分密封胶的适用期由供需双方商定。

4.2.2 密封胶物理力学性能应符合表1的规定。

4.2.3 中空玻璃硅酮结构胶与第一道丁基密封胶、接缝耐候胶的相容性应符合附录A规定。

4.2.4 中空玻璃硅酮结构胶与实际工程用玻璃基材等的粘结性应符合GB 16776—2005附录B规定。

表1 物理力学性能

<table>
<tr><th>序号</th><th colspan="4">项　　目</th><th>技术指标</th></tr>
<tr><td rowspan="2">1</td><td colspan="2" rowspan="2">下垂度/mm</td><td>垂直</td><td>≤</td><td>3</td></tr>
<tr><td colspan="2">水平</td><td>无变形</td></tr>
<tr><td>2</td><td colspan="3">表干时间/h</td><td>≤</td><td>3</td></tr>
<tr><td>3</td><td colspan="3">挤出性/s</td><td>≤</td><td>10</td></tr>
<tr><td>4</td><td colspan="4">硬度,邵A</td><td>30～60</td></tr>
<tr><td rowspan="6">5</td><td rowspan="6">拉伸
粘结性</td><td rowspan="5">拉伸粘结
强度/MPa</td><td>23 ℃</td><td>≥</td><td>0.60</td></tr>
<tr><td>90 ℃</td><td>≥</td><td>0.45</td></tr>
<tr><td>−30 ℃</td><td>≥</td><td>0.45</td></tr>
<tr><td>浸水后</td><td>≥</td><td>0.45</td></tr>
<tr><td>水-紫外线光照后</td><td>≥</td><td>0.45</td></tr>
<tr><td colspan="2">粘结破坏面积/%</td><td>≤</td><td>5</td></tr>
<tr><td>6</td><td colspan="3">伸长率10%时的拉伸模量/MPa</td><td>≥</td><td>0.15</td></tr>
<tr><td>7</td><td colspan="4">定伸粘结性</td><td>定伸25%,无破坏</td></tr>
<tr><td rowspan="3">8</td><td rowspan="3">热老化</td><td colspan="2">热失重/%</td><td>≤</td><td>6.0</td></tr>
<tr><td colspan="3">龟裂</td><td>无</td></tr>
<tr><td colspan="3">粉化</td><td>无</td></tr>
</table>

5 试验方法

5.1 基本规定

5.1.1 标准试验条件

试验室的标准试验条件:温度(23±2)℃,相对湿度(50±5)%。

5.1.2 试验基材

试验基材应符合GB/T 13477.1—2002中4.2要求,厚度为(6～8)mm。

5.1.3 试件制备

5.1.3.1 制备试件前,用于试验的密封胶应在标准条件下放置24 h以上。试验基材选用合适的清洁剂清洁。双组分试样应按生产厂注明的比例,在负压约0.09 MPa的真空条件下搅拌混合均匀,混合时间约为5 min。若事先无特殊要求,混合后应在10 min内完成注模和修整。

5.1.3.2 粘结性试件数量见表2。

表2 粘结性试件数量

<table>
<tr><th rowspan="2">序号</th><th colspan="2" rowspan="2">项　　目</th><th colspan="2">试件数量/个</th><th rowspan="2">试件形状</th></tr>
<tr><th>试验组</th><th>备用组</th></tr>
<tr><td rowspan="5">1</td><td rowspan="5">拉伸
粘结性</td><td>23 ℃,伸长率10%时的模量</td><td>5</td><td>5</td><td rowspan="6">符合GB 16776—2005中图2的工字形试件,两面均采用浮法玻璃基材。</td></tr>
<tr><td>90 ℃</td><td>5</td><td>—</td></tr>
<tr><td>−30 ℃</td><td>5</td><td>—</td></tr>
<tr><td>浸水后</td><td>5</td><td>—</td></tr>
<tr><td>水-紫外线光照后</td><td>5</td><td>—</td></tr>
<tr><td>2</td><td colspan="2">定伸粘结性</td><td>3</td><td>3</td></tr>
</table>

5.1.3.3 制备后的试件按下列条件养护：

a) 双组分结构胶在标准试验条件下放置 14 d；

b) 单组分结构胶在标准试验条件下放置 21 d；

c) 在不损坏试件条件下，养护期间垫块应尽早分离。

5.2 外观

将试样刮平后目测。

5.3 下垂度

按 GB/T 13477.6—2002 试验，下垂度模具槽内宽度为 20 mm，试件在(50±2)℃的烘箱中放置 4 h。

5.4 表干时间

按 GB/T 13477.5—2002 试验，型式检验采用 A 法试验，出厂检验可采用 B 法试验。

5.5 挤出性

按 GB 16776—2005 中 6.4 试验。

5.6 适用期

双组分密封胶的适用期按 GB 16776—2005 中 6.5 试验。

5.7 硬度

将样品挤注在模板上，然后刮平，厚度(6～7)mm，按 5.1.3.3 进行养护，然后揭下膜片，按 GB/T 531.1—2008 进行试验。

5.8 拉伸粘结性和伸长率 10%时的模量

按 GB 16776—2005 中 6.8 试验，报告 23 ℃伸长率 10%时的模量，取算术平均值。

5.9 定伸粘结性

在标准试验条件下按 GB/T 13477.10—2002 试验，试验伸长率为 25%。

试件破坏按 GB/T 22083—2008 中 7.3 进行判定。

5.10 热老化

按 GB 16776—2005 中 6.9 试验。

6 检验规则

6.1 检验分类

产品检验分为出厂检验和型式检验。

6.1.1 出厂检验

出厂检验项目包括：外观、下垂度、表干时间、挤出性、23 ℃拉伸粘结性、伸长率 10%时的模量、定伸粘结性。

6.1.2 型式检验

型式检验项目包括 4.1、4.2.2 要求的全部项目，有下列情况之一时进行型式检验：

a) 新产品投产或产品定型鉴定时；

b) 正常生产时，每半年进行一次；

c) 原材料、工艺等发生较大变化，可能影响产品质量时；

d) 出厂检验结果与上次型式检验结果有较大差异时；

e) 产品停产 6 个月以上恢复生产时。

6.2 组批

以同一品种、同一类型的产品每 5 t 为一批进行检验，不足 5 t 也可为一批。

6.3 抽样

产品随机取样，样品总量约为 4 kg 或满足检测要求，分为两份，一份试验，一份作为备用，双组分产品取样后应立即分别密封包装。

6.4 判定规则

6.4.1 单项判定

下垂度、表干时间、拉伸粘结性、定伸粘结性每个试件都符合标准规定，则判该项合格。其余项目试验结果的算术平均值符合标准规定，判该项合格。

6.4.2 综合判定

6.4.2.1 出厂检验项目全部符合要求时，则判该批产品合格。

6.4.2.2 型式检验项目符合4.1、4.2.2全部要求时，则判该批产品合格。

6.4.2.3 外观质量不符合标准规定时，则判该批产品不合格。

6.4.2.4 4.2.2的检验结果有两项及两项以上指标不符合标准规定时，则判该批产品不合格。

6.4.2.5 在外观质量合格的条件下，4.2.2的检验结果若有一项不符合标准规定时，用备用样品对该项进行单项检验，合格则判该批产品合格，否则判该批产品不合格。

7 标志、包装、运输、贮存

7.1 标志

产品最小包装上应有牢固的不褪色标志，内容包括：

a) 产品名称；
b) 组分名称(双组分)；
c) 生产厂名及厂址；
d) 产品标记；
e) 生产日期、批号及贮存期；
f) 净含量；
g) 商标；
h) 使用说明及注意事项。

7.2 包装

产品采用支装或桶装，包装容器应密闭。

包装桶或包装箱除应有7.1规定的标志外，还应有防雨、防潮、防日晒、防撞击标志。

7.3 运输

运输时应防止日晒雨淋、撞击、挤压包装。

7.4 贮存

产品应在干燥、通风、阴凉的场所贮存，贮存温度不超过27 ℃。

在正常运输、贮存条件下，贮存期自生产日起至少为六个月。

附 录 A
（规范性附录）
中空玻璃硅酮结构胶与相接触材料的相容性

A.1 范围

本附录适用于测定中空玻璃硅酮结构胶与相接触材料及其相互间的相容性。

相容性试验是检测中空玻璃硅酮结构胶与相接触材料及其相互间经加热或紫外线处理后外观及拉伸粘结性的变化。

A.2 试件制备

A.2.1 按5.1.3制备试件，养护到能分离挡块后（约1 d），如图A.1所示，将所接触的材料注入每个试件，注入前将材料与基材接触部位覆上防粘材料，注入材料厚度约6 mm（若为丁基胶厚度约2 mm）。每组制备10个试件（五个处理，五个对比），完成后将试件在标准试验条件下养护，双组分14 d，单组分21 d。

A.2.2 根据工程需要，可采用以下组合方式：

——结构胶的一边注入单一接触材料；

——在结构胶的两边分别注入不同的接触材料。

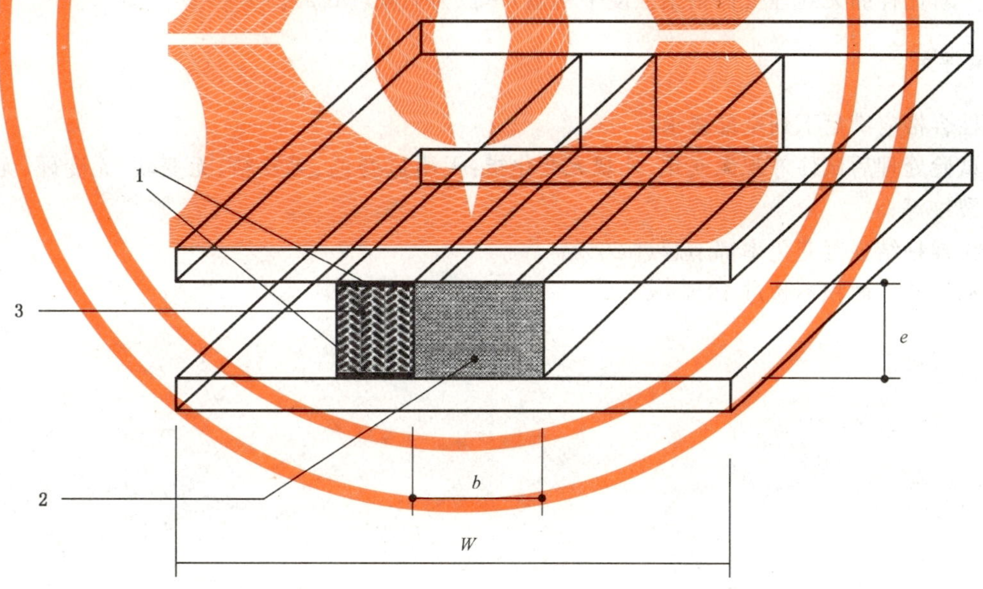

1——防粘带；
2——中空玻璃密封胶；
3——与中空玻璃密封胶接触的材料；
e——12 mm；
b——12 mm；
W——50 mm。

图 A.1 相容性试件

A.3 试验处理

将养护好的试件取出一组，水平放入透明玻璃皿中，玻璃皿上口用铝箔密封，另一组不处理。

A.3.1 加热处理

将一组试件连玻璃皿水平放入(70±2)℃的烘箱中(672±5)h试验,另一组试件作为对比不进行处理养护,立即按5.8在标准试验条件下进行试验。

A.3.2 紫外线处理

将一组试件连玻璃皿放入JC/T 485—2007中5.12要求的紫外线箱中,不加水,将玻璃皿透光面朝向光源,照射(672±5)h试验,另一组试件作为对比不进行处理养护,立即按5.8在标准试验条件下进行试验。

A.4 试验步骤

处理到期后,取出试件,在标准试验条件下放置4 h,观察密封胶和接触材料与对比试件的外观比较,如:变色、发粘、变软、变硬、膨胀、开裂等。然后按5.8在标准试验条件下进行试验,记录试验处理后拉伸粘结强度,与先期作为对比的拉伸粘结强度结果进行比较。

A.5 结果计算

拉伸粘结强度变化率按式(A.1)计算:

$$R_t = [(T - T_1)/T_1] \times 100 \quad \cdots\cdots (A.1)$$

式中:

R_t——样品处理后拉伸粘结强度变化率,%;

T——样品试验处理后拉伸粘结强度平均值,单位为兆帕(MPa);

T_1——对比样品无处理拉伸粘结强度平均值,单位为兆帕(MPa)。

A.6 结果评定

相容性合格应满足下列全部要求:

——试验处理后试件外观无变化,外观无变化指:无明显变色、无发粘、无变软、无变硬、无膨胀、无裂纹等;

——拉伸粘结强度变化率都不超过20%;

——粘结破坏面积不超过10%。

ICS 91.100.50
Q 24

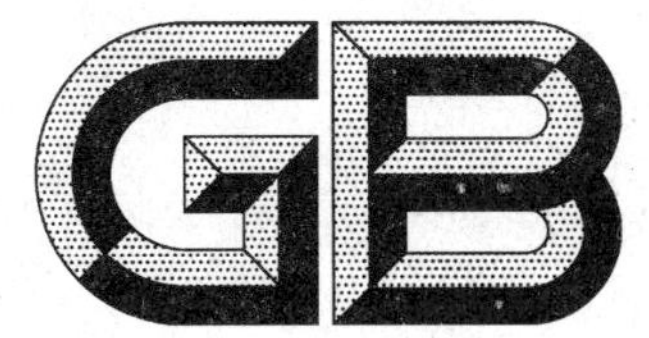

中华人民共和国国家标准

GB/T 29755—2013

中空玻璃用弹性密封胶

Elastic sealants for insulating glass

2013-09-18 发布　　2014-06-01 实施

中华人民共和国国家质量监督检验检疫总局
中国国家标准化管理委员会　发布

前言

本标准按照GB/T 1.1—2009给出的规则起草。

本标准由中国建筑材料联合会提出。

本标准由全国轻质与装饰装修建筑材料标准化技术委员会建筑密封材料分技术委员会(TC 195/SC 3)归口。

本标准负责起草单位:中国建筑防水协会、中国建材检验认证集团苏州有限公司、中国建筑材料科学研究总院苏州防水研究院、杭州之江有机硅化工有限公司、广州市白云化工实业有限公司、成都硅宝科技股份有限公司、郑州中原应用技术研究开发有限公司、浙江凌志精细化工有限公司、广州市高士实业有限公司、广州新展有机硅有限公司、佛山市南海区金叶硅胶有限公司、佛山市元通胶粘实业有限公司、深圳市百丽春粘胶实业有限公司、山东宝龙达胶业有限公司。

本标准参加起草单位:济南华亚密封胶有限公司、江门大光明粘胶有限公司、山东宇龙高分子科技有限公司、东丽国际贸易(中国)有限公司、阿克苏诺贝尔硫胶化学(泰兴)有限公司、常熟市恒信粘胶有限公司、北京中天星云科技有限公司、北京卓越中空玻璃材料有限公司、广东长鹿精细化工有限公司、辽宁吕氏化工(集团)有限公司、浙江华成有机硅材料有限公司、晋江市奋发橡塑制品有限公司、郑州国泰密封材料科技有限公司、北京世纪远达科技发展有限公司、广州集泰化工有限公司、扬州晨化科技集团有限公司、佛山市宏英实业有限公司、浙江时间装饰材料有限公司、肇庆浩宏新材料有限公司。

本标准主要起草人:朱志远、朱冬青、李步春、陈世龙、刘明、郭月萍、曾容、朱德明、向华、叶立明、罗伟、潘自鼎、朱健梁、徐秋生、朱晓华、曾庆铭、朱斌。

本标准为首次发布。

中空玻璃用弹性密封胶

1 范围

本标准规定了中空玻璃用弹性密封胶的分类和标记、要求、试验方法、检验规则、标志、包装、运输和贮存。

本标准适用于非结构装配中空玻璃二道密封用双组分密封胶，单组分中空玻璃密封胶可参考使用。

2 规范性引用文件

下列文件对于本文件的应用是必不可少的。凡是注日期的引用文件，仅注日期的版本适用于本文件。凡是不注日期的引用文件，其最新版本(包括所有的修改单)适用于本文件。

GB/T 531.1 硫化橡胶或热塑性橡胶 压入硬度试验方法 第1部分：邵氏硬度计法(邵尔硬度)

GB/T 13477.1—2002 建筑密封材料试验方法 第1部分：试验基材的规定

GB/T 13477.2 建筑密封材料试验方法 第2部分：密度的规定

GB/T 13477.3 建筑密封材料试验方法 第3部分：使用标准器具测定密封材料挤出性的方法

GB/T 13477.5—2002 建筑密封材料试验方法 第5部分：表干时间的测定

GB/T 13477.6 建筑密封材料试验方法 第6部分：流动性的测定

GB/T 13477.8 建筑密封材料试验方法 第8部分：拉伸粘结性的测定

GB/T 13477.10—2002 建筑密封材料试验方法 第10部分：定伸粘结性的测定

GB/T 13477.17—2002 建筑密封材料试验方法 第17部分：弹性恢复率的测定

GB 16776 建筑用硅酮结构密封胶

GB/T 17146 建筑材料水蒸气透过性能试验方法

GB/T 22083—2008 建筑密封胶分级和要求

JC/T 485—2007 建筑窗用密封胶

3 分类和标记

3.1 分类

产品按密封胶的聚合物种类分为聚硫(PS)、硅酮(SR)、聚氨酯(PU)等密封胶。

3.2 标记

产品按下列顺序标记：密封胶名称、聚合物种类、本标准编号。

示例：聚硫中空玻璃密封胶标记为：中空玻璃密封胶 PS GB/T 29755—2013。

4 要求

4.1 外观

4.1.1 密封胶应为细腻、均匀膏状物或黏稠体，不应有气泡、结皮或凝胶。

4.1.2 各组分的颜色宜有明显差异。

4.2 密封胶性能

密封胶物理力学性能应符合表1的规定。

表1 物理力学性能

序号	项目			指标
1	密度/(g/cm^3)	A组分		规定值±0.1
		B组分		规定值±0.1
2	下垂度	垂直/mm	≤	3
		水平		不变形
3	表干时间/h		≤	2
4	适用期[a]/min		≥	20
5	硬度/Shore A			30～60
6	弹性恢复率/%		≥	80
7	拉伸粘结性	拉伸粘结强度/MPa	≥	0.60
		最大拉伸强度时伸长率/%	≥	50
		粘结破坏面积/%	≤	10
8	定伸粘结性			无破坏
9	水-紫外线处理后拉伸粘结性	拉伸粘结强度/MPa	≥	0.45
		最大拉伸强度时伸长率/%	≥	40
		粘结破坏面积/%	≤	30
10	热空气老化后拉伸粘结性	拉伸粘结强度/MPa	≥	0.60
		最大拉伸强度时伸长率/%	≥	40
		粘结破坏面积/%	≤	30
11	热失重/%		≤	6.0
12	水蒸气透过率/[$g/(m^2 \cdot d)$]			报告值

注：中空玻璃用第二道密封胶使用时关注与相接触材料的相容性或粘结性，相接触材料包括一道密封胶、中空玻璃单元接缝密封胶、间隔条、密闭垫块等，试验参考GB 16776—2005和GB 24266—2009相应规定。

[a] 适用期也可由供需双方商定。

5 试验方法

5.1 基本规定

5.1.1 标准试验条件

试验室的标准试验条件：温度(23±2)℃，相对湿度(50±5)%。

5.1.2 试验基材

试验基材应符合GB/T 13477.1—2002中要求的厚度为6 mm～8 mm浮法玻璃，也可选用供需双方指定的玻璃。

5.1.3 试件制备

制备试件前,用于试验的密封胶应在标准试验条件下放置 24 h 以上。试验基材按生产商要求选用合适的清洁剂清洁。

试样按生产厂注明的比例混合均匀,避免形成气泡。若事先无特殊要求,混合后应在 20 min 内完成注模和修整。

粘结试件数量和处理条件见表 2。

表 2 粘结试件数量和处理条件

<table>
<tr><th rowspan="2">序号</th><th rowspan="2">项目</th><th colspan="2">试件数量/个</th><th rowspan="2">试件制备和处理条件</th></tr>
<tr><th>试验组</th><th>备用组</th></tr>
<tr><td>1</td><td>弹性恢复率</td><td>3</td><td>—</td><td rowspan="5">按 GB 16776 中拉伸粘结性的试件形状制备试件,两面均采用浮法玻璃基材。处理条件为标准试验条件下放置 14 d</td></tr>
<tr><td>2</td><td>拉伸粘结性</td><td>5</td><td>—</td></tr>
<tr><td>3</td><td>定伸粘结性</td><td>3</td><td>3</td></tr>
<tr><td>4</td><td>水-紫外线处理后拉伸粘结性</td><td>5</td><td>—</td></tr>
<tr><td>5</td><td>热空气老化后拉伸粘结性</td><td>5</td><td>—</td></tr>
</table>

5.2 外观

将试样各组分刮平后目测。

5.3 密度

按 GB/T 13477.2 试验。

5.4 下垂度

按 GB/T 13477.6 试验,采用试验步骤 A 测定,在(50±2)℃的烘箱中放置 4 h。

5.5 表干时间

按 GB/T 13477.5—2002 试验,型式检验采用 A 法试验,出厂检验可采用 B 法试验。

5.6 适用期

适用期按 GB/T 13477.3 进行,采用 B 法测定,挤出孔直径 4 mm,样品预处理温度(23±2)℃,读取挤出率为 50 mL/min 时对应的时间,即为适用期。

5.7 硬度

试样按生产厂注明的比例混合均匀,应避免形成气泡,挤在模板上刮平,厚度 6 mm~7 mm,按标准试验条件养护 14 d,然后按 GB/T 531.1 试验。

5.8 弹性恢复率

按 GB/T 13477.17—2002 试验,试验伸长率为 25%。

5.9 拉伸粘结性能

在标准试验条件下按 GB/T 13477.8 的试验步骤进行试验，试验 5 个试件，取 5 个试件的平均值。

粘结破坏面积的测量和计算，采用透过印制有 1 mm×1 mm 网格线的透明膜片，测量拉伸粘结试件两破坏面上粘结破坏面积较大面占有的网格数，精确到 1 格(不足 1 格不计)，以 50 mm×12 mm 为基础面积(即总格数 600 格)，计算粘结破坏格数占总格数的比例，以百分率表示。

记录最大拉伸强度时的伸长率，报告最大拉伸强度时伸长率的算术平均值，报告拉伸粘结强度，同时报告粘结破坏面积。

5.10 定伸粘结性

在标准试验条件下按 GB/T 13477.10—2002 试验，试验伸长率为 25%。

试件破坏按 GB/T 22083—2008 第 7 章中 E 类密封胶确定。

5.11 水-紫外线处理后拉伸粘结性

将试件按 JC/T 485—2007 中 5.12 规定，连续试验(168±2)h，取出在标准试验条件下放置 2 h，按 5.9 进行试验。

5.12 热空气老化后拉伸粘结性

将试件放入(60±2)℃的烘箱中处理(336±2)h，取出在标准试验条件下放置 2 h，按 5.9 进行试验。

5.13 热失重

5.13.1 试验器具

试验器具包括：

a) 烘箱：控温精度±2 ℃；
b) 天平：精度为 1 mg；
c) 铝板：尺寸为 152 mm×80 mm×(0.5 mm～1.5 mm)；
d) 金属模框：内框尺寸 130 mm×40 mm×6.5 mm；
e) 刮刀：长约 150 mm。

5.13.2 试验步骤

取两块洁净的铝板，分别称量并记录质量(m_1)。

在铝板上平放金属模框，将密封胶刮涂在模框内并用刮刀刮平，除去模框制成试件，称量并记录试验试件的质量(m_2)。试件在标准试验条件下放置 7 d。

试验试件在 90 ℃±2 ℃烘箱中，保持 21 d。

从烘箱中取出试验试件，放入干燥器中，在标准试验条件下冷却 2 h 后分别称量并记录质量(m_3)。

5.13.3 结果计算

按试件试验前后的质量计算热失重[式(1)]，试验结果为两次试验的算术平均值，精确至 0.1%。

$$W=(m_2-m_3)/(m_2-m_1)\times 100 \qquad \cdots\cdots(1)$$

式中：

W ——热失重，以百分率表示(%)；

m_1 ——铝板质量,单位为克(g);

m_2 ——铝板和密封胶质量,单位为克(g);

m_3 ——试验后的铝板和密封胶质量,单位为克(g)。

5.14 水蒸气透过率

将密封胶制成厚度为(2.0±0.2)mm 的膜片,在标准试验条件下养护 14 d。然后按 GB/T 17146 试验,试验温度(23±0.6)℃。

6 检验规则

6.1 检验分类

6.1.1 出厂检验

出厂检验项目包括:外观、密度、下垂度、表干时间、适用期、硬度、拉伸粘结性、定伸粘结性。

6.1.2 型式检验

型式检验项目包括第 5 章要求的全部项目,有下列情况之一时进行型式检验:

a) 新产品投产或产品定型鉴定时;

b) 正常生产时,每年进行一次;

c) 原材料、工艺等发生较大变化,可能影响产品质量时;

d) 出厂检验结果与上次型式检验结果有较大差异时;

e) 产品停产 6 个月以上恢复生产时。

6.2 组批

以同一类型、同一工艺一次性生产的产品每 5 t 为一批进行检验,不足 5 t 也可为一批。

6.3 抽样

双组分产品随机取样,样品总量为 4 kg,取样后应立即分别密封包装,再另取 4 kg 样品作为备用样。

6.4 判定规则

6.4.1 单项判定

6.4.1.1 外观

抽取的样品符合标准规定时,则判该项合格。

6.4.1.2 物理力学性能

下垂度、定伸粘结性以每个试件均符合标准规定,则判该项合格。

硬度以中值符合标准规定,则判该项合格。

密度、表干时间、适用期、弹性恢复率、拉伸粘结强度、最大强度时伸长率、粘结破坏面积、水-紫外线处理后拉伸粘结性、热空气老化后拉伸粘结性和热失重以算术平均值符合标准规定,则判该项合格。

水蒸气透过率取算术平均值,并给出报告值。

6.4.2 综合判定

6.4.2.1 出厂检验项目全部符合要求时，则判该批产品合格。

6.4.2.2 型式检验项目符合第4章全部要求时，则判该批产品合格。

6.4.2.3 外观质量不符合标准规定时，则判该批产品不合格。

6.4.2.4 表1有两项及两项以上指标不符合标准规定时，则判该批产品不合格。

6.4.2.5 在外观质量合格的条件下，表1的检验结果若有一项不符合标准规定时，用备用样品对该项进行单项检验，合格则判该批产品合格，否则判该批产品不合格。

7 标志、包装、运输和贮存

7.1 标志

产品最小包装上应有标志，内容包括：

a) 产品名称(含组分名称)；
b) 产品标记；
c) 生产日期、批号及贮存期；
d) 净质量或净容量；
e) 制造方名称和地址；
f) 商标；
g) 使用说明及注意事项。

7.2 包装

产品应采用密闭容器包装。

包装桶或包装箱除应有7.1规定的标志外，还应有防雨、防潮、防日晒、防撞击等标志。

7.3 运输

运输时应防止日晒雨淋、撞击、挤压包装。

7.4 贮存

产品应在干燥、通风、阴凉的场所贮存，适宜的贮存温度不超过27 ℃。

在正常运输、贮存条件下，贮存期自生产日起至少为6个月。

参 考 文 献

［1］ GB 24266—2009 中空玻璃用硅酮结构密封胶

ICS 91.100.50
Q 24
备案号:20853—2007

中华人民共和国建材行业标准

JC/T 485—2007
代替 JC/T 485—1992(1996)

建筑窗用弹性密封胶

Glazing elastic sealants for building

2007-05-29 发布　　　　2007-11-01 实施

中华人民共和国国家发展和改革委员会　发布

前　言

本标准参考了 JIS A 5758:2004《建筑密封材料》和 JIS A 1439:2004《建筑密封材料试验方法》的有关内容。

本标准是对 JC/T 485—1992(1996)《建筑窗用弹性密封剂》的修订。本标准与 JC/T 485—1992(1996)相比主要变化如下:

——对标准的中文名称做了修改;

——对标准的适用范围做了修改,删除了不适用范围的表述(1992 年版的第 1 章;本版的第 1 章);

——对规范性引用文件做了修改(1992 年版的第 2 章;本版的第 2 章);

——对标准的附录做了修改,增加了拉伸—压缩循环性能试验方法,删除了术语(1992 年版的附录 A、附录 B;本版的附录 A、附录 B);

——对标准的文字和格式进行了少量修改。

本标准的附录 A 为规范性附录,附录 B 为资料性附录。

本标准自实施之日起代替 JC/T 485—1992《建筑窗用弹性密封剂》。

本标准由中国建筑材料工业协会提出。

本标准由全国轻质与装饰装修建筑材料标准化技术委员会(SAC/TC 195)归口。

本标准负责起草单位:河南建筑材料研究设计院有限公司。

本标准参加起草单位:广州市白云化工实业有限公司、杭州之江有机硅化工有限公司、郑州中原应用技术研究开发有限公司、成都硅宝科技实业有限公司、河南永丽化工有限公司、山东龙口宇龙密封材料有限公司。

本标准主要起草人:邓超、马启元、李谷云、王宏敏、刘明、郭月萍、李步春、杨宏生、王加群、尚炎锋。

本标准于 1992 年首次发布。

建筑窗用弹性密封胶

1 范围

本标准规定了建筑门窗及玻璃镶嵌用弹性密封胶的产品分类、要求、试验方法、检验规则和标志、包装、运输、贮存的基本要求。

本标准适用于硅酮、改性硅酮、聚硫、聚氨酯、丙烯酸酯、丁基、丁苯、氯丁等合成高分子材料为主要成分的弹性密封胶。

2 规范性引用文件

下列文件中的条款通过本标准的引用而成为本标准的条款。凡是注日期的引用文件,其随后所有的修改单(不包括勘误的内容)或修订版均不适用于本标准,然而,鼓励根据本标准达成协议的各方研究是否可使用这些文件的最新版本。凡是不注日期的引用文件,其最新版本适用于本标准。

GB/T 13477.1 建筑密封材料试验方法 第1部分:试验基材的规定(GB/T 13477.1—2002,ISO 13640:1999,Building construction—Jointing products—Specifications for test substrates,MOD)

GB/T 13477.2 建筑密封材料试验方法 第2部分:密度的测定

GB/T 13477.3—2002 建筑密封材料试验方法 第3部分:使用标准器具测定密封材料挤出性的方法(ISO 9048:1987,Building construction—Jointing products—Determination of extrudability of sealants using standardized apparatus,MOD)

GB/T 13477.5—2002 建筑密封材料试验方法 第5部分:表干时间的测定

GB/T 13477.6—2002 建筑密封材料试验方法 第6部分:流动性的测定(ISO 7390:1987,Building construction—Jointing products—Determination of resistance to flow,MOD)

GB/T 13477.7—2002 建筑密封材料试验方法 第7部分:低温柔性的测定

GB/T 13477.8—2002 建筑密封材料试验方法 第8部分:拉伸粘结性的测定(ISO 8339:1984,Building construction—Jointing products—Sealants—Determination of tensile properties,MOD)

GB/T 13477.10—2002 建筑密封材料试验方法 第10部分:定伸粘结性的测定(ISO 8340:1984,Building construction—Jointing products—Sealants—Determination of tensile properties at maintained extension,MOD)

GB/T 13477.12—2002 建筑密封材料试验方法 第12部分:同一温度下拉伸—压缩循环后粘结性的测定(ISO 9046:1987,Building construction—Jointing products—Determination of adhesion/cohesionproperties at constant temperature,MOD)

GB/T 13477.17—2002 建筑密封材料试验方法 第17部分:弹性恢复率的测定(ISO 7389:1987,Building construction—Jointing products—Determination of elastic recovery,MOD)

GB 16776—2005 建筑用硅酮结构密封胶

3 产品分类

3.1 系列

产品按基础聚合物划分系列,见表1。

3.2 级别

按产品允许承受接缝位移能力,分为1级(±30%),2级(±20%),3级(±5%～±10%)三个级别。

表 1 产品系列

系列代号	密封胶基础聚合物
SR	硅酮聚合物
MS	改性硅酮聚合物
PS	聚硫橡胶
PU	聚氨酯甲酸酯
AC	丙烯酸酯聚合物
BU	丁基橡胶
CR	氯丁橡胶
SB	丁苯橡胶
注：以其他聚合物为基础的密封胶，标记取聚合物通用代号。	

3.3 类别

按产品适用基材分为以下类别，见表 2。

表 2 类别

类别代号	适用基材
M	金属
C	混凝土、水泥砂浆
G	玻璃
Q	其他

3.4 型别

产品按适用季节分以下型别：

S 型——夏季施工型；

W 型——冬季施工型；

A 型——全年施工型。

3.5 品种

产品按固化机理分为四个品种，见表 3。

表 3 品种

品种代号	固化形式
K	湿气固化、单组分
E	水乳液干燥固化、单组分
Y	溶剂挥发固化、单组分
Z	化学反应固化、多组分

3.6 产品标记

产品按系列、级别、类别、型别、品种、本标准号的顺序标记。

示例：位移能力 1 级；适用金属、混凝土、玻璃基材；全年施工型；湿气固化硅酮密封胶的标记为：

SR 1 MCG A K JC/T 485—2007

4 要求

4.1 外观

4.1.1 产品不应有结块、凝胶、结皮及不易迅速均匀分散的析出物。

4.1.2 产品的颜色应与供需双方商定的样品相符。多组分产品各组分的颜色间应有明显差异。

4.2 物理力学性能

产品的物理力学性能应符合表 4 要求。

表 4 物理力学性能要求

项 目		1 级	2 级	3 级
密度/g/cm³		规定值±0.1		
挤出性/mL/min ≥		50		
适用期/h ≥		3		
表干时间/h ≤		24	48	72
下垂度/mm ≤		2	2	2
拉伸粘结性能/MPa ≤		0.40	0.50	0.60
低温贮存稳定性[a]		无凝胶、离析现象		
初期耐水性[a]		不产生浑浊		
污染性[a]		不产生污染		
热空气—水循环后定伸性能/%		100	60	25
水—紫外线辐照后定伸性能/%		100	60	25
低温柔性/℃		−30	−20	−10
热空气—水循环后弹性恢复率/% ≥		60	30	5
拉伸—压缩循环性能	耐久性等级	9 030	8 020,7 020	7 010,7 005
	粘接破坏面积/% ≤	25		
[a] 仅对乳液(E)品种产品。				

5 试验方法

5.1 标准试验条件

试验室标准试验条件为：温度(23±2)℃，相对湿度(50±5)%。

5.2 密度

按 GB/T 13477.2 试验。

5.3 挤出性

按 GB/T 13477.3—2002 中 7.2 试验，采用 GB 16776—2005 图 1 所示聚乙烯挤胶筒，枪嘴内径 6 mm。试验温度：S 型为(23±2)℃，A 型及 W 型为(5±2)℃。

5.4 适用期

按 GB/T 13477.3—2002 中 7.3 的 A 法或 B 法试验，采用 GB 16776—2005 图 1 所示聚乙烯挤胶筒，枪嘴内径 6 mm。试验温度：A 型及 S 型为(23±2)℃，W 型为(5±2)℃。

5.5 表干时间

按 GB/T 13477.5—2002 试验。

5.6 下垂度

按 GB/T 13477.6—2002 试验。试验温度：A 及 S 型(50±2)℃，W 型(23±2)℃。槽宽 20 mm。

5.7 拉伸粘结性能

5.7.1 试件制备

5.7.1.1 基材试板按密封胶类别分别采用：

M 类——表面阳极氧化处理铝板；

C 类——水泥砂浆板；

G 类——玻璃板；

Q 类——其他材料试板。

5.7.1.2 试件规格符合 GB/T 13477.8—2002 中图 1 或图 2，按 GB/T 13477.8—2002 第 7 章制备试

件三个，按表5规定条件养护。

表5　密封胶试件养护条件

密封胶固化形式	前期养护	后期养护
K，湿气固化	标准条件14 d	(30±3)℃，14 d
E及Y，干燥，挥发固化	标准条件28 d	(30±3)℃，14 d
Z，反应固化	标准条件7 d	(50±3)℃，7 d

5.7.2　试验步骤

按GB/T 13477.8—2002第9章试验，试件按A法处理，试验温度(23±2)℃，拉伸量为原始宽度的100%(1级)、60%(2级)、25%(3级)，测定各伸长时的粘结强度及破坏情况。

5.8　低温贮存稳定性

5.8.1　仪器设备

a)　低温箱：温度控制在(－5±2)℃；

b)　容器：100 mL广口玻璃瓶。

5.8.2　试验步骤

在三个瓶中分别放入约50 mL乳胶型密封胶试料，密闭后在(－5±2)℃低温箱中恒温放置18 h，取出后在(23±2)℃放置6 h。反复三次。用玻璃棒搅拌试料，检查有无凝结、离析等异常现象。

5.9　初期耐水性

5.9.1　试件

水泥砂浆按GB/T 13477.1—2002 4.1的规定调制，砂浆试件符合图1，24 h后脱模，水中养护6 d后放置14 d以上。用试料填平砂浆试件10 mm×10 mm凹角，避免混入气泡，在标准条件下放置24 h。

5.9.2　试验步骤

将三个试件分别垂直放入500 mL烧杯中，倒入水深约80 mm，静置24 d后观测水是否浑浊。

5.10　污染性

按5.9.1制备试件三个，将试件分别立放在500 mL烧杯中，浸水深度10 mm，静置7 d，观察砂浆面和试料面有无污染。

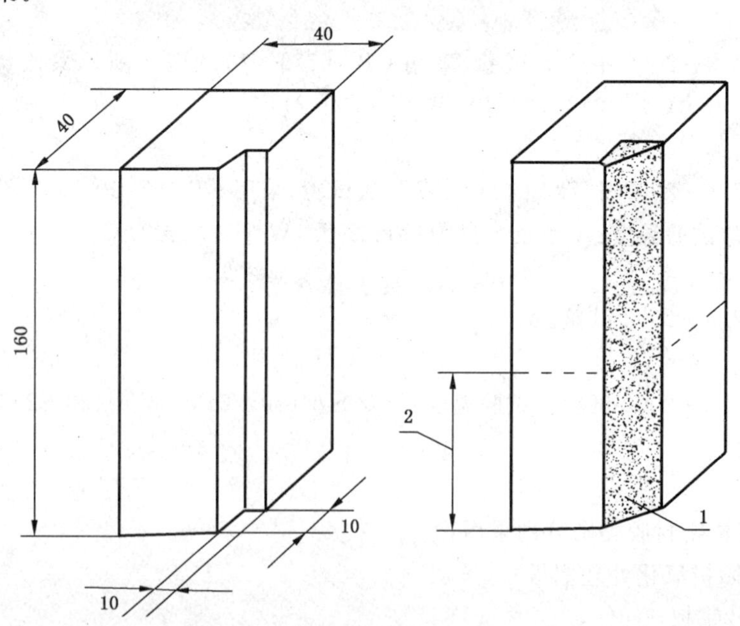

说明：

1——试料；

2——浸水深度。

图1　初期耐水性和污染性试样

5.11 热空气—水循环处理后粘结性能

5.11.1 按5.7.1制备试件三个，按GB/T 13477.10—2002 8.3处理。

5.11.2 按GB/T 13477.12—2002第9章试验，试验温度(23±2)℃。

5.12 水—紫外线辐照后定伸性能

5.12.1 紫外线试验箱：紫外线光谱能量分布符合图2，灯管功率300 W，灯管与箱底平行，灯管距试件250 mm，紫外线辐照强度(2 000～3 000)$\mu W/cm^2$。试验箱结构参见图3。

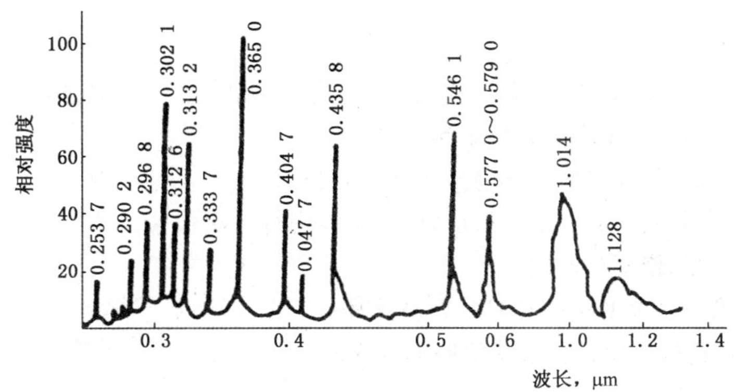

图2 紫外灯光谱相对能量分布图

5.12.2 符合5.7.1规格的试件三个。

5.12.3 浸水光照试验：将三个试件的玻璃面朝向光源，辐照168 h，水温为(40±5)℃。水面与玻璃面平行但又不淹没玻璃上表面。

5.12.4 光照结束后，按GB/T 13477.10—2002第9章试验，试验温度(23±2)℃。

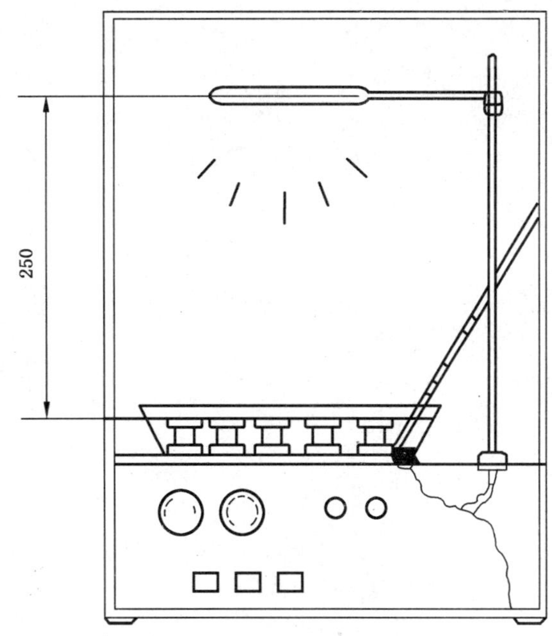

图3 试验箱结构示意图

5.13 低温柔性

按GB/T 13477.7—2002试验。试验圆棒直径为6 mm。

5.14 热空气—水循环后弹性恢复率

按GB/T 13477.17—2002 8.2 B法处理试件并按第9章试验，试件拉伸量为原始宽度的60%。

5.15 拉伸—压缩循环性能

按附录A进行试验。

6 检验规则

6.1 产品出厂检验项目包括：

a) 挤出性；

b) 适用期；

c) 表干时间；

d) 下垂度；

e) 拉伸粘结性能。

6.2 产品型式检验项目包括第4章全部试验项目。有下列情况之一时，应进行型式检验：

a) 新产品或老产品转厂生产的试制定型鉴定；

b) 正式生产后，如结构、材料、工艺有较大改变，可能影响产品性能时；

c) 正常生产时，定期或积累一定产量后，应周期性进行一次检验；

d) 产品长期停产后，恢复生产时；

e) 出厂检验结果与上次型式检验有较大差异时；

f) 国家质量监督机构提出进行型式检验的要求时。

6.3 组批、抽样、判定规则

各系列产品应符合对应产品标准相应的规定。

7 标志、包装、运输与贮存

各系列产品应符合对应产品标准相应的规定。

附　录　A
（规范性附录）
拉伸—压缩循环性能试验方法

A.1　试验器具

A.1.1　鼓风干燥箱：能调节温度至(70±2)℃～(100±2)℃。

A.1.2　冰箱：能调节温度至(−10±2)℃。

A.1.3　恒温水槽：能将水温调至(50±1)℃。

A.1.4　夹具：能将试件的接缝宽度固定在8.4，9.6，10.8，11.4，12.0，12.6，13.2，14.4以及15.6 mm，其精度为±0.1 mm。

A.1.5　拉伸压缩试验机，能以(4～6)次/min的速度将试件接缝宽度在(11.4～12.6)mm，(10.8～13.2)mm，(9.6～14.4)mm或(8.4～15.6)mm的范围内反复拉伸和压缩。其精度为±0.2 mm。

A.1.6　粘结基材：同5.7.1，也可用50 mm×50 mm试件。

A.2　试件制备

同5.7.1。每组制备三个试件

A.3　试验步骤

拉伸—压缩循环试验按表A.1中所示程序进行。

A.3.1　将在标准条件下养护28 d的试件按制作时的尺寸固定在夹具上，然后把试件放在(50±1)℃的水中，浸泡24 h。浸水后解除固定夹具，把试件置标准条件下24 h，然后检查试件，用手掰开试件的粘结基材，反复2次，肉眼检查试料及试料与粘结基材的粘结面有无溶解、膨胀、破裂、剥离等异常，记录其状态。

A.3.2　在保持粘结基材平行的情况下，缓慢使试件变形至程序3中的各尺寸，然后固定之。将试件放入已调至各加热温度的烘箱内，加热168 h。解除固定状态后，将粘结基材在标准条件下水平放置24 h，然后按A.3.1的方法检查试件。

A.3.3　将试件缓慢变形至程序5中各尺寸，固定之。在(−10±1)℃的冰箱中将试件放置24 h。解除试件固定状态，在标准状态下使试件的粘结基材水平放置24 h，然后按A.3.1的方法检查试件。

A.3.4　重复A.3.2～A.3.3的操作，将试件按制作时的尺寸固定在夹具上，在标准条件下放置24 h，然后7 d之内按下述方法进行试验。

A.3.5　将试件装在拉伸压缩机上，在标准条件下按程序9的要求拉伸和压缩2 000次，然后按A.3.1的方法检查试件，并测量每个试件的粘结破坏面积，计算粘结破坏面积百分比(%)。拉伸压缩的速度为(4～6)次/min。

A.4　试验报告

试验报告应写明下述内容：

a)　试料的名称、类型、批号；

b)　基材类别；

c)　是否用底涂料；

d)　所选用的拉伸—压缩幅度；

e)　每块试件粘结或内聚破坏情况，粘结破坏面积百分比(%)。

表 A.1　拉伸—压缩循环试验程序

<table>
<tr><td colspan="4" rowspan="2">试　验　程　序</td><td colspan="5">耐久性等级</td></tr>
<tr><td>9 030</td><td>8 020</td><td>7 020</td><td>7 010</td><td>7 005</td></tr>
<tr><td>1</td><td colspan="3">接缝宽固定 12 mm，浸入 50 ℃水中时间/h</td><td colspan="5">24</td></tr>
<tr><td>2</td><td colspan="3">除去夹具，试件置标准条件下时间/h</td><td colspan="5">24</td></tr>
<tr><td rowspan="4">3</td><td rowspan="4">压缩加热</td><td>接缝宽</td><td>mm</td><td>8.4</td><td>9.6</td><td>9.6</td><td>10.8</td><td>11.4</td></tr>
<tr><td>压缩率</td><td>%</td><td>−30</td><td>−20</td><td>−20</td><td>−10</td><td>−5</td></tr>
<tr><td colspan="2">温度/℃</td><td>90</td><td>80</td><td>70</td><td>70</td><td>70</td></tr>
<tr><td colspan="2">时间/h</td><td colspan="5">168</td></tr>
<tr><td>4</td><td colspan="3">除去夹具，试件置标准条件下时间/h</td><td colspan="5">24</td></tr>
<tr><td rowspan="4">5</td><td rowspan="4">拉伸冷却</td><td>接缝宽</td><td>mm</td><td>15.6</td><td>14.4</td><td>14.4</td><td>13.2</td><td>12.6</td></tr>
<tr><td>拉伸率</td><td>%</td><td>+30</td><td>+20</td><td>+20</td><td>+10</td><td>+5</td></tr>
<tr><td colspan="2">温度/℃</td><td colspan="5">−10</td></tr>
<tr><td colspan="2">时间/h</td><td colspan="5">24</td></tr>
<tr><td>6</td><td colspan="3">除去夹具，试件置标准条件下时间/h</td><td colspan="5">24</td></tr>
<tr><td>7</td><td colspan="3">程序反复</td><td colspan="5">程序 1～6 反复一次</td></tr>
<tr><td>8</td><td colspan="3">接缝宽固定 12 mm，置标准条件下时间/h，不小于</td><td colspan="5">24</td></tr>
<tr><td rowspan="3">9</td><td rowspan="3">接缝的扩大、缩小(4～6)次/min</td><td>接缝宽</td><td>mm</td><td>80.4～15.6</td><td>9.6～14.4</td><td>9.6～14.4</td><td>10.8～13.2</td><td>11.4～12.6</td></tr>
<tr><td>拉伸—压缩度</td><td>%</td><td>−30～+30</td><td>−20～+20</td><td>−20～+20</td><td>−10～+10</td><td>−5～+5</td></tr>
<tr><td colspan="2">次数(次)</td><td colspan="5">2 000</td></tr>
</table>

附　录　B
（资料性附录）
建筑窗用弹性密封胶应用指南

B.1　材料与密封施工的关系

B.1.1　密封胶

密封胶下述性能直接影响施工应用，应用前必须注意：

a）挤出性：密封胶挤注速度低于规定值，表明该材料质量差、包装密封不稳定，不得使用；

b）适用期：在材料标准规定期限内，密封胶应尽快用完，超过使用期的密封胶将难以挤注使用。使用环境温度高，适用期将缩短；环境温度低适用期延长。但有时也因低温造成挤注困难，难以涂敷。涂在缝上的密封胶整形加工，应在适用期内完成；

c）表干时间：缝内嵌填的密封胶达到表干时间以后，其表面可以触摸，但不允许重压和受力；在表干时间以前的密封胶，不允许触碰，以免破坏密封形状及尺寸；

d）下垂度：在规定温度范围内，密封胶在垂直缝或顶缝上涂敷时不应流坍、下垂，应能保持形状、尺寸。但异常温度或缝宽加大条件下，密封胶也难以保证不下垂，此时使用，应同制造方协商。

B.1.2　嵌缝背衬材料

B.1.2.1　为保证窗结构抗风雨密封，接缝设计应正确选用嵌缝背衬材料，其功能是：

a）控制接缝中密封胶嵌入深度；

b）使预定密封面充分渗透并确定密封截面形状；

c）当条件不适于立即涂密封胶或万一密封胶失效时，可作为接缝临时密封。

B.1.2.2　不准将油脂、沥青等类物质的浸渍物用作嵌缝背衬材料，以免污染基材或密封胶，推荐使用柔性泡沫塑料或海绵状胶条，如聚氨酯泡沫或聚乙烯发泡材料，能在缝内不产生永久变形、不吸水、不吸潮、不会因受热而隆起使密封胶鼓泡。背衬材料在缝内应不限制密封胶运动。

B.1.2.3　为防止背衬材料在涂密封胶之前淋雨吸水，安装背衬材料后应及时涂敷密封胶。

B.1.3　防污带

对涂密封胶形状要求严格的缝隙，应沿接缝边缘连续粘贴防污压敏胶带，接缝密封胶整形后立即揭去，以保证胶缝规整。

B.1.4　底涂料

B.1.4.1　底涂料的作用是改善密封胶与基材的粘结稳定性，其功能是：

a）改变表面化学特性，以适应密封胶；

b）充填表面孔隙和增强薄弱区表面；

c）阻挡流经表面的水分产生的毛细压力。

B.1.4.2　有些密封胶涂在各种基材上都须先底涂；有些在指定基材上须底涂；有些完全无须底涂。底涂的必要性不仅随基材而改变，有时还随基材表面而改变。一种密封胶在不同基材有时使用不同种底涂。选用密封胶时应充分考虑这些因素。

B.1.4.3　当可能出现基材底涂与密封胶相容性不良时，应与制造方协商，必要时需进行现场试验，以确定合适处理方法或选用适宜的密封胶。

B.2　密封胶施工环境条件要求

除非另有规定，施工环境温度应在5 ℃以上，温度过低时，大多数密封胶与基材粘结力下降，其原因除了渗透、润湿能力减弱外，还因其挤注性下降，难以进入并充满基材表面孔隙。

B.3 密封施工的工具

密封施工应具备以下基本工具：

a) 挤注工具：能直接装填管装密封胶或现场混合后装管密封胶的手动或气动注胶枪；

b) 整形工具：可使用塑料或金属制造，表面光滑以防粘密封胶，其形状适宜将涂敷的密封胶压实并修整成一定的形状。为防止工具粘密封胶，允许用液体润湿，但该液体不应引起密封胶变色或污染粘结表面；

c) 混胶器：能在施工现场混合两组分密封胶的电(气)动混胶器。

B.4 基材基本要求

B.4.1 窗结构密封所接触的基材，分为多孔材料和无孔材料。一般有砖石、混凝土、金属、玻璃、塑料、木材等。不同的密封胶对不同的基材匹配相容性是不一样的，应注意制造方提供的资料。有些基材表面若不经机械或化学处理，难以保证所用密封胶在接缝中可靠密封，必须充分注意。

B.4.2 金属保护涂层及混凝土防水涂层可能会影响密封粘接质量。这些涂层有时不易明显发现，直至发现粘接不良或破坏时还不知是否有保护层。为此，选用时应事先同基材制造方和密封胶制造方协商，以确定接缝处理方法或在涂敷密封胶前是否选用合适的底涂。必要时应进行粘结试验确定。

B.4.3 对多孔基材(如混凝土)应在涂敷密封胶之前清除浮浆、松散颗粒、污物和异物、水溶性材料及冰霜，保持干燥。表面若有妨碍粘结的脱模剂，必须清除。

B.5 窗框与洞口接缝密封

B.5.1 接缝宽度

B.5.1.1 随着建筑材料受热或遇冷变化，接缝宽度尺寸将会缩小或扩大，所产生的位移量是考虑接缝宽度的重要依据：

a) 绝对位移量(mm)随建筑材料热膨胀系数增大而增大；

b) 相对位移量(%)随接缝宽度加大而减小。

所以，线膨胀系数大的材料，接缝应相应加宽；反之，可以适当缩小，以保证有适宜的相对位移量。

B.5.1.2 接缝宽度与涂敷施工温度、缝隙预计使用极限温度和所选用的密封胶承受接缝拉伸—压缩位移的能力(即密封胶级别)有密切关系。

B.5.1.3 使用温度不是环境温度，而是建筑材料的温度与施工时温度(施工季节)的温差，决定着接缝运动和密封胶受力特征。夏季施工的密封胶使用中以承受接缝扩张产生的拉伸应力为主要特征；冬季施工的密封胶，使用中以承受接缝压缩变形产生的应力为主要特征。

B.5.1.4 25 级密封胶可以承受接缝拉伸—压缩相对位移量为 25%，20 级密封胶为 20%，12.5 级为 12.5%。不同位移能力的密封胶用于不同材料的接缝宽度推荐值可参考图 B.1。

B.5.2 密封胶深度

接缝注涂密封胶深度决定于密封胶宽度，推荐以下值：

a) 密封胶最小宽度为 6.5 mm 时，深度为 6.5 mm；

b) 嵌填混凝土、砌体或石材接缝时，缝宽在 13 mm 以下时，密封胶深度取同样尺寸；缝宽为(13～25)mm 时，密封胶深度取缝宽的一半；缝宽为(25～50)mm 时，密封胶深度不应大于 13 mm；更宽的接缝，密封胶的深度应同制造方协商。

c) 对金属、玻璃等无孔材料接缝，缝宽为(6.5～13.0)mm 时，密封胶深度不少于 6.5 mm；缝宽大于 13.0 mm 时，密封胶深度为(6.5～13.0)mm；再大的缝宽条件下密封胶深度不应大于 13.0 mm。

B.5.3 密封缝构造和形状

B.5.3.1 除了复杂缝隙和设计另有考虑以外，一般简单密封缝应根据接缝伸缩位移特征来设计构造(图 B.2)：

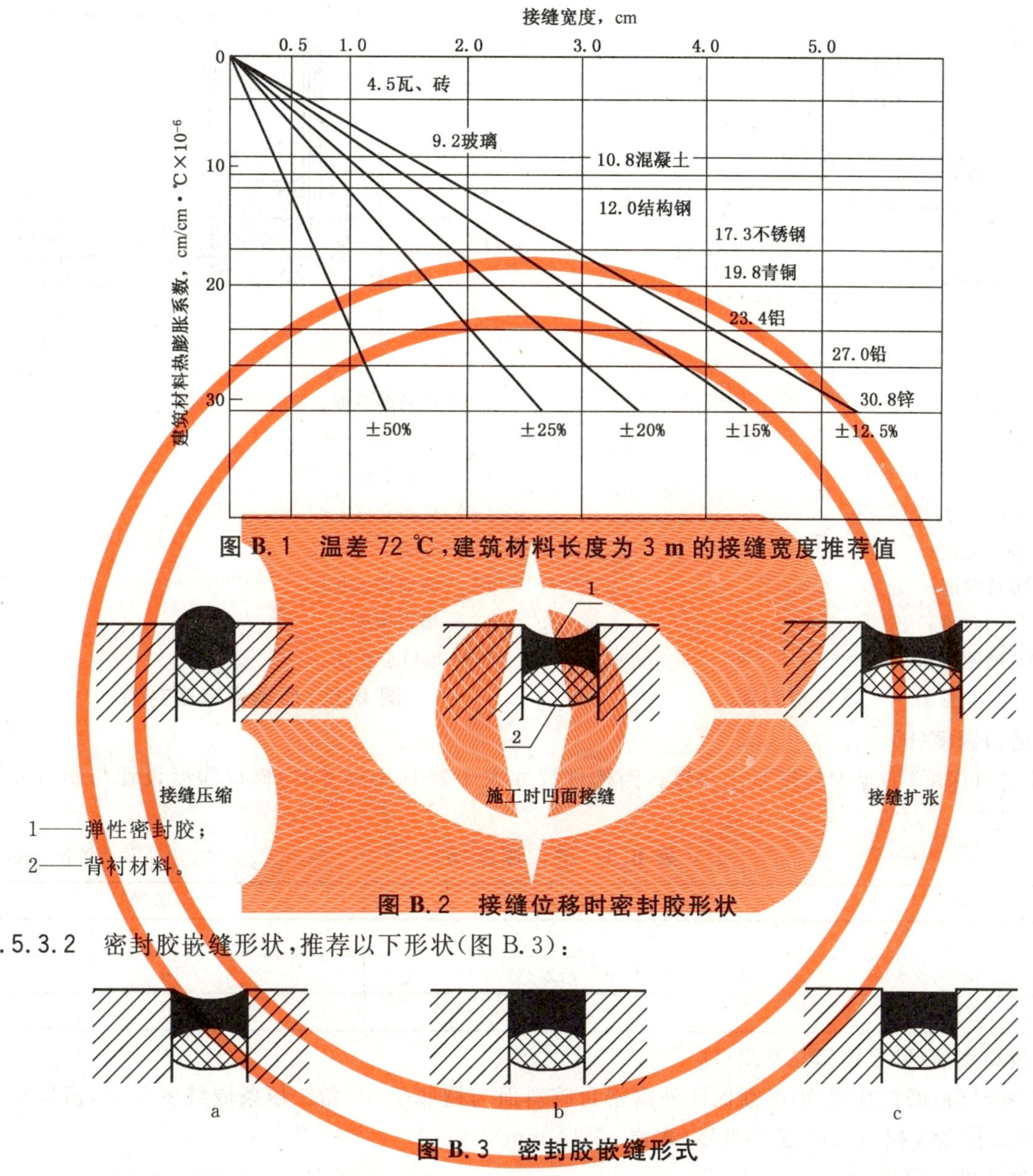

图 B.1 温差 72 ℃，建筑材料长度为 3 m 的接缝宽度推荐值

1——弹性密封胶；

2——背衬材料。

图 B.2 接缝位移时密封胶形状

B.5.3.2 密封胶嵌缝形状，推荐以下形状(图 B.3)：

图 B.3 密封胶嵌缝形式

a) 凹圆缝：用圆凸面工具整形加工，可以使密封胶与基材粘结面受应力为最佳状态；

b) 齐平缝：沿缝边缘粘贴防污压敏胶带，刮平后成形。低温下密封胶会稍微凹下，高温时会略微隆起；

c) 凹槽缝：用限制深度的工具整形加工，使密封胶凹入缝内一定尺寸，其表面可以是齐平状，也可以是凹圆状。一般在基材边缘表面不规则时采用，以改善缝隙外观。

B.6 窗玻璃镶嵌推荐密封结构形式及尺寸

B.6.1 推荐密封结构形式

窗玻璃镶嵌形式应保证玻璃为悬挂式密封：玻璃不与窗结构直接接触的密封，推荐密封结构形式如图 B.4(填角密封型)，图 B.5(压条嵌缝密封型)。

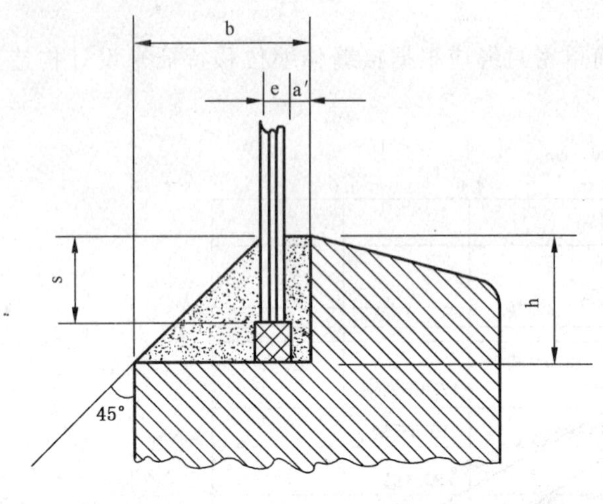

a′——内部密封胶厚度；

b——槽口宽度；

e——玻璃厚度；

h——槽口深度；

s——玻璃插入深度。

图 B.4 填角密封窗

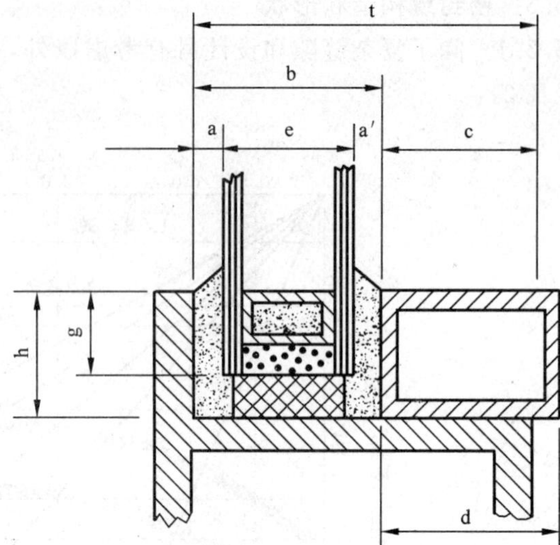

a——密封层厚度；

b——槽口宽度；

c——压条支撑面宽度；

d——压条宽度；

e——玻璃厚度；

g——玻璃插入长度；

h——槽口深度；

t——槽口总宽度。

图 B.5 压条嵌缝密封窗

B.6.2 槽口深度(h)

推荐槽口深度(h)至少与表 B.1 一致。当构件尺寸大于表 B.1 尺寸时，槽口深度设计与制造方协商确定。

表 B.1 槽口深度(h)

单位：mm

窗玻璃最大边长	单层玻璃	中空玻璃
<1 000	10	18
1 000～2 500	12	18
2 500～4 000	15	20

B.6.3 槽口宽度(b)及槽口总宽度(t)

填角密封窗，槽口宽度(b)必须保证外露密封胶斜面与槽底呈 45°角。压条嵌缝密封窗，槽口总宽度(t)必保证压条支撑面(c)有适当宽度(木窗 c≥14 mm)。

B.6.4 玻璃插入深度(g)

玻璃插入深度(g)一般应为槽口深度(h)的 2/3，但不超过 20 mm。

B.6.5 密封胶厚度(a)

窗玻璃尺寸(最大边长)在(1 500～4 000)mm 范围内，密封胶厚度(a)取(3～6)mm。超过以上尺寸时应与制造方协商。压条嵌缝密封窗内部密封胶厚度(a)一般不大于 1 mm。

B.6.6 窗框材料表面要求

a) 木材表面应用与密封胶相容的油漆处理；

b) 铝型材表面应在涂注密封胶之前，清除保护性粘胶膜或涂层；

c) 钢材应预先进行与密封胶相容的防腐处理；

d) 塑料型材涂密封胶之前应擦除油污、灰尘，选用的密封胶必须与塑料粘结良好。

ICS 91.100.50
Q 27
备案号:56005—2016

中华人民共和国建材行业标准

JC/T 884—2016
代替 JC/T 884—2001

金属板用建筑密封胶

Building sealants for metal plates

2016-07-11 发布　　2017-01-01 实施

中华人民共和国工业和信息化部　发布

前　言

本标准按照 GB/T 1.1—2009 给出的的规则起草。

本标准代替 JC/T 884—2001《彩色涂层钢板用建筑密封胶》。与 JC/T 884—2001 相比，除编辑性修改外主要技术变化如下：

——修改了标准名称和产品范围(见第 1 章，2001 年版的第 1 章)；

——修改了技术要求，增加了质量损失、污染性项目。删除了紫外线处理项目(见 4.2，2001 年版的 4.3)；

——修改了试验方法，按现行方法标准(见第 5 章，2001 年版的第 5 章)；

——增加了出厂检验项目，增加了弹性恢复率项目(见 6.1，2001 年版的 6.1)。

本标准由中国建筑材料联合会提出。

本标准由全国轻质装饰与装修建筑材料标准化技术委员会建筑密封材料分技术委员会(SAC/TC 195/SC 3)归口。

本标准负责起草单位：中国建材检验认证集团苏州有限公司、中国建筑材料科学研究总院苏州防水研究院、广州市白云化工实业有限公司、广州市高士实业有限公司、山东宝龙达实业集团有限公司、常熟市恒信粘胶有限公司。

本标准参加起草单位：杭州之江有机硅化工有限公司、郑州中原应用技术研究开发有限公司、浙江凌志精细化工有限公司、江门大光明粘胶有限公司、广州集泰化工股份有限公司、佛山市南海弘源化工有限公司、佛山市宏英实业有限公司、湖北回天新材料股份有限公司、北京中天星云科技有限公司、辽宁吕氏化工(集团)有限公司、锋泾(中国)建材集团有限公司。

本标准主要起草人：朱志远、朱德明、余奕帆、曾容、罗伟、李军明、朱晔、吴俊、邓海燕、刘凤琴、曾庆铭。

本标准所代替标准的历次版本发布情况为：

——JC/T 884—2001。

金属板用建筑密封胶

1 范围

本标准规定了金属板用建筑密封胶的分类和标记、技术要求、试验方法、检验规则以及标志、包装、运输和贮存。

本标准适用于金属板接缝用中性建筑密封胶。

2 规范性引用文件

下列文件对于本文件的应用是必不可少的。凡是注日期的引用文件,仅注日期的版本适用于本文件。凡是不注日期的引用文件,其最新版本(包括所有的修改单)适用于本文件。

GB/T 8170 数值修约规则与极限数值的表示和判定

GB/T 13477.1 建筑密封材料试验方法 第1部分:试验基材的规定

GB/T 13477.3 建筑密封材料试验方法 第3部分:使用标准器具测定密封材料挤出性的方法

GB/T 13477.5 建筑密封材料试验方法 第5部分:表干时间的测定

GB/T 13477.6 建筑密封材料试验方法 第6部分:流动性的测定

GB/T 13477.8 建筑密封材料试验方法 第8部分:拉伸粘结性的测定

GB/T 13477.10 建筑密封材料试验方法 第10部分:定伸粘结性的测定

GB/T 13477.11 建筑密封材料试验方法 第11部分:浸水后定伸粘结性的测定

GB/T 13477.13 建筑密封材料试验方法 第13部分:冷拉—热压后粘结性的测定

GB/T 13477.17 建筑密封材料试验方法 第17部分:弹性恢复率的测定

GB/T 13477.18 建筑密封材料试验方法 第18部分:剥离粘接性的测定

GB/T 13477.19 建筑密封材料试验方法 第19部分:质量与体积变化的测定

CB 16776—2005 建筑用硅酮结构密封胶

GB/T 22083—2008 建筑密封胶分级和要求

3 分类和标记

3.1 类型

产品按基础聚合物种类分为硅酮(SR)、改性硅酮(MS)、聚氨酯(PU)、聚硫(PS)等。

产品按组分分为单组分(Ⅰ)和双组分(Ⅱ)。

3.2 级别

产品按位移能力分为12.5、20、25级别,见表1。

表 1　密封胶级别

级　别	试验拉压幅度 %	位移能力 %
12.5	±12.5	12.5
20	±20	20
25	±25	25

3.3　次级别

产品按 GB/T 22083—2008 进行分类，LM、HM、E 为弹性密封胶。

3.4　标记

产品按下列顺序标记：产品名称、本标准编号、组分、聚合物种类、级别、次级别。

示例：单组分高模量 25 级位移能力的硅酮金属板密封胶标记为：

金属板密封胶 JC/T 884—2016 I SR 25 HM

4　技术要求

4.1　外观

密封胶应为细腻、均匀膏状物或粘稠体，不应有气泡、结块、结皮或凝胶，无不易分散的析出物。

双组分密封胶的各组分的颜色应有明显差异。产品的颜色也可由供需双方商定，产品的颜色与供需双方商定的样品相比，不应有明显差异。

4.2　物理力学性能

4.2.1　密封胶物理力学性能应符合表 2 的规定。

表 2　物理力学性能

项　　目		技　术　指　标				
		25LM	25HM	20LM	20HM	12.5E
下垂度	垂直/mm	≤3				
	水平	无变形				
表干时间/h		≤3				
挤出性/(mL/min)		≥80				
弹性恢复率/%		≥70		>60		≥40
拉伸模量/MPa	23 ℃	≤0.4 和	>0.4 或	≤0.4 和	>0.4 或	—
	−20 ℃	≤0.6	>0.6	≤0.6	>0.6	—
定伸粘结性		无破坏				
冷拉—热压后粘结性		无破坏				
浸水后定伸粘结性		无破坏				
质量损失/%		≤7.0				

4.2.2 双组分密封胶的适用期由供需双方商定。

4.2.3 密封胶与工程用金属板基材剥离粘结性应符合表3的规定。

表3 与工程金属板基材剥离粘结性

项目		技术指标
剥离粘结性	剥离强度/(N/mm)	≥1.0
	粘结破坏面积/%	≤25

4.2.4 需要时污染性由供需双方商定，试件应无变色、流淌和粘结破坏。

5 试验方法

5.1 基本规定

5.1.1 标准试验条件

试验室的标准试验条件：温度(23±2)℃，相对湿度(50±5)%。

5.1.2 试验基材

弹性恢复率、拉伸模量、定伸粘结性、冷拉热压后粘结性、浸水后定伸粘结性试验基材为符合GB/T 13477.1的阳极氧化铝材，也可按供方要求选择基材和是否采用底涂料，并在试验报告中注明。

5.1.3 试验伸长率和拉压幅度

试验伸长率和拉压幅度见表4。

表4 试验伸长率和拉压幅度

项目		类别				
		25LM	25HM	20LM	20HM	12.5E
伸长率	弹性恢复率 拉伸模量 定伸粘结性 浸水后定伸粘结性	100%	100%	60%	60%	60%
拉压幅度	冷拉—热压后粘结性	±25%	±25%	±20%	±20%	±12.5%

5.2 试件制备

5.2.1 制备试件前，用于试验的密封胶应在标准条件下放置24 h以上。试验基材选用合适的清洁剂清洁。制备时单组分试样应用挤枪从包装容器中直接挤出注模，使试样充满模具内腔，避免形成气泡。双组分试样应按生产厂注明的比例，在负压约0.09 MPa的真空条件下搅拌混合均匀，混合时间约为5 min。若事先无特殊要求，应在适用期内完成注模和修整。

5.2.2 粘结试件数量和制备方法见表5。

表5 粘结试件数量和制备方法

项 目		试件数量 个	制备方法
弹性恢复率		3	GB/T 13477.17
拉伸模量	23 ℃	3	GB/T 13477.8
	−20 ℃	3	
定伸粘结性		3	GB/T 13477.10
冷拉—热压后粘结性		3	GB/T 13477.13
浸水后定伸粘结性		3	GB/T 13477.11

5.2.3 制备后的粘结性试件按下列条件养护：

a) 双组分密封胶在标准试验条件下放置14 d；

b) 单组分密封胶在标准试验条件下放置28 d；

c) 在不损坏试件条件下，养护期间垫块应尽早分离。

5.3 外观

产品刮平后目测。

5.4 下垂度

按GB/T 13477.6试验，试件在(50+2)℃的烘箱内放置24 h。

5.5 表干时间

按GB/T 13477.5试验。

5.6 挤出性

按GB/T 13477.3，喷嘴内径4 mm。

5.7 适用期

按GB/T 13477.3试验，喷嘴内径4 mm，读取挤出率为50 mL/min所对应的时间即为适用期。

5.8 弹性恢复率

按GB/T 13477.17试验，试验伸长率见表4。

5.9 拉伸模量

拉伸模量以相应伸长率时的强度表示，按GB/T 13477.8试验，测定并计算试件拉伸至表4规定的相应伸长率时的强度(MPa)作为模量，其平均值按GB/T 8170修约至小数点后一位。

5.10 定伸粘结性

按GB/T 13477.10试验，试验伸长率见表4，试件破坏按CB/T 22083—2008中7.3进行判定。

5.11 冷拉—热压后粘结性

按 GB/T 13477.13 试验，试件的拉压幅度见表 4，试件破坏按 GB/T 22083—2008 中 7.3 进行判定。

5.12 浸水后定伸粘结性

按 GB/T 13477.11 试验，试验伸长率见表 4，试件破坏按 GB/T 22083—2008 中 7.3 进行判定。

5.13 质量损失

按 GB/T 13477.19 试验。

5.14 密封胶与工程用金属板基材剥离粘结性

按 GB/T 13477.18 进行试验，基材采用供需双方商定的基材或实际工程使用的金属板。试验过程中，出现金属板基材涂层剥落的，应当更换基材重新试验，或记录试验现象，不予判定。

5.15 污染性

将基材 45°斜切，长度约 75 mm，宽度约 30 mm，然后清洁表面，在基材斜切处及边缘打上密封胶，胶层厚度不小于 3 mm，在标准试验条件下放置 7 d 后，分别在标准试验条件、(70±2)℃和 GB 16776—2005 附录 A 规定的紫外线辐照箱中处理 21 d，密封胶面向上(朝向光源)。试验结束后观察试件斜切面周边的基材装饰表面有无变色、流淌和粘结破坏。

6 检验规则

6.1 检验分类

产品检验分为出厂检验和型式检验。

6.2 检验项目

6.2.1 出厂检验

出厂检验项目包括：外观、下垂度、表干时间、挤出性(Ⅰ)、适用期(Ⅱ)、弹性恢复率、拉伸模量、定伸粘结性。

6.2.2 型式检验

型式检验项目包括第 4 章要求(4.2.3、4.2.4 除外)的全部项目，在下列情况下进行型式检验：

a) 新产品投产或产品定型鉴定时；

b) 正常生产时，每年进行一次；

c) 原材料、工艺等发生较大变化，可能影响产品质量时；

d) 出厂检验结果与上次型式检验结果有较大差异时；

e) 产品停产 6 个月以上恢复生产时。

6.3 组批

以同一品种、同一级别的产品每 5 t 为一批进行检验，不足 5 t 也可为一批。

6.4 抽样

产品随机取样，样品总量约为 4 kg，双组分产品取样后应立即分别密封包装。另取同样数量样品作为备用样。

6.5 判定规则

6.5.1 单项判定

下垂度、表干时间、定伸粘结性、冷拉—热压后粘结性、浸水后定伸粘结性、污染性每个试件都符合标准规定，则判该项合格。其余项目试验结果的算术平均值符合标准规定，判该项合格。

6.5.2 综合判定

6.5.2.1 出厂检验项目全部符合要求时，则判该批产品合格。

6.5.2.2 型式检验项目符合第 4 章(4.2.3、4.2.4 除外)全部要求时，则判该批产品合格。

6.5.2.3 外观质量不符合标准规定时，则判该批产品不合格。

6.5.2.4 4.2 的检验结果有两项及两项以上指标不符合标准规定时，则判该批产品不合格。检验结果若仅有一项不符合标准规定时，用备用样品对该项进行单项检验，合格则判该批产品合格，否则判该批产品不合格。

7 标志、包装、运输和贮存

7.1 标志

产品最小包装上应有牢固的不褪色标志，内容包括：

a) 产品名称(含组分名称)；
b) 产品标记；
c) 生产日期、批号及贮存期；
d) 净含量；
e) 生产厂名及厂址；
f) 商标；
g) 双组分配比；
h) 使用说明及注意事项。

7.2 包装

产品采用支装或桶装，包装容器应密闭，双组分产品各组分应有明显区别。

包装桶或包装箱除应有 7.1 规定的标志外，还应有防雨、防潮、防日晒、防撞击标志。

7.3 运输

运输时应防止日晒雨淋、撞击、挤压包装。

7.4 贮存

产品应在干燥、通风、阴凉的场所贮存，适宜的贮存温度不超过 27 ℃。

在正常运输、贮存条件下，贮存期自生产日起至少为六个月。

ICS 91.100.50
Q 27
备案号:55990—2016

中华人民共和国建材行业标准

JC/T 885—2016
代替 JC/T 885—2001

建筑用防霉密封胶

Anti-mildew sealants for building

2016-07-11 发布　　2017-01-01 实施

中华人民共和国工业和信息化部　发布

前言

本标准按照 GB/T 1.1—2009 给出的的规则起草。

本标准代替 JC/T 885—2001。与 JC/T 885—2001 相比,除编辑性修改外主要技术变化如下:

——修改了分类,增加按聚合物分为硅酮(SR)、改性硅酮(MS)、聚氨酯(PU)、聚硫(PS)等,增加级别 25HM、25LM、12.5P、7.5P(见第 3 章,2001 年版的第 3 章);

——增加了一般要求,修改了技术要求,删除了密度项目,增加了断裂伸长率、同一温度下拉伸压缩循环后粘结性、浸水后拉伸粘结性—断裂伸长率、质量损失项目,修改了技术指标(见表 2,2001 年版的表 1);

——修改了试验方法,按现行方法标准(见第 6 章,2001 年版的第 5 章);

——增加了出厂检验项目(见 7.1,2001 年版的 6.1)。

本标准由中国建筑材料联合会提出。

本标准由全国轻质装饰与装修建筑材料标准化技术委员会建筑密封材料分技术委员会(SAC/TC 195/SC 3)归口。

本标准负责起草单位:中国建筑防水协会、中国建材检验认证集团苏州有限公司、中国建筑材料科学研究总院苏州防水研究院、广州市白云化工实业有限公司、江西省奋发粘胶化工有限公司、山东宝龙达实业集团有限公司、常熟市恒信粘胶有限公司、佛山市宏英实业有限公司、扬州晨化新材料股份有限公司、佛山市元通胶粘实业有限公司。

本标准参加起草单位:杭州之江有机硅化工有限公司、郑州中原应用技术研究开发有限公司、浙江凌志精细化工有限公司、江门大光明粘胶有限公司、广州集泰化工股份有限公司、山东永安胶业有限公司、广州市高士实业有限公司、佛山市南海弘源化工有限公司、威海成景科技有限公司、湖北回天新材料股份有限公司、北京中天星云科技有限公司、辽宁吕氏化工(集团)有限公司。

本标准主要起草人:朱志远、朱德明、余奕帆、曾容、周意生、李军明、张歆炯、胡冲、曾庆铭、董晓红、刘乃程、朱健梁、陈文洁。

本标准所代替标准的历次版本发布情况为:

——JC/T 885—2001。

建筑用防霉密封胶

1 范围

本标准规定了建筑用防霉密封胶的分类和标记、一般要求、技术要求、试验方法、检验规则以及标志、包装、运输和贮存。

本标准适用于建筑接缝用防霉密封胶。

2 规范性引用文件

下列文件对于本文件的应用是必不可少的。凡是注日期的引用文件,仅注日期的版本适用于本文件。凡是不注日期的引用文件,其最新版本(包括所有的修改单)适用于本文件。

GB/T 1741 漆膜耐霉菌测性定法

GB/T 8170 数值修约规则与极限数值的表示和判定

GB/T 13477.1 建筑密封材料试验方法 第1部分:试验基材的规定

GB/T 13477.3 建筑密封材料试验方法 第3部分:使用标准器具测定密封材料挤出性的方法

GB/T 13477.5 建筑密封材料试验方法 第5部分:表干时间的测定

GB/T 13477.6 建筑密封材料试验方法 第6部分:流动性的测定

GB/T 13477.8 建筑密封材料试验方法 第8部分:拉伸粘结性的测定

GB/T 13477.9 建筑密封材料试验方法 第9部分:浸水后拉伸粘结性的测定

GB/T 13477.10 建筑密封材料试验方法 第10部分:定伸粘结性的测定

GB/T 13477.11 建筑密封材料试验方法 第11部分:浸水后定伸粘结性的测定

GB/T 13477.12 建筑密封材料试验方法 第12部分:同一温度下拉伸—压缩循环后粘结性的测定

GB/T 13477.13 建筑密封材料试验方法 第13部分:冷拉—热压后粘结性的测定

GB/T 13477.17 建筑密封材料试验方法 第17部分:弹性恢复率的测定

GB/T 13477.19 建筑密封材料试验方法 第19部分:质量与体积变化的测定

GB/T 22083—2008 建筑密封胶分级和要求

3 分类和标记

3.1 类型

产品按基础聚合物种类分为硅酮(SR)、改性硅酮(MS)、聚氨酯(PU)、聚硫(PS)等。

产品按组分分为单组分(Ⅰ)和双组分(Ⅱ)。

3.2 级别

产品按位移能力分为7.5、12.5、20、25级别,见表1。

表 1 密封胶级别

级　别	试验拉压幅度 %	位移能力 %
7.5	±7.5	7.5
12.5	±12.5	12.5
20	±20	20
25	±25	25

3.3 次级别

产品按 GB/T 22083—2008 进行分类，LM、HM、E 为弹性密封胶，P 为塑性密封胶。

3.4 防霉等级

产品按防霉等级分为 0 级、1 级。

3.5 标记

产品按下列顺序标记：产品名称、本标准编号、组分、聚合物种类、级别、次级别、防霉等级。

示例：单组分防霉等级 1 级的高模量 25 级位移能力的硅酮防霉密封胶标记为：

防霉密封胶 JC/T 885—2016 Ⅰ SR 25 HM 1 级

4 一般要求

产品的生产和应用不应对人体、生物与环境造成有害的影响，所涉及与使用有关的安全与环保要求，应符合我国的相关国家标准和规范的规定。

5 技术要求

5.1 外观

密封胶应为细腻、均匀膏状物或粘稠体，不应有气泡、结块、结皮或凝胶，无不易分散的析出物。

双组分密封胶的各组分间应有明显区别。产品的颜色也可由供需双方商定，产品的颜色与供需双方商定的样品相比，不应有明显差异。

5.2 物理力学性能

5.2.1 密封胶物理力学性能应符合表 2 的规定。

表 2　物理力学性能

项　　目		技　术　指　标						
		25LM	25HM	20LM	20HM	12.5E	12.5P	7.5P
下垂度	垂直/mm	≤3						
	水平	无变形						
表干时间/h		≤3						
挤出性[a]/(mL/min)		≥80						
弹性恢复率/%		≥70		≥60		≥40	—	—
拉伸模量/MPa	23 ℃ −20 ℃	≤0.4 和 ≤0.6	>0.4 或 >0.6	≤0.4 和 ≤0.6	>0.4 或 >0.6	—	—	—
拉伸粘结性—断裂伸长率/%		—					≥100	≥25
定伸粘结性		无破坏					—	—
冷拉—热压后粘结性		无破坏					—	—
同一温度下拉伸—压缩循环后粘结性		—					无破坏	
浸水后定伸粘结性		无破坏					—	—
浸水后拉伸粘结性—断裂伸长率/%		—					≥100	≥25
质量损失/%		≤10.0						
[a] 仅对单组分产品。								

5.2.2　双组分适用期由供需双方商定。

5.3　防霉性

防霉等级应为 0 级或 1 级。

6　试验方法

6.1　基本规定

6.1.1　标准试验条件

试验室的标准试验条件:温度(23±2)℃,相对湿度(50±5)%。

6.1.2　试验基材

弹性恢复率、拉伸模量、拉伸粘结性—断裂伸长率、定伸粘结性、冷拉—热压后粘结性、同一温度下拉伸—压缩循环后粘结性、浸水后定伸粘结性、浸水后拉伸粘结性—断裂伸长率试验基材为符合GB/T 13477.1的浮法玻璃,也可按供方要求选择基材和是否采用底涂料,并在试验报告中注明。

6.1.3　试验伸长率和拉压幅度

试验伸长率和拉压幅度见表 3。

表 3 试验伸长率和拉压幅度

项目		类别						
		25LM	25HM	20LM	20HM	12.5E	12.5P	7.5P
伸长率	弹性恢复率 拉伸模量 定伸粘结性 浸水后定伸粘结性	100%	100%	60%	60%	60%	—	—
拉压幅度	冷拉—热压后粘结性 同一温度下拉伸—压缩循环后粘结性	±25%	±25%	±20%	±20%	±12.5%	±12.5%	±7.5%

6.2 试件制备

6.2.1 制备试件前,用于试验的密封胶应在标准条件下放置 24 h 以上。试验基材选用合适的清洁剂清洁。制备时试样应用挤枪从包装容器中直接挤出注模,使试样充满模具内腔,避免形成气泡。双组分试样应按生产厂注明的比例,在负压约 0.09 MPa 的真空条件下搅拌混合均匀,混合时间约为 5 min。若事先无特殊要求,应在适用期内完成注模和修整。

6.2.2 粘结试件数量和制备方法见表 4。

表 4 粘结试件数量和制备方法

项目		试件数量 个	制备方法
弹性恢复率		3	GB/T 13477.17
拉伸模量	23 ℃	3	GB/T 13477.8
	−20 ℃	3	
拉伸粘结性—断裂伸长率		3	GB/T 13477.8
定伸粘结性		3	GB/T 13477.10
冷拉—热压后粘结性		3	GB/T 13477.13
同一温度下拉伸—压缩循环后粘结性		3	GB/T 13477.12
浸水后定伸粘结性		3	GB/T 13477.11
浸水后拉伸粘结性—断裂伸长率		3	GB/T 13477.9

6.2.3 制备后的粘结性试件按下列条件养护:

a) 单组分密封胶在标准试验条件下放置 28 d,双组分密封胶在标准试验条件下放置 14 d;

b) 在不损坏试件条件下,养护期间垫块应尽早分离。

6.3 外观

产品刮平后目测。

6.4 下垂度

按 GB/T 13477.6 试验，试件在(50±2)℃的烘箱内放置 24 h。

6.5 表干时间

按 GB/T 13477.5 试验。

6.6 挤出性

按 GB/T 13477.3 试验，喷嘴内径 4 mm，样品预处理温度(23±2)℃。

6.7 适用期

按 GB/T 13477.3 试验，喷嘴内径 4 mm，读取挤出率为 50 mL/min 所对应的时间即为适用期。

6.8 弹性恢复率

按 GB/T 13477.17 试验，试验伸长率见表 3。

6.9 拉伸模量

拉伸模量以相应伸长率时的强度表示，按 GB/T 13477.8 试验，测定并计算试件拉伸至表 3 规定的相应伸长率时的强度(MPa)作为模量，其平均值按 GB/T 8170 修约至小数点后一位。

6.10 拉伸粘结性—断裂伸长率

按 GB/T 13477.8 进行试验，试验温度(23±2)℃。

6.11 定伸粘结性

按 GB/T 13477.10 试验，试验伸长率见表 3，试件破坏按 GB/T 22083—2008 中 7.3 进行判定。

6.12 冷拉—热压后粘结性

按 GB/T 13477.13 试验，试件的拉压幅度见表 3，试件破坏按 GB/T 22083—2008 中 7.3 进行判定。

6.13 同一温度下拉伸—压缩循环后粘结性

按 GB/T 13477.12 试验，试验的拉压幅度见表 3，试件破坏按 GB/T 22083—2008 中 7.2 进行判定。

6.14 浸水后定伸粘结性

按 GB/T 13477.11 试验，试验伸长率见表 3，试件破坏按 GB/T 2208 3—2008 中 7.3 进行判定。

6.15 浸水后拉伸粘结性—断裂伸长率

按 GB/T 13477.9 试验，试验温度(23±2)℃。

6.16 质量损失

按 GB/T 13477.19 试验。

6.17 防霉等级

按 GB/T 1741 进行试验。密封胶在标准试验条件下制备厚度约为 2 mm 的涂膜层并养护 7 d。试验时不使用载体面板，切取 50 mm×50 mm 大小的试件直接进行试验，菌种采用外墙漆膜防霉试验规定的菌种。

7 检验规则

7.1 检验分类

产品检验分为出厂检验和型式检验。

7.2 检验项目

7.2.1 出厂检验

出厂检验项目包括：外观、下垂度、表干时间、挤出性（Ⅰ）、适用期（Ⅱ）、弹性恢复率、拉伸模量、拉伸粘结性—断裂伸长率、定伸粘结性。

7.2.2 型式检验

型式检验项目包括第 5 章的全部项目，在下列情况下进行型式检验：

a） 新产品投产或产品定型鉴定时；

b） 正常生产时，每年进行一次；

c） 原材料、工艺等发生较大变化，可能影响产品质量时；

d） 出厂检验结果与上次型式检验结果有较大差异时；

e） 产品停产 6 个月以上恢复生产时。

7.3 组批

以同一品种、同一级别的产品每 5 t 为一批进行检验，不足 5 t 也可为一批。

7.4 抽样

产品随机取样，样品总量约为 4 kg，双组分产品取样后应立即分别密封包装。另取同样数量样品作为备用样。

7.5 判定规则

7.5.1 单项判定

下垂度、表干时间、定伸粘结性、冷拉—热压后粘结性、同一温度下拉伸—压缩循环后粘结性、浸水后定伸粘结性、防霉等级每个试件都符合标准规定，则判该项合格。其余项目试验结果的算术平均值符合标准规定，判该项合格。

7.5.2 综合判定

7.5.2.1 出厂检验项目全部符合要求时，则判该批产品合格。

7.5.2.2 型式检验项目符合第 5 章全部要求时，则判该批产品合格。

7.5.2.3 外观质量或防霉等级不符合标准规定时，则判该批产品不合格。

7.5.2.4 5.2 的检验结果有两项及两项以上指标不符合标准规定时，则判该批产品不合格。

7.5.2.5 在外观质量和防霉等级均合格的条件下，5.2 其他项目的检验结果若有一项不符合标准规定时，用备用样品对该项进行单项检验，合格则判该批产品合格，否则判该批产品不合格。

8 标志、包装、运输和贮存

8.1 标志

产品最小包装上应有牢固的不褪色标志，内容包括：

a) 产品名称（含组分名称）；

b) 产品标记；

c) 生产日期、批号及贮存期；

d) 净含量；

e) 生产厂名及厂址；

f) 商标；

g) 双组分配比；

h) 使用说明及注意事项。

8.2 包装

产品采用支装或其他适宜的包装，包装容器应密闭，双组分产品各组分应有明显区别。

包装除应有 8.1 规定的标志外，还应有防雨、防潮、防日晒、防撞击标志。

8.3 运输

运输时应防止日晒雨淋、撞击、挤压包装。

8.4 贮存

产品应在干燥、通风、阴凉的场所贮存，适宜的贮存温度不超过 27 ℃。

在正常运输、贮存条件下，贮存期自生产日起至少为六个月。

ICS 91.100
P 32

中华人民共和国建筑工业行业标准

JG/T 471—2015

建筑门窗幕墙用中空玻璃弹性密封胶

Elastic sealants for insulating glass units of windows and curtain walls in building

2015-01-20 发布　　2015-07-01 实施

中华人民共和国住房和城乡建设部　发布

前　言

本标准按照GB/T 1.1—2009给出的规则起草。

本标准由住房和城乡建设部标准定额研究所提出。

本标准由住房和城乡建设部建筑制品与构配件标准化技术委员会归口。

本标准负责起草单位：郑州中原应用技术研究开发有限公司、中国建筑科学研究院。

本标准参加起草单位：北京卓越金控高科技有限公司、上海建科检验有限公司、广州白云化工实业有限公司、西卡(中国)有限公司、广州集泰化工有限公司、广东省建筑科学研究院、河南省建筑科学研究院、浙江凌志精细化工有限公司。

本标准主要起草人：马启元、张德恒、刘盈、程鹏、蒋勤逸、蒋金博、司林刚、陈世龙、赖燕德、汪天舒、石正金、文忠。

建筑门窗幕墙用中空玻璃弹性密封胶

1 范围

本标准规定了建筑门窗幕墙用中空玻璃弹性密封胶的术语和定义、分类和标记、要求、试验方法、检验规则、标志、包装、运输和贮存。

本标准适用于建筑门窗幕墙中空玻璃粘结密封用双组分弹性密封胶。

2 规范性引用文件

下列文件对于本文件的应用是必不可少的。凡是注日期的引用文件，仅注日期的版本适用于本文件。凡是不注日期的引用文件，其最新版本(包括所有的修改单)适用于本文件。

GB/T 1037 塑料薄膜和片材透水蒸气性试验方法 杯式法

GB/T 2794 胶黏剂黏度的测定 单圆筒旋转黏度计法

GB/T 3516—2006 橡胶 溶剂抽出物的测定

GB/T 6040—2002 红外光谱分析方法通则

GB/T 9789—2008 金属和其他无机覆盖层 通常凝露条件下的二氧化硫腐蚀试验

GB/T 10125—2012 人造气氛腐蚀试验 盐雾试验

GB/T 10504 3A 分子筛

GB/T 11944—2012 中空玻璃

GB/T 13477.2 建筑密封材料试验方法 第2部分:密度的测定

GB/T 13477.5 建筑密封材料试验方法 第5部分:表干时间的测定

GB/T 13477.6 建筑密封材料试验方法 第6部分:流动性的测定

GB/T 13477.8 建筑密封材料试验方法 第8部分:拉伸粘结性的测定

GB/T 13477.17 建筑密封材料试验方法 第17部分:弹性恢复率的测定

GB 16776—2005 建筑用硅酮结构密封胶

GB 50068—2001 建筑结构可靠度设计统一标准

3 术语和定义

下列术语和定义适用于本文件。

3.1

建筑门窗幕墙用中空玻璃弹性密封胶 elastic sealants for insulating glass units of windows and curtain walls in building

实现中空玻璃单元构件周边弹性粘结，具有可供建筑门窗幕墙结构极限承载力状态设计选用的强度标准值、设计值、模量等技术指标的橡胶态高弹性密封胶。

3.2

初始剪切模量 initial shear modulus

表征密封胶抵抗切应变的能力，以剪切初始阶段剪应力和剪应变的比值表示。

3.3

初始刚度　initial rigidity

表征粘结材料及粘结件抵抗弹性变形的能力，以某一特定应变时的应力表示。

3.4

初始刚度模量　initial rigidity modulus

表征粘结件密封胶在初始受力阶段对应某一应力的变形，其倒数为初始柔度，以粘结件密封胶受拉初始变形阶段产生的拉应力与应变的比值表示。

3.5

粘结强度平均值　strength mean value

粘结强度试验测定值的平均值。

3.6

粘结强度标准值　characteristic value of strength

粘结强度标准值取其正态概率分布的 0.05 分位值确定，即产品粘结强度 95%高于该值。

3.7

材料性能分项系数　partial safety factor

为保证所设计的结构具有规定的可靠度而在设计表达式中采用的由所用材料性能确定的抗力分项系数，如材料粘结强度分项系数。

3.8

粘结强度设计值　design value of bonding strength

粘结强度标准值除以材料性能分项系数得到的值。

3.9

规定值　specified values for technical requirements

生产企业产品技术规格规定值或企业标准技术要求规定值或产品定型鉴定值。按正态概率分布的分位值 0.05 统计产品技术性能 95%高于该值。

4　分类和标记

4.1　分类

4.1.1　按基础聚合物类型分为三类：

a)　硅酮型密封胶，代号为 SR；

b)　聚硫型密封胶，代号为 PS；

c)　其他，以基础聚合物缩写作为代号。

4.1.2　按密封胶在中空玻璃安装典型应用中的承载用途分类，代号见附录 A。

a)　承受永久荷载的密封胶，代号为 P；

b)　承受玻璃永久荷载用密封胶，代号为 H；

c)　承受阵风和/或气压水平荷载用密封胶，代号为 W。

4.2　标记

初始刚度模量及强度标准值分别以规定值标记及示例如下：

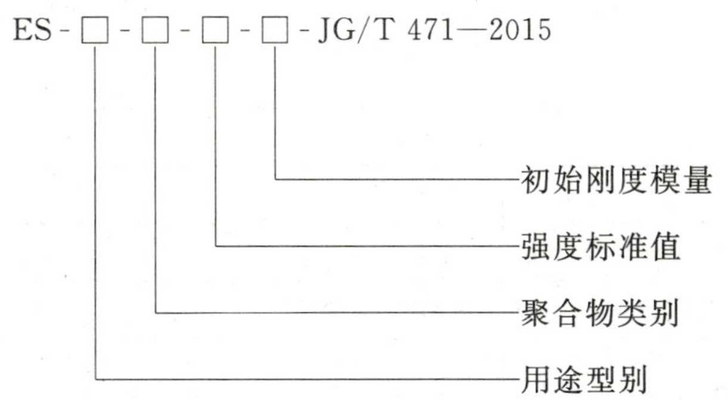

示例：

承受水平荷载、永久荷载，强度标准值 $\sigma_{R,5}=1.0$ MPa，初始刚度模量 $E_S=2.0$ MPa 的隐框用硅酮类中空玻璃密封胶标记为：ES-WHP-SR-1.0-2.0-JG/T 471—2015。

5 要求

5.1 一般要求

5.1.1 粘结件密封胶受拉伸或剪切的初始变形阶段的边界应为法向应变 25%。

5.1.2 初始刚度应以应变 12.5%对应的应力表示。

5.1.3 中空玻璃实际应用中密封胶水蒸气透过率宜参照附录 B 试验。

5.1.4 充气中空玻璃用密封胶气体渗透率指标可仅当工厂有要求时进行测试。

5.2 外观

应为细腻、均匀膏状物，无可见颗粒、结块和结皮，无不易迅速均匀分散的析出物。颜色应与供需双方商定的样品颜色相符。

5.3 物理性能

建筑门窗幕墙用中空玻璃弹性密封胶物理性能应符合表 1 规定。

表 1 建筑门窗幕墙用中空玻璃弹性密封胶物理性能

序号	项目		技术要求
1	密度/(g/cm³)	A 组分	规定值±0.05
		B 组分	
2	黏度/(Pa·s)	A 组分	规定值±10%规定值
		B 组分	
3	适用期/min		≥30
4	表干时间/h		≤3
5	硬度(Shore A)	4 h	规定值±10%规定值
		24 h	
		14 d	
6	下垂度	垂直放置/mm	≤3
		水平放置	无变形

表 1（续）

序号	项目		技术要求
7	红外光谱分析		图谱无显著差异
8	热重分析		图谱无显著差异
9	水蒸气透过率/[g/(m[2]·d)]		≤规定值
10	气体渗透率[a]/%	初始气体含量	报告值
		气体密封耐久性能试验后气体含量	报告值
[a] 仅适用于充气中空玻璃用密封胶。			

5.4 力学性能

建筑门窗幕墙用中空玻璃弹性密封胶力学性能应符合表 2 规定。

表 2 建筑门窗幕墙用中空玻璃弹性密封胶力学性能

<table>
<tr><th>序号</th><th colspan="3">项目</th><th>技术要求</th><th>适用范围</th></tr>
<tr><td rowspan="7">1</td><td rowspan="17">拉伸粘结性</td><td rowspan="7">23 ℃拉伸粘结性</td><td>拉伸粘结强度平均值 $\sigma_{X,23℃}$/(MPa)</td><td>≥0.6</td><td rowspan="7">适用于全部类型</td></tr>
<tr><td>拉伸粘结强度标准值 $\sigma_{R,5,23℃}$/(MPa)</td><td>≥规定值，且规定值≥0.5</td></tr>
<tr><td>破坏状态</td><td>粘结破坏面积≤10%；
OAB 区间无透视性破坏[a]</td></tr>
<tr><td>初始刚度 $K_{12.5,23℃}$/MPa</td><td>报告值</td></tr>
<tr><td>初始刚度模量 E_S/MPa</td><td>规定值±20%</td></tr>
<tr><td>应力-应变曲线</td><td>曲线-AB 线交点应力与型式检验报告 23 ℃曲线的差值应≤0.02 MPa</td></tr>
<tr></tr>
<tr><td>2</td><td>−20 ℃拉伸粘结性</td><td rowspan="6">1) 拉伸粘结强度平均值/MPa；
2)破坏状态；
3)应力-应变曲线</td><td rowspan="6">$\geq 0.75\sigma_{X,23℃}$；
粘结破坏面积≤10%；
OAB 区间无透视性破坏；
曲线-AB 线交点应力与型式检验同条件曲线的差值应≤0.02 MPa</td><td>适用于全部类型</td></tr>
<tr><td>3</td><td>80 ℃拉伸粘结性</td><td>仅适用于 H 和 P 型</td></tr>
<tr><td>4</td><td>60 ℃拉伸粘结性</td><td>仅适用于 W 型</td></tr>
<tr><td>5</td><td>盐雾环境后拉伸粘结性</td><td rowspan="2">仅适用于 H 和 P 型</td></tr>
<tr><td>6</td><td>酸雾环境后拉伸粘结性</td></tr>
<tr></tr>
<tr><td rowspan="4">7</td><td rowspan="4">水-紫外光辐照后拉伸粘结性</td><td>拉伸粘结强度平均值/MPa</td><td>$\geq 0.75\sigma_{X,23℃}$</td><td rowspan="4">适用于全部类型</td></tr>
<tr><td>初始刚度 $K_{c,12.5}$/MPa</td><td>$0.5 \leq K_{c,12.5}/K_{12.5,23℃} \leq 1.10$</td></tr>
<tr><td>粘结破坏面积/%</td><td>≤10</td></tr>
<tr><td>应力-应变曲线</td><td>报告</td></tr>
</table>

表 2（续）

<table>
<tr><th>序号</th><th colspan="3">项目</th><th>技术要求</th><th>适用范围</th></tr>
<tr><td rowspan="6">8</td><td rowspan="6">剪切性能</td><td rowspan="4">23 ℃剪切性能</td><td>剪切强度平均值，$\tau_{X,23\ ℃}$/MPa</td><td>报告</td><td rowspan="7">仅适用于WH和WP型</td></tr>
<tr><td>剪切强度标准值，$\tau_{R,5}$/MPa</td><td>≥0.5</td></tr>
<tr><td>粘结破坏面积/%</td><td>≤10</td></tr>
<tr><td>应力-应变曲线</td><td>报告</td></tr>
<tr><td>−20 ℃剪切性能</td><td rowspan="2">剪切强度平均值/MPa；
粘结破坏面积/%</td><td rowspan="2">≥0.75$\tau_{X,23\ ℃}$；
粘结破坏面积≤10</td></tr>
<tr><td>80 ℃剪切性能</td></tr>
<tr><td>9</td><td colspan="3">弹性恢复率/%</td><td>≥95</td></tr>
<tr><td rowspan="2">10</td><td colspan="2" rowspan="2">抗撕裂性能</td><td>拉伸撕裂强度平均值/MPa</td><td>≥0.75$\sigma_{X,23\ ℃}$</td><td rowspan="5">仅适用于H和P型</td></tr>
<tr><td>粘结破坏面积/%</td><td>≤10</td></tr>
<tr><td rowspan="3">11</td><td colspan="2" rowspan="3">疲劳性能</td><td>拉伸粘结强度平均值/MPa</td><td>≥0.75$\sigma_{X,23\ ℃}$</td></tr>
<tr><td>初始刚度 $K_{f,12.5}$/MPa</td><td>0.75≤$K_{f,12.5}/K_{12.5,23\ ℃}$≤1.25</td></tr>
<tr><td>粘结破坏面积/%</td><td>≤10</td></tr>
<tr><td>12</td><td colspan="2">蠕变性能</td><td>位移/mm</td><td>≤0.10</td><td>仅适用于P型</td></tr>
<tr><td colspan="6">[a] “OAB区间”参见图1所示。</td></tr>
</table>

6 试验方法

6.1 试验基本要求

6.1.1 标准条件

温度：23 ℃±2 ℃，相对湿度：(50±5)%。

6.1.2 试验样品

试验样品以包装状态在标准条件下放置至少24 h。试验样品两组分混合比例应符合供方规定。

6.2 外观

将试验样品各组分刮平后目测。

6.3 密度

密度试验应按GB/T 13477.2规定试验。

6.4 黏度

按GB/T 2794规定试验。

6.5 适用期

按GB 16776—2005中6.5试验。

6.6 表干时间

按 GB/T 13477.5 的规定试验。

6.7 硬度

按 GB 16776—2005 的规定试验，试样厚度应不小于 6 mm。

6.8 下垂度

按 GB/T 13477.6 的规定试验，试验温度为 50 ℃±2 ℃。

6.9 红外光谱分析

6.9.1 试验样品制备

将已固化的密封胶去除表面部分后切碎，称取约 20 g，按 GB/T 3516—2006 中方法 A 抽提，抽提液选用丙酮或甲苯，抽提时间为 24 h。

6.9.2 试验步骤

按 GB/T 6040—2002 中 5.2.2 规定的溴化钾涂膜方法对抽提液进行红外分析检测。先行背景扫描，用以扣除空气中的水与二氧化碳的影响，再将抽提液涂在溴化钾片上放入红外灯箱内进行烘烤，除去抽提液中的溶剂，然后进行红外分析测试。每个样品扫描三次。报告红外线吸收光谱和相关特征波长。

6.9.3 试验结果分析

比对首次型式检验红外光谱，特征波长一致且图谱匹配度不小于 80%，则判定图谱无显著差异。

6.10 热重分析

6.10.1 试验步骤

将已固化的密封胶去除表面部分后切碎，称取约 10 mg(精确至 0.1 mg)样品盛装在坩埚内，放入热重分析仪的样品托盘上。在氮气氛条件下加热，升温速率 10 ℃/min，记录并报告热分析曲线及其一阶导曲线、加热至 900 ℃累计失重的百分比、最大挥发失重的区间、放热或吸热转变区间。

6.10.2 试验结果分析

比对首次型式检验热分析曲线应走势一致，其中一阶导曲线拐点(最大失重速率)对应的温度偏差不大于 10 ℃，加热至 900 ℃累计失重的百分比、最大挥发失重的区间偏差均不应大于 5%，则判定图谱无显著差异。

6.11 水蒸气透过率

按 GB/T 1037 规定的方法进行试验，透湿杯内装填约 2/3 杯，符合 GB/T 10504 的新开封的 3A 分子筛。试样为厚度 2.0 mm±0.20 mm 的圆片，直径与透湿杯橡胶垫圈外径相同，试样表面应无缺陷、针孔和杂质。试验温度为 23 ℃±0.6 ℃，安装试样后的透湿杯放入干燥器样架上，样架下加水，密闭干燥器，试样环境相对湿度为(90±2)%。

6.12 气体渗透率

按照 GB/T 11944—2012 中 7.6、7.7 规定进行试验，充入气体为氩气，测定并报告充气中空玻璃的初始气体含量及经过气体密封耐久性能试验后的气体含量。

6.13 拉伸粘结性

试件应符合 GB 16776—2005 中 6.8.1 的规定，试件一面基材为玻璃，另一面基材为阳极氧化铝。试件按 GB/T 13477.8 制备并测试，每 5 个试件为一组，制备后试件在标准条件下养护 28 d，测试时拉伸速度为 5 mm/min。

6.13.1 23 ℃拉伸粘结性

试验温度为 23 ℃±2 ℃。记录并报告拉伸粘结强度平均值($\sigma_{X.23\ ℃}$)、粘结破坏面积及破坏状态、应力应变曲线与 AB 线交点应力、初始刚度模量、初始刚度和拉伸粘结强度标准值。

6.13.1.1 破坏状态

在 OAB 区间(见图 1)拉伸时，平视观察试件发生的可透过光线的破裂、气孔、脱胶等现象(见图 2)。

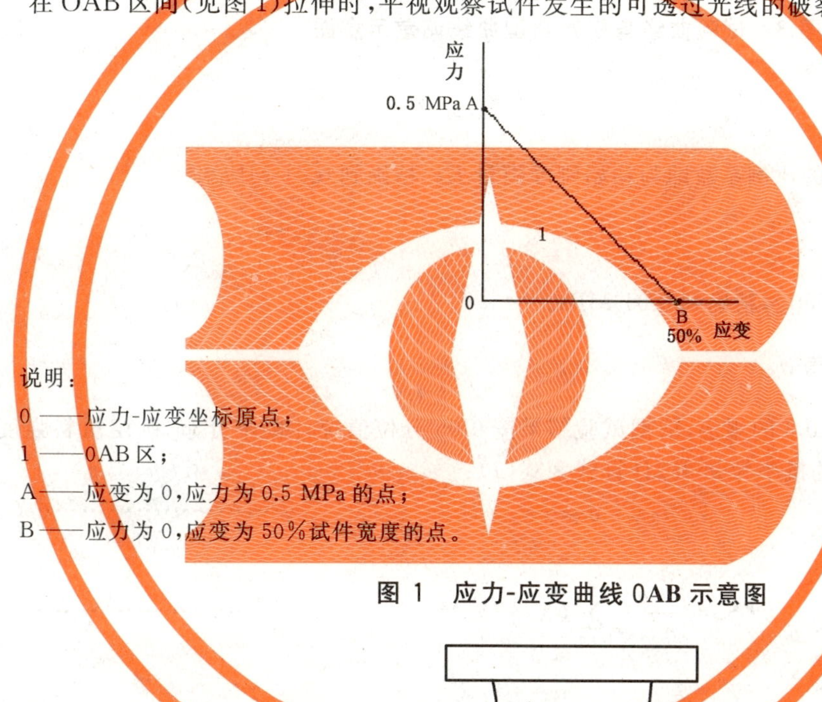

说明：

0 ——应力-应变坐标原点；

1 ——OAB 区；

A——应变为 0，应力为 0.5 MPa 的点；

B——应力为 0，应变为 50%试件宽度的点。

图 1 应力-应变曲线 OAB 示意图

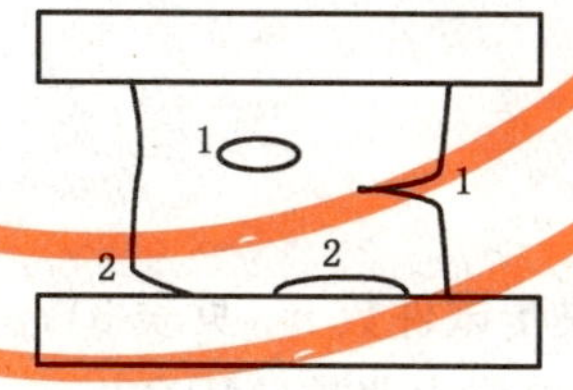

说明：

1——内聚破坏；

2——粘结破坏。

图 2 密封胶拉伸粘结破坏示意图

6.13.1.2 应力应变曲线与 AB 线交点应力

按附录 C 中补偿后的数据绘制拉伸粘结应力-应变曲线，测定曲线与 AB 线交点的应力，计算该应力值与对应型式检验曲线与 AB 线交点应力的偏差值(见图 3)。

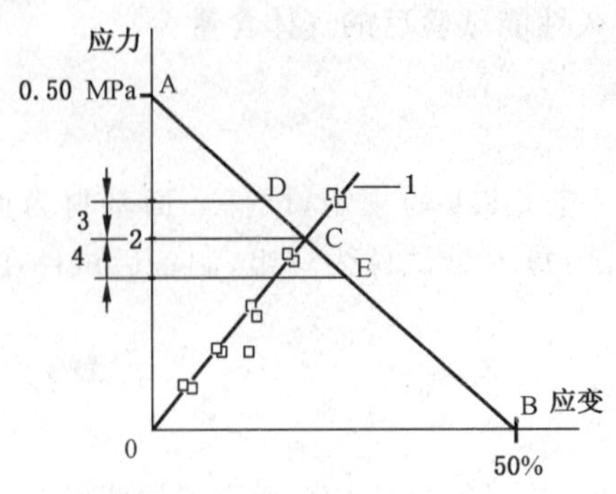

说明：

1 ——型式检验的同条件试验曲线；

2 ——交叉点C对应的应力；

3、4——应力偏差(±0.02 MPa)。

图 3 试验曲线与初始典型曲线偏差示意图

6.13.1.3 初始刚度模量 E_S

按附录C计算应力-应变的比例系数即为初始刚度模量 E_S，精确到0.01 MPa。

6.13.1.4 初始刚度 $K_{12.5}$

按附录C计算初始刚度 $K_{12.5}$，精确到0.01 MPa。

6.13.1.5 拉伸粘结强度标准值 $\sigma_{R,5}$

按GB 50068—2001中5.0.3的规定，依据试验结果按0.05分位值统计概率分布，确定材料强度标准值($\sigma_{R,5}$)，试验值大于该值的概率为95%，计算式为式(1)：

$$\sigma_{R,5}=\sigma_X-\tau_{\alpha\beta}\cdot S \qquad \cdots\cdots(1)$$

$$S=\left\{\frac{1}{n-1}\sum_{i=1}^{n}(X_i-\sigma_X)^2\right\}^{1/2} \qquad \cdots\cdots(2)$$

式中：

σ_X ——拉伸强度平均值；

S ——标准偏差[按式(2)计算]；

$\tau_{\alpha\beta}$ ——置信度0.95偏差因子，取决于试件数 n (见表3)；

X_i ——试件 i 的拉伸强度测试值，单位为兆帕(MPa)；

n ——试件数。

表 3 $\tau_{\alpha\beta}$ 因子为试件数量的函数

试件数量	5	6	7	8	9	10	15	30	∞
$\tau_{\alpha\beta}$	2.46	2.33	2.25	2.19	2.14	2.10	1.99	1.87	1.64

6.13.2 −20 ℃拉伸粘结性

试验温度为−20 ℃±2 ℃，试件应在−20 ℃±2 ℃条件下处理(24±4)h后进行测试，记录并报告以下内容：

a) 拉伸粘结强度平均值；
b) 破坏状态(按 6.13.1.1)；
c) 应力应变曲线与 AB 线交点应力(按 6.13.1.2)。

6.13.3 80 ℃拉伸粘结性

试验温度为 80 ℃±2 ℃，试件应在 80 ℃±2 ℃条件下处理(24±4)h 后进行测试，记录并报告以下内容：

a) 拉伸粘结强度平均值；
b) 破坏状态(按 6.13.1.1)；
c) 应力应变曲线与 AB 线交点应力(按 6.13.1.2)。

6.13.4 60 ℃拉伸粘结性

试验温度为 23 ℃±2 ℃，试件应在 60 ℃±2 ℃的烘箱中处理(168±5)h 后进行测试，记录并报告以下内容：

a) 拉伸粘结强度平均值；
b) 破坏状态(按 6.13.1.1)；
c) 应力应变曲线与 AB 线交点应力(按 6.13.1.2)。

6.13.5 盐雾环境后拉伸粘结性

试件在 GB/T 10125—2012 规定的中性盐雾试验(NSS 试验)条件下处理 480 h，在标准条件下放置 24 h±4 h 后进行测试，试验温度为 23 ℃±2 ℃，记录并报告以下内容：

a) 拉伸粘结强度平均值；
b) 破坏状态(按 6.13.1.1)；
c) 应力应变曲线与 AB 线交点应力(按 6.13.1.2)。

6.13.6 酸雾环境后拉伸粘结性

试件按 GB/T 9789—2008 规定条件进行试验，试验周期共 20 个循环。处理后的试件在标准条件下放置 24 h±4 h 后进行测试，试验温度为 23 ℃±2 ℃，记录并报告以下内容：

a) 拉伸粘结强度平均值；
b) 破坏状态(按 6.13.1.1)；
c) 应力应变曲线与 AB 线交点应力(按 6.13.1.2)。

6.13.7 水-紫外光照后拉伸粘结性

将 5 个试件放入水-紫外线辐照试验箱内。光源为氙灯或同等光源；光强度为(50±5)W/m^2(在样品所在处测得)，波长 300 nm～400 nm；水为去离子水，电阻率 1 MΩ～10 MΩ，水温 45 ℃±1 ℃；处理时试件上表面与水面平齐；处理时间：W 用途产品为 168 h，H 和 P 用途产品 1 008 h±8 h；处理后的试件在标准条件下放置 24 h±4 h 然后进行测试，记录并报告以下内容：

a) 拉伸粘结强度平均值，MPa；
b) 初始刚度 $K_{c,12.5}$，MPa；
c) 粘结破坏面积，%；
d) 应力-应变曲线。

6.14 剪切性能

取 6.13 试件三组，试验温度分别为 23 ℃±2 ℃、−20 ℃±2 ℃、80 ℃±2 ℃，分别在试验温度

23 ℃±2 ℃、−20 ℃±2 ℃、80 ℃±2 ℃条件下处理(24±4)h后进行测试，按图4施加剪切荷载，剪切速率5 mm/min。报告应包括剪应力-剪应变曲线、最大剪切强度 τ_X、剪切强度标准值 $\tau_{R,5}$ 及粘结破坏面积。

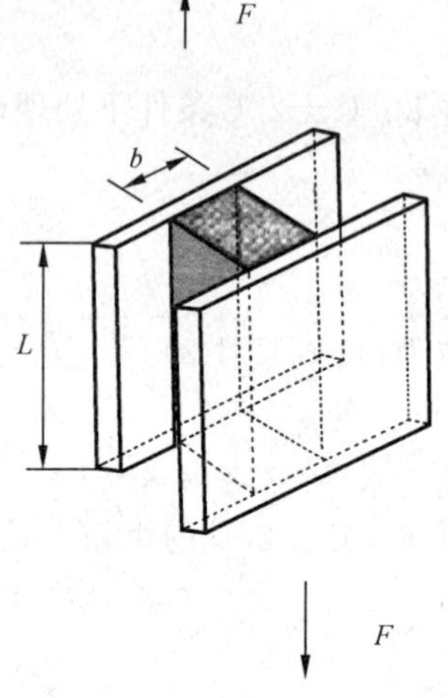

说明：

L ——密封胶粘结长度；

b ——密封胶粘结厚度；

F ——剪切力。

图4 剪切试件受力方向示意图

6.14.1 最大剪切强度 τ_X 按式(3)计算：

$$\tau_X=\frac{F}{L\cdot b} \qquad \cdots\cdots(3)$$

式中：

F ——剪切力，单位为牛顿(N)；

L ——密封胶粘结长度，单位为毫米(mm)；

b ——密封胶粘结厚度，单位为毫米(mm)。

6.14.2 剪切强度标准值 $\tau_{R,5}$ 按式(4)计算：

$$\tau_{R,5}=\tau_X-\tau_{\alpha\beta}\cdot S \qquad \cdots\cdots(4)$$

式中：

S ——标准偏差；

$\tau_{\alpha\beta}$——置信度0.95偏差因子(表3)。

6.15 弹性恢复率

按GB/T 13477.17试验测定伸长25%的弹性恢复率。

6.16 抗撕裂性能

试件制备应符合6.13的规定，数量为5个，按图5所示沿试件中线在密封胶两端面水平切开5 mm深的切口，在试验温度23 ℃±2 ℃下按GB/T 13477.8拉伸试件，测定密封胶的最大强度为拉伸撕裂强度，报告粘结破坏面积，报告拉伸撕裂强度与23 ℃拉伸粘结强度($\sigma_{X,23℃}$)的比值。

单位为毫米

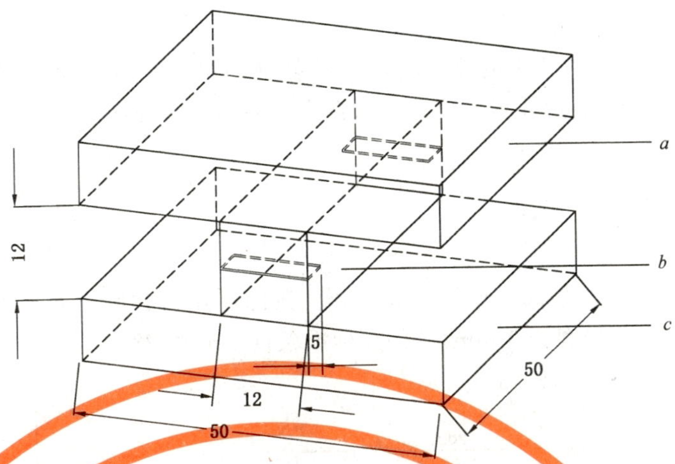

说明：

a ——平板玻璃；

b ——密封胶端部 5 mm 深切口；

c ——铝基材。

图 5 抗撕裂性能测试试件

6.17 疲劳性能

6.17.1 试件

试件按照 6.13 的规定制备，数量为 10 个。

6.17.2 测试

按图 6 所示，以 8 s 为一个周期循环拉伸试件，试验总计循环拉伸次数为 5 350 次。疲劳循环应力以密封胶拉伸粘结强度设计值 f_{S1} 计，f_{S1} 按附录 C.4.1 计算。试件的拉伸应力幅度及拉伸循环次数如下：

a) 100 次，从 $0.1f_{S1} \sim 1.0f_{S1}$；

b) 250 次，从 $0.1f_{S1} \sim 0.8f_{S1}$；

c) 5 000 次，从 $0.1f_{S1} \sim 0.6f_{S1}$。

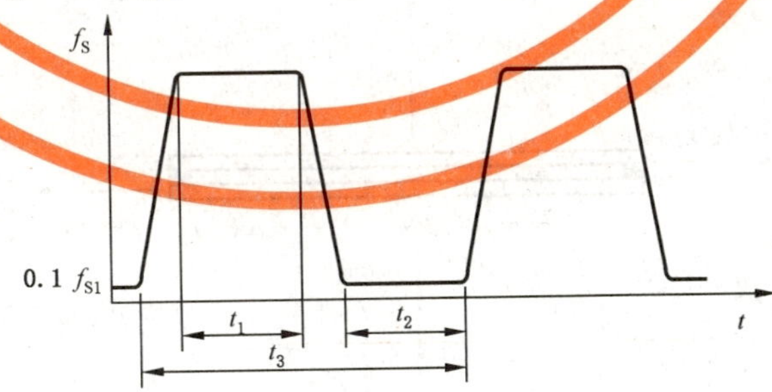

说明：

f_S ——拉伸强度，MPa；

f_{S1}——拉伸强度设计值，MPa；

t ——时间，s；

t_1 ——波峰荷载持续时间≥2 s；

t_2 ——释放时间≥2 s；

t_3 ——循环周期≤8 s。

图 6 疲劳应力循环示意图

6.17.3 结果

结束后检查并记录密封胶的外观变化。将经循环拉伸后的试件在标准条件下放置 24 h，然后在 23 ℃±2 ℃按 GB/T 13477.8 测定并报告拉伸粘结强度及粘结破坏面积。

6.18 蠕变性能

6.18.1 试件制备与养护

试件基材为平板玻璃，尺寸为 200 mm×200 mm。按图 7 用密封胶将两片玻璃粘结为一体，粘结宽度为 9 mm，厚度为 6 mm，长度 200 mm，试件在标准条件下养护 28 d。

单位为毫米

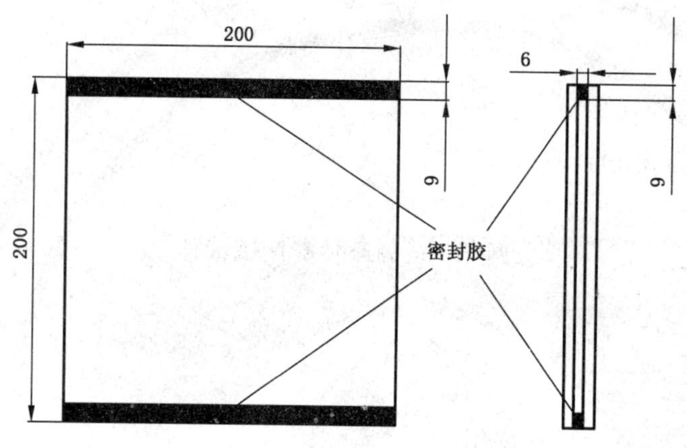

图 7 试件尺寸示意图

6.18.2 试验步骤

将三个试件放入蠕变试验箱内，如图 8 所示分别在垂直方向和水平方向对试件施加恒定拉力 F_1 和恒定剪力 F_2，试验温度 23 ℃±2 ℃，相对湿度(50±5)%。试验周期为 91 d。记录试件每天的受力状态和变形，测定卸载后 24 h 的位移。

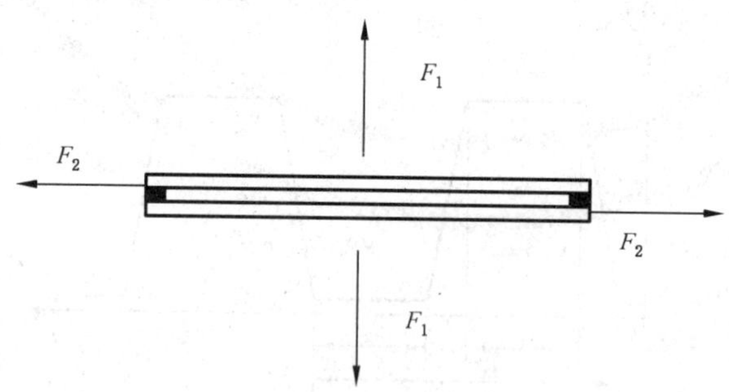

说明：

F_1——恒定拉力；

F_2——恒定剪力。

图 8 蠕变性能测试试件受力示意图

6.18.2.1 恒定拉力 F_1 按式(5)计算设定：

$$F_1 = 2 \times h \times l \times P_X = 3\,600\ P_X \qquad (5)$$

$$P_X = 0.3 \times f_{S1} \quad \cdots\cdots (6)$$

式中：

h ——密封胶宽度(9 mm)；

l ——密封胶长度(200 mm)；

P_X ——持久拉伸强度设计值，单位为兆帕(MPa)，按式(6)取值；

0.3 ——持久拉伸性能分项系数；

f_{S1} ——拉伸强度设计值，单位为兆帕(MPa)，按附录 C 中的 C.4.1 计算。

6.18.2.2 恒定剪力 F_2 按式(7)计算设定：

$$F_2 = 2 \times h \times l \times \Gamma\infty = 3\,600\Gamma\infty \quad \cdots\cdots (7)$$

式中：

h ——密封胶宽度(9 mm)；

l ——密封胶长度(200 mm)；

$\Gamma\infty$——持久剪切强度设计值，单位为兆帕(MPa)，按附录 C 中的 C.4.2 计算。

7 检验规则

7.1 检验分类

产品检验分为出厂检验和型式检验。

7.2 出厂检验

出厂检验项目包括：外观、密度、黏度、适用期、表干时间、下垂度、硬度、23 ℃拉伸粘结性。

7.3 型式检验

型式检验项目包括第 5 章中的所有项目，有下列情况之一时应进行型式检验。

a) 新产品试制鉴定或老产品转厂生产时；
b) 正常生产时，每年进行一次，蠕变性能每两年进行一次；
c) 生产原料、配方、工艺有较大改变，可能影响产品性能时；
d) 产品停产半年以上，恢复生产时；
e) 出产检验结果与上次型式检验有较大差异时。

7.4 组批

间歇混合制造的建筑门窗幕墙用中空玻璃弹性密封胶产品，每釜为一批；同批原材料连续混合制造每 8 h 的产品为一批。

7.5 抽样

在每批产品中随机抽取一组包装，从中随机抽取 4 kg 样品。取样后应立即密封包装。

7.6 判定规则

7.6.1 单项判定

7.6.1.1 外观、密度、下垂度、表干时间、硬度、红外光谱分析、热重分析每个试件都符合标准规定，则判该项合格。

7.6.1.2 弹性恢复率、拉伸粘结性(含 23 ℃、−20 ℃、80 ℃、60 ℃处理后、水-紫外光照后、盐雾环境后、酸雾环境后)、剪切性能、抗撕裂性能、疲劳性能、蠕变性能、水蒸气透过率每组试件的算术平均值符合标准规定,则判该项合格。

7.6.1.3 拉伸粘结强度标准值、剪切强度标准值、初始刚度模量、初始刚度符合表 2 规定,则判该项合格。

7.6.1.4 气体渗透率给出报告值。

7.6.2 综合判定

7.6.2.1 出厂检验项目全部符合要求时,则判该批产品合格。

7.6.2.2 型式检验项目符合第 5 章全部要求时,则判该批产品合格。

7.6.2.3 检验结果若有两项及以上不符合标准规定时,则判该批产品不合格。检验结果若有一项不符合标准规定时,对该项进行双倍复检,均合格则判该批产品合格,否则判该批产品不合格。

8 标志、包装、运输和贮存

8.1 标志

产品标志应包括:产品名称(含组分名称)、产品标记、生产日期、批号及贮存期、净质量或净含量、制造商名称。

8.2 随行文件

8.2.1 产品随行文件应包括产品合格证和出厂检验报告。

8.2.2 出厂检验报告应明示“规定值”等有关内容。

8.3 包装

8.3.1 建筑门窗幕墙用中空玻璃弹性密封胶应密闭包装。

8.3.2 包装桶上应有 8.1 规定的标志,应有防雨、防潮、防日晒、不许倒置标志。

8.4 运输

8.4.1 建筑门窗幕墙用中空玻璃弹性密封胶无腐蚀、无毒害、不易燃、无爆炸危险,可按一般非危险品运输。

8.4.2 运输时应防日晒、防雨淋、防撞击和挤压包装。

8.5 贮存

应在干燥、通风、阴凉场所贮存,贮存温度不宜高于 27 ℃,贮存期自生产之日计不少于 6 个月。

附 录 A
（资料性附录）
门窗幕墙中空玻璃密封胶用途分类及标记示例

A.1 范围

按密封胶在中空玻璃安装典型应用中的承载方式，规定了中空玻璃用密封胶的分类及标记。

A.2 密封胶分类及标记示例

密封胶分类及标记示例见图 A.1。

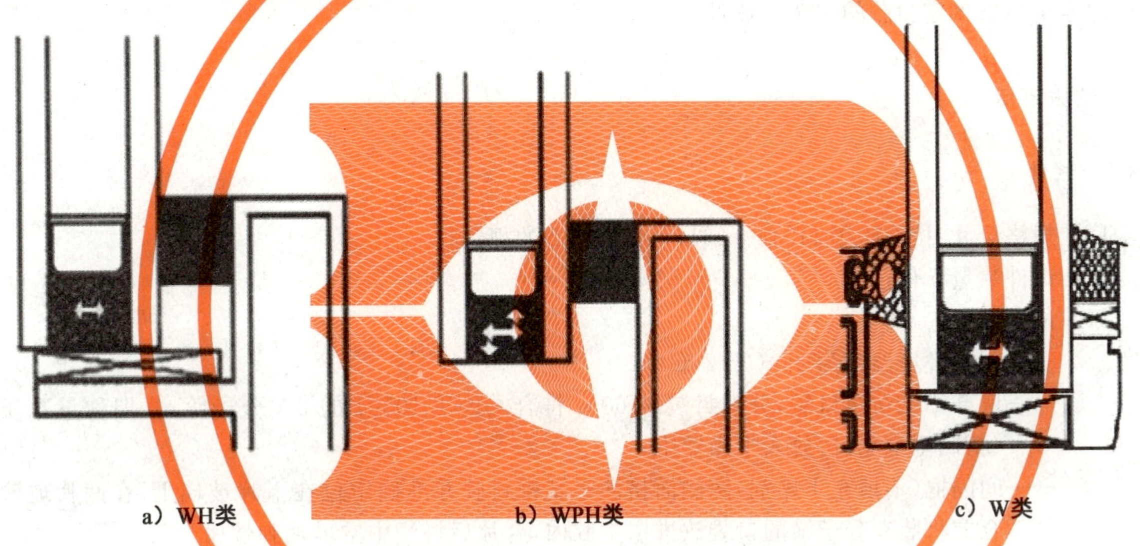

说明：

W ——承受阵风和/或气压水平荷载用密封胶；

H ——承受玻璃永久荷载用密封胶；

P ——承受永久荷载的密封胶。

图 A.1 典型安装中空玻璃密封胶承载形式图例

附 录 B
（资料性附录）
中空玻璃密封胶水蒸气透过率试验

B.1 范围

本附录规定了中空玻璃密封胶水蒸气透过率试验原理及试验方法。

B.2 原理

中空玻璃标准试件经高低温、湿热条件加速耐久性试验后，测定填充在中空腔内干燥剂的吸湿量，相对评定中空玻璃密封胶的水蒸气透过率。

B.3 试验方法

B.3.1 试件

1） 规格尺寸：按 GB/T 11944—2012 中 6.1、6.2 的规定；
2） 试件数量 5 件；
3） 试件制备：
——制备环境温度为 23 ℃±2 ℃；
——取 5 个无纺布口袋，分别封装约 60 g 符合 GB/T 10504 的 3A 分子筛，立即称量总质量（精确至毫克）后放入干燥器中；
——间隔框（不填充干燥剂）两侧面挤注丁基密封胶并准确定位在下片玻璃上，在两片玻璃压合前将装有分子筛的口袋放进中空腔内，合片后挤注中空玻璃弹性密封胶；
——试件养护：标准条件下养护 28 d。

B.3.2 试验过程

1） 按 GB/T 11944—2012 中 7.5.2 的规定试验。
2） 试验结束后分解试件取出装有分子筛的口袋，1 min 内称量质量，精确至毫克。
3） 中空玻璃密封胶水蒸气透过量以分子筛吸湿增加的克数计，按式(B.1)计算：

$$\Delta G = G_2 - G_1 \qquad \text{(B.1)}$$

式中：

ΔG ——中空玻璃密封胶水蒸气透过量，单位为克(g)；
G_1 ——试验前装有分子筛口袋的总质量，单位为克(g)；
G_2 ——试验后装有分子筛口袋的总质量，单位为克(g)。

附　录　C
（规范性附录）
初始刚度模量及粘结强度设计值

C.1　范围

本附录规定了初始刚度模量、初始刚度、剪切模量及粘结强度设计值的测定和计算。

C.2　初始刚度模量

C.2.1　原理

密封胶为物理非线性粘弹性体，其变形受粘结面约束呈几何非线性，仅在初始变形阶段（如法向应变25％为边界）切向变形对横截面积的影响甚小，法线应力与切线应力基本相等，可视为近似于弹性固体。初始拉伸试验中由于粘结试件的安装间隙、夹持预张紧或其他人为因素，往往造成初始应力-变形试验曲线原点漂移（如图C.1所示），为真实反映材料特性，应对初始变形阶段的应变补偿后绘制应力-应变曲线（如图C.2所示），计算密封胶适于工程应用的初始刚度模量。

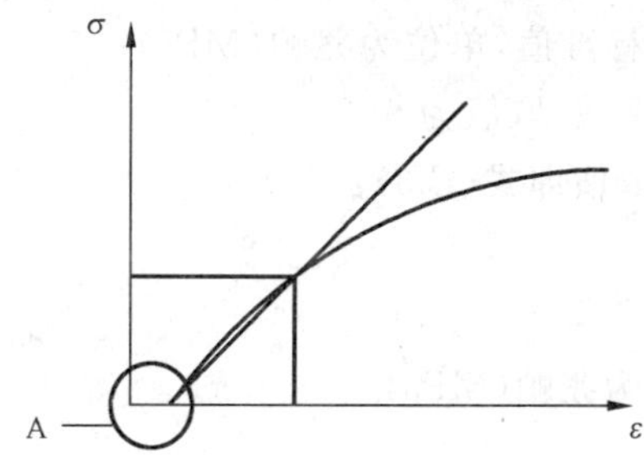

说明：
A ——原点漂移；
σ ——应力，MPa；
ε ——应变，％。

图C.1　应力-应变曲线

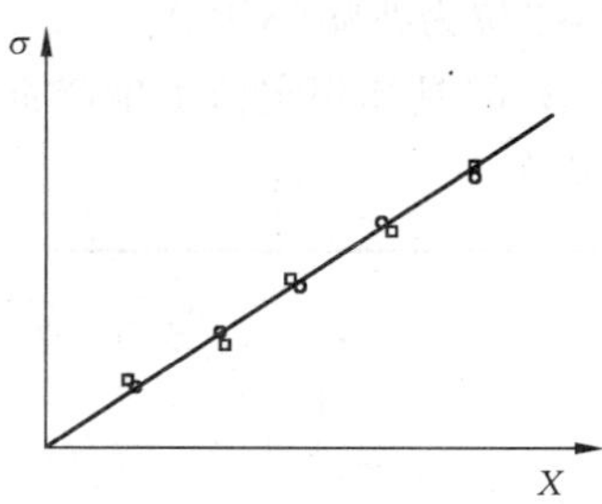

说明：
X——补偿后变形，％。

图C.2　对应变补偿后的应力-变形曲线示意图

C.2.2 计算方法

将试验测得 5%、10%、15%、20%、25%应变的应力值，分别补偿转换为 4.8%、9.1%、13.1%、16.9%、20.3%应变的应力值，绘制穿过原点的应力-应变曲线（如图 C.2），计算应力-应变的比例系数即为初始刚度模量 E_S。

C.3 初始刚度

按 B.2 补偿后数据绘制的应力-应变曲线（如图 C.2 所示）查对应变 12.5%对应的应力即为初始刚度 $K_{12.5}$，或按式（C.1）计算：

$$K_{12.5}=0.125\times E_S \tag{C.1}$$

式中：

E_S——初始刚度模量，单位为兆帕（MPa）。

C.4 强度设计值

C.4.1 粘结强度设计值

材料强度标准值除以材料性能分项系数得到的值。密封胶粘结强度分项系数 γ_f 取 6，即式（C.2）：

$$f_{S1}=\sigma_{R,5,23\ ℃}/\gamma_f \tag{C.2}$$

式中：

$\sigma_{R,5,23\ ℃}$——23 ℃拉伸粘结强度标准值，单位为兆帕（MPa）；

γ_f ——粘结拉伸性能分项系数，取值为 6。

同理，粘结剪切强度设计值 f_{S2} 取值即式（C.3）：

$$f_{S2}=\tau_{R,5}/6 \tag{C.3}$$

式中：

$\tau_{R,5}$——剪切强度标准值，单位为兆帕（MPa）。

C.4.2 持久荷载下剪切强度设计值，$\Gamma\infty$

依据 6.18.2 试验确定剪切荷载下密封胶持久强度设计值，即密封胶不产生蠕变的剪应力值。该值依据试验结果按式（C.4）计算：

$$\Gamma\infty=f_{S2}/\Upsilon_c \tag{C.4}$$

式中：

f_{S2}——23 ℃粘结剪切强度设计值，单位为兆帕（MPa）；

Υ_c ——蠕变性能分项系数，一般应≥10（具体规定值由生产企业产品标准或说明书提供）。

ICS 91.220
P 96

中华人民共和国建筑工业行业标准

JG/T 475—2015

建筑幕墙用硅酮结构密封胶

Structural silicon sealants for building curtain wall

2015-11-23 发布　　2016-04-01 实施

中华人民共和国住房和城乡建设部　　发布

前　言

本标准按照 GB/T 1.1—2009 给出的规则起草。

本标准由住房和城乡建设部标准定额研究所提出。

本标准由住房和城乡建设部建筑结构标准化技术委员会归口。

本标准起草单位：中国建筑防水协会、郑州中原应用技术研究开发有限公司、中国建材检验认证集团苏州有限公司、上海市建筑科学研究院(集团)有限公司、河南省建筑科学研究院有限公司、中国建筑科学研究院、河南建筑材料研究设计院有限公司、广州市白云化工实业有限公司、杭州之江有机硅化工有限公司、道康宁(中国)投资有限公司、西卡(中国)有限公司、美国科潘诺实验设备公司上海代表处、成都硅宝科技股份有限公司、浙江凌志精细化工有限公司、江门大光明粘胶有限公司、广东新展化工新材料有限公司、广州集泰化工有限公司、广州市高士实业有限公司、山东永安胶业有限公司、山东宝龙达实业集团有限公司、北京中天星云科技有限公司、江西省奋发粘胶化工有限公司、深圳市百丽春粘胶实业有限公司、常熟市恒信粘胶有限公司、佛山市元通胶粘实业有限公司、四川新达粘胶科技有限公司、福建蓝海市政园林建筑有限公司。

本标准主要起草人：朱冬青、朱志远、郭月萍、尚华胜、朱德明、李万勇、余奕帆、邓海燕、陈文洁、汪天舒、杨晓菲、刘明、李步春、陈世龙、牛蓉、王文开、刘盈、司林刚、沈玉华、潘舟玥、向华、石正金、王明双、胡新嵩、蒋勤逸、张燕青、程鹏、张恒、王世文。

建筑幕墙用硅酮结构密封胶

1 范围

本标准规定了建筑幕墙用硅酮结构密封胶(简称硅酮结构胶)的分类和标记、要求、试验方法、检验规则、标志、包装、运输和贮存。

本标准适用于设计使用年限不低于25年的建筑幕墙工程用硅酮结构密封胶。

2 规范性引用文件

下列文件对于本文件的应用是必不可少的。凡是注日期的引用文件,仅注日期的版本适用于本文件。凡是不注日期的引用文件,其最新版本(包括所有的修改单)适用于本文件。

GB/T 528 硫化橡胶或热塑性橡胶 拉伸应力应变性能的测定

GB/T 531.1 硫化橡胶或热塑性橡胶 压入硬度试验方法 第1部分:邵氏硬度计法(邵尔硬度)

GB/T 9789 金属和其他无机覆盖层 通常凝露条件下的二氧化硫腐蚀试验

GB 9985 手洗餐具用洗涤剂

GB/T 10125 人造气氛腐蚀试验 盐雾试验

GB/T 13477.1 建筑密封材料试验方法 第1部分:试验基材的规定

GB/T 13477.3 建筑密封材料试验方法 第3部分:使用标准器具测定密封材料挤出性的方法

GB/T 13477.5—2002 建筑密封材料试验方法 第5部分:表干时间的测定

GB/T 13477.6 建筑密封材料试验方法 第6部分:流动性的测定

GB/T 13477.8—2002 建筑密封材料试验方法 第8部分:拉伸粘结性的测定

GB/T 13477.17 建筑密封材料试验方法 第17部分:弹性恢复率的测定

GB/T 13477.19 建筑密封材料试验方法 第19部分:质量与体积变化的测定

GB/T 16422.2 塑料 实验室光源暴露试验方法 第2部分:氙弧灯

GB/T 16422.3 塑料 实验室光源暴露试验方法 第3部分:荧光紫外灯

GB 16776—2005 建筑用硅酮结构密封胶

JG/T 471 建筑门窗幕墙用中空玻璃弹性密封胶

3 分类和标记

3.1 分类

产品按组成分为单组分型(1)和双组分型(2)。

产品按适用的基材分为铝材(AL)、玻璃(G)、其他金属(M)。

3.2 标记

产品按下列顺序标记:名称、分类、本标准编号。

示例:铝材和玻璃基材用双组分建筑幕墙用硅酮结构密封胶标记为:

硅酮结构胶 2 ALG JG/T 475—2015

4 要求

4.1 一般要求

硅酮结构胶的设计使用年限不应低于25年，应明确规定使用条件及保持的性能特性。产品一般要求见表1。

表1 一般要求

序号	项目		要求
1	刚度	初始刚度 $K_{12.5}$	报告
		水-紫外线光照后刚度比 $K_{c,12.5}/K_{12.5}$	$0.5 \leqslant K_{c,12.5}/K_{12.5} \leqslant 1.10$
2	一致性评价	热重分析	报告
		红外光谱	报告
3	拉伸模量		报告23 ℃拉伸粘结性在伸长率为5%，10%，15%，20%和25%时的强度
4	12.5%时弹性模量		报告

硅酮结构胶的刚度和弹性模量试验应符合附录A的规定。

施工过程中的硅酮结构胶检测可按GB 16776—2005附录D的规定进行。

4.2 外观

4.2.1 硅酮结构胶应为细腻、均匀膏状物或粘稠体，不应有气泡、结块、结皮或凝胶，搅拌后应无不易分散的析出物。

4.2.2 双组分硅酮结构胶的各组分的颜色应有明显差异。产品的颜色也可由供需双方商定，产品的颜色与供需双方商定的样品相比，不应有明显差异。

4.3 物理力学性能

产品物理力学性能应符合表2的要求。

表2 物理力学性能

序号	项目		技术指标
1	下垂度/mm	垂直	≤3
		水平	无变形
2	表干时间/h		≤3
3	挤出性[a]/s		≤10
4	适用期[b]/min		≥20
5	邵氏硬度A		20～60
6	气泡		无可见气泡

表 2（续）

<table>
<tr><th>序号</th><th colspan="3">项目</th><th>技术指标</th></tr>
<tr><td rowspan="10">7</td><td rowspan="10">拉伸
粘结性</td><td colspan="2">23 ℃拉伸粘结强度标准值 $R_{u,5}$/MPa</td><td>≥0.50</td></tr>
<tr><td rowspan="8">拉伸粘结强度
保持率/%</td><td>80 ℃</td><td>≥75</td></tr>
<tr><td>−20 ℃</td><td>≥75</td></tr>
<tr><td>水-紫外线光照</td><td>≥75</td></tr>
<tr><td>NaCl 盐雾</td><td>≥75</td></tr>
<tr><td>SO_2 酸雾</td><td>≥75</td></tr>
<tr><td>清洗剂</td><td>≥75</td></tr>
<tr><td>100 ℃7 d 高温</td><td>≥75</td></tr>
<tr><td colspan="2">粘结破坏面积(所有拉伸粘结性项目)/%</td><td>≤10</td></tr>
<tr><td rowspan="4">8</td><td rowspan="4">剪切强度</td><td colspan="2">23 ℃剪切强度标准值 $R_{u,5}$/MPa</td><td>≥0.50</td></tr>
<tr><td rowspan="2">剪切强度
保持率/%</td><td>80 ℃</td><td>≥75</td></tr>
<tr><td>−20 ℃</td><td>≥75</td></tr>
<tr><td colspan="2">粘结破坏面积(所有剪切性能项目)/%</td><td>≤10</td></tr>
<tr><td>9</td><td>撕裂性能</td><td colspan="2">拉伸粘结强度保持率/%</td><td>≥75</td></tr>
<tr><td rowspan="2">10</td><td rowspan="2">疲劳循环</td><td colspan="2">拉伸粘结强度保持率/%</td><td>≥75</td></tr>
<tr><td colspan="2">粘结破坏面积/%</td><td>≤10</td></tr>
<tr><td>11</td><td>质量变化-
热失重</td><td colspan="2">热失重/%</td><td>≤6.0</td></tr>
<tr><td>12</td><td>烷烃增塑剂</td><td colspan="2">红外光谱</td><td>无烷烃增塑剂</td></tr>
<tr><td>13</td><td colspan="3">弹性恢复率[c]/%</td><td>≥95</td></tr>
<tr><td>14</td><td colspan="3">耐紫外线拉伸强度保持率[c]/%</td><td>≥75</td></tr>
<tr><td rowspan="2">15</td><td rowspan="2">蠕变性能[d]</td><td colspan="2">91 d 受力后位移/mm</td><td>≤1</td></tr>
<tr><td colspan="2">力卸载 24 h 后最大位移/mm</td><td>≤0.1</td></tr>
<tr><td colspan="5">a 仅适用于单组分产品。
b 仅适用于双组分产品。
c 仅需要时检测。
d 仅适用于硅酮结构胶承受所有粘结密封单元的应力，在粘结密封单元底部没有设置防止粘结失效产生危险用支撑装置的幕墙系统。</td></tr>
</table>

4.4 相容性

4.4.1 硅酮结构胶与结构装配系统用附件的相容性应符合 GB 16776—2005 附录 A 的规定。

4.4.2 硅酮结构胶与实际工程用基材的粘结性应符合 GB 16776—2005 附录 B 的规定。

4.4.3 硅酮结构胶与相邻接触材料的相容性应符合附录 B 的规定。

5 试验方法

5.1 基本规定

5.1.1 标准试验条件

实验室的标准试验条件：温度(23±2)℃，相对湿度(50±5)%。

5.1.2 粘结性试件制备

5.1.2.1 试件制备准备

制备试件前，用于试验的硅酮结构胶应在标准条件下放置 24 h 以上。试验基材应用清洁剂清洁。双组分试样应按生产商要求的比例混合。

5.1.2.2 试件形状、尺寸和基材

试件应符合图 1 的规定，应按产品适用的基材类别选用基材，基材应具有足够的强度防止弯曲变形破损。基材尺寸可以不同于图 1，但应保持硅酮结构胶粘结体的尺寸为(12±1)mm×(12±1)mm×(50±1)mm：

AL 类——符合 GB/T 13477.1 要求，阳极氧化铝板厚度不小于 3 mm；

G 类 ——符合 GB/T 13477.1 要求，清洁、无镀膜的浮法玻璃，厚度不小于 5 mm；

M 类 ——供方要求的其他金属基材。

单位为毫米

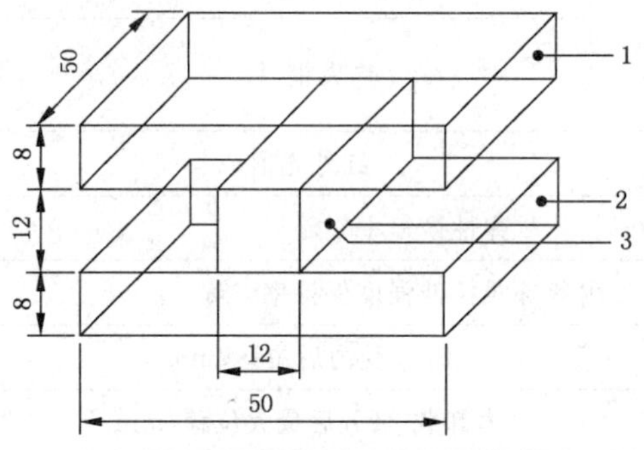

说明：

1、2——基材；

3 ——硅酮结构胶。

图 1 粘结性试件示意图

5.1.2.3 试件制备

试件应按下列方式制备：

a) 应按 GB/T 13477.8—2002 第 7 章制备试件，并应按生产商要求使用底涂料。

b) 双组分硅酮结构胶应均匀无分层，且应充分混合，真空搅拌(真空度：≥ 0.095 MPa)，混合时间约为 5 min。无特殊要求时，混合后应在 10 min 内完成注模和修整。

c) 每个试件应有一面选用 G 类基材，在生产商没有规定时，另一面采用 AL 类基材。

d) 试验基材应进行有效清洁。可按生产商指定的清洁剂及清洁方式清洁，也可采用以下方式

清洁：

——将试验基材放入无水丙酮(分析纯)中浸泡至少 2 h；

——用脱脂纱布蘸取新鲜、洁净的无水丙酮(分析纯)将基材表面擦拭 2 遍；

——用脱脂纱布蘸取新鲜、洁净的无水乙醇(分析纯)将基材表面擦拭 2 遍；

——在无水乙醇挥发干涸前用干净的脱脂纱布擦拭 1 遍。

5.1.2.4 试件养护

试件应按下列方式养护：

a) 制备后的试件在标准试验条件下放置 28 d；

b) 在不损坏结构胶试件条件下，养护期间应尽早分离挡块。

5.1.2.5 试件数量

粘结性试件数量见表 3。

表 3 粘结性试件数量

序号	项目			试件数量 个
1	拉伸粘结性	23 ℃拉伸粘结强度、初始刚度 $K_{12.5}$、拉伸模量		10
		拉伸粘结强度保持率	80 ℃	5
			−20 ℃	5
			水-紫外线光照	5
			NaCl 盐雾	5
			SO_2 酸雾	5
			清洗剂	5
			100 ℃7 d 高温	5
2	剪切性能	23 ℃剪切强度		10
		剪切强度保持率	80 ℃	5
			−20 ℃	5
3	撕裂强度	拉伸粘结强度保持率		5
4	弹性恢复率			3
5	疲劳循环	拉伸粘结强度保持率		5

5.1.3 粘结性强度结果计算

每个试件的拉伸粘结强度、剪切强度及撕裂强度应按 GB/T 13477.8—2002 计算，最终试验结果按式(1)计算，老化或处理后强度保持率按式(2)用平均值计算。

$$R_{u,5} = X_{mean} - \tau_{\alpha\beta} S \qquad \cdots\cdots(1)$$

$$\Delta X_{mean} = (X_{mean,c} / X_{mean,23\,℃}) \times 100\% \qquad \cdots\cdots(2)$$

式中：

$R_{u,5}$ ——75%置信度时给定的强度标准值(又称强度特征值)，95%试验结果将高于该值，单位为兆帕(MPa)；

X_{mean} ——拉伸、剪切强度试验结果平均值,单位为兆帕(MPa);

$X_{mean,23℃}$ ——23 ℃拉伸、剪切强度试验结果平均值,单位为兆帕(MPa);

$X_{mean,c}$ ——经过老化或处理后的拉伸、剪切强度试验结果平均值,单位为兆帕(MPa);

ΔX_{mean} ——老化或处理后的拉伸、剪切强度保持率;

$\tau_{\alpha\beta}$ ——具有75%的置信度,5%偏差时因子,可按表4取值;

S ——试验结果的标准偏差[见式(3)],单位为兆帕(MPa)。

$$S=\left\{\frac{1}{n-1}\sum_{i=1}^{n}(X_i-X_{mean})^2\right\}^{1/2} \qquad \cdots\cdots(3)$$

式中:

n——每组试件数量。

表4 $\tau_{\alpha\beta}$因子与试件数量的关系表

试件数量	5	6	7	8	9	10	15	30	∞
$\tau_{\alpha\beta}$因子	2.46	2.33	2.25	2.19	2.14	2.10	1.99	1.87	1.64

当23 ℃粘结性试验结果的变异系数(变异系数=标准偏差/平均值×100%)超过10%时,该试验结果作废,重新制备试件,进行试验。

5.2 外观

将试样刮平后目测。

5.3 下垂度

按GB/T 13477.6试验,下垂度模具槽内宽度为20 mm,试件在(50±2)℃的鼓风干燥箱中放置4 h。

5.4 表干时间

按GB/T 13477.5—2002试验,型式检验采用A法试验,出厂检验可采用B法试验。

5.5 挤出性

按GB/T 13477.3试验,采用图2的聚乙烯挤出性试验用挤出筒,装填容量为177 mL,不安装挤胶嘴,挤胶气压为0.34 MPa,测定一次将全部样品挤出所需的时间,精确到0.1 s。试验次数为1次。

单位为毫米

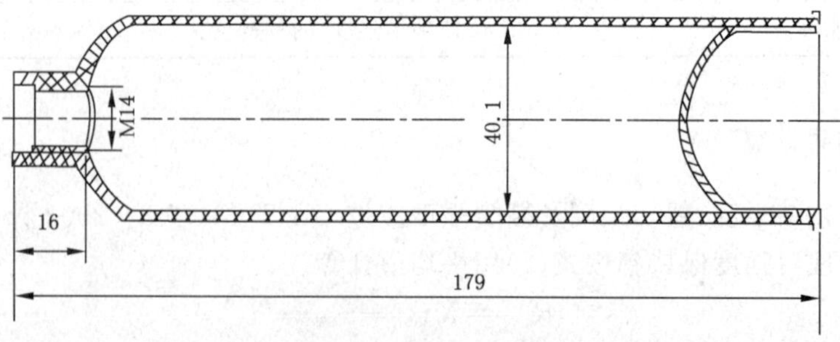

图2 挤出性试验用挤出筒示意图

5.6 适用期

双组分样品按5.1.2混合后装入图2挤出筒内，密封尾塞，从两组分混合时开始计时，20 min时按5.5测定挤出性，挤出时间应不大于10 s。试验次数为1次。

5.7 邵氏硬度A

将样品挤注在内框尺寸为130 mm×40 mm模板上，然后刮平，厚度6 mm～7 mm，单组分产品在标准试验条件下养护28 d，双组分产品养护7 d，养护后揭下膜片，按GB/T 531.1进行试验，测试5个点取中值。

5.8 气泡

5.8.1 按照硅酮结构胶生产厂家的要求制作一个试件(见图3)，将硅酮结构胶填满玻璃和铝材之间的空隙，应没有任何气泡，胶长度500 mm。

单位为毫米

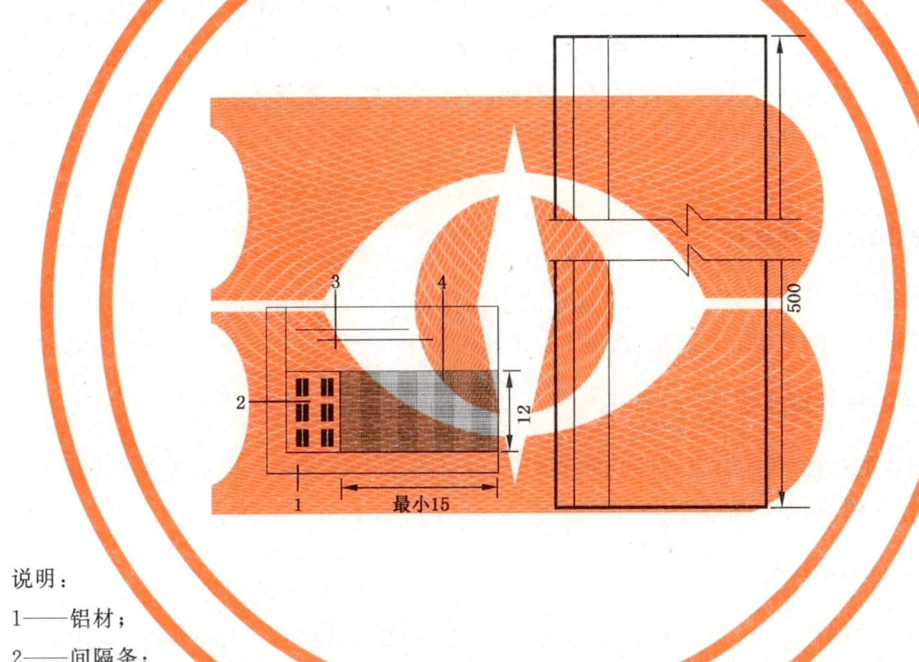

说明：

1——铝材；

2——间隔条；

3——浮法玻璃；

4——硅酮结构胶。

图3 气泡试验示意图

5.8.2 试件在标准试验条件下放置21 d。期间每隔7 d目测检查一次试件，透过玻璃记录胶体中气泡产生情况。

5.9 拉伸粘结性

5.9.1 23 ℃时的拉伸粘结性、拉伸模量

5.9.1.1 取一组按5.1.2制备的试件，试验温度(23±2)℃，按GB/T 13477.8—2002进行试验，记录应力应变曲线；按5.1.3计算，以$R_{u,5}$作为23 ℃时拉伸粘结强度标准值试验结果，记录粘结破坏面积。

5.9.1.2 粘结破坏面积测量应在拉伸粘接试件两破坏面上覆盖印制有1 mm×1 mm网格线的透明膜片，测量较大破坏面上粘结破坏面积占有的网格数，精确到1格(不足半格不计)，粘结破坏面积以粘结

破坏面占有格数的百分比表示,试验结果取所有试件的平均值。

5.9.1.3 分别记录并报告伸长率为5%、10%、15%、20%和25%时的拉伸粘接强度,作为相应的拉伸模量。

5.9.2 80 ℃时的拉伸粘结性

取一组按5.1.2制备的试件,在(80±2)℃条件下放置(24±4)h后,在该温度按5.9.1试验,按5.1.3计算保持率。

5.9.3 −20 ℃时的拉伸粘结性

取一组按5.1.2制备的试件,在(−20±2)℃条件下放置(24±4)h后,在该温度按5.9.1试验,按5.1.3计算保持率。

5.9.4 水-紫外线光照后的拉伸粘结性

取一组按5.1.2制备的试件,放入水-紫外线试验箱,试件浸入电阻值1 MΩ～10 MΩ去离子水中,温度(45±1)℃,玻璃基材上部应与水面齐平,并朝向光源。在浸水处理1 008 h期间,试件暴露于符合GB/T 16422.2规定的氙弧灯或同等光源中。试件上表面的辐照强度在波长范围300 nm～400 nm处应为(60±5)W/m^2,辐照1 008 h。取出试件,在标准试验条件放置(24±4)h,按5.9.1试验,按5.1.3计算保持率。

5.9.5 NaCl盐雾处理后的拉伸粘结性

取一组按5.1.2制备的试件,按GB/T 10125规定的中性盐雾试验(NSS)气体环境保持480 h后,在标准试验条件下放置(24±4)h,按5.9.1试验,按5.1.3计算保持率。

5.9.6 SO_2酸雾处理后的拉伸粘结性

取一组按5.1.2制备的试件,按GB/T 9789进行试验,以试验箱内暴露8 h,室内大气环境暴露16 h为1循环周期,进行20个循环,在标准试验条件下放置(24±4)h,按5.9.1试验,按5.1.3计算保持率。

5.9.7 清洁剂处理后的拉伸粘结性

取一组按5.1.2制备的试件,浸入(45±2)℃的清洁剂溶液中21 d,清洁剂采用1%符合GB 9985的洗涤剂溶液,清洁剂产品类型和浓度也可采用密封胶厂商推荐或实际幕墙清洁时使用的产品。浸渍过后,用水冲洗,然后试件在标准试验条件放置(24±4)h,按5.9.1试验,按5.1.3计算保持率。

5.9.8 100 ℃7 d高温处理后的拉伸粘结性

取一组按5.1.2制备的试件,在(100±2)℃的烘箱中放置168 h,取出在标准试验条件下放置(24±4)h,按5.9.1试验,按5.1.3计算保持率。

5.10 剪切性能

5.10.1 23 ℃剪切强度

取一组按5.1.2制备的试件,将试件在标准试验条件下,安装于试验机夹具中间(见图4)。拉伸速度应为(5.5±0.5)mm/min,记录应力应变曲线。剪切强度按式(4)计算,按5.1.3以剪切强度$R_{u,5}$作为23 ℃剪切强度标准值试验结果。记录粘结破坏面积,按5.9.1计算粘结破坏面积。

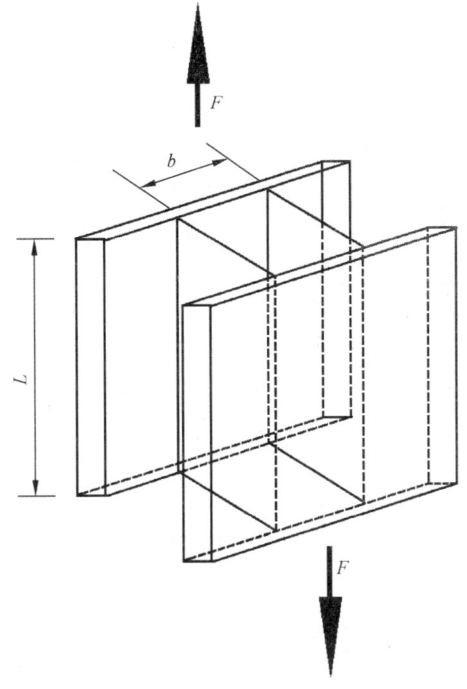

图 4 剪切强度示意图

$$\tau = F/(b \times L) \quad \cdots\cdots(4)$$

式中：

τ ——剪切强度，单位为兆帕(MPa)；

F——剪切力，单位为牛顿(N)；

b ——硅酮结构胶的宽度，单位为毫米(mm)；

L——硅酮结构胶的长度，单位为毫米(mm)。

5.10.2 80 ℃剪切强度

取一组按5.1.2制备的试件，在(80±2)℃条件下放置(24±4)h后，在该温度按5.10.1进行试验，按5.1.3计算保持率。

5.10.3 －20 ℃剪切强度

取一组按5.1.2制备的试件，在(－20±2)℃条件下放置(24±4)h后，在该温度按5.10.1进行试验，按5.1.3计算保持率。

5.11 撕裂强度

取一组按5.1.2制备的试件，在硅酮结构胶试件两端切开各5 mm深(见图5)，切口应清洁，按5.9.1试验，计算强度时，面积按试件切割后的完好面积(如40 mm×12 mm=480 mm²)，并与23 ℃的拉伸粘结强度比较，计算拉伸粘结强度保持率。

单位为毫米

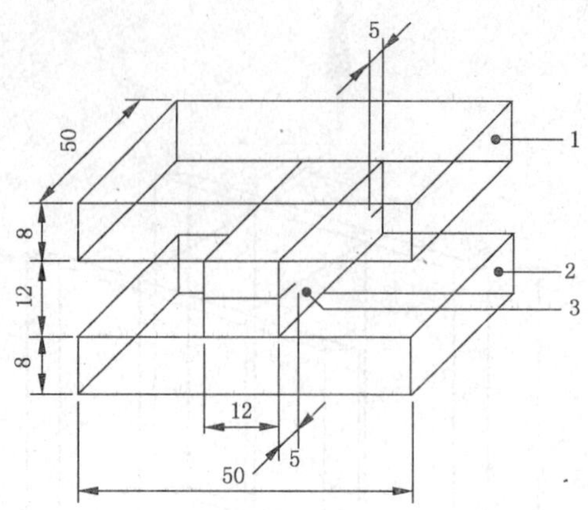

说明：

1、2——基材；

3 ——硅酮结构胶。

图 5 撕裂强度试件示意图

5.12 疲劳循环

5.12.1 取一组按 5.1.2 制备的试件，进行疲劳循环处理，试件受到重复的拉伸，以 8 s 为一个周期(见图 6)：

——100 次，从 $0.1\sigma_{des}$ 至 σ_{des}；

——250 次，从 $0.1\sigma_{des}$ 至 $0.8\sigma_{des}$；

——5 000 次，从 $0.1\sigma_{des}$ 至 $0.6\sigma_{des}$。

其中：$\sigma_{des}=R_{u,5}/6$，$R_{u,5}$ 为 23 ℃拉伸粘结强度标准值。

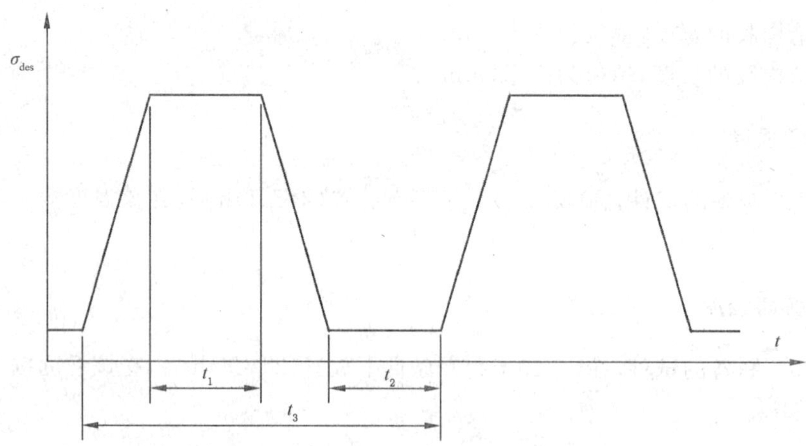

说明：

t_1——波峰荷载时间≥2 s；

t_2——释放时间≥2 s；

t_3——循环周期≤8 s。

图 6 疲劳循环周期示意图

5.12.2 试件疲劳循环处理后，在标准试验条件下放置(24±4)h，对硅酮结构胶外观进行检查，按 5.9.1 试验，并与 23 ℃的拉伸粘结强度比较，按 5.1.3 计算强度保持率，按 5.9.1 计算粘结破坏面积。

5.13 质量变化-热失重

按 GB/T 13477.19 进行。

5.14 耐紫外线拉伸强度保持率

5.14.1 将硅酮结构胶制备成厚度为(2.2±0.2)mm 的涂膜，养护时间按 5.1.2，按 GB/T 528 中哑铃 1 型裁取试件，取 5 个试件试验。采用符合 GB/T 16422.2 规定的氙灯或同等光源，试件上表面的辐照强度在波长范围 300 nm～400 nm 处应为(50±5)W/m^2(采用窗玻璃滤光器)，试验时间为(504±4)h。

5.14.2 经光照射后的试件在标准试验条件下养护 2 h，按 GB/T 528 进行试验，拉伸速率(5±1)mm/min，试验结果取 5 个试件的算术平均值，与未进行处理的一组 5 个试件的试验结果进行比较，计算保持率。

5.15 烷烃类增塑剂

烷烃类增塑剂按 JG/T 471 进行。如果在红外光谱图的波数范围 715 cm^{-1}～725 cm^{-1}、1 375 cm^{-1}～1 385 cm^{-1}、1 450 cm^{-1}～1 470 cm^{-1}、2 850 cm^{-1}～2 860 cm^{-1}、2 920 cm^{-1}～2 930 cm^{-1}、2 955 cm^{-1}～2 965 cm^{-1}中出现不少于 4 个吸收峰，则判定样品中含有烷烃类增塑剂(如白油、液体石蜡)。

5.16 弹性恢复率

按 GB/T 13477.17 进行试验，按 5.1.2 养护，伸长率为 25%，取 3 个试件平均值。

5.17 蠕变性能

按附录 C 进行。

5.18 相容性

5.18.1 附件与硅酮结构胶相容性试验按 GB 16776—2005 附录 A 进行，采用的光源符合 GB/T 16422.3的 UVA340 紫外灯，应保证试验期间紫外辐照强度在规定范围，若不能控制强度，UVA-340 紫外灯应定期更换位置和调整距离。

5.18.2 实际工程用基材与硅酮结构胶粘结性按 GB 16776—2005 附录 B 进行。

5.18.3 相邻材料的相容性性能按附录 B 进行。

6 检验规则

6.1 检验分类

6.1.1 出厂检验

出厂检验项目包括：外观、下垂度、表干时间、挤出性或适用期、23 ℃拉伸粘结性、23 ℃剪切性能、23 ℃撕裂强度、粘结破坏面积。

6.1.2 型式检验

型式检验项目包括 4.2、4.3 要求的全部项目。正常生产时应每年进行一次型式检验，有下列情况之一时也应进行型式检验：

a) 新产品投产或产品定型鉴定时；

b) 原材料、工艺等发生较大变化，可能影响产品质量时；

c) 出厂检验结果与上次型式检验结果有较大差异时；

d) 产品停产 6 个月以上恢复生产时。

6.2 组批

以同一品种、同一分类的产品每 10 t 应为一批进行检验，不足 10 t 也为一批。

6.3 抽样

产品随机取样，出厂检验样品总量为 4 kg，型式检验样品总量为 8 kg 或满足检测要求，样品分为两份，一份试验，一份作为备用。双组分产品取样后应立即分别密封包装。

6.4 判定规则

6.4.1 单项判定

6.4.1.1 下垂度、表干时间测试时，每个试件都符合标准规定，则判该项合格。

6.4.1.2 其余项目试验结果符合标准规定，判该项合格。

6.4.2 综合判定

6.4.2.1 出厂检验项目全部符合要求时，则判该批产品合格。

6.4.2.2 型式检验项目符合 4.2、4.3 要求时，则判该批产品合格。

6.4.2.3 外观质量不符合标准规定时，则判该批产品不合格。

6.4.2.4 若检验结果有两项及两项以上指标不符合标准规定时，则判该批产品不合格。

6.4.2.5 在外观质量合格的条件下，其他的检验结果若仅有一项不符合标准规定时，用备用样品对该项进行单项检验，合格则判该批产品合格，否则判该批产品不合格。

7 标志、包装、运输和贮存

7.1 标志

产品最小包装上应有牢固的不褪色标志，内容包括：

a) 产品名称；

b) 组分名称(双组分)；

c) 生产厂名及厂址；

d) 产品标记；

e) 生产日期、批号及贮存期；

f) 净含量；

g) 商标；

h) 使用说明及注意事项。

7.2 包装

7.2.1 产品包装

7.2.1.1 产品采用支装或桶装时，包装容器应密闭。

7.2.1.2 包装桶或包装箱除应有 7.1 规定的标志外，还应有防雨、防潮、防日晒、防撞击标志。

7.2.2 随行文件

每批产品的随行文件应包括:使用说明书、合格证、产品使用寿命、有效期内的型式检验报告、初始刚度 $K_{12.5}$、一致性评价的热重分析和红外光谱谱图、拉伸模量、12.5%时弹性模量。

7.3 运输

运输时应防止日晒雨淋、撞击、挤压包装。

7.4 贮存

7.4.1 产品应在干燥、通风、阴凉的场所贮存,贮存温度不应超过 27 ℃。

7.4.2 在正常运输、贮存条件下,贮存期自生产之日起至少为 6 个月。

附 录 A
（规范性附录）
硅酮结构胶弹性模量试验

A.1 范围

本附录适用于初始刚度模量（K_0）、初始刚度（$K_{12.5}$）、弹性模量（E_0）的测定和计算。

A.2 初始刚度模量

A.2.1 原理

硅酮结构胶为物理非线性粘弹性体，其变形受粘结面约束呈几何非线性，仅在初始变形阶段（如法向应变 25%为边界）切向变形对横截面积的影响甚小，法线应力与切线应力基本相等，可视为近似于弹性固体。初始拉伸粘结试验中由于粘结试件的安装间隙、夹持预张紧或其他人为因素，往往造成初始应力-变形试验曲线原点漂移（见图 A.1），得到的是割线刚度，为真实反映材料特性，应对初始变形阶段进行线性回归后绘制应力-应变曲线（见图 A.2），表示切线刚度的范围从初始位置 0 开始，计算硅酮结构胶适于工程应用的初始刚度模量。

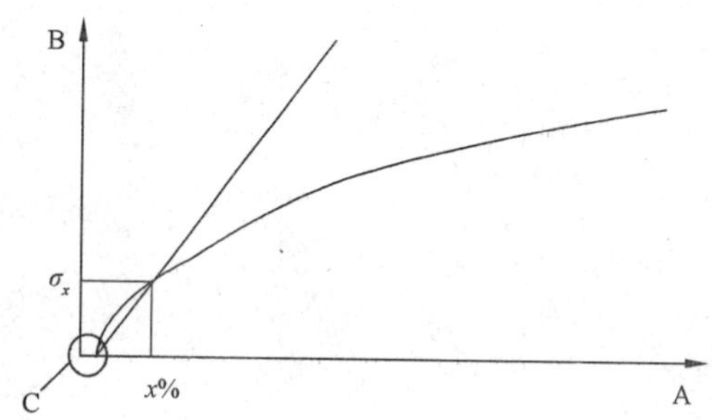

说明：

A ——应变 $X(U/L_0)$，%；

B ——应力 σ_x，MPa；

C ——原点漂移。

图 A.1 割线刚度应力-应变曲线示意图

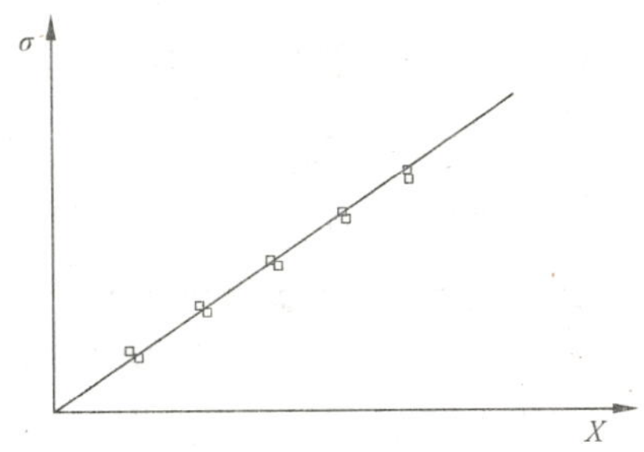

说明：

X ——线性回归后应变(U_c/L_0)，%；

σ ——应力，MPa。

图 A.2 线性回归后切线刚度应力-变形曲线示意图

A.2.2 试验步骤

按 5.9.1 进行拉伸粘结强度试验。

A.2.3 计算方法

将试验测得 5%、10%、15%、20%、25%应变的应力值，按式(A.1)或表 A.1 进行线性回归转换，分别转换为 4.8%、9.1%、13.1%、16.9%、20.3%应变的应力值，绘制穿过原点的应力-应变曲线(见图 A.2)，计算应力-应变的斜率即为初始刚度模量 K_0。

A.3 初始刚度

A.3.1 按式(A.1)进行应变的线性回归计算：

$$U_c/L_0=(a-1/a^2)/3\text{，其中 } a=L/L_0 \quad \cdots\cdots(A.1)$$

式中：

U_c/L_0——线性回归后应变，%；

L ——受力时试件长度(扣除原点漂移)，单位为毫米(mm)；

L_0 ——初始试件长度，单位为毫米(mm)。

A.3.2 按 A.2 线性回归后绘制的应力-应变曲线(见图 A.2)查对应变 12.5%对应的应力即为初始刚度 $K_{12.5}$，或按式(A.2)、式(A.3)计算：

$$K_{12.5}=0.125\times K_0 \quad \cdots\cdots(A.2)$$

$$K_0=\sigma/(U_c/L_0) \quad \cdots\cdots(A.3)$$

式中：

$K_{12.5}$ ——初始刚度，单位为兆帕(MPa)；

K_0 ——初始刚度模量，单位为兆帕(MPa)；

σ ——应力，单位为兆帕(MPa)；

U_c/L_0 ——线性回归后应变，%。

表 A.1 应变线性回归转换表

应力对应的应变值(U/L_0)与线性回归后的应变值(U_c/L_0)的转换	
U/L_0 值	U_c/L_0 值
0	0
0.05	0.048
0.10	0.091
0.125	0.112
0.15	0.131
0.20	0.169
0.25	0.203
0.30	0.236
0.35	0.267
0.40	0.297
0.45	0.325
0.50	0.352
0.55	0.378
0.60	0.403
0.65	0.428
0.70	0.451
0.75	0.474
0.80	0.497
0.85	0.519
0.90	0.541
0.95	0.562
1.00	0.583

A.4 弹性模量

A.4.1 制备膜片,厚度满足(2.2±0.2)mm,在标准试验条件下养护 28 d,按照 GB/T 528 裁取哑铃 1 型试件 5 个,按 GB/T 528 进行试验,拉伸速度 5 mm/min。

A.4.2 参考 A.3 计算应变 12.5%时应力作为 12.5%弹性模量。

附 录 B
（规范性附录）
与相邻接触材料的相容性

B.1 范围

本附录适用于评估硅酮结构胶与其他相邻接触材料，如：硅酮结构胶、耐候密封胶、隔离材料、铝材、玻璃，也有制造商使用的其他材料（如预处理和清洁产品）的相容性，可以通过变色来鉴别。

B.2 原理

通过无紫外线加热方法和有紫外线光照两种试验方法来检验相容性，紫外线暴露在使用中的危险应被足够地考虑，在某些情况可能有必要采取两种试验方法。

B.3 无紫外方法

B.3.1 试件

如图 B.1 准备 7 个试件，试件可采用符合图 B.1 的密封胶试件，在温度(60±2)℃和相对湿度(95±5)%条件下养护，5 个试件养护 28 d，剩下 2 个试件养护 56 d。

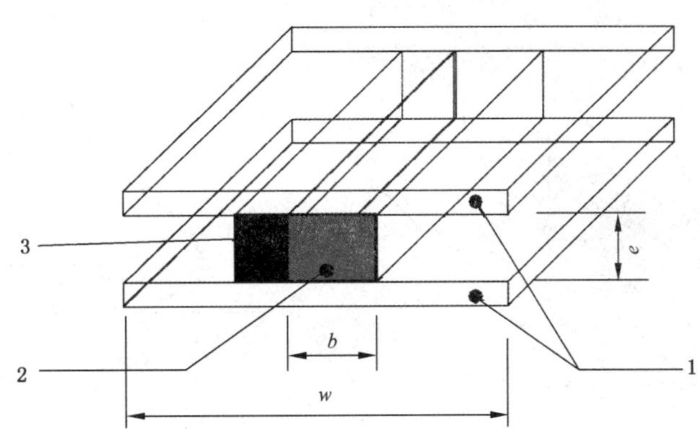

说明：

1 ——粘结基材；

2 ——硅酮结构胶；

3 ——衬垫，密封胶，其他材料；

b ——硅酮结构胶宽度；

e ——硅酮结构胶厚度；

w ——基材宽度。

图 B.1 相容性试验的典型试件示意图

B.3.2 试验步骤

B.3.2.1 强度

养护 28 d 后 5 个试件根据 5.9.1 拉伸试验,用于相容性试验的材料应在拉伸试验之前移除,使结果仅与硅酮结构胶和玻璃之间的粘结,与硅酮结构胶自身相关。如果样品中两材料不能在无破坏的情况下分离,需要新增 5 个试件用于试验对比,第二组材料无须进行 B.3.1 的处理。

B.3.2.2 颜色

两个试件在整个 56 d 养护周期内每 14 d 检查颜色变化。

B.3.3 试验结果

B.3.3.1 试验后的 $R_{u,5}$ 不小于初始的 $0.85R_{u,5}$。

B.3.3.2 无颜色变化。

B.4 紫外线光照方法

B.4.1 试件

如图 B.2 准备 5 个试件,密封胶厚度 6 mm～9 mm,试件应在标准试验条件下按 5.1.2 养护,或与密封胶制造商规定相一致。图 B.2 中的密封胶 2 和 3 是与硅酮结构胶 1 进行相容性检测的密封胶。

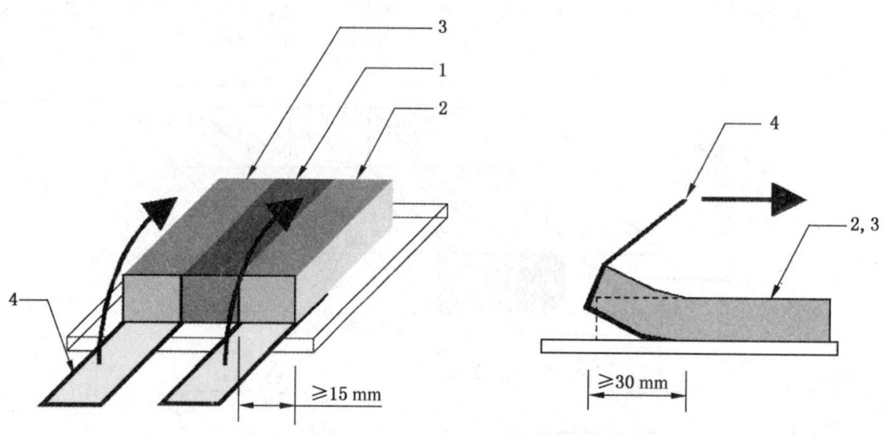

a) 布条剥离试验

图 B.2 剥离试验——密封胶间试件示意图

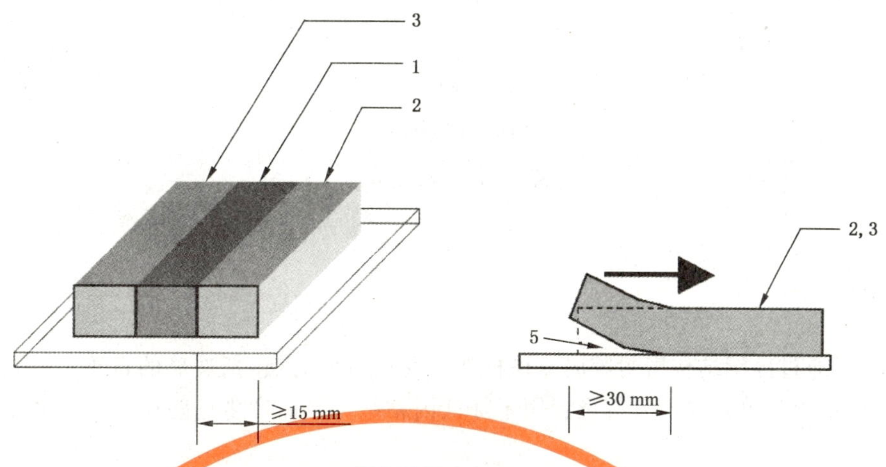

b) 切口剥离试验

说明：

1——硅酮结构胶；

2——密封胶；

3——密封胶；

4——布条作用力；

5——切割部位。

图 B.2（续）

B.4.2 试验步骤

B.4.2.1 不同的产品在养护 1 d～3 d 后，试件应置于紫外灯泡下辐射：

——光源：符合 GB/T 16422.2 规定的氙灯或同等光源；

——辐照强度：样品表面(60±5)W/m²(300 nm～400 nm)；

——温度：(60±2)℃；

——时间：(504±4)h。

B.4.2.2 如果产品 1 和 2 或 1 和 3 之间发生粘结，切口将其分离。进行：

——布条剥离试验；

——切口剥离试验。

B.4.3 试验结果

B.4.3.1 布条剥离试验将试件置于拉伸试验机，夹住布条从基材上 180°剥离。

B.4.3.2 切口剥离试验在基材和产品 2 和 3 界面的开切口，密封胶条手动从基材上 180°剥离。

B.4.3.3 记录在密封胶中的任何污染变色。

附　录　C
（规范性附录）
蠕　变　性　能

C.1　范围

本附录适用于通过硅酮结构密封胶向支撑框架转移所有应力(包括玻璃的自重),并最终转移到幕墙主体结构,在粘结密封单元底部没有设置用于降低因粘结失效而产生危险用支撑装置的幕墙系统用硅酮结构胶。

C.2　原理

硅酮结构胶在受到剪切应力和拉伸应力的复合作用下,弹性恢复后的位移即为硅酮结构胶的蠕变。

C.3　试验步骤

C.3.1　试件制备

C.3.1.1　制备足够的试件(见图 C.1),3 个用于试验,其他备用,并且将它们在标准试验条件下养护 28 d。

单位为毫米

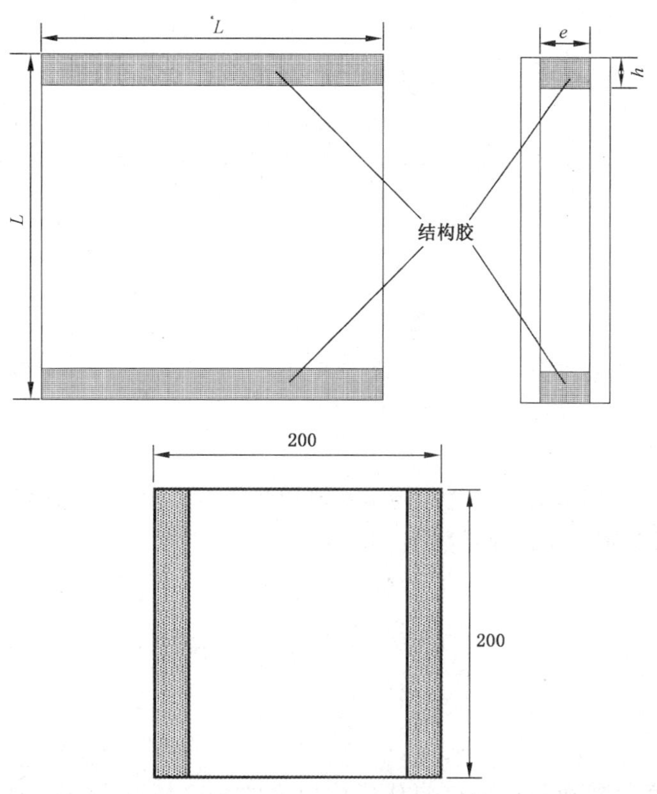

说明：

e ——硅酮结构胶宽度，为 6 mm；

h ——硅酮结构胶厚度，为 9 mm；

L——硅酮结构胶长度，为 200 mm。

图 C.1 蠕变试件示意图

C.3.1.2 将试件放入试验箱中承受拉伸荷载和持久剪切荷载(见图 C.2)，试验箱环境条件为温度(21±1)℃，相对湿度(50±5)%，试验周期为 91 d。

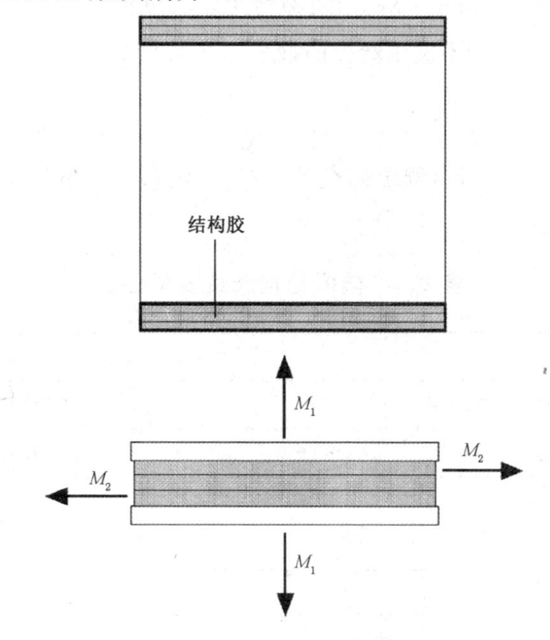

图 C.2 荷载示意图

C.3.2 拉伸荷载

拉伸荷载试验用 3 个试件按以下程序加载，拉伸载荷记为 M_1 按式(C.1)计算：

$$M_1 = 2hLP_x \tag{C.1}$$

式中：

$M_1 = 3\,600\,P_x$；

$h = 9$ mm；

$L = 200$ mm；

$P_x = 0.3\sigma_{des}$；

$\sigma_{des} = R_{u,5}/6$，$R_{u,5}$ 按 5.9.1 得到。

C.3.3 持久剪切荷载

C.3.3.1 在上述拉伸载荷作用的同时，样品还承受剪切载荷 M_2，M_2 是依照制造商给出的 Γ_∞ 作为基础按式(C.2)计算得出，并设定最小蠕变系数 Υ_c 为 10。

$$M_2 = 2hL\Gamma_\infty \tag{C.2}$$

式中：

$L = 200$ mm；

$h = 9$ mm；

$M_2 = 3\,600\Gamma_\infty$。

C.3.3.2 可通过评定持久剪切和循环拉伸载荷作用下的蠕变情况，来确定蠕变系数 Υ_c，按式(C.3)计算：

$$\Upsilon_c = \Gamma_{des}/\Gamma_\infty \tag{C.3}$$

式中：

Υ_c ——蠕变系数；

Γ_{des} ——剪切应力设计值，由按 5.10.1 得到的剪切强度标准值给出，$\Gamma_{des} = R_{u,5}/6$，单位为兆帕(MPa)；

Γ_∞ ——持久荷载下剪切力，由生产商给出，单位为兆帕(MPa)。

C.3.3.3 当应力达到 Γ_∞ 时，密封胶不发生蠕变的最小蠕变系数 Υ_c 不小于 10。

C.3.4 试验结果

记录试件每天的受力状态和变形，测定卸载后 24 h 的位移。硅酮结构胶在移除持久剪切力(M_2)后的位移应符合表 C.1 的要求。

表 C.1 硅酮结构胶蠕变的位移

项目	指标
所有试件 91 d 受力卸载后(立即测量)	位移应稳定在 $u \leqslant 1$ mm
所有试件力卸载 24 h 后	最大位移 $u \leqslant 0.1$ mm

广告明细

江苏协诚科技发展有限公司
江苏鑫美(卡普丹)新材料科技有限公司
宁波信高塑化有限公司
天津金邦晟泰建材有限公司
PPG涂料(天津)有限公司
墙煌新材料股份有限公司
张家港市升超机械设备有限公司
常州欧邦机械有限公司
中国·雅泰集团
维斯特尔(中国)有限公司
浙江吉利装璜材料有限公司
瓦克化学(中国)有限公司
张家港市弘扬石化设备有限公司
江西蓝星星火有机硅有限公司
天津市帝标建材有限公司
阿鲁邦德新材料科技有限公司
北京时代新筑装饰材料有限公司
广州市高士实业有限公司
安徽汇格复合板材有限公司
安徽来祥金属幕墙科技有限公司
广州以恒有机硅有限公司
深圳市铭斯朗集团有限公司
佛山市多邦高分子材料有限公司
江苏新空间集团南通市新空间幕墙材料制造有限公司
常州市瀚诺建材科技有限公司
浙江阿路佑邦新材料科技有限公司
河北粤都建材有限公司
吉林省鼎恒建材有限公司
上海同晋环保科技有限公司
金星航装饰工程有限公司
上海原宏幕墙有限公司
深圳金觅科新型建材有限公司
天津吉美克建材有限公司
江苏金强新材料科技有限公司
江苏建发科技有限公司
扬州晨化新材料股份有限公司
河北宏泰铝业有限公司
合众创展(北京)建材有限公司
广州集泰化工股份有限公司
PDA集团天津市美得空间隔断制造有限公司

鸣　谢

江西蓝星星火有机硅有限公司

江苏鑫美(卡普丹)新材料科技有限公司
中国・雅泰集团
广州集泰化工股份有限公司
江苏协诚科技发展有限公司
张家港市弘扬石化设备有限公司
广州市高士实业有限公司
天津市帝标建材有限公司
墙煌新材料股份有限公司
PPG 涂料(天津)有限公司
张家港市升超机械设备有限公司
安徽汇格复合板材有限公司
常州欧邦机械有限公司
维斯特尔(中国)有限公司
阿鲁邦德新材料科技有限公司
常州市瀚诺建材科技有限公司
瓦克化学(中国)有限公司密封胶和胶粘剂部门
浙江吉利装璜材料有限公司
江苏建发科技有限公司
宁波信高塑化有限公司
上海同晋环保科技有限公司

全球建筑业务经理:戴加勇
亚太建筑市场经理:苏少军
董事长:魏　锋　　总经理:陈　成
董事长:陈康富　　执行副总裁:陈建辉
董事长:邹珍美　　副总经理:石正金
董事长:陈建明　　总经理:李乾坤
董事长:朱良才　　总经理:朱　鹏
总经理:莫熙健　　总工程师:胡新嵩
总经理:孙　波　　技术总监:宋云飞
总经理:陈国明　　品牌管理部:张　君
COEX 中国区高级商务总监:丁敏曦
总经理:顾维虎
总经理:韦业精
总经理:杨成伟
总经理:吕雪清
总工程师:王蔚书
技术经理:潘健隆

浙江吉利装璜材料有限公司

浙江吉利装璜材料有限公司（浙江国美装璜材料有限公司）成立于1990年5月，是中国吉利集团的核心层企业，也是吉利集团成为世界500强企业的奠基企业。

公司主要生产防火氟碳幕墙用铝塑复合板、普通装饰用及PE广告用铝塑复合板、PVC发泡铝塑板、氟碳铝单板、涂装铝卷等各类装潢材料；其中铝塑复合板经中国建材检验认证集团股份有限公司（CTC)抽检，全项指标均符合国家标准，连年获得其颁发的《产品合格证》证书，并于2017年荣获“金属复合材料行业优秀质量奖”。

公司是GB/T 17748-2016《建筑幕墙用铝塑复合板》起草修订单位之一；也是较早被CTC入选为《绿色建筑选用产品导向目录》和准用“绿色建筑选用产品证明商标”的单位；公司拥有十余条美、德、日等国际先进水平的制造设备和检测仪器；公司产品畅销全国各地，并实现了大批量出口，公司的业绩也得到了各级政府部门的嘉奖。

公司于2001年通过了天祥集团(Intertek)监审的ISO 9001质量管理体系认证，并严格按体系要求实施，把“时刻对品牌负责，永远让顾客满意”作为自己的质量方针。

融入世界，走向未来是吉利人的愿望；追求卓越，缔造完美是吉利人永恒的追求。吉利装璜期待着与您的真诚合作，携手共创美丽家园。

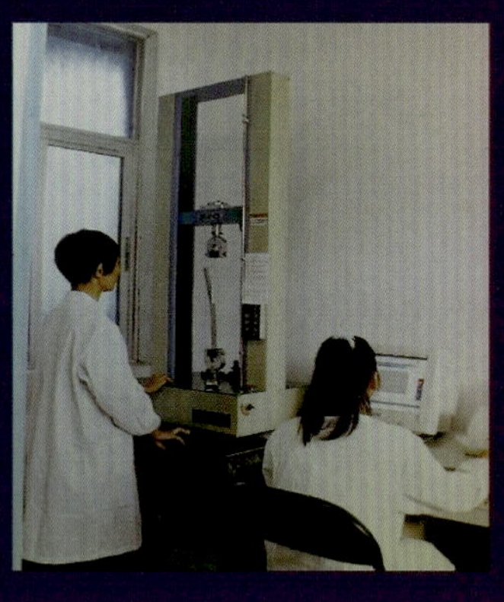

企业荣誉

CREATING TOMORROW'S SOLUTIONS

德国瓦克

WACKER® GM 醇型中性硅酮密封胶挥发性物质测试对比

- 健康环保 • 快速固化 • 表观亮丽

WACKER® GM醇型中性硅酮密封胶

常见中性脱酮肟型密封胶

- 挥发性物质测试实验为48小时模拟环境同等条件下对比测试结果。
- 酮肟型中性密封胶在固化过程中散发的甲乙酮肟（即：2-丁酮肟）这一物质在欧盟被判定为怀疑致癌。
- 醇型中性密封胶散发的醇类物质则相对对人体无害，是真正健康环保的产品。

WACKER® SN 醇型厨卫防霉硅酮密封胶防霉性能对比

- 0级防霉 • 醇型技术健康环保 • 产品保质期15个月

常见中性脱酮肟型防霉密封胶 1

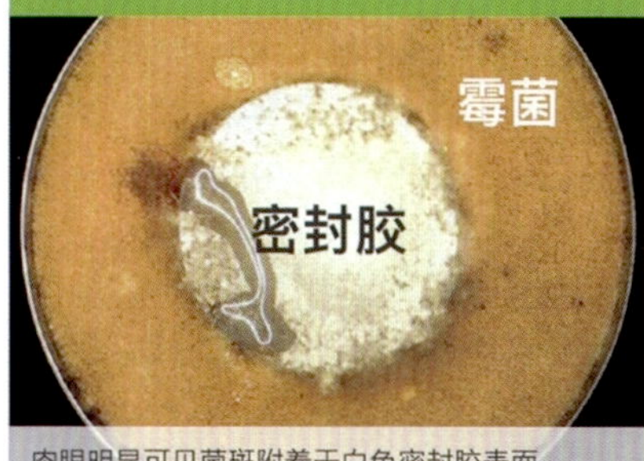

肉眼明显可见菌斑附着于白色密封胶表面，属于2级防霉

常见中性脱酮肟型防霉密封胶 2

明显可见霉菌逐渐侵蚀白色密封胶表面，属于1级防霉

WACKER® SN醇型厨卫防霉硅酮密封胶

白色密封胶四周光滑，无任何霉菌侵蚀或附着于白色密封胶表面，符合0级防霉

* 评级标准：

0级 —— 在放大约50倍下无明显长霉；

1级 —— 肉眼看不到或很难看到长霉，但在放大镜下可见明显长霉；

2级 —— 肉眼明显看到长霉，在样品表面的覆盖面积为10%～30%。

瓦克化学（中国）有限公司

中国上海漕河泾开发区虹梅路1535号3号楼

电话：+86 21 6130-2000，传真：+86 21 6130-2500，

info.china@wacker.com

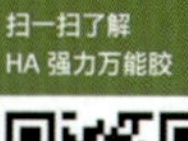

关注瓦克微信公众号

安徽汇格复合板材有限公司
佛山汇格蜂窝制品有限公司

安徽汇格复合板材有限公司，位于安徽寿县蜀山现代产业园区寿州大道与科学大道的东北角，占地面积约4.3万m^2，总建筑面积约5.2万m^2。

公司于2014年由汇格板材总部——佛山汇格蜂窝制品有限公司（位于广东佛山南海区）投资建立，总投资约2.54亿元人民币。建设厂房面积约4.6万m^2，办公面积约6000m^2。投入钣金折弯生产设备2台，数控转塔冲床2台，镂克雕刻机1台，全自动喷涂生产线1条。自主研制铝蜂窝芯生产线1条，达到年铝单板120万m^2、生产铝蜂窝芯、铝瓦楞芯300万m^2，铝蜂窝板/铝瓦楞板等复合板材80万m^2。

汇格板材是一家专业致力于金属装饰材料和符合板装饰材料的研发、生产及销售的高新技术企业，产品涉及铝蜂窝板、铝幕墙天花、不锈钢板三大系列，其中汇格蜂窝复合板产品已经获得多项专利，并荣获广东省高新技术企业。

“以质为本，诚信至上”是公司的企业宗旨，我们将坚持不懈，积极参与市场竞争，真诚为客户创造价值，为广大客户提供优质可靠的产品和全心全意的服务。

金属蜂窝幕墙板

金属蜂窝内饰板

石材蜂窝内饰板

金属蜂窝天花板

铝单板

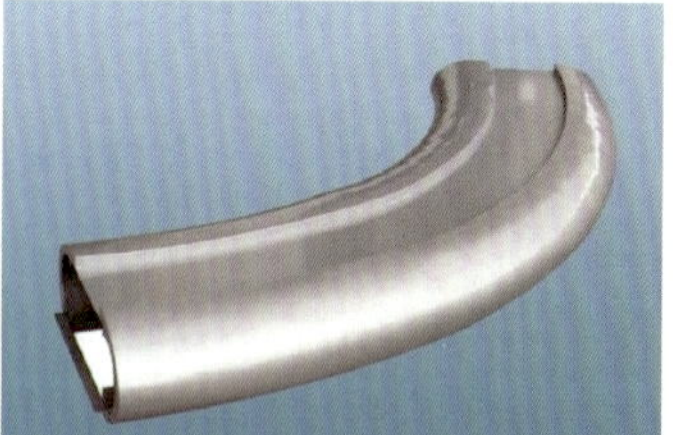
双曲铝单板

仿木纹铝单板

仿石纹铝单板

安徽省广播电视中心

合肥体育馆

国家体育馆（鸟巢）

北京中央党校

北京同仁医院

保利时代广场

佛山南海万达广场

深圳宝安机场

合肥要素大市场

广州琶洲国际会展

公司名称：安徽汇格复合板材有限公司
邮箱：1348509771@qq.com
地址：安徽省寿县蜀山现代产业园
联系人：韦业精
手机：18923130916
电话：0554-4991877

公司名称：佛山市汇格蜂窝制品有限公司
邮箱：763696101@qq.com
地址：广东省佛山市南海区里水镇河村雄星村东园工业区32号
联系人：束晓
手机：18923130918
电话：0757-81199337

明泰

河北宏泰铝业有限公司

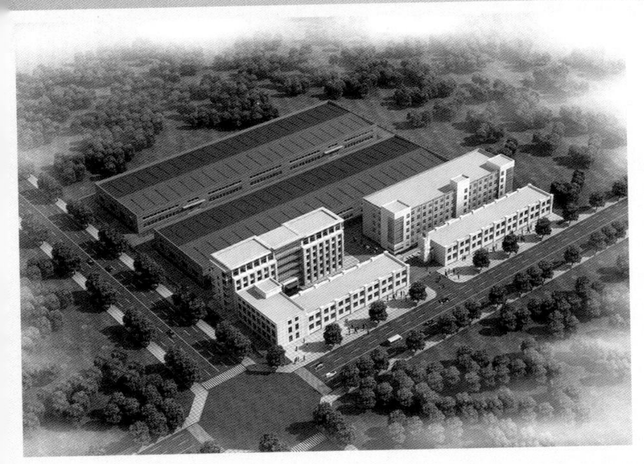

河北宏泰铝业有限公司成立于 2012 年，位于河北省廊坊市香河县香河经济技术开发区，是一家集科研开发、专业生产、营销为一体的大型建筑材料企业。厂房建筑总面积达8万多m²，有多个宽敞、明亮的车间，采用先进的数字化管理，先进的生产设备，精湛的加工工艺，专业的生产经验，系列化的产品及优质的售后服务，吸引八方客户。

公司常年生产直销铝波纹芯复合铝板、铝单板、蜂窝板、铝天花板、木纹铝板、冲孔铝板、双曲铝板、工业筛板、公路隔音屏、金属屋面板、铝复合墙板、铝合金模板。公司新引进一条铝波纹板生产线，符合国务院规划七大战略新兴产业中节能环保产业和新材料产业，为我国新增引导建筑文化的新概念内外装板材。

公司下设销售部、技术部、产品开发部、质检部、财务部、ISO 9001办公室、行政管理部、采购部和生产部及实验室。公司拥有国家标准绿化区，及舒适的工作环境，具备一支高素质和专业的管理技术人才及当今先进的进口生产设备，产品具有绿色环保、健康节能、经久耐用、防火隔音、易于安装、清洁美观等特点，是完全满足客户要求的一流产品。公司全面实行ISO 9001产品质量管理体系，在国家相关标准上根据本行业的特点执行公司产品质量标准（高于相关国家技术标准）。

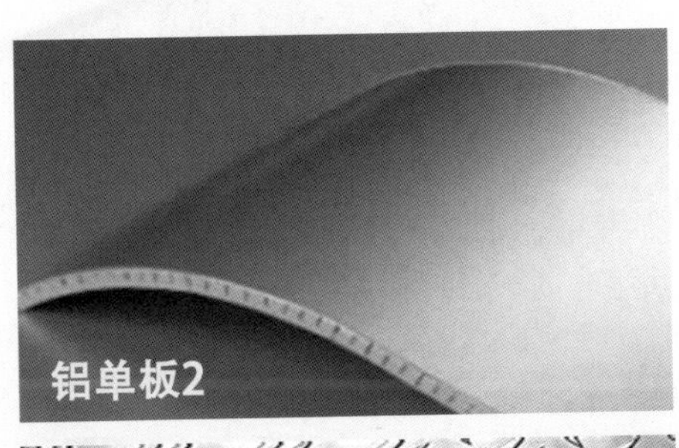

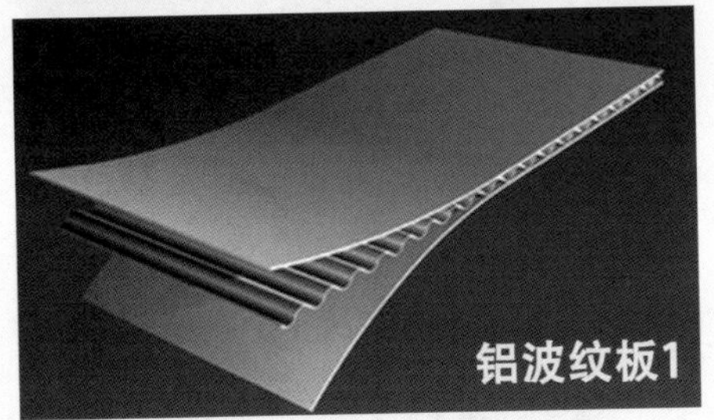

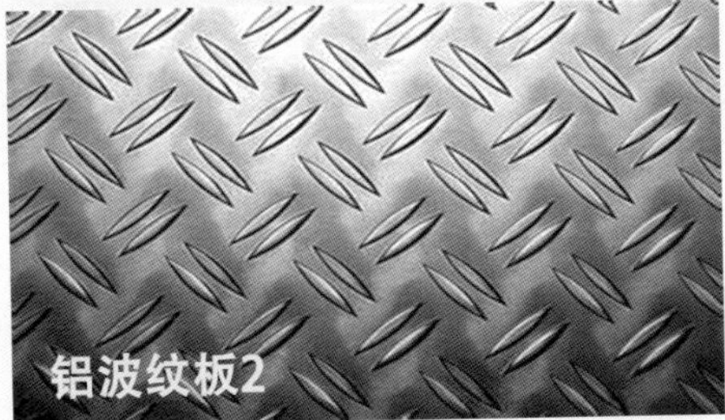

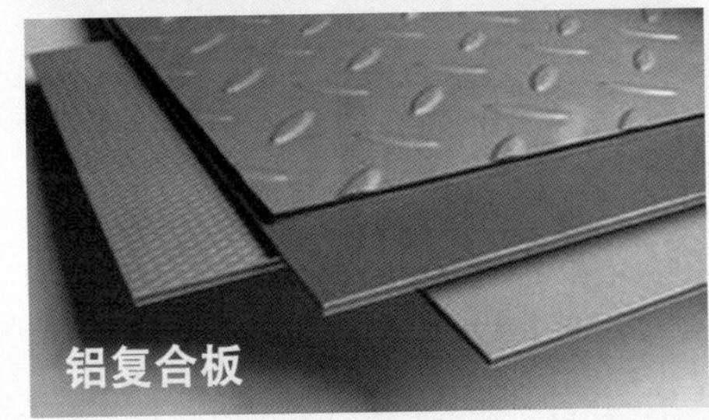

工程案例：

地址：河北省廊坊市香河经济技术开发区　E-mail：htly2007@126.com

手机：18633771606，13311230189　传真：0316-8875006，010-80842871

JOINTAS 集泰股份

——股票代码：002909——

广州集泰化工股份有限公司

广州集泰化工股份有限公司（证券简称“集泰股份”，证券代码：002909），是一家以生产密封胶和涂料为主的重点高新技术企业,产品广泛应用于门窗幕墙、装配式建筑、家庭装修、钢结构制造、石化装备等领域。

集泰股份旗下拥有业内知名的两大品牌“安泰”和“集泰”。秉持“绿色环保、专业品质”的经营理念，经过多年的技术研发创新，建立了良好的品牌知名度和客户基础，赢得了一系列的荣誉，院士专家企业工作站、广东省高性能环保密封胶工程技术研究中心等。在中国幕墙网评选的建筑胶品牌用户优选品牌奖，连续13年位居三甲,连续4年荣获房地产500强优选品牌称号，2018年荣获中国房地产供应链上市公司投资潜力5强。

广州集泰化工股份有限公司

总部：广州市黄埔区科学城南翔一路62号C座

电话：020-85576000　　传真：020-85577727

网址：www.jointas.com

建筑幕墙
标准汇编

（第三版） 下册

策划编辑：刘晓东
责任编辑：刘晓东
装帧设计：李冬梅

中国标准在线服务网

上架建议：建筑／幕墙

定价：249.00 元